"十二五"职业教育国家规划教材

经全国职业教育教材审定委员会审定

食品应用化学

（第二版）

杨丽敏　主编

化学工业出版社

·北京·

《食品应用化学》(第二版)是"十四五"职业教育国家规划教材,按照职业岗位能力的需要,将无机与分析化学、有机化学、食品化学和部分食品生物化学的内容进行"解构、整合、重组、序化",以溶液的配制、滴定分析技术、电化学分析技术、分光光度分析技术、重量分析技术、食品中常见的有机物、食品中的营养物质、食品中的酶和食品的风味化学9个项目(含24个子项目)为导向,以42个教学任务为载体,按知识技能的先后逻辑顺序进行编写。全面贯彻党的教育方针,落实立德树人根本任务,在教材中有机融入党的二十大精神。

《食品应用化学》(第二版)可供高职高专院校食品加工技术、食品分析与检验、食品营养与检测、农畜特产品加工和食品质量与安全等专业的学生使用,也可作为相关专业的教师、学生及食品加工和检测人员的参考用书。

图书在版编目（CIP）数据

食品应用化学/杨丽敏主编. —2版. —北京：化学工业出版社，2015.9（2023.10重印）

"十二五"职业教育国家规划教材

ISBN 978-7-122-24833-6

Ⅰ.①食⋯ Ⅱ.①杨⋯ Ⅲ.①食品化学-高等职业教育-教材 Ⅳ.①TS201.2

中国版本图书馆CIP数据核字（2015）第179200号

责任编辑：李植峰　迟　蕾　　　　　　　装帧设计：张　辉
责任校对：宋　玮

出版发行：化学工业出版社（北京市东城区青年湖南街13号　邮政编码100011）
印　　装：北京科印技术咨询服务有限公司数码印刷分部
787mm×1092mm　1/16　印张23　彩插1　字数615千字　2023年10月北京第2版第4次印刷

购书咨询：010-64518888　　　　　　　　售后服务：010-64518899
网　　址：http://www.cip.com.cn
凡购买本书，如有缺损质量问题，本社销售中心负责调换。

定　　价：58.00元　　　　　　　　　　　　　　　　　版权所有　　违者必究

《食品应用化学》(第二版)编审人员

主　编　杨丽敏

副主编　杨　静　刘春艳　周　蓉

编　委　(按姓名汉语拼音排列)

　　　　　曹凤云（黑龙江农业工程职业学院）

　　　　　曹延华（牡丹江大学）

　　　　　郭秀梅（黑龙江农业经济职业学院）

　　　　　李建宁（黑龙江农业经济职业学院）

　　　　　刘春艳（黑龙江农业经济职业学院）

　　　　　刘志海（黑龙江农业经济职业学院）

　　　　　宋佳佳（中国农业大学）

　　　　　杨　景（中国农业大学）

　　　　　杨　静（黑龙江农业经济职业学院）

　　　　　杨俊峰（内蒙古农业大学职业技术学院）

　　　　　杨丽敏（黑龙江农业经济职业学院）

　　　　　周　蓉（黑龙江省牡丹江市质量技术监督检验检测中心）

主　审　冯永谦（黑龙江农业经济职业学院）

　　　　　刘培海（黑龙江省宁安市质量技术监督局）

前　言

依据《国家中长期教育改革发展规划纲要（2010—2020 年）》和《国家高等职业教育发展规划（2011—2015 年）》的要求，汲取国家级示范性高职院校特色教材建设以及精品课程建设经验，结合一些行业、企业以及兄弟院校资深教师的教学改革实践与研究的成果，以"突出技能，夯实基础，提高素养，持续发展"为宗旨设计了本教材内容。

修订后的教材，仍遵循"目标定位、内容重构、项目实施、对标考核"的编写思路。

1. 以工学结合为切入点，进一步深化行企、校企共建。深化与行业检验专家和企业生产管理专家的合作，有针对性地对本教材进行定期的研讨和增补，建立编写组教师带学生进产品质量监督检验所顶岗实践和顶岗实习、参与检验、互通有无、滚动递补的长项机制，突出岗位需求，充分体现本教材的职业性和实用性。

2. 以突出"算"、"做"、"用"三项基本能力为出发点，培养高职高端技能型人才。

"算"、"做"、"记"是本教材第一版重点培养的三项基本能力，经与食品行业、企业专家的研讨分析，梳理、提炼以及一段时间以来的实践应用，本教材突出的三项基本能力更适合更改为"算"、"做"、"用"三项基本能力。虽然一字之差，却使本教材在修订中更贴近职业岗位需要。针对现有高职学生基础知识薄弱，中职升高职的学生存在化学基础知识断层的这一情况，设计了体验测试和综合子项目习题测试，有针对性地解决中高职衔接问题，以"岗位用什么，教学内容就设什么，学生就学什么，与食品行业、企业专家共建课程，共建实训项目，联合开展教学，共同实施评价"，真正使学生达到能计算、会操作、懂应用。使学生在学会技能的同时，提升综合知识的运用能力，为培养高职高端技能型人才夯实基础。

3. 掌握行业企业最新发展动态，有针对性增设食品分析与检验必备知识的考核力度。

国办发［2014］8 号《关于整合检验检测认证机构实施意见的通知》中指出："到 2020 年建立起定位明晰、治理完善、监管有力的管理体制和运行机制，形成布局合理、实力雄厚、公正可信的检验检测认证服务体系，培育一批技术能力强、服务水平高、规模效益好、具有一定国际影响力的检验检测认证集团。"同时"鼓励和支持社会力量开展检验检测认证业务，积极发展混合所有制检验检测认证机构，加大政府购买服务力度，营造各类主体公平竞争的市场环境。"基于行业的最新发展动态，本教材在修订过程中重点加大了食品分析与检验必备知识的技能考核项目和评判标准，使学生能精准掌握分析检测的技能，为快速切入行业改革奠定扎实基础。

4. 全面贯彻党的教育方针，落实立德树人根本任务，在教材中有机融入党的二十大精神。

如二维码视频"中国科学家屠呦呦在 2015 年获得诺贝尔奖"，弘扬科学家精神，强化工匠精神培养。

本教材由杨丽敏任主编，杨静、刘春艳、周蓉任副主编。全书由杨丽敏负责统稿、修改、定稿。黑龙江农业经济职业学院冯永谦教授、宁安市质量技术监督局刘培海局长对教材内容进行了审定。

由于编者水平有限，难免有不妥和疏漏之处，恳请读者及专家批评指正，以便今后进一步修订。

编者

第一版前言

教育部［2006］16 号文件中对高职教育人才培养的定位是：高素质技能型专门人才。围绕这一人才培养目标，通过与黑龙江省粮、油、山特产、乳、肉等食品加工企业和食品检验行业的技术专家研讨、毕业生跟踪调查，以突出技能、夯实基础、提高素养、持续发展为宗旨，遵循"目标定位、内容重构、项目实施、对标考核"的编写思路编写本教材。

本教材的编写具有如下特点：

1. 突出校企共建　本教材在编写过程中紧扣高职食品行业的人才培养目标，突出本行业的职业技能特点，采用了校企合作共建的编写方式，把有多年企业生产管理和行业检验的专家吸纳到教材的建设之中。

2. 突出岗位需求　本教材按照职业岗位能力的需要，将无机与分析化学、有机化学、食品化学和部分食品生物化学的内容进行"解构、整合、重组、序化"。以溶液的配制、滴定分析技术、电化学分析技术、吸光光度分析技术、重量分析技术、食品中常见的有机物、食品中的营养物质、食品中的酶和食品的风味化学 9 个项目、24 个子项目为导向，以 42 个教学任务为载体，按知识技能的先后逻辑顺序进行编写，打破了以知识传授为主体的学科课程模式。

3. 突出以"做"代"作"　本教材在编写过程中，经过与食品行业、企业专家的研讨分析，梳理、提炼与本门课程密切相关的"算""做""记"三项基本能力。"算"是配制溶液和数据处理时的计算能力；"做"是食品检验工作中动手操作的能力；"记"是对重要的化学原理、性质及规范使用的记忆能力。三项能力之首是"做"。教材通篇以"做"代"作"，用"做"强化"算"，用"做"巩固"记"，以"做"促"算"，以"做"促"记"，在"做"中提升技能，强化计算能力，在"做"中巩固化学原理、性质和规范使用的记忆能力，其目的是使学生在学习过程中能够心、脑、眼、口、手合一，教、学、做合一，使学生真正达到操作稳准、计算精准、记忆快准。

4. 突出国际、行标　食品检验标准包括国家标准、行业标准、企业标准。本教材在编写过程中，通过分析粮、油、山特产、乳、肉相关的食品检验标准，归纳出与本门课程相关的理化基础知识和操作技能，并融入到教材的编写内容之中，在实训内容的选取上注重与国家标准和行业标准对接。并在每个任务后面设定了体验测试，每个子项目后面精选子项目测试题供学生巩固和练习，使学生不断开阔视野、提升对"算""做""记"的综合运用能力。

全书均采用了现行国家标准规定的术语、符号和单位，化合物的命名依据国际纯粹与应用化学联合会（IUPAC）及中国化学会提出的原则命名。

本教材由黑龙江农业经济职业学院的一线教师编写。杨丽敏任主编，杨静、刘春艳任副主编。编写人员：杨丽敏（前言、项目一、项目三、项目五），郭秀梅（项目二），杨静（项目四中子项目二、附录），刘春艳（项目七中子项目二至子项目四），刘志海（项目四中子项目一、项目六中子项目一任务四至任务六、项目七中子项目一），李建宁（项目六中子项目一任务一至任务三），杨景（项目八），宋佳佳（项目九）。全书由杨丽敏负责统稿、修改、定稿。黑龙江农业经济职业学院冯永谦教授、牡丹江市产品质量监督检验所主任周蓉、宁安市质量技术监督局局长刘培海对教材内容进行了审定。

在教材编写过程中，得到了牡丹江市产品质量监督检验所、宁安市质量技术监督局、黑龙江东宁出入境检验检疫局、黑龙江省正大集团、蒙牛乳业和黑龙江农业经济职业学院领导的大力支持，在此表示衷心的感谢。

在编写过程中，参考了有关教材、著作，在此也向有关作者表示谢意。

由于编者水平有限，不妥和疏漏之处在所难免，恳请读者及专家批评指正，以便今后修订。

编者
2011 年 6 月

目 录

项目一 溶液的配制 ··· 1
子项目一 分析天平称量技术 ·· 1
任务一 用递减法称取食盐 3 份，每份约 0.5000g ··· 1
知识链接 分析天平 ··· 3
任务二 用固定质量称量法称量面粉 3.2052g ·· 6
子项目测试 ··· 8
子项目二 一般溶液的配制技术 ·· 8
任务一 配制 0.1mol/L 的 NaCl 溶液 100mL ·· 9
知识链接 溶液浓度 ··· 9
任务二 配制酸性氯化亚锡试液 100mL ·· 11
知识链接 盐类水解 ··· 12
任务三 配制 HCl 溶液（1+9）150mL ·· 15
知识链接 比例浓度 ··· 15
子项目测试 ··· 15
子项目三 标准溶液的配制技术 ·· 16
任务一 滴定分析仪器的校正 ··· 16
知识链接 误差及滴定分析技术 ··· 21
任务二 重铬酸钾（0.01667mol/L）标准溶液的配制 ····································· 32
知识链接 标准溶液与基准物质 ··· 33
任务三 盐酸标准溶液（0.1000mol/L）的配制与标定 ····································· 35
知识链接 标准溶液的配制与标定 ··· 37
子项目测试 ··· 40
子项目四 缓冲溶液的配制技术 ·· 42
任务一 配制 pH=10.0 的缓冲溶液 500mL ·· 42
知识链接 电解质溶液 ··· 44
任务二 配制 pH=4.01 的标准缓冲溶液 ·· 53
子项目测试 ··· 53

项目二 滴定分析技术 ··· 55
子项目一 酸碱滴定技术 ·· 55
任务一 NaOH 标准溶液（0.1000mol/L）的配制与标定 ····································· 55
知识链接 滴定分析法和酸碱滴定 ··· 57
任务二 果蔬中总酸度的测定 ··· 65
知识链接 酸度的测定 ··· 67
子项目测试 ··· 72
子项目二 氧化还原滴定技术 ·· 73
任务一 高锰酸钾法测食品中的还原糖 ·· 73
知识链接 高锰酸钾法 ··· 76
任务二 直接碘量法测定果蔬中维生素 C 含量 ··· 77
知识链接 碘量法 ··· 79
任务三 亚甲蓝的含量测定 ·· 80
知识链接 重铬酸钾法 ··· 81

  子项目测试 ··· 81
  子项目三 配位滴定技术 ··· 82
   任务 水的总硬度测定 ··· 82
  知识链接 配位滴定法 ··· 85
  子项目测试 ··· 90
  子项目四 沉淀滴定技术 ··· 91
   任务 食品中氯化钠的含量测定 ·· 91
  知识链接 沉淀滴定技术 ··· 94
  子项目测试 ··· 97

项目三 电化学分析技术 ··· 98
  子项目 食品中 pH 值的测定 ··· 98
   任务 电位法测定食品中的 pH 值 ··· 98
  知识链接 电位分析法 ··· 101
  子项目测试 ··· 105

项目四 分光光度分析技术 ··· 106
  子项目一 紫外-可见分光光度法 ··· 106
   任务 果蔬中可溶性还原糖的测定 ··· 106
  知识链接 分光光度法 ··· 107
  子项目测试 ··· 116
  子项目二 目视比色技术 ··· 117
   任务 矿泉水色度的测定 ··· 117
  知识链接 目视比色法 ··· 118
  子项目测试 ··· 119

项目五 重量分析技术 ··· 120
  子项目一 沉淀法 ··· 120
   任务 火腿肠（或熏制肠）中淀粉含量的测定 ··· 120
  知识链接 沉淀法 ··· 124
  子项目测试 ··· 128
  子项目二 挥发法 ··· 129
   任务 饼干中水分的测定 ··· 129
  知识链接 挥发法 ··· 130
  子项目测试 ··· 132
  子项目三 萃取法 ··· 132
   任务 液态乳中脂肪含量的测定 ··· 132
  知识链接 萃取法 ··· 135
  子项目测试 ··· 137

项目六 食品中常见的有机物 ··· 139
  子项目 常见有机物的检验与认知 ··· 139
   任务一 有机物的鉴别技术 ··· 139
  知识链接 有机物概述 ··· 142
   任务二 假酒的测定 ··· 158
  知识链接 醇 ··· 159
   任务三 馒头中甲醛合次硫酸氢钠的测定 ··· 168
  知识链接 醛和酮 ··· 170
   任务四 食醋中总酸度的测定 ··· 176
  知识链接 羧酸及其衍生物和取代羧酸 ··· 177
   任务五 食品中亚硝酸盐的测定 ··· 186

知识链接　含氮有机化合物 ·· 187
　　　　任务六　从茶叶中提取咖啡因 ··· 192
　　知识链接　杂环化合物 ··· 193
　子项目测试 ··· 202

项目七　食品中的营养物质 ·· 204
　子项目一　糖类 ·· 204
　　　　任务一　蔗糖转化度的测定 ··· 204
　　知识链接　光学异构 ··· 206
　　　　任务二　糕点中总糖的测定 ··· 214
　　知识链接　糖类 ·· 216
　子项目测试 ··· 234
　子项目二　脂类 ·· 235
　　　　任务　食用油中酸价和过氧化值的测定 ····································· 236
　　知识链接　脂类 ·· 238
　子项目测试 ··· 252
　子项目三　蛋白质 ··· 253
　　　　任务一　氨基酸的纸色谱法分离 ·· 253
　　知识链接　氨基酸 ··· 255
　　　　任务二　大米中蛋白质的测定 ·· 260
　　知识链接　蛋白质 ··· 262
　子项目测试 ··· 268
　子项目四　维生素与矿物质 ··· 269
　　　　任务一　维生素 C 的定量测定 ·· 269
　　知识链接　维生素 ··· 271
　　　　任务二　食盐中碘含量测定 ·· 283
　　知识链接　矿物质 ··· 284
　子项目测试 ··· 291

项目八　食品中的酶 ·· 292
　子项目一　酶 ·· 292
　　　　任务一　酶的催化特性 ·· 292
　　知识链接　酶的催化特性 ··· 294
　　　　任务二　影响酶活力的因素 ·· 298
　　知识链接　酶促反应动力学 ·· 300
　子项目测试 ··· 303
　子项目二　食品中重要的酶 ··· 304
　　　　任务　果蔬酶促褐变的防止与蔬菜加工中的护色 ·························· 305
　　知识链接　食品中重要的酶及应用 ·· 306
　子项目测试 ··· 312

项目九　食品的风味化学 ··· 313
　子项目一　食品的色泽化学 ··· 313
　　　　任务　油菜籽中叶绿素含量的测定 ··· 313
　　知识链接　食品的色泽化学 ·· 315
　子项目测试 ··· 320
　子项目二　食品中的香气物质 ·· 320
　　　　任务　几种食品的风味综合评定 ·· 320
　　知识链接　食品中的香气物质 ··· 321
　子项目测试 ··· 324

子项目三　食品的风味化学 ·· 325
　　　　任务　食品中糖精钠的测定 ··· 325
　　知识链接　食品的风味化学 ··· 327
　　子项目测试 ··· 330
综合技能考核模拟试卷（一） ··· 332
综合技能考核模拟试卷（二） ··· 334
综合技能考核模拟试卷（三） ··· 336
附录一　化合物的相对分子质量表 ··· 338
附录二　常用玻璃量器衡量法 $K(t)$ 值表 ·· 341
附录三　弱酸、弱碱在水中的离解常数 ··· 342
附录四　相当于氧化亚铜质量的葡萄糖、果糖、乳糖、转化糖的质量表 ···················· 343
附录五　标准电极电势表（298.15K） ··· 353
附录六　希腊字母表 ·· 356
附录七　食品应用化学推荐网站 ·· 357
参考文献 ·· 358

项目一　溶液的配制

思政小课堂

一种或一种以上的物质以分子或离子状态均匀地分布在另一种物质中构成的稳定体系，称为溶液。其中，能溶解其他物质的物质称为溶剂，被溶解的物质称为溶质。一般所说的溶液是指以水作为溶剂的水溶液。在食品分析工作中，涉及的溶液种类很多，有试液、指示液、标准溶液和缓冲溶液等。本项目主要介绍溶液的配制，其中包括四个子项目：分析天平称量技术、一般溶液的配制技术、标准溶液的配制技术和缓冲溶液的配制技术。

子项目一　分析天平称量技术

学习目标：
1. 学会电子天平的使用和三种称量方法。
2. 能够描述常见天平的分类和分析天平的结构特点。
3. 了解电子天平的称量原理。

技能目标：
能熟练运用三种称量方法，并正确记录数据。

在定量分析中，分析天平是用来准确称取物质质量的一种重要的精密仪器。目前，常用的分析天平有电光天平和电子天平两类。电子天平是最新一代的天平，具有体积小、称量速度快、精度高和操作简便等特点。本项目旨在使学生了解电子天平的结构、原理和使用方法的基础上，学会常用的三种基本样品的称量方法。

任务一　用递减法称取食盐 3 份，每份约 0.5000g

【工作任务】
用递减法称取食盐 3 份，每份约 0.5000g。

【工作目标】
1. 学会使用电子天平进行递减称量，并能够正确记录数据。
2. 了解电子天平的结构和原理。

【工作情境】
本任务可在化验室或实训室进行。
1. 仪器　电子天平、称量瓶、烧杯、干燥器和药匙。
2. 试剂　NaCl。

【工作原理】
递减称量法又称减量法，是利用每两次称量之差，求得一份或多份被称物质质量的方法。用于称量一定范围内的样品和试剂，主要用于易挥发、易吸水、易氧化和易与二氧化碳反应的物质的称量。常用的称量器皿是称量瓶，称量瓶是带有磨口塞的小玻璃瓶，使用时不能直接用手拿取，应戴手套或用洁净的纸条将其套住，再用手捏住纸条，防止手的温度或汗污等因素影响称量的准确度。

在分析检测工作中，常用递减称量法称取待测样品和基准物，多应用于多份平行试样的称量，具有方法简便、快速、准确、应用性广以及实用性强等优点，分析人员应熟练掌握其称量方法和技巧。

【工作过程】

1. 称量前的检查

（1）取下天平罩，叠好，放于天平后。

（2）检查天平盘内是否干净，如不干净用软毛刷轻扫天平盘内的灰尘。

（3）检查天平是否水平，若不水平，应调节底座螺钉，使气泡位于水平仪中心。

（4）检查天平箱内的干燥剂（一般用变色硅胶）是否变色失效，若变色硅胶变色，应及时更换。

（5）每天检查天平室内的温度和湿度。对安装精度要求较高的电子天平，理想的室温条件是（20±2）℃，相对湿度为 45%～75%。

2. 开机

（1）预热　接通电源预热至少 30min，开启显示器。

（2）开启显示器　关好天平门，轻按"ON"键，显示器全亮，约 2s 后，显示天平型号，稍后显示为 0.0000g，即可开始使用，读数时应关上电子天平门。

（3）电子天平基本模式的选定　电子天平默认为"通常情况"模式，并具有断电记忆功能。使用时若改为其他模式，使用后一经按"OFF"键，电子天平即恢复"通常情况"模式。

（4）校准　电子天平安装后，第一次使用前，应对电子天平进行校准。若存放时间较长、位置移动、环境变化或未获得精确测量时，应重新对电子天平进行校准。

3. 称量

（1）将装有适量 NaCl 试样的称量瓶从干燥器中取出，放入天平盘上，准确称出称量瓶加试样的质量 m_1（精确到 0.1mg），并记录。称量瓶的拿取要用清洁的纸条叠成约 1cm 宽的纸带套在称量瓶上（也可戴上纸制的指套或清洁的细纱手套拿取称量瓶），用手拿住纸带尾部，把称量瓶放到天平秤盘的正中位置。

（2）使用原纸带将称量瓶从天平盘上取出，拿到接收容器的上方，用纸片夹住瓶盖打开瓶盖，但瓶盖绝不能离开接收容器的上方。将瓶身慢慢向下倾斜，用瓶盖轻敲称量瓶口，使试样慢慢落入容器中（如图 1-1 所示）。当倾出 NaCl 的试样接近约 0.5000g 时，边用瓶盖轻敲瓶口，边将称量瓶慢慢直立，使粘在称量瓶口的 NaCl 试样落入接收容器或称量瓶底部。

图 1-1　移取、敲击和倾倒试样的方法

（3）盖好瓶盖，将称量瓶再放回天平盘上，取出纸带，关好侧门准确称其质量，准确到 0.1mg，记为 m_2。

（4）两次称量读数之差（m_1-m_2）即为倾出 NaCl 试样的质量，也就是倒入接收容器里的第一份试样质量。若称取三份试样,则同法操作,连续称量四次即可。

(5) 称量结束后取出被称量的样品,按"OFF"键关闭天平,切断电源,关好电子天平的门,保证电子天平内外清洁,罩上天平罩,在天平的使用记录本上记下称量操作的时间和天平状态,并签名。整理好台面之后方可离开。

【数据处理】

称量结果	第1份	第2份	第3份
称量瓶和试样的质量/g	m_1	m_2	m_3
	m_2	m_3	m_4
试样质量/g			

【注意事项】

1. 将电子天平置于稳定的工作台上,避免振动、气流及阳光照射。
2. 被称量的试样只能由边门取放,称量时要关好边门。
3. 对于易挥发、易吸湿和具有腐蚀性的被称量试样,应将其盛于带盖称量瓶内称量,防止因试样的挥发和吸附而造成称量不准,或因腐蚀而损坏电子天平。
4. 电子天平载物量不得超过其额定最大载荷。在同一次实验中,应使用同一台电子天平,称量数据应及时写在记录本上。
5. 称量的试样与电子天平箱内的温度应一致。过冷、过热的试样应先放在干燥器中,待与室温一致后,再进行称量。
6. 在使用过程中,如发现电子天平损坏或不正常,应立即停止使用,并送相关部门检修,检定合格后方可再用。
7. 若敲出质量多于所需质量时,则需重新称重,已取出试样不能放回原试剂瓶中,必须弃去。
8. 盛有试样的称量瓶除放在表面皿和天平盘上或用纸带拿在手中外,不得放在其他地方,且纸带或手套应放在清洁的地方。

【体验测试】

1. 根据递减法的称量过程,说说什么是直接称量法?
2. 什么情况下用直接称量法?什么情况下用递减称量法?
3. 差减法倒出约1g石英砂,应如何操作?如何掌握倒出的量约是1g?
4. 用差减法称取试样,若称量瓶内的试样吸湿,将对称量结果造成什么误差?若试样倾倒入烧杯内以后再吸湿,对称量是否有影响?

知识链接

分析天平

1. 概述

常规的分析操作都要使用天平,天平的称量误差直接影响分析结果。因此,必须了解常见天平的结构,学会正确的称量方法。

常见的天平有以下三类:普通的托盘天平、电光天平和电子天平(如图1-2所示)。

普通的托盘天平是采用杠杆平衡原理,使用前须先调节调平螺钉调平,称量误差较大,一般应用于对质量精度要求不太高的称量。砝码不能用手去拿,要用镊子夹取。

电光天平是一种较精密的分析天平,以TG-328A型全自动电光天平为例,称量时可以精确至0.1mg,调节1g以上质量用砝码,10~990mg用环码,尾数从光标处读出。使用前须先检查环码状态,再预热半小时。称量必须小心,轻拿轻放。称量时要关闭天平门,取样、加减砝码时必须关闭升降枢。

托盘天平　　　　　　　TG-328A型全自动电光天平　　　　　电子天平

图 1-2　常见的天平

电子天平是利用电磁力或电磁力矩补偿原理,实现被测物体在重力场中的平衡,来获得物体质量并采用数字指示装置输出结果的衡量仪器,它是传感技术、模拟电子技术、数字电子技术和微处理器技术发展的综合产物（图 1-3）。

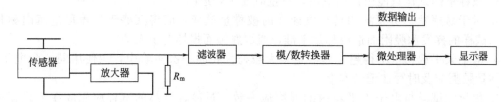

图 1-3　电子天平工作原理

当秤盘上加上被称物时,传感器的位置检测器信号发生变化,并通过放大器反馈使传感器线圈中的电流增大,该电流在恒定磁场中产生一个反馈力与所加载荷相平衡;同时,该电流在测量电阻 R_m 上的电压值通过滤波器、模/数转换器送入微处理器,进行数据处理,最后由显示器自动显示出被称物质质量数值。

采用电子天平称量时,全量程不需要砝码,放上被测物质后,在几秒钟内达到平衡,直接显示读数,具有称量速度快、精度高的特点。它的支撑点采取弹簧片代替机械天平的玛瑙刀口,用差动变压器取代升降枢装置,用数字显示代替指针刻度,因此具有体积小、使用寿命长、性能稳定、操作简便和灵敏度高的特点。此外,电子天平还具有自动校正、自动去皮、超载显示和故障报警等功能,具有质量电信号输出功能,且可与打印机、计算机联用,进一步扩展其功能,如统计称量的最大值、最小值、平均值和标准偏差等。由于电子天平具有机械天平无法比拟的优点,尽管其价格偏高,但也越来越广泛地应用于各个领域,并逐步取代机械天平。

2. 电子天平的分类与结构

2.1　分类

在进行样品的称量时,要根据不同的称量对象和不同的天平,选用合适的称量方法。一般称量使用普通托盘天平即可,对于质量精度要求高的样品和基准物质应使用电子天平来称量。电子天平通常根据其精度将其分为四类,见表 1-1。

表 1-1　电子天平的分类

名称	最大称量/g	分度值/mg	名称	最大称量/g	分度值/mg
超微量电子天平	2～5	0.1	半微量天平	20～100	0.1
微量天平	3～50	0.1	常量电子天平	100～200	1.0

2.2　结构

称量结果的准确与否,会直接影响分析结果的准确程度,因此,了解分析天平的结构,学会正确、规范的称量技术,是获得准确称量结果的前提。电子天平的主要结构如下。

(1) 秤盘　秤盘多由金属材料制成，安装在电子天平的传感器上，是天平进行称量的承受装置，它具有一定的几何形状和厚度，以圆形和方形居多，使用中应注意卫生清洁，更不要随意掉换秤盘。

(2) 传感器　传感器是电子天平的关键部件之一，由外壳、磁钢、极靴和线圈等组成，装在秤盘的下方，它的精度很高也很灵敏。应保持天平称量室的清洁，切忌称样时撒落物品，以免影响传感器的正常工作。

(3) 位置检测器　位置检测器是由高灵敏度的远红外发光管和对称式光敏电池组成的。它的作用是将秤盘上的载荷转变成电信号输出。

(4) PID 调节　PID（比例、积分、微分）调节器的作用，就是保证传感器快速而稳定地工作。

(5) 功率放大器　其作用是将微弱的信号进行放大，以保证天平的精度和工作要求。

(6) 低通滤波器　它的作用是排除外界和某些电器元件产生的高频信号的干扰，以保证传感器的输出为一恒定的直流电压。

(7) 模数（A/D）转换器　它的优点在于转换精度高，易于自动调零，能有效地排除干扰，将输入信号转换成数字信号。

(8) 微计算机　它是电子天平的数据处理部件，它具有记忆、计算和查表等功能。

(9) 显示器　现在的显示器基本上有两种：一种是数码管的显示器；另一种是液晶显示器。它们的作用是将输出的数字信号显示在显示屏幕上。

(10) 机壳　其作用是保护电子天平免受到灰尘等物质的侵害，同时也是电子元件的基座等。

(11) 气泡平衡仪（水平仪）　其作用是便于工作中有效地判断天平水平位置。

(12) 底脚　底脚是电子天平的支撑部件，同时也是电子天平水平的调节部件。

电子天平的基本部件（以德国赛多利斯公司生产的 Sartorius110s 型号电子天平为例）见图 1-4。

3. 称量方式

3.1 直接称量

在电子天平显示为 0.0000g 时，打开天平侧门，将被测物小心置于天平盘上，关闭天平门，待数字不再变动后即得被测物的质量。打开天平门，取出被测物，关闭天平门。

3.2 去皮称量

按"TARE"键清零，将容器至于天平盘上，关闭天平门，电子天平显示容器质量，再按"TARE"键清零，即去除皮重，此时，电子天平显示为 0.0000g，再置称量物于容器中，或将称量物（粉末状物或液体）逐步加入容器中直至达到所需质量，待显示器左下角的"0"消失，这时显示的是称量物的净质量。将天平盘上的所有物品拿开后，电子天平显示负值，按"TARE"键，电子天平显示 0.0000g。若称量过程中天平盘上的总质量超过了电子天平的额定最大载荷，电子天平仅显示上部线段，此时应立即减小载荷。

4. 称量方法

4.1 直接称量法

直接称量法是将称量物放在天平盘上（药品需装入烧杯、称量瓶中或称量纸上）直接称量出物体质量的方法。此法适用于称量一物体的质量，例如称量某小烧杯的质量、容量器皿校正中称量某容量瓶的质量、重量分析实验中称量某坩埚的质量等都使用这种称量方法，此法适宜称量洁净干燥、不易潮解或升华的固体试样。

4.2 递减称量法

递减称量法是利用每两次称量之差，求得一份或多份被称物质质量的方法，用于称量一

直接称量法

递减称量法

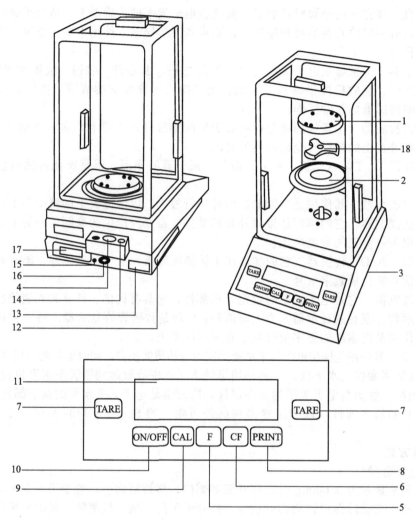

图 1-4 电子天平的基本部件

1—秤盘；2—屏蔽环；3—地脚螺旋；4—水平仪；5—功能键；6—CF 清除键；
7—除皮键；8—打印键；9—调校键；10—开关；11—显示器；12—CMC 标签；
13—型号牌；14—防盗装置；15—菜单-去联锁开关；16—电源接口；
17—数据接口；18—秤盘支架

定范围内的样品和试剂。主要用于易吸水、易氧化或易与 CO_2 等反应的物质的称量。具体称量方法见任务一。

在实际称量时，直接称量法是递减称量方法的基础，在进行递减称量法的练习时，每一步的称量都是直接称量法，故不再另行练习直接称量法。

任务二　用固定质量称量法称量面粉 3.2052g

【工作任务】

用固定质量称量法称量面粉 3.2052g。

【工作目标】

1. 学会使用电子天平进行固定质量称量法的称量方法和技巧，并正确记录数据。
2. 了解固定质量称量法的注意事项。

【工作情境】

本任务可在化验室或实验室进行。
1. **仪器** 电子天平、称量瓶、烧杯、干燥器和药匙。
2. **试剂** 面粉适量。

【工作原理】
　　固定质量称量法又称增量法，用于称量某一固定质量的试剂或试样。这种 固定质量称量法称量操作的速度很慢，适用于称量不易吸潮，在空气中能稳定存在的粉末或小颗粒（最小颗粒应小于0.1mg）样品，以便精确调节其质量。此法常用小烧杯、表面皿或称量纸等称量器皿，要求试样性质稳定，分析人员操作熟练，尽量减少增减试样的次数，保证称量准确、快速。

　　固定质量称量法要求称量精度在0.1mg以内。如称取0.5000g的$NaHCO_3$，则允许质量的范围是0.4999～0.5001g。超出这个范围的样品均不合格。若加入量超出，则需重称试样，已用试样必须弃去，不能放回到试剂瓶中。操作中不能将试剂撒落到容器以外的地方。称好的试剂必须定量的转入接收器中，不能有遗漏。

【工作过程】
　1. 称量前的检查
　　(1) 取下天平罩，叠好，放于天平后。
　　(2) 检查天平盘内是否干净，如不干净用软毛刷轻扫天平盘内的灰尘。
　　(3) 检查天平是否水平，若不水平，调节底座螺钉，使气泡位于水平仪中心。
　　(4) 检查天平箱内的干燥剂（一般用变色硅胶）是否变色失效，若变色硅胶变色，应及时更换。

　2. 开机
　　(1) 预热　接通电源预热至规定时间后，开启显示器。
　　(2) 开启显示器　关好天平门，轻按"ON"键，显示器全亮，约2s后，显示天平型号，稍后显示为0.0000g，即可开始使用，读数时应关上电子天平门。

　3. 称量
　　(1) 首先按电子天平的"TARE"键清零，将小烧杯放在天平盘上，关闭天平门，电子天平显示小烧杯的质量，再按"TARE"键清零，即去除皮重。此时，电子天平显示为0.0000g。
　　(2) 右手轻轻打开天平门，用左手手指轻击右手腕部（或用右手的拇指和中指握住勺柄，食指轻轻敲击勺柄），将牛角匙中面粉慢慢振落于小烧杯内，当达到3.2052g时停止加样，关上天平门，读数并记录（如图1-5所示）。
　　(3) 打开天平门，取出小烧杯，再按同法称取2份3.2052g面粉与另外两个小烧杯中。
　　(4) 称量结束后取出被称量的样品，按"OFF"键关闭天平，切断电源，关好电子天平的门，保证电子天平内外清洁，罩上天平罩，在天平的使用记录本上记下称量操作的时间和天平状态，并签名。整理好台面之后方可离开。

图1-5　固定质量称量法的示意图

【数据处理】

称量结果	第1份	第2份	第3份
面粉的样重/g	m_1	m_2	m_3

【注意事项】
　　1. 在开关门，放取称量物时，动作必须轻缓，切不可用力过猛或过快，以免造成天平损坏。

2. 对于过热或过冷的称量物，应使其恢复到室温后称量。

3. 称量物的总质量不能超过天平的称量范围。在固定质量称量时要特别注意。

4. 所有称量物都必须置于一定的洁净干燥容器（如烧杯、表面皿或称量瓶等）中进行称量，以免污染或腐蚀天平。

5. 为避免手上的油脂与汗液污染，不能用手直接拿取容器。称取易挥发或易与空气作用的物质时，必须使用称量瓶以确保在称量的过程中物质质量不发生变化。

【体验测试】

1. 哪些样品使用固定质量称量法？
2. 简述用电子天平称量0.3000g氯化钠于小烧杯中的过程？

子项目测试

1. 填空题

(1) 电子天平的称量依据是_____原理。

(2) 安装精度要求较高的电子天平，理想的室温条件是_____℃，相对湿度为_____%。

(3) 电子天平开机后需要至少预热_____min以上，才能正式称量。

2. 选择题

(1) 当电子天平显示（　　）时，可进行称量。
  A. 0.0000 B. CAL C. TARE D. OL

(2) 电子天平使用前必须进行校准，下列哪种说法是不正确的。（　　）
  A. 首次使用前必须校准 B. 天平由一地移到另一地使用前必须校准
  C. 使用30天左右需校准 D. 可随时校准 E. 不能由操作者自行校准

(3) 将下列电子天平的结构和与之对应的电子天平的特征找出来填在括号中。
  ① 电子天平没有宝石和玛瑙刀（　　）
  ② 称量全程不用砝码，几秒钟即可显示出读数（　　）
  ③ 天平内部装有标准砝码（　　）
  ④ 采用数字显示，代替指针刻度式显示（　　）
  ⑤ 可与微机相连，完成数据统计工作（　　）
  A. 灵敏度高，操作方便 B. 智能化程度高 C. 称量速度快
  D. 使用寿命长 E. 称量数据准确可靠

3. 问答题

(1) 举例说明什么是直接法、减量法和固定质量称量法？

(2) 电子天平的称量方式有几种？

(3) 电子天平安装后为什么要先进行校准后才能使用？

子项目二　一般溶液的配制技术

学习目标：

1. 了解溶液的组成，学会溶液浓度的几种表示方法和计算。
2. 能够运用溶液浓度间的换算公式，解决化学药品配制前的计算问题。
3. 学会一般溶液配制的操作技术。

技能目标：

会运用托盘天平称量、配制一般溶液的操作技术。

一般溶液是指非标准溶液，它在分析工作中常作为溶解样品、调节pH值、分离或掩蔽离子、显色等使用。配制一般溶液对精度要求不高，有效数字1~2位即可，试剂的质量可

由架盘天平称量，体积用量筒量取。常用的配制方法有直接溶解法、介质水溶法和稀释法三种。

任务一　配制0.1mol/L的NaCl溶液100mL

【工作任务】

配制0.1mol/L的NaCl溶液100mL。

【工作目标】

1. 学会配制溶液前的计算能力。
2. 学会用直接溶解法配制溶液。

【工作情境】

本任务可在化验室或实验室中进行。

1. 仪器　托盘天平、烧杯、量筒和试剂瓶（或滴瓶）。
2. 试剂　NaCl。

一般溶液的配制

【工作原理】

直接溶解法用于易溶于水且不发生水解的固体试剂［如KOH、NaCl和（NH$_4$）$_2$C$_2$O$_4$］的配制。在配制其溶液时，首先根据溶液的浓度和体积计算出所需固体试剂的质量，然后用托盘天平称取相应量的固体试剂置于烧杯中，加入少量蒸馏水，搅拌使之溶解并稀释至所需体积，最后转移至试剂瓶或滴瓶中，贴上标签，保存备用。

【工作过程】

用托盘天平称取NaCl 5.85g，置于洗涤干净的烧杯中，用量筒量取100mL蒸馏水倒入烧杯中，用玻璃棒搅拌使其溶解，摇匀。将配制好的溶液转移至试剂瓶（或滴瓶）中，贴上标签。

【注意事项】

1. 配制前，应根据溶液的浓度和体积准确计算出所称固体试剂的质量。
2. 注意称量数据的读取，应准确无误。

【体验测试】

1. 实验室欲配制0.5mol/L的NaCl溶液250mL，应称取NaCl多少克？
2. 将80g氢氧化钠溶解在1L水中，所得溶液的物质的量浓度是否是1mol/L？

知识链接

溶液浓度

1. 溶液浓度的表示方法

1.1　质量浓度

质量浓度是指单位体积的溶液中所含溶质B的质量，用符号$\rho(B)$表示：

$$\rho(B)=\frac{m(B)}{V}$$

质量浓度$\rho(B)$的常用单位有kg/L、g/L或mg/mL等。质量浓度主要用于表示浓度较低的标准溶液或指示剂溶液，如$\rho(Cu^{2+})=4mg/mL$，$\rho(酚酞)=10g/L$。

1.2　物质的量浓度

物质的量浓度是指单位体积溶液中所含溶质的物质的量，用符号c表示。若溶质用B表示，则B的物质的量浓度的定义式为：

$$c(B)=\frac{n(B)}{V}$$

思政小课堂

c(B) 的常用单位是 mol/L 或 mmol/L。

【例题 1-1】 称取 2.0g 固体 NaOH 溶解于不含 CO_2 的蒸馏水中，形成 500mL 溶液。试求该溶液的物质的量浓度。

解： $c(NaOH)=\dfrac{n(NaOH)}{V}=\dfrac{\dfrac{m(NaOH)}{M(NaOH)}}{V}=\dfrac{\dfrac{2.0g}{40.00g/mol}}{500mL\times\dfrac{1L}{1000mL}}=0.1mol/L$

【例题 1-2】 计算质量浓度为 80g/L 的稀盐酸的物质的量浓度。

解：依据题意，1L 此盐酸溶液中含 HCl 80g。

$c(HCl)=\dfrac{n(HCl)}{V}=\dfrac{m(HCl)}{M(HCl)V}=\dfrac{80g}{37.5g/mol\times 1L}=2.13mol/L$

1.3 质量分数（ω_B）

溶质的质量与溶液的质量之比称为该溶液的质量分数，用符号 ω_B 表示，无单位，溶质与溶液质量单位必须一致。旧称为质量百分比浓度。

$$\omega_B=\dfrac{m_{溶质}}{m_{溶液}}\times 100\%$$

质量分数不随温度的变化而变化。

例如：$\omega_{HCl}=37\%$（或 0.37）表示 100g 盐酸溶液中含氯化氢的质量为 37g。

1.4 体积分数（φ_B）

在相同的温度和压强下，某一组分 B 的体积占混合物总体积的百分比，用符号 φ_B 表示，无单位，溶质与溶液体积单位必须一致。

$$\varphi_B=\dfrac{V_B}{V_总}\times 100\%$$

两种液体相混为溶液时，假若不考虑体积变化，某一组分的浓度亦可用体积分数表示。用体积分数表示溶液浓度，配制方法简单、使用方便，是常用的方法。如消毒用的医用酒精浓度为 75% 即指 100mL 溶液中含 75mL 纯酒精。

2. 溶液浓度之间的换算

在实际工作中，常常要将一种溶液的浓度换算成另一种浓度表示，即进行相应的浓度换算。浓度换算的关键是从正确理解各种浓度的基本定义出发，建立合理的等量关系。实验室常用溶液的密度及浓度见表 1-2。

表 1-2 实验室常用溶液的密度及浓度

试剂	密度/(g/mL)	质量分数/%	物质的量浓度(近似值)/(mol/L)
H_2SO_4	1.84	98	18
HCl	1.18	37.0	12
HNO_3	1.42	71.0	16
H_3PO_4	1.70	85.0	15
CH_3COOH	1.05	99.8	17.5
$NH_3\cdot H_2O$	0.89	30.0	15

2.1 质量分数与物质的量浓度之间的换算

在配制稀溶液时，使用物质的量浓度比较方便，但很多药品的标识是质量分数，质量分数与物质的量浓度换算的桥梁是密度，以质量不变列等式。

溶质的质量＝溶质的物质的量浓度×溶液的体积×摩尔质量
　　　　　＝溶液的体积×溶液密度×质量分数

即：

$$cVM = 1000V\rho\omega$$
$$c = 1000\rho\omega/M$$

溶液稀释前后溶质的质量不变，只是溶剂的量改变了，因此根据溶质的质量不变原则列等式：

$$c_1V_1 = c_2V_2$$

式中 c_1——稀释前溶液的浓度；
　　V_1——稀释前溶液的体积；
　　c_2——稀释后溶液的浓度；
　　V_2——稀释后溶液的体积。

【例题1-3】 下列溶液为实验室和工业常用的试剂，计算出它们的物质的量浓度。
(1) 盐酸：密度1.19g/mL，质量分数0.38。
(2) 硫酸：密度1.84g/mL，质量分数0.98。
(3) 硝酸：密度1.42g/mL，质量分数0.71。
(4) 氨水：密度0.89g/mL，质量分数0.30。

解： (1) $c_{HCl} = \dfrac{1000\rho\omega}{M_{HCl}} = \dfrac{1000 \times 1.19 \times 0.38}{36.5} = 12.4 (mol/L)$

(2) $c_{H_2SO_4} = \dfrac{1000\rho\omega}{M_{H_2SO_4}} = \dfrac{1000 \times 1.84 \times 0.98}{98} = 18.4 (mol/L)$

(3) $c_{HNO_3} = \dfrac{1000\rho\omega}{M_{HNO_3}} = \dfrac{1000 \times 1.42 \times 0.71}{63} = 16.0 (mol/L)$

(4) $c_{NH_3} = \dfrac{1000\rho\omega}{M_{NH_3}} = \dfrac{1000 \times 0.89 \times 0.30}{17} = 15.7 (mol/L)$

【例题1-4】 欲配制0.1mol/L的盐酸溶液400mL，需浓度为37%、密度1.19g/mL的浓盐酸多少毫升？

解： $c_{HCl} = \dfrac{1000\rho\omega}{M} = \dfrac{1000 \times 1.19 \times 37\%}{36.5} \approx 12 (mol/L)$

$$c_1V_1 = c_2V_2$$

$$V_1 = \dfrac{0.1 \times 400}{12} = 3.33 (mL)$$

2.2 质量浓度与物质的量浓度之间的换算

因为：
$$\rho_B = \dfrac{m_B}{V} \quad c_B = \dfrac{n_B}{V} \quad n_B = \dfrac{m_B}{M_B}$$

所以：
$$\rho_B = c_B M_B \quad 或 \quad c_B = \dfrac{\rho_B}{M_B}$$

【例题1-5】 计算$\rho_B = 90g/L$的稀盐酸溶液的物质的量浓度c_B是多少？

解： 已知　　　　$M_{HCl} = 36.5g/mol \quad \rho_{HCl} = 90g/L$

所以　　　　$c_{HCl} = \dfrac{\rho_{HCl}}{M_{HCl}} = \dfrac{90}{36.5} = 2.47 (mol/L)$

任务二　配制酸性氯化亚锡试液100mL

【工作任务】

配制酸性氯化亚锡试液100mL。

【工作目标】
学会用介质水溶法配制溶液。
【工作情境】
本任务可在化验室或实验室中进行。
1. 仪器 托盘天平、烧杯和试剂瓶（或滴瓶）。
2. 试剂 氯化亚锡和盐酸。
【工作原理】
分析工作中会用到许多试液，大多数试液的配制方法同任务一，但对于易水解的固体试剂（如 $FeCl_3$、Na_2S 和 $SnCl_2$ 等），由于这些物质遇水会水解，在配制这些试剂的水溶液时，应称取一定量的固体试剂于烧杯中，加入适量一定浓度的酸或碱使之溶解，再用蒸馏水稀释至所需体积，搅拌均匀后转移至试剂瓶或滴瓶中，这种配制方法称为介质水溶法。由于氯化亚锡是强还原剂，其溶液状态在自然界中不稳定，在水中易水解成白色乳浊液，所以在配制氯化亚锡溶液时，常将氯化亚锡溶解在盐酸中来抑制其水解，其反应方程式为：

$$SnCl_2 + H_2O \rightleftharpoons Sn(OH)Cl \downarrow (白色) + HCl$$

【工作过程】
用托盘天平称量氯化亚锡 40g，置于干净的烧杯中，然后往其中加入盐酸使溶液至 100mL，同时用玻璃棒搅拌溶解，再将溶液转移至试剂（或滴瓶）中，贴上标签。
【注意事项】
在配制氯化亚锡溶液时，通常先将 $SnCl_2$ 固体溶解在少量的浓盐酸中，再加水稀释。为防止 Sn^{2+} 氧化，常在新配制好的 $SnCl_2$ 溶液中加入少量的金属锡粒起稳定作用。

$$Sn + 2HCl \xrightleftharpoons{\triangle} SnCl_2 + H_2 \uparrow$$

【体验测试】
如何在实验室里配制三氯化铁试液？

知识链接

盐类水解

盐是酸碱中和反应的产物，除酸式盐和碱式盐外，大多数盐在水中既不能离解出 H^+，也不能离解出 OH^-，它们的水溶液似乎应该是中性的，但为什么 NaAc、Na_2CO_3 和 NH_4Cl 等盐类物质溶于水时，显一定的酸碱性而不显中性呢？这是由于盐类物质溶于水时，盐的离子与 H_2O 发生水解反应，产生 H^+ 或 OH^- 的缘故，并且还生成弱酸或弱碱，结果引起 H_2O 的离解平衡移动，改变了溶液中 H^+ 和 OH^- 的相对浓度，所以溶液就不显中性了。

1. 盐类水解的实质

盐类水解的实质是盐的离子与溶液中 H_2O 离解出的 H^+ 和 OH^- 作用，将这种产生弱电解质的反应叫做盐类的水解。如 NaAc 溶于水后发生的反应为：

$$\begin{array}{c} NaAc \longrightarrow Na^+ + Ac^- \\ + \\ H_2O \rightleftharpoons OH^- + H^+ \\ \Updownarrow \\ HAc \end{array}$$

由于 Ac^- 与 H_2O 离解出的 H^+ 结合成 HAc 分子，使 $[H^+]$ 减小，导致水的离解平衡向右移动。当 $[H^+]$ 得到补充时，$[OH^-]$ 也随之增大，因此溶液中 $[OH^-] > [H^+]$，这就是 NaAc 水溶液显碱性的原因。

当 NH_4Cl 溶于水后，有下列反应发生：

$$NH_4Cl \longrightarrow NH_4^+ + Cl^-$$
$$+$$
$$H_2O \rightleftharpoons OH^- + H^+$$
$$\updownarrow$$
$$NH_3 \cdot H_2O$$

由于 NH_4^+ 与 H_2O 离解出的 OH^- 结合成 $NH_3 \cdot H_2O$ 分子，使 $[OH^-]$ 减小，导致水的离解平衡向右移动，使溶液中 $[H^+] > [OH^-]$，这就是 NH_4Cl 水溶液显酸性的原因。

按照酸碱质子理论，盐的水解就是盐的离子与 H_2O 分子间的质子传递反应。NH_4Cl 和 $NaAc$ 的水解反应亦可表示为：

$$NH_4^+ + H_2O \rightleftharpoons NH_3 + H_3O^+$$
$$Ac^- + H_2O \rightleftharpoons HAc + OH^-$$

2. 各类盐的水解平衡

2.1 强碱弱酸盐

这类盐的阴离子有水解作用，水解后溶液显碱性。以 $NaAc$ 为例，水解反应为：

$$Ac^- + H_2O \rightleftharpoons HAc + OH^-$$

平衡时：

$$K_h = \frac{[HAc] \cdot [OH^-]}{[Ac^-]} = \frac{[HAc] \cdot [OH^-] \cdot [H^+]}{[Ac^-] \cdot [H^+]}$$
$$= \frac{[HAc] \cdot K_w}{[Ac^-] \cdot [H^+]} = \frac{K_w}{K_a}$$

K_h 表示水解时的平衡常数，称为水解常数。K_h 数值的大小，表示盐水解程度的大小。K_h 与 K_a 成反比，即酸越弱，它与强碱形成的盐水解程度越大（K_h 越大），溶液的碱性越强。K_h 值一般不能直接查到，而是通过 $K_h = K_w/K_a$ 间接求出。

盐的水解用水解度 h 表示。

$$h = \frac{\text{已水解了的盐的浓度}}{\text{盐的初始浓度}} \times 100\%$$

$NaAc$ 溶液中 $[OH^-]$ 浓度和 pH 值可作如下计算：设平衡时溶液中 $[OH^-]$ 为 x mol/L，盐溶液的初始浓度为 $c_{\text{盐}}$ mol/L，则：

$$Ac^- + H_2O \rightleftharpoons HAc + OH^-$$
平衡浓度 $\quad c_{\text{盐}} - x \quad\quad x \quad\quad x$

$$K_h = \frac{[HAc][OH^-]}{[Ac^-]} = \frac{x^2}{c_{\text{盐}} - x}$$

由于一般情况下，K_h 值很小，溶液中未发生水解的 Ac^- 的浓度近似等于 $NaAc$ 的初始浓度，即 $c_{\text{盐}} - x \approx c_{\text{盐}}$。代入上式得：

$$x = \sqrt{K_h c_{\text{盐}}}$$

即

$$[OH^-] = \sqrt{K_h c_{\text{盐}}} = \sqrt{\frac{K_w}{K_a} c_{\text{盐}}}$$

2.2 强酸弱碱盐

这类盐的阳离子具有水解作用，水解后溶液显酸性。以 NH_4Cl 为例，水解反应为

$$NH_4^+ + H_2O \rightleftharpoons NH_3 + H_3O^+$$

溶液中 NH_4^+ 进行水解，用同样的方法可以推出：

$$K_h = \frac{K_w}{K_b} \quad [H^+] = \sqrt{K_h c_{盐}} = \sqrt{\frac{K_w}{K_b} c_{盐}}$$

2.3 弱酸弱碱盐

这类盐的阴、阳离子都有水解作用，水解后溶液的酸、碱性取决于生成的弱酸、弱碱的相对强弱。如果弱酸的离解常数 K_a 与 K_b 近于相等，则溶液近于中性；如果 $K_a > K_b$，溶液呈酸性；如果 $K_b > K_a$ 溶液呈碱性。

弱酸弱碱盐的水解常数为：

$$K_h = \frac{K_w}{K_a K_b}$$

还需指出，尽管弱酸弱碱盐水解的程度往往比较大，但无论所生成的弱酸和弱碱的相对强弱如何，溶液的酸、碱性总是比较弱的。例如，根据计算，0.1mol/L NH_4CN 约有 51% 发生水解，溶液的 pH 值仅为 9.2。与之相比，0.1mol/L NaCN 仅有 1.3% 发生水解，而 pH 值高达 11.1。因此，不能认为水解的程度越大，溶液的酸性或碱性必然越高。

2.4 强酸强碱盐

强酸强碱盐中的阴、阳离子不能与水离解出的 H^+ 或 OH^- 结合成弱电解质，水的离解平衡未被破坏，故溶液呈中性，即强酸强碱盐在溶液中不发生水解。

【例题 1-6】 计算 0.1mol/L 的 NH_4Cl 溶液中 pH 值和水解度。

解：因为 NH_4Cl 是强酸弱碱盐，水解显酸性，即：

$$NH_4^+ + H_2O \rightleftharpoons NH_3 + H_3O^+$$

所以：

$$[H^+] = \sqrt{K_h c_{盐}} = \sqrt{\frac{K_w}{K_b} c_{盐}} = \sqrt{\frac{1.0 \times 10^{-14}}{1.76 \times 10^{-5}} \times 0.1} = 7.5 \times 10^{-6}$$

$$pH = -\lg[H^+] = -\lg 7.5 \times 10^{-6} = 5.1$$

$$h = \frac{已水解的盐的浓度}{盐的初始浓度} \times 100\% = \frac{7.5 \times 10^{-6}}{0.1} \times 100\% = 7.5 \times 10^{-3}$$

3. 影响盐类水解的因素

影响水解平衡的因素有以下几个方面。

(1) **盐的本性** 盐类水解时所生成的弱酸或弱碱的离解常数越小，水解程度越大。若水解产物为沉淀，则其溶解度越小，水解程度也越大。

(2) **浓度** 盐的浓度越小，水解的趋势就越大。稀释可促进水解，如：

$$CO_3^{2-} + H_2O \rightleftharpoons HCO_3^- + OH^-$$

$$K_h = \frac{[HCO_3^-][OH^-]}{[CO_3^{2-}]}$$

在一定的温度下，用水稀释时，各离子的浓度都减小，使 $K_c < K_h$，促使平衡向水解的方向移动。对于弱酸弱碱盐，水解程度与浓度无关。

(3) **温度** 由于中和反应是放热反应，因此其可逆过程——水解反应是吸热反应。一般地加热可以促进水解反应。如：

$$FeCl_3 + 3H_2O \rightleftharpoons Fe(OH)_3 + 3HCl$$

加热时溶液的颜色逐渐变深，最后析出棕红色的 $Fe(OH)_3$ 沉淀，这说明加热可以促进 $FeCl_3$ 水解。

(4) **酸碱度的影响** 盐类物质水解时，常引起溶液中 $[H^+]$ 和 $[OH^-]$ 的变化，因此调节溶液的酸碱度可以促进或抑制水解反应。如：

$$S^{2-} + H_2O \rightleftharpoons HS^- + OH^- \qquad 加酸促进水解$$
$$Al^{3+} + 3H_2O \rightleftharpoons Al(OH)_3 + 3H^+ \qquad 加碱促进水解$$

4. 盐类水解的应用

许多金属氢氧化物的溶解度都很小，当相应的盐溶于水时，由于水解作用会析出氢氧化物而出现浑浊。如 $Al_2(SO_4)_3$ 和 $FeCl_3$ 水解后会产生胶状氢氧化物，具有很强的吸附作用，可用作净水剂。有些盐如 $SnCl_2$、$SbCl_2$、$Bi(NO_3)_3$ 和 $TiCl_4$ 等，水解后会产生大量的沉淀，生产上可利用这种作用来制备有关的化合物。

任务三　配制 HCl 溶液（1+9）150mL

【工作任务】

配制 HCl 溶液（1+9）150mL。

【工作目标】

学会体积比溶液的配制方法。

【工作情境】

本任务可在化验室或实验室中进行。

1. 仪器　量筒、烧杯和试剂瓶（或滴瓶）。
2. 试剂　36%浓盐酸。

【工作原理】

体积比溶液是指液体试剂相互混合或用溶剂（大多为水）稀释时的表示方法，在分析检验中，应用比较广泛。例如（1+5）HCl 溶液，表示 1 体积市售浓 HCl 与 5 体积蒸馏水相混而成的溶液。有些分析规程中写成（1:5）HCl 溶液，意义完全相同。

【工作过程】

用量筒取浓盐酸 15mL，倒入盛有 135mL 蒸馏水的烧杯中，用玻璃棒搅拌，混匀。再将溶液转移至试剂瓶（或滴瓶）中，贴上标签。

【注意事项】

在取用浓盐酸时，因其易挥发，故应在通风橱中进行移取。

【体验测试】

1. 如何配制（1+3）HCl 溶液？此溶液的物质的量浓度是多少？
2. 欲配（2+3）乙酸溶液 1L，如何配制？

知识链接

比例浓度

比例浓度包括容量比浓度和质量比浓度。容量比浓度是指液体试剂相互混合或用溶剂（大多为水）稀释时的表示方法。质量比浓度是指两种固体试剂相互混合的表示方法，例如（1+100）钙指示剂-氯化钠混合指示剂，表示 1 个单位质量的钙指示剂与 100 个单位质量的氯化钠相互混合，是一种固体稀释方法，同样也有写成 1:100。

子项目测试

1. 判断题

（1）盐酸和硝酸以 3+1 的比例混合而成的混酸叫"王水"，以 1+3 的比例混合的混酸叫"逆王水"，它们几乎可以溶解所有的金属。（　　）

（2）配制质量比浓度时，必须采用万分之一的分析天平称量。（　　）

（3）配制容量比浓度时，必须使用吸量管移取溶液。（　　）

2. 填空题

(1) 盐类水解的实质是盐的离子与溶液中_____离解出的_____和_____离子作用，产生_____的反应叫做盐类的水解。

(2) NH_4Cl 水溶液显_____性，而 NaAc 水溶液显_____性。

(3) 0.1mol/L 的 NH_4Cl 溶液中 pH 值为_____水解度为_____。

(4) 影响盐类水解因素有_____、_____、_____、_____。

3. 选择题

(1) 将 0.90mol/L 的 KNO_3 溶液 100mL 与 0.10mol/L 的 KNO_3 溶液 300mL 混合，所制得 KNO_3 溶液的浓度为（　　）。

  A. 0.50mol/L B. 0.40mol/L C. 0.30mol/L D. 0.20mol/L

(2) 硫酸瓶上的标记是：H_2SO_4 80.0%（质量分数）；密度 1.727g/mL；相对分子质量 98.0。该酸的物质的量浓度是（　　）。

  A. 10.2mol/L B. 14.1mol/L C. 14.1mol/kg D. 16.6mol/L

(3) 18mol/L 的浓硫酸 3.5mL 配成 350mL 的溶液，该溶液的物质的量浓度为（　　）。

  A. 0.25mol/L B. 0.28mol/L C. 0.18mol/L D. 0.35mol/L

(4) 单位质量物质的量浓度的溶液是指 1mol 溶质溶于（　　）。

  A. 1L 溶液 B. 1000g 溶液 C. 1L 溶剂 D. 1000g 溶剂

4. 计算题

(1) 计算 (1+2) H_2SO_4 溶液的物质的量浓度？

(2) 欲配制 (2+3) 硝酸溶液 1000mL，应取试剂浓硝酸和蒸馏水各多少毫升？

(3) 将 2.5g NaCl 溶于 497.5g 水中配制成溶液，此溶液的密度为 1.002g/mL，求该溶液的物质的量浓度和质量分数。

(4) 现需 220mL、浓度为 2.0mol/L 的盐酸，问应取 20%、密度 1.10g/mL 的盐酸多少毫升？

5. 回答下列问题，简述理由。

(1) NaHS 溶液呈弱碱性，Na_2S 溶液呈较强碱性；

(2) 如何配制 $SnCl_2$、$Bi(NO_3)_3$ 和 Na_2S 溶液；

(3) 为何不能在水溶液中制备 Al_2S_3；

(4) 同是酸式盐，NaH_2PO_4 溶液为酸性，而 Na_2HPO_4 溶液为碱性。

子项目三 标准溶液的配制技术

学习目标：

1. 学会常用滴定分析仪器的操作技术和校正。
2. 能够运用直接法和间接法配制标准溶液，并能够对标准溶液标定。
3. 学会配制和标定标准溶液浓度的计算，并能正确地进行数据处理。

技能目标：

学会标准溶液的配制和标定技术。

  标准溶液是一种已知准确浓度的试剂溶液。在容量分析中常作为滴定剂使用。在食品检验中常用来测定物质的含量或另一种待标定的溶液浓度。由于，标准溶液浓度的准确度直接影响分析结果的准确度，因此，配制标准溶液的方法、使用仪器、量具和试剂等都有严格的要求。

任务一 滴定分析仪器的校正

【工作任务】

滴定分析仪器的校正。

【工作目标】
1. 学会常用滴定分析仪器的操作技术。
2. 学会滴定分析仪器的校正。

【工作情境】
本任务可在化验室或实验室中进行。
1. 仪器 分析天平（0.1mg）、滴定管及滴定架、移液管、容量瓶、精密温度计（10~30℃，分度值为0.1℃）、50mL和250mL烧杯、胶头滴管、洗瓶和具塞锥形瓶。
2. 试剂 95%乙醇（供干燥仪器用）和蒸馏水。

【工作原理】
玻璃量器的校正在食品检验中是必不可少的一项工作。根据中华人民共和国国家计量检定规程《常用玻璃量器检定规程》中的规定，容量示值的检定有衡量法和容量比较法两种，其中衡量法是仲裁检定方法。

衡量法是通过称量被检量器中量入或量出纯水的表观质量，并根据该温度下纯水的表观密度进行计算，得出量器在标准温度20℃时的被检玻璃量器的实际容积。其计算公式为：

$$V_{20}=mK(t)$$

根据测定的质量值（m）和测定水温所对应的$K(t)$值（列于附录二中），即可求出被检玻璃量器在20℃时的实际容量。

容量比较法是以水为介质，用标准量器与被检量器比较，以标准量器的量值来确定被检量器的量值。本任务重点介绍用衡量法进行的滴定管、分度吸量管（以下简称吸量管）、单标线吸量管（以下简称移液管）和单标线容量瓶容量的检定方法。

1. 玻璃量器使用中的几个名称及其含义
（1）标准温度 量器的容积与温度有关，规定一个共同的温度293K，即20℃。
（2）标称容量 量器上标出的标线和数字。
（3）容量允差 在标准温度20℃时，滴定管、分度吸量管的标称容量和零至任意分量，以及任意两检定点间的最大误差。
（4）流出时间 从最高标线开始，通过流液口自然流出水至最低标线所需时间。

2. 玻璃量器的产品标记
（1）制造厂名或商标。
（2）标准温度：20℃。
（3）型式标记：量入式用"In"，量出式用"Ex"，吹出式用"吹"或"Blow out"。
其中，"量入"式容量瓶，是表示在标明的温度下，液体充满到标度线时，装入瓶内液体的体积恰好与瓶上标明的体积相同。"量出"式容量瓶，是表示在标明温度下，液体充满到刻度线时，从瓶内倾出液体的体积与瓶上标明的体积相同。在精确分析时，使用"量入"式容量瓶更适合。
（4）滴定管的准确度等级：A或B。
（5）非标准的口与塞，活塞芯和外套，必须用相同的配合号码。无塞滴定管的流液口与管下部也应标有同号。
（6）用硼硅玻璃制成的玻璃量器，应标"B_{Si}"字样。

【工作过程】
1. 检定的环境条件
（1）室温（20±5）℃，且室内温度变化不能大于1℃/h。
（2）水温与室温之差不应超过2℃。
（3）检定介质为纯水（蒸馏水或去离子水），应符合GB 6682—2008要求。

(4) 清洗干净并晾干的被检量器须在检定前 4h 放入实验室内。

2. 检定结果与周期

凡使用需要实际值的检定，其检定次数至少两次，两次检定数据的差值应不超过被检玻璃量器容量允差的 1/4，并取两次的平均值。玻璃量器的检定周期为 3 年，其中无塞滴定管为 1 年。

3. 滴定管的校正

(1) 将滴定管垂直固定在滴定台上，装入蒸馏水至最高标线以上约 5mm 处。

(2) 缓慢地将液面调整到零位，同时排出流液口中的空气，移去流液口的最后一滴水珠。

(3) 取一只容量大于被检滴定管的洁净、干燥、有盖的称量杯或具塞锥形瓶，称得其空瓶质量（m_0）。

(4) 完全开启活塞（无活塞滴定管还需用力挤压玻璃小球），使水充分地从流出口流出。

(5) 当液面降至被检分度线以上约 5mm 处时，等待 30s，然后 10s 内将液面调至被检分度线上，随即用称量杯或具塞锥形瓶移去流液口的最后一滴水珠。

(6) 将被检滴定管内的蒸馏水放入称量杯或具塞锥形瓶后，称出瓶和蒸馏水的质量。

(7) 在调整被检滴定管液面的同时，应观察测温筒内的水温，读数应准确到 0.1℃。

(8) 按上述原理中衡量法的计算公式计算被检滴定管在标准温度 20℃时的实际容量。

(9) 对滴定管除计算各检定点容量误差外，还应计算任意两检定点之间的最大误差。

(10) 滴定管检定点的选择如表 1-3 所示。

表 1-3　滴定管检定点的选择

滴定管量程	检定点				
1～10mL	半容量和总容量两点				
25mL	0～5mL	0～10mL	0～15mL	0～20mL	0～25mL
50mL	0～10mL	0～20mL	0～30mL	0～40mL	0～50mL
100mL	0～20mL	0～40mL	0～60mL	0～80mL	0～100mL

(11) 滴定管的允许误差（mL）如表 1-4 所示。

表 1-4　滴定管的允许误差

标称容量/mL		1	2	5	10	25	50
分度值/mL		0.01	0.02	0.05	0.1	0.1	
容量允差/mL	A 级	±0.010	±0.010	±0.025	±0.04	±0.05	
	B 级	±0.020	±0.020	±0.050	±0.08	±0.10	

4. 分度吸量管和单标线吸量管的校正

(1) 用洗净干燥的吸量管吸取蒸馏水，使液面达到最高标线以上约 5mm 处，速用食指堵住吸管口，擦干吸量管流液口外面的水。

(2) 缓慢地将液面调整到被检分度线上，移去流液口的最后一滴水珠。

(3) 取一只容量大于被检吸量管容器的洁净、干燥、带盖称量杯或具塞锥形瓶，称其空瓶质量（m_0）。

(4) 将流液口于称量杯或具塞锥形瓶内壁接触，称量杯或具塞锥形瓶倾斜 30°，使蒸馏水沿称量杯或具塞锥形瓶壁充分地流下。对于流出式吸量管，当水流至流液口口端不流时，近似等待 3s，随即用称量杯或具塞锥形瓶移去流液口的最后一滴水珠（口端保留残留液）。对于吹出式吸量管，当水流至流液口口端不流时，随即将流液口残留液排出。

(5) 将被检吸量管内的蒸馏水放入称量杯或具塞锥形瓶后，称出瓶和蒸馏水的质量。

(6) 在调整被检吸量管液面的同时，应观察测温筒内的水温，读数应准确到 0.1℃。

(7) 按上述原理中衡量法的计算公式计算被检吸量管在标准温度 20℃时的实际容量。
(8) 对分度吸量管除计算各检定点容量误差外，还应计算任意两检定点之间的最大误差。
(9) 分度吸量管检定点的选择如表 1-5 所示。
(10) 吸量管的允许误差（mL）如表 1-6 和表 1-7 所示。

表 1-5 吸量管检定点的选择

吸量管	0.5mL 以下的检定点（包括 0.5mL）	半容量(半容量至流液口)
		总容量
	0.5mL 以上的检定点（不包括 0.5mL）	总容量的 1/10。若无总容量的 1/10 分度线，则检 2/10 点（自流液口起）
		半容量(半容量至流液口)
		总容量

表 1-6 单标线吸量管的允许误差

标称容量/mL		1	2	3	5	10	15	20	25	50	100
容量允差/mL	A	±0.007	±0.010	±0.015	±0.020	±0.025		±0.030		±0.05	±0.08
	B	±0.015	±0.020	±0.030	±0.040	±0.050		±0.060		±0.10	±0.16

表 1-7 分度吸量管的允许误差

标称容量/mL	分度值/mL	容量允差/mL			
		液出式		吹出式	
		A	B	A	B
0.1	0.001			±0.008	±0.004
	0.005				
0.2	0.002			±0.003	±0.006
	0.01				
0.25	0.002			±0.004	±0.008
	0.01				
0.5	0.005			±0.005	±0.015
	0.01				
	0.02				
1	0.01	±0.008	±0.015	±0.008	±0.015
2	0.02	±0.012	±0.025	±0.012	±0.025
5	0.05	±0.025	±0.050	±0.025	±0.050
10	0.1	±0.05	±0.10	±0.05	±0.10
25	0.2	±0.10	±0.20		
50	0.2	±0.10	±0.20		

5. 容量瓶的校正

(1) 将清洗干净并经干燥处理过的被检量瓶进行称量，称得空容量瓶的质量（m_0）。
(2) 加入蒸馏水至被检量瓶的标线处，称出瓶和蒸馏水的质量。
(3) 将温度计插入到被检量瓶中，测量蒸馏水的温度，读数应准确到 0.1℃。
(4) 按上述原理中衡量法的计算公式计算被检滴定管在标准温度 20℃时的实际容量。
(5) 容量瓶的允许误差（mL）如表 1-8 所示。

表 1-8 单标线容量瓶的允许误差

标称容量/mL		1	2	5	10	25	50
容量允差/mL	A 级	±0.010	±0.015	±0.020	±0.020	±0.03	±0.05
	B 级	±0.020	±0.030	±0.040	±0.040	±0.06	±0.10
标称容量/mL		100	200	250	500	1000	2000
容量允差/mL	A 级	±0.10	±0.15	±0.15	±0.25	±0.40	±0.60
	B 级	±0.20	±0.30	±0.30	±0.50	±0.80	±1.20
分度线宽度/mm		≤0.4					

6. 检定结果的处理

（1）经检定合格的玻璃量器，贴检定合格证并标明检定的日期。

（2）经检定不合格的玻璃量器，要贴检定不合格证书，并注明不合格项目。

【数据处理】

1. 滴定管校正数据的记录及处理

水温_____℃

滴定管读数 /mL		瓶加水的质量 /g		水的质量 /g		实际容量 /mL		校正值 /mL		平均值 /mL	总校正值 /mL
1	2	1	2	1	2	1	2	1	2		

检定结论：根据两次校正结果的平均值对照容量允差，判定检定结果。

2. 分度吸量管和单标线吸量管校正数据的记录及处理

水温_____℃

吸量管读数 /mL		瓶加水的质量 /g		水的质量 /g		实际容量 /mL		校正值 /mL		平均值 /mL	总校正值 /mL
1	2	1	2	1	2	1	2	1	2		

检定结论：根据两次校正结果的平均值对照容量允差，判定检定结果。

3. 容量瓶校正数据的记录及处理

水温_____℃

吸量管读数 /mL		瓶加水的质量 /g		水的质量 /g		实际容量 /mL		校正值 /mL		平均值 /mL	总校正值 /mL
1	2	1	2	1	2	1	2	1	2		

检定结论：根据两次校正结果的平均值对照容量允差，判定检定结果。

【注意事项】

1. 待校正的仪器，应仔细洗净，滴定管洗至内壁不挂水珠。

2. 滴定管校正值准确与否的关键：读数要准确，滴定管不漏水。

3. 滴定管进行分段校正时，每次都应从滴定管的0.00mL开始。

4. 滴定管活塞涂油的量要合适，活塞不能漏水，但也不能涂多。若出现凡士林堵塞管口，轻则用针通，重则用洗耳球吸放热洗涤液的方法疏通。

5. 校正时，滴定管或移液管尖端和外壁的水必须除去。

6. 容量瓶必须干燥后才能开始校正。
7. 检定前 4h 或更早些时间，将清洁后的量器放入工作室，使它接近室温。
8. 如室温有变化，须在每次放水时，记录水的温度。
9. 一般每个仪器应校正两次，即做平行实验。
10. 吸量管和容量瓶都是有刻度的精确玻璃量器，不得放在烘箱中烘烤干燥。

【体验测试】
1. 容量仪器为什么要校正？
2. 校正时，如何处理滴定管下端的悬滴？
3. 分段校正滴定管时，为何每次都要从 0.00mL 开始？滴定管每次放出的纯水体积是否一定要整数？应注意什么？
4. 食指和中指夹持锥形瓶磨口塞时，应注意什么？
5. 校正时，如何处理锥形瓶内、外壁的水？
6. 校正 50mL 滴定管时，若放水超过 50mL 如何处理？
7. 在 25℃ 时检定一支滴定管，数据列于下表中，请计算各点校正至 20℃ 时的校正值，并判断是否符合国家规定中的允差范围（A 或 B）。

滴定管读数/mL	瓶加水质量/g	水的质量/g	实际容量/mL	校正值/mL
0.00	（空瓶）29.20			
10.10	39.28	10.08	10.12	+0.02
20.07	49.19	19.99	20.07	
30.14	59.27	30.07	30.19	
40.17	69.24	40.04	40.20	
49.96	79.07	49.87	50.06	

知识链接

误差及滴定分析技术

1. 误差的来源及控制

分析误差是客观存在的，只是程度不同。在仪器的校正和食品的定量分析中，为了得到正确的分析结果，必须要了解分析过程中产生误差的原因及其规律，才能对分析数据进行正确的处理。

1.1 误差及其产生的原因

分析结果与真实值的差称为误差。在定量分析中，根据误差的性质和产生的原因，可将误差分为系统误差和偶然误差。

1.1.1 系统误差

系统误差是由于分析过程中某种确定的原因引起的，一般有固定的方向（正或负）和大小，在同一条件下重复测定时，它会重复出现，具有单向性。在相同的条件下增加测定次数不能消除系统误差。若找出产生原因并加以测定，就可以进行校正消除误差，因此，系统误差又叫可测误差。

根据系统误差的来源，可区分为方法误差、仪器误差、试剂误差和操作误差四种。

（1）方法误差　由分析方法本身不完善或选用不当所造成的。例如，在滴定分析中的反应不完全或有副反应、指示剂不合适、干扰物质的影响、滴定终点和化学计量点不一致等，都会产生系统误差。

（2）仪器误差　由于测定仪器不够准确或未经校准所引起的误差。例如，天平两臂不等长、天平的灵敏度低、砝码本身重量不准、砝码生锈或沾有灰尘以及容量仪器刻度不够准确等引起的误差。

(3) 试剂误差　由于试剂或蒸馏水中含有微量杂质或干扰物质而引起的误差。

(4) 操作误差　由于分析工作者的主观原因造成的,使操作不符合要求,形成的误差叫操作误差。例如,滴定管读数偏高或偏低,对滴定终点颜色的判断总偏深或偏浅,辨别不敏锐等所造成的误差。

1.1.2　偶然误差

偶然误差也称随机误差或不可定误差,是由某些难以预料的偶然因素引起的。例如,测量过程中温度、湿度、气压、灰尘以及电压电流的微小变化,天平及滴定管读数的不确定性,电子仪器显示读数的微小变动等,都会引起测量数据的波动。其影响时大时小,时正时负。

引起偶然误差的因素难以察觉,也难以控制;在消除系统误差后,同样条件下增加平行测定次数,可以发现偶然误差的统计规律。因此,可通过采用增加平行测定次数,取平均值的方法,减少偶然误差。

除上述两类误差外,在实际工作中还有一种过失误差,即由分析工作者人为错误造成的误差。例如,称量时读错数据、滴定时溶液溅失、加错试剂、读错刻度、记录和计算错误等。过失误差无规律可循,一旦出现则必须舍弃。

1.2　控制和消除误差的方法

为确保分析结果的准确度,可从误差的分类中寻找减免分析过程中的各种误差。

1.2.1　选择合适的分析方法

由于不同的分析方法具有不同的准确度和灵敏度,对于分析结果的质量分数 $\omega > 1\%$ 的常量组分的测定,常采用重量分析法或滴定分析法。对分析结果的质量分数 $\omega < 1\%$ 的微量组分或 $\omega < 0.001\%$ 痕量组分的测定,相对误差较大,需要采用准确度稍差,但灵敏度高的仪器分析法。如果采用滴定分析法,往往作不出结果。因此,在选择分析方法时,必须根据分析对象、样品情况及对分析结果的要求来选择合适的分析方法。

1.2.2　减小测量误差

任何分析方法都离不开测量,只有减小了测量误差,才能保证分析结果的准确度。在滴定分析中,误差主要来自于两个方面。

(1) 称量误差　通常,分析天平每次称量有 ±0.0001g 的误差。若以差减称样法称量,可能引起的最大绝对误差为 ±0.0002g。为了使测量的相对误差小于 0.1%,则称取试样的质量最少为:

$$相对误差 = \frac{绝对误差}{试样质量} \times 100\%$$

$$试样质量 = \frac{绝对误差}{相对误差} \times 100\% = \frac{\pm 0.0002g}{\pm 0.1\%} \times 100\% = 0.2g$$

即试样称取的质量必须在 0.2g 以上。

(2) 体积误差　滴定管读数有 ±0.01mL 的绝对误差,在一次滴定中,需读数两次,可造成的最大绝对误差为 ±0.02mL。为使测量体积的相对误差小于 0.1%,则消耗滴定液的体积最少为:

$$相对误差 = \frac{绝对误差}{滴定液体积} \times 100\%$$

$$滴定液体积 = \frac{绝对误差}{相对误差} \times 100\% = \frac{\pm 0.02mL}{\pm 0.1\%} \times 100\% = 20mL$$

在实际操作中,消耗滴定液的体积可控制在 20~30mL,这样既减小了测量的误差,又节省试剂和时间。

1.2.3 减小偶然误差

在消除系统误差的前提下,增加平行测定次数可以减小偶然误差。对于一般的分析,平行测定次数以 3～5 次为宜。

1.2.4 消除系统误差

(1) 作对照试验 对照试验是用于减免分析方法、检验试剂是否失效、反应条件是否正常和分析仪器的误差等,是检验系统误差的有效方法。可以用标准试样(或纯净物)与被测试样进行对照,或采用更加可靠的分析方法(如国家标准)进行对照,也可以由不同分析人员(内检)、不同分析单位(外检)进行对照。

(2) 作空白试验 以溶剂代替样品,按着与样品完全相同的条件、方法和步骤进行分析称为空白实验,所得结果称为空白值。从样品的分析结果中扣除空白值,这样可以消除或减小由试剂、蒸馏水及实验器皿带入的杂质引起的误差,使分析结果更准确。

(3) 校准仪器 在精确的分析中,必须对仪器进行校正以减小系统误差。如天平、砝码、移液管、滴定管和容量瓶等进行定期校正,在分析测定时用校正值。此外,在同一个操作过程中使用同一种仪器,可以使仪器误差相互抵消,这是一种简单而有效的减免系统误差的办法。

2. 分析结果的评价

在定量分析中,评价一个分析结果的好坏,通常用精密度、准确度和灵敏度这三项指标。这里重点介绍精密度和准确度。

2.1 准确度

准确度是指分析结果与真实值相接近的程度。准确度主要是由系统误差决定的,它反映了测定结果的可靠性。准确度的高低可用误差表示。

误差的差值越小则分析结果的准确度高,反之则低。测量值中的误差,有两种表示方法:绝对误差和相对误差。

绝对误差(E)指测量值(X)与真实值(T)之差。

$$E = X - T$$

相对误差(RE)指绝对误差占真实值(通常用平均值代表)的百分率。

$$RE = \frac{E}{T} \times 100\%$$

例如:用万分之一分析天平称量某试样两份,分别为 1.9562g 和 0.1950g。而两份试样的真实值各为 1.9564g 和 0.1952g,计算它们的绝对误差分别为:

$$E_1 = 1.9562 - 1.9564 = -0.0002(g)$$
$$E_2 = 0.1950 - 0.1952 = -0.0002(g)$$

相对误差分别为:

$$RE_1 = \frac{-0.0002}{1.9564} \times 100\% = -0.01\%$$

$$RE_2 = \frac{-0.0002}{0.1952} \times 100\% = -0.1\%$$

从上述两组计算数据可见,两份试样的绝对误差相等,但相对误差不同。当被测定的量大时,相对误差小,测定的准确度高。反之,被测定的量小时,相对误差大,测定的准确度低。因此,选择分析方法时,为了便于比较,通常用相对误差表示测定结果的准确度。

误差有正负之分,正值表示分析结果偏高,负值表示分析结果偏低。

2.2 精密度

精密度是指同一样品在相同的条件下多次平行分析结果相互接近的程度。这些分析结果的差异是由偶然误差造成的，它代表着测定方法的稳定性和测定数据的再现性。一般用偏差来表示。

偏差一般用绝对偏差（d）、相对偏差（d_r）、平均偏差（$\bar{d}$）、相对平均偏差（$\bar{d}_r$）、标准偏差（S）、相对标准偏差（RSD）来表示。偏差的数值越小，说明测定结果的精密度越高，再现性愈好。

一般情况，常量组分定量化学分析要求相对平均偏差、相对标准偏差小于 0.2%。

(1) 绝对偏差（d） 指单次测量值（X_i）与平均值（$\overline{X}$）之差。

$$d = X_i - \overline{X}$$

$$\overline{X} = \frac{x_1 + x_2 + \cdots + x_n}{n} = \frac{1}{n}\sum_{i=1}^{n} x_i$$

(2) 相对偏差（d_r） 指单次测量值的绝对偏差在平均值中所占的百分率。

$$d_r = \frac{d}{\bar{x}} \times 100\%$$

绝对偏差和相对偏差均有正、负值之分。绝对偏差和相对偏差只能表示相应的单次测量值与平均值的接近程度。在实际工作中，为了表示一组数据的精密度，常使用平均偏差和相对平均偏差。

(3) 平均偏差（$\bar{d}$） 各单次测量绝对偏差的绝对值的平均值。

$$\bar{d} = \frac{\sum_{i=1}^{n} |x_i - \bar{x}|}{n}$$

(4) 相对平均偏差（$\bar{d}_r$） 指平均偏差占平均值的百分率。

$$\bar{d}_r = \frac{\bar{d}}{\bar{x}} \times 100\% = \frac{\sum_{i=1}^{n}|x_i - \bar{x}|/n}{\bar{x}} \times 100\%$$

平均偏差和相对平均偏差都是正值。

(5) 标准偏差（S） 标准偏差（也称标准离差或均方根差）是反映一组测量数据离散程度的统计指标。能更好地反映大的偏差存在的影响。

$$S = \sqrt{\frac{\sum_{i=1}^{n}(x_i - \bar{x})^2}{n-1}} = \sqrt{\frac{(x_1-\bar{x})^2 + (x_2-\bar{x})^2 + \cdots + (x_n-\bar{x})^2}{n-1}}$$

例如甲、乙两组对某一试样分析测定的结果如下表所示：

组别	测量数据								平均值	平均偏差	标准偏差
甲组	5.3	5.0	4.6	5.1	5.4	5.2	4.7	4.7	5.0	0.25	0.31
乙组	5.0	4.3	5.2	4.9	4.8	5.6	4.9	5.3	5.0	0.25	0.35

从以上两组数据中可见，乙组中的一个数据 4.3 偏差较大，测定数据较分散。但两组的平均偏差一样，不能比较出精密度的差异，而应用标准偏差则可反映出甲组的精密度要好于乙组。

(6) 相对标准偏差（RSD） 相对标准偏差是指标准偏差在平均值中所占的百分率。简写 RSD 或称变异系数（CV）（或偏离系数）。在比较两组或几组测量值波动的相对大小时，常采用相对标准偏差。

$$RSD = \frac{s}{\bar{x}} \times 100\%$$

【例题 1-7】 某标准溶液的五次标定结果为：0.1022mol/L、0.1029mol/L、0.1025mol/L、0.1020mol/L、0.1027mol/L。计算平均值、平均偏差、相对平均偏差、标准偏差及相对标准偏差。

解：

平均值 $\bar{x} = \dfrac{0.1022+0.1029+0.1025+0.1020+0.1027}{5} = 0.1025(\text{mol/L})$

平均偏差 $\bar{d} = \dfrac{0.0003+0.0004+0.0000+0.0005+0.0002}{5} = 0.0003(\text{mol/L})$

相对平均偏差 $\dfrac{\bar{d}}{\bar{x}} \times 100\% = \dfrac{0.0003}{0.1025} \times 100\% = 0.29\%$

标准偏差 $s = \sqrt{\dfrac{(0.0003)^2+(0.0004)^2+(0.0000)^2+(0.0005)^2+(0.0002)^2}{5-1}} = 0.0004(\text{mol/L})$

相对标准偏差 $RSD = \dfrac{0.0004}{0.1025} \times 100\% = 0.39\%$

误差和偏差具有不同的含义。但因为真实值往往是不可能准确知道，人们只能通过多次重复实验，得出一个相对准确的平均值，以代替真实值来计算误差的大小。因此，在实际工作中，并不强调误差和偏差两个概念的区别，生产部门一般都称之为误差。

2.3 准确度和精密度的关系

准确度是表示分析结果与真实值相接近的程度，它说明测定的可靠性。精密度是指相同条件下，多次平行分析结果相互接近的程度。如果几次测定的数据比较接近，表示分析结果的精密度高。那么准确度和精密度之间有什么关系呢？

例如：甲、乙、丙、丁 4 人分析同一试样（设其真实值为 10.15%），各分析 4 次，测定结果见图 1-6。由表 1-9 对 4 人的分析结果来看，甲的分析结果准确度和精密度都好，结果可靠；乙是精密度高，准确度低，这是因为存在系统误差的缘故；丙是精密度与准确度均差；丁是平均值接近于真实值处，但精密度不好，只能说这个结果是凑巧得来的，因此不可靠。

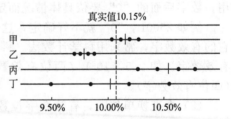

图 1-6 4 人分析同一试样的结果
（·表示个别测定值；│表示平均值）

表 1-9 4 人分析结果的比较

分析者	甲	乙	丙	丁
精密度	好	好	差	差
准确度	好	差	差	好
可靠性	好	差	差	差

由此可见，精密度高，准确度不一定高；精密度差，可靠性都差。精密度是确保准确度的先决条件，是前提。只有在消除系统误差的情况下，才可用精密度同时表达准确度。测量值的准确度表示测量的正确性，测量值的精密度表示测量的重现性。

精确度是精密度和准确度的合称，是对测量的随机误差及系统误差的综合评定。它反映随机误差和系统误差对测量的综合影响程度。只有随机误差和系统误差都非常小，才能说测量的精确度高。

2.4 灵敏度

灵敏度是指分析方法所能检测到的最低限量。不同的分析方法有不同的灵敏度。一般而言，仪器分析法具有较高的灵敏度，化学分析法（如重量分析和容量分析）灵敏度相对较低。

3. 有效数字

在分析工作中，分析数据的记录、计算和报告都要注意有效数字问题，因此，建立有效数字的概念，掌握有效数字的运算规则对正确处理原始数据、正确表示分析与检验结果，具有十分重要的意义。

3.1 有效数字的概念

有效数字是指分析工作中测量到的具有实际意义的数字，它包括所有准确数字和最后一位可疑数字。记录食品测量数据的位数，确定几位数字为有效数字，必须与测量方法及所用仪器的准确程度相匹配，不可以任意增加或减少有效数字。例如，用万分之一的分析天平称量样品0.1025g，反映了分析天平能准确至0.0001g，它可能有±0.0001g的误差，样品的实际质量是在（0.1025±0.0001）g范围内的某一值。有效数字能反映测量准确到什么程度。

3.2 有效数字的定位

有效数字的定位是指确定可疑数字的位置。这个位置确定后，其后面的数字均为无效数字。

（1）数字"0"在有效数字中的作用 数字中的"0"有两方面的作用：一方面是和小数点一并起定位作用，不是有效数字；另一方面是和其他数字一样作为有效数字使用。

数字中间的"0"都是有效数字；数字前面的"0"都不是有效数字，它们只起定位作用；数字后面的"0"要依具体情况而定。

例如2500L，"0"就不好确定，这个数可能是2位，3位或4位有效数字。为表示清楚它的有效数字，常采用科学计数法。科学计数法用一位整数、若干位小数和10的幂次表示有效数字。如2.5×10^3L（两位有效数字），2.50×10^3L（三位有效数字），2.500×10^3L（四位有效数字）。

（2）在变换单位时，有效数字位数不变 例如10.00mL可写成0.01000L或1.000×10^{-2}L；9.56L可写成9.56×10^3mL。

（3）不是测量得到的数字，如倍数、分数关系等，可看作无误差数字或无限多位的有效数字。

例如5mol硫酸、0.5mol氯化钠的5和0.5则是非测量所得数，就可以作为无限多位的有效数字。

（4）在分析化学中还常遇到pH、pk_a、lgk等对数数据，其有效数字位数只决定于小数部分数字的位数，因为整数部分只代表原值是10的幂次部分。

例如pH＝11.02，表示$[H^+]=9.6\times10^{-12}$，有效数字是二位，而不是四位。pH＝7.13，表示$[H^+]=7.4\times10^{-8}$，它的有效数字是二位而不是三位。

（5）首位数字≥8时，其有效数字位数可多算一位。

例如9.66，虽然只有三位，但已接近10.00，故可认为它是四位有效数字。

3.3 有效数字的修约规则

在运算时按一定的规则确定有效数字的位数后，弃去多余的尾数，称为数字的修约。其规则如下。

（1）四舍六入五成双（尾留双） 四舍是指被修约数≤4时，则舍弃。六入是指被修约数≥6时，则进位；五成双（或尾留双）是指被修约数等于5，且5后无数或0时，若5前面为偶数（0以偶数计），则舍弃；若5前面为奇数，则进1，即奇进偶不进。被修约数等于5，且5后面还有不为0的任何数时，无论5前面是偶数还是奇数一律进1。

例如，将下列数字修约只留一位小数。
$$1.05 \rightarrow 1.0 \quad 0.15 \rightarrow 0.2 \quad 0.25 \rightarrow 0.2$$
例如，将下列数字修约为两位有效数字。
$$1.0501 \rightarrow 1.1 \quad 2.351 \rightarrow 2.4 \quad 3.252 \rightarrow 3.3 \quad 5.050 \rightarrow 5.0$$
（2）只允许对原测量值一次修约到所需位数，不能分次修约。

例如：2.1346 修约为三位有效数字只能修约为 2.13，不能先修约为 2.135，再修约为 2.14。

（3）在大量的数据运算过程中，为了减少舍入误差，防止误差迅速累积，对参加运算的所有数据可先多保留一位有效数字（不修约），运算后，再按运算法则将结果修约至应有的有效数字的位数。

（4）在修约标准偏差值或其他表示准确度和精密度的数值时，修约的结果应使准确度和精密度的估计值变得更差一些。

例如，$s=0.113$，如取两位有效数字，宜修约为 0.12；如取一位，宜修约为 0.2。

3.4 有效数字的运算规则

在分析测定过程中，一般都要经过几个测量步骤，获得几个准确度不同的数据。由于每个测量数据的误差都要传递到最终的分析结果中去，因此必须根据误差传递规律，按照有效数字的运算法则合理取舍。运算时，必须遵守加减法和乘除法的运算规则。

3.4.1 加减法

几个数据相加或相减时，先把各数据修约至小数点后位数最少的位数再加减。加减法运算是各数值绝对误差的传递。

例如，12.61、0.5674、0.0142 三个数相加，由有效数字的含义可知，这三个数中的最后一位都是欠准的，是可疑数字。即 12.61 中的 1 已是可疑数字，其他两个数据小数点后第三、第四位再准确也是没有意义的。所以在运算之前，应以 12.61 为准，其他两个数据均修约为 0.57、0.01，然后再相加：
$$12.61+0.57+0.01=13.19$$

3.4.2 乘除法

乘除法的运算可按照有效数字位数最少的那个数修约其他各数的位数，然后再乘除。即乘除法的积或商的误差是各个数据相对误差的传递结果。

例如，求 0.0121、25.64 和 1.05782 三个数之积。

此三个数相乘的有效数字的位数应以 0.0121 为依据来确定其他数据的位数。这是因为将以上三个数的相对误差分别计算得：
$$\pm \frac{0.0001}{0.0121} \times 100\% = \pm 0.8\%$$
$$\pm \frac{0.01}{25.64} \times 100\% = \pm 0.04\%$$
$$\pm \frac{0.00001}{1.05782} \times 100\% = \pm 0.0009\%$$

0.0121 的有效数字位数最少，相对误差最大。因此，应以此数为依据将其余两数修约成三位有效数字后再相乘，即：
$$0.0121 \times 25.6 \times 1.06 = 0.328$$

3.4.3 四则运算时，同样先修约后运算。

首位为 8、9 的数字在运算中，有效数字可多保留一位，最后结果还以实际位数为准。

例如，9.23 是三位有效数字，在运算中，可作为四位有效数字，最后结果仍为三位有效数字。
$$9.23\times1.2362=9.23\times1.236=11.4$$

3.4.4 对数运算

所取对数尾数（对数首数除外）应与真数的有效数字相同。真数有几位有效数字，则其对数的尾数亦应有几位有效数字。

例如，设$[H^+]=1.3\times10^{-3}$ mol/L，求该溶液的pH值。
$$pH=-lg[H^+]=-lg1.3\times10^{-3}=2.89$$

表示准确度或精密度时，大多数情况下，只取一位有效数字即可，最多取两位。

目前，使用电子计算器，计算定量分析的结果已相当普遍，要特别注意最后结果中有效数字的位数，虽然计算器上显示的数字位数很多，切不可全部照抄，应根据前述规则决定取舍。

3.5 有效数字在食品分析中的应用

3.5.1 正确的记录

有效数字可以反应测量数据的准确程度，正确地记录测量数据，应根据取样量、量具的精度、检测方法的允许误差和标准中的限度规定，确定数字的有效位数，测量结果必须与测量的准确度相符合。因此，记录测量结果时，其位数必须按照有效数字的规定，不可夸大或缩小。例如，记录滴定管的读数时，必须记录到小数点后2位，如消耗溶液的体积为20.00mL，不可写成20mL。

3.5.2 选择适当的量具

根据对测量结果准确度要求，要正确称取样品用量，必须选用适当的量具。按照国标《化学试剂 标准滴定溶液的制备》（GB/T 601—2002）规定，称量工作基准试剂的质量的数值≤0.5g时，按精确至0.01mg称量；数值＞0.5g时，按精确至0.1mg称量。

3.5.3 正确地表示分析结果

要正确地表示分析结果，必须保证实验数据的记录、运算和分析项目的准确度等，都要符合有效数字的要求。例如，甲、乙两同学用同样的方法来测定甘露醇原料，称取样品0.2000g，测定结果：甲报告含量为0.8896，乙报告含量为0.880，根据分析项目的称量记录可知：

称样的准确度：$\dfrac{\pm0.0001}{0.2000}\times100\%=\pm0.05\%$

甲分析结果的准确度：$\dfrac{\pm0.0001}{0.8896}\times100\%=\pm0.01\%$

乙分析结果的准确度：$\dfrac{\pm0.001}{0.880}\times100\%=\pm0.1\%$

甲报告的准确度符合称样的准确度，而乙报告的准确度则不符合。

4. 滴定管操作技术

滴定管是滴定时用来准确测量滴定溶液体积的一种量出式量器。按控制流出液方式的不同，滴定管下端有玻璃活塞，并以此控制溶液流出的，称酸式滴定管；而以乳胶管连接尖嘴玻璃管，以乳胶管内装有的玻璃珠来控制溶液流出的滴定管，称碱式滴定管，如图1-7所示。

酸式滴定管用来盛放酸性溶液、中性或氧化性的溶液，不适宜盛放碱性溶液。因为碱能腐蚀玻璃，如果长期放置，活塞就无法转动。碱式滴定管适用于盛放碱性溶液或无氧化性的溶液，不能用来盛放$KMnO_4$、$AgNO_3$、I_2等能与乳胶管起作用的溶液。

滴定管按其容积可分为常量、半微量和微量滴定管。常量滴定管容积为25mL、50mL

和 100mL，最常用的是 50mL，最小刻度是 0.1mL，可估读至 0.01mL，测量溶液体积的最大误差为 0.02mL。

4.1 检漏及涂油

（1）检漏　将滴定管用水充满至"0"刻度附近，然后把滴定管垂直夹在滴定管架上。对于酸式滴定管，用滤纸将滴定管外壁、旋塞周围和尖端处擦干，静置 1～2min，检查管尖或活塞周围有无水渗出，再将活塞转动 180°，重新检查，如有漏水或活塞转动不灵活，则需涂油。对于碱式滴定管，如漏水，则需更换合适的乳胶管和大小适中的玻璃珠。

（2）涂油　酸式滴定管在涂油时，一般将滴定管平放在实验台面上，取出活塞，用滤纸将活塞和活塞孔内的水擦干，然后用手指蘸取少许凡士林分别在活塞的两头均匀地涂上薄薄的一层，在活塞孔的两旁少涂一些，以免堵塞活塞孔。将涂好凡士林的活塞插进活塞孔内，并向同一方向旋转活塞，直到活塞与活塞孔接触处全部呈透明且没有纹路为止。涂油后的滴定管，还必须再行检漏。

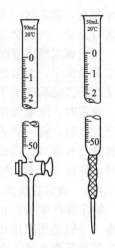

图 1-7　酸碱滴定管

4.2 滴定管的洗涤

酸式滴定管，可直接在管中加入铬酸洗液（或合成洗涤剂溶液）浸泡；碱式滴定管，先拔去乳胶管，换上乳胶帽，然后加入洗液（或合成洗涤剂溶液）浸泡，再用自来水冲洗，蒸馏水淋洗。

滴定管检漏　　滴定管涂油

4.3 装标准溶液

为使装入滴定管中的标准溶液不被管内残留的水稀释，装液前应用待装的标准溶液润洗滴定管 2～3 次，每次约 5～10mL。润洗时，两手平端滴定管，边转边向管口倾斜，让液体流遍全管内壁，然后把润洗液全部放出弃去。装入标准溶液时，应由试剂瓶直接倒入滴定管，不要通过烧杯、漏斗等其他容器，以免溶液浓度改变或被污染。

当标准溶液加至滴定管"0"刻度附近时，检查活塞附近（或橡胶管内）及滴定管尖端有无气泡。如有气泡，应及时除去。酸式滴定管，可快速打开活塞，使溶液急速冲出，将气泡排出。碱式滴定管，可手持橡胶管将滴定管尖嘴向上弯曲，挤捏乳胶管，使溶液从尖嘴处喷出，把气泡赶出（如图 1-8 和图 1-9 所示）。

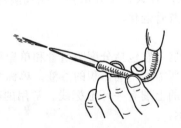 

图 1-8　碱式滴定管排气泡　　　图 1-9　滴定操作

4.4 滴定操作

将滴定管垂直夹在滴定管架上。使用酸式滴定管时，左手控制滴定管旋塞，拇指在前，食指和中指在后，手指略微弯曲，控制活塞的转动，转动时应将活塞往里扣，手心空握，不要向外用力，防止顶出活塞造成漏液。适当旋转活塞的角度，即可控制流速。滴定过程中，左手始终不能离开活塞而任溶液自流。在锥形瓶中进行滴定时，将滴定管下端伸入瓶口约

1cm 左右。滴定时，左手控制活塞，右手握持锥形瓶，边滴边向同一方向作圆周摇动（不能前后晃动，否则会使溶液溅出），如图 1-9 所示。

使用碱式滴定管时，以左手拇指和食指向侧下方挤压玻璃珠所在部位的乳胶管，使溶液从空隙处流出，无名指和小指夹住出口管，以防尖嘴处触及锥形瓶。注意不能使玻璃珠上下移动或挤捏玻璃珠的下部，以免管尖吸入气泡。

滴定时，溶液流出应呈断线珠链状。滴定速度一般为 10mL/min，即每秒 3～4 滴为宜。接近终点时，应一滴或半滴地加入，直至恰好到达滴定终点为止。加半滴的方法是先使溶液液滴悬挂在管口，用锥形瓶内壁将其沾落，再用蒸馏水冲洗内壁。用碱式滴定管滴加半滴溶液时，应放开食指和拇指，使悬挂的半滴溶液靠入瓶口内，再松开无名指和中指。

4.5　滴定管读数

滴定管的读数需在加入或流出溶液稳定 1～2min 后进行。读数时，滴定管应保持垂直状态（一般是用拇指和食指拿持滴定管上端，让滴定管自然垂直于地面），视线应与溶液弯月面的最下缘在同一水平面上。对于无色溶液，读取弯月面下缘最低点［图 1-10（a）］，对于有色溶液（如高锰酸钾溶液等），可读取两侧最高点［如图 1-10（b）］，对于有蓝线乳白衬背的液面读数，可读取蓝色最尖端［如图 1-10（c）］。为协助读数，可以用黑纸或黑白纸板作为读数卡，衬在滴定管背面［如图 1-10（d）］。

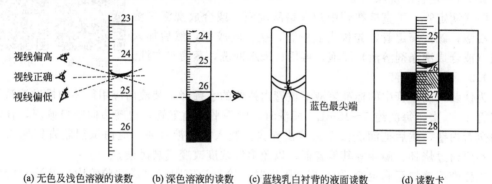

(a) 无色及浅色溶液的读数　　(b) 深色溶液的读数　　(c) 蓝线乳白衬背的液面读数　　(d) 读数卡

图 1-10　滴定管读数

每次滴定都应从"0"刻度开始。滴定结束后，弃去滴定管内剩余的溶液，用自来水冲洗数次，再用蒸馏水淋洗后，倒置于滴定管夹上。滴定管长期不用时，酸式滴定管应在活塞与活塞孔之间加垫纸片，并以橡皮筋拴住，以防日久打不开活塞。碱式滴定管应取下乳胶管，拆出玻璃珠及管尖，洗净、擦干，防止乳胶管老化。

5. 吸量管操作技术

吸量管是用于准确移取一定体积溶液的量器，它包括分度吸量管和单标线吸量管。分度吸量管是具有分刻度的玻璃管，可以准确吸取所需的不同体积的溶液。单标线吸量管又称移液管，是中间膨大、两端细长的玻璃管，在管的上端有一环形标线。常用的吸量管有 5mL、10mL、25mL 和 50mL 等规格。如图 1-11 所示。

5.1　洗涤

将吸量管插入洗液中，用洗耳球吸取至管 1/3 处，用右手食指按住管上口，放平旋转，使洗液布满全管片刻，将洗液放回原瓶。然后用自来水冲洗，再用蒸馏水淋洗 2～3 次。也可将吸量管放入盛有洗液的大量筒或玻璃缸内浸泡洗涤。

5.2　移取溶液

移取溶液之前，先用滤纸将尖端内外的水吸去，再用欲移取的溶液润洗 2～3 次，以保证被移取溶液的浓度不变。移取溶液时，右手拇指及中指拿住管颈刻线以上的部位，将移液

吸量管的洗涤

图 1-11 吸量管　　　图 1-12 移取溶液的操作

管下端插入液面以下 1~2cm 处；左手拿洗耳球，先挤出洗耳球中的空气，再将球的尖端按到吸量管口上，缓慢松开左手，借吸力使液面慢慢上升到刻线以上时，立刻用右手食指堵住吸量管口，将吸量管尖端提离液面，用滤纸擦去尖端外部的溶液，然后将吸量管尖端仍靠在盛溶液的容器内壁上，稍松食指，用拇指及中指轻轻捻转管身，让液面缓慢下降，直到溶液弯月面与标线相切。按紧食指，将吸量管移入准备接受溶液的容器中，使其管尖靠着容器内壁，吸量管管身垂直。松开食指，溶液自由地沿内壁流下，流尽后，再等待 15s 左右，取出吸量管，如图 1-12 所示。对管上未刻有"吹"字的，切勿把残留在管尖内的溶液吹出，因为在校正吸量管时，已经考虑了末端所保留的溶液的体积。

由于分度吸量管的容量精度低于单标线吸量管。所以在移取 2mL 以上固定量溶液时，应尽可能使用单标线吸量管。

吸量管使用后，应洗净放在吸量管（或称移液管）架上。

6. 容量瓶操作技术

容量瓶是细颈梨形平底的玻璃瓶，带有磨口玻璃塞或塑料塞，瓶颈部刻有一环形标线，表示在所指温度（一般为 20℃）下液体充满至标线时的容积。容量瓶（如图 1-13 所示）主要用于把精密称量的物质配制成准确浓度的溶液，或将准确体积的浓溶液稀释成一定体积的稀溶液。常用的容量瓶有多种规格，如 25mL、50mL、100mL、250mL、500mL 和 1000mL 等。容量瓶有无色、棕色两种。

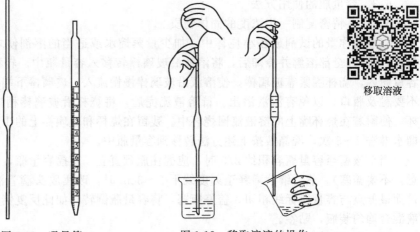

容量瓶检漏

图 1-13 容量瓶

6.1 检漏

容量瓶使用前，应检查是否漏水。方法是：向容量瓶中加自来水至标线，塞紧瓶塞，用一只手食指按住塞子，另一只手指尖顶住瓶底边缘，将瓶倒立 2min，观察瓶塞周围是否有水渗出。如不漏水，将瓶直立，把塞子旋转 180°后，再倒立、检漏。如仍不漏水，则可使用。容量瓶塞要与容量瓶配套使用，瓶塞须用橡皮筋或细线系在瓶颈上，以防掉下摔碎或与其他瓶塞搞错而漏水。

6.2 洗涤

容量瓶在使用前，必须洗涤干净。方法是：将瓶内的水沥尽，倒入少量洗液或合成洗涤剂，转动容量瓶使洗液润洗全部内壁；然后放置数分钟，将洗液倒回原瓶；再依次用自来水冲洗，蒸馏水淋洗 3 次。

6.3 容量瓶的使用方法

6.3.1 精密配制一定浓度的固体物质

将准确称量的试剂放在小烧杯中，加少量蒸馏水或适当的溶剂使之溶解（必要时可加热）。待试剂全部溶解并冷却后，将溶液沿玻璃棒转移入容量瓶中。转移时，将玻璃棒伸入容量瓶内，烧杯嘴紧靠玻璃棒，使溶液沿玻璃棒慢慢流入，玻璃棒下端要靠近瓶颈内壁，但不要触及瓶口，以免有溶液溢出。待溶液流完后，将烧杯沿玻璃棒稍向上提，同时直立烧杯，使附着在烧杯嘴上的溶液流回烧杯中。残留在烧杯和玻璃棒上的少许溶液，再用少量蒸馏水淋洗2~3次，洗涤液按上述方法转移到容量瓶中。

当溶液盛至容量瓶容积约2/3时，应握住瓶颈直立、旋摇容量瓶，使溶液初步混匀（注意：不要盖塞）。然后继续稀释至刻度线下2~3cm时，改用胶头滴管滴加蒸馏水至溶液弯月面最低点与容量瓶标线相切。盖好瓶塞，将容量瓶倒转，如此反复倒转和摇动多次，使溶液混合均匀装瓶，贴签。

6.3.2 精密稀释浓溶液

用吸量管精密移取一定体积的浓溶液移入容量瓶中，再按上述方法稀释至标线，摇匀，装瓶，贴签。容量瓶的使用如图1-14所示。

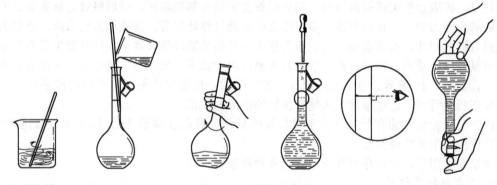

图1-14 容量瓶的使用

容量瓶是量器不是容器，不宜长期存放溶液。如需保存溶液，应将溶液转移入试剂瓶中。试剂瓶应预先干燥或用少量该溶液润洗2~3次。

任务二 重铬酸钾 (0.01667mol/L) 标准溶液的配制

【工作任务】

重铬酸钾 (0.01667mol/L) 标准溶液的配制。

【工作目标】

1. 标准、规范的使用分析天平和容量瓶。
2. 学会直接法配制标准溶液的操作技术。

【工作情境】

本任务可在化验室或实验室中进行。

1. 仪器　分析天平（0.1mg）、容量瓶、小烧杯、玻璃棒、试剂瓶、药匙、称量瓶和干燥器。

2. 试剂　基准 $K_2Cr_2O_7$。

【工作原理】

$K_2Cr_2O_7$ 易于提纯，纯品在120℃干燥至恒重后可作为基准物质，直接配制成标准溶液。$K_2Cr_2O_7$ 标准溶液非常稳定，可以长期保存使用。用 $K_2Cr_2O_7$ 滴定时，可在盐酸溶液中进行，不受 Cl^- 的影响。

【工作过程】

取基准重铬酸钾，在 140~150℃ 干燥至恒重后，准确称取 0.9809g，置于烧杯中，加水溶解后转移至 200mL 容量瓶中，然后加水稀释至刻度，摇匀，即可根据称取的质量计算出 $K_2Cr_2O_7$ 标准溶液的物质的量浓度。

【数据处理】

$$c(K_2Cr_2O_7)=\frac{n(K_2Cr_2O_7)}{V}=\frac{\frac{m(K_2Cr_2O_7)}{M(K_2Cr_2O_7)}}{V}\times 1000$$

式中　$c(K_2Cr_2O_7)$——$K_2Cr_2O_7$ 标准溶液的物质的量浓度，mol/L；

　　　$m(K_2Cr_2O_7)$——称取重铬酸钾的质量，g；

　　　$M(K_2Cr_2O_7)$——重铬酸钾的摩尔质量，294.2g/mol；

　　　V——配制用容量瓶的体积，mL。

【注意事项】

1. 称量过程中要注意精准，切不可散落。
2. 使用容量瓶配制溶液要注意不要溅出溶液和定容过量。
3. 配制好的标准溶液不要忘记贴标签。并注明药品名称、浓度、配制日期、配制人和复核人。

【体验测试】

1. 判断题

(1) 在配制重铬酸钾标准溶液时，因时间紧可以不用干燥至恒重。（　　）

(2) 去除重铬酸钾内的水分只要加热超过 100℃ 就可以。（　　）

(3) 配制重铬酸钾标准溶液时可以不用蒸馏水。（　　）

(4) 配制完重铬酸钾标准溶液后，可以把该溶液直接放在容量瓶中贴标签保存。（　　）

2. 实验室要配制重铬酸钾（0.1000mol/L）标准溶液 500mL，应称取多少克重铬酸钾基准试剂？

知识链接

标准溶液与基准物质

1. 标准溶液浓度表示方法

物质的量浓度，以符号 c 表示。滴定度有两种表示方法。

(1) 滴定度指每毫升标准溶液中所含溶质的质量（g/mL 或 mg/mL），以符号 T 表示。如 $T_{NaOH}=0.004000g/mL$，表示 1mL NaOH 标准溶液中含 0.004000g NaOH。在实际应用中经常使用的是物质的量浓度，需要把物质的量浓度换算为滴定度，换算公式如下：

$$T=\frac{cM}{1000}$$

【例题 1-8】　设盐酸标准溶液的浓度为 0.1919mol/L，试计算此标准溶液的滴定度（T_{HCl}）为多少？并说明滴定度表示的含义。（注：$M_{HCl}=36.46g/mL$）

解：根据公式 $T=\frac{cM}{1000}=\frac{0.1919\times 36.46}{1000}=0.006997(g/mL)$

含义：表示 1mL HCl 标准溶液中含 0.006997g HCl。

(2) 滴定度指每毫升标准溶液相当被测物质的质量，常以符号 T_{M_1/M_2} 表示。M_1 是标准溶液溶质的化学式，M_2是被测物质的化学式。滴定度一般用小数表示，单位为g/mL。如$T_{NaOH/HCl}=0.003646g/mL$，表示1mL NaOH溶液可与0.003646g HCl反应。

2. 基准物质

能用来直接配制和标定标准溶液的物质，叫基准物质（或基准试剂）。凡是基准物质应具备下列条件。

（1）纯度高　一般要求其纯度在99.9%以上。

（2）组成恒定　物质的组成与化学式相符。若含结晶水，其结晶水的含量也应与化学式相符。如硼砂 $Na_2B_4O_7 \cdot 10H_2O$ 和二水合草酸 $H_2C_2O_4 \cdot 2H_2O$ 等。

（3）性质稳定　在保存或称量中组成与质量不变，如不吸收CO_2和H_2O，不被空气中O_2所氧化，在加热干燥时不分解等。

（4）具有较大的摩尔质量　摩尔质量越大，称取的量越多，称量的量越多，称量的相对误差就可相应地减小。

分析化学中常用的基准物质有无水碳酸钠（Na_2CO_3）、硼砂（$Na_2B_4O_7 \cdot 10H_2O$）、邻苯二甲酸氢钾（$KHC_8H_4O_4$）、二水合草酸（$H_2C_2O_4 \cdot 2H_2O$），还有纯金属如Zn、Cu等。常用的基准物质见表1-10。使用时应按表中规定的干燥条件进行处理。

为什么要较大的摩尔质量

表1-10　常用基准物质的干燥条件及其应用

基准物质		干燥后的组成	干燥条件温度/℃	标定对象
名称	分子式			
碳酸氢钠	$NaHCO_3$	Na_2CO_3	270~300	酸
十水合碳酸钠	$Na_2CO_3 \cdot 10H_2O$	Na_2CO_3	270~300	酸
硼砂	$Na_2B_4O_7 \cdot 10H_2O$	$Na_2B_4O_7 \cdot 10H_2O$	放在装有NaCl和蔗糖饱和溶液的密闭器皿中	酸
碳酸氢钾	$KHCO_3$	K_2CO_3	270~300	酸
二水合草酸	$H_2C_2O_4 \cdot 2H_2O$	$H_2C_2O_4 \cdot 2H_2O$	室温空气干燥	碱或$KMnO_4$
邻苯二甲酸氢钾	$KHC_8H_4O_4$	$KHC_8H_4O_4$	110~120	碱
重铬酸钾	$K_2Cr_2O_7$	$K_2Cr_2O_7$	140~150	还原剂
溴酸钾	$KBrO_3$	$KBrO_3$	130	还原剂
碘酸钾	KIO_3	KIO_3	130	还原剂
铜	Cu	Cu	室温干燥器中保存	还原剂
三氧化二砷	As_2O_3	As_2O_3	室温干燥器中保存	氧化剂
草酸钠	$Na_2C_2O_4$	$Na_2C_2O_4$	130	氧化剂
碳酸钙	$CaCO_3$	$CaCO_3$	110	EDTA
锌	Zn	Zn	室温干燥器中保存	EDTA
氧化锌	ZnO	ZnO	900~1000	EDTA
氯化钠	NaCl	NaCl	500~600	$AgNO_3$
氯化钾	KCl	KCl	500~600	$AgNO_3$
硝酸银	$AgNO_3$	$AgNO_3$	220~250	氯化物

（5）化学试剂的选择　在食品分析检测工作中要经常使用化学试剂，因此，在配制具体的试剂溶液时应根据不同的工作要求合理地选用相应级别的试剂。按照国家标准，常用试剂的规格可分为以下几级。

① 优级纯　即一级品，又称保证试剂，用于精密的科学研究和测定工作。成分含量高、杂质含量低。

② 分析纯　即二级品，用于一般的科学研究和重要的分析工作。

③ 化学纯　即三级品，用于工厂、教学实验和一般分析工作。

④ 实验试剂　即四级品，杂质含量更多，但比工业品纯度高，用于普通的实验或研究。我国化学试剂等级及标志，见表1-11。

表 1-11　我国化学试剂等级及标志

级　别	中文标志	代　号	标签颜色	纯度标准
基　准	基准试剂			纯度极高
一级品	优级纯	GR	绿色	纯度较高
二级品	分析纯	AR	红色	纯度略差
三级品	化学纯	CP	蓝色	较　差
四级品	实验试剂	LR	棕色	杂质较多

对分析结果准确度要求较高的检验，如仲裁分析、进出口商品检验以及试剂检验等，可选用优级纯和分析纯试剂。车间控制分析可选用分析纯和化学纯试剂。制备实验、冷却浴或加热浴用的药品可选用工业品。直接法配制的标准溶液一般选用基准试剂。

(6) 标准溶液的配制　标准溶液是已知准确浓度的试剂溶液，根据物质的性质，通常有两种配制的方法，即直接法和间接法（标定法）。

直接法是指准确称取一定量的基准物质，溶解后稀释成准确浓度的溶液。根据称取基准物质的质量和溶液的体积，计算出该标准溶液的准确浓度。

如配制 $c(Na_2CO_3)=0.1000mol/L$ 的标准溶液 500mL 时，应先用分析天平准确称取于 270～300℃下烘至恒重的无水碳酸钠 5.3000g，置于烧杯中，加入适量蒸馏水使其完全溶解后，定量转移至 500mL 容量瓶中，然后稀释至刻度，摇匀。其浓度为：

$$c(Na_2CO_3)=\frac{n(Na_2CO_3)}{V}=\frac{\frac{m(Na_2CO_3)}{M(Na_2CO_3)}}{V}=\frac{\frac{5.3000}{106.0}}{\frac{500}{1000}}=0.1000(mol/L)$$

用直接法配制的标准溶液可以直接用于滴定分析，这种方法快速、简便，但只能应用于配制基准物质的溶液，如 $K_2Cr_2O_7$ 标准溶液和 Na_2CO_3 标准溶液等。

任务三　盐酸标准溶液 (0.1000mol/L) 的配制与标定

【工作任务】

盐酸标准溶液 (0.1000mol/L) 的配制与标定。

【工作目标】

1. 标准、规范的使用分析天平、滴定管和吸量管来配制标准溶液。
2. 学会用间接法配制和标定标准溶液的操作技术。
3. 学会用无水碳酸钠作基准物质标定盐酸溶液的原理和方法。

【工作情境】

本任务可在化验室或实验室中进行。

1. 仪器　量筒、烧杯、分析天平 (0.1mg)、酸式滴定管、锥形瓶、电炉和称量瓶。
2. 试剂　浓盐酸、基准无水碳酸钠和甲基红-溴甲酚绿混合指示液。

【工作原理】

市售盐酸（分析纯）的密度为 1.19g/mL，含 HCl 37%，物质的量浓度约为 12mol/L。浓盐酸易挥发，因此，应先将浓盐酸稀释为所需近似浓度，再用基准物质进行标定。

盐酸标准溶液可用硼砂 ($Na_2B_4O_7 \cdot 10H_2O$) 或无水碳酸钠 (Na_2CO_3) 标定。

本实验选用无水 Na_2CO_3 作基准物质标定 HCl，其标定反应为：

$$2HCl+Na_2CO_3 = 2NaCl+H_2O+CO_2\uparrow$$

【工作过程】

1. HCl 标准溶液（0.1mol/L）的配制

取盐酸 9.0mL，加水适量使成 1000mL，摇匀。

2. HCl 标准溶液（0.1mol/L）的标定

取在 270～300℃ 干燥至恒重的基准无水碳酸钠约 0.15g（如选用 25mL 的滴定管，称取量可在 0.1000～0.1200g），加水 50mL 使溶解，加甲基红-溴甲酚绿混合指示液 10 滴，用 HCl 溶液滴定至溶液由绿色转变为紫红色时，煮沸 2min，冷却至室温，继续滴定至溶液由绿色转变为暗紫色。操作过程如图 1-15 所示。

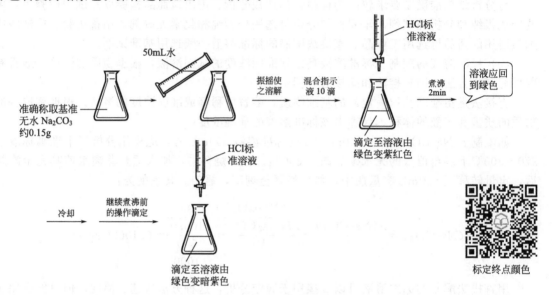

图 1-15 0.1mol/L 盐酸标准溶液的标定过程

【数据处理】

测定次数 项目	1	2	3
$m(Na_2CO_3)/g$			
V_{HCl}/mL			
$c_{HCl}/(mol/L)$			
c_{HCl} 平均值/(mol/L)			
相对平均偏差/%			

计算公式：
$$c(HCl) = \frac{2m(Na_2CO_3)}{M(Na_2CO_3)V(HCl) \times 10^{-3}}$$

式中 $c(HCl)$——HCl 标准溶液的物质的量浓度，mol/L；

$m(Na_2CO_3)$——称取无水碳酸钠的质量，g；

$M(Na_2CO_3)$——无水碳酸钠的摩尔质量，g/mol；

$V(HCl)$——滴定消耗 HCl 标准溶液的体积，mL。

数据处理

【注意事项】

1. 接近滴定终点时，应剧烈摇动锥形瓶以加速 H_2CO_3 分解；或将溶液加热至沸赶除 CO_2，冷却后再滴定至终点。

2. 无水碳酸钠经过高温烘烤后，极易吸水，故称量瓶要盖严；称量时，动作要快些，以免无水碳酸钠吸水。

【体验测试】

1. 判断题

(1) 为了保证准确,在配制盐酸标准溶液时,移取浓盐酸必须采用吸量管。( )

(2) 标定盐酸标准溶液时,第一次滴定终点是暗紫色,第二次的终点是紫红色。( )

(3) 标定盐酸标准溶液时,消耗无水碳酸钠最终体积是两次连续滴定的终点之和。( )

(4) 标定盐酸标准溶液时,为了节省时间,可以连续标定,顺序是:①+②+③+④。( )

① 1号样品的第一个滴定终点　② 2号样品的第一个滴定终点
③ 1号样品的第二个滴定终点　④ 2号样品的第二个滴定终点

2. 回答下列问题

(1) 按上述的滴定顺序,记录消耗无水碳酸钠的最终体积是:1号样品是①+③消耗体积之和;2号样品是②+④消耗体积之和。这样计算消耗无水碳酸钠的体积可以吗?

(2) 为什么不能用直接法配制盐酸标准溶液?

(3) 实验中所用锥形瓶是否需要烘干?加入蒸馏水的量是否需要准确?

知识链接

标准溶液的配制与标定

1. 间接配制法

很多化学试剂不符合基准物质的条件,如 NaOH 容易吸收空气中的水分和 CO_2;$KMnO_4$ 不易提纯,性质不稳定;浓盐酸易挥发,组成不恒定等,这些物质只能采用间接法配制其标准溶液。

首先将试剂配成近似所需浓度的溶液,再用基准物质或另一种已知准确浓度的标准溶液测定其准确浓度,这种测定标准溶液准确浓度的操作称为标定。这种配制方法是先配制,后标定,因此,间接配制法也称标定法。

采用间接配制法时,溶质与溶剂的取用量均应根据规定量进行称量或量取,并使制成后滴定液的 F 值为 0.95~1.05,如 F 值超出此范围时,应加入适量的溶质或溶剂予以调整。

1.1 用基准物质标定

用分析天平准确称取一定质量的基准物质,溶解后用被标定的标准溶液滴定,根据所消耗标准溶液的体积和称取基准物质的质量,计算出该标准溶液的准确浓度。

$$c_T = \frac{m_B}{M_B V_T} \times 1000$$

式中　c_T——被标定的标准溶液的物质的量浓度,mol/L;

m_B——称取基准物质的质量,g;

M_B——基准物质的摩尔质量,g/mol;

V_T——滴定所消耗的被标定溶液的体积,mL。

基准物质标定法又分为多次称量法和移液管法两种。

1.1.1 多次称量法

精密称取若干份同样的基准物质,分别溶于适量的水中,然后用待标定的溶液滴定,根据所称量的基准物质的质量和所消耗的待标定溶液的体积,即可计算出该溶液的准确浓度,最后取其平均值作为标准溶液的浓度。

1.1.2 移液管法

称取较大的一份基准物质,溶解后,定量转移到容量瓶中,稀释至一定体积,摇匀。用移液管取出若干份该溶液,用待标定的标准溶液滴定,最后取其平均值。

1.2 用另一种准确浓度的标准溶液标定

用移液管吸取一定量的已知准确浓度的标准溶液,然后用被标定的溶液滴定,根据所消耗被标定溶液的体积和已知准确浓度的标准溶液的浓度和体积,可以计算出被标定溶液的准确浓度。

$$c_T V_T = c_B V_B$$

$$c_T = \frac{c_B V_B}{V_T}$$

式中 c_T——被标定溶液的物质的量浓度,mol/L;

V_T——消耗被标定溶液的体积,mL;

c_B——已知标准溶液的物质的量浓度,mol/L;

V_B——消耗已知标准溶液的体积,mL。

2. 标准溶液的计算

对于一般的化学反应:$aA + bB \rightleftharpoons cC + dD$,假设 A 为标准溶液,B 为待测物质,C 与 D 为产物。a、b、c、d 是反应中各物质相应的计量系数。当这个滴定反应达到化学计量点时:

$$n_A : n_B = a : b$$

$$n_B = \frac{b}{a} n_A$$

若被测物质溶液的体积为 V_B,到达化学计量点时,用去浓度为 C_A 的标准溶液的体积为 V_A,由上述公式得:

$$C_B V_B = \frac{b}{a} C_A V_A$$

若被测物质为固体物质,到达化学计量点时,上式变为:

$$\frac{m_B}{M_B} = \frac{b}{a} C_A V_A$$

$$m_B = \frac{b}{a} C_A V_B M_B$$

以上为滴定分析中定量计算的基本依据。

2.1 配制药品时的计算

【例题 1-9】 用容量瓶配制 0.1000mol/L 的 $K_2Cr_2O_7$ 标准溶液 500mL,问应称取基准物质 $K_2Cr_2O_7$ 多少克?

解:
$$m_{K_2Cr_2O_7} = \frac{C_{K_2Cr_2O_7} V_{K_2Cr_2O_7} M_{K_2Cr_2O_7}}{1000}$$

$$= \frac{0.1000 \times 500.00 \times 294.2}{1000} = 14.71(g)$$

【例题 1-10】 配制 0.10mol/L 的盐酸溶液 200mL,需取浓盐酸(密度为 1.19g/mL,质量分数为 37%)溶液多少毫升?

解: 已知 $M_{HCl} = 36.46$ g/mol

$$C_{浓} = \frac{1000 \rho \omega}{M_{HCl}} = \frac{1000 \times 1.19 \times 37\%}{36.46} = 12(mol/L)$$

$$C_{浓} V_{浓} = C_{稀} V_{稀}$$

$$V_{浓} = \frac{C_{稀} V_{稀}}{C_{浓}} = \frac{0.10 \times 200}{12} = 1.7(mL)$$

【例题 1-11】 实验室里现有 NaOH 溶液（0.08692mol/L）3600mL，欲配制浓度为 0.1000mol/L 的 NaOH 溶液，问应加入 NaOH（0.5000mol/L）多少毫升？

解： 设应加入 NaOH 溶液（0.5000mol/L）V，则：

$$0.5000V + 0.08692 \times 3600 = 0.1000(3600+V)$$

$$V = 117.72 \text{（mL）}$$

2.2 标定药品时的计算

【例题 1-12】 已知 H_2SO_4 标准溶液的浓度为 0.05012mol/L，用此溶液滴定未知浓度的 NaOH 溶液 20.00mL，用去 H_2SO_4 标准溶液 20.45mL，求 NaOH 溶液的浓度。

解： 滴定反应式为：$H_2SO_4 + 2NaOH = Na_2SO_4 + 2H_2O$

已知标准溶液 $n_{H_2SO_4}=1$，待测物质 $n_{NaOH}=2$

$$C_{NaOH} V_{NaOH} = 2 C_{H_2SO_4} V_{H_2SO_4}$$

$$C_{NaOH} = \frac{2 C_{H_2SO_4} V_{H_2SO_4}}{V_{NaOH}}$$

$$= \frac{2 \times 0.05012 \times 20.45}{20.00}$$

$$= 0.1025 \text{(mol/L)}$$

【例题 1-13】 用 0.1625g 无水 Na_2CO_3 标定 HCl 溶液，以甲基橙为指示剂，到达化学计量点时，消耗 HCl 溶液 25.18mL，求 HCl 溶液的浓度（$M_{Na_2CO_3}=106.0\text{g/mol}$）。

解： $2HCl + Na_2CO_3 = 2NaCl + CO_2 \uparrow + H_2O$

因反应中 HCl 和 Na_2CO_3 的系数分别为 2 和 1，知

$$n_{HCl} = 2 n_{Na_2CO_3}$$

$$c_{HCl} V_{HCl} = \frac{2 m_{Na_2CO_3}}{M_{Na_2CO_3}}$$

$$c_{HCl} = \frac{2 m_{Na_2CO_3}}{M_{Na_2CO_3} V_{HCl}}$$

$$= \frac{2 \times 0.1625}{106.0 \times 25.18 \times 10^{-3}}$$

$$= 0.1218 \text{(mol/L)}$$

2.3 物质的量浓度与滴定度之间的换算

设一般的化学反应 $aA + bB = cC + dD$ 中 A 为标准溶液，B 为待测物质，C 与 D 为产物。a、b、c、d 是反应中各物质相应的计量系数。

$$aA \to bB$$

$$\frac{a}{C_A \frac{1}{1000}} = \frac{bM_B}{T_{M_A/M_B}}$$

$$C_A = \frac{a}{b} \frac{T_{M_A/M_B} \times 1000}{M_B} \quad \text{或} \quad T_{M_A/M_B} = M_B \frac{C_A b}{1000 a}$$

【例题 1-14】 已知 $T_{HCl/Na_2CO_3} = 0.005300\text{g/mL}$，试计算 HCl 标准溶液的物质的量浓度。

解： 已知 $M_{Na_2CO_3}=106.0\text{g/mol}$，由 HCl 与 Na_2CO_3 的反应方程式得：

$$2HCl + Na_2CO_3 = 2NaCl + CO_2 \uparrow + H_2O$$

$$n_{Na_2CO_3} = \frac{1}{2} n_{HCl}$$

$$T_{HCl/Na_2CO_3} = \frac{1}{2}\frac{C_{HCl}M_{Na_2CO_3}}{1000}$$

$$0.005300 = \frac{1}{2}\frac{C_{HCl}106.0}{1000}$$

$$C_{HCl} = \frac{2 \times 0.005300 \times 1000}{106.0} = 0.1000 (mol/L)$$

2.4 被测组分百分含量的计算

设样品质量为 $S(g)$，被测组分 B 的质量为 m_B（g），则被测组分的百分含量为 $B\%$。计算公式为：

$$B\% = \frac{m_B}{S} \times 100\%$$

$$m_B = \frac{b}{a}C_A V_A M_B$$

$$B\% = \frac{\frac{b}{a}C_A V_A M_B}{S} \times 100\%$$

式中　b/a——反应物计量系数之比；

　　　C_A——标准溶液的物质的量的浓度，mol/L；

　　　V_A——消耗标准溶液的体积数，mL；

　　　M_B——被测组分的摩尔质量，g/mol。

注意，实际计算时需要把体积的单位毫升换算成升。

【例题 1-15】 称取工业用草酸试样 0.3340g，用 0.1605mol/L 的氢氧化钠标准溶液滴定到终点，消耗 28.35mL 标准溶液。求试样中草酸（$H_2C_2O_4 \cdot 2H_2O$）的百分含量为多少？

解： 已知 $M_{H_2C_2O_4 \cdot 2H_2O} = 126.07$ g/mol，氢氧化钠与草酸的滴定反应为：

$$2NaOH + H_2C_2O_4 == Na_2C_2O_4 + 2H_2O$$

$$n_{NaOH} : n_{H_2C_2O_4} = 2 : 1$$

根据公式 $B\% = \dfrac{\frac{b}{a}C_A V_A M_B}{S} \times 100\%$ 得：

$$\omega(H_2C_2O_4 \cdot H_2O) = \frac{\frac{1}{2} \times 0.1605 \times 28.35 \times 126.07}{0.3340 \times 1000} \times 100\% = 88.28\%$$

子项目测试

1. 选择题

(1) 在定量分析中，要求测定结果的误差（　　）。

　　A. 等于零　　　　　　　　　　B. 愈小愈好

　　C. 在允许误差范围之内　　　　D. 没有要求

(2) 分析测定中出现的下列情况，属于系统误差的是（　　）。

　　A. 滴定时有液滴溅出　　　　　B. 滴定管未经校正

　　C. 所用纯水中含有干扰离子　　D. 砝码读错

(3) 下列方法中，哪种方法可用来减少分析测定中的偶然误差（　　）。

　　A. 仪器校正　　　　　　　　　B. 空白试验

　　C. 对照试验　　　　　　　　　D. 增加平行试验的次数

(4) 有效数字是指（　　）。

  A. 位数为 4 的数字   B. 最末一位不准确的数字
  C. 分析测定中实际测得的数字   D. 小数点前的数字

(5) 将有效数字 0.6355 修约为 3 位，正确结果是（   ）。
  A. 0.635   B. 0.636
  C. 0.64   D. 0.6

(6) 某分析人员用甲醛法测定某铵盐中含氮的量。称取试样 0.5003g，用 NaOH 标准溶液（0.2802mol/L）进行滴定，消耗 NaOH 标准溶液 18.32mL。他写出了如下四种结果，请问哪一种是对的？（   ）
  A. $NH_3 = 17.4\%$ B. $NH_3 = 17.44\%$
  C. $NH_3 = 17.442\%$ D. $NH_3 = 17\%$

2. 填空题

(1) 能够直接配制标准溶液的物质称为_____，如_____。

(2) 标定酸溶液时，常用的基准物质有_____和_____。

(3) 标定碱溶液时，常用的基准物质有_____和_____。

3. 下列各种误差是系统误差？还是偶然误差？

(1) 砝码被腐蚀；

(2) 天平的两臂不等长；

(3) 容量瓶和移液管不配套；

(4) 在重量分析中，样品里的不需要测定的成分被共沉淀；

(5) 在称量时样品吸收了少量水分；

(6) 试剂里含有微量的被测组分；

(7) 天平的零点突然有变动；

(8) 读取滴定管读数时，最后一位数字估测不准；

(9) 重量法测 SiO_2 时，试液中硅酸沉淀不完全；

(10) 以含量约为 98% 的 Na_2CO_3 为基准试剂来标定盐酸的浓度。

4. 请指出下列实验记录中的错误

(1) 用 HCl 标准溶液滴定 25.00mL NaOH 溶液

V_{HCl}：24.6 24.7 24.6 $\overline{V}_{HCl}$：24.63

(2) 称取 0.4567g 无水碳酸钠，用量筒加水约 20.00mL。

(3) 由滴定管中放出 25mL NaOH 溶液，以甲基橙作指示剂，用 HCl 标定溶液滴定。

5. 简答题

(1) 用于直接配制标准溶液的基准物质，应符合什么条件？

(2) 化学试剂的规格有哪几种？如何选用？

(3) 标准溶液的浓度表示方法有几种？

(4) 简述溶液配制时的注意事项。

(5) 滴定管活塞涂油时要注意哪些事项？

(6) 如何操作滴定管的活塞？

(7) 怎样控制滴定管的流液速度？

(8) 怎样使滴定管的读数准确？

(9) 怎样使吸量管移取的体积数准确？

(10) 标准溶液的配制方法有几种？如何进行？

(11) 什么叫标定？标定方法有几种？

6. 计算题

(1) 市售盐酸（分析纯）的密度为 1.19g/mL，含 HCl 37%，其物质的量浓度是多少？

(2) 配制 HCl 标准溶液（0.1mol/L）1000mL 时，为什么取盐酸 9.0mL，请写出详细计算过程？如果配制 1mol/L HCl 标准溶液 500mL，应该取浓盐酸多少毫升？

(3) 用基准物 NaCl 配制 0.1000mg/mL Cl^- 的标准溶液 1000mL，应如何配制？

(4) 实验室里实验员标定盐酸溶液的浓度，共进行四次平行测定，测得浓度为 0.1012mol/L、

0.1013mol/L、0.1010mol/L、0.1016mol/L。求平均值、绝对偏差、平均偏差、相对平均偏差、标准偏差及相对标准偏差？

(5) 滴定管的读数误差为±0.01mL，如果滴定时用去标准溶液2.50mL，相对误差是多少？如果滴定时用去标准溶液25.00mL，相对误差又是多少？这些数值说明什么问题？

子项目四　缓冲溶液的配制技术

> 【学习目标：】
> 1. 知道缓冲溶液的组成和缓冲原理，学会利用缓冲溶液的计算公式计算缓冲溶液的pH值。
> 2. 学会缓冲溶液的配制技术。
>
> 【技能目标：】
> 会用常用玻璃仪器配制缓冲溶液。

缓冲溶液是一种能抵抗外加少量强酸、强碱或溶液适当稀释，而保持pH值基本不变的溶液。缓冲溶液具有缓冲作用，许多的化学反应和生产过程必须在一定的pH值范围内才能正常进行。在实际的食品分析工作中，对于溶液酸碱度要求较高的实验，常用到一定pH值的缓冲溶液来调节，在分析工作中常用到的缓冲溶液，大多数是用于控制溶液的pH值，称为普通缓冲溶液；另外还有一部分专门在测量溶液的pH值时作为参照标准，如用pH计测定pH值时所用的标准溶液，被称为pH值标准缓冲溶液。本子项目重点学习缓冲溶液的配制技术。

任务一　配制pH＝10.0的缓冲溶液500mL

【工作任务】
配制pH＝10.0的标准缓冲溶液500mL。

【工作目标】
学会常用的标准缓冲溶液的配制技术。

【工作情境】
本任务可在化验室或实验室中进行。
1. 仪器　托盘天平、量筒和细口瓶。
2. 试剂　固体NH_4Cl和浓氨水。

【工作原理】
缓冲溶液是具有保持溶液pH值相对稳定的溶液，缓冲溶液能调节和控制溶液的酸度，当溶液中加入少量的强酸或强碱，或稍加稀释时，pH值不发生明显的变化。根据缓冲溶液的组成不同通常分为三种类型。

(1) 弱酸及其对应的盐

弱酸（抗碱成分）	对应盐（抗酸成分）
HAc	NaAc
H_2CO_3	$KHCO_3$

(2) 弱碱及其对应的盐

弱碱（抗酸成分）	对应盐（抗碱成分）
$NH_3 \cdot H_2O$	NH_4Cl

(3) 多元弱酸的酸式盐及其对应的次级盐

多元弱酸的酸式盐（抗碱成分）	对应盐（抗酸成分）
$NaHCO_3$	Na_2CO_3
NaH_2PO_4	Na_2HPO_4

缓冲溶液的 pH 值可通过亨德森-哈塞尔巴赫方程计算，其中 HB 表示弱酸，B^- 表示共轭碱。

$$pH = pK_a + \lg\frac{[B^-]}{[HB]}$$

在配制缓冲溶液时，若使用相同浓度的共轭酸和共轭碱，则它们的缓冲比等于体积比。

$$pH = pK_a + \lg\frac{[V_{B^-}]}{[V_{HB}]}$$

配制一定 pH 值的缓冲溶液的原则：选择合适的缓冲系，使缓冲系共轭酸的 pK_a 尽可能与所配缓冲溶液的 pH 值相等或接近，以保证缓冲系在总浓度一定时，具有较大的缓冲能力。配制缓冲溶液要有适当的总浓度，一般情况下，缓冲溶液的总浓度宜选在 0.05～0.2mol/L，按上面简化公式计算出 V_{B^-} 和 V_{HB} 的体积并进行配制。

配制 pH=10.0 的缓冲溶液应该是弱碱及其对应的盐，所以采用固体 NH_4Cl 和浓氨水来进行配制。常见普通标准缓冲溶液的配制如表 1-12 所示。

表 1-12　普通标准缓冲溶液的配制

pH 值	配制方法
3.6	$NaAc·3H_2O$ 8g 溶于适量水中，加 6mol/L HAc 134mL，稀释至 500mL
4.0	$NaAc·3H_2O$ 20g 溶于适量水中，加 6mol/L HAc 134mL，稀释至 500mL
4.5	$NaAc·3H_2O$ 32g 溶于适量水中，加 6mol/L HAc 68mL，稀释至 500mL
5.0	$NaAc·3H_2O$ 50g 溶于适量水中，加 6mol/L HAc 34mL，稀释至 500mL
5.7	$NaAc·3H_2O$ 100g 溶于适量水中，加 6mol/L HAc 13mL，稀释至 500mL
7.5	NH_4Cl 60g 溶于适量水中，加 15mol/L 氨水 1.4mL，稀释至 500mL
8.0	NH_4Cl 50g 溶于适量水中，加 15mol/L 氨水 3.5mL，稀释至 500mL
8.5	NH_4Cl 40g 溶于适量水中，加 15mol/L 氨水 8.8mL，稀释至 500mL
9.0	NH_4Cl 35g 溶于适量水中，加 15mol/L 氨水 24mL，稀释至 500mL
9.5	NH_4Cl 30g 溶于适量水中，加 15mol/L 氨水 65mL，稀释至 500mL
10.0	NH_4Cl 27g 溶于适量水中，加 15mol/L 氨水 197mL，稀释至 500mL
10.5	NH_4Cl 9g 溶于适量水中，加 15mol/L 氨水 175mL，稀释至 500mL
11.0	NH_4Cl 3g 溶于适量水中，加 15mol/L 氨水 207mL，稀释至 500mL

【工作过程】

1. 在托盘天平上称取 27g 固体 NH_4Cl，置于烧杯中，加 50mL 蒸馏水溶解后，用量筒量取 175mL 浓氨水倒入烧杯，混合均匀后转移到细口瓶中，稀释至 500mL，贴上标签。

2. 用 pH 试纸检查其 pH 值是否符合，若 pH 值不对，可用共轭酸或碱调节。如果对 pH 值要求严格的实验，还需在 pH 计监控下对所配缓冲溶液的 pH 值加以校正。

【注意事项】

1. 配制所用的药品要有较好的质量。
2. 药品称量和蒸馏水的取量要准确。
3. 由于浓氨水挥发性较强，故此操作应在通风橱内进行。

【体验测试】

1. 实验室欲配制 NH_3-NH_4Cl 缓冲溶液 100mL，需要称量 5.4g 固体 NH_4Cl，量取 35mL 浓氨水，问此缓冲溶液的 pH 值是多少？并叙述该缓冲溶液的配制过程。

2. 如何配制 100mL pH 值为 5.10 的缓冲溶液？

知识链接

电解质溶液

电解质是在水溶液中或在熔融状态下能解离成离子的化合物，主要包括酸、碱、盐类化合物。电解质在溶液中全部或部分以离子形式存在，电解质之间的反应实质上是离子之间的反应。本章主要运用化学平衡原理讨论电解质溶液中的化学平衡规律。

1. 酸碱质子理论

1.1 酸碱的定义

酸碱质子理论认为：凡能给出质子（H^+）的物质都是酸；凡能接受质子（H^+）的物质都是碱。酸是质子的给予体，碱是质子的接受体。酸和碱的关系可用下式表示为：

$$酸 \rightleftharpoons 质子 + 碱$$
$$HAc \rightleftharpoons H^+ + Ac^-$$
$$HCO_3^- \rightleftharpoons H^+ + CO_3^{2-}$$
$$H_2SO_4 \rightleftharpoons H^+ + HSO_4^-$$

（1）从以上关系式可看出酸（如 HAc）给出质子后变成碱（Ac^-），而碱（Ac^-）接受质子便成为酸（HAc），酸与碱的这种相互依存的关系称为共轭关系。仅相差 1 个质子的一对酸、碱（$HAc\text{-}Ac^-$）称为共轭酸碱对。HAc 是 Ac^- 的共轭酸，Ac^- 是 HAc 的共轭碱。同样，HCO_3^- 和 H_2SO_4 是 CO_3^{2-} 和 HSO_4^- 的共轭酸，CO_3^{2-} 和 HSO_4^- 也分别是 HCO_3^- 和 H_2SO_4 的共轭碱。

（2）酸和碱可以是中性分子，也可以是阴离子或阳离子，如 HCl、HAc 是分子酸，而 NH_4^+ 则是离子酸。Cl^-、PO_4^{3-} 是离子碱。有些物质如 H_2O、HCO_3^-、$H_2PO_4^-$、HS^- 等即可以给出质子又可以接受质子，这类分子或离子称为两性物质。

（3）酸碱质子理论没有盐的概念。酸碱离解理论中的盐，在质子理论中是离子酸、离子碱或离子酸离子碱的加合物。例如 Na_2CO_3 在阿伦尼乌斯离解理论中称为正盐，但在酸碱质子理论中则认为 CO_3^{2-} 是离子碱，Na^+ 既不给出质子也不接受质子，在质子理论中是非酸非碱物质，NH_4Cl 中的 NH_4^+ 是离子酸，Cl^- 是离子碱。

（4）在一对共轭酸碱对中，共轭酸的酸性愈强，其碱性愈弱；共轭酸的酸性愈弱，其共轭碱的碱性愈强。

1.2 酸碱反应的实质

按照酸碱质子理论，共轭酸碱对是酸碱半反应，不能单独进行，酸碱反应必须是两个酸碱半反应相互作用才能实现。其实质是两个共轭酸碱对间的质子传递，可用一个通式表示酸碱反应：

酸碱半反应 1： $酸_1 \rightleftharpoons 碱_1 + H^+$

酸碱半反应 2： $碱_2 + H^+ \rightleftharpoons 酸_2$

总反应： $酸_1 + 碱_2 \rightleftharpoons 碱_1 + 酸_2$
$\underset{H^+}{\uparrow\uparrow}$

两个酸碱半反应相互作用的结果是酸$_1$ 把质子传递给了碱$_2$，自身变为碱$_1$，碱$_2$ 从酸$_1$ 接受质子后变为酸$_2$。酸$_1$ 是碱$_1$ 的共轭酸，碱$_2$ 是酸$_2$ 的共轭碱。这种质子传递反应，既不要求反应必须在溶剂中进行，也不要求先生成独立的质子再加到碱上，而只是质子从一种物质传递到另一种物质中去。因此，反应可在水溶液中进行，也可在非水溶液中或气相中进行。例如：

$$\overset{H^+}{HCl + NH_3 \longrightarrow} NH_4^+ + Cl^-$$

NH_3和HCl的反应,无论在水溶液中、液氨溶液中、苯溶液中或气相中,其实质都是一样的,即HCl是酸,放出质子给NH_3,然后转变为它的共轭碱Cl^-,NH_3则是碱,接受质子后,转变为它的共轭酸NH_4^+。强碱夺取了强酸放出的质子,转变为较弱的共轭酸和共轭碱。酸碱反应总是由较强的酸和较强的碱作用,向着生成较弱的酸和碱的方向进行。

酸碱质子理论扩大了酸和碱的范围,把电离理论中的电离作用、中和作用、水解作用等,全部包括在酸碱反应的范围之内,都可以看作是质子传递的酸碱反应。

1.3 酸碱电子理论

在质子理论提出的同时,路易斯从电子对的给予和接受提出了新的酸碱概念,后来发展为路易斯酸碱理论。该理论认为,凡是能给出电子对的分子、离子或原子团都叫做碱;凡是能接受电子对的任何分子、离子或原子团都叫做酸。酸碱反应的实质是电子对由碱向酸转移,形成配位键并生成酸碱加合物。因此路易斯理论又称为酸碱电子理论。可用通式表示:

$$A + :B \longrightarrow A:B$$
$$\text{酸} \quad \text{碱} \quad \text{酸碱加合物}$$
$$H^+ + :OH^- \longrightarrow H_2O$$
$$HCl + :NH_3 \longrightarrow NH_4Cl$$
$$SO_3 + :CaO \longrightarrow O_3SOCa(CaSO_4)$$
$$Cu^{2+} + 4:NH_3 \longrightarrow [Cu(NH_3)_4]^{2+}$$

在反应中,NH_3、CaO和OH^-都是电子对给予体,它们是路易斯碱。电子理论摆脱了体系必须具有某种离子、元素和溶液的限制,而是立足于物质的普遍组分,以电子的授受关系来说明酸碱反应。电子理论定义的酸碱极为广泛,大大超过了其他酸碱理论所涉及的范围。为了区分不同理论定义的酸碱,一般书中把电子理论定义的酸碱称为路易斯酸和路易斯碱,也称广义酸和广义碱。但是由于电子理论对酸碱的认识过于笼统,因而不易掌握酸碱的特征,所以大多数场合还是用酸碱离解理论或酸碱质子理论。路易斯酸碱电子理论在有机化学和配位化学反应中应用较为广泛。

1.4 水的离解和溶液的pH值

(1) 水的离解 水是一种既能接受质子,又能给出质子的两性物质。实验证明,纯水有微弱的导电性,说明它是一种极弱的电解质,在纯水中存在着下列平衡:

$$H_2O + H_2O \rightleftharpoons H_3O^+ + OH^-$$

上式简写为:

$$H_2O \rightleftharpoons H^+ + OH^-$$

水分子间发生的这种质子转移,称为质子自递作用,其平衡常数表示为:

$$K_i = \frac{[H^+][OH^-]}{[H_2O]}$$

即

$$[H^+][OH^-] = [H_2O]K_i = K_w$$

水的离解很微弱,平衡常数表达式中$[H_2O]$可看成是一个常数,K_i也是一个常数,则$K_i[H_2O]$仍为常数,用K_w表示。K_w称为水的离子积常数,简称水的离子积,它表明在一定的温度下,水中$[H^+]$和$[OH^-]$之积为一常数。

经实验测定得知,在22℃时,1L纯水仅有10^{-7}水分子离解,因此,纯水中$[H^+]$和$[OH^-]$都是10^{-7}mol/L,即:

$$K_w = [H^+][OH^-] = 10^{-7} \times 10^{-7} = 1 \times 10^{-14}$$

水的离解是吸热过程,温度升高,K_w值增大,不同温度下水的离子积见表1-13。

表 1-13　不同温度下水的离子积常数

T/K	273	283	295	298	313	323	373
K_w	0.13×10^{-14}	0.36×10^{-14}	1.0×10^{-14}	1.27×10^{-14}	3.8×10^{-14}	5.6×10^{-14}	7.4×10^{-14}

由表可以看出，水的离子积 K_w 随温度变化而变化。为了方便起见，室温下常采用 $K_w=1\times10^{-14}$ 进行有关计算。

由于水的离解平衡的存在，[H^+]或[OH^-]两者中若有一种增大，则另一种一定减少。所以不仅在纯水中，就是在任何酸性或碱性的稀溶液中，[H^+]和[OH^-]的乘积也是个常数，在室温时都为 1×10^{-14}。

(2) 溶液的酸碱性和 pH 值　常温时纯水中[H^+]和[OH^-]相等，都是 10^{-7} mol/L，所以纯水是中性的。如果向纯水中加酸，由于[H^+]增大，使水的离解平衡向左移动，当达到新的平衡时，溶液中[H^+]>[OH^-]，[H^+]>10^{-7}mol/L，[OH^-]<10^{-7}mol/L，溶液呈酸性。如果向纯水中加碱，由于[OH^-]增大，使水的离解平衡向左移动，当达到新的平衡时，溶液中[OH^-]>[H^+]，[OH^-]>10^{-7}mol/L，[H^+]<10^{-7}mol/L，溶液呈碱性。溶液的酸碱性与 [H^+] 和 [OH^-] 的关系可表示为：

中性溶液　　　[H^+]=[OH^-]=10^{-7} mol/L

酸性溶液　　　[H^+]>10^{-7} mol/L>[OH^-]

碱性溶液　　　[H^+]<10^{-7} mol/L<[OH^-]

[H^+]越大，溶液的酸性越强；[H^+]越小，溶液的酸性越弱。在酸性溶液中不是没有 OH^-，只是浓度很小（小于 H^+ 浓度）。

溶液的酸碱性常用[H^+]表示，但当溶液里的[H^+]很小时，用[H^+]表示溶液的酸碱性就很不方便，因此在[H^+]很小时常用 pH 值表示溶液的酸碱性。

pH 值的概念：氢离子浓度的负对数叫做 pH 值。

$$pH=-\lg[H^+] \text{ 或 } [H^+]=10^{-pH}$$

pOH 值的概念：氢氧根离子浓度的负对数叫 pOH 值。

$$pOH=-\lg[OH^-] \text{ 或 } [OH^-]=10^{-pOH}$$

$$pH+pOH=14$$

溶液的酸碱性和 pH 值的关系是：295K 时，中性溶液 pH=7；酸性溶液 pH<7；碱性溶液 pH>7。

pH 值越小酸性越强，pH 值越大碱性越强。一般而言，pH 的适用范围是 0~14，当[H^+]大于 1mol/L 时，直接用[H^+]表示溶液的酸碱性，此时用 pH 值表示就比较麻烦，如 2mol/L 的 HCl 溶液的 pH 值就是 -0.3010，为负值。

必须注意：pH 值相差"1"，[H^+]相差 10 倍，因此两种不同 pH 的溶液混合，必须换算成[H^+]再进行计算。

2. 电解质溶液

2.1　强电解质溶液

电解质分为强电解质和弱电解质。为了定量地表示电解质在溶液中离解程度的大小，引入离解度的概念。离解度是离解平衡时已离解的分子数占原有分子数的百分数。

根据近代物质结构理论，强电解质是离子型化合物或具有强极性的共价化合物，它们在溶液中是全部离解的。强电解质在水溶液中，理论上应是 100% 离解成离子，但对其溶液导电性的测定结果表明，它们的离解度均小于 100%。这种由实验测得的离解度为表观离解度。表 1-14 列出了几种强电解质的表观离解度。

表 1-14　强电解质溶液的表观离解度（25℃，0.1mol/L）

电解质	离解式	表观离解度/%	电解质	离解式	表观离解度/%
氯化钾	$KCl \longrightarrow K^+ + Cl^-$	86	硫酸	$H_2SO_4 \longrightarrow 2H^+ + SO_4^{2-}$	61
硫酸锌	$ZnSO_4 \longrightarrow Zn^{2+} + SO_4^{2-}$	40	氢氧化钠	$NaOH \longrightarrow Na^+ + OH^-$	91
盐酸	$HCl \longrightarrow H^+ + Cl^-$	92	氢氧化钡	$Ba(OH)_2 \longrightarrow Ba^{2+} + 2OH^-$	81
硝酸	$HNO_3 \longrightarrow H^+ + NO_3^-$	92			

为了解释上述矛盾现象，1923 年德拜（P. L. W. Debye）和休克尔（Hückel E）提出了强电解质溶液离子互吸理论。该理论认为强电解质在水中是完全离解的，但由于在溶液中的离子浓度较大，阴、阳离子之间的静电作用比较显著，在阳离子周围吸引着较多的阴离子；在阴离子周围吸引着较多的阳离子。这种情况好似阳离子周围有阴离子氛，在阴离子周围有阳离子氛。

离子在溶液中的运动受到周围离子氛的牵制，并非完全自由。因此在导电性实验中，阴、阳离子向两极移动的速度比较慢，好似电解质没有完全离解。显然，这时所测得的"离解度"并不代表溶液的实际离解情况，故称为表观离解度。

由于离子间的相互牵制，致使离子的有效浓度表现得比实际浓度要小，如 0.1mol/L 的 KCl 溶液，K^+ 和 Cl^- 的浓度应该是 0.1mol/L。但根据表观离解度计算得到的离子有效浓度只有 0.086mol/L。通常把有效浓度称为活度（a），活度与实际浓度（c）的关系为

$$a = fc$$

式中　f——活度系数。

一般情况下，$a < c$，故 f 常常小于 1。显然，溶液中离子浓度越大，离子间相互牵制程度越大，f 越小。此外，离子所带的电荷数越大，离子间的相互作用越大，同样会使 f 减小。以上两种情况都会引起离子活度减小。而在弱电解质溶液中，由于离子浓度很小，离子间的距离较大，相互作用较弱。此时，活度系数 $f \to 1$，离子活度与浓度几乎相等，故在近似计算中用离子浓度代替活度，不会引起大的误差。本书采用离子浓度进行计算。

2.2　弱电解质溶液

2.2.1　一元弱酸（碱）溶液的离解平衡

（1）离解度　弱电解质的离解是可逆过程，可以用离解度（α）表示其离解的程度：

$$\alpha = \frac{\text{已离解的分子数}}{\text{离解前分子总数}} \times 100\%$$

在温度、浓度相同的条件下，离解度越大，表示该弱电解质离解能力相对较强。例如：在 18℃时 0.1mol/L 醋酸溶液中，每 10000 个醋酸分子中有 134 个离解成 H^+ 和 Ac^-，醋酸的离解度为

$$\alpha = \frac{134}{10000} \times 100\% = 1.34\%$$

离解度的大小可以相对地表示电解质的强弱。

（2）离解平衡常数　弱电解质在水溶液中存在着分子与离子间的离解平衡，一元弱酸以醋酸的离解过程为例进行讨论。

$$HAc \rightleftharpoons H^+ + Ac^-$$

根据化学平衡原理，在一定温度下，当醋酸在水溶液中达到离解平衡时，溶液中 H^+、Ac^- 的浓度与未离解的 HAc 分子浓度间的关系可用下式表示：

$$K_a = \frac{[H^+][Ac^-]}{[HAc]}$$

K_a 称为酸的离解平衡常数，简称离解常数。式中，$[H^+]$ 和 $[Ac^-]$ 表示氢离子和醋酸根离子的平衡浓度，$[HAc]$ 表示未离解的醋酸分子的平衡浓度。

一元弱碱的离解以氨水为例，它的离解平衡式为：
$$NH_3 \cdot H_2O \rightleftharpoons NH_4^+ + OH^-$$
根据化学平衡原理，碱的离解平衡常数 K_b 为：
$$K_b = \frac{[NH_4^+][OH^-]}{[NH_3]}$$

应当指出，K_a、K_b 不受浓度的影响，只与电解质的本性和温度有关。在同温时，同类的弱电解质的 K_a 或 K_b 可以表示弱酸或弱碱的相对强度。一些弱电解质的离解常数见附录三。

(3) 离解常数与离解度的关系　离解常数和离解度都能反映弱电解质的离解程度，它们之间既有区别又有联系。离解常数是化学平衡常数的一种形式，它不随电解质的浓度而变化；离解度则是转化率的一种形式，它表示弱电解质在一定条件下的离解百分率，在离解度允许的范围内可随浓度而变化。离解常数比离解度能更好地反映出弱电解质的特征，故应用范围比离解度更为广泛。

弱电解质的离解常数 K_i（包括 K_a，K_b）和离解度的关系，以弱酸 HAc 为例讨论。设 HAc 的浓度为 c(mol/L)，离解度为 α。

$$HAc \rightleftharpoons H^+ + Ac^-$$

起始　　　　　　c　　　　0　　　　0
平衡　　　　　$c-c\alpha$　　$c\alpha$　　$c\alpha$

$$K_a = \frac{[H^+][Ac^-]}{[HAc]} = \frac{(c\alpha)^2}{c-c\alpha} = \frac{c\alpha^2}{1-\alpha}$$

写成 K_i 与 α 的一般关系式为：$K_i = \dfrac{c\alpha^2}{1-\alpha}$

当 $c/K_i > 500$，$\alpha < 5\%$，此时，$1-\alpha \approx 1$，于是可以用近似计算：

$$K_i = c\alpha^2 \text{ 或 } \alpha = \sqrt{\frac{K_i}{c}}$$

以上表达式所表示的就是奥斯特瓦尔德稀释定律，其意义是：同一弱电解质的离解度与其浓度的平方根成反比，即浓度越稀，离解度越大；同一浓度的不同弱电解质的离解度与其离解常数的平方根成正比。

【例题 1-16】　298K 时，HAc 的离解常数为 1.76×10^{-5}。计算 0.10mol/L HAc 溶液的 H^+ 浓度、pH 值和离解度。

解： 设离解平衡时，溶液中 $[H^+]$ 为 x mol/L，则 $[HAc] = (0.10-x)$ mol/L，$[Ac^-] = x$ mol/L

$$HAc \rightleftharpoons H^+ + Ac^-$$

平衡浓度　　　　0.10-x　　　x　　　x

将有关数值代入平衡关系式中：

$$K_a = \frac{[H^+][Ac^-]}{[HAc]} = \frac{x^2}{0.10-x} = 1.76 \times 10^{-5}$$

因为 $c/K_a > 500$，可以用近似计算：

$$0.10 - x \approx 0.10 (\text{mol/L})$$
$$[H^+] = x = \sqrt{1.76 \times 10^{-5} \times 0.10} = 1.33 \times 10^{-3} \text{mol/L}$$
$$pH = -\lg[H^+] = -\lg 1.33 \times 10^{-3} = 2.88$$
$$\alpha = \frac{x}{c} \times 100\% = \frac{1.33 \times 10^{-3}}{0.10} = 1.33\%$$

把上述近似计算推广到一般，当 $c/K_a > 500$ 时，可得浓度为 $c_{酸}$ 的一元弱酸溶液中

[H$^+$]的近似计算公式为：

$$[H^+]=\sqrt{K_a c_{酸}}$$

用同样的方法，可以求出一元弱碱溶液中[OH$^-$]的近似计算公式：

$$[OH^-]=\sqrt{K_b c_{碱}}$$

2.2.2 多元酸的离解

分子中含两个或两个以上可被置换的H$^+$的酸称为多元弱酸，常见的多元弱酸有H$_2$CO$_3$、H$_2$S、H$_3$PO$_4$等。多元弱酸的离解是分步进行的，每一步有一个离解平衡常数。

二元酸　碳酸　　H$_2$CO$_3$ ⇌ H$^+$ + HCO$_3^-$　　$K_{a1}=4.3\times10^{-7}$
　　　　　　　　HCO$_3^-$ ⇌ H$^+$ + CO$_3^{2-}$　　$K_{a2}=5.6\times10^{-11}$

　　　　氢硫酸　H$_2$S ⇌ H$^+$ + HS$^-$　　　　　$K_{a1}=9.1\times10^{-8}$
　　　　　　　　HS$^-$ ⇌ H$^+$ + S^{2-}　　　　$K_{a2}=1.1\times10^{-12}$

三元酸　磷酸　　H$_3$PO$_4$ ⇌ H$^+$ + H$_2$PO$_4^-$　　$K_{a1}=7.52\times10^{-3}$
　　　　　　　　H$_2$PO$_4^-$ ⇌ H$^+$ + HPO$_4^{2-}$　　$K_{a2}=6.23\times10^{-8}$
　　　　　　　　HPO$_4^{2-}$ ⇌ H$^+$ + PO$_4^{3-}$　　　$K_{a3}=2.2\times10^{-13}$

一般而言，对于二元酸：$K_{a1} \gg K_{a2}$。对于三元酸：$K_{a1} \gg K_{a2} \gg K_{a3}$。

【例题 1-17】 室温时，碳酸饱和溶液的物质的量的浓度约为 0.04 mol/L，求此溶液中 H$^+$、HCO$_3^-$ 和 CO$_3^{2-}$ 的浓度。(已知 $K_{a1}=4.3\times10^{-7}$，$K_{a2}=5.6\times10^{-11}$)

解： 由于 H$_2$CO$_3$ 的 $K_{a1} \gg K_{a2}$，可忽略二级离解，当一元酸处理。

设溶液中[H$^+$]=x mol/L，则[HCO$_3^-$]≈[H$^+$]=x mol/L

　　　　　　　　　　　　H$_2$CO$_3$ ⇌ H$^+$ + HCO$_3^-$
　　　　　起始　　　　　0.04　　　　0　　　　0
　　　　　平衡　　　　　0.04−x　　x　　　x

$$K_{a1}=\frac{[H^+][HCO_3^-]}{[H_2CO_3]}=\frac{x^2}{0.04-x}=4.3\times10^{-7}$$

因为 $c/K_a > 500$，可以用近似值计算：

$$0.04-x \approx 0.04 (mol/L)。$$

$$x=[H^+]=\sqrt{4.3\times10^{-7}\times0.04}=1.3\times10^{-4}(mol/L)$$

HCO$_3^-$ 的二级离解为：HCO$_3^-$ ⇌ H$^+$ + CO$_3^{2-}$

$$K_{a2}=\frac{[H^+][CO_3^{2-}]}{[HCO_3^-]}=5.6\times10^{-11}$$

因为　　　　　H$_2$CO$_3$ 的 $K_{a1} \gg K_{a2}$，[HCO$_3^-$]≈[H$^+$]
则有：

$$[CO_3^{2-}]\approx K_{a2}=5.6\times10^{-11}$$

答： [H$^+$]=[HCO$_3^-$]=1.3×10^{-4} mol/L，[CO$_3^{2-}$]=5.6×10^{-11} mol/L。

根据【例 1-17】计算可得出如下结论。

(1) 多元弱酸的 $K_{a1} \gg K_{a2} \gg K_{a3}$，求[H$^+$]时，可把多元弱酸当作一元来处理。当 $c/K_a > 500$，可以根据公式[H$^+$]=$\sqrt{K_a c_{酸}}$作近似计算。

(2) 二元弱酸溶液中，酸根的浓度近似等于 K_{a2}，与酸的原始浓度无关。

3. 缓冲溶液

3.1 同离子效应和盐效应

3.1.1 同离子效应

在弱电解质溶液中，加入一种与弱电解质具有相同离子的强电解质时，将引起离解平衡向左移动，导致弱酸或弱碱离解度降低，这种现象称同离子效应。

$$HAc \rightleftharpoons H^+ + Ac^-$$
$$NaAc \longrightarrow Na^+ + Ac^-$$

同离子效应使弱电解质的离解度减小，但弱电解质的离解平衡常数不变。

【例题 1-18】 在 0.10mol/L 的醋酸溶液中，加入固体醋酸钠（设溶液体积不变），使其浓度为 0.20mol/L。求此溶液中 [H^+] 和醋酸的离解度。

解： 设由醋酸离解出的[H^+]为 x mol/L。

$$HAc \rightleftharpoons H^+ + Ac^-$$
$$0.1-x \quad\quad x \quad\quad x$$
$$\rightarrow 总的[Ac^-] = 0.20+x$$
$$NaAc \longrightarrow Na^+ + Ac^-$$
$$0.2 \quad\quad 0.20$$

$$K_a = \frac{[H^+][Ac^-]}{[HAc]} = \frac{x(0.02+x)}{0.10-x} = 1.76 \times 10^{-5}$$

因为 $c/K_a > 500$，$0.20+x \approx 0.20$，$0.10-x \approx 0.10$，则有：

$$[H^+] = x = 0.88 \times 10^{-5} \approx 9.0 \times 10^{-6}$$

$$\alpha = \frac{9.0 \times 10^{-6}}{0.10} \times 100\% = 0.009\%$$

答：此溶液中 [H^+] 为 9.0×10^{-6} mol/L，离解度为 0.009%。

3.1.2 盐效应

加入不含有与弱电解质（难溶电解质）具有相同离子的强电解质，使弱电解质电离度（难溶电解质溶解度）略有增大的效应叫盐效应。例如，在 0.1mol/L HAc 溶液中加入 0.1mol/L NaCl，则 HAc 的离解度由 1.33% 增大到 1.82%。这是由于加入强电解质 NaCl 后，溶液中阴、阳离子浓度增加，离子间的相互牵制作用加强，妨碍了离子的运动，减小了离子的运动速度，使 H^+ 和 Ac^- 分子化倾向略微降低，而使 HAc 的离解度略有增大。

产生同离子效应时，必然伴随着盐效应。同离子效应和盐效应的效果相反，且同离子效应的作用要大得多，在一般计算，特别是在较稀溶液中，可以不必考虑盐效应的影响。

3.2 缓冲溶液

许多化学反应和生产过程必须在一定的 pH 值范围内才能进行或进行的比较完全。那么，怎样的溶液才具有维持自身 pH 值范围基本不变的作用呢？实验发现，弱酸及其盐、弱碱及其盐等的混合溶液具有这种能力。

3.2.1 缓冲溶液的概念和组成

在纯水中加入少量的酸或碱，其 pH 值发生显著的变化；而向 HAc 和 NaAc 或 NH_3 和 NH_4Cl 组成的混合溶液中加入少量的酸或碱，其 pH 值改变很小（如表 1-15 所示）；在一定范围内加水稀释时，HAc 和 NaAc 或 NH_3 和 NH_4Cl 组成的混合溶液的 pH 值改变幅度也很小。

表 1-15 向三种溶液加入 1.0mol/L 的 HCl 溶液和 NaOH 溶液后 pH 值的变化

序号	原溶液	加入 1.0mL 1.0mol/L 的 HCl 溶液	加入 1.0mL 1.0mol/L 的 NaOH 溶液
1	1.0L 纯水	pH 值从 7.0 变为 3.0，改变 4	pH 值从 7.0 变为 11，改变 4
2	1.0L 溶液中含有 0.10mol HAc 和 0.10mol NaAc	pH 值从 4.67 变为 4.75，改变 0.01	pH 值从 4.76 变为 4.77，改变 0.01
3	1.0L 溶液中含有 0.10mol NH_3 和 0.10mol NH_4Cl	pH 值从 9.26 变为 9.25，改变 0.01	pH 值从 9.26 变为 9.27，改变 0.01

这种能抵抗外加少量强酸、强碱或水的稀释,而保持 pH 值基本不变的溶液称为缓冲溶液,这种作用称为缓冲作用。缓冲溶液具有缓冲作用,是因为缓冲溶液中同时含有足量的能够对抗外来少量酸的成分和能够对抗外来少量碱的成分。通常把这两种成分称为缓冲对或缓冲系。其中,能够对抗外来少量酸的成分称为抗酸成分;能够对抗外来少量碱的成分称为抗碱成分。根据缓冲溶液的组成不同分为三种类型。

(1) 弱酸及其对应的盐

弱酸(抗碱成分)	对应盐(抗酸成分)
HAc	NaAc
H_2CO_3	$KHCO_3$

(2) 弱碱及其对应的盐

弱碱(抗酸成分)	对应盐(抗碱成分)
$NH_3 \cdot H_2O$	NH_4Cl

(3) 多元弱酸的酸式盐及其对应的次级盐

多元弱酸的酸式盐(抗碱成分)	对应盐(抗酸成分)
$NaHCO_3$	Na_2CO_3
NaH_2PO_4	Na_2HPO_4

3.2.2 缓冲作用原理

在 HAc-NaAc 的缓冲系中,HAc 为若弱电解质,在水中部分离解成 H^+ 和 Ac^-;NaAc 为强电解质,在水中全部离解成 Na^+ 和 Ac^-。

$$HAc \rightleftharpoons H^+ + Ac^-$$
$$NaAc \longrightarrow Na^+ + Ac^-$$

由于 NaAc 完全离解,所以溶液中存在着大量的 Ac^-。弱酸 HAc 只有较少部分离解,加上由 NaAc 离解出的大量 Ac^- 产生的同离子效应,使 HAc 的离解度变得更小,因此溶液中除大量的 Ac^- 外,还存在大量 HAc 分子。这种在溶液中同时存在大量弱酸分子及该弱酸根离子(或大量弱碱分子及弱碱的阳离子),就是缓冲溶液组成上的特征。

当向此混合溶液中加少量强酸,溶液中大量的 Ac^- 将与加入的 H^+ 结合而生成难离解的 HAc 分子,以致溶液的 H^+ 浓度几乎不变。换句话说,Ac^- 起了抗酸的作用。当加入少量强碱时,由于溶液中的 H^+ 将与 OH^- 结合生成 H_2O,使 HAc 的离解平衡向右移动,继续离解出 H^+ 仍与 OH^- 结合,致使溶液中的 OH^- 浓度几乎不变,因而 HAc 分子在这里起了抗碱的作用。由此可见,缓冲溶液同时具有抵抗少量酸或碱的作用,其抗酸抗碱作用是由缓冲对的不同部分担负的。当加水稀释时,溶液中 HAc 和 Ac^- 的浓度同步减少,致使溶液中的 H^+ 浓度几乎不变。

3.2.3 缓冲溶液的 pH 值计算

缓冲溶液具有保持溶液的 pH 值相对稳定的能力,因此掌握缓冲溶液本身的 pH 值十分重要。缓冲溶液的计算公式推倒如下:

以 HAc-NaAc 缓冲对为例,体系存在的反应为:

$$HAc \rightleftharpoons H^+ + Ac^-$$
$$NaAc \longrightarrow Na^+ + Ac^-$$
$$[H^+] = K_a \frac{[HAc]}{[Ac^-]}$$

根据近似处理知,$[HAc] = c_{弱酸}$,$[Ac^-] = c_{弱酸盐}$,得:

$$[H^+] = K_a \frac{c_{弱酸}}{c_{弱酸盐}}$$

$$pH = pK_a + \lg\frac{c_{弱酸盐}}{c_{弱酸}} = pK_a + \lg\frac{n_{弱酸盐}}{n_{弱酸}}$$

同理，弱碱及弱碱盐组成的缓冲对，其：

$$pOH = pK_b + \lg\frac{c_{弱碱盐}}{c_{弱碱}}$$

【例题 1-19】 将 400mg 的固体 NaOH 分别加到下列两种溶液中，它们的体积均为 1L。试分别计算这两种溶液 pH 值的变化。

(1) 0.1mol/L 的 HAc；(2) 0.1mol/L 的 HAc 和 0.1mol/L 的 NaAc 的混合溶液。

解： $C_{NaOH} = \dfrac{m/M}{V} = \dfrac{0.4/40}{1} 0.01$ （mol/L）（因加入的是固体氢氧化钠，所以体积变化忽略不计）

(1) 0.1mol/L HAc 溶液的 pH 值：

$$[H^+] = \sqrt{cK_a} = \sqrt{0.1 \times 1.76 \times 10^{-5}} = 1.33 \times 10^{-3}$$
$$pH = -\lg[H^+] = -\lg 1.33 \times 10^{-3} = 2.88$$

```
            NaOH +  HAc  ⟶  NaAc + H₂O
起始         0.01    0.1        0
变化        -0.01   -0.01      +0.01
平衡          0     0.09       0.01
```

反应后生成的醋酸钠与醋酸组成缓冲体系，pH 值为：

$$pH = pK_a + \lg\frac{c_{弱酸盐}}{c_{弱酸}} = 4.75 + \lg\frac{0.01}{0.09} = 3.80$$

$$\Delta pH = 3.80 - 2.88 = 0.92$$

(2) 0.1mol/L HAc-NaAc 组成的缓冲溶液的 pH 为：

$$[H^+] = K_a \frac{c_{弱酸}}{c_{弱酸盐}} = 1.76 \times 10^{-5} \times \frac{0.1}{0.1} = 1.76 \times 10^{-5} \quad (pH = 4.75)$$

当加入 400mg 氢氧化钠以后：

```
            NaOH +  HAc  ⟶  NaAc + H₂O
起始         0.01    0.1       0.1
变化        -0.01   -0.01     +0.01
平衡          0     0.09      0.11
```

$$pH = pK_a + \lg\frac{c_{弱酸盐}}{c_{弱酸}} = 4.75 + \lg\frac{0.11}{0.09} = 4.84$$

$$\Delta pH = 4.84 - 4.75 = 0.09$$

答： HAc 溶液的 pH 值的变化为 0.92，HAc-NaAc 缓冲溶液的 pH 值的变化为 0.09。

3.2.4 缓冲溶液的缓冲能力

缓冲溶液的缓冲作用有一定的限度，超过这个限度，缓冲溶液就会失去缓冲能力。缓冲溶液的缓冲能力大小用缓冲容量表示。所谓的缓冲容量，是使 1L（或 1mol）缓冲溶液的 pH 值改变 "1" 所需加入强酸（H^+）或强碱（OH^-）的物质的量。缓冲容量常用符号 β 表示。缓冲容量越大，说明缓冲溶液的缓冲能力越强。

一般而言，$c_{盐} : c_{酸} = 1$ 时，此时缓冲溶液的缓冲能力最大；$c_{盐} : c_{酸} = 1/10 \sim 10$ 时，有较好的缓冲作用。对于任何一个缓冲体系都有一个有效的缓冲范围，这个范围是：

弱酸及其盐体系　　　　$pH = pK_a \pm 1$

弱碱及其盐体系　　　　$pOH = pK_b \pm 1$

任务二　配制 pH=4.01 的标准缓冲溶液

【工作任务】
　　配制 pH=4.01 的标准缓冲溶液。
【工作目标】
　　学会配制标准缓冲溶液的操作技术。
【工作情境】
　　本任务可在化验室或实验室中进行。
　　1. 仪器　分析天平（0.1mg）、容量瓶、小烧杯、玻璃棒、试剂瓶、药匙、称量瓶和干燥器。
　　2. 试剂　固体邻苯二甲酸氢钾。
【工作原理】
　　邻苯二甲酸氢钾（$KHC_8H_4O_4$），它易制得纯品，在空气中不吸水，容易保存，摩尔质量较大，是一种较好的基准物质和测定 pH 值的缓冲剂。白色结晶，密度 $1.636g/cm^3$，溶于水，水溶液有酸性反应。邻苯二甲酸氢根离子既可以和氢氧根离子反应生成邻苯二甲酸钾，又可以和氢离子反应生成邻苯二甲酸，故可用来配制标准缓冲溶液。常用的 pH 标准缓冲溶液如表 1-16 所示。

表 1-16　pH 标准缓冲溶液

pH 标准溶液	pH 值(25℃)	pH 标准溶液	pH 值(25℃)
饱和酒石酸氢钾(0.034mol/L)	3.56	$0.025mol/L\ KH_2PO_4$-$0.025mol/L\ Na_2HPO_4$	6.86
0.05mol/L 邻苯二甲酸氢钾	4.01	0.10mol/L 硼砂	9.18

【工作过程】
　　准确称取在 (115.0±5.0)℃下烘干 2~3h 的邻苯二甲酸氢钾 1.0120g，于小烧杯中溶解后，定量转移至 100mL 容量瓶内，稀释至刻度，摇匀后贴上标签。
【注意事项】
　　在干燥时不宜温度过高，过高则脱水成为邻苯二甲酸酐。
【体验测试】
　　1. 邻苯二甲酸氢钾和硼砂（$Na_2B_4O_7·10H_2O$）为什么可单独配制缓冲溶液？
　　2. 计算准确称取在 (115.0±5.0)℃下烘干 2~3h 的邻苯二甲酸氢钾 1.0120g，于小烧杯中溶解后，定量转移至 100mL 容量瓶，此溶液的物质的量浓度是多少？

子项目测试

1. 填空题
(1) 能够抵抗外加少量＿＿＿＿或＿＿＿＿以及稀释等的影响，保持溶液 pH 值基本不变的溶液，称为＿＿＿＿。
(2) 普通缓冲溶液主要用于控制溶液的＿＿＿＿。
(3) 专门用于测量溶液 pH 值时的参照标准的溶液称为＿＿＿＿缓冲溶液。
2. 判断题
(1) 高浓度的强酸没有缓冲能力。(　　)
(2) HAc-NaAc 可以用于配制缓冲溶液。(　　)
(3) 缓冲溶液被稀释后，溶液的 pH 值基本不变，故缓冲容量基本不变。(　　)
(4) 缓冲溶液的缓冲容量大小只与缓冲比有关。(　　)
(5) 缓冲溶液中，其他条件相同时，缓冲对的 pK_a 越接近缓冲溶液的 pH 时，该缓冲溶液的缓冲容量

就越大。（　　）

(6) HAc 溶液和 NaOH 溶液混合可以配成缓冲溶液，条件是 NaOH 比 HAc 的物质的量适当过量。（　　）

(7) 因 NH_4Cl-$NH_3·H_2O$ 缓冲溶液的 pH 值大于 7，所以不能抵抗少量的强碱。（　　）

(8) 同一缓系的缓冲溶液，总浓度相同时，只有 $pH=pK_a$ 的溶液，缓冲容量最大。（　　）

3. 选择题

(1) 下列公式中有错误的是（　　）。

  A. $pH=pK_a+\lg[B^-]/[HB]$ B. $pH=pK_a-\lg[HB]/[B^-]$

  C. $pH=pK_a+\lg[n(B^-)]/[n(HB)]$ D. $pH=pK_a-\lg[n(B^-)]/[n(HB)]$

  E. $pH=-\lg(K_w/K_b)+\lg[B^-]/[HB]$

(2) 用 H_3PO_4（$pK_{a1}=2.12$，$pK_{a2}=7.21$，$pK_{a3}=12.67$）和 NaOH 所配成的 pH=7.0 的缓冲溶液中，抗酸成分是（　　）

  A. $H_2PO_4^-$ B. HPO_4^{2-} C. H_3PO_4 D. H_3O^+

(3) 欲配制 pH=9.0 的缓冲溶液，最好选用下列缓冲系中的（　　）

  A. 邻苯二甲酸（$pK_{a1}=2.89$；$pK_{a2}=5.51$） B. 甲胺盐酸盐（$pK_a=10.63$）

  C. 甲酸（$pK_a=3.75$） D. 氨水（$pK_b=4.75$） E. 硼酸（$pK_a=9.14$）

(4) 影响缓冲容量的主要因素是（　　）。

  A. 缓冲溶液的 pH 值和缓冲比   B. 弱酸的 pK_a 和缓冲比

  C. 弱酸的 pK_a 和缓冲溶液的总浓度   D. 弱酸的 pK_a 和其共轭碱的 pK_b

  E. 缓冲溶液的总浓度和缓冲比

4. 计算下列溶液的 pH 值。

  (1) 0.01mol/L 的 HNO_3 溶液   (2) 0.005mol/L 的 NaOH 溶液

  (3) 0.005mol/L 的 H_2SO_4 溶液   (4) 0.10mol/L 的 HAc 溶液

  (5) 0.20mol/L 的 $NH_3·H_2O$ (6) 0.10mol/L 的 HCN 溶液

  (7) 0.10mol/L 的 Na_2CO_3 溶液   (8) 0.1mol/L NH_4Cl 的溶液

  (9) 0.10mol/L $NH_3·H_2O$ 和 0.1mol/L NH_4Cl 组成的缓冲溶液

5. 根据酸碱质子理论，下列分子或离子哪些是酸？哪些是碱？哪些是两性物质？

     HF HCO_3^- NH_4^+ NH_3 ClO^- H_2O H_2S H_3PO_4 HPO_4^{2-}

6. 写出下列各质子酸的共轭碱。

     H_2CO_3 $H_2PO_4^-$ NH_4^+ HCN HSO_4^- H_2O

7. 写出下列各质子碱的共轭酸。

     Ac^- $H_2PO_4^-$ S^{2-} OH^- Cl^- H_2O

8. 在血液中 H_2CO_3-$NaHCO_3$ 缓冲对的功能之一是从细胞组织中迅速除去运动以后生成的乳酸，现由实验测得三人血浆中 H_2CO_3、HCO_3^- 的浓度如下：

  (1) $[H_2CO_3]=0.0012$mol/L $[HCO_3^-]=0.024$mol/L

  (2) $[H_2CO_3]=0.0014$mol/L $[HCO_3^-]=0.027$mol/L

  (3) $[H_2CO_3]=0.0017$mol/L $[HCO_3^-]=0.022$mol/L

试求此三人血浆的 pH 值（$pK_a=6.38$）。

9. 欲配制 pH=4.5 的缓冲溶液，需向 500mL 0.50mol/L NaAc 溶液中加入多少毫升 1.0mol/L 的 HAc？

10. 判断下列混合溶液是不是缓冲溶液？如果是缓冲溶液，计算其 pH 值。

  (1) 100mL 0.10mol/L HAc 溶液中加入 50mL 0.1mol/L NaOH 溶液；

  (2) 50mL 0.10mol/L HAc 溶液中加入 100mL 0.1mol/L NaOH 溶液；

  (3) 500mL 0.5mol/L $NH_3·H_2O$ 溶液中加入 100mL 1mol/L HCl 溶液；

  (4) 50mL 1mol/L HCl 溶液中加入 100mL 1mol/L NaOH 溶液。

项目二　滴定分析技术

滴定分析技术是由酸碱滴定技术、氧化还原滴定技术、配位滴定技术和沉淀滴定技术组成，是根据标准溶液与试样间发生的化学反应类型进行分类的。通常适用于被测组分的含量在 1% 以上的常量组分的分析，具有操作简便、快速，所用仪器简单、准确、价格便宜等特点。一般情况下相对平均偏差在 0.2% 以下。各测量值及分析结果的有效数字位数均为四位。主要包括容量仪器的选择和使用、滴定终点的判断和控制、滴定数据的读取、记录和处理等，是进行食品理化分析的基础。

子项目一　酸碱滴定技术

学习目标：
1. 学会 NaOH 标准溶液的配制和标定。
2. 学会用 NaOH 标准溶液测定果蔬中的总酸度。

技能目标：
学会用浓碱法配制 NaOH 标准溶液及标定的操作技术。

酸碱滴定技术是以水溶液中的质子转移反应为基础的滴定分析技术。一般的酸、碱以及能与酸碱直接或间接发生质子转移反应的物质，都可以用酸碱滴定技术进行测定，是食品分析与检测中最常用的方法之一。

任务一　NaOH 标准溶液（0.1000mol/L）的配制与标定

【工作任务】
　　NaOH 标准溶液（0.1000mol/L）的配制与标定。
【工作目标】
　　1. 学会用浓碱法配制 NaOH 标准溶液。
　　2. 能准确标定 NaOH 标准溶液的浓度。
【工作情境】
　　本任务可在化验室或实训室中进行。
　　1. 仪器　万分之一的电子天平、托盘天平、酸式滴定管（25mL，无色）、量杯（500mL）、锥形瓶（250mL）、量筒（50mL 和 100mL）、表面皿或烧杯（100mL）、烧杯（500mL），聚乙烯塑料瓶（500mL）、容量瓶（200mL）和移液管（50mL）。
　　2. 试剂　氢氧化钠（分析纯）、草酸（$H_2C_2O_4 \cdot 2H_2O$）（基准物质）和酚酞指示剂（0.1% 乙醇溶液）。
【工作原理】
　　由于 NaOH 极易吸收空气中的水分和 CO_2，因而市售 NaOH 常含有 Na_2CO_3。由于 Na_2CO_3 的存在对指示剂的使用影响较大，应设法除去。若配制不含 Na_2CO_3 的 NaOH 标准溶液，常用浓碱法。由于 Na_2CO_3 在 NaOH 的饱和溶液中不易溶解，因此，通常将 NaOH 配成饱和溶液（含量约为 52%，相对密度约为 1.56），装塑料瓶中放置，待 Na_2CO_3 沉淀后，量取一定量上清液，稀释至所需配制的浓度即得。

用来配制氢氧化钠溶液的蒸馏水，应加热煮沸放冷，以除去其中的 CO_2。

标定碱溶液的基准物质很多，如草酸（$H_2C_2O_4 \cdot 2H_2O$），苯甲酸（$C_7H_6O_2$），邻苯二甲酸氢钾（$KHC_8H_4O_4$）等。用草酸来标定时，滴定反应为：

$$H_2C_2O_4 \cdot 2H_2O + 2NaOH \longrightarrow Na_2C_2O_4 + 4H_2O$$

计量点时由于弱酸盐的水解，溶液呈弱碱性，所以应采用酚酞作为指示剂。

【工作过程】

1. NaOH 标准溶液的配制

1.1 NaOH 饱和溶液的配制

取 NaOH 约 120g，倒入装有 100mL 蒸馏水的烧杯中，搅拌使之溶解成饱和溶液。冷却后，置于塑料瓶中，静置数日，澄清后备用。

1.2 NaOH 标准溶液（0.1000mol/L）的配制

取澄清的 NaOH 饱和溶液 0.6mL，加新煮沸放冷的蒸馏水 100mL，搅拌摇匀，倒入试剂瓶中，密塞，即得。

2. NaOH 标准溶液（0.1000mol/L）的标定

精密称取室温干燥至恒重的基准物草酸 3 份，每份在 0.1200～0.1500g，分别盛放于 250mL 锥形瓶中，分别加新煮沸放冷的蒸馏水 50mL，小心振摇使之完全溶解。加酚酞指示剂 2 滴，用待标定的 NaOH 标准溶液滴定至溶液呈浅红色即为终点，记录消耗 NaOH 溶液的体积。

【数据处理】

1. 数据记录

项目 \ 测定次数	1	2	3
草酸/g			
V_{NaOH}/mL			
c_{NaOH}/(mol/L)			
$\bar{c}_{NaOH}$ 平均值/(mol/L)			
相对平均偏差			

2. 结果计算

$$c_{NaOH} = \frac{2m_{H_2C_2O_4 \cdot 2H_2O}}{V_{NaOH} \times \dfrac{M_{H_2C_2O_4 \cdot 2H_2O}}{1000}} \quad (M_{H_2C_2O_4 \cdot 2H_2O} = 126)$$

$$\overline{X} = \frac{x_1 + x_2 + \cdots + x_n}{n} = \frac{1}{n}\sum_{i=1}^{n} x_i$$

绝对偏差：表示测量值与平均值之差。

$$d = x_i - \bar{x}$$

平均偏差（$\bar{d}$）：各单个偏差绝对值的平均值

$$\bar{d} = \frac{\sum_{i=1}^{n}|x_i - \bar{x}|}{n}$$

式中 n——测量次数。

相对平均偏差（$\bar{d}_r$）指平均偏差占平均值的百分率。

$$\bar{d}_r = \frac{\bar{d}}{\bar{x}} \times 100\% = \frac{\sum_{i=1}^{n}|x_i - \bar{x}|/n}{\bar{x}} \times 100\%$$

【注意事项】
1. 固体氢氧化钠应在表面皿上或在小烧杯中称量，不能在称量纸上称量。
2. 滴定之前，应检查橡胶管内和滴定管管尖处是否有气泡，如有气泡应排除。
3. 盛装基准物的3个锥形瓶应编号，以免张冠李戴。

【体验测试】
1. 配制标准 NaOH 溶液时，用台秤称取固体 NaOH 是否影响浓度的准确度？能否用称量纸称取固体 NaOH？为什么？
2. 用邻苯二甲酸氢钾为基准物标定 NaOH 溶液的浓度，若消耗的 NaOH 溶液（0.1mol/L）约为20mL，问应称取邻苯二甲酸氢钾多少克？
3. 一个好的基准物质应具备哪些条件？

知识链接

滴定分析法和酸碱滴定

1. 滴定分析法的概述

1.1 滴定分析法中的基本概念

（1）滴定分析法　是将一种已知准确浓度的标准溶液用滴定管滴加到试样溶液中，直到所加标准溶液的量和试样的量之间按化学计量关系完全反应为止，根据标准溶液的浓度和消耗的体积求算试样中被测组分含量的一种方法。这种分析方法的操作手段主要是滴定，因此称为滴定分析法。又因这一类分析方法是以测量容积为基础的分析方法，所以又称为容量分析法。

（2）标准溶液　已知准确浓度的试剂溶液称为标准溶液（又称滴定剂或滴定液）。

（3）滴定　将标准溶液从滴定管中滴加到被测物质溶液中的操作过程称为滴定。

（4）化学计量点　当加入的标准溶液中物质的量与被测组分物质的量恰好符合化学反应式所表示的化学计量关系时，称为反应达到了化学计量点，亦称等量点或等当点。

（5）指示剂　许多滴定反应在到达化学计量点时外观上没有明显的变化，为了确定化学计量点的到达，在实际滴定操作时，常在被测物质的溶液中加入一种辅助试剂，借助于其颜色变化作为化学计量点到达的标志，这种能通过颜色变化指示到达化学计量点的辅助试剂称为指示剂。

（6）滴定终点　在滴定过程中，指示剂发生颜色变化的转变点称为滴定终点。

（7）终点误差　由滴定终点与化学计量点不一定恰好符合而造成的分析误差称为终点误差或滴定误差。

思政小课堂

化学计量点是根据化学反应的计量关系求得的理论值，而滴定终点是实际滴定时的测得值，只有在理想情况下滴定终点才能与化学计量点完全一致。在实际测定中，指示剂往往不是恰好在到达化学计量点的一瞬间变色，两者不一定完全符合，这就产生了终点误差。其大小取决于化学反应的完全程度和指示剂的选择是否恰当。因此，为了减小终点误差，应选择合适的指示剂，使滴定终点尽可能接近化学计量点。

1.2 滴定分析法的基本条件

滴定分析是以化学反应为基础的分析方法，在各种类型的化学反应中，并不都能用于滴定分析，适用于滴定分析的化学反应，必须具备以下四个条件。

（1）反应要完全　标准溶液与被测物质之间的反应要按一定的化学反应方程式进行，反应定量完成的程度要达到 99.9% 以上，无副反应发生，这是定量计算的基础。

（2）反应速度要快　滴定反应要求瞬间完成，对于速度较慢的反应，需通过加热或加入催化剂等方法提高反应速度。

（3）反应选择性要高　标准溶液只能与被测物质反应，被测物质中的杂质不得干扰主要反应，否则必须用适当的方法分离或掩蔽以去除杂质的干扰。

（4）要有适宜的指示剂或其他简便可靠的方法确定滴定终点。

根据标准溶液与试样间所发生的化学反应类型不同，将滴定分析法分为酸碱滴定法（又称中和法）、沉淀滴定法、配位滴定法和氧化还原滴定法四大类。下面重点介绍酸碱滴定法。

2. 酸碱滴定法

酸碱滴定是以水溶液中的质子转移反应为基础的滴定分析法。

2.1　酸碱指示剂

酸碱滴定分析必须借助酸碱指示剂来指示滴定终点。因此，学习酸碱滴定时，必须了解酸碱指示剂的变色原理、变色范围、酸碱滴定过程中溶液 pH 值的变化规律和指示剂的选择依据。

2.1.1　酸碱指示剂的变色原理

用于酸碱滴定的指示剂均称为酸碱指示剂。酸碱指示剂是一类结构复杂的有机弱酸或有机弱碱，分别称酸型指示剂和碱型指示剂，其中酸型指示剂用 HIn 表示，碱型指示剂用 InOH 表示。由于指示剂在溶液中能部分电离，电离后产生与指示剂本身具有不同结构的复杂离子，且该离子与指示剂分子颜色不同。当改变溶液的 pH 值时，指示剂会失去或得到质子，而使结构发生变化，导致溶液的颜色也随之变化。

2.1.2　指示剂的变色范围

讨论指示剂的变色范围，目的是了解指示剂的颜色变化与溶液 pH 值的关系。指示剂在 pH 值多大时变色，对于酸碱滴定分析非常主要。下面以酸型指示剂（HIn）为例来说明指示剂变色与溶液 pH 值的定量关系。弱酸型指示剂在溶液中的电离平衡为：

$$HIn \rightleftharpoons H^+ + In^-$$
$$\text{酸式色} \qquad \text{碱式色}$$

平衡时

$$K_{HIn} = \frac{[H^+][In^-]}{[HIn]}$$

$$[H^+] = K_{HIn} \frac{[HIn]}{[In^-]}$$

两边取负对数得

$$pH = pK_{HIn} - \lg \frac{[HIn]}{[In^-]}$$

其中，K_{HIn} 为指示剂的离解常数，也称为指示剂常数。在一定温度下是一个常数。

所以，指示剂的颜色取决于 $[HIn]/[In^-]$，由于人眼对颜色分辨能力的限制，通常只有一种型体的浓度超过另一种型体浓度的 10 倍或 10 倍以上时，才能观察出其中浓度较大的那种颜色。因此，只能在一定浓度比范围内看到指示剂的颜色变化，这一范围是：

$$\frac{[HIn]}{[In^-]} = 10 \sim 0.1$$

此时，溶液 pH 值分别为：

$$pH = pK_{HIn} - \lg 10 = pK_{HIn} - 1$$
$$pH = pK_{HIn} - \lg 10^{-1} = pK_{HIn} + 1$$

当[HIn]/[In⁻]≥10时，pH≤pK_{HIn}-1，看到酸式色。

当[HIn]/[In⁻]≤$\frac{1}{10}$时，pH≥pK_{HIn}+1，看到碱式色。

由此可见，只有当溶液的pH值由pK_{HIn}-1变化到pK_{HIn}+1，才能观察到指示剂颜色的变化，将观测到的指示剂颜色发生变化时的pH范围叫做指示剂的变色范围，也叫变色区间。指示剂的变色范围是：

$$pH = pK_{HIn} \pm 1$$

当[HIn]/[In⁻]=1时，指示剂的酸式色浓度等于碱式色浓度，溶液呈现混合色，此时pH=pK_{HIn}，称此pH值为指示剂的理论变色点。

指示剂的理论变色范围一般约为2个pH单位（从pH=pK_{HIn}-1过渡到pH=pK_{HIn}+1），实际的变色范围根据实验测得，并不都是2个pH单位，而略有上下，这是人的眼睛对混合色中两种颜色的敏感程度不同造成的。例如甲基红pK_{HIn}=5.1理论变色范围应为4.1~6.1，实际测得为4.4~6.2，这是人的肉眼辨别红色比黄色更敏感的缘故。常用酸碱指示剂的变色范围见表2-1。

表2-1 几种常用的酸碱指示剂

指示剂	变色范围 pH值	颜色 酸色	颜色 碱色	pK_{HIn}	浓 度	用量 /(滴/10mL试液)
百里酚蓝	1.2~2.8	红	黄	1.65	0.1%的20%乙醇溶液	1~2
甲基黄	2.9~4.0	红	黄	3.25	0.1%的90%乙醇溶液	1
甲基橙	3.1~4.4	红	黄	3.45	0.05%的水溶液	1
溴酚蓝	3.0~4.6	黄	紫	4.1	0.1%的20%乙醇溶液或其钠盐的水溶液	1
溴甲酚绿	4.0~5.6	黄	蓝	4.9	0.1%的20%乙醇溶液或其钠盐的水溶液	1~3
甲基红	4.4~6.2	红	黄	5.1	0.1%的60%乙醇溶液或其钠盐的水溶液	1
溴百里酚蓝	6.0~7.6	黄	蓝	7.3	0.1%的20%乙醇溶液或其钠盐的水溶液	1
中性红	6.8~8.0	红	黄橙	7.4	0.1%的60%乙醇溶液	1
酚红	6.7~8.4	黄	红	8.0	0.1%60%乙醇溶液或其钠盐水溶液	1
酚酞	8.0~9.6	无	红	9.1	0.5%的90%乙醇溶液	1~3
百里酚酞	9.4~10.6	无	蓝	10.0	0.1%的90%乙醇溶液	1~2

2.1.3 影响指示剂变色范围的因素

(1) 温度　温度的变化会引起指示剂离解常数K_{HIn}的变化，因此指示剂的变色范围也随之变动。例如18℃时，甲基橙的变色范围为3.1~4.4，而100℃时，则为2.5~3.7。

(2) 指示剂的用量　指示剂的用量不宜过多，否则溶液颜色较深，变色不敏锐。此外，指示剂本身是弱酸或弱碱，如果用量多，消耗滴定液多，带来较大误差。但指示剂用量也不能太少，如果用量太少，不易观察颜色的变化。一般25mL被测溶液中加1~2滴指示剂较为适宜。

(3) 滴定的顺序　指示剂的变色范围是靠肉眼观察出来的，由于肉眼观察显色比观察褪色容易，观察深色较观察浅色容易。所以用碱滴定酸时，常用酚酞作指示剂，酚酞由酸式色（无色）变为碱式色（红色），颜色变化明显，易于辨别；用酸滴定碱时，一般用甲基橙作指示剂，终点由碱式色（黄色）变为酸式色（橙色），颜色变化亦很明显，便于观察。

(4) 混合指示剂　混合指示剂具有变色范围窄，变色敏锐的特点。在酸碱滴定中，有时需要将滴定终点限制在很窄的pH值范围内，这时就可采用混合指示剂。混合指示剂的配制方法有两种：一是由两种或两种以上的指示剂按一定比例混合而成，利用颜色之间的互补作用，使变色更加敏锐；二是由某种指示剂和一种惰性染料按一定比例混合而成的，其作用也是利用颜色的互补，借以提高颜色变化的敏锐性。

2.2 酸碱滴定类型及指示剂选择

酸碱滴定法是利用酸碱反应来进行滴定的分析方法，又叫中和法。下面将分别讨论不同类型的酸碱滴定的滴定曲线和指示剂的选择以及与此相关的酸碱滴定问题。

2.2.1 一元强碱（酸）滴定强酸（碱）

现以 0.1000mol/L 的 NaOH 溶液滴定 20.00mL 0.1000mol/L 的 HCl 溶液为例进行讨论。

$$H^+ + OH^- = H_2O$$

（1）滴定过程中 pH 值的计算 为了便于掌握溶液在整个滴定过程中 pH 值的变化情况，特将整个滴定过程分为四个阶段。

① 滴定前 溶液的 pH 值由 HCl 的原始浓度决定。

$$[H^+] = 0.1000 mol/L \qquad pH = 1.00$$

② 滴定开始至化学计量点前 溶液的酸度取决于剩余盐酸溶液的体积，其计算公式为：

$$[H^+] = \frac{n_{HCl} - n_{NaOH}}{V_{总}} = \frac{n_{剩余HCl}}{V_{总}} = \frac{C_{HCl} V_{剩余HCl}}{V_{总}}$$

例如：滴入 NaOH 标准溶液 18.00mL，剩余 HCl 体积为 2.00mL，溶液总体积增加至 18.00+20.00mL，则：

$$[H^+] = \frac{0.1000 \times 2.00}{20.00 + 18.00} = 5.3 \times 10^{-3} (mol/L) \qquad pH = 2.28$$

当滴入 NaOH 标准溶液 19.98mL，HCl 被中和百分数为 99.9%，剩余 HCl 体积为 0.02mL 时，溶液总体积增加至 20.00+19.98mL，则：

$$[H^+] = \frac{0.10 \times 0.02}{20.00 + 19.98} = 5.0 \times 10^{-5} (mol/L) \qquad pH = 4.30$$

③ 化学计量点时 当滴入 NaOH 溶液为 20.00mL 时，到达化学计量点，NaOH 和 HCl 以等物质的量作用，溶液呈中性。

$$[H^+] = [OH^-] = 1.0 \times 10^{-7} (mol/L) \qquad pH = 7.00$$

④ 化学计量点后 溶液的 pH 值取决于过量的 NaOH 溶液的体积，其计算公式如下：

$$[OH^-] = \frac{n_{NaOH} - n_{HCl}}{V_{总}} = \frac{C_{NaOH} V_{NaOH} - C_{HCl} V_{HCl}}{V_{NaOH} + V_{HCl}}$$

例如：滴入 NaOH 溶液 20.02mL 时，过量 NaOH 体积为 0.02mL，则：

$$[OH^-] = \frac{0.1000 \times 0.02}{20.00 + 20.02} = 5.0 \times 10^{-5} (mol/L) \qquad pOH = 4.30 \quad pH = 14 - 4.30 = 9.7$$

依次把消耗的 NaOH 体积数代入上述公式，逐一计算滴定过程中各点的 pH 列于表 2-2。

表 2-2 用 0.1000mol/L 的 NaOH 滴定 20.00mL 0.1000mol/L 的 HCl

滴入 NaOH 体积/mL	滴入 NaOH 物质的量/mmol	HCl 被中和的量/%	剩余 HCl 体积/mL	过量 NaOH 体积/mL	pH 值	
0.00	0.00	0.00	20.00		1.00	
18.00	1.800	90.00	2.00		2.28	
19.80	1.980	99.00	0.20		3.30	
19.98	1.998	99.90	0.02		4.30	突跃范围
20.00	2.000	100.0	0.00		7.00	
20.02	2.002	100.1		0.02	9.70	
20.20	2.020	101.0		0.20	10.70	
22.00	2.200	110.0		2.00	11.70	
40.00	4.000	200.0		20.00	12.50	

以滴入 NaOH 的体积为横坐标，以 pH 为纵坐标绘制的曲线，称为强酸（碱）滴定强碱（酸）的滴定曲线，如图 2-1 所示。

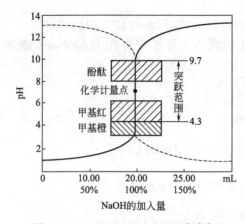

图 2-1　0.1000mol/L NaOH 溶液与
0.1000mol/L HCl 溶液的滴定曲线

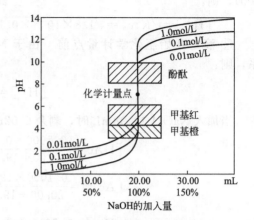

图 2-2　不同浓度的 NaOH 溶液滴定
HCl 溶液的滴定曲线

(2) pH 值的突跃范围　从表 2-2 和图 2-1 可以看出，从滴定开始到滴入 19.98mL 的 NaOH 溶液，溶液的 pH 值变化较慢，从 1.00 增大到 4.30，仅仅改变了 3.30 个 pH 单位，滴定曲线比较平坦，但从 19.98mL（溶液中只剩下 0.1％HCl 溶液）到 20.02mL（溶液中过量了 0.1％NaOH 溶液），即在化学计量点前后只相差 0.04mL（约 1 滴）NaOH 溶液，就使得 pH 值从 4.30 跃到 9.70，改变了 5.40 个 pH 值单位，溶液也由酸性变成了碱性。这种 pH 值的突变称为滴定突跃，简称突跃。突跃所在的 pH 范围称为滴定突跃范围。

(3) 指示剂的选择　滴定的突跃范围是选择指示剂的依据。应当说，最理想的指示剂应该是化学计量点和指示剂的变色点一致，但在实际的分析中很难做到。因此，只要选择在滴定突跃范围内发生变化的指示剂，即凡变色点的 pH 值处于滴定突跃范围内的指示剂均适用，都能使滴定保证足够的准确度（相对误差在 0.1％以内）。对 0.1000mol/L 的 NaOH 溶液滴定 20.00mL 0.1000mol/L 的 HCl 溶液来说，pH 值的突跃范围为 4.30～9.70，所以，酚酞（8.0～9.6）、甲基红（4.4～6.2）、甲基橙（3.1～4.4）等都可选作强碱与强酸滴定的指示剂（见图 2-1）。

(4) 浓度的影响　滴定突跃范围的大小和溶液的浓度有关。若分别用 1.0mol/L、0.1mol/L、0.01mol/L 三种浓度的 NaOH 标准溶液，滴定相同浓度的 HCl 时，它们的 pH 突跃范围分别为 3.3～10.7、4.3～9.7、5.3～8.7。如图 2-2 所示，随着溶液浓度的增大，pH 的突跃范围也不断地增大，突跃范围越大则可供选择的指示剂就越多；反之，溶液越稀，突跃范围越小，可供选择的指示剂就越少。若浓度太高，试剂消耗量太多；浓度太低，突跃又不明显，指示剂的选择也比较困难。因此，常用的标准溶液的浓度一般采用 0.1～1mol/L。

如果用 0.1000mol/L HCl 溶液滴定相同浓度的 NaOH 溶液，则情况相似但 pH 值变化方向相反，如图 2-1 中虚线所示。这时的甲基橙指示剂就不太适合了。

2.2.2　一元强碱滴定弱酸

(1) 滴定过程中 pH 值的计算　以 0.1000mol/L NaOH 溶液滴定 0.1000mol/L HAc（$K_a=1.8\times10^{-5}$）溶液 20.00mL 为例，讨论在滴定过程中溶液 pH 值的变化情况。滴定过程中发生如下中和反应：

$$HAc+OH^- \rightleftharpoons Ac^-+H_2O$$

滴定过程 pH 值的变化分为四个阶段进行计算：

① 滴定前　是 0.1000mol/L HAc 溶液，$[H^+]$ 可按一元弱酸的最简式计算（$c/K_a>$

500)，则：

$$[H^+]=\sqrt{K_a c_a}=\sqrt{1.8\times10^{-5}\times0.1000}=1.34\times10^{-3}(mol/L) \quad pH=2.87$$

② 滴定开始至化学计量点前　由于 NaOH 的滴入，溶液中存在 HAc-NaAc 缓冲体系，则：

$$[H^+]=K_a\frac{[HAc]}{[Ac^-]}$$

当加入 NaOH 19.98mL 时，剩余 0.02mL HAc。

$$[HAc]=\frac{0.1000\times0.02}{20.00+19.98}=5.0\times10^{-5}(mol/L)$$

$$[Ac^-]=\frac{0.1000\times19.98}{20.00+19.98}=5.0\times10^{-2}(mol/L)$$

$$[H^+]=1.76\times10^{-5}\times\frac{5.0\times10^{-5}}{5.0\times10^{-2}}=1.8\times10^{-8}(mol/L)$$

$$pH=7.70$$

③ 在化学计量点时，HAc 全部被中和生成 NaAc，由于 Ac^- 为一元弱碱，由离解平衡得：

$$Ac^-+H_2O \rightleftharpoons HAc+OH^-$$

由于 $c_{Ac^-}\approx0.05000mol/L$，$c/K_b>500$，按一元弱碱的最简式计算得：

$$[OH^-]=\sqrt{K_b c_{Ac^-}}=\sqrt{\frac{K_w}{K_a}c_{Ac^-}}=\sqrt{\frac{1.0\times10^{-14}}{1.8\times10^{-5}}\times0.05000}=5.27\times10^{-6}(mol/L)$$

$$pOH=5.27 \quad pH=8.73$$

④ 在化学计量点后　由于 NaOH 过量，抑制了 Ac^- 离解，溶液的 pH 主要取决于过量的 NaOH，其计算方法和强碱滴定强酸相同。

例：滴入 NaOH 20.02mL，则：

$$[OH^-]=\frac{0.1000\times0.02}{20.00+20.02}=5.0\times10^{-5}(mol/L)$$

$$pOH=4.30 \quad pH=14.00-4.30=9.70$$

依次把消耗的 NaOH 体积数代入公式逐一计算，滴定过程中各点的 pH 列于表 2-3 中。并绘出滴定曲线，如图 2-3 所示。

表 2-3　用 0.1000mol/L NaOH 滴定 20.00mL 0.1000mol/L 的 HAc（$K_a=1.8\times10^{-5}$）

滴入 NaOH 体积/mL	滴入 NaOH 物质的量/mmol	HAc 被中和的量/%	剩余 HAc 体积/mL	过量 NaOH 体积/mL	pH 值
0.00	0.00	0	20.00		2.87
18.00	1.800	90.0	2.00		5.70
19.80	1.980	99.0	0.20		6.73
19.98	1.998	99.9	0.02		7.70
20.00	2.000	100.0	0.00		8.72 ⎫突跃范围
20.02	2.002	100.1		0.02	9.70 ⎭
20.20	2.020	101.0		0.20	10.70
22.00	2.200	110.0		2.00	11.70
40.00	4.000	200.0		20.00	12.50

（2）pH 值的突跃范围　由表 2-3 和图 2-3 可见，由于 HAc 是弱酸，在溶液中不是全部离解，溶液中的 $[H^+]$ 不等于醋酸的原始浓度，pH 值也不等于 1，而是等于 2.87，因而滴定开始前比同浓度的强酸溶液的 pH 值高 1.87，所以其滴定曲线的起点比强碱滴定强酸的滴定曲线高。

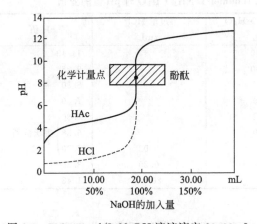

图 2-3 0.1000mol/L NaOH 溶液滴定 20.00mL
0.1000mol/L HAc 溶液的滴定曲线
虚线为 0.1000mol/L HCl 的滴定曲线

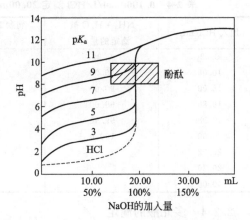

图 2-4 0.1000mol/L NaOH 溶液滴定不同强度
(K_a) 0.1000mol/L 一元弱酸溶液的滴定曲线

滴定开始后，溶液中生成的 Ac 产生同离子效应，抑制 HAc 离解，[H^+] 较快地降低，pH 值较快增加；当继续滴入 NaOH，由于 NaAc 不断生成，在溶液中构成 NaAc-HAc 缓冲体系，使溶液 pH 值变化缓慢，因此这一段曲线变化较为平坦。在接近化学计量点时，溶液中剩余的 HAc 越来越少，其缓冲作用显著降低，再继续滴入 NaOH，溶液的 pH 值较快地增大，直到达到化学计量点时，溶液的 pH 值发生突变，形成 pH 值突跃。

(3) 指示剂的选择 由表 2-3 可以看出，强碱滴定弱酸的突跃范围比滴定同样浓度的强酸的突跃小得多，而且是在弱碱性区域，突跃范围是 7.70~9.70。因此只能选择在碱性范围内变色的指示剂如中性红、酚红、酚酞、百里酚酞等。在酸性范围变色的指示剂如甲基橙、甲基红等均不能使用。

(4) 滴定突跃范围与弱酸强度的关系 讨论滴定突跃范围与弱酸强度的关系是为了判断弱酸能否被强碱准确滴定。图 2-4 是 0.1000mol/L 的 NaOH 溶液滴定相同浓度、不同强度一元弱酸的滴定曲线。

从图 2-4 中可得到以下结论。

① K_a 的影响 浓度相同时，突跃范围的大小与弱酸的强度有关。K_a 愈大，即酸愈强时，滴定突跃范围也愈大；K_a 值愈小时，滴定突跃范围也愈小，当 $K_a \leqslant 10^{-9}$ 时，在滴定曲线上已无明显的滴定突跃，无法选择指示剂确定滴定终点。

② c_a 的影响 当 K_a 一定时，酸的浓度是影响突跃大小的重要因素，酸的浓度愈大，突跃范围也愈大。

由上述可见，滴定突跃范围大小决定于弱酸的强度（K_a）和浓度（c_a）。实验证明，只有当弱酸的 $c_a \cdot K_a \geqslant 10^{-8}$ 时，才有明显的滴定突跃，选到合适的指示剂。否则，就不能用强碱准确滴定弱酸。例如 HCN，因 $K_a \approx 10^{-10}$，即使浓度为 1mol/L，也不能用强碱来准确滴定。因此，判断能否用强碱来准确滴定弱酸的界限为：$c_a \cdot K_a \geqslant 10^{-8}$。

2.2.3 强酸滴定弱碱

现以 0.1000mol/L HCl 滴定 20.00mL 0.1000mol/L $NH_3 \cdot H_2O$ 为例简单说明。HCl 与 $NH_3 \cdot H_2O$ 的反应为：

$$H^+ + NH_3 \cdot H_2O \rightleftharpoons NH_4^+ + H_2O$$

HCl 滴定 $NH_3 \cdot H_2O$ 与 NaOH 滴定 HAc 相似，只是 pH 变化方向相反，见表 2-4。

表 2-4　0.1000mol/L HCl 滴定 20.00mL 0.1000mol/L $NH_3 \cdot H_2O$ 时 pH 值的变化

加入 HCl/mL	$NH_3 \cdot H_2O$ 被滴定的量/%	剩余 $NH_3 \cdot H_2O$ /mL	过量 HCl /mL	pH 值
0.00	0.00	20.00		11.13
10.00	50.00	10.00		9.26
18.00	90.00	2.00		8.30
19.80	99.00	0.20		7.30
19.98	99.90	0.02		6.30 ⎫
20.00	100.0	0.00		5.28 ⎬ 突跃范围
20.02			0.02	4.30 ⎭
20.20			0.20	3.30
40.00			20.00	1.48

2.2.4　多元酸的滴定

在多元酸（碱）的滴定中必须要考虑两个方面的问题：一是能否准确分步滴定；二是选择哪种指示剂。

常见的多元酸绝大多数为弱酸，在水溶液中的离解和滴定都是分步进行的。多元酸能被准确滴定的原则有两个方面。

(1) 若 $c_a K_a \geqslant 10^{-8}$，这一级电离的 H^+ 能被准确滴定。

(2) 若相邻两个 K_a 值之比大于或等于 10^4（即 $K_{a_n}/K_{a_{n+1}} \geqslant 10^4$）时，有两个滴定突跃，可以分步滴定；若 $K_{a_n}/K_{a_{n+1}} < 10^4$，则只有一个突跃，不能分步滴定。

例如，在 0.1000mol/L 的 NaOH 溶液滴定 20.00mL 0.1000mol/L 的 H_3PO_4 溶液中，H_3PO_4 是多元酸，在水溶液中的离解平衡如下：

$$H_3PO_4 \rightleftharpoons H^+ + H_2PO_4^- \quad K_{a1} = 7.52 \times 10^{-3}$$
$$H_2PO_4^- \rightleftharpoons H^+ + HPO_4^{2-} \quad K_{a2} = 6.23 \times 10^{-8}$$
$$HPO_4^{2-} \rightleftharpoons H^+ + PO_4^{3-} \quad K_{a3} = 4.5 \times 10^{-13}$$

用 NaOH 滴定 H_3PO_4 时的中和反应也是分步进行的：

$$H_3PO_4 + NaOH \rightleftharpoons NaH_2PO_4 + H_2O$$
$$NaH_2PO_4 + NaOH \rightleftharpoons Na_2HPO_4 + H_2O$$
$$Na_2HPO_4 + NaOH \rightleftharpoons Na_3PO_4 + H_2O$$

可以把多元酸看成是不同强度的一元酸混合物的滴定。根据多元酸能被准确滴定的原则，已知 H_3PO_4 的 $K_{a1} = 7.52 \times 10^{-3}$，$c_{H_3PO_4} = 0.1000$mol/L，则 $c_{H_3PO_4} K_{a1} = 0.1000 \times 7.52 \times 10^{-3} = 7.52 \times 10^{-4} > 10^{-8}$，且 $K_{a1}/K_{a2} = 1.2 \times 10^5 > 10^4$；这一级电离的 H^+ 能被滴定，出现第一个滴定突跃。可根据化学计量点的 pH = 4.66，选择甲基橙为指示剂。

H_3PO_4 的第二步电离常数为 $K_{a2} = 6.23 \times 10^{-8}$，$c_{H_3PO_4} K_a \approx 10^{-8}$，且 $K_{a2}/K_{a3} = 1.4 \times 10^5 > 10^4$；则这一级电离出的 H^+ 勉强被滴定，有一个滴定突跃。化学计量点的 pH = 9.94，在碱性范围内，可选择酚酞作指示剂。

$K_{a3} = 4.5 \times 10^{-13}$ 远远小于 10^{-8}，故第三步离解产生的 H^+ 无法被准确滴定。所以在滴定曲线上也没有明显的滴定突跃。滴定曲线如图 2-5 所示。

2.2.5　多元碱的滴定

与多元酸的滴定类似，判断原则有两条：

(1) $c_b K_b \geqslant 10^{-8}$ 能准确滴定；

(2) $K_{b_n}/K_{b_{n+1}} \geqslant 10^4$ 能分步滴定。

以多元碱 Na_2CO_3（$c_{Na_2CO_3} = 0.1000$mol/L，$c_{HCl} = 0.1000$mol/L）为例，Na_2CO_3 是标定盐酸的基准物质，也是工业纯碱的主要成分。

Na_2CO_3 是二元碱，在水中分两步离解，其离解反应式为：

$CO_3^{2-} + H_2O \rightleftharpoons HCO_3^- + OH^-$ $K_{a2} = 5.6 \times 10^{-11}$ $K_{b1} = \dfrac{K_w}{K_{a2}} = 1.8 \times 10^{-4}$

$HCO_3^- + H_2O \rightleftharpoons H_2CO_3 + OH^-$ $K_{a1} = 4.3 \times 10^{-7}$ $K_{b2} = \dfrac{K_w}{K_{a1}} = 2.3 \times 10^{-8}$

HCl 滴定 Na_2CO_3 的分步反应式为：

$$HCl + Na_2CO_3 \Longrightarrow NaHCO_3 + NaCl$$
$$NaHCO_3 + HCl \Longrightarrow NaCl + CO_2 \uparrow + H_2O$$

因为 $c_{CO_3^{2-}} \times K_{b1}$ 和 $c_{HCO_3^-} \times K_{b2}$ 大于和接近 10^{-8}，且 $K_{b1}/K_{b2} = K_{a1}/K_{a2} \approx 10^4$。因此，$Na_2CO_3$ 这个二元碱可以用盐酸标准溶液进行分步滴定，并且在两个化学计量点时分别出现两个 pH 突跃。

在第一个化学计量点时，pH 值为 8.31，如果选用酚酞作指示剂，变色不敏锐，如果采用甲酚红和百里酚蓝混合指示剂，可得到较为准确的结果。在第二个化学计量点时，溶液是 CO_2 的饱和溶液，pH 值为 3.89，可用甲基橙作指示剂，也可选用甲基红-溴甲酚绿混合指示剂。滴定曲线如图 2-6 所示。

应当注意，在接近第二个计量点时，容易形成 CO_2 的过饱和溶液而导致滴定终点提前，必须将 CO_2 加热煮沸除去，待冷却后继续滴定；或在接近计量点时充分振摇锥形瓶以加速 H_2CO_3 的分解，使终点时指示剂变色敏锐，以保证分析结果的准确度。

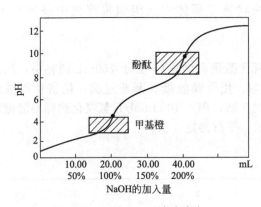

图 2-5 0.1000mol/L NaOH 溶液滴定 20.00mL 0.1000mol/L 磷酸溶液的滴定曲线

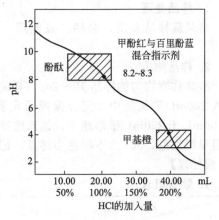

图 2-6 0.1000mol/L HCl 溶液滴定 20.00mL 0.1000mol/L Na_2CO_3 溶液的滴定曲线

任务二 果蔬中总酸度的测定

【工作任务】

果蔬中总酸度的测定。

【工作目标】

1. 了解酸碱滴定法测定果蔬中总酸度的原理。
2. 学会果蔬中的总酸度的测定方法。
3. 进一步熟练滴定分析仪器的基本操作。

【工作情境】

本任务可在化验室或实训室中进行。

1. **仪器** 电子天平、托盘天平、小刀、研钵或组织捣碎机、烧杯（100mL和250mL）、容量瓶（200mL）、锥形瓶（250mL）、碱式滴定管、移液管（50mL）、干燥滤纸、漏斗和纱布。

2. **试剂** 0.1000mol/L氢氧化钠标准溶液和酚酞指示剂（0.1%的乙醇溶液）。

【工作原理】

果蔬及其制品中的酸味物质，主要是一些溶于水的有机酸（苹果酸、柠檬酸、酒石酸、琥珀酸、醋酸）和无机酸（盐酸、磷酸），它们的存在和含量决定了果蔬的风味和品质，以及果蔬的成熟度。一般未成熟的果蔬中含酸量高，成熟的果蔬中含糖量高。例如，葡萄在未成熟期所含的酸主要是苹果酸，随着果实的成熟，苹果酸的含量减少，而酒石酸的含量却增加，最后酒石酸变成酒石酸钾，因此，测定果蔬的酸和糖的相对含量的比值，能判断果蔬的成熟度。

本实验采用氢氧化钠标准溶液进行滴定，将其中的有机酸中和成盐类，以酚酞为指示剂，滴定至溶液呈粉红色，30s内不褪色为滴定终点。根据氢氧化钠标准溶液浓度和所消耗体积，即可计算样品中总酸含量，以某种代表酸表示。

$$RCOOH + NaOH \longrightarrow RCOONa + H_2O$$

总酸度测定的结果，一般蔬菜、苹果、桃、李等以苹果酸计，柑橘、柠檬、柚子等以柠檬酸计，葡萄以酒石酸计。

【工作过程】

1. 样品处理

将果蔬样品去皮、去柄、去核后，切成块状置于研钵中或组织捣碎机中捣碎均匀，备用。

2. 样品测定

准确称取均匀的样品10～20g（样品量可视含酸量而增减），置于250mL烧杯中，用水移入200mL容量瓶中，充分振摇后定容，摇匀，用干燥滤纸及漏斗过滤，精密移取滤液50.00mL于250mL锥形瓶中，加入酚酞指示剂3滴，用0.1000mol/L氢氧化钠标准溶液滴定至呈粉红色，30s内不褪色为终点，记录读数，平行测定3次。

【数据处理】

1. 数据记录

项目 \ 测定次数	1	2	3
样品质量/g			
V_{NaOH}/mL			
c_{NaOH}/(mol/L)			
总酸度			
总酸度平均值			
相对平均偏差			

2. 结果计算

$$W = \frac{c_{NaOH} V_{NaOH} K}{\frac{50}{200} m} \times 100\%$$

式中 W——总酸度；

c_{NaOH}——氢氧化钠标准溶液的物质的量浓度，mol/L；

V_{NaOH}——消耗氢氧化钠标准溶液的体积，mL；

m——样品质量，g；

K——换算成代表酸的系数，其中，苹果酸 0.067、醋酸 0.060、酒石酸 0.075、乳酸 0.090、含一分子水的柠檬酸 0.070，g/mmol。

【注意事项】

1. 样品浸泡，稀释用的蒸馏水中不含 CO_2，因为它溶于水生成酸性的 H_2CO_3，影响滴定终点时酚酞的颜色变化，一般的做法是分析前将蒸馏水煮沸并迅速冷却，以除去水中的 CO_2。样品中若含有 CO_2 也有影响，所以对含有 CO_2 的饮料样品，在测定前须除掉 CO_2。

2. 样品在用水稀释时，应根据样品中酸的含量来定，为了使误差在允许的范围内，一般要求滴定时消耗 0.1mol/L NaOH 不小于 5mL，最好应在 10~15mL 左右。

3. 由于食品中含有的酸为弱酸，在用强碱滴定时，其滴定终点偏碱性，一般 pH 在 8.2 左右，所以用酚酞作为终点指示剂。

4. 若样品有色（如果汁类）可脱色或用电位滴定法，也可加大稀释比，按 100mL 样液加 0.3mL 酚酞测定。各类食品的酸度以主要酸表示，但有些食品（如牛奶、面包等）也可用中和 100g（mL）样品所需 0.1mol/L（乳品）或 1mol/L（面包）NaOH 溶液的体积（mL）表示，符号 T°。新鲜牛奶的酸度为 16~18T°，面包酸度为 3~9T°。

【体验测试】

1. 什么叫有效酸度？什么叫总酸度？
2. 本实验中为什么选用酚酞作为指示剂？
3. 如果实验所用的蒸馏水中含用二氧化碳，能否引起误差？如何消除此误差？

知识链接

酸度的测定

1. 概述

1.1 酸度的概念

分析和研究食品的酸度，首先应区分如下几种不同概念的酸度。

1.1.1 总酸度

总酸度是指食品中所有酸性成分的总量。它包括未离解的酸的浓度和已离解的酸的浓度，其大小可借滴定法来确定，故总酸度又称为"可滴定酸度"。

1.1.2 有效酸度

有效酸度是指被测溶液中 H^+ 的浓度，准确地说应是溶液中 H^+ 的活度，所反映的是已离解的那部分酸的浓度，常用 pH 值来表示，其大小可借酸度计（即 pH 计）来测定。

1.1.3 挥发酸

挥发酸是指食品中易挥发的有机酸，如甲酸、醋酸及丁酸等低碳链的直链脂肪酸，其大小可通过蒸馏法分离，再借标准碱滴定来测定。

1.1.4 牛乳酸度

牛乳有如下两种酸度。

外表酸度：又称固有酸度（潜在酸度），是指刚挤出来的新鲜牛乳本身所具有的酸度，是由磷酸、酪蛋白、白蛋白、柠檬酸和 CO_2 等决定的。外表酸度在新鲜牛乳中约占 0.15%~0.18%（以乳酸计）。

真实酸度：又称发酵酸度，是指牛乳放置过程中，在乳酸菌作用下乳糖发酵产生了乳酸而升高的那部分酸度。若牛乳中含酸量超过 0.15%~0.20%，即表明有乳酸存在，因此习惯上将 0.2%以下含酸量的牛乳称为新鲜牛乳，若达 0.3%就有酸味，0.6%就能凝固。

具体表示牛乳酸度的有两种方法。

(1) 用 T°表示牛乳的酸度，T°指滴定 100mL 牛乳样品消耗 0.1000mol/L NaOH 溶液的体积（mL），或滴定10mL牛乳所用去的0.1000mol/L NaOH的体积（mL）乘以10，即为牛乳的酸度。新鲜牛乳的酸度为16～18T°。

(2) 以乳酸的百分数来表示，与总酸度计算方法同样，用乳酸表示牛乳酸度。

1.2 酸度测定的意义

食品中的酸不仅作为酸味成分，而且在食品的加工、贮藏及品质管理等方面被认为是重要的成分，测定食品中的酸度具有十分重要意义。

1.2.1 有机酸影响食品的色、香、味及稳定性

果蔬中所含色素的色调，与其酸度密切相关，在一些变色反应中，酸是起很重要作用的成分。如叶绿素在酸性条件下变成黄褐色的脱镁叶绿素；花青素于不同酸度下，颜色亦不相同。

果实及其制品的口感取决于糖、酸的种类、含量及比例，酸度降低则甜味增加，同时水果中适量的挥发酸含量也会带给其特定的香气。

另外，食品中有机酸含量高，则其pH值低，而pH值的高低，对食品稳定性有一定影响。降低pH值，能减弱微生物的抗热性并抑制其生长，所以pH值是果蔬罐头杀菌条件的主要依据。在水果加工中，控制介质pH值可以抑制水果褐变。有机酸能与Fe、Sn等金属反应，加快设备和容器的腐蚀作用，影响制品的风味与色泽。有机酸可以提高维生素C的稳定性，防止其氧化。

1.2.2 食品中有机酸的种类和含量是判别其质量好坏的一个重要指标

挥发酸的种类是判别某些制品腐败的标准，如某些发酵制品中有甲酸积累，则说明已发生细菌性腐败。

挥发酸的含量也是某些制品质量好坏的指标，如水果发酵制品中含有0.1%以上的醋酸，则说明制品腐败；牛乳及乳制品中乳酸过高时，亦说明已由乳酸菌发酵而产生腐败；新鲜的油脂常常是中性的，不含游离脂肪酸。但油脂在存放过程中，本身含的解脂酶会分解油脂而产生游离脂肪酸，使油脂酸败，故测定油脂酸度（以酸价表示）可判别其新鲜程度。

有效酸度也是判别食品质量的指标，如新鲜肉的pH值为5.7～6.2，如pH＞6.7，说明肉已变质。

1.2.3 利用有机酸的含量与糖含量之比，可判断某些果蔬的成熟度

有机酸在果蔬中的含量，因其成熟度及生长条件不同而异，一般随着成熟度提高，有机酸含量下降，而糖含量增加，糖酸比增大。故测定酸度可判断某些果蔬的成熟度，对于确定果蔬收获及加工工艺条件很有意义。

1.3 食品中有机酸种类与分布

食品中酸的种类很多，可分为有机酸和无机酸两类，但主要是有机酸，而无机酸含量很少。通常有机酸部分呈游离状态，部分呈酸式盐状态存在于食品中，而无机酸呈中性盐化合物存在于食品中。

食品中常见的有机酸有苹果酸、柠檬酸、酒石酸、草酸、琥珀酸、乳酸及醋酸等，这些有机酸有的是食品所固有的，如果蔬及制品中的有机酸；有的是在食品加工中人为加入的，如汽水中的有机酸；有的是在生产、加工、贮藏过程中产生的，如酸奶、食醋中的有机酸。果蔬中所含有酸种类较多，但不同果蔬中所含有机酸种类亦不同，见表2-5和表2-6，酿造食品（如酱油、果酒、食醋）中也含有多种有机酸。

果蔬中有机酸的含量取决于其品种、成熟度以及产地气候条件等因素，其他食品中有机酸的含量取决于其原料种类、产品配方以及工艺过程等。

果蔬中的柠檬酸和苹果酸含量见表2-7。

表 2-5 果实中主要有机酸种类

果实	有机酸种类	果实	有机酸种类
苹果	苹果酸、少量柠檬酸	梅	柠檬酸、苹果酸、草酸
桃	苹果酸、柠檬酸、奎宁酸	温州蜜饯	柠檬酸、苹果酸
洋梨	苹果酸、柠檬酸	夏橙	柠檬酸、苹果酸、琥珀酸
梨	苹果酸、柠檬酸	柠檬	柠檬酸、苹果酸
葡萄	苹果酸、酒石酸	菠萝	柠檬酸、苹果酸、酒石酸
樱桃	苹果酸	甜瓜	柠檬酸
杏	苹果酸、柠檬酸	番茄	柠檬酸、苹果酸

表 2-6 蔬菜中主要有机酸种类

蔬菜	主要有机酸种类	蔬菜	主要有机酸种类
菠菜	草酸、苹果酸、柠檬酸	甜菜叶	柠檬酸、苹果酸、草酸
甘蓝	柠檬酸、苹果酸、琥珀酸、草酸	莴苣	柠檬酸、苹果酸
笋	草酸、酒石酸、乳酸、柠檬酸	甘薯	草酸
芦笋	柠檬酸、苹果酸、酒石酸	蓼	甲酸、醋酸、戊酸

表 2-7 果蔬中柠檬酸和苹果酸的含量

种类	柠檬酸/%	苹果酸/%	种类	柠檬酸/%	苹果酸/%
草莓	0.91	0.1	荚豌豆	0.03	0.13
苹果	0.03	1.02	甘蓝	0.14	0.1
葡萄	0.43*	0.65	胡萝卜	0.09	0.24
橙	0.98	+	洋葱	0.02	0.17
柠檬	3.84	+	马铃薯	0.51	—
香蕉	0.32	0.37	甘薯	0.07	—
菠萝	0.84	0.12	南瓜	—	0.15
桃	0.37	0.37	菠菜	0.08	0.09
梨	0.24	0.12	花椰菜	0.21	0.39
杏(干)	0.35	0.81	番茄	0.47	0.05
洋梨	0.03	0.92	黄瓜	0.01	0.24
甜樱桃	0.1	0.5	芦笋	0.11	0.1

注: * 为酒石酸的含量;+表示痕量;—表示缺乏。

2. 酸度的测定

2.1 总酸度的测定

2.1.1 原理

食品中的有机弱酸,酒石酸、苹果酸、柠檬酸、草酸、乙酸等其电离常数均大于 10^{-8},可以用强碱标准溶液直接滴定。用酚酞作指示剂,当滴定至终点(溶液呈浅红色,30s 不褪色)时,根据所消耗的标准碱溶液的浓度和体积,可计算出样品中总酸含量。

2.1.2 操作方法

(1) 样品制备

① 固体样品、干鲜果蔬、蜜饯及罐头样品 将样品用粉碎机或高速组织捣碎机捣碎并混合均匀。取适量样品(按其总酸含量而定),用 15mL 无 CO_2 蒸馏水(果蔬干品需加 8~9 倍无 CO_2 蒸馏水)将其移入 250mL 容量瓶中,在 75~80℃水浴上加热 0.5h(果脯类沸水浴加热 1h),冷却后定容,用干滤纸过滤,弃去初始滤液 25mL,收集滤液备用。

② 含 CO_2 的饮料、酒类 将样品置于 40℃水浴上加热 30min,以除去 CO_2,冷却后备用。

③ 调味品及不含 CO_2 的饮料、酒类 将样品混匀后直接取样,必要时加适量水稀释,

（若样品浑浊，则需过滤）。

④ **咖啡样品** 将样品粉碎通过40目筛，取10g粉碎的样品于锥形瓶中，加入75mL 80％乙醇，加塞放置16h，并不时摇动，过滤。

⑤ **固体饮料** 称取5～10g样品，置于研钵中，加少量无CO_2蒸馏水，研磨成糊状，用无CO_2蒸馏水将其移入250mL容量瓶中，充分振摇，过滤。

(2) 测定 准确吸取上法制备滤液50mL，加酚酞指示剂3～4滴，用0.1000mol/L NaOH标准溶液滴定至微红色，30s不褪色，记录消耗0.1000mol/L NaOH标准溶液的体积数。

2.1.3 结果计算

$$总酸度 = \frac{cVKV_0}{mV_1} \times 100\%$$

式中 c——NaOH标准溶液的浓度，mol/L；
　　　V——滴定消耗NaOH标准溶液体积，mL；
　　　m——样品质量或体积，g或mL；
　　　V_0——样品稀释液总体积，mL；
　　　V_1——滴定时吸取的样液体积，mL；
　　　K——换算系数，即1mmol NaOH相当于主要酸的质量，g/mmol。

因食品中含有多种有机酸，总酸度测定结果通常以样品中含量最多的那种酸表示，见表2-8。

表2-8 换算系数的选择

分析样品	主要有机酸	换算系数
葡萄及其制品	酒石酸	0.075
柑橘类及其制品	柠檬酸	0.064 或 0.070（带一分子结晶水）
苹果、核果及其制品	苹果酸	0.067
乳品、肉类、水产品及其制品	乳酸	0.090
酒类、调味品	乙酸	0.060
菠菜	草酸	0.045

2.1.4 注意事项

(1) 本法适用于各类色浅的食品中总酸的测定。

(2) 食品中的酸是多种有机弱酸的混合物，用强碱滴定测其含量时滴定突跃不明显，其滴定终点偏碱，一般在pH8.2左右，故可选用酚酞作终点指示剂。

(3) 对于颜色较深的食品，因它使终点颜色变化不明显，遇此情况，可通过加水稀释，用活性炭脱色等方法处理后再滴定。若样液颜色过深或浑浊，则宜采用电位滴定法。

(4) 样品浸渍，稀释用的蒸馏水不能含有CO_2，因为CO_2溶于水中成为酸性的H_2CO_3形式，影响滴定终点时酚酞颜色变化，无CO_2蒸馏水在使用前煮沸15min并迅速冷却备用。必要时需经碱液抽真空处理。样品中CO_2对测定亦有干扰，故在测定之前对其除去。

(5) 样品浸渍，稀释之用水量应根据样品中总酸含量来慎重选择，为使误差不超过允许范围，一般要求滴定时消耗0.1mol/L NaOH溶液不得少于5mL，最好在10～15mL。

2.2 有效酸度的测定

有效酸度是指被测溶液中H^+的浓度，准确地说应是溶液中H^+的活度，所反映的是已离解的那部分酸的浓度，常用pH值来表示，其大小可借酸度计（即pH计）来测定，也可通过比色法进行测定。

比色法是利用不同的酸碱指示剂来显示pH值，由于各种酸碱指示剂，在不同的pH值范围内显示不同的颜色,故可用不同指示剂的混合物显示各种不同的颜色来指示样液的pH值。根据操作方法的不同,此法又分为试纸法和标准管比色法。

2.2.1　试纸法(尤其适用于固体和半固体样品pH值测定)

将滤纸裁成小片,放在适当的指示剂溶液中,浸渍后取出干燥即可,用一干净的玻璃棒蘸上少量样液,滴在经过处理的试纸上(有广泛与精密试纸之分),使其显色,在2~3s后,与标准色相比较,以测出样液的pH值。此法简便、快速、经济,但结果不够准确,仅能粗略估计样液的pH值。

2.2.2　标准管比色法

用标准缓冲液配制不同pH值的标准系列,再各加适当的酸碱指示剂使其于不同pH值下呈现不同颜色,即形成标准色。在样液中加入与标准缓冲液相同的酸碱指示剂,显色后与标准色管的颜色进行比较,与样液颜色相近的标准色管中缓冲溶液的pH值即为待测样液的pH值。

此法适用于色度和浑浊度甚低的样液pH值的测定,因其受样液颜色、浊度、胶体物和各种氧化剂和还原剂的干扰,故测定结果不甚准确,其测定仅能准确到0.1pH单位。

2.3　挥发酸的测定

挥发酸是食品中含低碳链的直链脂肪酸,主要是醋酸和痕量的甲酸、丁酸等,不包括可用水蒸气蒸馏的乳酸、琥珀酸、山梨酸以及CO_2和SO_2等。正常生产的食品中,其挥发酸的含量较稳定,若在生产中使用了不合格的果蔬原料,或违反正常的工艺操作或在装罐前将果蔬成品放置过久,这些都会由于糖的发酵而使挥发酸增加,降低食品的品质,因此挥发酸含量是某些食品的一项质量控制指标。

总挥发酸可用直接法或间接法测定。直接法是通过水蒸气蒸馏或溶剂萃取把挥发酸分离出来,然后用标准碱滴定;间接法是将挥发酸蒸发除去后,滴定不挥发酸,最后从总酸度中减去不挥发酸,即可得出挥发酸含量。前者操作方便,较常用,适合于挥发酸含量较高样品。若蒸馏液有所损失或被污染,或样品中挥发酸含量较少,宜用间接法。

2.3.1　原理

样品经适当处理后,加适量磷酸使结合态挥发酸游离出,用水蒸气蒸馏分离出总挥发酸,经冷凝,收集后,以酚酞作指示剂,用标准碱液滴定至微红色(30s不褪色)为终点,根据标准碱消耗量计算出样品中总挥发酸含量。

2.3.2　仪器

水蒸气蒸馏装置(图2-7)和电磁搅拌器。

2.3.3　样品处理方法

(1)一般果蔬及饮料可直接取样。

(2)含CO_2的饮料、发酵酒类,需排除CO_2,方法是取80~100mL(g)样品置三角瓶中,在用电磁搅拌器连续搅拌的同时,于低真空度下抽气2~4min,以除去CO_2。

(3)固体样品(如干鲜果蔬及其制品)及冷冻、黏稠等制品,先取可食部分加入一定量水(冷冻制品先解冻)用高速组织捣碎机捣成浆状,再称取处理样品10g,加无CO_2蒸馏水溶解并稀释至25mL。

2.3.4　样品的测定

(1)样品蒸馏　取25mL经上述处理的样品移入蒸馏瓶中,加入25mL无CO_2蒸馏水和1mL 10%

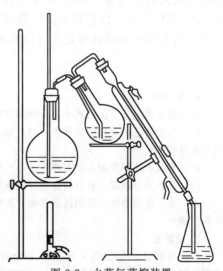

图2-7　水蒸气蒸馏装置

H_3PO_4 溶液，如图 2-7 连接水蒸气蒸馏装置，加热蒸馏至馏出液约 300mL 为止。在相同条件下作空白试验。

（2）滴定 将馏出液加热至 60~65℃（不可超过），加入 3 滴酚酞指示剂，用 0.1mol/L NaOH 标准溶液滴定到溶液呈微红色（30s 不褪色），即为终点。

2.3.5 结果计算

$$\text{挥发酸以醋酸计 g/100g 样品} = \frac{(V_1 - V_2)c}{m} \times 0.06 \times 100$$

式中 m——样品质量或体积，g 或 mL；

V_1——滴定样液消耗 NaOH 标准溶液的体积，mL；

V_2——滴定空白消耗 NaOH 标准溶液的体积，mL；

c——NaOH 标准溶液的浓度，mol/L；

0.06——换算为醋酸的系数，即 1mmol NaOH 相当于醋酸的质量，g/mmol。

2.3.6 注意事项

（1）样品中挥发酸的蒸馏方式可采用直接蒸馏和水蒸气蒸馏，但直接蒸馏挥发酸是比较困难的，因为挥发酸与水构成有一定百分比的混溶体，并有固定的沸点。在一定的沸点下，蒸汽中的酸与留在溶液中的酸之间有一平衡关系，在整个平衡时间内，这个平衡关系不变。但用水蒸气蒸馏，则挥发酸与水蒸气是和水蒸气分压成比例地自溶液中一起蒸馏出来，因而加速挥发酸的蒸馏过程。

（2）蒸馏前应先将水蒸气发生瓶中的水煮沸 10min，或在其中加 2 滴酚酞指示剂并滴加 NaOH 使其呈浅红色，以排除其中的 CO_2。

（3）溶液中总挥发酸包括游离挥发酸和结合态挥发酸。由于在水蒸气蒸馏时游离挥发酸易蒸馏出，而结合态挥发酸则不易挥发出，给测定带来误差。故测定样液中总挥发酸含量时，需加少许磷酸使结合态挥发酸游离出，便于蒸馏。

（4）在整个蒸馏时间内，应注意蒸馏瓶内液面保持恒定，否则会影响测定结果，另要注意蒸馏装置密封良好，以防挥发酸损失。

（5）滴定前必须将蒸馏液加热到 60~65℃，使其终点明显，加速滴定反应，缩短滴定时间，减少溶液与空气接触机会，以提高测定精度。

（6）样品中含有 CO_2 和 SO_2 等易挥发性成分，对结果有影响，需排除其干扰。排除 CO_2 方法见前述部分。排除 SO_2 方法如下：在已用标准碱液滴定过的蒸馏液中加入 5mL 25% H_2SO_4 酸化，以淀粉溶液作指示剂，用 0.02mol/L I_2 滴定至蓝色，10s 不褪色为终点，并从计算结果中扣除此滴定量（以醋酸计）。

子项目测试

1. 简答题

（1）简述滴定分析法的基本条件和滴定类型？

（2）简述食品中有机酸的种类，对于颜色较深的一些样品，在测定其酸度时，如何排除干扰，以保证测定的准确度？

（3）食品中的挥发酸主要有哪些成分？如何测定挥发酸的含量？

（4）什么是总酸度、有效酸度、挥发酸度？食品中酸度的测定有何意义？

（5）有一葡萄酒样，欲测试其总酸，因终点难以判断，拟采用电位滴定法，请问应如何进行？请写出操作步骤？

2. 计算题

（1）用草酸（$H_2C_2O_4 \cdot 2H_2O$）标定浓度大约为 0.1mol/L 的 NaOH 溶液时，欲使消耗的 NaOH 溶液体积控制在 20~30mL，问草酸的称取范围应为多少？

(2) 称取干燥好的工业纯碱试样 1.5432g,加水溶解后转入 250mL 容量瓶中定容。移取此试液 25.00mL,以甲基橙为指示剂,用 0.1000mol/L HCl 标准溶液滴定至终点,消耗 HCl 24.68mL,求试样中 Na_2CO_3 的含量。

(3) 在硫酸介质中,基准物草酸钠 201.0mg,用 $KMnO_4$ 溶液滴定至终点,消耗其体积 30.00mL,计算 $KMnO_4$ 标准溶液的浓度(mol/L)。

(4) 用蒸馏法测定肥料中含氮量,称取试样 0.2460g 加浓碱液蒸馏,产生的 NH_3 用 0.1010mol/L 的标准 HCl 溶液 50.00mL 吸收,然后以甲基红为指示剂,用浓度为 0.1058mol/L 的 NaOH 标准溶液返滴过量的 HCl,用去 NaOH 溶液 10.50mL,计算肥料含氮量。

(5) 0.1680g $H_2C_2O_4 \cdot 2H_2O$ 恰好与 24.65mL 浓度为 0.1045mol/L NaOH 标准溶液反应,求 $H_2C_2O_4 \cdot 2H_2O$ 纯度。

子项目二 氧化还原滴定技术

学习目标:
1. 学会应用氧化还原滴定法进行食品的含量测定。
2. 了解高锰酸钾法、直接碘量法和重铬酸钾法的操作要点及注意事项。

技能目标:
学会配制高锰酸钾标准溶液和碘标准溶液。

氧化还原滴定技术是以氧化还原反应为基础的一种滴定分析方法,是滴定分析中应用较广泛的分析方法之一。

氧化还原反应较为复杂,反应常常不能一步完成,且反应速度较慢,副反应较多,因而不是所有的氧化还原反应都能用于滴定分析。只有反应完全,反应速度快,无副反应的氧化还原反应才能用氧化还原滴定技术进行分析。在氧化还原滴定技术中,按照所用滴定液的不同可分为:高锰酸钾法、重铬酸钾法、碘量法、高碘酸钾法等。本项目主要介绍高锰酸钾法、碘量法和重铬酸钾法。

任务一 高锰酸钾法测食品中的还原糖

【工作任务】
高锰酸钾法测食品中的还原糖。

【工作目标】
1. 学会用高锰酸钾法测定食品中还原糖。
2. 学会测定前的样品处理方法。

【工作情境】
本任务可在化验室或实训室中进行。
1. 仪器 酸式滴定管(25mL)、古氏坩埚或 G_4 垂熔坩埚、真空泵或水泵、恒温水浴锅和精制石棉。
2. 试剂 6mol/L 盐酸、10%甲基红指示剂、5mol/L 氢氧化钠溶液、碱性酒石酸铜甲液、碱性酒石酸铜乙液、0.1000mol/L 高锰酸钾标准溶液、1mol/L 氢氧化钠溶液、硫酸铁溶液和 3mol/L 盐酸。

【工作原理】
本法适用于所有食品中还原糖的测定以及通过酸水解或酶水解转化成还原糖的非还原性糖类物质的测定。

样品经除去蛋白质后，其中还原糖在碱性环境下将铜盐还原为氧化亚铜，加硫酸铁后，氧化亚铜被氧化为铜盐，以高锰酸钾溶液滴定，发生氧化作用后生成的亚铁盐，根据高锰酸钾消耗量计算氧化亚铜含量，再查表得还原糖量。

【工作过程】

1. 试剂准备

(1) 6mol/L 盐酸　量取 50mL 盐酸加水稀释至 100mL。

(2) 甲基红指示剂　称取 10mg 甲基红，用 100mL 乙醇溶解。

(3) 5mol/L 氢氧化钠溶液　称取 20g 氢氧化钠加水溶解并稀释至 100mL。

(4) 碱性酒石酸铜甲液　称取 34.639g 硫酸铜（$CuSO_4 \cdot 5H_2O$），加适量水溶解，加 0.5mL 硫酸，再加水稀释至 500mL，用精制石棉过滤。

(5) 碱性酒石酸铜乙液　称取 173g 酒石酸钾钠与 50g 氢氧化钠，加适量水溶解，并稀释至 500mL，用精制石棉过滤，贮存于橡胶塞玻璃瓶中。

(6) 精制石棉　取石棉先用 3mol/L 盐酸浸泡 2~3 天，用水洗净，再加 2.5mol/L 氢氧化钠溶液浸泡 2~3 天，倾去溶液，再用热碱性酒石酸铜乙液浸泡数小时，用水洗净。再以 3mol/L 盐酸浸泡数小时，以水洗至不呈酸性。然后加水振摇，使成微细的浆状软纤维，用水浸泡并贮存于玻璃瓶中，即可用于填充古氏坩埚。

(7) 0.1000mol/L 高锰酸钾标准溶液

① 高锰酸钾标准溶液的配制　称取 3.3g $KMnO_4$，溶于 1050mL 新煮沸放冷的蒸馏水中，置棕色玻璃瓶中，于暗处放置两周，用已处理过的 G_4 垂熔玻璃漏斗过滤，存于另一棕色试剂瓶中备用。G_4 垂熔玻璃漏斗的处理是指在同样浓度的高锰酸钾溶液中缓缓煮沸 5min。

② 高锰酸钾标准溶液的标定

$$2MnO_4^- + 5C_2O_4^{2-} + 16H^+ =\!=\!= 2Mn^{2+} + 10CO_2 \uparrow + 8H_2O$$

称取于 105~110℃ 电烘箱中干燥至恒重的基准试剂 $Na_2C_2O_4$ 3 份，每份 0.25g，分别置于 3 个锥形瓶中，各加 100mL 硫酸溶液（8+92）使溶解，用配制好的 $KMnO_4$ 溶液滴定，近终点时加热至约 65℃，继续滴定至溶液呈粉红色，并保持 30s 不褪，即为终点。同时做空白试验。记录所消耗 $KMnO_4$ 标准溶液的体积（当滴定终了时，溶液的温度应不低于 55℃）。

$$c\left(\frac{1}{5}KMnO_4\right) = \frac{1000m}{(V_1-V_2)M}$$

式中　m——草酸钠的质量，g；

c——高锰酸钾溶液的浓度，mol/L；

V_1——滴定草酸钠消耗高锰酸钾溶液的体积，mL；

V_2——空白试验消耗高锰酸钾溶液体积，mL；

M——草酸钠的摩尔质量，g/mol $[M(\frac{1}{2}Na_2C_2O_4) = 66.999]$。

(8) 1mol/L 氢氧化钠溶液　称取 4g 氢氧化钠，加水溶解并稀释至 100mL。

(9) 硫酸铁溶液　称取 50g 硫酸铁，加入 200mL 水溶解后，慢慢加入 100mL 硫酸，冷却后加水稀释至 1L。

(10) 3mol/L 盐酸　量取 30mL 盐酸，加水稀释至 120mL。

2. 样品处理

2.1 乳类、乳制品及含蛋白质的食品

称取约 0.5~2g 固体样品（吸取 2~10mL 液体样品），置于 250mL 容量瓶中，加 50mL

水，摇匀。加入 10mL 碱性酒石酸铜甲液及 4mL 1mol/L 氢氧化钠溶液，加水至刻度，混匀。静置 30min，用干燥滤纸过滤，弃去初滤液，滤液备用（注：此步骤目的是沉淀蛋白）。

2.2 酒精性饮料

吸取 100mL 样品，置于蒸发皿中，用 1mol/L 氢氧化钠溶液中和至中性，在水浴上蒸发至原体积 1/4 后（注：如果蒸发时间过长，应注意保持溶液 pH 为中性），移入 250mL 容量瓶中。加 50mL 水，混匀。以下重复"2.1"自"加入 10mL 碱性酒石酸铜甲液"起的操作。

2.3 淀粉含量多的食品

称取 2~10g 样品，置于 250mL 容量瓶中，加 200mL 水，在 45℃水浴中加热 1h，并时时振摇。（注意：此步骤是使还原糖溶于水中，切忌温度过高，因为淀粉在高温条件下可糊化、水解，影响检测结果。）冷却后加水至刻度，混匀，静置。吸取 200mL 上清液于另一 250mL 容量瓶中。以下重复"2.1"自"加入 10mL 碱性酒石酸铜甲液"起的操作。

2.4 含有脂肪的食品

称取 2~10g 样品，先用乙醚或石油醚淋洗 3 次，去除醚层。加入 50mL 水混匀，以下重复"2.1"自"加入 10mL 碱性酒石酸铜甲液"起的操作。

2.5 汽水等含有二氧化碳的饮料

吸取 100mL 样品置于蒸发皿中，在水浴上除去二氧化碳后，移入 250mL 容量瓶中，并用水洗涤蒸发皿，洗液并入容量瓶中，再加水至刻度，混匀后，备用。

3. 样品测定

吸取 50.00mL 处理后的样品溶液，于 400mL 烧杯中，加入 25mL 碱性酒石酸铜甲液及 25mL 乙液，于烧杯上盖一表面皿，加热，控制在 4min 内沸腾，再准确煮沸 2min，趁热用铺好石棉的古氏坩埚或 G_4 垂熔坩埚抽滤，并用 60℃热水洗涤烧杯及沉淀，至洗液不成碱性为止。将古氏坩埚或垂熔坩埚放回原 400mL 烧杯中，加 25mL 硫酸铁溶液及 25mL 水，用玻棒搅拌使氧化亚铜完全溶解，以 0.1mol/L 高锰酸钾标准液滴定至微红色为终点。同时吸取 50mL 水，加与测样品时相同量的碱性酒石酸铜甲、乙液，硫酸铁溶液及水，按同一方法做空白对照实验。

【数据处理】

1. 数据记录

计算样品中还原糖质量相当于氧化亚铜的质量的数据记录于下表。

项 目	1	2	3
V/mL			
V_0/mL			
X_1/mg			
X_1 平均值/mg			
相对平均偏差			

计算样品中还原糖的含量的数据记录于下表。

项 目	1	2	3
样品质量（或体积）/g（或 mL）			
V_2/mL			
V_1/mL			
X_2/（g/100g）（或 g/100mL）			
X_2 平均值/（g/100g）（或 g/100mL）			
相对平均偏差			

2. 结果计算

$$X_1 = (V - V_0) c \times 71.54$$

式中　X_1——样品中还原糖质量相当于氧化亚铜的质量，mg；
　　　V——测定用样品液消耗高锰酸钾标准溶液的体积，mL；
　　　V_0——试剂空白消耗高锰酸钾标准溶液的体积，mL；
　　　c——高锰酸钾标准溶液的浓度，mol/L；
　　71.54——1mL 1mol/L 高锰酸钾溶液相当于氧化亚铜的质量，mg/mmol。

根据上式中计算所得氧化亚铜质量，查附表四"相当于氧化亚铜质量的葡萄糖、果糖、乳糖、转化糖的质量表"，再计算样品中还原糖含量。

$$X_2 = (m_1 V_2) / (m_2 V_1) \times (100/1000)$$

式中　X_2——样品中还原糖的含量，g/100g（g/100mL）；
　　　m_1——查表得还原糖质量，mg；
　　　m_2——样品质量（或体积），g（mL）；
　　　V_1——测定用样品处理液的体积，mL；
　　　V_2——样品处理后的总体积，mL。

【注意事项】

1. 本法用碱性酒石酸铜溶液作为氧化剂。由于硫酸铜与氢氧化钠反应可生成氢氧化铜沉淀，氢氧化铜沉淀可被酒石酸钾钠缓慢还原，析出少量氧化亚铜沉淀，使氧化亚铜计量发生误差，所以甲、乙试剂要分别配制及贮藏，用时等量混合。

2. 还原糖与碱性酒石酸铜试剂的反应一定要在沸腾状态下进行，沸腾时间需严格控制，保证在4min内待测样液加热至沸，否则误差较大。煮沸的溶液应保持蓝色，如果蓝色消失，说明还原糖含量过高，应将样品溶液稀释后重做。

3. 本法以测定过程中产生的铁离子为计算依据，因此在样品处理时，不能用乙酸锌和亚铁氰化钾作为澄清剂。另外所用碱性酒石酸铜溶液是过量的，即保证把所有的还原糖全部氧化后，还有过量的铜离子存在。所以煮沸后的反应液应呈蓝色，如不呈蓝色，说明样液糖浓度过高，应调整样液浓度。

4. 在过滤及洗涤氧化亚铜沉淀的过程中，应使沉淀始终在液面以下，以避免氧化亚铜暴露于空气中而被氧化。

【体验测试】

1. 比较直接滴定法和高锰酸钾滴定法定糖的适用范围及特点。
2. 可采用什么方法调控好加热源，以保证样液在检测时4min内加热至沸？
3. 样品测定时，为何要用水洗涤处理样品用过的烧杯及沉淀，至洗涤液不呈碱性为止？

知识链接

高锰酸钾法

高锰酸钾法是在强酸性介质中，以高锰酸钾为标准溶液直接或间接地测定还原性或氧化性物质含量的滴定分析方法。

$KMnO_4$ 是一种强氧化剂，其氧化能力随酸度不同而有较大的差异。在强酸性溶液中，MnO_4^- 被还原为 Mn^{2+}：

$$MnO_4^- + 8H^+ + 5e^- \longrightarrow Mn^{2+} + 4H_2O$$

在微酸性、中性或弱碱性溶液中，MnO_4^- 被还原为 MnO_2：

$$MnO_4^- + 2H_2O + 3e^- \longrightarrow MnO_2 + 4OH^-$$

在强碱性溶液中，MnO_4^- 被还原为 MnO_4^{2-}：

$$MnO_4^- + e^- \longrightarrow MnO_4^{2-}$$

由于 $KMnO_4$ 在强酸性溶液中的氧化能力最强，同时生成无色的 Mn^{2+}，便于滴定终点的观察，因此一般都在强酸性条件下使用。因为硝酸有氧化性，盐酸具有还原性，所以酸度调节以硫酸为宜，开始滴定时酸度一般控制在 $0.5 \sim 1 mol/L$。

配制和标定高锰酸钾标准溶液时，由于市售的 $KMnO_4$ 中常含有少量 MnO_2 等杂质，它会加速 $KMnO_4$ 的分解；蒸馏水中也常含有微量的灰尘、氨等有机化合物，它们也能还原 $KMnO_4$，这是不能用直接法配制 $KMnO_4$ 标准溶液的两种原因。由于 $KMnO_4$ 的氧化能力很强，所以易被水中的微量还原性物质还原而产生 MnO_2 沉淀。$KMnO_4$ 在水中能自行分解：

$$4KMnO_4 + 2H_2O \Longleftrightarrow 4MnO_2 \downarrow + 4KOH + 3O_2 \uparrow$$

该分解反应的速度较慢，但能被 MnO_2 所加速，见光则分解得更快。可见，为了得到稳定的 $KMnO_4$ 溶液，需将溶液中析出的 MnO_2 沉淀滤掉，并置棕色瓶中保存两周，使各种还原性物质完全氧化，再进行标定。

标定 $KMnO_4$ 标准溶液的基准物有 As_2O_3、纯铁丝、$Na_2C_2O_4$ 等。其中以 $Na_2C_2O_4$ 最为常用。用 $Na_2C_2O_4$ 作基准物时，其标定反应为：

$$2MnO_4^- + 5C_2O_4^{2-} + 16H^+ \Longleftrightarrow 2Mn^{2+} + 10CO_2 \uparrow + 8H_2O$$

该反应的速度较慢，所以开始滴定时加入的 $KMnO_4$ 不能立即褪色，但一经反应生成 Mn^{2+} 后，Mn^{2+} 对该反应有催化作用，反应速度加快。滴定中常以加热滴定溶液的方法来提高反应速度。

$KMnO_4$ 溶液本身有色，当溶液中 MnO_4^- 的浓度约为 $2 \times 10^{-6} mol/L$ 时，人眼即可观察到粉红色。故用 $KMnO_4$ 作滴定剂时，一般不加指示剂，而利用稍过量的 MnO_4^- 的粉红色的出现指示终点的到达。在这里 $KMnO_4$ 称作自身指示剂。

应用高锰酸钾法，可直接滴定许多还原性较强的物质，如 Fe^{2+}、$C_2O_4^{2-}$、H_2O_2、NO_2^-、Sb^{3+} 等；也可利用 $KMnO_4$ 与 $Na_2C_2O_4$ 反应间接测定一些非氧化还原物质，如 Ca^{2+} 等。高锰酸钾法的主要缺点是选择性较差，标准溶液不够稳定等。

任务二　直接碘量法测定果蔬中维生素 C 含量

【工作任务】

直接碘量法测定果蔬中维生素 C 含量。

【工作目标】

1. 学会果蔬中维生素 C 含量的测定方法。

2. 学会果蔬等样品的取用和处理。

【工作情境】

本任务可在化验室或实训室中进行。

1. 仪器　电子天平、酸式滴定管、碘量瓶（250mL）、移液管（25mL）、量筒（10mL 和 50mL）、烧杯（150mL）、洗瓶、解剖刀、培养皿、漏斗、纱布、多功能食物粉碎机和 pH 试纸。

2. 试剂　2%盐酸溶液、$0.1mol/L\ I_2$ 标准溶液、$2mol/L$ 醋酸、$5g/L$ 淀粉溶液以及橙、柑橘或番茄等。

【工作原理】

维生素 C（$C_6H_8O_6$）又称抗坏血酸，是一种重要的营养物质，它能维持正常的新陈代谢以及骨骼、肌肉和血管的正常生理功能，增强机体的抵抗力。蔬菜中的维生素C主要为L-抗坏血酸为主，主要以还原型存在（还有氧化型及少量结合态）。

维生素C具有较强的还原性，可以与许多氧化剂发生氧化还原反应，因此可以利用其还原性测定维生素C的含量。下面采用直接碘量法测定果蔬中维生素C含量，碘量法是利用维生素C的氧化还原性的一种氧化还原方法。

维生素C分子中烯二醇基能被I_2定量氧化成二酮基，所以可用直接碘量法测定果蔬中的维生素C含量。其反应式如下：

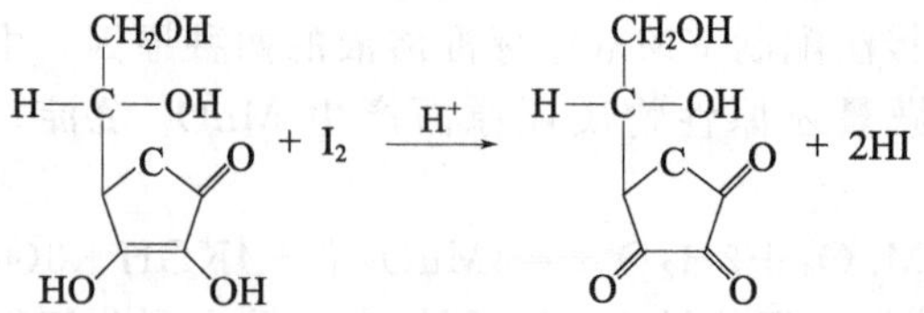

从反应式可知，在碱性条件下，有利于反应向右进行。但由于维生素C的还原性很强，即使在弱酸性条件下，此反应也能进行得相当完全。在中性或碱性条件下，维生素C易被空气中的O_2氧化而产生误差，尤其在碱性条件下，误差更大。故该滴定反应在酸性溶液中进行，以减慢副反应的速度。

【工作过程】

1. 样品的处理

将果蔬样品洗净晾干后，准确称取有代表性的可食用部分，用干净的研钵将其研磨成果浆，备用。

2. 滴定操作

准确称取50.0g的汁液，置于250mL锥形瓶中，加稀醋酸10mL与淀粉指示液1mL，立即用I_2标准溶液（0.1mol/L）滴定，至溶液显蓝色并持续30s不褪色，即为终点。记录所消耗的I_2标准溶液的体积。平行测定三次，取平均值，并计算相对平均偏差。

【数据处理】

1. 数据记录

测定次数		1	2	3
样品的质量/g	m_s			
滴定消耗I_2标准溶液的体积/mL	$V_{初}$			
	$V_{终}$			
	$V=V_{终}-V_{初}$			
W（$C_6H_8O_6$）				
$\overline{w}$（$C_6H_8O_6$）				
相对平均偏差				

2. 结果计算

$$w(C_6H_8O_6)=\frac{cVM}{1000\times m_s}\times 100\%$$

式中　c——碘标准溶液的物质的量浓度，mol/L；

　　　V——滴定时消耗I_2标准溶液的体积，mL；

　　　m_s——称取样品的质量，g；

　　　M——维生素C的摩尔质量，176.13g/mol。

【注意事项】

1. 实验用水应为新煮沸过的冷蒸馏水，其目的在于减少蒸馏水中溶解氧的影响。
2. 测定应在酸性条件下进行。因为在酸性介质中维生素C受空气中氧的氧化较在中性或碱性介质中的速度慢。

3. 整个操作过程要迅速,防止还原型抗坏血酸被氧化。滴定过程一般不超过 2min。滴定所用的染料不应小于 1mL 或多于 4mL,如果样品含维生素 C 太高或太低时,可酌情增减样液用量或改变提取液稀释度。

4. 提取的浆状物如不易过滤,亦可离心,留取上清液进行滴定。

5. 某些水果、蔬菜(如橘子、番茄等)浆状物泡沫太多,可加数滴丁醇或辛醇。

【体验测试】

1. 为了测得准确的维生素 C 含量,实验过程中都应注意哪些操作步骤?为什么?
2. 测定维生素 C 含量时,为什么加入醋酸?

知识链接

碘 量 法

碘量法是利用 I_2 的氧化性和 I^- 的还原性进行滴定的分析方法。其反应为:

$$I_2 + 2e^- \longrightarrow 2I^-$$

由于 I_2 固体在水中的溶解度很小(0.00133mol/L),故实际应用时通常将 I_2 溶解在 KI 溶液中,此时 I_2 在溶液中以 I_3^- 形式存在,为方便和明确化学计量关系,一般仍简写为 I_2。

$$I_2 + I^- \longrightarrow I_3^-$$

碘量法测定可用直接和间接的两种方式进行,I_2 是较弱的氧化剂,可与较强的还原剂作用;而 I^- 则是中等强度的还原剂,能与许多氧化剂作用。

1. 直接碘量法

用 I_2 标准溶液直接滴定还原性较强的物质,如 Sn(Ⅱ)、Sb(Ⅲ)、As_2O_3、S^{2-}、SO_3^{2-}、维生素 C 等。

例如,硫化物在酸性溶液中能被 I_2 所氧化,其反应式为:

$$S^{2-} + I_2 \Longleftrightarrow S + 2I^-$$

又如,SO_2 经水吸收后,可用 I_2 标准溶液直接滴定,其反应式为:

$$I_2 + SO_2 + 2H_2O \Longleftrightarrow 2I^- + SO_4^{2-} + 4H^+$$

但是直接碘量法不能在碱性溶液中进行,当溶液的 pH>8 时,部分 I_2 要发生歧化反应。

$$3I_2 + 6OH^- \Longleftrightarrow IO_3^- + 5I^- + 3H_2O$$

2. 间接碘量法

I^- 为中等强度的还原剂,能被一般氧化剂(如 Cu^{2+}、$KMnO_4$、$K_2Cr_2O_7$ 等)定量氧化而析出 I_2,析出的 I_2 可用 $Na_2S_2O_3$ 标准溶液进行滴定,这种方法称为间接碘量法。

间接碘量法的基本反应为:

$$2I^- - 2e^- \longrightarrow I_2$$
$$I_2 + 2S_2O_3^{2-} \Longleftrightarrow 2I^- + S_4O_6^{2-}$$

应用间接碘量法时,必须注意以下三个条件:

2.1 控制溶液的酸度

I_2 和 $S_2O_3^{2-}$ 之间的反应必须在中性或弱酸性溶液中进行,因为在碱性溶液中,I_2 与 $S_2O_3^{2-}$ 会发生如下反应:

$$4I_2 + S_2O_3^{2-} + 10OH^- \Longleftrightarrow 8I^- + 2SO_4^{2-} + 5H_2O$$

在较强的碱性溶液中,I_2 会发生歧化反应:

$$3I_2 + 6OH^- \Longleftrightarrow IO_3^- + 5I^- + 3H_2O$$

若在强酸性溶液中，$Na_2S_2O_3$ 溶液会分解，其反应为：

$$S_2O_3^{2-} + 2H^+ \Longleftrightarrow SO_2\uparrow + S\downarrow + H_2O$$

2.2 防止碘的挥发

I_2 具有挥发性，容易挥发损失，必须加入过量的 KI（一般比理论用量大 2～3 倍），增大 I_2 的溶解度，降低 I_2 的挥发性。

2.3 碘量法应该在室温中进行

I^- 在酸性溶液中易被空气中氧所氧化。

$$4I^- + 4H^+ + O_2 \Longleftrightarrow 2I_2 + 2H_2O$$

此反应在中性溶液中进行极慢，随着溶液中 $[H^+]$ 增加而加快，酸度较高或阳光直射都可促进空气中的 O_2 对 I^- 的氧化作用。所以，碘量法一般在中性或弱酸性溶液中及低温（<25℃）下进行滴定，同时，为了减少 I^- 与空气的接触，滴定时不应剧烈摇荡。此外，I^- 和氧化剂反应析出的过程较慢，一般需在暗处放置 5～10min，使反应完全后，再进行滴定。

碘量法的终点常用淀粉指示剂来确定，在有少量 I^- 存在下，I_2 与淀粉反应形成蓝色吸附配合物。该反应可逆且非常灵敏，当溶液中 I_2 的浓度小于 10^{-5} mol/L 时，碘和淀粉仍可显蓝色。淀粉溶液应用新鲜配制的，若放置时间过久，则与 I_2 形成的配合物不呈蓝色而呈紫色或红色，终点变化也不敏锐。

直接碘量法根据蓝色的出现确定滴定终点，间接碘量法则根据蓝色的消失确定滴定终点。间接碘量法测定氧化性物质时，一般要在接近滴定终点前才加入淀粉指示剂，如果加入过早，则淀粉与 I_2 吸附太牢，这部分 I_2 就不易与 $Na_2S_2O_3$ 溶液反应，会给滴定带来误差。

任务三 亚甲蓝的含量测定

【工作任务】

亚甲蓝的含量测定。

【工作目标】

1. 学会亚甲蓝含量测定的原理及方法。
2. 学会用硫代硫酸钠标准溶液滴定的操作技术。

【工作情境】

本任务可在化验室或实训室中进行。

1. 仪器　分析天平、水浴锅、垂熔玻璃漏斗、酸式滴定管、锥形瓶、量筒和烧杯。
2. 试剂　亚甲蓝、$K_2Cr_2O_7$ 标准溶液（0.01667mol/L）、硫酸溶液（经稀释）、KI 试液，$Na_2S_2O_3$ 标准溶液（0.1mol/L）和淀粉指示液。

【工作原理】

重铬酸钾与亚甲蓝在一定条件下，能定量形成沉淀，剩余的重铬酸钾再与碘化钾作用生成碘，后者再用硫代硫酸钠标准溶液进行滴定。

【工作过程】

取本品约 0.2g，置于烧杯中，加 40mL 水溶解后，置水浴上加热至 75℃，精确加入 $K_2Cr_2O_7$ 标准溶液（0.01667mol/L）25mL，摇匀，在 75℃ 保温 20min，放冷，用垂熔玻璃漏斗滤过，烧杯与漏斗用水洗涤 4 次，每次 2.5mL，滤过，合并滤液与洗液，移入具塞锥形瓶中，加水 250mL、硫酸溶液（经稀释）25mL 与碘化钾试液 10mL，摇匀，用 $Na_2S_2O_3$ 标准溶液（0.1mol/L）滴定，至近终点时，加淀粉指示剂 2mL，继续滴定至蓝色消失，将滴定的结果用空白试验校正。每 1mL $K_2Cr_2O_7$ 标准溶液（0.01667mol/L）相当于 10.66mg 的亚甲蓝。

【数据处理】
1. 数据记录

测定次数		1	2	3
称取样品的质量/g	m_s			
滴定消耗 $Na_2S_2O_3$ 标准溶液的体积/mL	$V_初$			
	$V_终$			
	$V=V_终-V_初$			
w(亚甲蓝)				
w(亚甲蓝)平均值				
相对平均偏差				

2. 结果计算

$$w(C_{16}H_{18}ClN_3S)=\frac{\frac{0.01066}{c(K_2Cr_2O_7)}[c(K_2Cr_2O_7)V(K_2Cr_2O_7)-\frac{1}{6}c(Na_2S_2O_3)V(Na_2S_2O_3)]}{m_s}$$

式中　$c(K_2Cr_2O_7)$——重铬酸钾标准溶液的物质的量浓度，mol/L；
　　　$V(K_2Cr_2O_7)$——重铬酸钾标准溶液的体积，mL；
　　　$c(Na_2S_2O_3)$——硫代硫酸钠标准溶液的物质的量浓度，mol/L；
　　　$V(Na_2S_2O_3)$——滴定消耗硫代硫酸钠标准溶液的体积，mL；
　　　m_s——称取样品的质量，g；
　　　0.01066——每 1mL $K_2Cr_2O_7$ 标准溶液相当于亚甲蓝的质量，g/mL。

【体验测试】
亚甲蓝含量测定的原理是什么？

知识链接

重铬酸钾法

重铬酸钾法是在酸性条件下，以 $K_2Cr_2O_7$ 为滴定液，直接测定还原性或氧化性物质的分析方法。

$$Cr_2O_7^{2-}+14H^++6e^-\longrightarrow 2Cr^{3+}+7H_2O$$

虽然 $K_2Cr_2O_7$ 在酸性溶液中的氧化能力不如 $KMnO_4$ 强，应用范围不如 $KMnO_4$ 广泛，但 $K_2Cr_2O_7$ 法与 $KMnO_4$ 法相比，具有很多优点，$K_2Cr_2O_7$ 易于提纯，纯品在 120℃ 干燥至恒重后可作为基准物质，直接配制成标准溶液；$K_2Cr_2O_7$ 标准溶液非常稳定，可以长期保存使用；用 $K_2Cr_2O_7$ 滴定时，可在盐酸溶液中进行，不受 Cl^- 的影响。

应用 $K_2Cr_2O_7$ 标准溶液进行滴定时，常用氧化还原指示剂，如二苯胺磺酸钠等。

应该指出，$K_2Cr_2O_7$ 有毒，使用时应注意废液的处理，以免污染环境。

子项目测试

1. 选择题
(1) 在酸性介质中，用高锰酸钾滴定草酸盐，滴定应（　　）。
　　A. 如同酸碱滴定一样迅速进行　　B. 在开始时缓慢进行以后逐渐加快，最后再慢
　　C. 始终缓慢进行　　D. 开始时快，然后缓慢
(2) 高锰酸钾法可在下列哪些介质中进行？（　　）
　　A. HCl　　B. HNO_3　　C. CH_3COOH　　D. H_2SO_4
(3) 用 $Na_2C_2O_4$ 标定高锰酸钾时，刚开始褪色较慢，但之后褪色变快的原因是（　　）。
　　A. 温度过低　　B. 反应进行后，温度升高

C. Mn^{2+} 催化作用　　　　　D. $KMnO_4$ 浓度变小
(4) 间接碘量法中加入淀粉指示剂的适宜时间是（　　）。
A. 滴定开始时　　　　　　　B. 滴定开始后
C. 滴定至近终点时　　　　　D. 滴定至红棕色褪至无色时
(5) 下列标准溶液配制好后不需要贮存于棕色瓶的是（　　）。
A. $KMnO_4$　　B. $K_2Cr_2O_7$　　C. $Na_2S_2O_3$　　D. I_2
2. 回答下列问题
(1) 简述碘量法误差的主要来源及其减免措施。
(2) 用高锰酸钾法测定硫酸亚铁的纯度，称样量为 1.3545g，在酸性条件下溶解，用 $KMnO_4$ 标准溶液（0.1000mol/L）滴定，消耗 46.92mL，试计算样品中 $FeSO_4 \cdot 7H_2O$ 的质量分数。
(3) 称取某食物样品 3.00g，经过处理后用水定容至 250mL。取 50mL 进行测定，消耗 0.1003mol/L 高锰酸钾标准液 5.20mL，同时测试剂空白为 0.36mL，则样品中还原糖质量相当于多少氧化亚铜的质量？
(4) 精确称取漂白粉样品 2.0620g，加少量蒸馏水研磨，定量转入 500mL 容量瓶中，用蒸馏水稀释至标线，摇匀，精确吸取此悬浊液 50.00mL，置于碘量瓶中加入过量的碘化钾，再用酸酸化，析出的碘用硫代硫酸钠标准溶液（0.1093moL/L）滴定，终点时消耗 20.48mL，求样品中有效氯含量。

子项目三　配位滴定技术

【学习目标：】
1. 学会 EDTA 标准溶液的配制、标定及应用技术。
2. 学会配合物的组成、命名及配位滴定法的基础知识。
3. 了解金属指示剂的作用原理和应用条件。

【技能目标：】
学会配制、标定及应用 EDTA 标准溶液的操作技术。

配位滴定技术是以配位反应为基础的一种滴定分析方法。用于配位反应的配位剂，一般可分为无机配位剂和有机配位剂。由于大多数无机配位剂与金属离子形成的配合物不够稳定，且各级稳定常数比较接近，不可能分步完成配合，因此，大部分无机配位剂不能得到广泛的应用。而有机配位剂，特别是氨羧配位剂，一般含有两个或两个以上的配位原子，配位能力强，可以与金属离子形成稳定性强、组成恒定的配合物。在配位滴定中，最常用的有机配位剂是乙二胺四乙酸，常缩写为 EDTA。

任务　水的总硬度测定

【工作任务】
水的总硬度测定。

【工作目标】
1. 学会配位滴定法测定水总硬度的原理及方法。
2. 学会 EDTA 标准溶液的配制和标定。
3. 了解水的硬度的表示方法。

【工作情境】
本任务可在化验室或实训室中进行。
1. 仪器　万分之一的电子天平、托盘天平、高温电炉、酸式滴定管（25mL，棕色）、量杯（500mL）、锥形瓶（250mL）、量筒（5mL、10mL 和 100mL）、烧杯（500mL）、硬质玻璃瓶或聚乙烯塑料瓶（500mL）、容量瓶（200mL）和移液管（50mL）。

2. 试剂　乙二胺四乙酸二钠（EDTA·2Na·2H$_2$O，分析纯）、ZnO（基准物质）、铬黑T指示剂、稀HCl溶液、甲基红指示剂、氨试液和NH$_3$·H$_2$O-NH$_4$Cl缓冲液（pH=10）。

【工作原理】

EDTA是乙二胺四乙酸（常用H$_4$Y）的英文名缩写。它难溶于水，通常使用其二钠盐EDTA·2Na·2H$_2$O配制其标准溶液。

EDTA·2Na·2H$_2$O是白色结晶或结晶型粉末，室温下其溶解度为111g/L（约为0.3mol/L）。配制EDTA标准溶液时，一般是用分析纯的EDTA·2Na·2H$_2$O先配制成近似浓度的溶液，然后以ZnO为基准物标定其浓度。滴定是在pH约为10的条件下，以铬黑T为指示剂进行的。终点时，溶液由紫红色变为纯蓝色。滴定过程中的反应如下。

滴定前：　　　　　　$Zn^{2+} + HIn^{2-} \rightleftharpoons ZnIn^{-} + H^{+}$
　　　　　　　　　　　　　纯蓝色　　　紫红色

终点前：　　　　　　$Zn^{2+} + H_2Y^{2-} \rightleftharpoons ZnY^{2-} + 2H^{+}$

终点时：　　　　　　$ZnIn^{-} + H_2Y^{2-} \rightleftharpoons ZnY^{2-} + HIn^{2-} + H^{+}$
　　　　　　　　　　紫红色　　　　　　　　　　　纯蓝色

一般把含有钙、镁盐类较多的水称作硬水（硬水和软水尚无明确的界限，一般将硬度小于6度的水，称作软水），水中Ca^{2+}、Mg^{2+}的多少用硬度的高低来表示。不论生活用水还是生产用水，对硬度指标都有一定的要求。如《生活饮用水卫生标准》中规定，生活饮用水的总硬度以CaO计，应不超过250mg/L。

水的硬度的测定，目前多用EDTA标准溶液直接滴定水中Ca^{2+}、Mg^{2+}的总量，然后换算成相应的硬度单位。水的硬度有多种表示方法，较常用的为德国度，即以1L水中含有10mg CaO为1度。在我国除采用度表示方法外，还常用质量浓度表示水的硬度，即以1L水中含CaO的质量多少（mg）来表示水的硬度的高低，单位为mg/L。

当以铬黑T为指示剂，在pH=10的条件下测定硬度时，滴定过程中的反应如下。

滴定前：　　　　　　$Mg^{2+} + HIn^{2-} \rightleftharpoons MgIn^{-} + H^{+}$
　　　　　　　　　　　　　纯蓝色　　　酒红色

终点前：　　　　　　$Mg^{2+} + H_2Y^{2-} \rightleftharpoons MgY^{2-} + 2H^{+}$

　　　　　　　　　　$Ca^{2+} + H_2Y^{2-} \rightleftharpoons CaY^{2-} + 2H^{+}$

终点时：　　　　　　$MgIn^{-} + H_2Y^{2-} \rightleftharpoons MgY^{2-} + HIn^{2-} + H^{+}$
　　　　　　　　　　酒红色　　　　　　　　　　　纯蓝色

【工作过程】

1. EDTA标准溶液（0.05mol/L）的配制

取3.8～4.0g EDTA·2Na·2H$_2$O，置于250mL烧杯中，加蒸馏水约100.00mL使溶解，稀释至200.00mL，摇匀，移入硬质玻璃瓶或聚乙烯塑料瓶中。

2. EDTA标准溶液（0.05mol/L）的标定

精确称取在800℃灼烧至恒重的基准ZnO 3份，每份0.108～0.132g，分别置于3个250mL锥形瓶中，各加稀盐酸3.00mL使溶解，加蒸馏水25mL与甲基红指示液1滴，滴加氨试液至溶液呈微黄色。再加蒸馏水25.00mL，NH$_3$·H$_2$O-NH$_4$Cl缓冲液（pH=10）10mL和铬黑T指示剂3滴，用待标定的EDTA标准溶液滴定至溶液由紫红色转变为纯蓝色，即为终点。记录所消耗的EDTA标准溶液的体积。

3. EDTA标准溶液（0.01mol/L）的配制

精确量取EDTA标准溶液（0.05mol/L）40.00mL，置于200mL容量瓶中，加水稀释至刻度，摇匀，即得。

4. 水的总硬度的测定

量取水样 50mL 3 份，置于 3 个锥形瓶中，各加 $NH_3 \cdot H_2O$-NH_4Cl 缓冲液（pH=10）5.00mL 及铬黑 T 指示液 3 滴，然后用 EDTA 标准溶液（0.01mol/L）滴定至溶液由酒红色转变为纯蓝色，即为终点。记录所消耗 EDTA 标准溶液的体积。

【数据处理】

1. 数据记录

将标定 0.05mol/L EDTA 标准溶液的数据记录于下表。

项目 \ 测定次数	1	2	3
m_{ZnO}/g			
V_{EDTA}/mL			
c_{EDTA}/(mol/L)			
c_{EDTA} 平均值/(mol/L)			
相对平均偏差			

将水的总硬度测定的数据记录于下表。

项目 \ 测定次数	1	2	3
V_{EDTA}/mL			
硬度/(mg/L 或度)			
硬度平均值/(mg/L 或度)			
相对平均偏差			

2. 结果计算

EDTA 标准溶液的浓度计算：

$$c_{EDTA} = \frac{m_{ZnO}}{\dfrac{M_{ZnO}}{1000} V_{EDTA}}$$

式中　c_{EDTA}——EDTA 标准溶液的实际浓度，mol/L；
　　　m_{ZnO}——氧化锌的质量，g；
　　　V_{EDTA}——消耗 EDTA 标准溶液的体积，mL；
　　　M_{ZnO}——氧化锌的摩尔质量，81.38g/mol。

水的总硬度计算：

$$\text{硬度} = \frac{c_{EDTA} V_{EDTA} \dfrac{M_{CaO}}{1000}}{V_\text{水}} \times 10^6 \quad \text{（以 CaO 计，mg/L）}$$

或

$$\text{硬度} = \frac{c_{EDTA} V_{EDTA} \dfrac{M_{CaO}}{1000}}{V_\text{水}} \times 10^5 \quad \text{（以 CaO 计，度）}$$

式中　c_{EDTA}——EDTA 标准溶液的实际浓度，mol/L；
　　　$V_\text{水}$——水的体积，mL；
　　　V_{EDTA}——消耗 EDTA 标准溶液的体积，mL；
　　　M_{CaO}——氧化钙的摩尔质量，56.08g/mol。

【注意事项】

1. 市售 $EDTA \cdot 2Na \cdot 2H_2O$ 有粉末状和结晶型两种，粉末状的较易溶解，结晶型的在水中溶解较慢，可加热使其溶解。
2. 贮存 EDTA 标准溶液应选用硬质玻璃瓶，如用聚乙烯瓶贮存更好，以免 EDTA 与玻璃中的金属离子作用。

3. 该实验的取样量仅适用于以 CaO 计算，硬度不大于 280mg/L 的水样，若硬度大于 280mg/L（以 CaO 计），应适当减小取样量。

4. 硬度较大的水样，在加缓冲液后常析出 $CaCO_3$、$MgCO_3$ 微粒，使终点不稳定，常出现"返回"现象，难以确定终点。遇到此情况，可在加缓冲液前，在溶液加入一小块刚果红试纸，滴加稀 HCl 至试纸变蓝色，振摇 2min，然后依法操作。

【体验测试】

1. 配制 EDTA 标准溶液时，为什么不用乙二胺四乙酸而用其二钠盐？
2. 标定 EDTA 标准溶液时，已用氨试液将溶液调为碱性，为什么还要加 $NH_3 \cdot H_2O$-NH_4Cl 缓冲液？
3. 已知 1 法国度相当于 1L 水中含有 10mg $CaCO_3$，试计算 1 德国度相当于多少法国度？
4. 若只测定水中的 Ca^{2+}，应选择何种指示剂？在什么条件下测定？
5. 为什么在硬度较大（含 Ca^{2+}、Mg^{2+} 较多）的水样中加酸酸化后，振摇 2min，能防止 Ca^{2+}、Mg^{2+} 生成碳酸盐沉淀？

知识链接

配位滴定法

配位化合物简称配合物，旧称络合物，是一类广泛存在、组成复杂的重要的化合物。生物体内的金属元素多以配合物的形式存在，如人体血液中起着输送氧气作用的血红蛋白，是铁的配合物；叶绿素承担着植物的光合作用，是镁的配合物；对调节体内的物质代谢（尤其是糖类代谢）有着重要作用的胰岛素，是锌的配合物；对恶性贫血有防治作用的维生素 B_{12}，是钴的配合物；在体内起着支配生化反应作用的各种酶，也是金属配合物。

1. 配合物的基本概念

1.1 配合物及其组成

配合物种类繁多，组成复杂，目前还没有一个严格的定义，一般只能从它的形成上理解这一概念。

例如向 $HgCl_2$ 溶液中加入 KI，开始生成橘黄色 HgI_2 沉淀，继续加入 KI 至过量时，沉淀溶解，变为无色溶液。反应过程为：

$$HgCl_2 + 2KI = HgI_2 \downarrow + 2KCl$$
$$HgI_2 + 2KI = K_2[HgI_4]$$

此时溶液里，除了 K^+ 和复杂离子 $[HgI_4]^{2-}$ 之外，几乎检测不到 Hg^{2+} 的存在。

再如，在硫酸铜溶液中滴加氨水，开始有蓝色的碱式硫酸铜 $Cu(OH)_2SO_4$ 沉淀生成，氨水过量时，蓝色沉淀溶解变成深蓝色的 $[Cu(NH_3)_4]SO_4$ 溶液。同样，溶液中存在着 $[Cu(NH_3)_4]^{2+}$ 和 SO_4^{2-}，几乎没有 Cu^{2+}。

像 $[HgI_4]^{2-}$ 和 $[Cu(NH_3)_4]^{2+}$ 这样比较复杂的离子称为配离子，其定义可以归纳为：由一个中心原子（或叫中心离子，以下统称为中心原子，如 Hg^{2+} 和 Cu^{2+}）与几个配体（阴离子或分子，如 I^- 和 NH_3）以配位键相结合而形成的复杂离子（或分子）叫做配离子。含有配离子的化合物，如 $K_2[HgI_4]$、$[Cu(NH_3)_4]SO_4$，和配位分子，如 $[Ni(CO)_4]$、$[Co(NH_3)_3Cl_3]$，统称为配合物。配位分子是指由中心原子和配体形成的分子。

配离子的电荷数等于中心原子与配体总电荷的代数和。$[HgI_4]^{2-}$ 的电荷数是 -2，$[Cu(NH_3)_4]^{2+}$ 的电荷数是 $+2$，$[Fe(CN)_6]^{4-}$ 的电荷数是 -4。

配合物是由内界和外界组成的，内界是配合物的特征部分，是由中心原子和配体通过配位键结合而成的一个相当稳定的整体,用方括号标明。方括号外面的离子,离中心较远,构成外界。内界和外界之间的化学键是离子键。

以 $K_4[Fe(CN)_6]$ 和 $[Ni(NH_3)_4]SO_4$ 为例说明配合物的组成:

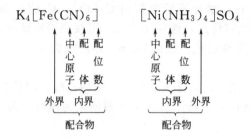

1.1.1 中心原子

中心原子是配合物的核心,在配离子(或配位分子)中,接受孤对电子的阳离子或原子统称为中心原子。中心原子多为过渡元素的离子,如 Cu^{2+}、Ag^+、Zn^{2+}、Fe^{3+}、Co^{2+} 等,有些中性金属原子和高氧化数的非金属离子也有此功能,如 Ni、Fe 和 $[SiF_6]^{2-}$ 中的 Si(Ⅳ)等。

1.1.2 配体和配位原子

在配合物中,与中心原子以配位键结合的阴离子或中性分子称为配体,如 I^-、OH^-、CN^-、NH_3 等。配体中直接向中心原子提供孤对电子形成配位键的原子称为配位原子,配位原子都是非金属元素,上述配体中的 I、O、C、N 是配位原子。根据配体中配位原子的数目可把配体分成单基配体和多基配体两类。只含一个配位原子的配体叫做单基配体,如 Cl^-、CN^-、NH_3、H_2O 等;含有两个或两个以上配位原子的配体叫做多基配体,如乙二胺 $H_2NCH_2CH_2NH_2$(简写作 en)有两个配位原子(N),EDTA 含有 6 个配位原子(N、O)。

某些少数配体虽有两个配位原子,但两个配位原子靠得太近,只能选择其一与中心原子成键,如—NO_2 中,N 和 O 原子均可作为配位原子,以 N 为配位原子的称硝基(—NO_2);以 O 为配位原子的称亚硝酸根(ONO^-);在 SCN^- 中,以 S 为配位原子的称硫氰根(SCN^-);以 N 为配位原子的称异硫氰根(NCS^-)。

1.1.3 配位数

在配合物中,直接与中心原子形成配位键的配位原子的总数称为配位数。从本质上讲,配位数就是中心原子与配体形成配位键的数目。配体是单基的简单配合物,中心原子的配位数等于配体的数目;配体是多基的配合物,中心原子的配位数等于配体数目的整数倍(即配位数=配体数×每个配体的配位原子数)。如 $[Ag(NH_3)_2]^+$ 中 Ag^+ 的配位数是 2,$[Cu(NH_3)_4]^{2+}$ 中 Cu^{2+} 的配位数是 4,$[Ni(en)_2]^{2+}$ 中 Ni^{2+} 的配位数也是 4,$[Ca(EDTA)]^{2-}$ 中的 Ca^{2+} 配位数是 6。

中心原子的配位数与中心原子和配体的性质有关,也与形成配合物的条件有关。在一定条件下,某些中心原子有特征配位数,如 Ag^+、Cu^+ 等的配位数是 2;Cu^{2+}、Zn^{2+}、Ni^{2+}、Hg^{2+}、Cd^{2+}、Pt^{2+} 等的配位数是 4;Fe^{3+}、Al^{3+}、Cr^{3+}、Co^{3+}、Fe^{2+}、Pt^{4+} 等的配位数是 6。

1.2 配合物的命名

配合物的命名方法基本遵循无机化合物的命名原则,先命名阴离子再命名阳离子。

1.2.1 配离子的命名

含有相同配体的命名顺序为:

配体数目(中文小写)→配体→"合"→中心原子(用罗马数字标明氧化数)。

$[Ag(NH_3)_2]^+$ 二氨合银(Ⅰ)离子

[Co(NH$_3$)$_6$]$^{3+}$　　　　　　　　　六氨合钴（Ⅲ）离子
[PtCl$_6$]$^{2-}$　　　　　　　　　　　六氯合铂（Ⅳ）离子

含有不同配体的命名顺序为：

配体数目（中文小写）→阴离子配体→"·"→配体数目（中文小写）→中性分子配体→"合"→中心原子（用罗马数字标明氧化数）。当阴离子不止一种时，则先写简单的，再写复杂的，最后写有机酸根离子。不同中性分子配体的命名顺序是：NH$_3$→H$_2$O→有机分子。

[PtCl$_3$NH$_3$]$^-$　　　　　　　　　三氯·一氨合铂（Ⅱ）离子
[CoCl(SCN)(en)$_2$]$^+$　　　　　　　一氯·一硫氰酸根·二(乙二胺)合钴（Ⅲ）离子
[Co(NH$_3$)$_5$H$_2$O]$^{3+}$　　　　　　五氨·一水合钴（Ⅲ）离子

1.2.2　配合物的命名

(1) 配离子为阴离子的配合物称为"某酸某"或"某某酸"。

K$_2$[HgI$_4$]　　　　　　　　　　　　四碘合汞（Ⅱ）酸钾
K$_4$[Fe(CN)$_6$]　　　　　　　　　　六氰合铁（Ⅱ）酸钾
K$_3$[Fe(CN)$_6$]　　　　　　　　　　六氰合铁（Ⅲ）酸钾
NH$_4$[Cr(SCN)$_4$(NH$_3$)$_2$]　　　　　四硫氰·二氨合铬（Ⅲ）酸铵
H[AuCl$_4$]　　　　　　　　　　　　四氯合金（Ⅲ）酸

(2) 配离子为阳离子的配合物称为"某化某"或"某酸某"。

[Zn(NH$_3$)$_4$]SO$_4$　　　　　　　　　硫酸四氨合锌（Ⅱ）
[PtCl(NO$_2$)(NH$_3$)$_4$]CO$_3$　　　　　碳酸一氯·一硝基·四氨合铂（Ⅳ）
[Cu(NH$_3$)$_4$]Br$_2$　　　　　　　　　二溴化四氨合铜（Ⅱ）
[CoCl$_2$(NH$_3$)$_3$(H$_2$O)]Cl　　　　　一氯化二氯·三氨·一水合钴（Ⅲ）

(3) 中性配合物　中心原子的氧化数可不必标明。

[Ni(CO)$_4$]　　　　　　　　　　　　四羰基合镍
[PtCl$_4$(NH$_3$)$_2$]　　　　　　　　　四氯·二氨合铂
[Co(NO$_2$)$_3$(NH$_3$)$_3$]　　　　　　　三硝基·三氨合钴

除了正规的命名法之外，有些配合物至今还沿用习惯命名，如[Cu(NH$_3$)$_4$]$^{2+}$叫铜氨配离子，K$_3$[Fe(CN)$_6$]叫赤血盐或铁氰化钾，K$_4$[Fe(CN)$_6$]叫黄血盐或亚铁氰化钾。

1.3　螯合物

螯合物是由中心原子与多基配体形成的环状配合物，又称为内配合物。如Cu^{2+}与两分子乙二胺 H$_2$N—CH$_2$—CH$_2$—NH$_2$ 形成两个五元环的螯合物。

$$Cu^{2+} + 2 \begin{array}{c} CH_2-NH_2 \\ | \\ CH_2-NH_2 \end{array} = \left[\begin{array}{c} \text{螯合物结构} \end{array} \right]^{2+}$$

上述的螯合物可写为[Cu(en)$_2$]$^{2+}$。螯合物中的环状结构称为螯环，能形成螯环的配体叫做螯合剂，在[Cu(en)$_2$]$^{2+}$中，en 就是螯合剂。Cu^{2+}的配位数不是 2 而是 4，因为每个en 有两个配位原子与中心原子结合，像螃蟹的双螯一样钳住中心原子。除了乙二胺外，乙二胺四乙酸（EDTA）、草酸根（$^-$OOCCOO$^-$）、氨基酸等都可作螯合剂。螯合物中，中心原子与螯合剂分子或离子数目之比称为螯合比。[Cu(en)$_2$]$^{2+}$中螯合比为 1∶2。

由于螯环的存在，使得在相同配位数情况下，螯合物比单基配体形成的配合物有特殊的稳定性，这种稳定性称为螯合效应。例如中心原子相同、配位数相同的两种配离子[CuCl$_4$]$^{2-}$、[Cu(en)$_2$]$^{2+}$的 K_f 分别为 4.17×10^5 和 1.0×10^{20}，[Cu(en)$_2$]$^{2+}$的稳定性远大于$[CuCl_4]^{2-}$的稳定性。

螯合物的稳定性与螯环的大小、多少有关，一般来说五元环和六元环最稳定，一种螯合剂与中心原子形成的螯环越多越稳定。例如Ca^{2+}能与EDTA形成五个五元环的螯合物（如图2-8）此螯合物很稳定。

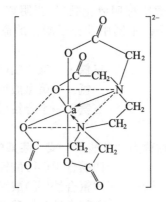

图2-8　Ca^{2+}与EDTA形成的螯合物结构

形成螯合物必须具备两个条件：

（1）螯合剂分子或离子有两个或两个以上配位原子，且每两个配位原子之间相隔二到三个其他原子，以便与中心原子形成稳定的五元环或六元环。

（2）中心原子具有空轨道，可以接受孤电子对，这也是过渡元素金属离子易生成螯合物的主要原因。

2. 配位滴定法

2.1　配位滴定的概念

配位滴定是以配位反应为基础的滴定分析方法，它是以配位剂（配体）作为标准溶液直接或间接滴定被测物质，主要用于金属离子的测定。包括直接滴定、返滴定、置换滴定和间接滴定等方式。

配位滴定中的配位剂可分为两种：一是无机配位剂，由于许多无机配位剂与金属离子形成的配合物稳定常数不大，反应过程比较复杂或难于找到指示剂而不能应用于滴定分析；二是有机配位剂特别是氨羧配位剂，能与金属离子形成稳定的、组成一定的配合物，在分析化学中得到广泛的应用，成为最重要的滴定方法。

氨羧配位剂大多是以氨基二乙酸$[-N(CH_2COOH)_2]$为基本结构的有机配体，这类配合剂中含有配合能力很强的氨基氮和羧基氧两种配位原子，它能与很多金属离子形成稳定的可溶性配合物。氨羧配合剂很多，其中最重要的是乙二胺四乙酸，简称为EDTA，它的结构式为：

$$\text{HOOCH}_2\text{C} \diagdown \ddot{\text{N}}-\text{CH}_2-\text{CH}_2-\ddot{\text{N}} \diagup \text{CH}_2\text{COOH}$$
$$\text{HOOCH}_2\text{C} \diagup \qquad\qquad\qquad\qquad \diagdown \text{CH}_2\text{COOH}$$

EDTA分子中含有2个氨基N和4个羧基O，共有6个配位原子，可以和很多金属离子形成非常稳定的螯合物。用EDTA作标准溶液可以滴定几十种金属离子，因此，通常所说的配位滴定就是指EDTA滴定。

2.2　配位滴定的基本原理

EDTA是一个四元酸，常用符号H_4Y表示。它在水中溶解度很小，22℃时每100mL水中仅能溶解0.02g，也难溶于酸和有机溶剂，而易溶于NaOH溶液和氨水中，生成相应的盐。在实际滴定中，常使用含结晶水的二钠盐 $Na_2H_2Y \cdot 2H_2O$，习惯也称为 EDTA，此二钠盐在水中溶解度较大，22℃时每 100mL 水能溶解 11.1g，其浓度约为 0.3mol/L。

作为四元酸的 EDTA，在水中存在着四步电离：

$$H_4Y \rightleftharpoons H^+ + H_3Y^- \qquad K_{a1} = 1.00 \times 10^{-2}$$
$$H_3Y^- \rightleftharpoons H^+ + H_2Y^{2-} \qquad K_{a2} = 2.16 \times 10^{-3}$$
$$H_2Y^{2-} \rightleftharpoons H^+ + HY^{3-} \qquad K_{a3} = 6.92 \times 10^{-7}$$
$$HY^{3-} \rightleftharpoons H^+ + Y^{4-} \qquad K_{a4} = 5.50 \times 10^{-11}$$

从电离常数可以看出，EDTA 的第一、第二级电离程度比较大，第三、第四级电离程度比较小，所以 EDTA 有二元中强酸的性质，在溶液中 EDTA 以多种形式存在。加酸抑制它的电离，加碱促进它的电离，溶液的 pH 值越高，EDTA 的电离程度越大，当 pH>10.3 时，它几乎完全电离，主要以 Y^{4-} 形式存在。

EDTA 配位能力很强，它与金属离子形成配合物时具有以下特点。

(1) 组成一定　一般情况下，EDTA 与金属离子形成配合物的螯合比为 1:1，与金属离子的价态无关。

$$M^{2+} + H_2Y^{2-} \rightleftharpoons MY^{2-} + 2H^+$$
$$M^{3+} + H_2Y^{2-} \rightleftharpoons MY^- + 2H^+$$
$$M^{4+} + H_2Y^{2-} \rightleftharpoons MY + 2H^+$$

这使滴定分析的计算变得简单方便，这也是 EDTA 滴定的优越之处。

(2) 稳定性高　EDTA 与金属离子所形成的配合物属于螯合物，具有多个五元环结构，稳定常数大，稳定性很高。

(3) 可溶性好　EDTA 与金属离子形成的配合物一般都可溶于水，这使滴定分析能够在水溶液中进行。

(4) 普遍性　除碱金属外，EDTA 几乎能与所有的金属离子发生配位反应，生成螯合物。用 EDTA 滴定金属离子非常实用。

(5) 配合物的颜色　EDTA 与无色金属离子配位时，一般生成无色螯合物，与有色金属离子配位时则生成颜色更深的螯合物。如 Ni^{2+} 显浅绿色，而 NiY^{2-} 显蓝绿色；Cu^{2+} 显浅蓝色，而 CuY^{2-} 显深蓝色。

2.3　金属指示剂

与其他滴定方法一样，配位滴定也需要用指示剂来指示终点。配位滴定分析中的指示剂是用来指示溶液中金属离子的浓度的变化情况，故称为金属离子指示剂，简称金属指示剂。

2.3.1　金属指示剂的变色原理

金属指示剂本身是一种有机配位剂，可与金属离子生成一种有颜色的配合物。这种配合物的颜色与金属指示剂本身颜色明显不同。

把指示剂滴加到被测金属离子溶液中，它立即与部分金属离子配位，此时溶液呈现该配合物的颜色，若用 M 表示金属离子，用 In 表示指示剂阴离子（略去电荷），其反应可表示为：

$$M + In \rightleftharpoons MIn$$
（甲色）　（乙色）

滴定开始后，随着 EDTA 的不断加入，溶液中游离的金属离子逐步与 EDTA 配位，由于金属离子与指示剂形成的配合物（MIn）的稳定性比金属离子与 EDTA 的配合物稳定性差，因此，EDTA 能从 MIn 中夺取 M 生成 MY，而使 In 游离出来。其反应为：

$$MIn + Y \rightleftharpoons MY + In$$
（乙色）　　　　　（甲色）

此时，溶液颜色由乙色转变为甲色而指示终点到达。

2.3.2 金属指示剂应具备的条件

金属离子的显色剂很多，但只有具备下列条件的才能用作配位滴定的金属指示剂。

(1) 在滴定的 pH 值范围内，MIn 颜色与 In 颜色应有显著的不同，这样终点颜色变化才明显。

(2) MIn 的稳定性要适当，一般要求 $K_f(MIn) < 10^4$，$K_f(MIn) < K_f(MY)$ 并且 $\lg K_f(MY) - \lg K_f(MIn) \geqslant 2$。如果 MIn 的稳定性太低，它的离解程度就很大，造成终点提前或颜色变化不明显，终点难以确定。反之，如果稳定性过高，达到化学计量点时，EDTA 难于夺取 MIn 中的 M，In 不能及时游离出来，终点看不到颜色变化或颜色变化拖后。

(3) MIn 应是易溶于水，配位反应灵敏性高，指示剂稳定，并且有较好的选择性。

2.3.3 常用的金属指示剂

(1) 铬黑 T 简称 BT 或 EBT，它属于二酚羟基偶氮类染料。在不同 pH 值范围内它有不同的颜色，pH<6 时显红色，7<pH<11 时显蓝色，pH>12 时显橙色。铬黑 T 能与许多二价金属离子如 Mg^{2+}、Ca^{2+}、Zn^{2+}、Cd^{2+}、Pb^{2+} 等形成红色配合物。因此，铬黑 T 只能在 pH 值 7~11 使用，终点时才有明显的颜色变化，即由红色变为蓝色。在实际工作中常在 pH 值 9~10 使用铬黑 T，其原因就在于此。

(2) 钙指示剂 简称 NN 或钙红，它也属于偶氮染料。在不同 pH 值范围内，也呈现不同颜色，pH<7 时显红色，8<pH<13.5 时显蓝色，pH>13.5 时显橙色。由于在 pH 值 12~13 时，它能与 Ca^{2+} 形成红色配合物，所以常在此酸度下测定钙的含量，终点时溶液由红色变为蓝色，颜色变化很明显。

铬黑 T 和钙指示剂纯品固体比较稳定，但在水溶液或乙醇溶液中均不稳定，因此常把这两种指示剂与纯净的中性盐如 NaCl，按 1∶100 比例混合均匀、研细、密闭保存于干燥器中备用。

子项目测试

1. 命名下列配合物，并指出中心原子、配体、配位原子、配位数和配离子的电荷数。
   (1) $[CoBr(NH_3)_5]SO_4$
   (2) $[NiCl(NH_3)_3]Cl$
   (3) $(NH_4)_2[FeCl_5(H_2O)]$
   (4) $K_2[Zn(OH)_4]$
   (5) $[PtCl_4(NH_3)_2]$
   (6) $Na_3[Ag(S_2O_3)_2]$

2. 写出下列配合物的化学式
   (1) 一氯化二氯·一水·三氨合钴（Ⅲ）
   (2) 硫酸四氨合铜（Ⅱ）
   (3) 四硫氰·二氨合钴（Ⅲ）酸铵
   (4) 四氯·二氨合铂（Ⅳ）

3. 解释下列名词
   (1) 配离子   (2) 螯合物   (3) 金属指示剂

4. 简要回答下列问题
   (1) 配合物中内外界之间，金属离子与配体之间存在着什么化学键？
   (2) EDTA 配位滴定有哪些特性？
   (3) 金属指示剂的变色原理是什么？

5. 在 $ZnSO_4$ 溶液中慢慢加入 NaOH 溶液，可生成白色沉淀 $Zn(OH)_2$，把沉淀分成三份，分别加入氨水、HCl 和过量的 NaOH 溶液，沉淀都能溶解。写出三个反应式。

6. 在 pH=10 的条件下，以铬黑 T 为指示剂，滴定 25.00mL 水样中的 Ca^{2+}、Mg^{2+} 总量，共用去 0.0100mol/L 的 EDTA 标准溶液 4.93mL，求此水样的总硬度是多少度。

7. 取 100mL 水样，调节 pH=10，用铬黑 T 作指示剂，用去 0.0100mol/L EDTA 25.40mL；另取 100mL 水样，调节 pH=12，用钙指示剂，用去 EDTA 14.25mL，求每升水样中 CaO、MgO 各多少毫克？

8. 试剂厂生产无水 $ZnCl_2$，采用 EDTA 测定产品中 $ZnCl_2$ 的含量，先准确称取样品 0.2500g，溶于水后，在 pH=6 的情况下，以二甲酚橙为指示剂，用 0.1024mol/L EDTA 滴定溶液中 Zn^{2+}，用去 17.90mL，求样品 $ZnCl_2$ 的质量分数。

子项目四　沉淀滴定技术

学习目标：
1. 学会硝酸银标准溶液的配制、标定及应用技术。
2. 能够用沉淀滴定法测定食品中氯化钠的含量。
3. 了解铬酸钾指示剂的作用原理和应用条件。

技能目标：
学会配制和标定硝酸银标准溶液。

沉淀滴定技术是以沉淀反应为基础的一种滴定分析方法。沉淀滴定法必须满足的条件：溶解度足够小，且能定量完成；反应速度要快；有适当指示剂指示终点；吸附现象不影响终点观察。

任务　食品中氯化钠的含量测定

【工作任务】
食品中氯化钠的含量测定。

【工作目标】
1. 学会沉淀滴定法测定食品中氯化钠含量的原理及方法。
2. 学会硝酸银标准溶液的配制和标定。
3. 能够计算食品中氯化钠的含量。

酱油中氯化钠的含量测定

【工作情境】
本任务可在化验室或实训室中进行。

1. 仪器　分析天平（感量 0.0001g）、托盘天平、组织捣碎机、水浴锅、研钵、烧杯（500mL）、锥形瓶（250mL）、量筒（100mL）、容量瓶（100mL 和 200mL）、干燥滤纸、漏斗、抽滤装置。

2. 试剂　蛋白质沉淀剂、80%乙醇溶液、0.1mol/L 硝酸银标准溶液、5%铬酸钾溶液、0.1%氢氧化钠溶液和 1%酚酞乙醇溶液。

【工作原理】
在中性溶液中，将样品处理后，以铬酸钾为指示剂，用硝酸银标准滴定液测定试液中的氯化钠的含量。由于 AgCl 与 Ag_2CrO_4 的溶解度的不同，Ag^+ 优先与 Cl^- 结合成白色 AgCl 沉淀，过量 Ag^+ 再与 CrO_4^{2-} 生成砖红色 Ag_2CrO_4 沉淀。在不含氯化钠以及其他氯化物的待测溶液中，以 K_2CrO_4 为指示剂，用已知浓度的 $AgNO_3$ 溶液测定其 Cl^-，再由 Cl^- 按一定换算关系得到待测样品的氯化钠含量。根据硝酸银标准滴定溶液的消耗量，计算食品中氯化钠的含量。

滴定反应：　　　　　　　$Ag^+ + Cl^- \rightleftharpoons AgCl \downarrow$

指示剂反应：$2Ag^+ + CrO_4^{2-} \rightleftharpoons Ag_2CrO_4 \downarrow$

【工作过程】

1. 试剂准备

(1) 蛋白质沉淀剂

① 试剂Ⅰ 称取106g亚铁氰化钾，溶于水中，转移到1000mL容量瓶中，用水稀释至刻度。

② 试剂Ⅱ 称取220g乙酸锌，溶于水中，并加入30mL冰醋酸，转移到1000mL容量瓶中，用水稀释至刻度。

(2) 80%乙醇溶液 量取80mL 95%乙醇与15mL水混匀。

(3) 5%铬酸钾溶液 称取5g铬酸钾，溶于95mL水中。

(4) 0.1mol/L硝酸银标准滴定溶液

① 配制 称取17g硝酸银溶于水中，转移到1000mL容量瓶中，用水稀释至刻度，摇匀，置于暗处。

② 标定 称重0.05~0.10g基准试剂氯化钠，或于500~600℃灼烧至恒重的分析纯氯化钠，精确至0.0002g，于250mL锥形瓶中。用约70mL水溶解，加入1mL 15%的铬酸钾溶液，边猛烈摇动边用0.1mol/L硝酸银标准滴定溶液，滴定至出现红黄色，保持1min不褪色。记录消耗0.1mol/L硝酸银标准滴定溶液的体积（V）。

计算：

$$c = \frac{m}{0.05844V}$$

式中 c——硝酸银标准滴定溶液的实际浓度，mol/L；

V——滴定时消耗硝酸银标准滴定溶液的体积，mL；

m——氯化钠的质量，g；

0.05844——与1.00mL硝酸银标准滴定溶液[$c(AgNO_3)$=0.1000mol/L]相当的氯化钠的质量，g/mmol。

(5) 0.1%氢氧化钠溶液 称取1g氢氧化钠，溶于100mL水中。

(6) 1%酚酞乙醇溶液 称取1g酚酞溶于60mL 95%乙醇中，用水稀释至100mL。

2. 试样的制备

(1) 固体样品 取去除不可食部分并具有代表性的样品至少200g，在研钵中研细，或加等量水在组织捣碎机中捣碎，置于500mL烧杯中备用。如干制品或半干制品，则将200g样品切成细粒，加2倍水置于500mL烧杯中，浸泡30min，然后在组织捣碎机中捣碎，置于500mL烧杯中备用。

(2) 固液体样品 按固液体比例，取具有代表性的样品至少200g，去除不可食部分，在组织捣碎机中捣碎，置于500mL烧杯中备用。

(3) 液体样品 取充分混匀的液体样品至少200g，置于500mL烧杯中备用。

3. 试液的制备

3.1 肉禽及水产制品

称取约20g试样，精确至0.001g，于250mL锥形瓶中，加入100mL 70℃热水，沸腾后保持15min，并不断摇动。取出，冷却至室温，依次加入4mL试剂Ⅰ和4mL试剂Ⅱ。每次加入后充分摇匀，在室温静置30min。将锥形瓶中的内容物全部转移到200mL容量瓶中，用水稀释至刻度，摇匀。用滤纸过滤，弃去最初部分滤液。

3.2 蔬菜制品

蛋白质及淀粉含量较高的试样（如蘑菇、青豆） 称取约10g试样，精确至0.001g，置于100mL烧杯中,用80%乙醇溶液将其全部转移到100mL容量瓶中,稀释至刻度充分振摇,抽提15min。用滤纸过滤,弃去最初部分滤液。

其他蔬菜试样 称取约20g试样,精确至0.001g,于250mL锥形瓶中,加入100mL 70℃热水,充分振摇,抽提15min。将锥形瓶中的内容物全部转移到200mL容量瓶中,用水稀释至刻度,摇匀。用滤纸过滤,弃去最初部分滤液。

3.3 腌制品及调味品

(1) 腌制品试样 称取约10g试样,精确至0.001g,置于250mL锥形瓶中,加入100mL 70℃热水,充分振摇,抽提15min。将锥形瓶中的内容物全部转移到200mL容量瓶中,用水稀释至刻度,摇匀。用滤纸过滤,弃去最初部分滤液。

(2) 调味品试样 称取约5g试样,精确至0.001g,置于100mL烧杯中,加入适量水使其溶解(液体样品可直接转移),全部转移至200mL容量瓶中,用水稀释至刻度,摇匀。用滤纸过滤,弃去最初部分滤液。

(3) 淀粉制品及其他制品 称取约20g试样,精确至0.001g,置于250mL锥形瓶中,加入100mL 70℃热水,充分振摇,抽提15min。将锥形瓶中的内容物全部转移到200mL容量瓶中,用水稀释至刻度,摇匀。用滤纸过滤,弃去最初部分滤液。

4. 分析步骤

4.1 pH值6.5~10.5的试液

取试液,使之含25~50mg氯化钠,置于250mL锥形瓶中。加50mL水及1mL 5%铬酸钾溶液,边猛烈摇动边用0.1mol/L硝酸银标准滴定溶液滴定至出现红黄色,保持1min不褪色。记录消耗0.1mol/L硝酸银标准滴定溶液的体积(V)。

4.2 pH值小于6.5的试液

取试液,使之含25~50mg氯化钠,置于250mL锥形瓶中。加50mL水及0.2mL 1%酚酞溶液,用0.1%氢氧化钠溶液,滴定至微红色。再加1mL 5%铬酸钾溶液。边猛烈摇动边用0.1mol/L硝酸银标准滴定溶液滴定至出现红黄色,保持1min不褪色。记录消耗0.1mol/L硝酸银标准滴定溶液的体积(V)。

4.3 空白试验

用50mL水代替试液。加1mL 5%铬酸钾溶液。边猛烈摇动边用0.1mol/L硝酸银标准滴定溶液滴定至出现红黄色,保持1min不褪色。记录消耗0.1mol/L硝酸银标准滴定溶液的体积(V_0)。

【数据处理】

1. 数据记录

项目 \ 测定次数	1	2	3
m/g			
V/mL			
V_0/mL			
$w/\%$			
w 平均值/%			
相对平均偏差			

2. 结果计算

食品中氯化钠的含量以质量分数表示,按下式计算:

$$w(\%)=\frac{0.05844c(V-V_0)n}{m}\times 100\%$$

式中　　w——食品中氯化钠含量,%；
　　　　V——滴定试样时消耗 0.1mol/L 硝酸银标准滴定溶液的体积,mL；
　　　　V_0——空白试验时消耗 0.1mol/L 硝酸银标准滴定溶液的体积,mL；
　　　　n——稀释倍数；
　　　　m——试样的质量,g；
　　0.05844——与 1.00mL 硝酸银标准滴定溶液 [c（$AgNO_3$）=0.1000mol/L] 相当的氯化钠的质量,g/mmol；
　　　　c——硝酸银标准滴定溶液的实际浓度,mol/L。

【注意事项】
1. 样品颗粒要小,过大盐分不易析出；有汤汁的样品,要先分析该样品的固形物,然后按比例取样,再把固体部分打碎,再加汤汁并搅匀。
2. 吸取样液所用吸管要用干的,如果是湿的必须用样液洗二次。
3. 吸取样液要澄清,如太浑浊需过滤,否则会影响终点的判定。
4. 废液不要直接倒入下水道,要装入废液桶中。
5. 深色物料应稀释到合适倍数再滴定,以便于滴定时观察。满足观察条件的前提下,稀释倍数以待滴定稀释样品消耗 5～8mL $AgNO_3$ 溶液为宜,有利于减少滴定误差和节约试剂。

【体验测试】
1. 滴定液的酸度应控制在什么范围为宜？为什么？
2. 滴定过程中为什么要充分振荡溶液？

知识链接

沉淀滴定技术

沉淀滴定技术是以沉淀反应为基础的一种滴定分析方法。能够用于该技术的反应除了应满足滴定分析的一般要求外,还应符合生成沉淀的溶解度足够小、沉淀的吸附现象不明显等条件。

目前应用较广的主要是生成难溶性银盐的反应。例如：

$$Ag^+ + Cl^- \longrightarrow AgCl\downarrow$$
$$Ag^+ + SCN^- \longrightarrow AgSCN\downarrow$$

以此类反应为基础的沉淀滴定法称为银量法。银量法主要用来测定 Ag^+、Cl^-、Br^-、I^-、SCN^- 以及大多数生物碱的氢卤酸盐等。常用的银量法按所用的指示剂不同,分为铬酸钾指示剂法（莫尔法）、铁铵矾指示剂法（佛尔哈德法）和吸附指示剂法（法扬斯法）三种。

1. 铬酸钾指示剂法（莫尔法）

1.1　基本原理

在中性溶液中,以 K_2CrO_4 为指示剂,用 $AgNO_3$ 标准溶液滴定氯化物或溴化物含量的滴定分析方法。此法是 1856 年由莫尔创立的,所以又叫莫尔法。这种方法的终点是生成有色的第二种沉淀。滴定反应如下。

终点前：　　　　　　$Ag^+ + Cl^- \Longrightarrow AgCl\downarrow$（白色）
终点后：　　　　　　$2Ag^+ + CrO_4^{2-} \Longrightarrow Ag_2CrO_4\downarrow$（砖红色）

到达化学计量点时,Cl^- 被定量滴定完全时,过量的 Ag^+ 和 CrO_4^{2-} 形成砖红色的铬酸银沉淀。终点时的颜色变化是由白色变为砖红色。

1.2　滴定条件

（1）指示剂的用量应适当　　在实际滴定中,若 CrO_4^{2-} 浓度太大,在 Cl^- 还未沉淀完全,

就有砖红色的 Ag_2CrO_4 沉淀生成，会使终点提前。使测定结果产生负误差。若 CrO_4^{2-} 浓度太小，又会使终点推后，使测定结果产生正误差。在实际测定中，一般在 25～50mL 中加入 5% K_2CrO_4 1mL 即可。

(2) 溶液酸度的影响　酸度过高，CrO_4^{2-} 与 H^+ 会产生如下平衡，从而使 CrO_4^{2-} 浓度降低。

$$2CrO_4^{2-}+2H^+ \rightleftharpoons 2HCrO_4^- \rightleftharpoons Cr_2O_7^{2-}+H_2O$$

酸度过低，则 Ag^+ 将形成氧化银（Ag_2O）沉淀析出：

$$2Ag^++2OH^- \longrightarrow 2AgOH$$
$$2AgOH \longrightarrow AgO\downarrow +H_2O$$

所以，铬酸钾指示剂法只能在中性和弱碱性溶液中进行。最佳 pH 值是 6.5～10.5 中。

(3) 滴定溶液中不应含有氨，因为 AgCl 和 Ag_2CrO_4 均可形成 $[Ag(NH_3)_2]^+$ 配离子而溶解。若有氨存在时，需用酸中和。当有铵盐存在时，如溶液的 pH 过高，也会增大氨的浓度，因此当有铵盐存在时，溶液的 pH 范围宜控制在 6.5～7.2。若 pH 超过 7.2，将会有部分 NH_4^+ 转变为 NH_3 而与 Ag^+ 发生配位反应，而使标准溶液消耗得更多。

(4) 滴定时要剧烈振摇，防止 AgCl 胶体沉淀吸附 Cl^-。

(5) 不宜测定 I^- 和 SCN^-，因为 AgI 和 AgSCN 沉淀能强烈吸附 I^- 和 SCN^-，剧烈振摇也不能完全释放 I^- 和 SCN^-，导致终点变色不明显，滴定终点提前，而使测定结果偏低。

2. 铁铵矾指示剂法（佛尔哈德法）

用铁铵矾 $[NH_4Fe(SO_4)_2\cdot 12H_2O]$ 溶液作指示剂，测定银盐和卤素化合物的方法，称为铁铵矾指示剂法。本法由佛尔哈德于 1898 年创立的，又称为佛尔哈德法。这种方法的终点是生成有色的可溶性物质，分直接滴定法和返滴定法。

2.1　直接滴定法（用于测定 Ag^+）

在酸性溶液中，以铁铵矾作指示剂，用 NH_4SCN（或 KSCN）标准溶液滴定含 Ag^+ 的溶液。当 AgSCN 定量沉淀完全后，过量的 SCN^- 便与 Fe^{3+} 指示剂形成红色配合物指示终点到达。其滴定反应如下。

终点前：　　　　　$Ag^++SCN^- \Longrightarrow AgSCN\downarrow$（白色）

终点后：　　　　　$Fe^{3+}+SCN^- \Longrightarrow [FeSCN]^{2+}$（红色）

2.2　返滴定法（用于测定卤素离子）

先向样品溶液中加入定、过量的 $AgNO_3$ 标准溶液，待 Ag^+ 和卤素离子反应后，再以铁铵矾作指示剂，用 NH_4SCN 标准溶液来滴定剩余的 $AgNO_3$ 至 SCN^- 与 Fe^{3+} 指示剂形成红色配合物指示终点到达。其滴定反应如下。

终点前：　　　　　Ag^+（定量,过量）$+X^- \longrightarrow AgX\downarrow$

　　　　　　　　　Ag^+（剩余量）$+SCN^- \longrightarrow AgSCN\downarrow$

终点后：　　　　　$Fe^{3+}+SCN^- \Longrightarrow [FeSCN]^{2+}$（红色）

2.3　滴定条件

(1) 酸度　滴定必须控制在酸性溶液中，一般用 0.1～1mol/L 硝酸来控制酸度。其目的：一是为了避免指示剂中的 Fe^{3+} 发生水解，生成红棕色的 $Fe(OH)_3$ 沉淀；二是为了避免能形成氢氧化物的阳离子（如 Zn^{2+}、Ba^{2+}、Pb^{2+} 等）及能与 Ag^+ 生成沉淀的阴离子（如 PO_4^{3-}、CO_3^{2-}、S^{2-} 等）干扰测定。

(2) 返滴定法测定 Cl^-　由于在反应的溶液当中同时存在 AgCl 和 AgSCN 两种难溶银盐的沉淀溶解平衡，AgCl 的溶度积（1.77×10^{-10}）又大于 AgSCN 的溶度积（1.03×10^{-12}），故 AgCl 能转化为 AgSCN 而使终点时产生的 $[FeSCN]^{2+}$ 褪色。

转化反应为：
$$AgCl \rightleftharpoons Ag^+ + Cl^-$$
$$+ SCN^-$$
$$\Updownarrow$$
$$AgSCN \downarrow$$

为了避免上述反应，常采用下列措施。

① 过滤　在返滴定前将生成的 AgCl 沉淀过滤出去，并用稀硝酸充分洗涤沉淀，再用 NH_4SCN 标准溶液滴定滤液中过量的 Ag^+。此种方法的缺点是操作太麻烦。

② 加入有机溶剂　加入有机溶剂，如硝基苯，因为有机溶剂覆盖在 AgCl 沉淀表面，将 AgCl 沉淀颗粒包裹起来，避免沉淀与标准溶液接触，防止沉淀转化。

(3) 返滴定法测定 I^-　在用返滴定法测定 Br^- 和 I^- 时，就不存在沉淀转化问题，因为 AgBr 和 AgI 溶解度均小于 AgSCN。但 I^- 能还原 Fe^{3+}。测定 I^- 时，指示剂必须在加入过量的 $AgNO_3$ 标准溶液后才能加入。其氧化还原反应为：

$$2Fe^{3+} + 2I^- \rightleftharpoons 2Fe^{2+} + I_2$$

(4) 去除干扰性物质　强氧化剂、Cu^{2+}、Hg^{2+} 等都能与 SCN^- 起作用而干扰测定，应预先去除。

3. 吸附指示剂法（法扬斯法）

3.1　基本原理

用 $AgNO_3$ 标准溶液滴定，吸附指示剂确定滴定终点，测定卤化物和硫氰酸盐含量的方法称为吸附指示剂法。此法是由法扬斯于 1923 年提出的，故又称为法扬斯法。

吸附指示剂是一类有机染料，它是一种有机弱酸，其阴离子在溶液中容易被带正电荷的胶状沉淀所吸附，并且在吸附后结构改变导致颜色变化，从而指示终点。如用 $AgNO_3$ 标准溶液滴定 Cl^-，用荧光黄作指示剂，在化学计量点前，溶液中存在过量的 Cl^-，这时 AgCl 胶态沉淀吸附 Cl^-，使 AgCl 沉淀表面带负电荷 $[(AgCl\downarrow)\cdot Cl^-]$，由于同种电荷相排斥，而不再吸附荧光黄指示剂的阴离子（FIn^-），使溶液显荧光黄阴离子的黄绿色。当达到化学计量点后，溶液中就有过量的 Ag^+，这时 AgCl 沉淀吸附 Ag^+ 使沉淀颗粒带正电荷 $[(AgCl\downarrow)\cdot Ag^+]$，立即吸附荧光黄指示剂的阴离子，结构发生改变，指示剂由黄绿色变成微红色。其变色过程可用简式表示如下：

$$(AgCl\downarrow)\cdot Cl^- + FIn^- \longrightarrow [(AgCl\downarrow)\cdot Ag^+]\cdot FIn^-$$

黄绿色　　　　　　　　　　微红色
（终点前）　　　　　　　　（终点后）

荧光黄指示剂变色原理

3.2　滴定条件

(1) 滴定中要保持胶体状态　指示剂的颜色变化发生在沉淀表面，这就要求沉淀的表面积要大，沉淀的颗粒要小。防止在滴定过程中 AgCl 发生凝聚。尤其是在化学计量点时，溶液中既无过量 Cl^-，又无过量的 Ag^+，AgCl 不带电荷，极易凝聚。因此，滴定前加入糊精或淀粉等亲水性高分子化合物，使胶体 AgCl 颗粒保持分散状态，更有利于对指示剂的吸附。

(2) 要根据被测离子选择合适的指示剂　胶体颗粒对指示剂的吸附能力应略小于对被测离子的吸附，否则指示剂离子可能在化学计量点前进入吸附层使终点提前。但沉淀对指示剂的吸附能力也不能太弱，否则会造成终点拖后。卤化银胶体沉淀对卤素离子和几种常用吸附指示剂的吸附能力为：

$I^- >$ 二甲基二碘荧光黄 $> Br^- >$ 曙红 $> Cl^- >$ 二氯荧光黄 $>$ 荧光黄

因此，测定 Cl^- 时，只能用荧光黄而不能用曙红。测定 Br^- 时，只能用曙红或荧光黄，而不能用二甲基二碘荧光黄。测定 I^- 时，只能用二甲基二碘荧光黄或曙红。

(3) 溶液的 pH 应适当，应由所选的指示剂具体确定。如荧光黄：pH＝7.0～10；曙红：pH＝2.0～10。

(4) 滴定时应避免强光直射　因为卤化银在强光下分解为黑色的金属银，所产生的黑色影响观察结果。

子项目测试

1. 什么叫沉淀滴定法？沉淀滴定法所用的沉淀反应必须具备哪些条件？
2. 试比较银量法中三种指示终点的方法：

内　容	铬酸钾法	铁铵矾法	吸附法
标准溶液			
指示剂			
反应原理			
滴定条件			
应用范围			

3. 在下列情况下，测定结果是偏高、偏低，还是无影响？并说明其原因。
(1) 在 pH＝4 的条件下，用莫尔法测定 Cl^-；
(2) 用佛尔哈德法测定 Cl^- 既没有将 AgCl 沉淀滤去或加热促其凝聚，也没有加有机溶剂；
(3) 同（2）的条件下测定 Br^-；
(4) 用法扬斯法测定 Cl^-，曙红作指示剂；
(5) 用法扬斯法测定 I^-，曙红作指示剂。

4. 称取 NaCl 试液 20.00mL，加入 K_2CrO_4 指示剂，用 0.1023mol/L $AgNO_3$ 标准溶液滴定，用去 27.00mL。求每升溶液中含 NaCl 若干克？

5. 称取 NaCl 基准试剂 0.1173g，溶解后加入 30.00mL $AgNO_3$ 标准溶液，过量的 Ag^+ 需要 3.20mL NH_4SCN 标准溶液滴定至终点。已知 20.00mL $AgNO_3$ 标准溶液与 21.00mL NH_4SCN 标准溶液能完全作用，计算 $AgNO_3$ 和 NH_4SCN 溶液的浓度各为多少？

项目三　电化学分析技术

电化学分析是建立在溶液电化学性质基础上的一种仪器分析方法。它是利用物质在化学能与电能转换的过程中，化学组成与电物理量（如电压、电流、电量或电导等）之间的定量关系来确定物质的组成和含量。根据测量的电化学参数不同，电化学分析法可分为电位分析、电导分析和电泳分析等方法。在食品检验中，常采用电化学分析法进行食品中 pH 值、总酸和电导率的测定，本项目主要介绍电位分析中测定食品 pH 值的方法。

子项目　食品中 pH 值的测定

> **学习目标：**
>   1. 了解电化学分析技术的原理，学会用电位分析法测定食品 pH 值的方法。
>   2. 能够描述测定 pH 值的原理及过程。
>
> **技能目标：**
>   学会酸度计的操作、维护及电极的保养。

食品 pH 值的变化取决于原料的品种、成熟度以及加工方法。如在肉制品加工中，pH 值会影响肉的质量，包括颜色、嫩度、风味、持水性和货架期。由于肌肉中乳酸的产生量导致宰后 pH 值下降的速度和程度，对肉的加工特性有着特殊影响。如果 pH 值下降很快，肉会变得多汁、苍白、风味和持水性差；如果 pH 值下降很慢并且不完全，肉会变得色深、硬且易腐败。因此了解食品中的 pH 值变化情况，对食品的生产加工具有重要的意义。

任务　电位法测定食品中的 pH 值

【工作任务】

电位法测定食品中的 pH 值。

【工作目标】

1. 学会食品中 pH 值的测定方法。

2. 学会规范地操作酸度计及保养复合电极的方法。

【工作情境】

本任务可在化验室或实验室中进行。

1. 仪器　pHS-3C 型酸度计（或其他型号）、231 型（或 221 型）玻璃电极、232 型（或 222 型）甘汞电极、或 pH 复合电极、电磁搅拌器、高速组织捣碎机、0~50℃温度计、小烧杯等。

2. 试剂

① pH 值为 4.00 的标准缓冲溶液（20℃）　准确称取经 (115±5)℃烘干 2~3h 的优级纯邻苯二甲酸氢钾（$KHC_8H_4O_4$）10.12g，溶于不含 CO_2（二氧化碳）的水中，稀释至 1000mL，摇匀。

② pH 值为 6.88 的标准缓冲溶液（20℃）　准确称取在（115±5）℃烘干 2~3h 的磷酸二氢钾（KH_2PO_4）3.387g 和无水磷酸氢二钠（Na_2HPO_4）3.533g，溶于不含 CO_2 水中，稀释至 1000mL，摇匀。

③ pH 值为 9.23 的标准缓冲溶液（20℃）　准确称取纯硼砂（$Na_2B_4O_7 \cdot 10H_2O$）3.80g，溶于不含 CO_2 的水中，稀释至 1000mL，摇匀。

【工作原理】

利用电极在不同溶液中所产生的电位变化来测定溶液的 pH 值。将一个复合电极（甘汞电极和玻璃电极组装成的一个复合电极）或测试电极（玻璃电极）和一个参比电极（饱和甘汞电极）同浸于一个溶液中组成一个原电池。玻璃电极所显示的电位可因溶液氢离子浓度不同而改变，甘汞电极的电位保持不变，因此电极之间产生电位差（电动势），电池电动势大小与溶液 pH 值有直接关系：

$$E = E^{\ominus} - 0.0591 pH (25℃)$$

即在 25℃ 时，每相差一个 pH 值单位就产生 59.1mV 的电池电动势，利用酸度计在某一特定温度下所测得的电池电动势与溶液 pH 的转换关系，在仪器电表的刻度盘上可直接表示出溶液的 pH 值。

【工作过程】

1. 样品处理（见表 3-1）

表 3-1　样品处理

样　品	处　理　方　法
一般液体样品	摇匀后可直接取样测定
含 CO_2 的液体样品	将样品置于 40℃ 水浴上加热 30min，除去 CO_2 后再测定
果蔬样品	将果蔬样品捣碎混匀后，取其汁液直接测定；对于果蔬干制品，可取适量样品，加数倍无 CO_2 的蒸馏水，于水浴上加热 30min，再捣碎、过滤，取滤液测定
肉类制品	称取 10g 已除去油脂并捣碎的样品于 250mL 锥形瓶中，加入 100mL 无 CO_2 的蒸馏水，浸泡 15min，并随时摇动，过滤后，取滤液测定
鱼肉等水产品	称取 10g 切碎的样品，加入 100mL 无 CO_2 的蒸馏水，浸泡 30min，并随时摇动，过滤后，取滤液测定
皮蛋等蛋制品	取皮蛋数个，洗净去壳，在皮蛋与水的质量比为 2：1 的混合物中加入无 CO_2 的蒸馏水，于组织捣碎机中捣成匀浆。再取 15g 匀浆（相当于 10g 样品），加入无 CO_2 的蒸馏水至 150mL，搅匀，过滤后，取滤液测定
罐头制品（液固混合样品）	将样品沥汁液，取汁液测定；或将液固混合（对于 1kg 以上的大罐，按固形物含量称取一定量）于组织捣碎机中捣成浆状后，取浆状物测定。若有油脂，应先分离出油脂
含油或油浸样品	应先分离出油脂，再把固形物于组织捣碎机中捣成浆状，必要时加少量无 CO_2 的蒸馏水（20mL/100g 样品），搅匀后测定

2. 仪器校正

（1）开机　按下电源开关，电源接通后，预热 30min。连接玻璃电极和甘汞电极，在读数开关放开的情况下调零。

（2）选择测量挡　将仪器选择开关旋钮置于"pH"挡，仪器斜率调节旋钮顺时针旋到底，调节在 100% 的位置。

（3）选择标准缓冲液　选择 2 种标准缓冲溶液，使被测溶液的 pH 值在该 2 种标准缓冲溶液的 pH 值之间或与之接近。

（4）定位　把电极放入第一个标准缓冲溶液中，调节温度调节器，使旋钮白线所指示的温度与溶液的温度相同（一般指室温）。待读数稳定后，该读数应显示为该标准缓冲溶液的 pH 值，否则调节定位调节器。然后把电极放入第二种标准缓冲溶液，摇动试杯使溶液均匀。待读数稳定后，该读数应为该标准缓冲溶液的 pH 值，否则调节定位调节器。

(5) 待测　用无 CO_2 的蒸馏水清洗电极，并吸干电极球泡表面的余水，这时的电极即可用来测量被测溶液。

3. 样液测定

(1) 准备　用无 CO_2 的蒸馏水淋洗电极，并用滤纸吸干表面的余水，再用待测溶液冲洗电极。

(2) 测定　根据样液温度，调节 pH 计上的温度补偿旋钮，将两电极插入待测溶液中，按下读数开关，稳定 1min 后，pH 计所指示的值即为待测样液的 pH 值。

(3) 清洗　放开读数开关，清洗电极。

(4) 允许差　两次测得结果的最大偏差不得超过 0.02。

4. 使用 pH 计的注意事项

(1) pH 计经标准 pH 缓冲溶液校正后，其调零及定位旋钮切不可再动。

(2) 为了尽量减小测定误差，应选用 pH 值与待测样液 pH 值相近的标准缓冲溶液来校正仪器，一般 pH 值相差最好在 2~3 个单位以内。

(3) 新电极或很久未用的电极，应在蒸馏水中浸泡 24h 以上。玻璃电极不用时，宜浸没在蒸馏水中。

(4) 玻璃电极的玻璃球膜壁薄、易碎，使用时应特别小心。插入两极时，玻璃电极应比甘汞电极稍高些。若玻璃球膜上有油污，应将玻璃电极依次浸入乙醇、乙醚、乙醇中清洗，最后再用蒸馏水冲洗干净。

(5) 甘汞电极中的氯化钾为饱和溶液，为避免因室温升高变为不饱和，应加少量氯化钾晶体。

(6) 测定时。甘汞电极上的橡胶塞应拔出，并使甘汞电极内氯化钾溶液的液面高于被测样液的液面，使陶瓷砂芯处保持足够的液位压差。否则样液会回流扩散到甘汞电极中，将使测定结果不准确。

【数据处理】

数据记录：

测定温度：____℃

测定次数 供试液	1	2	3
试液 1			
pH 值平均值			
测定值之差			

【注意事项】

1. 每次更换标准缓冲液或供试液前，应用蒸馏水充分洗涤电极，然后将水吸尽，也可用所换的标准缓冲液或供试液洗涤。

2. 电极从浸泡瓶中取出后，应在去离子水中晃动并甩干，不要用纸巾擦拭球泡，否则由于静电感应电荷转移到玻璃膜上，会延长电势稳定的时间，最好的方法是使用被测溶液冲洗电极。

3. pH 复合电极插入被测溶液后，要搅拌晃动几下再静止放置，这样会加快电极的响应。尤其使用塑壳 pH 复合电极时，搅拌晃动要剧烈一些，因为球泡和塑壳之间会有一个很小的空腔，电极浸入溶液后有时空腔中的气体来不及排除会产生气泡，使球泡或液接界与溶液接触不良，因此必须用力搅拌晃动以排除气泡。

4. 在黏稠性试样中测试之后，电极必须用去离子水反复冲洗多次，以除去附着在玻璃膜上的试样。有时还需先用其他溶液洗去试样,再用水洗去溶剂,浸入浸泡液中活化。

5. 避免接触强酸强碱或腐蚀性溶液,如果测试此类溶液,应尽量减少浸入时间,用后仔细清洗干净。

6. 避免在无水乙醇、浓硫酸等脱水性介质中使用,它们会损坏球泡表面的水合凝胶。

【体验测试】
1. "温度补偿"旋钮的作用是什么?
2. 请查阅资料回答:测定溶液pH值时,为什么要用pH标准缓冲溶液定位?
3. 简述pH计使用的注意事项?

知识链接

电位分析法

电位分析法是电化学分析技术的一个重要分支,它是将一支指示电极与另一支合适的参比电极插入被测试液中构成原电池,利用原电池的电动势而求得被测组分含量的分析方法。

1. 电位分析法的原理

电位分析法包括直接电位法和电位滴定法两种。直接电位法是通过测量原电池的电动势,从而得知指示电极的电极电位,再根据指示电极的电极电位与溶液中被测离子的浓(活)度转化关系,求得被测组分的含量。直接电位法适用于微量组分的测定,具有简便、快速、灵敏和应用广泛的特点,常用于食品pH值的测定。电位滴定法是通过测量滴定过程中电池电动势的变化来确定滴定终点的分析方法。电位滴定法适合常量组分测定,分析结果准确度高,可以连续和自动滴定,直接用于有色和浑浊溶液的滴定。

1.1 原电池

实验证明,在一个烧杯中放入硫酸锌溶液并插入锌棒,另一个烧杯中放入硫酸铜溶液并插入铜棒,将两种溶液用盐桥连结起来,再用导线连结锌棒和铜棒,导线中间接一个伏特计,使电流计的正极和铜棒相连,负极和锌棒相连,则见电流计的指针发生偏转。说明反应中确有电子的转移,而且电子是沿着一定方向有规则的流动。这种将化学能转变为电能的装置称为原电池。本实验装置就叫铜锌原电池(图3-1)。

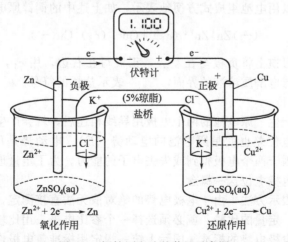

图3-1 铜锌原电池的装置示意图

上述中的盐桥是由饱和氯化钾和5%的琼脂装入U形管中制成的。盐桥的作用是沟通两个半电池构成原电池的通路和维持溶液的电中性。在盐桥中离子运动的方向是:Cl^-向$ZnSO_4$溶液中流动;K^+向$CuSO_4$溶液中流动,从而使$ZnSO_4$和$CuSO_4$溶液维持电中性。

由于 K^+ 和 Cl^- 的迁移速度相近,所以在盐桥中一般都使用饱和的 KCl。 在铜锌原电池里,Zn 原子失去电子变成 Zn^{2+} 进入溶液中,Zn 棒上有了过剩电子而成为负极,$Zn \longrightarrow Zn^{2+}$,化合价升高,负极上发生氧化反应:$Zn - 2e^- \longrightarrow Zn^{2+}$。同时 Cu^{2+} 得到电子变成 Cu 原子,沉积在铜棒上。铜棒有了多余的正电荷成为正极,$Cu^{2+} \longrightarrow Cu$,化合价降低,正极上发生还原反应:$Cu^{2+} + 2e^- \longrightarrow Cu$。当电子由锌棒经导线连接流向铜棒时,Zn 原子失去电子进入 $ZnSO_4$ 溶液,使溶液中的正电荷过剩,而带有正电。同时,Cu^{2+} 在铜棒上获得电子变成 Cu 原子,而使 $CuSO_4$ 溶液中的 Cu^{2+} 浓度减少,SO_4^{2-} 相对增加,负电荷过剩而带有负电。为了保持铜锌原电池反应两边的电荷平衡,使反应能继续进行。通过盐桥中的负离子向 $ZnSO_4$ 溶液中扩散,中和溶液中过剩的正电荷;盐桥中正离子向 $CuSO_4$ 溶液中扩散,中和溶液中过剩的负电荷,来保持溶液的电中性,使氧化还原反应继续进行到 Cu^{2+} 几乎全部被还原为止。

从上述铜锌原电池的装置和反应过程可见,原电池是由两个半电池组成的:一个半电池是 Zn 和 $ZnSO_4$ 溶液;另一个半电池是 Cu 和 $CuSO_4$ 溶液。组成半电池的金属导体叫电极。每个电极称为电对或半电池,流出电子的电极称为负极(如 Zn 棒),接受电子的电极称为正极(如 Cu 棒)。锌和硫酸锌溶液就称为锌电对(Zn^{2+}/Zn),组成锌半电池,铜和硫酸铜溶液称为铜电对(Cu^{2+}/Cu),组成铜半电池。

从铜锌原电池的电极反应看,每一电极上参加反应的物质和生成的物质,都是由同一元素不同价态的物质组成,通常把其中低价态的物质叫还原态物质(或称还原型),高价态物质叫氧化态物质(或称氧化型)。组成的电对可用符号,"氧化型/还原型"表示。如在铜锌原电池中,Zn 和 $ZnSO_4$ 溶液称为一个电对(Zn^{2+}/Zn 电对)组成锌半电池;Cu 和 $CuSO_4$ 溶液(Cu^{2+}/Cu 电对)组成铜半电池。每个电极上发生的氧化或还原反应,称为电极反应或半电池反应。电池反应是两个半电池反应之和。即:

$$\frac{\begin{array}{c} Zn - 2e^- \rightleftharpoons Zn^{2+} \\ Cu^{2+} + 2e^- \rightleftharpoons Cu \end{array}}{Zn + Cu^{2+} \rightleftharpoons Zn^{2+} + Cu}$$

原电池的组成可以用电池组成式方便地表示,如上述中的铜锌原电池的电池组成式是:

$$(-)Zn | Zn^{2+}(c_1) \| Cu^{2+}(c_2) | Cu(+)$$

书写电池组成式习惯上将负极写在左边,正极写在右边,用 c_1,c_2 表示电解质溶液的浓度。"|"表示电极与电解质溶液的界面,"‖"表示盐桥的符号。

1.2 标准电极电位

(1)电极电位的产生 原电池的两个电极用导线相连后,就会产生电流,这说明两电极之间有电位差,这个电位差也就是原电池的电动势(E)。电动势是可以通过实验测定的。电动势的产生可以归因于两个电极得到或失去电子的能力。为了定量地表示电极得失电子能力的大小,这里引入电极电位这一概念。

(2)电极电位的表示方法 由于电极电势的绝对值无法直接测定,为了对所有单个电极电势大小作出系统的、定量的比较,就必须选择一个参比电极,用比较的方法,求出它的相对值,作为衡量其他电极电势的标准。国际上统一规定用标准氢电极作为比较电极电势高低的标准,目前采用的标准氢电极的电极电势值规定为零。

(3)标准氢电极 电极电位的绝对值是无法测定的,但可以选定一个电极作为标准,将各种待测电极与它相比较,就可得到各种电极的电极电位相对值。国际上规定用标准氢电极作为测量电极电位的标准。标准氢电极(见图 3-2)是由 101.32kPa 氢气所饱和的铂片浸入氢离子浓度为 1mol/L（严格地讲是活度为 1）的溶液中所组成的电极。在 25℃时，将标准氢电极电位规定为 0，即 $E^+_{H/H_2}=0$。

(4) 标准电极电位 在 25℃时，当所有溶解态作用物的浓度为 1mol/L（严格地讲是活度为 1），所有气体作用物的分压为 101.32kPa 时的电极电位为标准电极电位。用符号 $E^{\ominus}_{氧化态/还原态}$ 表示。

2. 电位法测定 pH 值

测定溶液 pH 值的方法是利用酸度计测定，其专用电极是指示电极和参比电极。即把玻璃电极和甘汞电极插在被测溶液中，组成一个电化学原电池。

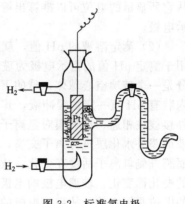

图 3-2 标准氢电极

2.1 电极的基本构造

2.1.1 参比电极

(1) 参比电极是提供相对电位标准的电极，在一定的测量条件下，参比电极的电极电位不受样品组成的影响，是恒定不变的。

(2) 饱和甘汞电极常用做测定溶液 pH 值的参比电极。饱和甘汞电极的构造如图 3-3。饱和甘汞电极由两个玻璃套管组成。内管上部为汞，连接电极引线，在汞的下方充填甘汞糊（Hg_2Cl_2 和 Hg 的糊状物）。内管的下端用石棉或脱脂棉塞紧。外管上端有一个侧口，用以加入饱和氯化钾溶液，不用时侧口用橡胶塞塞紧。外管下端有一支管，支管口用多孔的素烧瓷塞紧，外边套以橡皮帽。使用时摘掉橡皮帽，使其与外部溶液相通。

饱和甘汞电极与被测溶液构成一个半电池，即，Hg,$Hg_2Cl_2(s)|KCl$，电极电位(25℃时)$\varphi=\varphi^{\ominus}-0.059\lg[Cl^-]$。

甘汞电极的电位取决于氯离子的活度[Cl^-]，而电极内的[Cl^-]不变，因此，甘汞电极的电位是个定值，与被测液的 pH 值大小无关。

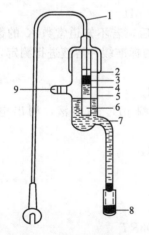

图 3-3 饱和甘汞电极

1—电极引线；2—玻璃管；3—汞；4—甘汞糊；
5—玻璃外套；6—石棉或纸浆；7—饱和 KCl 溶液；
8—素烧瓷；9—小橡胶塞

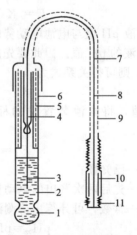

图 3-4 玻璃电极

1—玻璃球膜；2—缓冲溶液；3—银-氯化银电极；4—电极电线；5—玻璃管出；6—静电隔离层；7,8—电极电线；9—金属隔离罩；10—塑料绝缘线；11—电极接头

2.1.2 指示电极

(1) 指示电极就是电极的电位与溶液中某种离子浓度的关系符合能斯特方程式的电极。

从它所显示的电位可以推算出溶液中这种离子的浓度，通常把这种电极看做是待测离子的指示电极。

（2）测定溶液的 pH 值，就是测定溶液中 H^+ 的浓度，因此要采用氢离子指示电极。常用于测定 pH 值的指示电极为玻璃电极，玻璃电极的构造如图 3-4 所示。玻璃电极的主要部分是一个玻璃空心球体，球的下半部是厚 30～100μm 的用特殊成分玻璃制成的膜，玻璃球内装有 pH 值一定的缓冲液，其中插入一支电位恒定的银-氯化银电极，作为内参比电极与外接线柱相通。玻璃膜对氢离子具有敏感性，当将其浸入被测液中时，被测液中的氢离子与玻璃膜外水化层进行离子交换，改变了两相界面的电荷分布。由于膜内侧氢离子活度不变；而膜外侧氢离子活度在变化，故玻璃膜内外侧产生一电位差，这个电位差随被测溶液 pH 值的变化而变化。玻璃电极的电极电位取决于内参比电极与玻璃膜的电位差，由于内参比电极的电位是恒定的，故玻璃电极的电位取决于玻璃膜的电位差，它随被测溶液的 pH 值变化而变化。

玻璃电极与被测液构成一个半电池：

待测液｜玻璃膜｜内缓冲液｜　Ag，AgCl（s）

电极电位（25℃时）为：

$$\varphi = \varphi^{\ominus} - 0.059 \text{pH}$$

玻璃电极的优点：①测定结果准确，在 pH 1～9 使用最佳；②不受溶液氧化剂或还原剂存在的影响；③可用于有色的，浑浊的或胶态溶液 pH 测定。

玻璃电极的缺点：①容易破碎；②需不时用已知 pH 值缓冲溶液核对。

2.2　溶液的 pH 值测定

采用电位法测定溶液的 pH 值时，常用饱和甘汞电极作参比电极，玻璃电极作指示电极，置于待测溶液中组成如下电池：

Ag，AgCl｜HCl｜玻璃膜｜待测 pH 值溶液｜｜KCl（饱和）｜Hg_2Cl_2（s），Hg

测出的电动势为饱和甘汞电极和玻璃电极的电位差值，即：

$$E = \varphi_{甘} - \varphi_{玻} = \varphi_{甘} - \varphi_{玻}^{\ominus} + 2.303RT/F \times \text{pH}$$

$$E = K(常数) + 2.303RT/F \times \text{pH}$$

上式为溶液 pH 值与电池电动势的关系式。测出 E 值后，若不知道常数 K 的数值，还是不能算出溶液的 pH 值。因此要先用已知 pH 值为 pH_s 的标准缓冲溶液进行测定，测出的电动势为 E_s，则可得关系式为：

$$E_s = K + 2.303RT/F \times \text{pH}_s$$

求出 K 值，将电池装置中的标准缓冲溶液换成待测 pH_x 的溶液，测出电动势为 E_x，则：

$$E_x = K + 2.303RT/F \times \text{pH}_x$$

式中　pH_s——已知数；

E_x、E_s——先后两次测出的电动势；

F、R、T——常数，可计算出待测溶液的 pH 值。

$$\text{pH}_x = \text{pH}_s + (E_x - E_s)F/2.303RT$$

式中　E_x——待测溶液的电动势，V；

E_s——标准缓冲溶液的电动势，V；

pH_x——待测溶液的 pH 值；

pH_s——标准缓冲溶液的 pH 值；

F——法拉第常数；

R——气体常数；

T——绝对温度；
$\varphi_{甘}$——非标准状态下的甘汞电极电位；
$\varphi_{玻}$——非标准状态下的玻璃电极电位；
$\varphi_{玻}^{\ominus}$——标准状态下的玻璃电极电位。

子项目测试

1. 填空题
(1) 化学电池可分为_____和_____两类。
(2) 原电池是由两根电极插入_____溶液中组成，它是把_____能转变成_____能的装置。
(3) 一般测量电池电动势的电极有_____和_____两大类。
(4) 新电极或很久未用的电极，应在蒸馏水中浸泡_____以上。玻璃电极不用时，宜浸没在_____中。
(5) 电化学分析法是建立在溶液_____性质基础上的一种_____分析方法。它是利用物质在_____与_____转换的过程中，化学组成与电物理量（如电压、电流、电量或电导等）之间的_____关系来确定物质的组成和含量。

2. 判断题
(1) 现在国际上公认采用标准氢电极作为参比电极，规定标准氢电极的电位为0。（ ）
(2) 测定 pH 值用标准缓冲溶液定位时，标准缓冲溶液的 pH 值与待测溶液的 pH 值相差最好在1个 pH 值单位以内。（ ）
(3) 电位分析法在测定过程中不需要指示剂。（ ）
(4) 用酸度计测定溶液的 pH 值时，指示电极为甘汞电极，参比电极为玻璃电极。（ ）
(5) 甘汞电极和 Ag-AgCl 电极只能作为参比电极使用。（ ）

3. 选择题
(1) 下列参量中，不属于电分析化学方法所测量的是（ ）。
    A. 电动势　　　　B. 电流　　　　C. 电容　　　　D. 电量
(2) 下列方法中不属于电化学分析方法的是（ ）。
    A. 电位分析法　　B. 伏安法　　　C. 库仑分析法　D. 电子能谱
(3) 下列哪项不是玻璃电极的组成部分（ ）。
    A. Ag-AgCl 电极　　　　　　　　B. 一定浓度的 HCl 溶液
    C. 饱和 KCl 溶液　　　　　　　　D. 玻璃管
(4) 测定溶液 pH 值时，所用的指示电极是（ ）。
    A. 氢电极　　　　B. 铂电极　　　C. 氢醌电极　　D. 玻璃电极
(5) 测定溶液 pH 时，所用的参比电极是（ ）。
    A. 饱和甘汞电极　B. 银-氯化银电极　C. 玻璃电极　D. 铂电极
(6) 实验测定溶液 pH 值时，都是用标准缓冲溶液来校正电极，其目的是消除何种的影响（ ）。
    A. 不对称电位　　B. 液接电位　　C. 温度　　　　D. 不对称电位和液接电位

项目四　分光光度分析技术

分光光度分析技术是基于物质对光的选择性吸收而建立起来的，是通过测定物质在特定波长处或一定波长范围内的吸光度对该物质进行定性、定量的分析方法。包括比色法、紫外-可见分光光度法等。它具有灵敏度和准确度高（相对误差在1‰～5‰）、操作简便、测定快速、应用范围广等优点。在食品分析与检验中的应用非常广泛。

子项目一　紫外-可见分光光度法

学习目标：
1. 了解光的本质与颜色、光吸收曲线。
2. 了解紫外-可见分光光度计的组成、原理，学会紫外-可见分光光度计的、使用方法。

技能目标：
会用分光光度计进行食品分析和检测，并能够正确进行数据处理。

紫外-可见分光光度法是依据物质对紫外、可见光区不同波长光吸收的程度进行定性、定量分析的一种分析方法。以3,5-二硝基水杨酸比色法测定果蔬中可溶性还原糖的含量为例。

任务　果蔬中可溶性还原糖的测定

【工作任务】
果蔬中可溶性还原糖的测定。

【工作目标】
1. 学会用3,5-二硝基水杨酸比色法测定果蔬中可溶性还原糖的含量。
2. 学会721型或752型分光光度计的使用。

【工作情境】
本任务可在化验室或实训室进行。
1. 仪器　分析天平、721型或752型分光光度计、比色皿、大试管、水浴锅、纱布或滤纸、容量瓶（100mL）、小烧杯、剪刀或研钵、比色管、移液管（1mL、2mL）、量筒（25mL）、坐标纸。
2. 试剂　3,5-二硝基水杨酸（DNS试剂）、葡萄糖（105℃干燥至恒重，分析纯）、辣椒或黄瓜。

【工作原理】
果蔬组织中的可溶性糖可分为还原糖（主要是葡萄糖和果糖）和非还原糖（主要是蔗糖）两类。3,5-二硝基水杨酸与果蔬中可溶性还原糖共热后，被还原成红色的氨基化合物，在一定的范围内，还原糖的量与棕红色的深浅成正比关系，可在520nm波长下，用比色法测定糖的含量。

本法操作简便，快速，杂质干扰较小。

【工作过程】

1. 葡萄糖标准溶液配制

准确称取在 105℃ 干燥至恒重的葡萄糖 0.1000g，溶于水后，定容至 100mL，摇匀，备用。

2. 样品中可溶性还原糖的提取

准确称取 1.9000～2.0000g 新鲜辣椒（或 4.9000～5.0000g 黄瓜）1 份。剪碎或研碎，放入大试管中，加水 20mL，在沸水中加热，提取 20min，冷却后过滤（用纱布过滤）入 100mL 容量瓶中（若浸提液颜色深，过滤到小烧杯中，再用快速滤纸过滤一遍），水洗残渣 2～3 次，定容至刻度备用。

3. 标准曲线的制定

（1）取 7 支比色管，编号后按下表加试剂，由浓到稀配制标准系列溶液，将各管混匀。

（2）以第一管为空白，在 520nm 波长下测定吸光度。

（3）以葡萄糖含量为横坐标，吸光度（A）为纵坐标，绘制标准曲线后，查得样品液中含还原糖量的数值。

【数据处理】

1. 数据记录

项　目	标准管					项　目	样品管	
	1	2	3	4	5		1	2
葡萄糖液/mL	0	0.2	0.4	0.6	0.8	样品液/mL	1.0	1.0
蒸馏水/mL	2.0	1.8	1.6	1.4	1.2		1.0	1.0
DNS 试剂/mL	1.0	1.0	1.0	1.0	1.0		1.0	1.0
	加热 5min 后定容到 25mL							
A(520nm)								

由于葡萄糖标准溶液的浓度是 1mg/mL，上述表中移取的葡萄糖液体积（mL）就是葡萄糖的含量（mg），以葡萄糖的含量 0、0.2、0.4、0.6、0.8 为横坐标，以所测得的吸光度值为纵坐标作标准曲线。

2. 结果计算

$$还原糖的含量 = \frac{曲线中查得还原糖的含量(mg) \times 样品的稀释倍数}{样品质量(g) \times 1000} \times 100\%$$

【注意事项】

1. 比色皿洗净后用所盛溶液润洗 3 次。
2. 用擦镜纸轻轻擦干净比色皿的外表。
3. 测吸光度时由稀到浓溶液顺序测定。
4. 读出三位有效数字。
5. 测量完毕后，切断电源，比色皿用蒸馏水洗干净，登记使用情况，盖好防护罩。

【体验测试】

1. 通过完成本任务，请说说什么是标准曲线法及测定时注意的事项。
2. 在上述实验的测定中，1 号标准管有什么作用？不用可以吗？

知识链接

分光光度法

1. 分光光度法的基本原理

1.1　光的基础知识

光是一种电磁波，具有波和粒子的二象性，通常用频率（ν）和波长（λ）来描述光。人的视觉所能感觉到的光称为可见光，其波长在400～760nm，人的眼睛感觉不到的还有红外光（波长大于760nm）、紫外光（波长小于400nm）、X射线等。

在可见光区，不同波长的光呈不同的颜色（见表4-1），具有单一波长的光称为单色光，由不同波长的光组成的光称为复合光。白光属于复合光，如果让一束白光通过棱镜，便可分解为红、橙、黄、绿、青、蓝、紫七种颜色的光，这种现象称为光的色散。

表4-1 不同波长光线的颜色

波长/nm	颜色	波长/nm	颜色
620～760	红色	480～500	青色
590～620	橙色	430～480	蓝色
560～590	黄色	400～430	紫色
500～560	绿色		

图4-1 光的互补色示意图

不仅七种单色光可以混合为白光，如果把两种适当颜色的单色光按一定强度比例混合也可成为白光，这两种单色光称为互补色光，如图4-1中直线相连的两种色光彼此混合可成白光。如绿光和紫光互补，黄光和蓝光互补等。

物质的颜色正是由于物质对不同波长的光具有选择性吸收而产生的。对溶液来说，之所以呈现不同的颜色，是由于溶液中的分子或离子选择性地吸收某种波长的色光所引起的。当一束白光通过一溶液时，如果该溶液对各种颜色的光都不吸收，则溶液无色透明；如果溶液对各种波长的光完全吸收，则呈现黑色；如果只让一部分波长的光透过，则溶液就呈现出透过光的颜色。也就是说溶液呈现的是与它吸收的光成互补色光的颜色。如高锰酸钾溶液因吸收了白光中的绿光而呈现紫色；硫酸铜因吸收了白光中的黄光而呈现蓝色。

1.2 吸收光谱

吸收光谱又称吸收光谱曲线，它是在溶液浓度一定的条件下，以波长为横坐标、吸光度为纵坐标所绘制的曲线，这一曲线称为光吸收曲线或吸收光谱曲线。它能更清楚的描述物质对光的吸收情况。

将不同波长的单色光依次通过一定浓度高锰酸钾溶液，便可测出该溶液对各种单色光的吸光度。然后以波长（λ）为横坐标，以吸光度（A）为纵坐标，绘制曲线，曲线上吸光度最大的地方称为最大吸收峰，它所对应的波长称为最大吸收波长，用λ_{max}表示。如图4-2所示，配制四种不同浓度的高锰酸钾溶液分别进行测定，可得四条吸收光谱曲线，它们的最大吸收波长是不变的，但吸光度随浓度增大而增大，高锰酸钾溶液的λ_{max}为525nm，说明高锰酸钾溶液对波长525nm附近的绿光有最大吸收，而对紫色光和红色光则吸收很少，故高锰酸钾溶液显紫色。在定量分析中，吸收曲线可提供选择测定的适当波长，一般以灵敏度大的λ_{max}作为测定波长。

2. 光吸收定律

2.1 透光率（T）和吸光度（A）

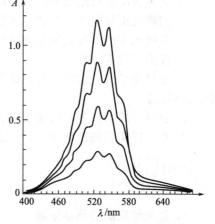

图4-2 $KMnO_4$吸收光谱曲线

当一束单色光透过均匀、无散射的溶液时,一部分被吸收;另一部分透过溶液,即:

$$I_0 = I_a + I_t$$

式中　I_0——入射光的强度;

　　　I_a——溶液吸收光的强度;

　　　I_t——透过光强度。

当入射光 I_0 的强度一定时,溶液吸收光的强度 I_a 越大,则溶液透过光的强度 I_t 越小,用 $\dfrac{I_t}{I_0}$ 表示光线透过溶液的能力,称为透光率,用符号 T 表示,其数值可用小数或百分数表示。即:

$$T = \frac{I_t}{I_0} \times 100\%$$

透光率的倒数反映了物质对光的吸收程度,应用时取它的对数 $\lg \dfrac{1}{T}$ 作为吸光度,用 A 表示。即:

$$A = \lg \frac{I_0}{I_t} = \lg \frac{1}{T} = -\lg T$$

2.2　光的吸收定律——朗伯-比尔定律

这是分光光度法的基本定律,朗伯于1730年提出了吸光度与液层厚度之间的关系,比尔于1852年又提出了吸光度与浓度的关系,当液层厚度和浓度都可以改变时,就要考虑两者同时对透射光强度的影响,将两者综合即为朗伯-比尔定律。

朗伯-比尔定律:当一束平行的单色光通过均匀、无散射现象的溶液时,在单色光强度、溶液的温度等条件不变的情况下,溶液吸光度与溶液的浓度及液层厚度的乘积成正比。

$$A = EcL$$

式中　E——吸光系数;

　　　c——溶液浓度;

　　　L——液层厚度。

朗伯-比尔定律是紫外-可见分光光度法进行定量分析的理论基础,适用于可见光、紫外光、红外光和均匀非散射的液体、气体及透光固体。

2.3　吸光系数

朗伯-比尔定律中的吸光系数 E 的物理意义是吸光物质在单位浓度、单位液层厚度时的吸光度。在一定条件下,吸光系数是物质的特性常数之一,可作为定性鉴别的重要依据。吸光系数的表示方法常用的有如下两种。

(1) 摩尔吸光系数　指波长一定时,溶液的浓度为1mol/L 时,液层厚度为1cm 的吸光度,单位为 L/(mol·cm),用 ε 表示。

$$\varepsilon = \frac{A}{cL}$$

(2) 百分吸光系数　指波长一定时,溶液浓度为1% (g/mL),液层厚度为1cm 的吸光度,单位为 mL/(g·cm),用 $E_{1cm}^{1\%}$ 表示。

$$E_{1cm}^{1\%} = \frac{A}{cL}$$

$E_{1cm}^{1\%}$ 和 ε 可以通过下式换算:

$$E_{1cm}^{1\%} = \frac{10\varepsilon}{M}$$

式中　M——摩尔质量。

【例题 4-1】 Fe^{2+} 浓度为 5.0×10^{-4} g/100mL 的溶液,与 1,10-邻二氮杂菲反应,生成橙红色配合物。该配合物在波长 508nm,比色皿厚度 2cm 时,测得 $A = 0.19$。计算 1,10-邻二氮杂菲亚铁的 $E_{1cm}^{1\%}$ 和 ε。

解： 已知铁的相对原子质量为 55.85,根据朗伯-比尔定律：

$$E_{1cm}^{1\%} = \frac{A}{cL} = \frac{0.19}{5.0 \times 10^{-4} \times 2} = 190 \text{mL/(g·cm)}$$

$$\varepsilon = \frac{M E_{1cm}^{1\%}}{10} = \frac{55.85 \times 190}{10} = 1.06 \times 10^3 \text{ L/(mol·cm)}$$

3. 分光光度法

分光光度法通常包括紫外-可见分光光度法、红外光谱法等。以下重点介绍紫外-可见分光光度法进行食品定量分析的方法。

3.1 标准曲线法

标准曲线法是紫外、可见分光光度法中最经典的方法。测定时,先取与被测物质含有相同组分的标准品,配成一系列浓度不同的标准溶液,置于相同厚度的吸收池中,分别测其吸光度。然后以溶液浓度 c 为横坐标,以相应的吸光度 A 为纵坐标,绘制 A-c 曲线图,如果符合比尔定律,该曲线为通过原点的一条直线——标准曲线（或工作曲线）,如图 4-3 所示。在相同条件下测出样品溶液的吸光度,从标准曲线上便可查出与此吸光度对应的样品溶液的浓度。

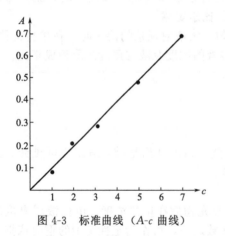

图 4-3 标准曲线（A-c 曲线）

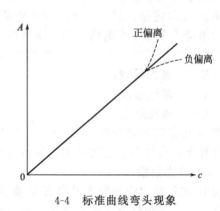

4-4 标准曲线弯头现象

朗伯-比尔定律只适用于稀溶液,浓度较大时,吸光度与浓度不成正比,当浓度超过一定数值时,引起溶液对比尔定律的偏离,曲线顶端发生向下或向上的弯曲现象,如图 4-4 所示。

标准曲线法对仪器的要求不高,尤其适用于单色光不纯的仪器,因为在这种情况下,虽然测得的吸光度值可以随所用仪器的不同而有相当的变化,但若是认定一台仪器,固定其工作状态和测定条件,则浓度与吸光度之间的关系仍可写成 $A = Ec$,不过这里的 E 仅是一个比例常数,不能用作定性的依据,也不能互用。

3.2 对照法

对照法又称比较法。在相同条件下在线性范围内配制样品溶液和标准溶液,在选定波长处,分别测量吸光度。根据比尔定律：

$$A_X = E_X c_X L_X$$
$$A_R = E_R c_R L_R$$

式中　A_X——样品溶液吸光度；
　　　c_X——样品溶液的浓度；
　　　A_R——标准溶液吸光度；
　　　c_R——标准溶液的浓度。

因是同种物质，同台仪器，相同厚度吸收池及同一波长测定，故 $E_X=E_R$，$L_X=L_R$，所以：

$$c_X = \frac{A_X}{A_R} c_R$$

为了减少误差，比较法配制的标准溶液浓度常与样品溶液的浓度相接近。

当测定不纯样品中某纯品的含量时，可先配制相同浓度的不纯样品溶液和标准品溶液，即 $c_{原样}=c_R$，设 c_X 为 $c_{原样}$ 溶液中纯被测物的浓度。在最大吸收峰处分别测定其吸光度 A，便可直接计算出样品的含量。

$$\omega_{纯被测组分} = \frac{c_X}{c_{原样}} = \frac{c_R \frac{A_X}{A_R}}{c_{原样}} = \frac{A_X}{A_R}$$

即

$$\omega = \frac{A_X}{A_R} \times 100\%$$

【例题 4-2】 不纯的 $KMnO_4$ 样品与标准品 $KMnO_4$ 各准确称取 0.1500g，分别用 1000mL 容量瓶定容。各取 10.0mL 稀释至 50.00mL，在 $\lambda_{max}=525nm$ 处各测得 $A_X=0.250$；$A_R=0.280$，求样品中纯 $KMnO_4$ 的含量。

解： 由配制方法可知样品与标准品溶液浓度一致，则：

$$\omega_{KMnO_4} = \frac{A_X}{A_R} = \frac{0.250}{0.280} = 0.8929$$

3.3　吸光系数法

吸光系数是物质的特性常数。只要测定条件不致引起对比尔定律的偏离，即可根据测得的吸光度 A，按比尔定律求出浓度或含量。中国药典中均采用百分吸光系数法。E 可从手册或文献中查到。

$$c = \frac{A}{EL}$$

【例题 4-3】 维生素 B_{12} 的水溶液，在 $\lambda_{max}=361nm$ 的 $E_{1cm}^{1\%}$ 值是 207，测得溶液的 A 为 0.414，吸收池厚度为 1cm，求该溶液的浓度。

解：

$$c = \frac{A}{E_{1cm}^{1\%} L} = \frac{0.414}{207 \times 1} = 2.0 \times 10^{-3} g/100mL$$

吸光系数法测定较简单、方便，但不同型号的仪器测定会有一定的误差。对照法可以排除仪器带来的误差，但使用的标准对照品必须是由国家有关部门提供的。

4. 分光光度计

分光光度法是利用分光光度计来进行测定的。各种类型的分光光度计的结构和原理基本相同，一般由光源、单色器、吸收池、检测器和信号显示器五大部分组成。

4.1　光源

光源指一种可以发射出供溶液或吸收物质选择性吸收的光。理想的光源必须满足在使用波长范围内、发射连续性的、有足够辐射强度和良好稳定性的紫外及可见光，其强度不随波长的变化而发生明显的变化。实际上许多光源的强度都随波长变化而变化。为了解决这一问题，在分光光度计内装有光强度补偿装置，使不同波长下的光强度达到一致。可见光区常用的光源是钨灯，能发射出 350～2500nm 波长范围的连续光谱，适用范围是 350～1000nm。目前常采用卤钨灯，如碘钨灯，其特点是发光强度大，稳定性好，使用寿命长。紫外光区常用氢灯或氘灯作为光源，波长范围为 160～375nm，因为玻璃吸收紫外光而石英不吸收紫外光，因而氢灯灯壳用石英制成。为了使光源稳定，分光光度计均配有稳压装置。

4.2 单色器

将来自光源的复合光分散为单色光的装置称为分光系统或单色器。是仪器的核心部件，其性能直接影响光谱带宽、测定的灵敏度、选择性和工作曲线的线性范围。

单色器可分成滤光片、棱镜和光栅。滤光片能让某一波长的光透过，而其他波长的光被吸收，滤光片可分成吸收滤光片、截止滤光片、复合滤光片和干涉滤光片。棱镜是用玻璃或石英材料制成的一种分光装置，其原理是利用光从一种介质进入另一种介质时，光的波长不同在棱镜内的传播速度不同，其折射率不同而将不同波长的光分开，玻璃棱镜色散能力大，分光性能好，能吸收紫外线而用于可见光分光光度计，石英棱镜可用于可见光和紫外光分光光度计。光栅是分光光度计常用的一种分光装置，其特点是波长范围宽，可用于紫外、可见和近红外光区，而且分光能力强，光谱中各谱线的宽度均匀一致。

4.3 吸收池

又称为比色皿或比色杯。吸收池常用无色透明、耐腐蚀和耐酸碱的玻璃或石英材料做成，用于盛放待比色溶液的一种装置。玻璃吸收池用于可见光区，而石英吸收池用于紫外光区，其厚度有 0.5cm、1cm、2cm、3cm 等，同一台分光光度计上的吸收池，其透光度应一致，在同一波长和相同溶液下，吸收池间的透光度误差应小于 0.5%，使用时应对吸收池进行校准。

4.4 检测器

检测器是将透过溶液的光信号转换为电信号，并将电信号放大的装置。常用的检测器为光电管和光电倍增管。

4.5 信号显示器

信号显示器是将光电管或光电倍增管放大的电流通过仪表显示出来的装置。常用的显示器有检流计、微安表、记录器和数字显示器。检流计和微安表可显示透光度（T）和吸光度（A）。

4.6 721 型分光光度计使用说明

分光光度法常用的仪器是分光光度计，常用的可见分光光度计如国产 721 型、722 型，以 721 型分光光度计为例介绍可见分光光度计的使用。

4.6.1 仪器的主要技术指标

(1) 波长范围　360～800nm。

(2) 波长精度　(360～600)nm±3nm；(600～700)nm±5nm；(700～800)nm±3nm。

(3) 仪器的灵敏度

① 重铬酸钾　不小于 0.01/2.5（$\mu g/mL$）含铬量　相应波长 440nm。

② 氯化钴　不小于 0.01/150（$\mu g/mL$）含钴量　相应波长 510nm。

③ 硫酸铜　不小于 0.01/150（$\mu g/mL$）含酮量　相应波长 690nm。

(4) 仪器的重现性误差　不大于 0.5%。

(5) 电源变化范围　190～230V。

4.6.2 仪器的光学系统

721 型分光光度计采用自准式光路，单光束结构，其波长范围为 360～800nm。用钨丝白炽灯泡作光源，其光学系统如图 4-5 所示。

由光源灯发出的连续辐射光线，射到聚光透镜上，会聚后再经过平面镜转角 90°反射至

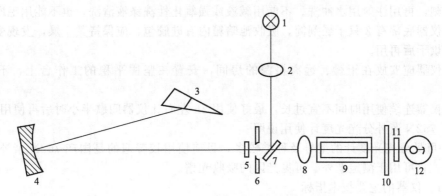

图 4-5　721 型分光光度计光学线路示意图

1—光源灯（12V，25W）；2，8—聚光透镜；3—色散棱镜；4—准直镜；5—保护玻璃；
6—狭缝；7—反射镜；9—吸收池；10—光门；11—保护玻璃；12—光电管

入射狭缝，进入单色器内，狭缝正好位于球面准直镜的焦面上，当入射光经过准直镜反射后就以一束平行光射向棱镜（该棱镜的背面镀铝），光线进入棱镜后被色散，入射光在铝膜上反射后依原路稍偏转一个角度反射回来，这样从棱镜色散后出来的光再经过物镜反射后，就会聚在出射狭缝上，出射狭缝和入射狭缝是一体的，为了减少谱线通过棱镜后呈弯曲形状对单色性的影响，因此把狭缝的二片刀口做成弧状的，以便近似地吻合谱线的弯曲度，保证了仪器有一定幅度的单色性。出射光经聚光透镜后，照射至吸收池。未被吸收的光通过光门至光电管产生电流。

4.6.3　使用方法

(1) 仪器未接通电源时，电表指针必须位于"0"刻线上，否则调节电表上零点校正螺钉，使指针位于"0"。

(2) 打开仪器的电源开关，指示灯亮，调节波长选择钮至所需波长处。

(3) 将灵敏度旋钮置"1"挡。放大器灵敏钮有 5 挡，其选择原则是保证使空白挡能良好调到"100%"情况下，尽可能采用较低挡，以使仪器有较高的稳定性。

(4) 仪器预热 20min，此时保持暗箱盖处于开的状态。调节"调零电位器"使电表指针在"0"位置，将空白溶液放入吸收池架中，并处于校正位置，然后将吸收池暗箱盖关上，使光电管受光，旋转"100%"电位器，使电表指针在 100% 处。

(5) 经连续几次调整"0"和"100%"后，若指针所指无误，说明光电管的电流已趋稳定，可以进行比色测定。

(6) 用供试液将吸收池洗涤 3 次，装液至容积 3/4 处（或距上沿 1cm 处），然后用擦镜纸轻轻擦干净吸收池外表。测量时注意将盛放供试液与空白试液的吸收池须方向一致放入吸收池架，吸收池架应恰好在凹槽位置。

(7) 测量完毕，关闭仪器开关，及时切断电源。取出吸收池，用注射用水洗干净，晾干后装入盒内。登记使用情况，盖好防护罩。

4.6.4　注意事项

(1) 拿吸收池时，用手捏住吸收池的毛面，切勿触及透光面，以免透光面被沾污或磨损。

(2) 被测液应以倒至吸收池约 3/4 的高度为宜。

(3) 吸收池外壁的液体用绸布或擦镜纸擦拭。不能用毛刷刷洗，也不能用粗糙的布或纸来擦，以免损伤吸收池。

(4) 清洗吸收池时一般用注射用水冲洗。如吸收池被有机物沾污，宜用盐酸-乙醇混合液浸泡片刻，再用注射用水冲洗。不能用碱液或强氧化性洗涤液清洗，也不能用毛刷刷洗。

（5）仪器底部有2只干燥剂筒，吸收池暗箱内有硅胶包，应保持其干燥，发现变色应及时更换或烘干后再用。

（6）仪器应安放在干燥、远离振源的房间，安置在坚固平稳的工作台上，不要经常搬动。

（7）仪器连续使用时间不宜过长，最好使用2h左右让仪器间歇半小时后再使用。

4.7 752N紫外分光光度计使用说明

紫外-可见分光光度计的型号及种类较多，目前使用较普遍的是国产752N紫外-可见分光光度计，它可用于测定紫外、可见光区的吸收光谱。

4.7.1 仪器的主要技术指标

（1）波长范围　200～800nm。
（2）波长准确度　±2nm。
（3）波长重复性　≤1nm。
（4）光谱带宽　5nm。
（5）杂光　0.5%T（在220nm、340nm处）。
（6）透光率测量范围　0.0～100.0%T。
（7）吸光度测量范围　0.000A～1.999A。
（8）浓度直读范围　0000～1999。
（9）透光率准确度　±0.5%T。
（10）透光率重复性　0.2%T。
（11）电源　AC（220±22）V，（50±1）Hz。

4.7.2 仪器的工作原理

分光光度计的基本原理是溶液中的物质在光的照射激发下，产生了对光的吸收效应，物质对光的吸收是具有选择性的。各种不同的物质都具有其各自的吸收光谱，因此，当某单色光通过溶液时，其能量就会被吸收而减弱，光能量减弱的程度和物质的浓度有一定的比例关系（图4-6），即符合比耳定律。

$$A = -\lg T = -\lg I/I_0 = EcL$$

式中　A——吸收度；
　　　T——透光率；
　　　I——透射光强度；
　　　I_0——入射光强度；
　　　E——吸收系数；
　　　c——被测物质溶液的浓度；
　　　L——光路长度。

从上式可知，当入射光、吸收系数和光路长度不变时，透射光是根据溶液的浓度而变化的，这就是紫外分光光度法用于食品定量测定的根据。

4.7.3 仪器的光学系统

752N紫外可见分光光度计采用光栅自准式色散系统和单光束结构光路，布置如图4-7。氘灯、钨卤素灯发出的边缘辐射光经滤色片选择后，由聚光透镜聚光后投向单色器进狭缝，此狭缝正好处于聚光透镜及单色器内准直镜的焦平面上，因此进入单色器的复合光通过平面反射镜反射及准直镜准直变成平行光射向色散光栅，光栅将入射的复合光通过衍射作用形成按照一定顺序均匀排列的连续的单色光谱，此单色光谱重新回到准直镜上，由于仪器出射狭缝设置在准直镜的焦平面上，这样，从光栅色散出来的光谱经准直镜后利用聚光原理成象在

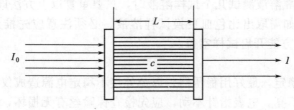

图 4-6 分光光度计基本原理

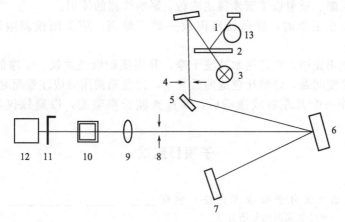

图 4-7 752N 型紫外分光光度计光路系统
1,9—聚光透镜；2—滤色片；3—钨卤素灯；4—进狭缝；5—反射镜；6—准直镜；
7—光栅；8—出狭缝；10—样品架；11—光门；12—光电池；13—氘灯

出射狭缝上，出射狭缝选出指定带宽的单色光通过聚光透镜落在试样室被测样品中心，样品吸收后透射的光经光门射向光电池接收。

4.7.4 使用方法

(1) 仪器通电后预热 30min 后即能稳定工作。

(2) 本仪器键盘共有 4 个键，作用如下。

① A/T/C/F 键 按此键来切换 A、T、C、F 之间的值。A 为吸光度 (absorbance)；T 为透光率 (trans)；C 为被测物质溶液的浓度 (conc.)；F 为斜率 (factor)。

F 值的确定：是把 A/T/C/F 键切换到 F 状态，然后用▽/0%或△/100%来调节，调好后按 SD 确认。

② SD 键 此键具有 2 个功能。

a. 用于 RS-232 串行口和计算机传输数据（单向传输数据，仪器发向计算机）。

b. 当处于 F 状态时，具有确认的功能，即确认当前的 F 值，并自动转到 C，计算当前的 C 值（$C = F \cdot A$）。

③ ▽/0%键 此键有 2 个功能。

a. 调零：只有在 T 状态时有效，打开样品室盖，按键后应显示 000.0。

b. 下降键：只有在 F 状态时有效，按本键 F 值会自动减 1，如果按住本键不放，自动减 1 会加快速度，如果 F 值为 0 后，再按键它会自动变为 1999，再按键开始自动减 1。

④ △/100%键 此键具有 2 个功能。

a. 只有在 A、T 状态时有效，关闭样品室盖，按键后应显示 0.000、100.0。

b. 上升键：只有在 F 状态时有效，按本按本键 F 值会自动加 1，如果按住本键不放，自动加 1 会加快速度，如果 F 值为 1999 后，再按键它会自动变为 0，再按键开始自动加 1。

⑤ 需要用同一标准溶液测试几个试样溶液时，只要重复以上方法即可。

⑥ 在使用过程中如需取出比色皿更换试样溶液，必须注意应先推入光门钮（使光电管前的光门关闭），然后方能开启试样室盖。

4.7.5 注意事项

（1）为确保仪器稳定，最好用稳压器，以免外接不稳定电源造成仪器测定不稳定。仪器在使用时，发现光源不亮，电表指针不动，应先检查保险丝有无损坏，然后再检查电路。

（2）为了避免仪器积尘和沾污，用后应用仪器罩罩住整个仪器，在罩内可放数袋防潮硅胶，以防止灯室受潮、反射镜镜面发霉或沾污，影响仪器的使用。

（3）当仪器停止工作时，比色皿座内放一些干燥剂；应关闭仪器电源开关，再切断电源。

（4）比色池使用完毕，立即用水冲洗干净，并用擦镜纸或柔软、干净的绸布擦净水迹，以防止因表面光洁度问题，影响比色池的透光率，比色池使用时应注意配对。

（5）仪器工作一个月左右或搬动后，要检查波长准确度，以确保仪器的使用和测定精度。

子项目测试

1. 填空题

（1）分光光度法（或分子吸收光谱法）包括_____、_____等，它们是基于_____而建立起来的分析方法。

（2）朗伯定律是说明光的吸收与_____成正比，比耳定律是说明光的吸收与_____成正比，二者合为一体称为朗伯-比耳定律，其表达式为_____。

（3）摩尔吸光系数的单位是_____，它表示物质的浓度为_____时，液层厚度为_____时溶液的吸光度。故光的吸收定律的表达式可写为_____。

（4）百分吸光系数的单位是_____，它表示物质的浓度为_____时，液层厚度为_____时溶液的吸光度。故光的吸收定律的表达式可写为_____。

（5）在紫外可见分光光度计上，透光率的刻度是_____的，而吸光度的刻度是_____，吸光度和透光率的关系是_____关系。

（6）分光光度计的种类和型号繁多，但基本都是由下列五大部件组成：

□ → □ → □ → □ → □

（7）一般紫外-可见光光度计的可见光区常用_____灯或_____灯为光源。波长范围为____ nm。在紫外光区常用_____灯或_____灯为光源，其波长范围为____ nm。

（8）分光光度计上的单色器是将光源发射的_____光分解为_____光的装置。

2. 简答题

（1）光的基本性质是什么？

（2）什么是白光、可见光、单色光、复合光、互补光？

（3）物质为什么会有颜色，物质对光选择性吸收的本质是什么？

（4）解释下列名词，并说明它们之间的数学关系：

透光率　吸光度　百分吸光系数　摩尔吸光系数

3. 精密称取维生素 C 0.0500g，溶于 100mL 的 0.005mol/L 的硫酸溶液中，再量取此溶液 2.0mL，稀释至 100mL，取此溶液于 1cm 吸收池中，在 λ_{max} 245nm 处测得 A 值为 0.551，求样品中维生素 C 的百分含量。（已知 $E_{1cm}^{1\%}=5600$）

4. 50mL 含 Cd^{2+} 5.0μg 的溶液，用卟啉显色剂显色后，在 428nm 波长下，用 0.5cm 比色皿测得吸光度 $A=0.46$，求摩尔吸光系数。

5. 已知一溶液在 λ_{max} 处 $\varepsilon=1.40\times10^4$ L/(mol·cm)，现用 1.0cm 比色皿测得该物质的吸光度为 0.85，计算该溶液的浓度。

6. 一化合物的摩尔质量为125g/mol，其摩尔吸光系数 $\varepsilon=1.40\times10^4$ L/(mol·cm)。欲配制1.0L该化合物的溶液，使其在200稀释倍后，放在厚度为1.0cm的比色皿中测得的吸光度为0.60，问应称取该化合物多少克？

7. 维生素 D_2 在264nm处有最大吸收，其摩尔吸光系数为 1.82×10^4 L/(mol·cm)，摩尔质量为397g/mol。称取维生素 D_2 粗品0.0081g，配成1L的溶液，在1.50cm比色皿中用264nm紫外光测得溶液的吸光度为0.35，计算粗品中维生素 D_2 的含量。

子项目二 目视比色技术

学习目标：
1. 了解目视比色法的定义，学会目视比色法的方法。
2. 学会标准色列的配制方法。

技能目标：
会配制标准色列，并能够进行矿泉水色度的测定。

目视比色技术是用眼睛观察、辨别、比较样品溶液与标准品溶液的颜色深浅，以确定被测物质含量的方法。是食品分析与检测中常用的一种方法。

任务 矿泉水色度的测定

【工作任务】
矿泉水色度的测定。

【工作目标】
1. 学会用目视比色法测定矿泉水的色度。
2. 学会配制标准色列。

【工作情境】
本任务可在化验室或实训室进行。
1. 仪器 分析天平、50mL成套高型具塞闭塞管、离心机、容量瓶（100mL）、小烧杯、移液管或吸量管（1mL、2mL、5mL）。
2. 试剂 铂钴标准溶液 称取1.2456g氯铂酸钾（K_2PtCl_6）和1.0000g氯化钴（$CoCl_2 \cdot 6H_2O$），溶于100mL纯水中，加入100mL盐酸（$\rho_{20}=1.19$g/mL），用纯水定容至1000mL。此标准溶液的色度为500度。

【工作原理】
GB/T 8538—2008推荐的首选方法为铂钴比色法。用氯铂酸钾和氯化钴配成与天然水黄色色调相同的标准比色列，用于水样目视比色测定。规定每升水含有1mg铂和0.5mg钴所具有的颜色作为一个色度单位，称为1度。即使轻微的浑浊度也干扰测定，故浑浊水样需先离心使之清澈，然后测定。

测定范围：水样不经稀释，本法最低检测色度为5度，测定范围为5~50度。测定前应将水样中的悬浮物除去。

【工作过程】
1. 用移液管或吸量管吸取50mL透明的水样于比色管中。如水样色度过高，可少取水样，加纯水稀释后比色，将结果乘以稀释倍数。
2. 另取比色管11支，分别加入铂-钴标准溶液0mL、0.50mL、1.00mL、1.50mL、2.00mL、2.50mL、3.00mL、3.50mL、4.00mL、4.50mL、5.00mL，加纯水至刻度，摇

匀，即配制成色度 0 度、5 度、10 度、15 度、20 度、25 度、30 度、35 度、40 度、45 度和 50 度得标准系列。此标准色列可长期使用，但应防止此溶液蒸发及被污染。

3. 在光线充足处，将水样与标准色列并列，以白纸或镜子为衬底，使光线从底部向上透过比色管，自管口向下垂直观察比色。记录相当标准管色度的读数。

【数据处理】

色度以度表示，按下式计算：

$$色度 = \frac{V_1 \times 500}{V}$$

式中 V_1——相当于铂-钴标准溶液的用量，mL；
V——水样体积，mL。

【注意事项】

1. 配制铂钴标准溶液和标准色列时，应注意称量、移液的准确性。
2. 为防止配制好的标准色列蒸发或被污染，可用封口膜封好，备用。
3. 应自上而下观察比色管里溶液的颜色。

【体验测试】

1. 通过完成本任务，请简述标准色列的配制过程？
2. 请列举 1～2 个实例说明还有哪些食品检验运用目视比色法？

知识链接

目视比色法

用眼睛观察、辨别、比较样品溶液与标准品溶液的颜色深浅，以确定被测物质含量的方法，称为目视比色法。

1. 原理

目视比色法的依据是朗伯-比尔定律。当相同强度的入射光透过组成相同的有色溶液时，如果液层的厚度相等，颜色深浅相同（吸光度相等）时，则溶液的浓度也相等。即 $A_{样} = A_{标}$，$c_{样} L_{样} = c_{标} L_{标}$，当 $L_{样} = L_{标}$ 时，则 $c_{样} = c_{标}$。

2. 方法

常用的目视比色法是标准系列法。标准系列法是固定液层厚度，直接比较溶液颜色深浅的比色分析法。

用一套由相同质料制成的、形状大小相同的比色管（容量有 10mL、25mL、50mL 及 100mL 等）将一系列不同量的标准溶液按照由少至多的顺序依次加入规格相同的比色管中，再加入等量的显色剂及其他试剂，控制其他实验条件，最后加水稀释至相同的体积，摇匀，配成一套颜色逐渐加深的标准色列（也称标准色阶）。另取一定量的样品溶液，在相同的条件下，用同样的方法显色，并稀释至与标准色列相同的体积。然后将样品溶液与标准系列从管口垂直向下进行观察比较，也可从侧面观察，若颜色相同表示它们的浓度相同，若样品溶液的颜色介于两标准比色液之间，则可取它们浓度的平均值作为样品溶液的浓度，再根据稀释倍数求出原样的浓度。

$$c_{样} = 与样品液等色度的标准管浓度 \times 稀释倍数$$

3. 标准系列法的优点

（1）仪器简单，操作方便，适宜于大批试样的分析。
（2）测定的灵敏度较高，适宜于稀溶液中微量物质的测定。
（3）不需要单色光，可直接在白光下进行。

4. 标准系列法的缺点

（1）标准色列不易保存，常需临时配制。

（2）受人眼的分辨力的限制，主观误差较大影响分析结果的准确度，一般相对误差达 $5\% \sim 20\%$。

子项目测试

1. 判断题

（1）目视比色分析的理论依据是 $c_{样} L_{样} = c_{标} L_{标}$，当 $L_{样} = L_{标}$ 时，则 $c_{样} = c_{标}$。（　　）

（2）当有色溶液浓度为 c 时，其透光度为 T，当其浓度增大1倍时，仍符合比耳定律，则此时溶液透光度为 $2T$。（　　）

（3）对偏离比尔定律的溶液不能用目视比色法测定。（　　）

（4）目视比色法可以从比色管的侧面观察比较溶液的颜色。（　　）

（5）分光光度分析的方法误差，主要由溶液偏离比耳定律及溶液中干扰物质的影响所引起的。（　　）

（6）拿比色皿时只能拿毛玻璃面，不能拿透光面，擦拭时必须用擦镜纸擦透光面，不能用滤纸擦。（　　）

2. 选择题

（1）目视比色法中常用的标准系列法是比较（　　）。

　　A. 入射光的强度　　B. 透过溶液后光的强度　　C. 透过溶液后吸收光的强度
　　D. 一定厚度溶液颜色的深浅　　E. 溶液对白光的吸收情况

（2）人眼能感觉到的光称为可见光，其波长范围是（　　）。

　　A. $400 \sim 500$nm　　B. $200 \sim 400$nm　　C. $200 \sim 600$nm
　　D. $400 \sim 780$nm　　E. $400 \sim 1000$nm

（3）下述哪种现象不是电磁辐射的作用（　　）。

　　A. 收音机广播中央台的新闻　　B. 人造卫星转播奥运会的实况
　　C. X射线透视检查身体　　D. 电解浓食盐水得氢气和氯气
　　E. 物质在光的照射下产生特征谱线

（4）在分子吸收光谱法（分光光度法）中，运用光的吸收定律进行定量分析，应采用的入射光为（　　）。

　　A. 白光　　B. 单色光　　C. 可见光　　D. 紫外光　　E. 特征波长锐线辐射光

（5）物质的颜色是由于选择性吸收了白光中的某些波长的光所致。$CuSO_4$ 溶液呈现蓝色是由于它吸收了白光中的（　　）。

　　A. 蓝色光波　　B. 绿色光波　　C. 黄色光波　　D. 青色光波　　E. 紫色光波

（6）在分光光度法中宜选用的吸光度读数范围为（　　）。

　　A. $0 \sim 0.2$　　B. $0.1 \sim 0.3$　　C. $0.3 \sim 1.0$　　D. $0.2 \sim 0.8$　　E. $1.0 \sim 2.0$

（7）有色配合物的摩尔吸收系数与下面因素中有关的量是（　　）。

　　A. 比色皿厚度　　B. 有色配合物的浓度　　C. 吸收池的材料
　　D. 入射光的波长　　E. 配合物的颜色

项目五 重量分析技术

重量分析是根据称量来确定被测组分含量的一种分析方法。一般是将被测组分从试样中分离出来，转化为可定量称量的形式，然后进行称量。重量分析中的测量数据主要由称量而获得，误差比较小，所以重量分析法准确度较高，相对误差一般不超过±0.2%，是经典的分析方法之一。

重量分析技术包括分离和称量两大步骤。根据分离方法的不同，一般可分为沉淀法、挥发法和萃取法。

子项目一 沉淀法

> **学习目标：**
> 1. 学会沉淀剂的选择和称量形式的估算技术。
> 2. 学会样品中待测成分沉淀的方法及应用技术。
> 3. 能够描述重量分析法的概念及相关知识，学会食品中淀粉测定的方法和基础知识。
>
> **技能目标：**
> 1. 熟练掌握食品检测中配制、标定及应用硫代硫酸钠标准溶液的"算"和"做"的两种能力。
> 2. 学会沉淀法在食品分析中的操作方法和技能。

沉淀法是利用沉淀反应进行分离的方法，在试样中加入适当的沉淀剂将被测组分转化成难溶物形式从溶液中分离出来，然后经过滤、洗涤、干燥或灼烧，得到可供称量的物质进行称量，根据称量的质量求算样品中被测组分的含量。

任务 火腿肠（或熏制肠）中淀粉含量的测定

【工作任务】

火腿肠（或熏制肠）中淀粉含量的测定。

【工作目标】

1. 学会测定火腿肠中淀粉含量的原理及方法。
2. 学会淀粉水解、可溶性糖去除的方法和关键环节。

【工作情境】

本任务可在化验室或实训室中进行。

1. 仪器 万分之一分析天平、绞肉机、烧杯（250mL、500mL）、表面皿、漏斗、水浴锅、容量瓶（200mL）、移液管（5mL、25mL）、量筒（100mL）、碘量瓶（250mL）、冷凝管、电炉、洗瓶和滤纸。

2. 试剂 氢氧化钾、乙醇、盐酸、溴百里酚蓝、氢氧化钾、铁氰化钾、乙酸锌、硫酸铜、碳酸钠、柠檬酸、可溶性淀粉、硫代硫酸钠和碘化钾。

【工作原理】

试样中加入氢氧化钾-乙醇溶液，在沸水浴上加热后，滤去上清液，用热乙醇洗涤沉淀除去脂肪和可溶性糖，沉淀经盐酸水解后，用碘量法测定形成的葡萄糖含量并计算淀粉含量。

葡萄糖分子中含有醛基，能在碱性条件下用过量的 I_2 标准溶液氧化成羧基，然后用 $Na_2S_2O_3$ 标准溶液回滴剩余的 I_2。

首先是 I_2 遇 NaOH 产生 NaIO，反应式为：

$$I_2 + 2NaOH \rightleftharpoons NaIO + NaI + H_2O$$

NaIO 在碱性溶液中将葡萄糖氧化成葡萄糖酸盐，反应式为：

$$CH_2OH(CHOH)_4CHO + NaIO + NaOH \rightleftharpoons CH_2OH(CHOH)_4COONa + NaI + H_2O$$

剩余的 NaIO 在碱性溶液中转变成 $NaIO_3$ 及 NaI，反应式为：

$$3NaIO \rightleftharpoons NaIO_3 + 2NaI$$

溶液经过酸化后，又恢复成 I_2 析出，反应式为：

$$NaIO_3 + 5NaI + 3H_2SO_4 \rightleftharpoons 3I_2 + 3Na_2SO_4 + 3H_2O$$

最后用 $Na_2S_2O_3$ 标准溶液滴定反应中析出的 I_2（剩余的 I_2），反应式为：

$$2Na_2S_2O_3 + I_2 \rightleftharpoons Na_2S_4O_6 + 2NaI$$

根据上述各反应过程可知，$n_{I_2} = n_{C_6H_{12}O_6} + \frac{1}{2}n_{Na_2S_2O_3}$

【工作过程】

1. 溶液及试剂的配制

(1) 氢氧化钾-乙醇溶液配制　称取氢氧化钾 50g 溶于 95％乙醇并稀释至 1000mL。

(2) 80％乙醇溶液配制　量取 95％乙醇 842mL，用蒸馏水稀释至 1000mL。

(3) 1.0mol/L 盐酸溶液　量取盐酸 83mL，用蒸馏水稀释至 1000mL。

(4) 30％氢氧化钠溶液　称取固体氢氧化钠 30g，用蒸馏水溶解并稀释 100mL。

(5) 蛋白沉淀剂

① 溶液 A　称取铁氰化钾 106g，用蒸馏水溶解并稀释至 1000mL。

② 溶液 B　称取乙酸锌 220g，用蒸馏水溶解，加入冰醋酸 30mL，用水溶解并稀释至 1000mL。

(6) 碱性铜试剂

① 溶液 A　称取硫酸铜（$CuSO_4 \cdot 5H_2O$）25g，溶于 100mL 蒸馏水中。

② 溶液 B　称取碳酸钠 144g，溶于 300~400mL 50℃的蒸馏水中。

③ 溶液 C　称取柠檬酸（$C_6H_8O_7 \cdot H_2O$）50g，溶于 50mL 蒸馏水中。

将溶液 C 缓慢加入溶液 B 中，边加边搅拌直到气泡停止产生。将溶液 A 加到此混合液中，并连续搅拌，冷却至室温后，转移到 1000mL 容量瓶中，定容到刻度。放置 24h 后使用，若出现沉淀要过滤。取一份此溶液加入 49 份煮沸的冷蒸馏水，pH 值应为 10.0±0.1。

(7) 淀粉指示剂　称取可溶性淀粉 0.5g，加少许蒸馏水，调成糊状，倒入盛有 50mL 沸水中调匀，煮沸，临用时配制。

(8) 0.1mol/L 硫代硫酸钠标准溶液

① 配制　称取硫代硫酸钠（$Na_2S_2O_3 \cdot 5H_2O$）26g 溶于 1000mL 煮沸并冷却到室温的蒸馏水中，再加入碳酸钠（$Na_2CO_3 \cdot 10H_2O$）0.2g。该溶液应静置两周后标定。

② 标定　称取 0.18g 于 (120±2)℃干燥至恒重的工作基准试剂重铬酸钾，置于碘量瓶中，加 25mL 水溶解，加固体碘化钾 2.0g 及 20mL 硫酸溶液（20％），加盖后摇匀，于暗处

静置10min。加150mL水，用待标定的硫代硫酸钠溶液滴定。至溶液呈淡黄色时，加入2mL淀粉指示剂（10g/L），呈蓝色，继续滴定至溶液由蓝色变为亮绿色，即为终点。同时做空白实验。

（9）10％碘化钾溶液　称取碘化钾10g，用蒸馏水溶解并稀释至100mL。

（10）盐酸溶液　取盐酸100mL稀释到160mL。

（11）1％溴百里酚蓝指示剂　称取溴百里酚蓝1g，用95％乙醇溶解并稀释到100mL。

2. 分析步骤

2.1　制备样品

取具有代表性的试样200g，用绞肉机绞2次并混匀。绞好的试样要尽快分析，若不立即分析，要密封冷藏贮存，防止变质和成分发生变化，贮存的试样启用时必须重新混匀。

2.2　淀粉分离

称取试样25g（精确到0.01g，淀粉含量约1g）放入500mL烧杯中（如果估计试样中淀粉含量超过1g，应适当减少试样量）。加入热氢氧化钾-乙醇溶液300mL，用玻璃棒搅匀后盖上表面皿，在沸水浴上加热1h，不时搅拌。然后，将沉淀完全转移到漏斗上过滤，用80％热乙醇洗涤沉淀数次。

2.3　水解

将滤纸钻孔，用1.0mol/L盐酸溶液100mL，将沉淀完全洗入250mL烧杯中，盖上表面皿，在沸水浴中水解2.5h，不时搅拌。溶液冷却到室温，用30％氢氧化钠溶液中和至pH值约6.0（pH值不应超过6.5）。将溶液移入200mL容量瓶中，加入蛋白沉淀剂溶液A 3mL，混合后再加入蛋白沉淀剂溶液B 3mL，用蒸馏水定容到刻度，混匀，经不含淀粉的滤纸过滤，滤液中加入30％氢氧化钠溶液1～2滴，使之对溴百里酚蓝呈碱性。

2.4　测定

取一定量滤液（V_2）稀释到一定体积（V_3），然后取25.00mL（最好含葡萄糖40～50mg）移入碘量瓶中，加入25.0mL碱性铜试剂，装上冷凝管，在电炉上2min内煮沸。随后改用温火继续煮沸10min，迅速冷却到室温，取下冷却管，加入10％碘化钾溶液30mL，小心加入盐酸溶液25.0mL，盖好盖待滴定。用标准硫代硫酸钠溶液滴定上述溶液中释放出来的碘，当溶液变成浅黄色时，加入淀粉指示剂1mL，继续滴定直到蓝色消失，记下消耗硫代硫酸钠的体积。同一试样进行三次测定并做空白实验。

【数据处理】

1. 硫代硫酸钠溶液的浓度计算

$$c=\frac{1000m}{(V_1-V_2)M}$$

式中　m——重铬酸钾的质量，g；

　　　c——硫代硫酸钠溶液浓度，mol/L；

　　　V_1——滴定重铬酸钾消耗硫代硫酸钠溶液体积，mL；

　　　V_2——滴定空白消耗硫代硫酸钠溶液体积，mL；

　　　M——重铬酸钾的摩尔质量的数值，g/mol $[M(\frac{1}{6}K_2Cr_2O_7)=49.031]$。

2. 葡萄糖量的计算

按下式计算消耗硫代硫酸钠物质的量，mmol（X_1）

$$X_1=10(V_0-V_1)c$$

式中　X_1——消耗硫代硫酸钠物质的量，mmol；

　　　V_0——空白实验消耗硫代硫酸钠标准溶液的体积，mL；

V_1——试样液消耗硫代硫酸钠标准溶液的体积，mL；

c——硫代硫酸钠标准溶液的浓度，mol/L。

根据 X_1 从表 5-1 中查出相应的葡萄糖量，并将实验数据记录于下表。

次数 项目	1	2	3
空白实验消耗硫代硫酸钠标准溶液的体积/mL			
试样液消耗硫代硫酸钠标准溶液的体积/mL			
消耗硫代硫酸钠的物质的量/mmol			
消耗硫代硫酸钠的平均值/mmol			
相对平均偏差			

表 5-1　硫代硫酸钠的物质的量同葡萄糖量（m_1）的换算关系

X_1 $[10(V_0-V_1)c]$	相应的葡萄糖量	
	m_0/mg	Δm_1/mg
1	2.4	
2	4.8	2.4
3	7.2	2.4
4	9.7	2.5
5	12.2	2.5
6	14.7	2.5
7	17.2	2.5
8	19.8	2.6
9	22.4	2.6
10	25.0	2.6
11	27.6	2.6
12	30.3	2.7
13	33.0	2.7
14	35.7	2.7
15	38.5	2.8
16	43.3	2.8
17	44.2	2.9
18	47.1	2.9
19	50.0	2.9
20	53.0	3.0
21	56.0	3.0
22	59.1	3.1
23	62.2	3.1
24	65.3	3.1
25	68.4	3.1

3. 淀粉含量的计算

$$X_2 = \frac{m_1}{1000} \times 0.9 \times \frac{V_3}{25} \times \frac{200}{V_2} \times \frac{100}{m_0} = 0.72 \times \frac{V_3}{V_2} \times \frac{m_1}{m_0}$$

式中　X_2——淀粉含量，g/100g；

m_1——葡萄糖含量，mg；

V_2——取原液的体积，mL；

V_3——稀释后的体积，mL；

m_0——试样的质量，g；

0.9——葡萄糖折算成淀粉的换算系数。

【注意事项】

1. 当平行测定符合精密度所规定的要求时,取平行测定的算术平均值作为结果,精确到 0.1%。

2. 在同一个实验室由同一操作者在短暂的时间间隔内,用同一设备对同一试样获得的两次独立测定结果的绝对差值不得超过 0.2%。

【体验测试】

1. 绞好的试样不立即进行分析,应如何处理?
2. 配制好的硫代硫酸钠溶液,能立即标定吗?为什么?
3. 在分析中用热乙醇洗涤沉淀的目的是什么?

知识链接

沉 淀 法

1. 沉淀形式和称量形式

沉淀法是向试液中加入适当的沉淀剂,利用沉淀反应,使被测组分沉淀出来,这样获得的沉淀称为沉淀形式。沉淀形式经过滤、洗涤、烘干或灼烧后,供最后称量的物质,称为称量形式。沉淀形式和称量形式的化学组成可以相同,也可以不同。例如,用沉淀法测定 SO_4^{2-},加 $BaCl_2$ 为沉淀剂,沉淀形式和称量形式都是 $BaSO_4$,两者相同;而在 Ca^{2+} 的沉淀法测定中,用草酸铵为沉淀剂,沉淀形式是 $CaC_2O_4 \cdot H_2O$,经灼烧后所得的称量形式是 CaO,两者之间前后发生了化学变化,组成改变了,所以称量形式和沉淀形式不同。

其反应式为: $CaC_2O_4 \cdot H_2O \xrightarrow{灼烧} CaO + H_2O \uparrow + CO_2 \uparrow + CO \uparrow$

2. 沉淀法的分析过程和对沉淀形式、称量形式的要求

2.1 分析过程

将欲测定的组分沉淀为一种组成的难溶化合物,然后经过一系列操作步骤来完成。

试样 $\xrightarrow{溶解}$ 试液 $\xrightarrow{沉淀}$ 沉淀式 $\xrightarrow{过滤、洗涤、烘干或灼烧}$ 称量式 $\xrightarrow{质量恒量}$ 计算含量

2.2 对沉淀形式的要求

(1) 沉淀的溶解度必须很小,才能保证被测组分沉淀完全。测定由沉淀溶解造成的损失量,应不超过 0.0002g。

(2) 沉淀必须纯净,不应混进沉淀剂和其他杂质。尽量避免其他杂质的沾污。制成称量形式时,所含杂质的量不得超出称量误差所允许的范围。如果沉淀形式不纯净,含有杂质,就会使测定结果偏高。

(3) 沉淀应易于过滤和洗涤,便于操作。因此,在进行沉淀操作时,要控制沉淀条件,要尽可能获得粗大的晶形沉淀。对无定形沉淀,尽可能获得结构紧密的沉淀。

(4) 沉淀应易于转化为合适的称量形式。

2.3 对称量形式的要求

(1) 必须有固定的化学组成,符合一定的化学式,否则无法计算分析结果。

(2) 称量形式的化学稳定性要高,称量形式不易吸收空气中的水分和二氧化碳,也不易被空气中的氧所氧化。

(3) 称量形式的分子量要尽可能的大,而被测组分在称量形式中占的百分比要小。这样可以增大称量形式的质量,减小称量的相对误差,提高分析结果的准确度。例如,用沉淀法测定 Al^{3+},可以用氨水沉淀为 $Al(OH)_3$ 后,灼烧成 Al_2O_3 称量;也可以用 8-羟基喹啉沉淀为 8-羟基喹啉铝,烘干后称量。按这两种称量形式计算,0.1000g 铝可获得 0.1890g Al_2O_3 或 1.7029g 8-羟基喹啉铝。分析天平的绝对误差一般为 ±0.2mg。对于称量上述两种称量形式,相对误差

分别为±0.1%和±0.01%。显然，用8-羟基喹啉沉淀法测定铝准确度较高。

3. 沉淀剂的选择
(1) 沉淀剂应选易挥发或易分解的物质，在灼烧时，可自沉淀中将其除去。
(2) 沉淀剂应具有特效性。

4. 影响沉淀溶解度的因素
重量分析中，通常要求被测组分在溶液中的溶解度不超过称量误差（即0.2mg），此时即可认为沉淀已完全。但是很多沉淀不能满足此要求。因此必须了解影响沉淀溶解度的因素，以便控制沉淀反应的条件，使沉淀达到重量分析的要求。

4.1 同离子效应
组成沉淀的离子称为构晶离子，在难溶电解质的饱和溶液中，如果加入含有某一个构晶离子的溶液，则沉淀的溶解度减小，这一效应称为同离子效应。

例如，在$BaCl_2$溶液中，加入过量沉淀剂H_2SO_4，则可使$BaSO_4$沉淀的溶解度大为减小，达到实际上完全。但不能片面理解沉淀剂加得越多越好，因为沉淀剂过量太多，可以引起盐效应、配位效应等，使沉淀的溶解度增大。一般情况下，沉淀剂过量50%～100%，对沉淀灼烧时不易挥发的沉淀剂，则以过量20%～30%为宜。

4.2 盐效应
在难溶电解质的饱和溶液中，加入其他易溶的强电解质，使难溶解电解质的溶解度比同温度时在纯水中的溶解度增大，这种现象称为盐效应。

例如：$BaSO_4$沉淀在$0.01mol/L$ KNO_3溶液中的溶解度比在纯水中增加约50%。盐效应对溶解度很小的沉淀的影响不大。

4.3 酸效应
溶液的酸度对沉淀溶解度的影响称为酸效应。若沉淀是强酸盐影响不大，但对弱酸盐影响就较大。

4.4 配位效应
当溶液中存在能与沉淀的构晶离子形成配合物的配位剂时，则沉淀的溶解度增大，称为配位效应。

例如，用HCl沉淀Ag^+时生成AgCl沉淀，若HCl太过量，则会生成$AgCl_2^-$，$AgCl_2^-$等配合物，使AgCl溶解度增加，所以，沉淀剂不能过量太多。既要考虑同离子效应，也要考虑盐效应和配位效应。

4.5 其他因素
(1) 温度　一般温度升高，沉淀溶解度增大。
(2) 溶剂　无机物沉淀，一般在有机溶剂中的溶解度比在水中小，所以对溶解度较大的沉淀，常在水溶液中加入乙醇、丙酮等有机溶剂，以降低其溶解度。
(3) 沉淀颗粒　同一种沉淀物质，晶体颗粒大的，溶解度小；反之，颗粒小则溶解度大。

5. 沉淀的形成过程
沉淀按其物理性质不同，粗略地分为两类：晶形沉淀和无定形沉淀。无定形沉淀又称非晶形沉淀或胶状沉淀。例如，$BaSO_4$是典型的晶形沉淀，$Fe_2O_3 \cdot xH_2O$是典型的非晶形沉淀，AgCl沉淀是一种凝乳状沉淀，介于两者之间。它们的主要差别是沉淀颗粒大小不同，晶形沉淀的颗粒直径为0.1～$1\mu m$，无定形沉淀的颗粒直径一般小于$0.02\mu m$，凝乳状沉淀的颗粒直径为0.02～$0.1\mu m$，即大小介于两者之间。

沉淀的形成过程，包括晶核的形成与晶核的成长两个过程，熟悉沉淀的形成过程是为了控制沉淀条件，获得完全、纯净沉淀的理论依据。

5.1 晶核的形成

晶核的形成有两种：一种是均相成核作用；另一种是异相成核作用。产生晶核沉淀的先决条件是溶液必须处于过饱和状态。

在过饱和溶液中，组成沉淀物的离子（称构晶离子），由于静电作用而缔合起来，自发地形成晶核，这种过饱和的溶质从均匀液相中自发地产生晶核的过程，称为均相成核。

在进行沉淀的溶剂和试剂中以及容器壁上存在相当大量肉眼看不见的外来固体微粒，这些微粒在沉淀过程中起着晶核的作用，离子或离子群扩散到这些微粒上诱导沉淀形成，这种过程称为异相成核。

以哪一种成核作用为主，与沉淀物的性质及沉淀条件有关。

5.2 晶核的成长

形成晶核以后，过饱和溶液中的溶质能不断向晶体表面扩散，并沉积在晶核上，使之不断长大而成为沉淀颗粒，这一过程称做成长过程。沉淀颗粒的大小主要是由沉淀形成过程中晶核形成速度和晶粒成长速度的相对大小决定的。如果晶核形成速度小于晶粒成长速度，这样就获得较大的沉淀颗粒，能定向排列成晶形沉淀。相反，晶核成长极快，就必然形成大量晶粒，从而使大部分过剩溶质都用于形成晶核，因而沉淀颗粒难于长大，只能聚集起来得到细小的非晶形沉淀。

6. 共沉淀和后沉淀

6.1 共沉淀现象

在进行沉淀反应时，沉淀从溶液中析出时，某些可溶性杂质混杂于沉淀之中也同时被沉淀下的现象叫共沉淀。产生共沉淀的原因有表面吸附、形成混晶、吸留等，其中表面吸附是主要的原因。

6.1.1 表面吸附

沉淀表面吸附杂质，其吸附量与下列因素有关。

（1）杂质浓度　杂质浓度越大，则吸附杂质的量越大。

（2）沉淀的总表面积　相同质量的沉淀，当沉淀颗粒愈小时，其总表面越大，沉淀吸附杂质的量就越多。所以无定形沉淀吸附杂质比晶形沉淀严重，小颗粒晶体比大颗粒晶体吸附杂质多。因此，为了得到较纯净的沉淀，最好能制得较大颗粒的晶形沉淀。

（3）溶液温度　吸附作用是一个放热过程，溶液温度升高，吸附杂质的量减少。

6.1.2 形成混晶

如果溶液中杂质离子与沉淀构晶离子的半径相近、晶体结构相似，电荷又相同时，则杂质离子可以进入晶格形成混晶共沉淀。例如，Pb^{2+} 与 Ba^{2+} 半径相近，$BaSO_4$ 与 $PbSO_4$ 的晶体结构相似，Pb^{2+} 就可能混入 $BaSO_4$ 的晶格中，与 $BaSO_4$ 形成混晶而被共沉淀。由混晶造成的共沉淀不像表面吸附那样，可用洗涤的方法除去杂质离子。减少或消除混晶生成的最好方法是将这些杂质预先分离除去。

6.1.3 吸留或包埋

吸留是指沉淀的形成过程中，特别是沉淀剂加入过快时，由于沉淀生成过快，表面吸附的杂质离子来不及离开沉淀表面就被再沉积上来的离子所覆盖，陷入沉淀晶体内部，这种现象叫做包埋或吸留。应该指出，由包埋或吸留现象给沉淀带来的杂质是不能清洗除去的，但可以通过陈化或重结晶方法予以减少。

6.2 后沉淀现象

当沉淀析出后，在放置的过程中，溶液中本来难于析出沉淀的组分，也在沉淀表面逐渐沉积出来的现象，称为后沉淀。沉淀在溶液中放置时间越长，后沉淀现象越严重。

例如，在含有少量 Mg^{2+} 的 $CaCl_2$ 溶液中，加入 $H_2C_2O_4$ 沉淀剂时，由于 CaC_2O_4 溶解

度比 MgC_2O_4 的溶解度小，CaC_2O_4 析出沉淀，而 MgC_2O_4 当时并未析出，但沉淀与母液一起放置一段时间后，CaC_2O_4 沉淀表面就有 MgC_2O_4 沉淀析出。

7. 沉淀条件的选择

在重量分析中，为了获得准确的分析结果，要求沉淀完全、纯净而且易于过滤洗涤。为此，必须根据不同形态的沉淀，选择不同的沉淀条件，以获得合乎重量分析要求的沉淀。

7.1 晶形沉淀的沉淀条件

许多晶形沉淀如 $BaSO_4$、CaC_2O_4 等，容易形成能穿过滤纸的微小结晶，因此必须创造生成较大晶形的条件，这就必须使生成晶核的速度慢，而晶体成长的速度快，为此必须创造以下条件，即"稀、搅、慢、热、陈"。

（1）稀　样品溶液和沉淀剂都应是适当稀的溶液。这样溶液中沉淀物的相对过饱和度不太大，容易得到大颗粒晶形沉淀。但是，对于溶解度较大的沉淀，溶液不宜过分稀释。

（2）快搅慢滴　应在不断搅拌下缓慢滴加沉淀剂。通常，这样可以防止"局部过浓"现象，局部过浓使部分溶液的相对过饱和度变大，易获得颗粒较小、纯度差的沉淀。在不断地搅拌下，缓慢地加入沉淀剂，可以减小局部过浓，使得到的沉淀颗粒较大而且纯净。

（3）热　沉淀作用在热溶液中进行，一方面在热溶液中可增大沉淀的溶解度，降低相对过饱和度，从而使晶核生成较少，有利于晶核成长为大颗粒晶体；另一方面减少杂质的吸附作用。

（4）陈化　沉淀反应完毕后，让初生的沉淀与母液共同放置一段时间，这一过程称为陈化。陈化的目的是使小晶体消失，大晶粒不断长大，使沉淀变得更加纯净。

综上所述，对于晶形沉淀的沉淀条件，可以概括即在较稀的溶液中，在加热的情况下，慢慢加入沉淀剂，边加边搅拌，沉淀完毕后，应将沉淀陈化，再进行过滤。

7.2 无定形沉淀的沉淀条件

无定形沉淀的溶解度一般很小，溶液中相对过饱和度相当大，很难通过减小溶液的相对过饱和度来改变沉淀的物理性质，无定形沉淀颗粒小、吸附杂质多、易胶溶，而且沉淀的结构疏松，不易过滤洗涤。对于无定形沉淀，首先要注意避免形成胶体，其次要使沉淀形式较为紧密以减少吸附，因此要求生成的沉淀的条件为"浓、热、快、搅、盐"。

（1）浓溶液中测定　沉淀反应应在较浓的溶液中进行，加入沉淀剂的速度也可以适当加快，这样得到的沉淀水量少，体积小，结构较紧密。但是在浓溶液中，杂质的浓度也相应提高，增大了杂质被吸附的可能性。因此，在沉淀反应完毕后，应立即加入较大量热水稀释并搅拌，使吸附的部分杂质转入溶液。

（2）在热溶液中进行沉淀　沉淀作用应在热溶液中进行，可以促进测定微粒的凝聚，防止胶体的生成，减少沉淀表面对杂质的吸附。

（3）快速加入沉淀剂，不断搅拌，使微粒凝聚，便于过滤和洗涤。

（4）加入适量的电解质　沉淀时溶液中加入适当的电解质，可以防止胶体溶液的生成，也能降低水合程度，使沉淀凝聚。

（5）不陈化　趁热过滤，不必陈化。否则无定形沉淀因放置会使吸附的杂质难以洗去。

8. 称量形式与结果计算

沉淀析出后，经过滤、洗涤、干燥或灼烧制成称量形式，最后称定重量计算结果。分析结果常按质量分数计算。称量形式的称量值 W 与其样品重 S 的比即为所求的质量分数。计算式为：

$$x(\%) = \frac{W}{S} \times 100\%$$

例如，重量法测定岩石中的 SiO_2，称样 0.2000g，经过处理得到硅胶沉淀后炽灼成 SiO_2 的称量形式，称量得 0.1364g，则试样中 SiO_2 的质量分数为：

$$SiO_2(\%) = \frac{0.1364}{0.2000} \times 100\% = 68.20\%$$

多数情况下获得的称量形式的化学组成与待测组分的表示式不一致，则需将称量形式的量 W 换算成待测组分的质量 W'，即：

$$W' = WF, \quad F = \frac{W'}{W}$$

式中，F 为换算因数或称化学因数。它是待测组分的原子量（或分子量）与称量形式的分子量的比值。例如，测定 Na_2SO_4 含量时，称取试样 0.3000g，加入 $BaCl_2$ 溶液进行沉淀，经干燥灼烧后称得硫酸钡 0.4911g。试样中的 Na_2SO_4 含量可计算如下。

反应式：　　　　$Na_2SO_4 + BaCl_2 = BaSO_4\downarrow + 2NaCl$
　　　　　　　　　142.04　　　　233.39
　　　　　　　　　　x　　　　　　0.4911

$$x = 0.4911 \times \frac{142.04}{233.39} = 0.2989(g)$$

式中，0.4911 为称量形式质量；142.04/233.39 为换算因数，即试样中 Na_2SO_4 的质量 = 称量形式重量 × 换算因数。

在计算换算因数时，有时必须在被测组分的原子量或分子量和称量形式的分子量上乘以适当系数，使分子、分母中某一被测成分的原子数或分子数相等。见表 5-2。

表 5-2　被测组分与沉淀形式、称量形式和换算因数之间的关系

被测组分	沉淀形式	称量形式	换算因数
Fe	$Fe(OH)_3 \cdot nH_2O$	Fe_2O_3	$2Fe/Fe_2O_3$
Cl^-	$AgCl$	$AgCl$	$Cl^-/AgCl$
Na_2SO_4	$BaSO_4$	$BaSO_4$	$Na_2SO_4/BaSO_4$
Ag^+	$AgCl$	$AgCl$	$Ag^+/AgCl$
MgO	$(Mg)NH_4PO_4$	$Mg_2P_2O_7$	$2MgO/Mg_2P_2O_7$
FeO	$Fe(OH)_3 \cdot nH_2O$	Fe_2O_3	$2Fe/Fe_2O_3$
SO_4^{2-}	$BaSO_4$	$BaSO_4$	$SO_4^{2-}/BaSO_4$

【例题 5-1】　测定磁铁矿中 Fe_3O_4 的含量时，可将样品溶解，然后使 Fe^{3+} 沉淀为 $Fe(OH)_3$，经过滤、洗涤、干燥和灼烧成 Fe_2O_3 的称量形式，最后根据 Fe_2O_3 的质量，计算 Fe_3O_4 的质量。其化学因数为多少？

解：　化学因数 $= \dfrac{2m_{Fe_3O_4}}{3m_{Fe_2O_3}} = \dfrac{2 \times 231.54}{3 \times 159.69} = 0.9666$

子项目测试

1. 填空题

(1) 沉淀剂应具备的特点：＿＿＿＿＿＿、＿＿＿＿＿＿。

(2) 沉淀按其物理性质不同，粗略地分为两类：＿＿＿＿＿＿和＿＿＿＿＿＿。沉淀的形成过程，包括＿＿＿＿＿＿和＿＿＿＿＿＿两个过程。

(3) 重量分析法一般可分为＿＿＿＿＿＿、＿＿＿＿＿＿、＿＿＿＿＿＿。

(4) 产生共沉淀的原因有＿＿＿＿＿＿、＿＿＿＿＿＿、＿＿＿＿＿＿等，其中＿＿＿＿＿＿是主要的原因。

(5) 无定形沉淀吸附杂质量比晶形沉淀＿＿＿＿＿＿，小颗粒晶体比大颗粒晶体吸附杂质＿＿＿＿＿＿。因此，为了得到较纯净的沉淀，最好能制得较＿＿＿＿＿＿颗粒的晶形沉淀。

(6) 由混晶造成的共沉淀不能用洗涤的方法除去杂质离子，所以减少或消除混晶生成的最好方法是

_____。由包埋或吸留现象给沉淀带来的杂质也是不能清洗除去的,但可以通过_____方法予以减少。

(7) 在含有少量 Mg^{2+} 的 $CaCl_2$ 溶液中,加入 $H_2C_2O_4$ 沉淀剂时,CaC_2O_4 析出沉淀,而 MgC_2O_4 当时并未析出,但沉淀与母液一起放置一段时间后,CaC_2O_4 沉淀表面就有 MgC_2O_4 沉淀析出。这种现象称之为_____。

2. 简答题

(1) 什么是沉淀形式和称量形式?
(2) 沉淀法对沉淀形式和称量形式有什么要求?
(3) 影响沉淀溶解度的因素有哪些?
(4) 什么是同离子效应、盐效应和配位效应?
(5) 晶形沉淀和无定形沉淀的沉淀条件是什么?
(6) 举例说明什么是化学因数。

3. 计算题

(1) 称取含有结晶水的纯净 $BaCl_2 \cdot xH_2O$ 0.5000g,得到硫酸钡沉淀 0.4777g,计算 $BaCl_2$ 和结晶水的百分含量,并计算每分子氯化钡中含结晶水的分子数等于多少?

(2) 在 25.00mL $AgNO_3$ 溶液中加入纯 NaCl 固体 0.0546g,过量的 $AgNO_3$ 用 0.0560mol/L 的 NH_4SCN 标准溶液滴定至终点,消耗 20.20mL。计算 $AgNO_3$ 溶液的物质的浓度。

(3) 用移液管吸取 NH_4Cl 溶液 20.00mL,加入 K_2CrO_4 指示剂 0.5~1.0mL,以 0.1045mol/L $AgNO_3$ 标准溶液滴定至终点,用去 22.05mL。求 NH_4Cl 溶液的含量。

(4) 某样品含 35% $Al_2(SO_4)_3$ 和 60% $KAl(SO_4)_2 \cdot 12H_2O$,若用重量分析法使 $Al(OH)_3$ 沉淀,灼烧后欲得 0.15g Al_2O_3,应取样品多少克?

子项目二　挥发法

学习目标:
1. 了解挥发法概念及原理。
2. 学会食品中常用的干燥方法。

技能目标:
学会挥发法在食品分析中的操作方法和技能,并能在实际工作中解决相关问题。

挥发法是利用物质的挥发性,通过加热或其他方法使试样的待测组分或其他组分挥发逸出,然后根据试样质量减少计算该组分的含量;或者当该组分逸出时,选择适当吸收剂将它吸收,然后根据吸收剂质量的增加计算该组分的含量。根据称量的对象不同,挥发法可分为直接法和间接法。

任务　饼干中水分的测定

【工作任务】
测定饼干中水分的含量。

【工作目标】
1. 学会食品中水分测定的原理及方法。
2. 能够正确使用电子天平、干燥器以及恒温干燥箱。

【工作情境】
本任务可在化验室或实训室中进行。
1. 仪器　万分之一的电子天平、称量瓶(直径 50mm)或带盖铝盒、干燥器和恒温干燥箱。

2. 材料 饼干。

【工作原理】

在一定温度（95～105℃）和压力（常压）下，将样品放在烘箱中，使水分汽化逸失，干燥前后样品质量之差即为样品的水分量，以此计算样品水分的含量。此法适用于95～105℃条件下，不含或含其他挥发性物质甚微的食品。

【工作过程】

1. 称量瓶恒重

取洁净铝盒或扁形称量瓶，置于95～105℃干燥箱中，瓶盖斜支在瓶边，加热0.5～1h，取出，盖好，置于干燥器内冷却0.5h，称量，并重复干燥至恒重。

2. 样品恒重

称取2.00～10.00g饼干样品，放入此称量瓶中，样品厚度约5mm，加盖，精密称量后，置于95～105℃干燥箱中，干燥2～4h后，盖好取出，放在干燥器内冷却0.5h，称量。然后放入95～105℃干燥箱中干燥1h左右，取出，放入干燥器内冷却0.5h后再称量。直至前后两次质量差不超过2mg，即为恒重。

【数据处理】

$$X = \frac{m_1 - m_2}{m_1 - m_3} \times 100\%$$

式中　X——样品中水分的含量，%；

m_1——称量瓶和样品的质量，g；

m_2——称量瓶和样品干燥后的质量，g；

m_3——称量瓶的质量，g。

将实验数据记录于下表中。

项目＼测定次数	1	2
称量瓶的质量/g		
干燥前,称量瓶和饼干的质量/g		
干燥后,称量瓶和饼干的质量/g		
饼干中水分含量/%		
饼干中水分含量平均值/%		
相对平均偏差		

【注意事项】

1. 恒重是指2次烘烤称量的质量差不超过规定的质量，一般不超过2mg。
2. 本法测得的水分包括微量的芳香油、醇、有机酸等挥发性物质。
3. 两次独立测定的结果的绝对差值不得超过算数平均数的5%。

【体验测试】

1. 直接干燥法测定样品中的水分是否真实反应样品的水分含量？如有误差从何而来？
2. 直接干燥法的干燥温度是多少？什么是恒重？
3. 直接干燥法适用于哪些食品？
4. 重量分析中的挥发法，为什么要求称量瓶恒重？

知识链接

挥 发 法

1. 直接法

待测组分与其他组分分离后，如果称量的是待测组分或其衍生物，通常称为直接法。在食品分析中，按食品卫生理化检验标准规程中规定的食品中灰分的测定，属于直接法。只是此时测定的不是挥发性物质，而是测定样品经高温氧化挥发后剩下的不挥发性无机物。灰分中所含的都是无机物，食品的组分非常复杂，除了大分子的有机物外，还有许多无机物质，当在高温灼烧灰化时将发生一系列的变化。其中，有机成分经灼烧，分解而挥发逸散，无机成分而留下。灰分通常代表食品中的矿物质或无机盐类，灰分是某些食品重要的质量控制指标，是食品成分分析的项目之一。在食品中通常人们测定灰分的项目有总灰分、水溶性灰分、水不溶性灰分、酸溶性灰分和酸不溶性灰分。

2. 间接法

待测组分与其他组分分离后，通过称量其他组分，测定样品减失的重量来求得待测组分的含量，则称为间接法。在食品检验中的"水分的测定法"就是利用挥发法测定样品中的水分和一些易挥发的物质，属于间接法。

在实际应用中，间接法常用于测定样品中的水分。而样品中水分挥发的难易又与环境的干燥程度和水在样品中存在的状态有关。一般存在于物质中的水分主要有吸湿水和结晶水两种形式。吸湿水是物质从空气中吸收的水，其含量与空气的相对湿度和物质的粉碎程度有关。环境的湿度越大，吸湿量越大；物质的颗粒越细小（表面积大），则吸湿量也越大。吸湿水一般在不太高的温度下即能除掉。结晶水是水合物内部的水，它有固定的量，可在化学式中表示出来。例如，$BaCl_2 \cdot 2H_2O$、$CuSO_4 \cdot 5H_2O$ 等。

根据物质性质不同，在去除物质中水分时，常采用以下几种干燥方法。

2.1 直接干燥法

直接干燥法测定食品中的水分的原理是在一定温度下，食品中的水分受热以后，产生的蒸汽压高于在电热干燥箱中的分压力，使食品中的水分蒸发出来，通过样品在蒸发前后的质量差来计算食品中水分的质量分数。

本方法适用于性质稳定，受热不易挥发、氧化或分解的物质。通常将样品置于电热干燥箱中，加热到95～105℃，故适用于95～105℃不含其他挥发成分或含量极微且对热稳定的各种食品。直接干燥法适用于谷物及其制品、水产品、豆制品、乳制品、肉制品及卤菜制品等食品中水分的测定。

对热稳定的谷物等可提高到120～130℃干燥；对含还原糖较多的食品应先低温（50～60℃）干燥0.5h，然后再用100～105℃干燥；$BaCl_2 \cdot 2H_2O$ 中的结晶水，因无水 $BaCl_2$ 不挥发，可在125℃的温度下干燥至恒重；氯化钠的干燥失重测定，可在130℃干燥至恒重。

2.2 减压干燥法

减压干燥法原理是利用在低压力下水分的沸点降低的原理，将样品粉碎、混匀后放入称量瓶中，并置于真空干燥箱内，在一定的真空度与加热温度下干燥至恒重，干燥后样品所失去的质量即为水分质量，从而计算出样品中水分的质量分数。

本方法适用于高温易变质或熔点低的物质。如为了加速水分挥发，可将样品置于恒温减压干燥箱中，进行减压加热干燥，由于真空泵能抽走干燥箱内大部分空气，降低了样品周围空气的水分压，所以使相对湿度较低，有利于样品中水分的挥发。再加之适当提高温度，干燥效率会进一步提高。减压干燥法的压力一般在40～53kPa，温度一般在55～65℃。自烘箱内压力降低至规定真空度时计算烘干时间，一般每次烘干时间为2h，但有的样品需要5h。减压干燥法适用于糖及糖果、味精、砂糖、蜂蜜、果酱和脱水蔬菜等易分解食品水分的测定。

2.3 化学干燥法

化学干燥法适用于受热易分解、挥发及能升华的物质。可以在常压下进行，也可以在减压下进行。

将某种对水蒸气具有吸附作用的化学药品与含水样品同放置于密闭容器中干燥，用于干燥的化学药品叫干燥剂，干燥剂是一些与水分子有强结合力的脱水化合物，它更易吸收空气中水分，使相对湿度降低，从而促进样品的水分挥发。如在普通玻璃或真空干燥器中，通过等温扩散及吸附作用而使样品达到干燥恒重，然后根据干燥前后样品的质量差计算出其中的含水量。利用干燥剂干燥时，应注意干燥剂的选择。常用的干燥剂有无水氯化钙、硅胶、浓硫酸、五氧化二磷、氧化钡、氢氧化钾（熔融）、氧化铝、氧化镁、氢氧化钠（熔融）、氧化钙、无水氯化钙等。其中浓硫酸、固体氢氧化钠、硅胶、活性氧化铝、无水氯化钙等最为常用。常见干燥剂和相对干燥效率见表5-3。

表5-3　常见干燥剂和相对干燥效率

干燥剂	每升空气中残留水分的质量/mg	干燥剂	每升空气中残留水分的质量/mg
P_2O_5	2×10^{-5}	硅胶	3×10^{-3}
浓 H_2SO_4(100%)	3×10^{-3}	氯化钙（无水粒状）	1.5

但从使用方便考虑，以硅胶为最佳。市售商品硅胶为蓝色透明的指示硅胶，若蓝色变为红色，即表示该硅胶已失效，应在105℃左右加热干燥到硅胶重显蓝色，冷却后可再重复使用。

子项目测试

(1) 根据称量的对象不同，挥发法可分为哪两种？水分的测定和灰分的测定分别属于哪种方法？
(2) 简述直接干燥法的原理及适用范围？
(3) 简述减压干燥法的原理及适用范围？
(4) 在去除物质中水分时，常采用干燥方法有哪些？
(5) 挥发法的原理是什么？
(6) 某一面粉进行水分测定，取样品7.800g经干燥至恒重后，质量为7.059g，面粉中水分含量是多少？

子项目三　萃取法

学习目标：
1. 学会萃取法的基础知识、相关理论及在食品分析与检验中的应用。
2. 学会萃取的操作方法和技巧。

技能目标：
通过对液态乳中脂肪含量的测定，学会萃取的操作方法和技巧。

萃取法（又称提取重量法）是利用被测组分在两种互不相溶的溶剂中的溶解度不同，将被测组分从一种溶剂萃取到另一种溶剂中来，然后将萃取液中溶剂蒸去，干燥至恒重，称量萃取出的干燥物的重量。根据萃取物的重量，计算被测组分的百分含量的方法。

任务　液态乳中脂肪含量的测定

【工作任务】
测定液态乳中脂肪的含量。

【工作目标】
1. 学会萃取法测定脂肪的原理和方法。

2. 学会用萃取法提取脂肪的操作技能。

【工作情境】
本任务可在化验室或实验室中进行。
1. 仪器　分析天平（感量为 0.1mg）、离心机（可用于放置抽脂瓶或管，转速为 500～600r/min，可在抽脂瓶外端产生 80～90g 的重力场）、烘箱、水浴锅和抽脂瓶。
2. 试剂
(1) 淀粉酶：酶活力≥1.5U/mg。
(2) 氨水（NH_4OH）　质量分数约 25%。
(3) 乙醇（C_2H_5OH）　体积分数至少为 95%。
(4) 乙醚（$C_4H_{10}O$）　不含过氧化物，不含抗氧化剂，并满足试验的要求。
(5) 石油醚（C_nH_{2n+2}）　沸程 30～60℃。
(6) 混合溶剂　等体积混合乙醚（2.4）和石油醚（2.5），使用前制备。
(7) 碘溶液（I_2）　约 0.1mol/L。
(8) 刚果红溶液（$C_{32}H_{22}N_6Na_2O_6S_2$）　将 1g 刚果红溶于水中，稀释至 100mL。
(9) 盐酸（6mol/L）　量取 50mL 盐酸（12mol/L）缓慢倒入 40mL 水中，定容至 100mL，混匀。

除非另有规定，本方法所用试剂均为分析纯，水为 GB/T 6682 规定的三级水。
3. 材料　巴氏杀菌乳、灭菌乳、生乳、发酵乳或调制乳。

【工作原理】
用乙醚和石油醚抽提样品的碱水解液，通过蒸馏或蒸发去除溶剂，测定溶于溶剂中的抽提物的质量。

【工作过程】
1. 用于脂肪收集的容器（脂肪收集瓶）的准备
于干燥的脂肪收集瓶中加入几粒沸石，放入烘箱中干燥 1h。使脂肪收集瓶冷却至室温，称量，精确至 0.1mg。

2. 空白试验
空白试验与样品检验同时进行，使用相同步骤和相同试剂，但用 10mL 水代替试样。

3. 测定
(1) 称取充分混匀试样 10g（精确至 0.0001g）于抽脂瓶中。
(2) 加入 2.0mL 氨水，充分混合后立即将抽脂瓶放入（65±5）℃的水浴中，加热 15～20min，不时取出振荡。取出后，冷却至室温。静止 30s 后可进行下一步骤。
(3) 加入 10mL 乙醇，缓和但彻底地进行混合，避免液体太接近瓶颈。如果需要，可加入两滴刚果红溶液。
(4) 加入 25mL 乙醚，塞上瓶塞，将抽脂瓶保持在水平位置，小球的延伸部分朝上夹到摇混器上，按约 100 次/min 振荡 1min，也可采用手动振摇方式。但均应注意避免形成持久乳化液。抽脂瓶冷却后小心地打开塞子，用少量的混合溶剂冲洗塞子和瓶颈，使冲洗液流入抽脂瓶。
(5) 加入 25mL 石油醚，塞上重新润湿的塞子，重复上步操作，即将抽脂瓶保持在水平位置，小球的延伸部分朝上夹到摇混器上，按约 100 次/min 振荡 1min，也可采用手动振摇方式。但均应注意避免形成持久乳化液。轻轻振荡 30s。
(6) 将加塞的抽脂瓶放入离心机中，在 500～600r/min 下离心 5min。否则将抽脂瓶静止至少 30min，直到上层液澄清，并明显与水相分离。
(7) 小心地打开瓶塞，用少量的混合溶剂冲洗塞子和瓶颈内壁，使冲洗液流入抽脂瓶。

如果两相界面低于小球与瓶身相接处，则沿瓶壁边缘慢慢地加入水，使液面高于小球和瓶身相接处（见图5-1），以便于倾倒。

（8）将上层液尽可能地倒入已准备好的加入沸石的脂肪收集瓶中，避免倒出水层（见图5-2）。

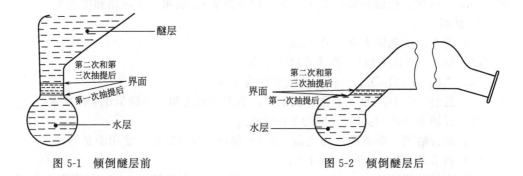

图 5-1　倾倒醚层前　　　　　　图 5-2　倾倒醚层后

（9）用少量混合溶剂冲洗瓶颈外部，冲洗液收集在脂肪收集瓶中。要防止溶剂溅到抽脂瓶的外面。

（10）向抽脂瓶中加入 5mL 乙醇，用乙醇冲洗瓶颈内壁，按"（3）"所述进行混合。重复"（4）~（9）"操作，再进行第二次抽提，但只用 15mL 乙醚和 15mL 石油醚。

（11）重复"（3）~（9）"操作，再进行第三次抽提，但只用 15mL 乙醚和 15mL 石油醚。

（12）合并所有提取液，既可采用蒸馏的方法除去脂肪收集瓶中的溶剂，也可于沸水浴上蒸发至干来除掉溶剂。蒸馏前用少量混合溶剂冲洗瓶颈内部。

（13）将脂肪收集瓶放入（102±2）℃的烘箱中加热 1h，取出脂肪收集瓶，冷却至室温，称量，精确至 0.1mg。

（14）重复"（13）"操作，直到脂肪收集瓶两次连续称量差值不超过 0.5mg，记录脂肪收集瓶和抽提物的最低质量。

（15）为验证抽提物是否全部溶解，向脂肪收集瓶中加入 25mL 石油醚，微热，振摇，直到脂肪全部溶解。如果抽提物全部溶解于石油醚中，则含抽提物的脂肪收集瓶的最终质量和最初质量之差，即为脂肪含量。若抽提物未全部溶于石油醚中，或怀疑抽提物是否全部为脂肪，则用热的石油醚洗提。小心地倒出石油醚，不要倒出任何不溶物，重复此操作 3 次以上，再用石油醚冲洗脂肪收集瓶口的内部。最后，用混合溶剂冲洗脂肪收集瓶口的外部，避免溶液溅到瓶的外壁。将脂肪收集瓶放入（102±2）℃的烘箱中，加热 1h，按"（13）"和"（14）"所述操作。

（16）取"（14）"测得的质量和"（15）"测得的质量之差作为脂肪的质量。

【数据处理】

样品中脂肪含量按下式计算：

$$X = \frac{(m_1 - m_2) - (m_3 - m_4)}{m} \times 100$$

式中　X——样品中脂肪含量，g/100g；

　　　m——样品的质量，g；

　　　m_1——"（14）"中测得的脂肪收集瓶和抽提物的质量，g；

　　　m_2——脂肪收集瓶的质量，或在有不溶物存在下，"（15）"中测得的脂肪收集瓶和不溶物的质量，g；

m_3——空白试验中,脂肪收集瓶和"(14)"中测得的抽提物的质量,g;

m_4——空白试验中,脂肪收集瓶的质量,或在有不溶物存在下,"(15)"中测得的脂肪收集瓶和不溶物的质量,g。

以重复性条件下获得的两次独立测定结果的算术平均值表示,结果保留三位有效数字。

【注意事项】

1. 抽脂瓶应带有软木塞或其他不影响溶剂使用的瓶塞(如硅胶或聚四氟乙烯)。软木塞应先浸于乙醚中,后放入60℃或60℃以上的水中保持至少15min,冷却后使用。不用时需浸泡在水中,浸泡用水每天更换一次。

2. 刚果红溶液可使溶剂和水相界面清晰,可选择性地使用。也可使用其他能使水相染色而不影响测定结果的溶液。

3. 脂肪收集瓶可根据实际需要自行选择。

4. 如果产品中脂肪的质量分数低于5%,可只进行两次抽提。

【体验测试】

1. 如何检验乙醚中的过氧化物?
2. 在萃取过程中加入几滴刚果红溶液的目的是什么?

萃取法

知识链接

萃 取 法

萃取法利用溶质在互不相溶的溶剂里溶解度的不同,用一种溶剂把溶质从另一溶剂所组成的溶液里提取出来的操作方法。分析化学中应用的溶剂萃取主要是液-液萃取,这是一种简单、快速,应用范围又相当广泛的分离方法。本节主要讨论液-液萃取分离的基本原理。

1. 分配系数和分配比

液-液萃取分离,是利用各种物质在互不相溶的两相中具有不同的分配系数或分配比,而使待测组分得到萃取分离。

1.1 分配系数

各种物质在不同的溶剂中有不同的溶解度。例如,当被萃取的物质溶质 A 同时接触两种互不相溶的溶剂时,此时被萃取的溶质 A 就按照不同的溶解度,分配在两种溶液中,当达到平衡后,溶质 A 就分配在这两种溶剂中。

在一定温度下,当分配过程达到平衡时,物质 A 在两种溶剂中的浓度比保持恒定,这就是分配定律,即:

$$K_D = \frac{[A]_\text{有}}{[A]_\text{水}}$$

在分配平衡中的平衡常数 K_D 称分配系数。分配系数与溶质和溶剂的性质以及温度等因素有关。K_D 大的物质,绝大部分进入有机相中,容易被萃取;反之,K_D 小的物质,主要留在水相中,不易被萃取。

例如,用 CCl_4 萃取水溶液的碘。此时溶质在两相中存在的形体相同,均为 I_2,I_2 在两相中分配平衡时,$K_D = [I_2]_\text{有}/[I_2]_\text{水}$,在25℃时 $K_D = 85$。表明被萃取到 CCl_4 层的 I_2 的浓度是水层的85倍。混合溶液时绝大部分的 I_2 进入到 CCl_4 有机相中,从而使 I_2 与水相中的其他杂质分离。

$$K_D = \frac{[I_2]_{CCl_4}}{[I_2]_{H_2O}} = 85$$

以上是溶剂萃取的基本原理。

1.2 分配比

分配系数仅适用于被萃取的溶质在两种溶剂中存在形式相同的情况,而在实际工作中,由于溶质 A 在一相或两相中,常会离解、聚合或与其他组分发生化学反应,溶质在两相中以多种形体存在。如上例 I_2 在水和 CCl_4 两相的分配系统中,如有 KI 共存,则在水相中不仅有 I_2 存在还有 I_3^- 存在。像这样一种较复杂的系统中,再用分配系数来说明整个萃取过程的平衡问题显然是很困难的,于是引入分配比 D 这一参数。分配比 D 是存在于两相中的溶质的总浓度之比,若以 $c_水$ 和 $c_有$ 分别代表水相和有机相溶质的总浓度。则它们的比值为:

$$D = \frac{c_有}{c_水}$$

只有在最简单的萃取体系中,溶质在两相中的存在形式又完全相同时,$D = K_D$;在实际情况中常发生副反应,因此,$D \neq K_D$。

分配比通常不是常数,改变溶质和有关试剂浓度,都可使分配比变值。但尽管如此,由于分配比易于测得,测定时,无需探讨溶质在溶液中以何种形体存在,而只需在达到分配平衡后分离两相,分别测定两相中所含溶质的量,改算成浓度就可计算分配比值。因此,在一定条件下运用分配比来估计萃取的效率是有实际意义的。若 $D > 1$,则表示溶质经萃取后,大部分进入有机相中。但在实际工作中,要求 $D > 10$ 才可取得较好的萃取效率。

2. 萃取效率

在实际工作中,萃取效率就是萃取的完全程度,常用萃取百分率(E)表示,即:

$$E(\%) = \frac{物质 A 在有机相的总含量}{物质 A 的总含量} \times 100\%$$

萃取率表示物质萃取到有机相中的比例。当溶质 A 的水溶液用有机溶液萃取时,如已知水相的体积为 $V_水$,有机相的体积为 $V_有$,则萃取效率 E 可表示为:

$$E(\%) = \frac{(c_A)_有 \times V_有}{(c_A)_有 V_有 + (c_A)_水 V_水} \times 100\%$$

把上式分子分母同除以 $(c_A)_水 V_有$ 得:

$$E(\%) = \frac{D}{D + V_水/V_有} \times 100\%$$

可见,萃取百分率由分配比 D 和两相的体积比 $V_水/V_有$ 决定。D 越大,体积比越小,则萃取效率就越高。在实际工作中,常用等体积的两相进行萃取,即 $V_有 = V_水$,则上式简化为:

$$E(\%) = \frac{D}{D+1} \times 100\%$$

对于不同 D 值的 E 值可由上式计算得,见表 5-4。

表 5-4 分配比和萃取效率

分配比 D	1	10	100	1000
萃取效率 $E/\%$	50	91	99	99.9

由表 5-4 可见,分配比小的系统,萃取效率也低。在实际工作中,对于分配比较小的溶质,采取分几次加入溶剂,即"少量多次"的萃取原则,连续几次萃取,提高萃取效率。如果每次用体积为 $V_有$ 的有机溶剂萃取,共萃取 n 次,水相中剩余被萃取物质的量减少至 W_n,则:

$$W_n = W_0 \left(\frac{V_水}{DV_有 + V_水} \right)^n$$

【例题 5-2】 有 90mL 含碘 10mg 的水溶液，用 90mL CCl_4 一次全量萃取，求萃取百分率。若用 90mL 溶剂分三次，每次用 30mL 进行萃取，其萃取效率又将如何？已知 $D=85$。

解： 一次全量萃取效率为：

$$E(\%) = \frac{D}{D+1} \times 100\% = \frac{85}{85+1} \times 100\%$$
$$= 98.84\%$$

用 90mL 溶剂分三次萃取，则剩余物质质量 W_3 和萃取效率分别为：

$$W_3 = 10 \times \left(\frac{90}{85 \times 30 + 90}\right)^3 = 4.0 \times 10^{-4} (mg)$$

$$E(\%) = \frac{10 - 4.0 \times 10^{-4}}{10} \times 100\% = 99.99\%$$

液-液萃取

3. 液-液萃取分离

常用的萃取方法可分为单级萃取法（间歇萃取法）和多级萃取法（连续性萃取法）和逆流萃取法，后者需要专门的仪器装置。下面主要介绍间歇萃取法的操作技术。

3.1 萃取

选比溶液总体积大一倍的梨形分液漏斗（一般用 60~125mL 容积的即可），加入被萃取溶液和萃取剂，振荡。方法是将分液漏斗倾斜，上口略朝下，如图 5-3 (a) 所示。振荡时间视化学反应速度和扩散速度而由实际确定，一般自 30s 到数分钟即可。

(a) 振摇　　　　　(b) 放气

图 5-3　分液漏斗的振摇及放气

在萃取过程中需放气数次。放气的方法是仍保持分液漏斗倾斜，旋开旋塞，放出蒸汽或产生的气体，使内外压力平衡，如图 5-3 (b) 所示。

3.2 分层

在振摇萃取之后需将溶液静置，使两相分为清晰的两层。一般需 10min 左右，难分层者需更长时间。若产生乳化现象影响分层，可使用以下方法解决。

一般情况下，较长时间静置或振荡时不要过于激烈，放置后轻轻旋摇，加速分层。但如因溶剂部分互溶发生乳化，可加入少量电解质（如氯化钠）利用盐析作用破坏乳化。另外，加入电解质也可改善因两相密度差小发生的乳化，还可以通过加乙醇、改变溶液酸度等方法消除乳化。

3.3 分离和洗涤

分层后经旋塞放出下层液体，从上层倒出液体。分开两相时不应使被测组分损失。根据需要，重复进行萃取或洗涤萃取液。

子项目测试

1. 回答下列问题

(1) 选择萃取剂的原则是什么？用同一种萃取剂，怎样提高萃取效率？

(2) 简述液-液萃取分离操作步骤？
(3) 何谓分配系数、分配比？二者在什么情况下相等？
(4) 什么是萃取法，具有哪些方法？
(5) 在液-液萃取分离法中常用的方法有哪些？

2. 计算题

(1) 某溶液含 Fe^{3+} 10mg，采用某种萃取剂将它萃入某种有机溶剂中。若分配比 $D=99$，用等体积有机溶剂分别萃取 1 次和 2 次在水溶液中各剩余 Fe^{3+} 多少毫克？萃取百分率各为多少？

(2) 用某有机溶剂从 100mL 含溶质 A 的水溶液中萃取 A，若每次用 20mL 有机溶剂，共萃取两次，萃取百分率可达 90.0%，计算该萃取体系的分配比。

项目六 食品中常见的有机物

有机化合物大量存在于自然界中，它与人类的关系非常密切，人类的衣、食、住、行都离不开有机物。如粮食、蔬菜、棉花、肉、蛋、丝、麻、药材等天然高分子化合物，合成的纤维、塑料、植物生长调节剂、激素、食品添加剂等都是有机物。本项目主要介绍食品中常见的有机物。

子项目 常见有机物的检验与认知

学习目标：
1. 学会根据官能团对有化合物进行分类和命名。
2. "记"忆重要的有机化合物的性质及应用。

技能目标：
1. 学会运用有机物的性质鉴别和检测食品中各类有机化合物。
2. 能够书写并命名一些重要的有机物。

有机化合物简称有机物。它们都是含碳的化合物，但碳的氧化物、碳酸盐及碳化钙等化合物仍归入无机物。有机化学是研究有机化合物的结构、性质、合成、应用以及有机化合物之间相互转变规律的一门科学。有机化学是化学、化工、食品、生命科学及环境工程等专业的基础课程，有机物的结构是研究各类有机物理化性质的基础，官能团反应是掌握有机物合成及应用的重点，其掌握程度直接影响到后续众多食品专业课程的学习。

任务一 有机物的鉴别技术

【工作任务】
常见有机物官能团的认知。

【工作目标】
1. 能够通过有机物官能团的性质对有机物进行鉴别。
2. 学会书写一些重要的有机物的官能团。

【工作情境】
本任务可在化验室或实训室中进行。
1. 仪器　水浴锅、试管、试管架、试管夹和胶头滴管。
2. 试剂　95%乙醇（供干燥仪器用）、蒸馏水、5% Br_2/CCl_4、0.1% $KMnO_4$、发烟硫酸、5% HNO_3、5% NaOH、2% $AgNO_3$、硝酸铈溶液、饱和 $NaHCO_3$ 溶液等。

【工作过程】
1. 官能团检验
不饱和烃的鉴定。

1.1 Br_2/CCl_4 溶液试验

将5滴或0.1g样品置于试管中，加入2mL CCl_4，再滴加5% Br_2/CCl_4，振荡试管，如果溶液不断褪色，表明样品中有不饱和键（如：＞C＝C＜、—C≡C—）。

1.2 高锰酸钾溶液试验

将 5 滴或 0.1g 样品置于盛 2mL 水或丙酮的试管中，逐滴加入 0.1％ $KMnO_4$ 溶液，同时摇动试管。加到 1mL 以上时溶液仍不显紫色，表明样品中含有不饱和键或还原性官能团。

2. 芳烃的检验

2.1 发烟硫酸试验

在干燥试管中加入 1mL 含 20％SO_3 的发烟硫酸，逐滴加入 0.5mL 样品。用力振荡后，静止几分钟。如果样品有强烈放热现象并完全溶解，表明为芳烃，不溶可能是烷烃或环烷烃（前提是已知该样品只能是芳烃、烷烃或环烷烃中的一种）。

2.2 氯仿-无水三氯化铝试验

在干燥试管中加入 1mL 纯三氯甲烷和 0.1g 或 0.1mL 干燥样品，摇匀。倾斜试管，润湿管壁，沿管壁加入少量无水三氯化铝，观察壁上现象。在本实验条件下，各种芳烃产生如下颜色：苯及其同系物——橙色至红色；联苯——蓝色；卤代芳烃——橙色至红色；萘——蓝色；蒽——黄绿色；菲——紫红色。

3. 醇和酚的检验

3.1 硝酸铈试验（醇的检验）

3.1.1 溶于水的样品

不超过 10 个碳的醇能与硝酸铈铵反应，形成的配合物显红色或橙红色。根据反应中的颜色变化可以鉴别小分子醇类化合物。

$$(NH_4)_2Ce(NO_3)_6 + R_2CHOH \longrightarrow (NH_4)_2Ce(OCHR_2)(NO_3)_5 + HNO_3$$
红色

取 0.5mL 硝酸铈溶液[配制方法为取 200g $(NH_4)_2Ce(NO_3)_6$ 溶于 500mL 2mol/L HNO_3 中，加热溶解再放冷]于试管中，用 3mL 蒸馏水稀释后，加 5 滴样品，振荡，观察颜色。固体样品可先溶于水中，然后取出 4～5 滴溶液做试验。如果出现红色表明有醇存在。

3.1.2 不溶于水的样品

取 0.5mL 硝酸铈溶液于试管中，加 3mL 二氧六环。如有沉淀生成，加 3～4 滴水，振荡使其溶解。然后加 5 滴样品，振荡，出现红色表明有醇存在。固体样品可溶于二氧六环中进行试验。

3.2 溴水试验（酚的检验）

在试管中加入 2～3 滴酚的饱和水溶液和 1mL 水，滴加饱和溴水。若样品为苯酚，则产生白色沉淀。

3.3 三氯化铁溶液试验（酚的检验）

取 0.5mL 样品的饱和水溶液，加 1mL 水，再滴加 3～4 滴 1％ $FeCl_3$ 溶液，观察颜色变化。酚及具有 C＝C—OH 结构的化合物均产生较深的颜色，多为蓝紫色。

4. 醛和酮的检验

4.1 2,4-二硝基苯肼试验（C＝O 的检验）

取 2,4-二硝基苯肼试剂（配制方法为取 2g 2,4-二硝基苯肼试剂溶于 15mL 浓 H_2SO_4 中备用，加入 150mL 95％乙醇，以蒸馏水稀释至 500mL。搅拌混合均匀，过滤。滤液储存于棕色瓶中备用。）于试管中，加 2～3 滴样品，振荡，观察现象。有黄色或橙红色沉淀生成的，表明样品中含 C＝O。

4.2 银镜反应试验

在洁净的试管中加入 2mL 2%硝酸银溶液，滴加 2%氨水直至生成的黑色氧化银溶解为止。加 2 滴样品，立即振荡均匀后，静止几分钟。若无变化，则把试管置于 50~60℃水浴中温热几分钟（不能摇动）。有银镜生成的，表明样品中含醛基（易氧化的糖、多羟基酚、某些芳胺及其他还原性物质，也可能呈现正性反应）。

4.3 碘仿反应试验

在洁净的试管中滴 5 滴试样，加 1mL 碘溶液（配制方法为将 25g KI 溶于 100mL 蒸馏水中，再加入 12.5g 碘，搅拌使碘溶解），再滴 5% NaOH 溶液溶解至红色消失为止。观察有无沉淀析出，是否有碘仿气味。如果出现乳白色浊液，把试管置于 50~60℃水浴中温热几分钟。有特殊气味的黄色沉淀（CHI_3）生成的，表明样品中具有 CH_3CO—连于 H 或 C 上的结构或能被次碘酸盐氧化为这种结构的化合物存在。

5. 羧酸及其衍生物的检验

5.1 酸性检验

在配有胶塞和导气管的试管中加入 2mL 饱和 $NaHCO_3$ 溶液，滴加 5 滴（或 0.1g）样品，产生的气体用 5% $BaCl_2$ 溶液检验。若出现 $BaCO_3$ 沉淀表明样品中含有羧基或酸性更强的基团（如—SO_3H）或能水解成羧基或酸性更强的基团（如酸酐基、酰氯基）。

5.2 异羟肟试验（酯、酰氯、酸酐的检验）

在试管中加入 1mL 0.5mol/L 盐酸羟胺的乙醇溶液，加入 1 滴样品，并加入几滴 6mol/L NaOH 溶液使之呈碱性。煮沸，冷却后用 5%盐酸酸化，再加入 1 滴 2% $FeCl_3$ 溶液。有红色或紫色出现的，表明样品中含有酯基或酰卤基或酸酐基，羧基和酰胺基呈阴性。

5.3 酰胺的水解（ 检验）

在试管中加入 0.5g 样品和 2mL 6mol/L NaOH 煮沸。有 NH_3 生成的，表明样品中含 $\overset{O}{-\overset{\|}{C}-NH_2}$ 。

6. 胺的检验

取 0.5g 胺类样品于试管中，加 2mL 浓盐酸和 3mL 水。搅拌均匀使其溶解，放在冰水浴中冷却到 0℃。另取 0.5g 亚硝酸钠溶于 2mL 水中，将此溶液慢慢滴加到上述冷却液中并加以搅拌，直到混合液使碘化钾淀粉试纸变蓝为止。根据下列情况区别胺的类别：起泡、放出气体、得到澄清溶液的，表明样品为脂肪伯胺；溶液中有黄色固体或油状物析出，加碱不变色，表示为仲胺。加碱至呈碱性时转变为绿色固体，表示为芳香族叔胺；不起泡，得到澄清溶液时，取溶液数滴加到 5% β-萘酚的氢氧化钠溶液中。若出现橙红色沉淀的，表示为芳伯胺。无颜色，表示为脂肪族叔胺。

7. 糖类的鉴别

7.1 还原性检验——银镜反应

操作与"4.2"相同（糖配成 5%溶液）。有银镜生成的，表明样品为单糖或还原性低聚糖。

7.2 成脎试验

在试管中加入 2mL 5%糖溶液和 1mL 苯肼试剂（配制方法为取 1g 2,4-二硝基苯肼溶于 7.5mL 浓硫酸中，再加入 75mL 95%乙醇和 170mL 蒸馏水，搅拌均匀后过滤。滤液放在棕色瓶中保存），混合均匀。把试管放在沸水浴中加热。在显微镜下观察析出脎的晶形，据此鉴别糖。不同糖生成脎的时间也可能不同。

7.3 淀粉的检验

取 2~3mL 1%淀粉溶液,加入 1 滴碘溶液,观察其结果。淀粉遇碘呈蓝色,而糊精遇碘显紫红色或红色,二糖与单糖遇碘不显色。

7.4 纤维素在铜氨溶液中的溶解

取 3~4mL 透明的铜氨溶液于试管中,加入一小块滤纸或脱脂棉,搅拌至几乎完全溶解。再加入 8~10mL 水,观察现象。把混合液倾入盛有 15~20mL 8%盐酸的大试管中,纤维素析出。

8. 氨基酸和蛋白质的检验

8.1 茚三酮试验

在试管中加入 1mL 1%氨基酸或蛋白质溶液,滴加 2~3 滴 0.2%水合茚三酮溶液,于沸水浴中加热 15min,有紫红(或蓝紫)色产生。凡含有游离基(—NH_2)的化合物均呈正性反应。

8.2 缩二脲反应试验

在试管中加入 1~2mL 蛋白质或肽溶液和 1~2mL 20% NaOH 溶液,再滴加 3~5 滴 0.5%硫酸铜溶液,温热,产生红色、蓝色或紫色为正性反应。蛋白质或其水解产物肽均呈正性反应。

8.3 蛋白质的可逆沉淀

取 2mL 清蛋白溶液于试管中,加同体积的饱和硫酸铵溶液(约 43%),将混合物稍加振荡,析出蛋白质沉淀使溶液变浑或形成絮状沉淀。将 1mL 浑浊的液体倾入另一试管中,加 1~3mL 水振荡,蛋白质沉淀又重新溶解。碱金属和镁盐有类似的作用。如果使用重金属盐,则蛋白质会形成永久性沉淀。

【注意事项】

1. 每个鉴别实验要注意观察现象并及时记录。
2. 实验结束后,要把废液倒入废液缸中。

【体验测试】

1. 用简单的化学方法鉴别下列各组化合物。
   (1) 乙烷、乙烯、乙炔　　　　　(2) 1-丁炔、2-丁炔
   (3) 丁烷、1-丁烯、2-丁烯　　　(4) 1-己炔、2-己炔
2. 用简易化学方法鉴别下列各组化合物。
   (1) 1-丁醇、2-丁醇、2-甲基-2-丙醇
   (2) 乙醚、正丁醇
   (3) 邻甲苯酚、苯甲醇
3. 用化学方法鉴别下列各组物质。
   (1) 丙醛和丙酮　　　(2) 甲醛和乙醛　　　(3) 苯甲醛和苯甲醇
4. 用化学方法鉴别下列各组化合物。
   (1) 甲胺、二甲胺、三甲胺　　　　　　(2) 苯胺、三甲胺

知识链接

有机物概述

1. 有机化合物的结构

有机化合物的结构是指分子中各原子相互连接的顺序和方式。在有机物分子中,原子的种类、数目、连接的顺序或排列的方式不同,分子的结构就不同,性质也不同。

1.1 结构式

表示有机物分子结构的化学式叫做结构式。用短线表示有机物分子中的共价键。结构式

中单键简化后称为结构简式。结构简式比其他表示方法更为常用。例如：

结构式

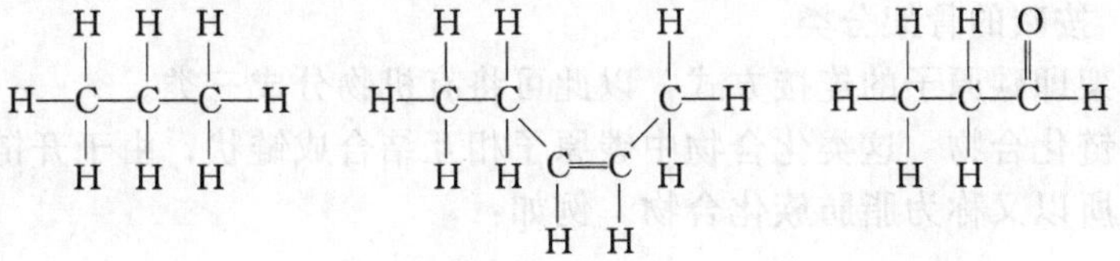

结构简式　$CH_3CH_2CH_3$　　$CH_3CH_2CH{=}CHCH_3$　　$CH_3CH_2\overset{O}{\overset{\Vert}{C}}—H$

键线式

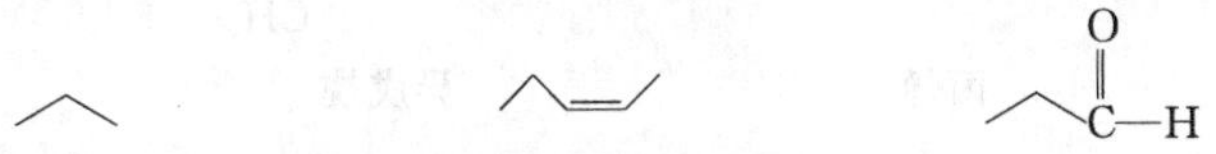

丙烷　　Z-2-戊烯　　丙醛

键线式是只标明特征价键或官能团构造特点的结构式。

1.2　同分异构现象

分子组成相同，而结构不同的化合物互为同分异构体，简称异构体，这种现象称为同分异构现象。例如乙醇和甲醚，分子式都是 C_2H_6O，但是分子内原子的排列不同，性质也完全不同，它们互为同分异构体。

乙醇

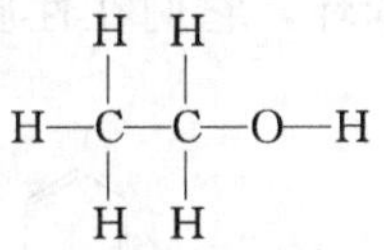

液体，沸点 78.4℃，与 Na 反应放出 H_2

甲醚

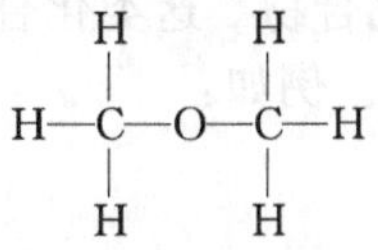

气体，沸点－24.5℃，不与 Na 反应

有机物的同分异构现象非常普遍。因此，有机物一般不能用分子式表示，而必须用结构式表示。

1.3　有机化合物的特性

有机物分子中的化学键主要为共价键，因而决定了有机物在结构和性质上有它不同于无机物的特性。有机化合物与无机化合物的特性，见表 6-1。

表 6-1　有机化合物与无机化合物的特性

性　质	有机化合物	无机化合物
溶解性	难溶于水，易溶于苯、酒精、乙醚等有机溶剂	食盐易溶于水，难溶于植物油等有机溶剂
导电性	电的不良导体	金属及电解质水溶液是导体
可燃性	汽车轮胎、塑料、化纤衣物等都易燃烧(燃烧时碳变成 CO_2，氢生成 H_2O)	铁、食盐、砂石等不燃烧
耐热性	苯、甲醛等常温下就挥发，沸点低；夏季沥青路面变软，熔点低；受热易分解甚至炭化变黑	熔点、沸点较高，受热不易挥发或熔化
反应特征	反应速率较慢，需要一定的时间；反应产物复杂，常常伴有副反应	反应速率很快、进行完全
反应机理	非极性或弱极性分子，只有弱的分子间力存在 发生化学反应时，分子中的某个键破裂才能进行 反应时，分子与试剂接触不局限于某一特定部位	以离子键、极性共价键或金属键结合；在水溶液中以离子形式存在，离子间发生反应

1.4　有机化合物的分类

有机化合物数目众多，结构复杂，为了便于学习和研究，一般按碳的骨架或官能团进行分类。

1.4.1 按碳的骨架分类

碳的骨架即碳原子的连接方式，以此可将有机物分成三类。

(1) 开链化合物　这类化合物中碳原子相互结合成链状，由于开链化合物最初是在油脂中发现的，所以又称为脂肪族化合物。例如：

$CH_3CH=CH_2$　　　　$CH_3CH_2CH(CH_3)CH_3$　　　　CH_3CHO

丙烯　　　　　　异戊烷　　　　　　乙醛

(2) 碳环化合物　成环的原子全部是碳原子的化合物称为碳环化合物。碳环化合物又分为脂环族化合物和芳香族化合物两类。

① 脂环族化合物　碳原子互相链接成环状结构的化学键类型与脂肪族化合物相似。例如：

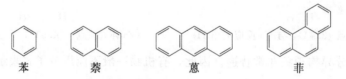

环丁烷　　　　环戊二烯　　　　环乙醇

② 芳香族化合物　这类化合物分子中大都含有一个苯环，它们在性质上与脂肪族化合物有较大的区别。例如：

苯　　　　萘　　　　蒽　　　　菲

(3) 杂环化合物　所谓"杂环"是由碳原子和其他原子（如 N、O、S 等）所组成的环。通常称碳原子以外的其他原子为"杂原子"。例如：

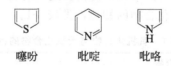

噻吩　　　　吡啶　　　　吡咯

1.4.2 按官能团分类

官能团是指决定一类有机物主要化学性质的原子或原子团，有机化学反应一般发生在官能团上。

按官能团分类，是将含有相同官能团的化合物归为一类，它们的性质基本相似。官能团的特征结构，即有机物分子结构中的特殊化学键，不仅能帮助识别有机物所属类别，而且也代表了典型反应发生处。有机物中的主要官能团及其结构见表6-2。

2. 饱和烃

只由碳和氢两种元素组成的化合物称为碳氢化合物，简称烃。

根据烃分子中碳原子之间化学键的不同，可以将烃分为饱和烃、不饱和烃。饱和烃又称烷烃，常见的不饱和烃除烯烃、炔烃以外，还包括芳香烃。

2.1 烷烃的命名

2.1.1 碳原子的类别

烷烃分子中的碳原子，按照它们所连的碳原子数目的不同，分为四类：只与一个碳原子

表 6-2 有机化合物中主要的官能团

官能团	官能团名称	有机物类别	官能团	官能团名称	有机物类别
\>C=C\<	双键	烯烃	—C—O—C—	醚键	醚
—C≡C—	三键	炔烃			
—X(F,Cl,Br,I)	卤原子	卤代烃	—C(=O)—OH	羧基	羧酸
—OH	羟基	醇或酚			
—C(=O)—H	醛基	醛	—NH$_2$(—NHR,—NR$_2$)	氨基	胺
			—SH	巯基	硫醇
—C(=O)—	酮基	酮	—C≡N	氰基	腈
			—SO$_3$H	磺酸基	磺酸
—NO$_2$	硝基	硝基化合物	—N=N—	偶氮基	偶氮化合物

相连的碳原子称为伯（一级）碳原子，通常用 "1°" 表示；与两个碳原子相连的碳原子称为仲（二级）碳原子，常用 "2°" 表示；与三个碳原子相连的碳原子称为叔（三级）碳原子，常用 "3°" 表示；与四个碳原子相连的碳原子称季（四级）碳原子，常用 "4°" 表示。例如：

$$\overset{1°}{H_3C}-\overset{2°}{CH_2}-\overset{3°}{\underset{\underset{CH_3}{|}}{CH}}-\overset{2°}{CH_2}-\overset{4°}{\underset{\underset{CH_3}{|}}{\overset{\overset{CH_3}{|}}{C}}}-\overset{1°}{CH_3}$$

与伯、仲、叔碳原子相连的氢原子，分别称为伯（1°）、仲（2°）、叔（3°）氢原子。

2.1.2 烃基

烃分子去掉一个氢原子留下的部分叫烃基，其通式为 C_nH_{2n+1}，通常用 "R—" 表示（一般用 R 来代表烷烃）。常见的烃基如下。

CH$_4$	甲烷	CH$_3$—		甲基
CH$_3$CH$_3$	乙烷	CH$_3$CH$_2$—	【C$_2$H$_5$—】	乙基
CH$_3$CH$_2$CH$_3$	丙烷	CH$_3$CH$_2$CH$_2$—	【C$_3$H$_7$—】	丙基(正丙基)
		CH$_3$CH— 　　│ 　　CH$_3$	【(CH$_3$)$_2$CH—】	异丙基

丁烷对应的烃基种类：

CH$_3$CH$_2$CH$_2$CH$_3$　　　　CH$_3$CH$_2$CH$_2$CH$_2$—　　　　CH$_3$CH$_2$CHCH$_3$

丁烷(正丁烷)　　　　　　丁基(正丁基)　　　　　　　　仲丁基

CH$_3$CHCH$_3$　　　CH$_3$CHCH$_2$—　　　CH$_3$C—　　　或 (CH$_3$)$_3$C—
　│　　　　　　　　│　　　　　　　│
　CH$_3$　　　　　　　CH$_3$　　　　　　CH$_3$

异丁烷　　　　　　异丁基　　　　　　叔丁基　　　　　　叔丁基

2.1.3 烷烃的命名

(1) 普通命名法　普通命名法适于结构比较简单的烷烃的命名，其基本原则如下。

① 根据烷烃分子中碳原子的数目称为"某烷"，十个碳原子以下用甲、乙、丙、丁、戊、己、庚、辛、壬、癸十大天干表示，十一个碳原子以上用中文小写数字十一、十二、…表示。

② 以"正"、"异"、"新"等前缀区别不同的构造异构体。直链烷烃在名称前加"正"

字；链端第二个碳原子有一个甲基支链的，在名称前冠以"异"字；链端第二个碳原子有两个甲基支链的，在名称前冠以"新"字。例如：

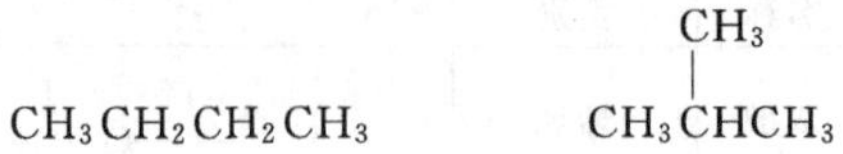

$CH_3CH_2CH_2CH_3$ 　　　　CH_3CHCH_3
　　　　　　　　　　　　　　　　$|$
　　　　　　　　　　　　　　　　CH_3
　　正丁烷　　　　　　　　　　异丁烷

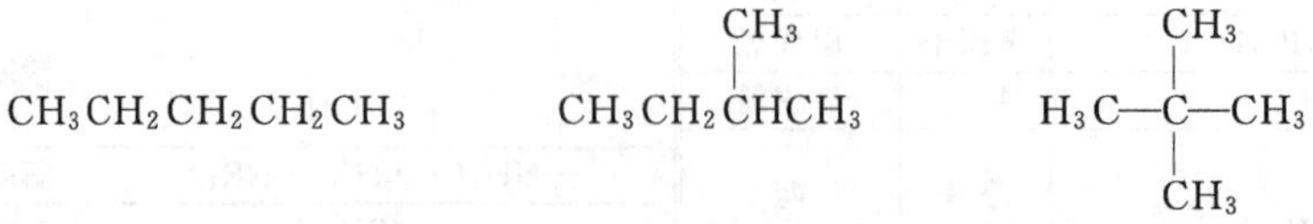

$CH_3CH_2CH_2CH_2CH_3$　　$CH_3CH_2CHCH_3$　　$\begin{array}{c}CH_3\\|\\H_3C-C-CH_3\\|\\CH_3\end{array}$
　　　　　　　　　　　　　　　　　　$|$
　　　　　　　　　　　　　　　　　CH_3
　　正戊烷　　　　　　　　异戊烷　　　　　　　新戊烷

（2）系统命名法　系统命名法是根据国际纯粹和应用化学联合会（International Union of Pure and Applied Chemistry，简写为 IUPAC）制定的命名原则，结合我国文字特点对有机物进行命名的方法。它是普遍适用的命名法。

在系统命名法中，直链烷烃的命名依据碳原子数称为"某烷"。带有支链的烷烃命名步骤如下。

① 选主链　选择最长的碳链作为主链，根据主链所含碳原子数称为"某烷"。主链以外的支链作为取代基。

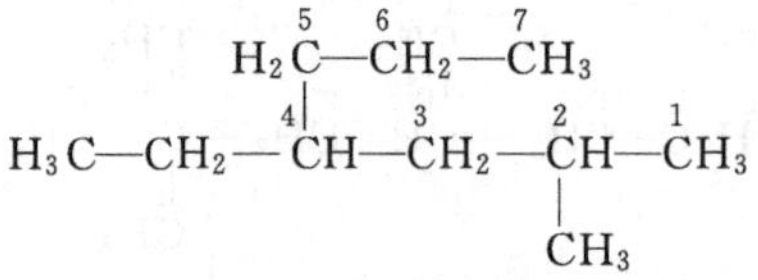

2-甲基-4-乙基庚烷

当有几个等长碳链可供选择时，应选择支链较多的碳链作为主链。

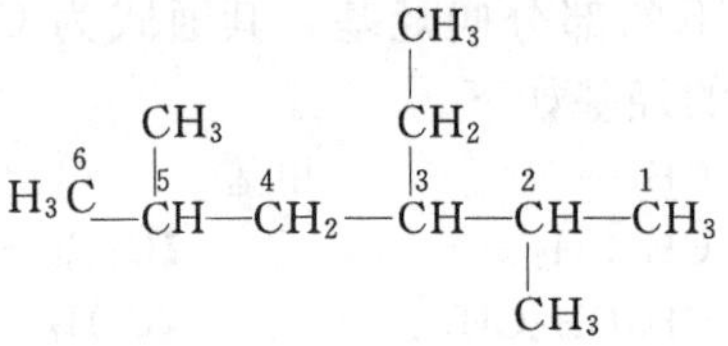

2,5-二甲基-3-乙基己烷

② 编号　从靠近支链最近的一端开始给主链碳原子依次用阿拉伯数字 1，2，3，…编号，取代基的位次用与之相连的主链碳原子的编号表示；然后将取代基的位次和名称依次写在主链名称之前，两者之间用半字线"-"相连。

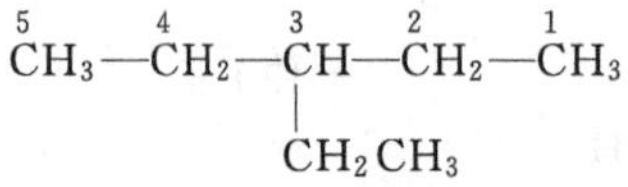

　　3-乙基戊烷 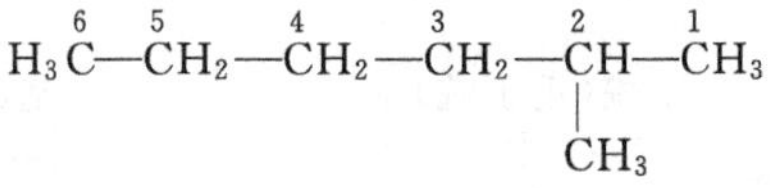　　　　　　　　　2-甲基己烷

当支链距主链两端相等时，把两种不同的编号系列逐项比较，最先遇到位次最小者为"最低系列"，即是应选取的正确编号。

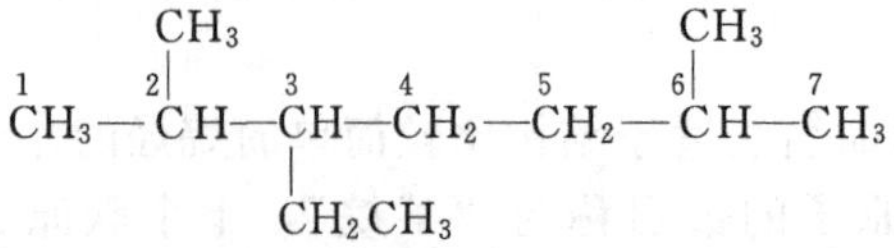

2,6-二甲基-3-乙基庚烷

③ 命名　命名按取代基的位置、短横线、取代基的数目、取代基的名称、主链名称的顺序书写；主链上连有几个相同的取代基时，相同基团合并，用二、三、四等表示其数目，

并逐个标明所在位次，位次号之间用逗号","分开；主链上连有几个不同的取代基时，按由小至大的顺序排列，两种取代基之间用半字线"-"相连。例如：

$$CH_3-CH_2-\overset{4}{C}H-\overset{3}{C}H-\overset{2}{C}H-\overset{1}{C}H_3 \quad\quad \overset{1}{C}H_3-\overset{2}{C}H_2-\overset{3}{C}H-\overset{4}{C}H_3$$
（2,3,5-三甲基-4-乙基己烷，带有 5-CH-CH₃、6-CH₃ 等支链；3,4-二甲基己烷）

2,3,5-三甲基-4-乙基己烷　　　　　　　　3,4-二甲基己烷

2.2 烷烃的物理性质

有机化合物的物理性质，通常是指物态、熔点、沸点、溶解度、折射率和相对密度等。纯净物的物理性质在一定条件下都有固定的数值，通常把这些相对固定的物理数值称为物理常数。通过测定这些物理常数，可以鉴定有机物的种类或检验已知有机物的纯度。直链烷烃的物理常数见表6-3。

表 6-3　直链烷烃的物理常数

名称	分子式	熔点/℃	沸点/℃	相对密度(20℃)	折射率
甲烷	CH_4	−182	−162	0.424(−164℃)	—
乙烷	C_2H_6	−172	−88.5	0.546(−100℃)	—
丙烷	C_3H_8	−187	−42	0.582(−45℃)	—
丁烷	C_4H_{10}	−138	0	0.579	—
戊烷	C_5H_{12}	−130	36	0.626	1.3575
己烷	C_6H_{14}	−95	69	0.659	1.3751
庚烷	C_7H_{16}	−90.5	98	0.684	1.3878
辛烷	C_8H_{18}	−57	126	0.703	1.3974
壬烷	C_9H_{20}	−54	151	0.718	1.4054
癸烷	$C_{10}H_{22}$	−30	174	0.730	1.4102
十一烷	$C_{11}H_{24}$	−26	196	0.740	1.4172
十二烷	$C_{12}H_{26}$	−10	216	0.749	1.4216
十三烷	$C_{13}H_{28}$	−6	234	0.757	1.4256
十四烷	$C_{14}H_{30}$	5.5	252	0.764	1.4290
十五烷	$C_{15}H_{32}$	10	266	0.769	1.4315
十六烷	$C_{16}H_{34}$	18	280	0.775	1.4345
十七烷	$C_{17}H_{36}$	22	292	0.777	—
十八烷	$C_{18}H_{38}$	28	308	0.777	—
十九烷	$C_{19}H_{40}$	32	320	—	—
二十烷	$C_{20}H_{42}$	36	—	—	—

2.3 烷烃的化学性质

2.3.1 取代反应

烷烃分子中的氢原子被其他原子或基团所取代的反应，称为取代反应。若被卤原子（X：F、Cl、Br、I）取代称为卤代反应。

烷烃和氯气混合物在室温和黑暗中不起反应，在光照、紫外线、加热或催化剂作用下，可发生剧烈反应，甚至引起爆炸。烷烃分子中的氢原子被卤原子所取代，生成烃的衍生物和卤化氢，同时放出热。例如：

$$CH_4 + Cl_2 \xrightarrow{\text{加热}} CH_3Cl + HCl$$
一氯甲烷

卤素与烷烃的反应速率为：$F_2 > Cl_2 > Br_2 > I_2$，氟代反应太激烈，碘代反应难以进行，所以，卤代反应通常是指氯代和溴代。

2.3.2 氧化反应

有机化合物加氧或去氢的反应称为氧化反应。烷烃在常温下一般不与氧化剂反应，也不与空气中的氧反应，但在高温或催化剂存在下，也可发生氧化反应。

（1）**燃烧** 烷烃可以在空气中燃烧，生成二氧化碳和水，并放出大量的热量。

$$CH_4 + 2O_2 \xrightarrow{燃烧} CO_2 + H_2O + 881kJ/mol$$

（2）**催化氧化** 若控制反应条件，烷烃可以被氧化成醇、醛、羧酸等含氧有机物。由高级烷烃用空气或氧气氧化制备的高级脂肪酸，其中含 $C_{12} \sim C_{18}$ 的羧酸可代替天然脂肪制造肥皂。

$$R-CH_2-CH_2-R' + O_2 \xrightarrow{MnO_2} R-COOH + HOOC-R' + 其他羧酸$$

2.4 重要的烷烃

（1）**石油醚** 石油醚属低级烷烃（$C_5 \sim C_6$）的混合物，为无色透明液体，由石油分馏制得，具有乙醚气味，因此称石油醚。石油醚是良好的非极性溶剂，可溶解大多数有机物，其沸点范围 30～90℃，极易挥发和燃烧，使用和储存时要特别注意低温与防火。

（2）**石蜡** 石蜡分液体石蜡和固体石蜡。液体石蜡为无色透明液体，不溶于水和酒精，能溶于醚和氯仿，在工业上可用于制造蜡纸及脂肪酸。

（3）**凡士林** 凡士林呈黄色，以半固体状态存在，是液体石蜡和固体石蜡的混合物，经漂白后为白色。凡士林不被皮肤吸收，且化学性质稳定，不易与其他物质发生反应。

3. 不饱和烃

不饱和烃分子中含有碳碳双键（C═C）或碳碳三键（C≡C），烯烃、炔烃、二烯烃及芳香烃都属于不饱和烃。所谓"不饱和"烃，意味着烃分子能够与其他原子结合生成饱和的化合物。

3.1 烯烃

分子中含有碳-碳双键（C═C）的不饱和烃，叫做烯烃。例如：

$$CH_2=CH_2 \qquad CH_3-CH=CH_2 \qquad CH_3-CH_2-CH=CH_2$$
乙烯　　　　　　　丙烯　　　　　　　　　1-丁烯

$$CH_3-CH_2-C=CH_2 \qquad\qquad CH_3-CH=C-CH_3$$
$$\qquad\qquad |\qquad\qquad\qquad\qquad\qquad\qquad |$$
$$\qquad\qquad CH_3 \qquad\qquad\qquad\qquad\qquad CH_3$$
2-甲基-1-丁烯　　　　　　　　　　2-甲基-2-丁烯

碳-碳双键（C═C）是烯烃的官能团。

3.1.1 命名

烯烃的命名原则和烷烃基本相同，但是烯烃分子中有官能团（C═C）存在，因此命名时与烷烃又有所不同。烯烃系统命名法的原则如下。

（1）**选主链** 将包含双键的最长碳链作为主链，根据主链所含碳原子数称为"某烯"。当然，包含双键的最长碳链，有时可能不是该化合物分子中最长的碳链。

（2）**编号** 从距离碳碳双键最近的一端开始为主链上的碳原子编号，给予双键碳原子以最小的编号。四个碳原子以上的烯烃，有官能团的位置异构，命名时必须注明双键的位置（以双键所连碳原子的号数较小的一个表示，写在"某烯"之前，并用半字线相连）。

（3）取代基的位次、数目、名称写在烯烃名称之前，其原则和书写格式与烷烃相同。例如：

$$\overset{5}{C}H_3-\overset{4}{C}H-\overset{3}{C}H_2-\overset{2}{C}=\overset{1}{C}H_2 \qquad\qquad \overset{1}{C}H_3-\overset{2}{C}=\overset{3}{C}H-\overset{4}{C}H-\overset{5}{C}H-\overset{6}{C}H_3$$
$$\qquad |\qquad\qquad\qquad |\qquad\qquad\qquad\qquad\qquad |\qquad\qquad |\qquad |$$
$$\qquad CH_3\qquad\qquad CH_2-CH_3\qquad\qquad\qquad CH_3\qquad CH_3\ CH_3$$

4-甲基-2-乙基-1-戊烯　　　　　　　　　　2,4,5-三甲基-2-己烯

当烯烃主碳链的碳原子数多于十个时,命名时在烯字之前加"碳"字,即"某碳烯",例如:

$$CH_3(CH_2)_7-CH=CH-(CH_2)_7CH_3$$
9-十八碳烯

3.1.2 烯烃的物理性质

烯烃的物理性质和烷烃相似,难溶于水,而易溶于非极性或弱极性的有机溶剂,如苯、乙醚和氯仿等。常见烯烃的物理性质如表6-4所示。

表 6-4 烯烃的物理性质

名 称	结 构 式	沸点/℃	熔点/℃	相对密度
乙烯	$CH_2=CH_2$	−103.7	−169.5	0.566(−102℃)
丙烯	$CH_3CH=CH_2$	−47.7	−185.2	0.5193
1-丁烯	$CH_3CH_2CH=CH_2$	−6.3	−130	0.5951
(Z)-2-丁烯	顺式结构	3.5	−139.3	0.6213
(E)-2-丁烯	反式结构	0.9	−105.5	0.6042
甲基丙烯	$(CH_3)_2C=CH_2$	−6.9	−140.8	0.6310
1-戊烯	$CH_3(CH_2)_2CH=CH_2$	30.1	−166.2	0.6405
1-己烯	$CH_3(CH_2)_3CH=CH_2$	63.5	−139	0.6731
1-庚烯	$CH_3(CH_2)_4CH=CH_2$	93.6	−119	0.6970
1-十八碳烯	$CH_3(CH_2)_{15}CH=CH_2$	179.0	17.5	0.7910

3.1.3 化学性质

(1) 加成反应

① 加氢 烯烃在催化剂(Ni、Pt、Pd)存在下,与氢气发生加成反应,生成相应的烷烃,又称催化加氢。

$$R-CH=CH_2 + H_2 \xrightarrow{Pt} R-CH_2-CH_3$$
烯烃　　　　　　烷烃

有机化合物加氢或去氧的反应又称为还原反应。

② 与卤素的加成 烯烃与卤素(氯或溴)在室温下很容易发生加成反应。

$$CH_2=CH_2 + Br_2 \longrightarrow \underset{Br}{CH_2}-\underset{Br}{CH_2}$$
1,2-二溴乙烷

当乙烯或其他烯烃通入到溴水或溴的四氯化碳溶液中,溴水的颜色迅速消失生成无色的1,2-二溴乙烷。因此,溴水或溴的四氯化碳溶液都是鉴别不饱和键常用的试剂。

③ 与卤化氢的加成 烯烃与HX(HF、HCl、HBr、HI)发生加成反应,生成卤代烃。

$$CH_3-CH=CH_2 + HBr \begin{cases} CH_3-CHBr-CH_3 & \text{2-溴丙烷} \\ CH_3-CH_2-CH_2Br & \text{1-溴丙烷} \end{cases}$$

当不对称烯烃和卤化氢加成时,氢原子主要加到含氢较多的碳原子(即C1)上,这个经验规律叫做马尔柯夫尼柯夫(Markovnikov)规律,简称马氏规律。

④ 与水的加成　在强酸（硫酸、盐酸）存在下，烯烃与 H_2O 加成生成醇，又称烯烃的水合。

$$CH_3-CH=CH_2 + H_2O \xrightarrow{H^+} CH_3-\underset{\underset{OH}{|}}{CH}-CH_3$$
$$\text{2-丙醇}$$

烯烃与水的加成也遵守马氏规律。由丙烯水合只能得到异丙醇，而不能制备正丙醇。

(2) 氧化反应

烯烃中双键很容易被氧化，其氧化产物较复杂，随烯烃的结构、氧化剂、反应条件和催化剂的不同，氧化产物也不同。

① 稀、冷的高锰酸钾中性或碱性溶液生成邻二醇，反应过程中高锰酸钾的紫色消失，生成褐色二氧化锰沉淀，现象明显，用此反应来鉴别烯烃。

$$CH_3-CH=CH_2 + KMnO_4 + H_2O \xrightarrow{OH^-} CH_3-\underset{\underset{OH}{|}}{CH}-\underset{\underset{OH}{|}}{CH_2} + MnO_2 + KOH$$
$$\text{1,2-丙二醇}$$

除不饱和烃外，醇、醛等有机化合物也能被高锰酸钾所氧化，因此不能认为能使高锰酸钾溶液褪色的就一定是不饱和烃。

② 热、浓的高锰酸钾碱性溶液（常温下用酸性高锰酸钾）生成酮、羧酸等氧化产物。例如：

$$CH_3CH_2CH_2\underset{\underset{CH_3}{|}}{C}=CHCH_3 \xrightarrow{KMnO_4+H^+} CH_3CH_2CH_2-\underset{\underset{}{\overset{O}{\|}}}{C}-CH_3 + CH_3-\underset{\underset{}{\overset{O}{\|}}}{C}-OH$$
$$\text{2-戊酮} \qquad \text{乙酸}$$

碳-碳双键在碳链端位时，亚甲基被氧化成 CO_2 和 H_2O。例如：

$$CH_3CH_2CH=CH_2 \xrightarrow{KMnO_4+H^+} CH_3CH_2-\underset{\underset{}{\overset{O}{\|}}}{C}-OH + CO_2 + H_2O$$
$$\text{丙酸}$$

③ 臭氧的氧化　与臭氧作用生成臭氧化物，随后在锌粉作还原剂条件下水解，则生成醛或酮。例如：

$$CH_3 \atop CH_3 C=CHCH_3 \xrightarrow{O_3} \underset{H_3C}{\overset{CH_3}{\underset{O-O}{\overset{|}{C}}}}\underset{}{\overset{CH_3}{\overset{|}{C}}}H \xrightarrow{Zn, H_2O} CH_3-\underset{\underset{}{\overset{H}{|}}}{C}=O + O=\underset{\underset{}{\overset{CH_3}{|}}}{C}-CH_3$$
$$\text{乙醛} \qquad \text{丙酮}$$

烯烃结构不同，氧化产物不同。根据烯烃的氧化产物推断原烯烃的结构，也可利用此反应制备醛和酮。

(3) 聚合反应

在催化剂作用下，烯烃分子中的 π 键断裂，相同分子间通过加成方式互相结合，生成高分子化合物，这种反应称为聚合反应。例如：

$$nCH_2=CH_2 \xrightarrow[60\sim 70℃]{TiCl_4\text{-}Al(C_2H_5)_3} \text{\textlbrackdbl} CH_2-CH_2 \text{\textrbrackdbl}_n$$
$$\text{聚乙烯}$$

$$nCH_3CH=CH_2 \xrightarrow[50℃,2MPa]{TiCl_4\text{-}Al(C_2H_5)_3} \text{\textlbrackdbl} \underset{\underset{CH_3}{|}}{CH}-CH_2 \text{\textrbrackdbl}_n$$
$$\text{聚丙烯}$$

聚乙烯无毒，化学稳定性好，耐低温，并有绝缘和防辐射性能力，可用作防辐射保护衣、食品包装、绝缘部件等。

3.1.4 重要的烯烃

乙烯是石油化工的一种基本原料，用于制造合成橡胶、树脂、合成纤维、塑料、乙醇、乙醛、乙酸和环氧乙烷等。乙烯也是植物的激素之一，不少植物器官都含有微量的乙烯，乙烯有促进果实成熟，也可以使摘下来的未成熟的果实加速成熟，即催熟作用。

实际应用时，常用果实催熟剂——乙烯利（2-氯乙基膦酸）代替乙烯，它被植物吸收后，在一定的酸碱度条件下，能分解并释放出乙烯，起到与直接使用乙烯同样的效果。反应如下：

$$ClCH_2CH_2-P(=O)(OH)_2 \xrightarrow[H_2O]{pH>4} CH_2=CH_2 + HCl + H_3PO_4$$

3.2 炔烃

分子中含有碳碳三键（C≡C）的烃，叫做炔烃。例如：

$$H-C\equiv C-H \qquad CH_3-C\equiv CH \qquad CH_3-CH_2-C\equiv CH \qquad CH_3-C\equiv C-CH_3$$
$$\text{乙炔} \qquad\qquad \text{丙炔} \qquad\qquad\qquad \text{1-丁炔} \qquad\qquad\qquad \text{2-丁炔}$$

炔烃是不饱和烃，比相应的烯烃又少了两个氢原子，所以，单炔烃的通式为 C_nH_{2n-2}（$n \geq 2$）。碳碳三键（C≡C）是炔烃的官能团。炔烃同系列中最简单、最重要的是乙炔。

炔烃与烯烃相似，沸点、相对密度等比相应的烯烃略高些；炔烃有微弱的极性，不易溶于水，易溶于丙酮等有机溶剂。炔烃能与 H_2、X_2、HX、H_2O 等加成，可以被氧化剂氧化，也可以发生聚合反应等；此外，炔烃还有自身所特有的性质。

在炔烃分子中与三键碳原子直接相连的氢原子显弱酸性，能被某些金属离子取代，生成金属炔化物。例如，将乙炔通入银氨溶液或氯化亚铜的氨溶液中，分别生成白色的乙炔化银和砖红色的乙炔化亚铜沉淀。

$$CH\equiv CH + 2[Ag(NH_3)_2]NO_3 \longrightarrow AgC\equiv CAg\downarrow （白色）$$
$$\text{乙炔银}$$
$$CH\equiv CH + 2[Cu(NH_3)_2]Cl \longrightarrow CuC\equiv CCu\downarrow （砖红色）$$
$$\text{乙炔化亚铜}$$
$$RH\equiv CH + [Ag(NH_3)_2]NO_3 \longrightarrow RC\equiv CAg\downarrow （白色）$$
$$\text{炔化银}$$

此反应非常灵敏，现象明显，可用来鉴别炔烃分子中 C≡C 是在碳链的一端（端位炔烃）还是在碳链中间，因为只有三键碳原子上连有氢（乙炔和端位炔烃），才能生成金属炔化物。

注意：生成的金属炔化物在湿润时比较稳定，干燥时遇热或撞击易爆炸，实验完毕应立即用稀硝酸把它分解掉。

3.3 二烯烃

分子中含有两个碳-碳双键的烃叫做双烯烃或二烯烃。例如：

$$CH_2=C=CH_2 \qquad CH_2=CH-CH=CH_2 \qquad CH_2=CH-CH_2-C(CH_3)=CH_2$$
$$\text{丙二烯} \qquad\qquad \text{1,3-丁二烯} \qquad\qquad\qquad \text{2-甲基-1,4-戊二烯}$$

根据二烯烃分子中两个碳-碳双键的位置不同，将二烯烃分为三类。

（1）累积二烯烃 两个碳-碳双键相邻（即含有"—C=C=C—"结构）的二烯烃。例如，丙二烯。

(2) 孤立二烯烃　分子中的两个碳-碳双键被两个或两个以上单键隔开（—C=C—C—C=C—）的二烯烃。例如，2-甲基-1,4-戊二烯。

(3) 共轭二烯烃　两个碳-碳双键被一个单键隔开（—C=C—C=C—）的二烯烃。例如，1,3-丁二烯。

二烯烃的命名与烯烃相似，编号时应使两个双键的位号最小，并在"烯"前加上"二"字，分别注明两个双键的位置。

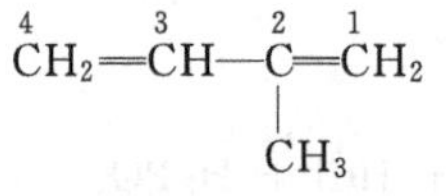

$$\overset{4}{C}H_2=\overset{3}{C}H-\overset{2}{C}-\overset{1}{C}H_2$$
$$\overset{|}{C}H_3$$

2-甲基-1,3-丁二烯

$$\overset{6}{C}H_3-\overset{5}{C}H=\overset{4}{C}H-\overset{3}{C}H-\overset{2}{C}H=\overset{1}{C}H_2$$
$$\overset{|}{C}H_3\overset{|}{C}H_3$$

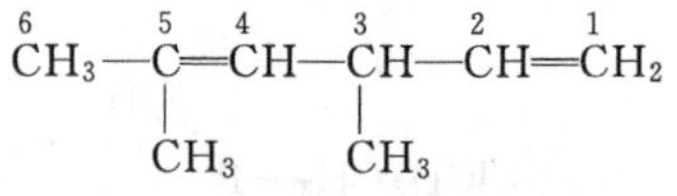

3,5-二甲基-1,4-己二烯

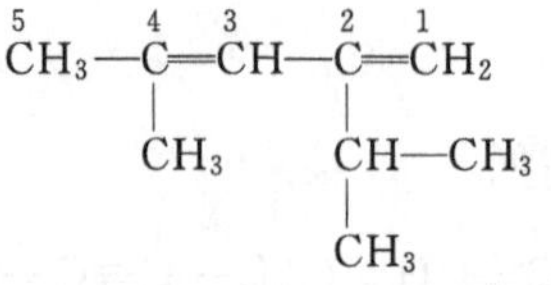

$$\overset{5}{C}H_3-\overset{4}{C}=\overset{3}{C}H-\overset{2}{C}H-\overset{1}{C}H_2$$
$$\overset{|}{C}H_3\overset{|}{C}H-\overset{|}{C}H_3$$
$$\overset{|}{C}H_3$$

4-甲基-2-异丙基-1,3-戊二烯

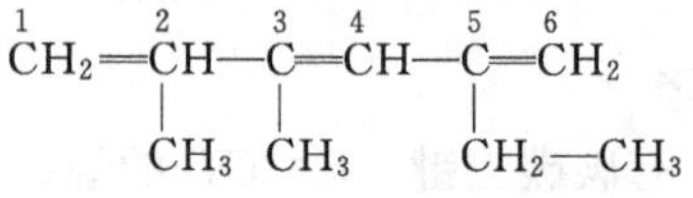

$$\overset{1}{C}H_2=\overset{2}{C}-\overset{3}{C}H=\overset{4}{C}-\overset{5}{C}H_2-\overset{6}{C}H_3$$
$$\overset{|}{C}H_3\overset{|}{C}H_2-\overset{|}{C}H_3$$

2,3-二甲基-5-乙基-1,3,5-己三烯

二烯烃分子中含有两个碳-碳双键，通式是 C_nH_{2n-2}（$n \geqslant 3$），与同数碳原子的单炔烃相同，互为同分异构体，它们的区别在于官能团不同，因此，又称为官能团异构。

三类二烯烃中，孤立二烯烃性质与烯烃相似，累积二烯烃较少，且不稳定，只有共轭二烯烃无论在理论上还是在实际应用中都非常重要。

3.4　萜类化合物

萜类化合物广泛存在于动植物界，例如，植物香精油中的某些组分、植物及动物中的某些色素等。它们的种类很多，但都有一个共同特点，即它们分子中的碳架可以看成是由若干个异戊二烯单位首尾相连所组成的，这种结构特点叫做萜类的异戊二烯规律。如图 6-1 所示。

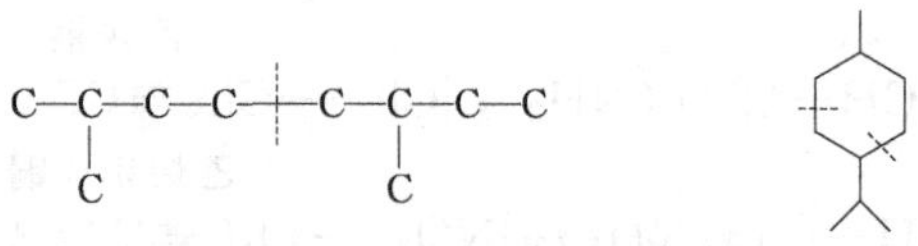

图 6-1　异戊二烯的碳架结构

从结构上看，萜类化合物是指以异戊二烯单位为碳架的一类碳氢化合物及其含氧衍生物。含有两个及两个以上异戊二烯单位的碳氢化合物统称为萜类。自然界中的萜类至少含有两个异戊二烯单位。萜类化合物常根据分子中含异戊二烯单位的数目分类（表 6-5）。

表 6-5　萜类化合物分类

异戊二烯单位数/个	2	3	4	6	8	多个
碳原子数/个	10	15	20	30	40	多个
类别	单萜	倍半萜	双萜	三萜	四萜	多萜

天然橡胶虽然也是异戊二烯的聚合体，但不属于萜类化合物，萜类化合物所包括的是异戊二烯的低聚体，而天然橡胶则是异戊二烯的高聚体。

4. 环烃

环烃包括脂环烃和芳香烃两类。脂环烃可以看作是链状脂肪烃首尾相连、分子中带有碳环的烃类，其结构与性质与链状脂肪烃类似。在石油、天然的挥发性油、萜类和甾体等天然化合物中都是脂环烃的衍生物。芳香烃是一类具有特定结构和特殊性质的环烃。

4.1 脂环烃

脂环烃按照碳原子的饱和程度可分为环烷烃、环烯烃、环炔烃等。例如：

        环丁烷   环己烯   环辛炔

用键线式表示为：

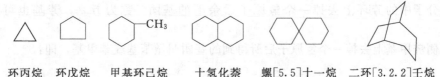

脂环烃按照分子中所含碳环的数目可将其分为单环脂环烃、二环脂环烃、多环脂环烃。例如：

   环丙烷   环戊烷   甲基环己烷   十氢化萘   螺[5.5]十一烷   二环[3.2.2]壬烷

4.2 芳香烃

芳香烃简称芳烃，是众多芳香族化合物的母体。大多数芳香烃具有苯环结构，少数不含苯环。从组成上看，芳香烃具有高度的不饱和性，但在性质上却与饱和的烷烃类似，不易发生加成和氧化反应，而较易发生取代反应。这个特性被称为芳香性。

4.2.1 芳香烃的分类与命名

根据分子中所含苯环的数目，可将芳香烃分为单环芳烃和多环芳烃。

（1）单环芳烃   单环芳烃是指分子中只含有一个苯环的芳烃，包括苯、苯的同系物。例如：

    苯   甲苯   乙苯   异丙苯

上面的结构简式也可表示为：

苯的同系物命名时，以苯环为母体，烷基作取代基，称为"某烷基苯"（"烷基"二字常省略）；苯环上有两个取代基时，有三种异构体存在，因此，需将苯环碳原子编号，以确定取代基的位置。编号时选最小的支链为1位，并使支链的位置序数之和最小。例如：

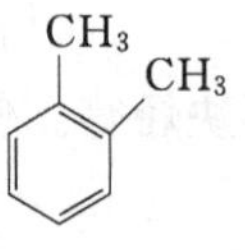

邻二甲苯　　　　　间二甲苯　　　　　对二甲苯
(1,2-二甲苯)　　　(1,3-二甲苯)　　　(1,4-二甲苯)

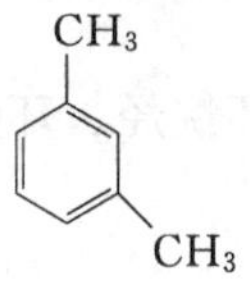

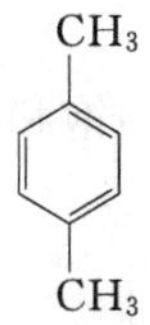

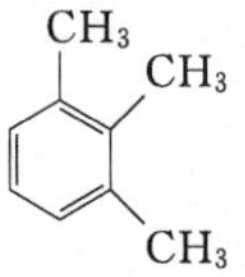

连三甲苯　　　　　偏三甲苯　　　　　均三甲苯
(1,2,3-三甲苯)　　(1,2,4-三甲苯)　　(1,3,5-三甲苯)

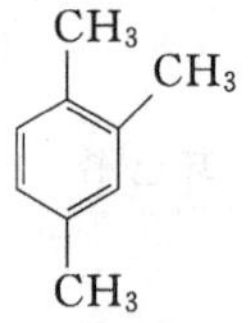

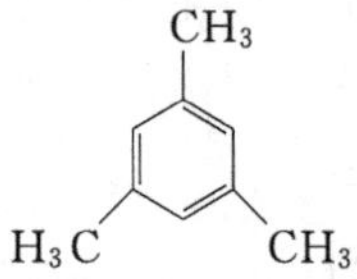

苯环上去掉一个氢原子后，余下的部分叫做苯基，即：

$$C_6H_5—\ 或\ —$$

芳烃分子中的芳环上去掉一个氢原子后余下的基团，称为芳基，芳基也可用"Ar"表示。

甲苯侧链甲基上去掉一个氢原子后所得到的基团叫做苄基或苯甲基，即：

$$C_6H_5—CH_2—\ 或\ —CH_2—$$

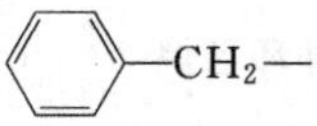

当苯环与不饱和烃或较复杂的烷基相连时，将苯环当作取代基，按烃的类别命名，例如：

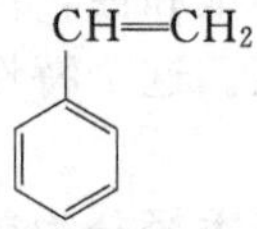

苯乙烯

当苯环上含有两个不同官能团时，命名顺序为：羧基（—COOH）、醛基（—CHO）、羟基（—OH）、氨基（—NH$_2$）、烷氧基（—OR）、烷基（—R）、卤素（—X）、硝基（—NO$_2$）。

排在前面的官能团为母体，排在后面的作为取代基。

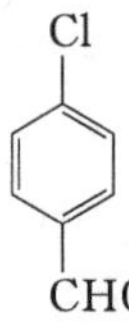

对氯苯甲醛 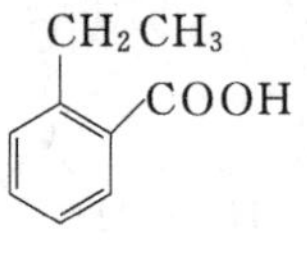　　　　邻乙基苯甲酸 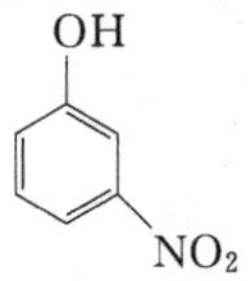　　　间硝基苯酚

(2) 多环芳烃　分子中含有一个以上苯环的芳烃，包括联苯类、多苯代脂肪烃和稠环芳香烃三类。

苯环之间以一单键相连的是联苯类，例如：

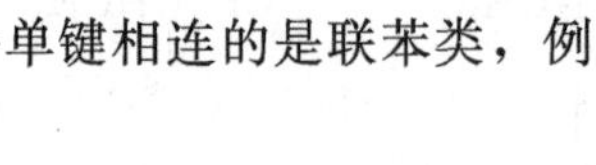

4,4'-二甲基联苯　　　　　　　　　1,3-联三苯
（联苯）　　　　　　　　　　　　（联苯）

苯代脂肪烃是把脂肪烃分子中的氢原子看作被苯基取代的产物,命名时将苯环作取代基,例如:

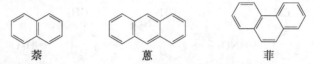

二苯甲烷　　　　　　　　三苯甲烷

由两个或两个以上苯环共用两个相邻的碳原子连接起来的芳烃叫做稠环芳香烃,这类化合物都有特定的名称和编号方法。例如:

萘　　　　　　蒽　　　　　　菲

4.2.2　单环芳烃的性质

苯及低级苯的同系物都是无色液体,比水轻,不溶于水,可溶于某些有机溶剂如四氯化碳、醇、醚等。单环芳烃具有特殊气味,有毒,易燃烧并有浓烟,使用时应注意通风。

（1）取代反应

苯环中离域的 π 电子云易受亲电试剂进攻,使苯环上的氢原子被卤原子、硝基、磺酸基、烷基等亲电取代。

① 卤代　卤素在铁或卤化铁催化下,室温就能与苯发生卤代反应生成卤苯。例如:

$$\text{C}_6\text{H}_6 + \text{Br}_2 \xrightarrow{\text{FeBr}_3} \text{C}_6\text{H}_5\text{Br（溴苯）} + \text{HBr}$$

在卤代产物中除一元溴代产物外,还有少量二元溴代产物——邻二溴苯和对二溴苯。

$$\text{C}_6\text{H}_5\text{Br} + \text{Br}_2 \xrightarrow[\Delta]{\text{FeBr}_3} \text{邻二溴苯} + \text{对二溴苯} + \text{HBr}$$

甲苯的卤代比苯容易,在同样条件下,甲苯卤代主要生成邻溴甲苯和对溴甲苯取代产物。

$$\text{C}_6\text{H}_5\text{CH}_3 + \text{Br}_2 \xrightarrow{\text{FeBr}_3} \text{邻溴甲苯} + \text{对溴甲苯}$$

苯的卤代反应中,卤素的活性顺序为:氟＞氯＞溴＞碘。

② 硝化　苯与浓硫酸和浓硝酸的混合物（也称浓混酸）共热,苯环上的氢原子被硝基（—NO$_2$）取代,这种反应称硝化反应。

$$\text{C}_6\text{H}_6 + \text{HO—NO}_2 \xrightarrow[50\sim60℃]{\text{H}_2\text{SO}_4} \text{C}_6\text{H}_5\text{NO}_2\text{（硝基苯）} + \text{H}_2\text{O}$$

硝基苯再硝化比苯困难，必须增加硝酸的浓度，并提高反应温度，可得到间二硝基苯。

$$\text{C}_6\text{H}_5\text{NO}_2 + \text{HNO}_3(\text{发烟}) \xrightarrow[100℃]{\text{H}_2\text{SO}_4} \text{间二硝基苯} + \text{H}_2\text{O}$$

甲苯进行硝化，只在室温下就可以反应，主要得到邻硝基甲苯和对硝基甲苯。它们进一步硝化，60℃时得到2,4-二硝基甲苯，100℃得到2,4,6-三硝基甲苯（TNT），这是一种猛烈的炸药。

$$\text{C}_6\text{H}_5\text{CH}_3 + \text{HNO}_3 \xrightarrow{30℃} \text{邻硝基甲苯} + \text{对硝基甲苯} + \text{H}_2\text{O}$$

邻硝基甲苯、对硝基甲苯 → 2,4-二硝基甲苯 → 2,4,6-三硝基甲苯(TNT)

③ **磺化** 苯和浓硫酸或发烟硫酸共热，苯环上的氢被磺酸基（—SO_3H）取代，这种反应称为磺化反应，反应产物是苯磺酸。

$$\text{C}_6\text{H}_6 + \text{HO—SO}_3\text{H} \xrightleftharpoons{\Delta} \text{苯磺酸} + \text{H}_2\text{O}$$

磺化反应是可逆反应，为使反应向正反应方向进行，常用发烟硫酸作磺化试剂。苯磺酸与硫酸都是强酸，易溶于水难溶于有机溶剂。在磺化反应的混合物中通入水蒸气或将苯磺酸与稀硫酸共热，能够脱去磺酸基，因此，在有机合成中磺化反应很重要。

烷基苯比苯更易进行磺化反应，在常温下生成对位产物和少量邻位产物。

$$\text{C}_6\text{H}_5\text{CH}_3 \xrightarrow[25℃]{\text{HO—SO}_3\text{H}} \text{邻甲基苯磺酸} + \text{对甲基苯磺酸}$$

邻甲基苯磺酸 32%　　对甲基苯磺酸 62%

④ **烷基化和酰基化反应** 在无水三氯化铝催化下，向苯环引入烷基或酰基的反应分别称为烷基化反应或酰基化反应，又称为付瑞德-克拉夫兹反应（Friedel-Crafts）。例如：

$$\text{C}_6\text{H}_6 + \text{CH}_3\text{—CH}_2\text{Cl} \xrightarrow{\text{AlCl}_3} \text{C}_6\text{H}_5\text{CH}_2\text{—CH}_3 + \text{HCl}$$

$$\text{C}_6\text{H}_6 + \text{CH}_3\text{COCl} \xrightarrow{\text{AlCl}_3} \text{C}_6\text{H}_5\text{COCH}_3 \text{(苯乙酮)} + \text{HCl}$$

烷基化反应中的卤代烷如果碳链较长，反应中碳链会发生异构化。例如：

$$\text{C}_6\text{H}_6 + \text{CH}_3\text{CH}_2\text{CH}_2\text{Cl} \xrightarrow{\text{AlCl}_3} \text{C}_6\text{H}_5\text{CH}_2\text{CH}_2\text{CH}_3\text{（丙苯）} + \text{C}_6\text{H}_5\text{CH(CH}_3\text{)}_2\text{（异丙苯）}$$

在烷基化反应中能提供烷基的试剂称为烷基化试剂。除卤代烷外，烯烃也可作烷基化试剂。

（2）氧化反应

苯环不能被高锰酸钾等氧化剂氧化。但苯的同系物，只要与苯环相连的侧链碳原子上有氢原子，侧链就能被高锰酸钾或重铬酸钾等强氧化剂氧化成羧基，生成苯甲酸。例如：

$$\text{C}_6\text{H}_5\text{CH}_3 \xrightarrow{\text{KMnO}_4/\text{H}^+} \text{C}_6\text{H}_5\text{COOH} \text{（苯甲酸）}$$

$$p\text{-CH}_3\text{CH}_2\text{C}_6\text{H}_4\text{CH(CH}_3\text{)} \xrightarrow{\text{KMnO}_4/\text{H}^+} p\text{-HOOC-C}_6\text{H}_4\text{-COOH} \text{（对苯二甲酸）}$$

此性质可以区别苯和苯的同系物。

（3）加成反应

苯在高温和有催化剂的条件下，能与氢、卤素等发生加成反应。例如：

$$\text{C}_6\text{H}_6 + 3\text{H}_2 \xrightarrow[180\sim210℃, 2.81\text{MPa}]{\text{Ni}} \text{环己烷}$$

$$\text{C}_6\text{H}_6 + 3\text{Cl}_2 \xrightarrow{\text{光}} \text{1,2,3,4,5,6-六氯环己烷（六六六）}$$

苯的加成不会停留在加一分子或两分子氢的阶段，这进一步说明苯环中六个 p 电子形成了一个整体，不存在三个类似烯烃的双键。

4.2.3 稠环芳烃

稠环芳烃是苯环间共用两个碳原子并合而成的含有多个苯环的芳烃。稠环芳烃的母体以西文音译命名。例如：

萘　　蒽　　菲

有很多稠环芳烃具有致癌作用,例如1,2,5,6-二苯并蒽、2,3-苯并芘等。在汽车、柴油机排放的废气以及烟气中含有2,3-苯并芘,这些烃本身并不引起癌变,而是进入人体后,经过某些生物过程转化为较活泼物质可与体内DNA(脱氧核糖核酸)结合,从而引起细胞变异。因此,吸烟对健康的危害应引起人们足够重视。

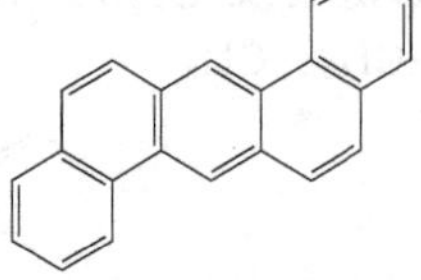

1,2,5,6-二苯并蒽 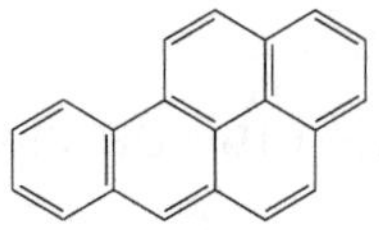　　　　　2,3-苯并芘

稠环芳烃中比较重要的是萘、蒽和菲,它们是合成染料的重要原料。萘、蒽、菲等也都具有芳香性。

任务二　假酒的测定

【工作任务】

测定假酒中甲醇的含量。

【工作目标】

1. 了解微量甲醇定性检验的反应原理。
2. 进一步熟练分光光度计的使用。

【工作情境】

本任务可在化验室或实训室中进行。

1. 仪器　722型可见光分光光度计(或其他型号)、吸量管、50mL容量瓶等。
2. 试剂　高锰酸钾、磷酸、草酸、硫酸、品红、亚硫酸钠、甲醇、无水乙醇和高锰酸钾。

【工作原理】

甲醇在磷酸溶液中被高锰酸钾氧化成甲醛,过量的高锰酸钾及在反应中产生的二氧化锰用草酸-硫酸溶液除去,甲醛与品红亚硫酸作用生成蓝紫色醌型色素,与标准系列比较定量。

【工作过程】

1. 试剂的配制

(1) 高锰酸钾-磷酸溶液　称取3g高锰酸钾,加入15mL 85%磷酸溶液及70mL水的混合液中,待高锰酸钾溶解后用水定容至100mL。贮于棕色瓶中备用。

(2) 草酸-硫酸溶液　称取5g无水草酸($H_2C_2O_4$)或7g含2个结晶水的草酸($H_2C_2O_2 \cdot 2H_2O$),溶于1:1冷硫酸中,并用1:1冷硫酸定容至100mL。混匀后,贮于棕色瓶中备用。

(3) 品红亚硫酸溶液　称取0.1g研细的碱性品红,分次加水(80℃)共60mL,边加水边研磨使其溶解,待其充分溶解后滤于100mL容量瓶中,冷却后加10mL(10%)亚硫酸钠溶液和1mL盐酸,再加水至刻度,充分混匀,放置过夜。如溶液有颜色,可加少量活性炭搅拌后过滤,贮于棕色瓶中,置暗处保存。溶液呈红色时应重新配制。

(4) 甲醇标准溶液　准确称取1.000g甲醇(相当于1.27mL)置于预先装有少量蒸馏水的100mL容量瓶中,加水稀释至刻度,混匀。此溶液每毫升相当于10mg甲醇,置低温保存。

(5) 甲醇标准应用液　吸取10.0mL甲醇标准溶液置于100mL容量瓶中,加水稀释至刻度,混匀。此溶液每毫升相当于1mg甲醇。

(6) 无甲醇无甲醛的乙醇制备　取300mL无水乙醇,加高锰酸钾少许,振摇后放置

24h，蒸馏，最初和最后的1/10蒸馏液弃去，收集中间的蒸馏部分即可。

2. 样品的测定

（1）根据待测白酒中含乙醇多少适当取样（含乙醇30%取1.0mL；40%取0.8mL；50%取0.6mL；60%取0.5mL）于25mL具塞比色管中。

（2）精确吸取0.0、0.20mL、0.40mL、0.60mL、0.80mL、1.00mL甲醇标准应用液（相当于0、0.2mg、0.4mg、0.6mg、0.8mg、1.0mg甲醇）分别置于25mL具塞比色管中，各加入0.3mL无甲醇无甲醛的乙醇。

（3）于样品管及标准管中各加水至5mL，混匀，各管加入2mL高锰酸钾-磷酸溶液，混匀，放置10min。

（4）各管加2mL草酸-硫酸溶液，混匀后静置，使溶液褪色。

（5）各管再加入5mL品红亚硫酸溶液，混匀，于20℃以上静置0.5h。

（6）以0管调零点，于590nm波长处测吸光度，与标准曲线比较定量。

【数据处理】

样品中甲醇的含量按下式计算：

$$X = \frac{m}{V \times 1000} \times 100$$

式中　X——样品中甲醇的含量，g/100mL；

　　　m——测定样品中所含的甲醇相当于标准的质量，mg；

　　　V——样品取样体积，mL。

【注意事项】

1. 品红亚硫酸溶液呈红色时应重新配制，新配制的品红亚硫酸溶液放置冰箱中24～48h后再用为好。

2. 白酒中其他醛类以及经高锰酸钾氧化后由醇类变成的醛类（如乙醛、丙醛等），与品红亚硫酸作用也显色，但在一定浓度的硫酸酸性溶液中，除甲醛可形成经久不褪的紫色外，其他醛类则历时不久即行消退或不显色，故无干扰。因此，操作中时间条件必须严格控制。

3. 酒样和标准溶液中的乙醇浓度对比色有一定的影响，故样品与标准管中乙醇含量要大致相等。

【体验测试】

1. 2004年5月我国发生三起假酒中毒事件，其中死亡2人，1人双眼失明。有些假酒是用工业酒精勾兑而成，这样的假酒含有的有毒物质是（　　）。

　　A. 水　　　　B. 甲醇　　　　C. 乙醇　　　　D. 碳酸

2. 已知一溶液在λ_{max}处$\varepsilon = 1.40 \times 10^4$ L/(mol·cm)，现用1.0cm比色皿测得该物质的吸光度为0.85，计算该溶液的浓度。

知识链接

醇

醇、酚、醚是烃的含氧衍生物。烃分子中的氢原子（芳香烃必须是侧链上的氢原子）被羟基（—OH）取代后的化合物叫做醇（R—OH）。

1. 醇的分类

根据烃基种类不同，醇分子可分为饱和醇、不饱和醇、脂环醇和芳香醇；根据与羟基直接相连的碳原子不同，醇分子分为伯醇、仲醇和叔醇；根据羟基的数目不同，醇分子分为一元醇、二元醇、多元醇。

饱和一元醇的通式可表示为$C_nH_{2n+1}OH$。醇中的羟基又称醇羟基。

从丙醇开始出现同分异构现象，醇由于存在碳链异构（如 2-丁醇与 2-甲基-2-丙醇）和官能团的位置异构（如 1-丁醇与 2-丁醇），所以醇的同分异构体比相应的烷烃多。

2. 醇的命名

2.1 普通命名法

适用于结构简单的一元醇命名，即根据与羟基相连的烃基名称命名为"某醇"。

CH_3CH_2OH $CH_2=CH-CH_2OH$ 环戊醇-OH   苯-CH_2OH

乙醇　　　　　烯丙醇　　　　　环戊醇　　　　苯甲醇（苄醇）
（饱和醇）　　（不饱和醇）　　（脂环醇）　　（芳香醇）

2.2 系统命名法

用于结构比较复杂的醇命名，其原则如下。

（1）选择主链　选择连有羟基的最长碳链为主链，不饱和醇应包含双键或三键，多元醇应连有尽可能多的羟基。

（2）编号　从离羟基最近的一端给主链上碳原子编号，根据主链上碳原子的数目称为"某醇"，然后按次序规则标出取代基的位次、数目及名称，羟基的位次在"某醇"前面（羟基的位次用碳原子的号数来表示）。

$CH_3-CH_2-CH_2-CH_2-OH$　　　　$CH_3-CH-CH_2-CH_3$　　　　$CH_3-\underset{CH_3}{\underset{|}{\overset{CH_3}{\overset{|}{C}}}}-CH_3$
　　　　　　　　　　　　　　　　　　　　　　$|$
　　　　　　　　　　　　　　　　　　　　　　OH　　　　　　　　　　OH

1-丁醇　　　　　　　　　　　2-丁醇　　　　　　　　　　　2-甲基-2-丙醇
[伯醇（正丁醇）]　　　　　　[仲丁醇]　　　　　　　　　　[叔醇（叔丁醇）]

2,3-二甲基-2-戊醇　　　　　　3-丙基-2-己醇　　　　　　　2-甲基-1,3-丙二醇
（叔醇）　　　　　　　　　　（仲醇）　　　　　　　　　　（伯醇、二元醇）

2-苯基乙醇　　　　　　　　　2-甲基-3-乙基-3-丁烯-2-醇　　　3-甲基-2-苯基-3-戊醇
（芳香醇）　　　　　　　　　（叔醇）　　　　　　　　　　　（叔醇）

3. 醇的性质

直链饱和一元醇12个碳原子以下的是无色液体，高级醇是蜡状固体。某些存在于花或果实中的醇，有特殊的香味，如苯乙醇有玫瑰香，可用于配制香精。

直链饱和一元醇的沸点随着碳原子的增加而有规律的上升。低级醇的沸点比分子量相近的烷烃高得多，例如，甲醇（相对分子质量32）的沸点64.65℃，而乙烷（相对分子质量30）的沸点-88.6℃。羟基的数目增加，多元醇的沸点也更高，例如，丙醇与乙二醇相对分子量接近，但沸点却相差很大。

低级醇（甲醇、乙醇、丙醇等）能与水混溶，从丁醇开始，溶解度显著减小；高级醇则不溶于水而溶于有机溶剂；多元醇的溶解度比一元醇大。一元醇的密度小于1g/cm³，多元

醇和芳香醇的密度都大于 $1g/cm^3$。某些醇的物理性质见表6-6。

表6-6 某些醇的物理性质

名 称	结 构 式	熔点/℃	沸点/℃	相对密度	溶解度/(g/100g 水中)
甲醇	CH_3OH	-93.9	65	0.7914	∞
乙醇	CH_3CH_2OH	-117.3	78.5	0.7893	∞
丙醇	$CH_3CH_2CH_2OH$	-126.5	97.4	0.8035	∞
异丙醇	CH_3CHCH_3 | OH	-89.5	82.4	0.7855	∞
正丁醇	$CH_3CH_2CH_2CH_2OH$	-89.6	117.2	0.8098	7.9
正戊醇	$CH_3CH_2CH_2CH_2CH_2OH$	-79	137.3	0.8144	2.7
环己醇	⬡—OH	-25.1	161.1	0.9624	3.6
苯甲醇	⬡—CH_2OH	-15.3	205.3	1.0419	4
乙二醇	CH_2—CH_2 | | OH OH	-11.5	198	1.1088	∞
丙三醇	CH_2—CH—CH_2 | | | OH OH OH	20	290(分解)	1.2613	∞

醇的化学性质主要表现在官能团羟基及受羟基影响而比较活泼的 α-氢原子和 β-氢原子上。

$$R-\overset{\beta}{C}H_2-\overset{\alpha}{C}H_2-O-H$$

（取代反应指向 O；与活泼金属反应指向 H）

3.1 与活泼金属的反应

醇与水相似，羟基上的氢原子比较活泼，能与活泼金属钠、钾、镁、铝等反应生成金属醇化物，并放出 H_2。

$$ROH + Na \longrightarrow RONa + H_2\uparrow$$
$$\text{醇钠}$$
$$CH_3CH_2OH + Na \longrightarrow CH_3CH_2ONa + H_2\uparrow$$
$$\text{乙醇钠}$$

此反应比水与金属钠（钾）的反应缓和，虽然低级醇反应仍然很激烈，但不燃烧、不爆炸，表明羟基上氢原子的活泼性比水弱。各类醇的反应活性为：

水＞甲醇＞伯醇＞仲醇＞叔醇

3.2 与卤化氢（HX）反应

醇与氢卤酸作用，羟基被卤原子取代生成卤代烃和水，这是制备卤代烃的一种重要方法。

$$ROH + HX \xrightarrow{\triangle} RX + H_2O$$
$$\text{卤代烃}$$
$$CH_3CH_2CH_2OH + HBr \xrightarrow{\triangle} CH_3CH_2CH_2Br + H_2O$$
$$\text{1-溴丙烷}$$

此反应是卤代烃水解反应的逆反应。反应速率与氢卤酸的类型和醇的结构有关，活性次序分别是：

$$HX：HI>HBr>HCl$$
$$ROH：叔醇>仲醇>伯醇>甲醇$$

利用醇和浓盐酸作用的快慢，可以鉴别低级的伯、仲、叔醇。所用试剂为浓盐酸和无水氯化锌配成的溶液，称为卢卡斯（H.J.Lucas）试剂。低级一元醇（C_6 以下）能溶于卢卡斯试剂中，而相应的氯代烃则不溶，溶液浑浊或分层表示有氯代烃生成。

$$R-\underset{R'}{\overset{R''}{\underset{|}{\overset{|}{C}}}}-OH + HCl \xrightarrow{ZnCl_2,室温} R-\underset{R'}{\overset{R''}{\underset{|}{\overset{|}{C}}}}-Cl + H_2O \quad (很快浑浊)$$

$$R-\underset{OH}{\underset{|}{CH}}-R' + HCl \xrightarrow{ZnCl_2,室温} R-\underset{Cl}{\underset{|}{CH}}-R' + H_2O \quad (数分钟后浑浊)$$

$$R-\underset{H}{\overset{H}{\underset{|}{\overset{|}{C}}}}-OH + HCl \xrightarrow{ZnCl_2,室温} 不反应(不浑浊)$$

3.3 酯化反应

醇与酸反应失去一分子水后生成相应的酯。醇与有机酸作用生成有机酸酯（羧酸酯）。

$$\underset{羧酸}{R'-COOH} + HO-R \xrightleftharpoons{浓 H_2SO_4} \underset{羧酸酯}{R'-COOR} + H_2O$$

醇与无机酸作用生成无机酸酯。醇与浓硝酸作用可得硝酸酯。

$$\begin{matrix}CH_2OH\\|\\CHOH\\|\\CH_2OH\end{matrix} + 3HONO_2 \xrightarrow{(HNO_3)} \underset{三硝酸甘油酯}{\begin{matrix}CH_2ONO_2\\|\\CHONO_2\\|\\CH_2ONO_2\end{matrix}} + 3H_2O$$

生命体的核苷酸中有磷酸酯，例如甘油磷酸酯与 Ca^{2+} 的反应可用来控制体内 Ca^{2+} 的浓度，如果这个反应失调，会导致佝偻病。

$$\begin{matrix}CH_2OH\\|\\CHOH\\|\\CH_2OH\end{matrix} + HO-\overset{O}{\underset{OH}{\overset{\|}{P}}}-OH \longrightarrow \underset{甘油磷酸酯}{\begin{matrix}CH_2O-\overset{O}{\overset{\|}{P}}-OH\\|\quad\quad |\\CHOH\quad OH\\|\\CH_2OH\end{matrix}} \xrightarrow{Ca^{2+}} \underset{甘油磷酸钙}{\begin{matrix}CH_2O-\overset{O}{\overset{\|}{P}}-OH\\|\quad\quad |\\CHOH\quad O-Ca\\|\\CH_2OH\end{matrix}}$$

3.4 脱水反应

醇与浓硫酸共热可以发生脱水反应，脱水方式随反应温度而异。

（1）**分子内脱水** 与卤代烃的消除反应一样，醇在浓硫酸存在下，加热至一定温度，脱水生成烯烃。

当醇分子中有不止一种 β 氢原子时，脱水过程同样遵守扎依采夫（Saytzeff）规律，即脱去羟基和含氢较少的 β 碳上的氢原子，生成的主要产物是双键碳上连有较多烃基的烯烃。

$$CH_3CH_2\underset{OH}{\underset{|}{C}H}CH_3 \xrightarrow[\triangle]{浓 H_2SO_4} CH_3CH=CHCH_3 + H_2O \quad (65\%\sim80\%)$$

（2）**分子间脱水** 两分子醇在较低温度下发生分子间脱水，生成醚。

$$CH_3CH_2-OH + HO-CH_2CH_3 \xrightarrow[140℃]{浓 H_2SO_4} \underset{乙醚}{CH_3CH_2-O-CH_2CH_3} + H_2O$$

仲醇和叔醇与浓硫酸共热的主要产物是烯。

3.5 氧化与脱氢反应

伯醇、仲醇分子中,与羟基直接相连的α-碳原子上的氢原子,因受羟基的影响,α-氢比较活泼,能被重铬酸钾、高锰酸钾等氧化剂氧化或在催化剂(Cu)作用下脱氢。

$$R-CH_2-OH \xrightarrow{[O]} R-\underset{醛}{\overset{O}{C}}-H \xrightarrow{[O]} R-\underset{羧酸}{\overset{O}{C}}-OH$$

$$R-\underset{仲醇}{\overset{OH}{C}H}-R' \xrightarrow{[O]} R-\underset{酮}{\overset{O}{C}}-R'$$

$$R-CH_2-OH \xrightarrow[Cu, \Delta]{-2H} R-\underset{醛}{\overset{O}{C}}-H$$
伯醇   醛

伯醇先被氧化成醛,醛很容易继续被氧化成羧酸;仲醇则被氧化成酮,叔醇分子中没有α-氢,一般很难被氧化。

生物体内的氧化还原反应是在酶的作用下常以脱氢或加氢的方式进行的。

3.6 邻二醇的特性

与 $Cu(OH)_2$ 的反应。

$$\begin{matrix} CH_2OH \\ | \\ CHOH \\ | \\ CH_2OH \end{matrix} + Cu(OH)_2 \longrightarrow \begin{matrix} CH_2-O \\ | \quad\quad\ \ \diagdown \\ CH-O \quad\ Cu \\ | \quad\quad\ \diagup \\ CH_2-OH \end{matrix} + 2H_2O$$
甘油铜(深蓝色)

乙二醇等邻二醇类化合物都能发生此反应。因此常用此法来鉴别具有两个相邻羟基的多元醇。

4. 重要的醇

4.1 甲醇(CH_3OH)

甲醇最初是由木材干馏得到的,因此又称木醇或木精。甲醇是无色易燃的液体,沸点64.65℃。甲醇有毒,服入或吸入其蒸气或经皮肤吸收,均可以引起中毒,损害视力以致失明,工业酒精中大约含有4%的甲醇,被不法分子当作食用酒精制作假酒,而被人饮用后,就会产生甲醇中毒。甲醇的致命剂量大约是70mL。

4.2 乙醇(C_2H_5OH)

乙醇俗称酒精,是各类酒的主要成分。乙醇是无色液体,有特殊香味。密度 0.7893 g/cm³,沸点 78.4℃,易挥发,可与水混溶。乙醇也有毒,服入较多或长期服用,可使肝、心、脑等器官发生病变。

思政小课堂

乙醇是重要的化工原料,可用作消毒剂、溶剂、燃料等。工业上主要采用发酵法和乙烯水化法制取乙醇。例如乙醇汽油中的乙醇主要是利用含淀粉的谷物、马铃薯或甘薯为原料发酵制得的。

4.3 乙二醇($HOCH_2CH_2OH$)

乙二醇是无色、黏稠、有甜味的液体,密度 1.1088g/cm³,沸点 197.2℃,是常用的高沸点溶剂。乙二醇能与水、乙醇、丙酮等混溶,不溶于乙醚。

乙二醇的水溶液凝固点很低,如60%乙二醇水溶液的凝固点为-49℃,因此,可作发动机冷却液的防冻剂,如北方冬季汽车水箱的防冻剂;乙二醇与对苯二甲酸发生酯化反应(缩聚)而合成俗称涤纶的聚酯纤维。

4.4 丙三醇（HOCH$_2$CHOHCH$_2$OH）

丙三醇俗称甘油，无色、无嗅、带有甜味的黏稠液体，沸点290℃（分解），可与水以任意比例混溶，其水溶液的凝固点很低。无水甘油具有强烈的吸湿性。甘油常用于制造化妆品、软化剂、抗生素、发酵用营养剂、干燥剂等。

甘油是食品加工业中通常使用的甜味剂和保湿剂，大多出现在运动食品和代乳品中。食品中加入甘油，通常是作为一种甜味剂和保湿物质，使食品爽滑可口。

4.5 环己六醇[(CHOH)$_6$]

环己六醇最初是从动物肌肉中分离得到的，又称肌醇。肌醇是一种生物活素，是生物体中不可缺少的成分。环己六醇在自然界存在有多个顺、反异构体，但有价值的、天然存在的异构体为顺-1,2,3,5-反-4,6-环己六醇。

在80℃以上，从水或乙酸中得到的肌醇为白色晶体，熔点253℃，密度1.752g/cm^3（15℃），味甜，溶于水和乙酸，无旋光性，可由玉米浸泡液中提取。主要用于治疗肝硬化、肝炎、脂肪肝、血中胆固醇过高等症。

肌醇的六磷酸酯（肌醇六磷酸）又称植酸，以钙、镁盐的形式广泛存在于植物体内，尤以种子中的含量较高，种子发芽时，它在酶的作用下水解，供给幼芽生长所需要的磷酸。

5. 酚

苯环上的氢原子被羟基取代后的衍生物叫做酚（Ar—OH）。例如：

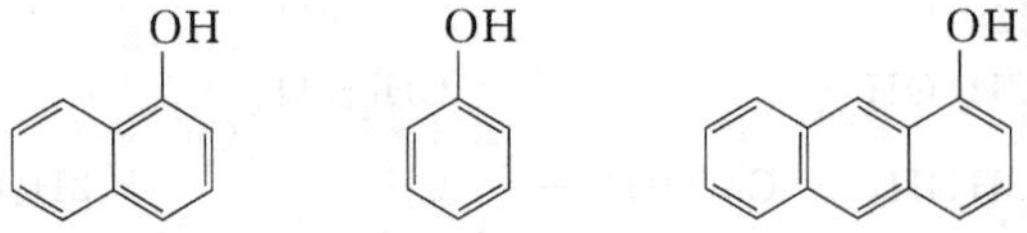

α-萘酚　　　苯酚　　　α-蒽酚

酚的官能团又称酚羟基。

5.1 酚的分类、命名和结构

5.1.1 酚的分类

根据酚分子中芳环的不同，可分为苯酚、萘酚、蒽酚等；根据分子中羟基的数目又可分为一元酚、二元酚、多元酚等。一元酚的通式为Ar—OH。

5.1.2 酚的命名

酚命名时一般是在酚字前面加上芳环的名称作母体，再加上其他取代基的位次、数目和名称。有时也把羟基当作取代基来命名。例如：

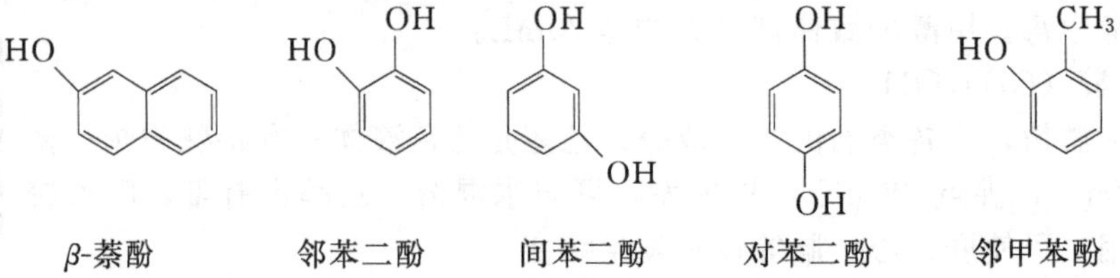

β-萘酚　　　邻苯二酚　　　间苯二酚　　　对苯二酚　　　邻甲苯酚
(2-萘酚)　　(1,2-苯二酚)　(1,3-苯二酚)　(1,4-苯二酚)　(2-甲苯酚)

5.2 酚的性质

常温下，除少数烷基酚（如甲苯酚）是液体外，多数酚是固体。由于酚的分子间能形成氢键，所以酚的沸点都较高。酚在水中有一定的溶解度，分子中羟基数目越多，溶解度越大。纯净的酚是无色的，但因易被氧化而显不同程度的红或黄色。

酚羟基上的氧原子中未共用电子对与芳环形成p-π共轭体系，因此，酚羟基难被取代。

5.2.1 酸性

羟基氧原子上的电子云向苯环偏移，导致O—H键极性增大，使得O—H键易断裂，而离解出氢离子，使苯酚显弱酸性。

$$\text{C}_6\text{H}_5\text{OH} \rightleftharpoons \text{C}_6\text{H}_5\text{O}^- + \text{H}^+ \quad pK_a \approx 10$$

苯酚能与氢氧化钠等强碱作用,生成苯酚钠而溶于水中。

$$\text{C}_6\text{H}_5\text{OH} + \text{NaOH} \longrightarrow \text{C}_6\text{H}_5\text{ONa (苯酚钠)} + \text{H}_2\text{O}$$

在苯酚钠的水溶液中通入 CO_2,可使苯酚重新游离出来。说明苯酚的酸性比碳酸弱。

$$\text{C}_6\text{H}_5\text{ONa} + \text{CO}_2 + \text{H}_2\text{O} \longrightarrow \text{C}_6\text{H}_5\text{OH} + \text{NaHCO}_3$$

5.2.2 与 $FeCl_3$ 的显色反应

多数酚能与三氯化铁溶液反应生成紫、蓝、绿、棕等颜色的化合物。例如,苯酚与 $FeCl_3$ 溶液作用显紫色,邻苯二酚与对苯二酚显绿色,甲苯酚遇三氯化铁呈蓝色等。这种显色反应主要用来鉴别酚或烯醇式结构 [—C=C—OH] 的存在。

有些酚不与三氯化铁显色。此反应的机理以及生成的有色物质的组成目前尚不完全清楚。

5.2.3 氧化反应

酚比醇更容易被氧化,空气中的氧就能将酚氧化而生成有色物质。例如:

苯酚 —[O]→ 对苯醌(黄色) ←[−2H]— 对苯二酚

邻苯二酚 —[−2H]→ 邻苯醌(红色)

具有对苯醌或邻苯醌结构的物质都有颜色。

5.2.4 芳环上的取代反应

酚羟基是邻、对位定位基,对芳环具有活化作用,所以,酚比苯更容易进行亲电取代反应。

(1) 卤代 苯酚与溴水在常温下迅速反应,生成 2,4,6-三溴苯酚白色沉淀。

苯酚 + Br_2 ⟶ 2,4,6-三溴苯酚↓ + HBr

此反应极为灵敏,而且定量。用本性质进行苯酚的定性和定量检验。

(2) 硝化 低温下苯酚与稀硝酸作用生成邻硝基苯酚和对硝基苯酚的混合物。

苯酚 —[稀 HNO_3]→ 邻硝基苯酚 + 对硝基苯酚

苯酚与混酸作用，可生成 2,4,6-三硝基苯酚（俗称苦味酸）。

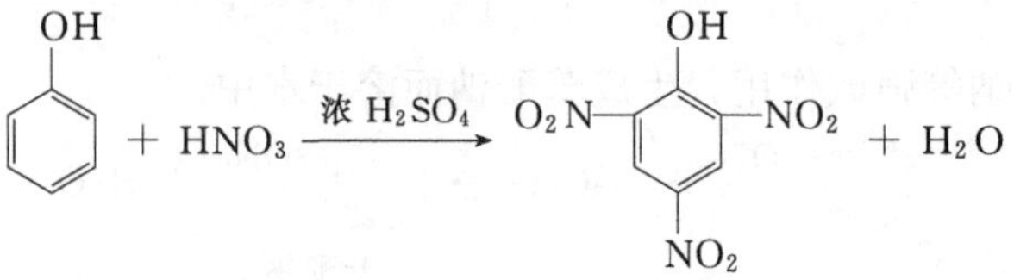

$$\text{C}_6\text{H}_5\text{OH} + \text{HNO}_3 \xrightarrow{\text{浓 H}_2\text{SO}_4} \text{2,4,6-三硝基苯酚} + \text{H}_2\text{O}$$

5.3 重要的酚

5.3.1 苯酚

俗称石炭酸，分子式 C_6H_5OH，相对密度 1.071，熔点 43℃，沸点 182℃，燃点 79℃。无色结晶或结晶熔块，具有特殊气味。暴露空气中或日光下被氧化，逐渐变成粉红色至红色，故应置于棕色瓶中密闭保存。在潮湿空气中，吸湿后，由结晶变成液体。酸性极弱（弱于 H_2CO_3），有毒，有强腐蚀性。

苯酚室温微溶于水，能溶于苯及碱性溶液，易溶于乙醇、乙醚、氯仿、甘油等有机溶剂中，难溶于石油醚。

5.3.2 甲苯酚

甲苯酚有邻甲苯酚、间甲苯酚、对甲苯酚 3 种异构体，都存在于煤焦油中。

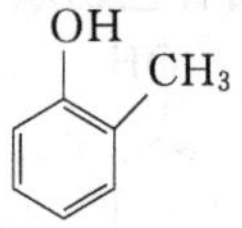

邻甲苯酚 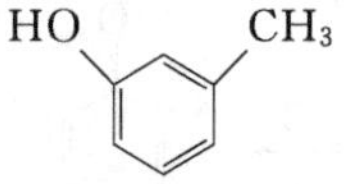　　　　间甲苯酚 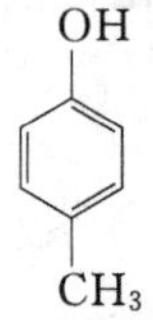　　　　对甲苯酚

三者沸点相近，难以分离。它们的杀菌能力比苯酚强，医药上常用的消毒药水"煤酚皂溶液"就是 47%～53% 的 3 种甲苯酚的肥皂水溶液，俗称来苏尔（Lysol）。它对人有一定的毒性，一般家庭消毒、畜舍消毒时可稀释至 3%～5% 使用。对甲苯酚主要应用于农药、香料、感光材料和染料行业等领域。

5.3.3 苯二酚

有邻苯二酚、间苯二酚、对苯二酚 3 种异构体，都是晶体，能溶于水、乙醇和乙醚中。

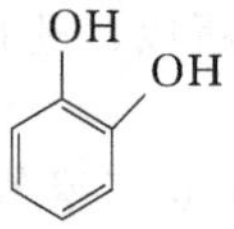

邻苯二酚 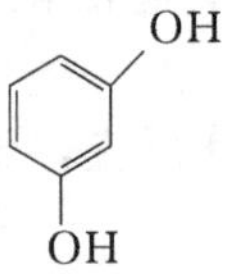　　　　间苯二酚 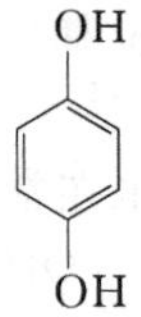　　　　对苯二酚

5.3.4 萘酚

萘酚有 α-萘酚及 β-萘酚两种异构体。二者都是易升华的结晶体。

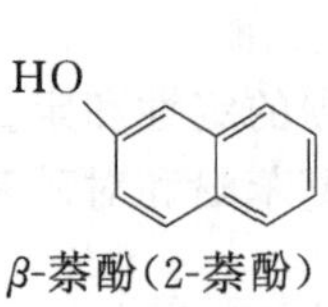

β-萘酚(2-萘酚) 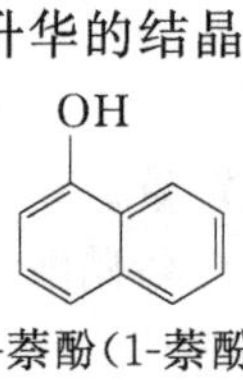　　　　α-萘酚(1-萘酚)

α-萘酚及 β-萘酚与 $FeCl_3$ 水溶液混合，分别显紫色和绿色。它们都是合成染料的重要原料。

6. 醚

醇或酚中羟基氢原子被烃基取代的产物叫做醚（R—O—Ar 或 R—O—R'）。醚是醇或酚的同分异构体。

6.1 醚的分类与命名

醚的通式可表示为 R—O—R′。两个烃基相同时称为单醚，不同时称为混合醚，有一个或两个芳香烃基的称为芳香醚，若烃基和氧原子连接成环，则为环醚。

$$CH_3-O-CH_3 \qquad CH_3-O-CH_2CH_3 \qquad C_6H_5-O-C_6H_5 \qquad \underset{O}{H_2C-CH_2}$$

  (二)甲醚   甲乙醚   二苯醚   环氧乙烷
   (单醚)   (混合醚)   (芳香醚)   (环醚)

醚可根据醚键所连接的烃基来命名。脂肪单醚中的"二"字也可以省略。混合醚命名时，将较小的烃基放在前面；芳香醚则将芳香烃基放在前面。例如：

$$CH_3CH_2-O-CH_2CH_3 \qquad CH_3-O-C_6H_5 \qquad CH_3-\underset{\underset{CH_3}{|}}{CH}-O-CH_3$$

   乙醚   苯甲醚（茴香醚）   甲异丙醚

结构比较复杂的醚，采用系统法命名，将碳链较长的烃基作为母体，碳链较短的烃基或芳烃基作为取代基，称为烃氧基（RO—或 ArO—）。例如：

$$\overset{1}{C}H_3-\overset{2}{C}H-\overset{3}{C}H_2-\overset{4}{C}H_2-\overset{5}{C}H-\overset{6}{C}H_3 \qquad\qquad CH_3OCH_2CH=CH_2$$

    2-甲基-5-苯氧基己烷   3-甲氧基-1-丙烯

环醚称为环氧某烷。例如：

$$\underset{\text{环氧乙烷}}{\underset{O}{H_2C-CH_2}}$$

分子组成相同的醚和醇或酚互为官能团异构体。例如：

  CH_3-O-CH_3 甲醚 CH_3-CH_2-OH 乙醇
  $CH_3CH_2-O-CH_2CH_3$ 乙醚 $CH_3CH_2CH_2CH_2-OH$ 1-丁醇

6.2 醚的性质

大多数醚在室温下为液体，有香味。醚分子间不能形成氢键，沸点比相应的醇或酚低，与分子量相当的烷烃很接近。例如，乙醚（相对分子质量 74）的沸点 34.5℃，正丁醇的沸点 117.2℃，正戊烷（相对分子质量 72）的沸点 36.1℃。但是，醚分子与水分子间能形成氢键，所以，醚在水中的溶解度与同数碳原子的醇相近。醚是良好的有机溶剂。

6.3 过氧化物的生成

烷基醚在空气中久置，能被缓慢氧化，生成过氧化物，反应通常发生在 α-氢原子上。

$$CH_3CH_2-O-CH_2CH_3 \xrightarrow{O_2} \underset{\underset{O-OH}{|}}{CH_3CH-O-CH_2CH_3}$$

过氧化物的挥发性低，不稳定，在受热或受到摩擦时，易分解而发生强烈的爆炸。因此，醚类应尽量避免露置在空气中，一般应放在棕色瓶中避光保存。还可加入微量的抗氧化剂（如对苯二酚）以防止过氧化物的生成。

久置的醚在使用前，特别是用做溶剂进行蒸馏操作前，必须检验是否含有过氧化物，并设法除去。常用的检验方法是用碘化钾淀粉试纸（或溶液），如有过氧化物，则试纸（或溶液）呈深蓝色。要除去这些过氧化物，可用还原剂硫酸亚铁或亚硫酸氢钠溶液与醚混合，充分振荡和洗涤，可破坏过氧化物。

6.4 重要的醚

乙醚是无色易挥发、有芳香刺激性气味的液体，沸点34.5℃，微溶于水，易溶于有机溶剂。乙醚蒸气易燃、易爆，爆炸极限：1.9%～36%。使用时必须特别小心，远离火源。

思政小课堂

乙醚可用作溶剂、麻醉剂、试剂、萃取剂。乙醚蒸气对人体有麻醉性能，当吸入含量为3.5%时，30～40min就可失去知觉，所以，纯乙醚可用作外科手术时的麻醉剂。大牲畜进行外科手术也可用乙醚麻醉。当浓度达7%～10%时，能引起呼吸系统和循环系统的麻痹，最后致死。

6.5 硫醇、硫酚

硫和氧是同族元素，它们可以形成结构相似的一些化合物，含硫有机物的命名与相应的醇、酚、醚相同，只是在母体名称前加一个硫字。在硫醇、硫酚中的官能团"—SH"叫做巯（qiú）基。硫醇在自然界中分布较广，多存在于生物组织和动物的排泄物中。例如，洋葱中含有正丙硫醇，动物大肠内的某些蛋白质受细菌分解可产生甲硫醇，黄鼠狼防御攻击时分泌出3-甲基-1-丁硫醇。

低级的硫醇有毒，并有极其难闻的臭味，是大气污染物；低级硫醇难溶于水，易溶于乙醇等有机溶剂。在煤气或天然气管道中加少量的低级硫醇，便于发现漏气。

6.5.1 酸性

硫醇、硫酚的酸性比相应的醇、酚强。例如，硫醇可溶于氢氧化钠溶液中。在石油加工中，利用此性质除去石油中的硫醇。

$$CH_3CH_2SH + NaOH \longrightarrow CH_3CH_2SNa + H_2O$$
乙硫醇钠

硫酚的酸性强于碳酸，可溶于碳酸氢钠溶液中。

6.5.2 重金属盐类解毒剂

硫醇、硫酚与重金属铅、汞、铜、砷等生成不溶于水的硫醇盐。例如：

$$\begin{array}{c}CH_2-SH\\|\\CH-SH\\|\\CH_2-OH\end{array} \xrightarrow{Hg^{2+}} \begin{array}{c}CH_2-S\\|\quad\quad\searrow Hg\downarrow\\CH-S\\|\\CH_2-OH\end{array} + 2H^+$$

二巯基丙醇

二巯基丙醇又叫做巴尔（BAL），它能夺取已与肌体内酶结合的金属离子，形成稳定的配合物而从尿中排出。

任务三 馒头中甲醛合次硫酸氢钠的测定

【工作任务】

馒头中甲醛合次硫酸氢钠的测定。

【工作目标】

1. 学会馒头中甲醛合次硫酸氢钠（又名吊白块）的测定的方法。
2. 掌握醛、酮、醌的定义、命名、性质和重要的醛、酮。

【工作原理】

吊白块在酸性条件下可分解出甲醛，甲醛沸点很低，因此可对检样进行水蒸气蒸馏，使甲醛馏出后再与乙酰丙酮作用，生成黄色的二乙酰基二氢吡啶，然后根据颜色的深浅比色定量。

【工作情境】

本任务可在化验室或实验室中进行。

1. 仪器 721型分光光度计、蒸馏瓶、烧杯、容量瓶、冷凝管、比色杯、水浴锅、洗耳球、吸量管。

2. 试剂

(1) 10%（体积分数）磷酸溶液。

(2) 液体石蜡。

(3) 乙酰丙酮溶液 在100mL蒸馏水中加入醋酸铵（AR）25g，冰醋酸3mL和乙酰丙酮（AR）0.40mL，振摇使其溶解，贮于棕色瓶中。此溶液可存放1个月。

(4) 甲醛标准贮备液 吸取分析纯甲醛（36%～38%）0.3mL，用蒸馏水定容至100mL，然后依下述方法标定。吸取上述贮备液10.00mL，置于250mL碘量瓶中，加入0.1mol/L $1/2I_2$ 溶液25.00mL和1mol/L NaOH溶液7.5mL，放置15min，再加入0.5mol/L H_2SO_4 溶液10mL，放置15min。用0.025mol/L $Na_2S_2O_3$ 溶液滴定，滴定至呈淡黄色时，加入淀粉指示剂1mL，继续滴定至蓝色消失，记录溶液用量。同时做空白试验

$$甲醛含量 = \frac{(V_1-V_2)c \times 15}{10} \times 1000 (mg/L)$$

式中 V_1——空白滴定消耗硫代硫酸钠溶液的体积，mL；

V_2——滴定甲醛消耗硫代硫酸钠溶液的体积，mL；

c——硫代硫酸钠溶液的浓度，mol/L；

15——与1mmol/L $1/2I_2$ 相当的甲醛的质量，mg/mmol。

(5) 甲醛标准应用液 临用时以蒸馏水将甲醛标准贮备液稀释成5μg/mL。

【工作过程】

1. 样品处理

称取经粉碎的湿样馒头5.00g，置于蒸馏瓶中，加入蒸馏水20mL、液体石蜡2.5mL和10%磷酸溶液10mL，立即通水蒸气蒸馏。冷凝管下端应事先插入盛有10mL蒸馏水且置于冰浴上的容器中的液面下，精确收集蒸馏液至150mL。同时做空白蒸馏。

2. 显色操作

视检品中吊白块含量的高低，吸取检品蒸馏液2～10mL，补充蒸馏水至10mL，加入乙酰丙酮溶液1mL混匀，置沸水浴中加热3min，取出冷却。然后以蒸馏水调零，于波长435nm处，以1cm比色杯进行比色，记录吸光度。查标准曲线计算结果。

3. 绘制标准曲线

分别吸取5μL/mL甲醛标准液0、0.50mL、1.00mL、3.00mL、5.00mL和7.00mL，补充蒸馏水至10mL，然后按上述"2. 显色操作"中对应步骤操作。减去零管吸光度后，绘制标准曲线。

【计算公式】

吊白块含量按下式计算：

$$吊白块含量 = \frac{V_1 m_1 \times 5.133}{m_2 \times \dfrac{V_2}{V_3}} \ (mg/kg)$$

式中 V_1——样品管相当于标准管的体积，mL；

m_1——甲醛标准溶液中甲醛的质量，μg/mL；

m_2——样品的质量，g；

V_2——显色操作取蒸馏液体积，mL；

V_3——蒸馏液的总体积，mL；

5.133——甲醛换算为吊白块的系数。

本法实际应用时，只需做定性检验。收集馏出液 30~50mL，呈色反应呈黄色者为阳性。

知识链接

醛 和 酮

碳原子以双键和氧原子相连接的基团称为羰基，即 $\diagup_C=O$。它是醛、酮的官能团，因此醛和酮都是含羰基的化合物。除甲醛外（甲醛中羰基碳与两个氢相连），羰基分别与烃基和氢原子相连的化合物称为醛。羰基与两个烃基相连的化合物称为酮。它们的结构通式分别为：

$$\text{醛 (Ar)R—C(=O)—H} \qquad \text{酮 (Ar)R—C(=O)—R'(Ar')}$$
　　　　醛基　　　　　　　　　　　　酮基

醛的官能团是醛基—CHO；酮分子中的羰基也可称为酮基 $\diagup_C=O$，是酮的官能团。醌是一类不饱和的环状共轭二酮，也属于羰基化合物。

1. 醛和酮

1.1 醛和酮的命名

醛和酮的命名方法有普通命名法和系统命名法两种。

1.1.1 普通命名法

对于简单的醛和酮，可采用普通命名法。脂肪醛的普通命名法与醇（或烷烃）相似，按所含碳原子数称为"某醛"。脂肪酮的普通命名法与醚相似，可按羰基所连的两个烃基命名。较简单的烃基放在前面（遵守次序规则）。例如：

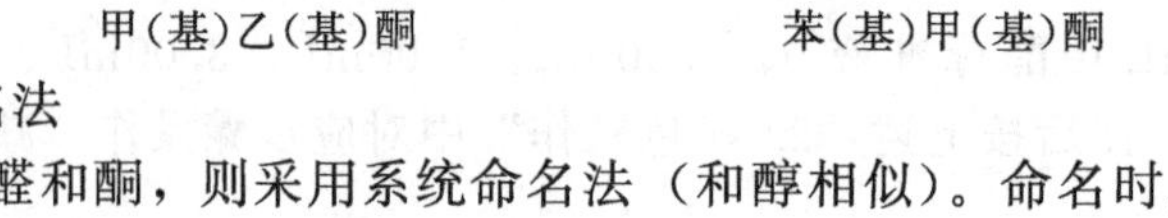

　　HCHO　　CH₃CHO　　CH₃—CH—CHO　　环己酮(结构式)
　　　　　　　　　　　　　　|
　　　　　　　　　　　　　CH₃

　　甲醛　　　乙醛　　　　异丁醛　　　　　环己酮

　　CH₃CH₂—C(=O)—CH₃　　　　苯基—C(=O)—CH₃

　　甲(基)乙(基)酮　　　　　苯(基)甲(基)酮

1.1.2 系统命名法

对于结构复杂的醛和酮，则采用系统命名法（和醇相似）。命名时应选择含有羰基的最长碳链为主链，称为"某醛"或"某酮"；编号时应从靠近羰基的一端开始编号，醛基总是在碳链的一端，不用标明其位号，酮基则必须在其名称前注明羰基位号；如有取代基，则将取代基的位号、数目和名称写在母体名称前。主链中碳原子的位次除用阿拉伯数字表示外，有时也可用希腊字母 α 表示靠近羰基的碳原子（非羰基碳原子），β、γ、δ、ε 等依次编号。

例如：

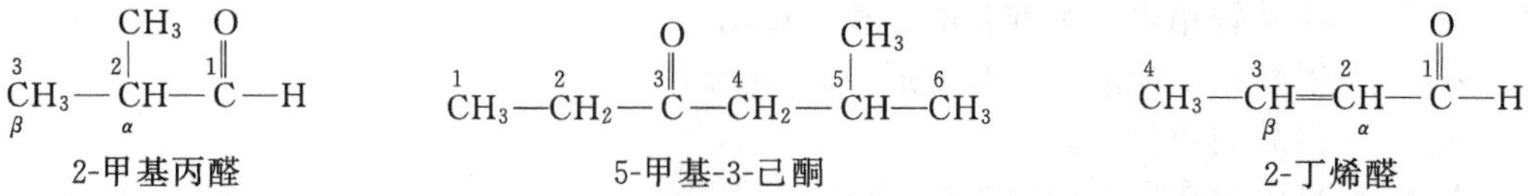

$$\underset{\beta}{\overset{3}{CH_3}}-\underset{\alpha}{\overset{2}{CH}}(CH_3)-\overset{1}{C}HO \qquad \overset{1}{CH_3}-\overset{2}{CH_2}-\overset{3}{C}(=O)-\overset{4}{CH_2}-\overset{5}{CH}(CH_3)-\overset{6}{CH_3} \qquad \overset{4}{CH_3}-\overset{3}{CH}=\overset{2}{CH}-\overset{1}{C}HO$$

　　2-甲基丙醛　　　　　　　　5-甲基-3-己酮　　　　　　　　2-丁烯醛
　　（α-甲基丙醛）　　　　　　　　　　　　　　　　　　　　（α,β-丁烯醛）

芳香醛、酮命名时，以脂肪醛、酮为母体，把芳香烃基作为取代基来命名。例如：

苯甲醛　　　对羟基苯甲醛　　　4-苯基丁酮

不饱和醛、酮命名时，应使羰基的位次最小。例如：

$CH_2=CHCH_2CHO$　　　$CH_2=CH-\overset{O}{\overset{\|}{C}}-CH_2-CH_3$

3-丁烯醛　　　1-戊烯-3-酮

脂环酮的命名与脂肪酮相似，仅在名称前加"环"字，编号从羰基开始。例如：

3-甲基环戊酮　　　1,4-环己二酮

1.2 醛和酮的物理性质

十二个碳原子以内的脂肪醛、酮，除了甲醛在室温下是气体外，其余的都为液体。高级脂肪醛、酮和芳香酮多为固体。由于羰基（$\overset{}{\underset{}{\diagdown}}C=O$）具有极性，使得醛、酮分子间作用力比烷烃强，因此醛、酮的沸点比相应的烷烃高，但比相近分子量的醇低，这是因为醛、酮分子间不能像醇分子那样形成氢键。

C_3 以内的低级醛、酮易溶于水，是因为羰基上的氧原子能与水分子形成氢键。例如丙酮能与水混溶，这是因为丙酮能与水分子形成分子间氢键的缘故。随着分子量的增加，醛、酮的水溶性迅速降低，C_6 以上的醛和酮几乎不溶于水，而易溶于苯、乙醚、四氯化碳等有机溶剂。醛和酮的密度均小于1。

从气味上讲，低级醛、酮带有刺鼻的气味，中级醛（$C_8 \sim C_{13}$）则有果香味，故常用于香料工业。

1.3 醛和酮的化学性质

由于醛和酮都含有羰基，所以它们有许多相似的化学性质，主要表现在羰基的加成反应、α-H 的反应以及还原反应。

1.3.1 醛和酮的相似反应

（1）加成反应

① 与氢氰酸加成　　醛、脂肪族甲基酮及8个碳以下的环酮能与氢氰酸发生加成反应，生成的产物称为 α-羟基腈，又称 α-氰醇。

$\underset{(CH_3)H}{\overset{R}{\diagup}}C=O + H-CN \rightleftharpoons (CH_3)H-\overset{R}{\underset{CN}{\overset{|}{\underset{|}{C}}}}-OH$

氢氰酸挥发性很大，且有剧毒，所以一般不直接用氢氰酸进行反应，为了操作安全，在实验室中，常将醛、酮与氰化钾（钠）的水溶液混合，然后再慢慢滴入无机强酸，以使生成的氢氰酸立刻与醛、酮反应。

实验操作应在通风橱中进行。

醛、酮经与氢氰酸的加成并水解后的产物在碳链上增加了1个碳原子。这是有机合成上增长碳链的一种方法。

② 与氨的衍生物加成　　醛和酮能与羟胺、肼、苯肼、氨基脲等许多氮的衍生物发生加成反应，反应并不停留在第一步加成上。加成产物继而发生脱水形成含有碳氮双键（$\overset{}{\underset{}{\diagdown}}C=N-$）的

化合物。其反应过程可用通式表示如下：

$$\diagdown C{=}O + H{-}\ddot{N}{-}G \longrightarrow \left[\diagdown\!\!\!\underset{OH}{\overset{C-N-G}{|}}\!\!\!\diagup H \right] \xrightarrow{-H_2O} \diagdown C{=}N{-}G$$

G 代表不同的取代基，$H_2N{-}G$ 代表氨的衍生物，反应的结果是 $\diagdown C{=}O$ 变成了 $\diagdown C{=}N{-}$，生成了含有碳氮双键的化合物。

表 6-7 列出了几种常见的氨的衍生物及其与醛、酮反应的产物。

氨的衍生物与醛和酮的反应产物大多是晶体，具有固定的熔点，测定其熔点就可以初步推断它是由哪一种醛或酮所生成的。特别是 2,4-二硝基苯肼，它几乎能与所有的醛、酮迅速发生反应，生成橙黄或橙红色的 2,4-二硝基苯腙晶体，因此常用于鉴别醛、酮。此外，肟、腙等在稀酸作用下能够水解为原来的醛或酮，所以也可利用这一性质来分离和提纯醛、酮。

在有机物分析中，常用这些氨的衍生物作为鉴定具有羰基结构的有机物的试剂，所以把这些氨的衍生物称作羰基试剂。

表 6-7　氨的衍生物及其与醛、酮反应的产物

氨的衍生物	与醛、酮反应的产物	氨的衍生物	与醛、酮反应的产物
$H_2N{-}OH$ 羟胺	$\underset{(R')H}{\overset{R}{>}}C{=}N{-}OH$ 肟	2,4-二硝基苯肼（$H_2N{-}NH{-}C_6H_3(NO_2)_2$）	2,4-二硝基苯腙
$H_2N{-}NH_2$ 肼	$\underset{(R')H}{\overset{R}{>}}C{=}N{-}NH_2$ 腙	$H_2N{-}NH{-}\underset{\parallel}{C}{-}NH_2$（O 在 C 上） 氨基脲	$\underset{(R')H}{\overset{R}{>}}C{=}N{-}NH{-}\underset{\parallel O}{C}{-}NH_2$ 缩氨脲
$H_2N{-}NH{-}C_6H_5$ 苯肼	$\underset{(R')H}{\overset{R}{>}}C{=}N{-}NH{-}C_6H_5$ 苯腙		

醛、酮与氨发生加成反应，生成极不稳定的亚胺，极易水解成原来的醛、酮和氨，所以这个反应并不重要。

如果用伯胺代替 NH_3，生成的是取代的亚胺。取代的亚胺又称希夫（Schiff）碱。

$$RCHO + RNH_2 \Longrightarrow RCH{=}NR' + H_2O$$

③ 与亚硫酸氢钠的加成　醛、脂肪族甲基酮及少于八个碳的环酮可与亚硫酸氢钠的饱和溶液发生加成反应，生成 α-羟基磺酸钠，它不溶于饱和的亚硫酸氢钠溶液中而析出结晶。

$$\underset{(CH_3)H}{\overset{R}{>}}C{=}O + \underset{NaO}{\overset{HO}{>}}S{=}O \Longrightarrow R{-}\underset{SO_3Na}{\overset{OH}{\underset{|}{C}}}{-}H(CH_3) \downarrow$$

生成的 α-羟基磺酸钠，如果在酸或碱存在下，又可以分解为原来的醛或酮，故可以用这一性质分离和提纯醛、酮。

$$R-\underset{\underset{SO_3Na}{|}}{\overset{\overset{OH}{|}}{C}}-H(CH_3) \xrightarrow[Na_2CO_3]{HCl} \begin{matrix} \underset{(CH_3)H}{\overset{R}{C}}=O + NaCl + SO_2\uparrow + H_2O \\ \\ \underset{(CH_3)H}{\overset{R}{C}}=O + Na_2SO_4 + NaHCO_3 \end{matrix}$$

(2) α-H 的反应 由于羰基的强吸电子作用，使醛和酮 α-碳原子上的碳氢键极性增大而具有酸性，一般 pK_a 值为 19～20，羰基主要使 α-碳上的氢原子变得活泼，称为 α-活泼氢。具有 α-H 的醛和酮能发生缩合反应和卤仿反应等。

① 醇醛缩合 在稀酸或稀碱的作用下（常用稀碱），1 分子醛的 α-H 加到另 1 分子醛的羰基氧原子上，其余部分加到羰基碳上，生成 β-羟基醛，这个反应称为醇醛缩合，也叫羟醛缩合反应，这是在有机合成上增长碳链的一种方法。例如：

$$CH_3-\overset{H}{\underset{}{C}}=O + H-CH_2CHO \xrightarrow{OH^-} CH_3-\underset{\underset{OH}{|}}{CH}-CH_2CHO$$

β-羟基丁醛（3-羟基丁醛）

β-羟基醛 α-碳上的氢同时被羰基和 β-碳上的羟基所活化，产物稍微受热即失去一分子水变成 α、β-不饱和醛。

$$CH_3-\underset{\underset{OH}{|}}{CH}-\underset{\underset{H}{|}}{CH}-CHO \xrightarrow{\triangle} CH_3CH=CHCHO$$

2-丁烯醛

不含 α-H 的醛，如 HCHO、$(CH_3)_3CCHO$、ArCHO 等，是不能发生醇醛缩合反应，含有 α-H 的 2 种不同的醛发生交叉缩合，生成 4 种不同的产物，合成中没有实际意义。但可由不含 α-H 的芳香醛与脂肪醛、酮交叉缩合，制备 α、β-不饱和醛、酮。

含有 α-H 的酮也能发生类似反应，即羟酮缩合。但反应不像醛那样顺利，在同样条件下，只能得到很少产物。例如：

$$CH_3-\overset{O}{\overset{\|}{C}}-CH_3 + \overset{}{\underset{\underset{H}{|}}{CH_2}}-\overset{O}{\overset{\|}{C}}-CH_3 \xrightleftharpoons{稀碱} CH_3-\underset{\underset{OH}{|}}{\overset{\overset{CH_3}{|}}{C}}-CH_2-\overset{O}{\overset{\|}{C}}-CH_3$$

② 卤代和卤仿反应（又称卤化反应） 在酸或碱的催化下，醛和酮分子中的 α-H 可逐步被卤素取代生成 α-卤代醛、酮。如果控制卤素的用量，卤代反应可停止在一卤代、二卤代或三卤代阶段，利用这个反应可以制备各种卤代醛、酮。

例如：丙酮和溴在碱性条件下反应生成一溴代丙酮。

$$CH_3COCH_3 + Br_2 \xrightarrow{OH^-} BrCH_2COCH_3 + HBr$$

乙醛和甲基酮等分子中的 3 个 α-H 原子可全部被卤代，生成三卤代物。由于 3 个卤素原子的吸电子作用，增大了羰基碳的正电性，三卤代物在碱性溶液中不稳定，立刻分解成三卤甲烷（卤仿）和羧酸盐，此反应称为卤仿反应。如果反应中使用的是碘，产物是碘仿，是不溶于水的黄色固体，并有特殊气味，易于观察识别。因此常用碘和氢氧化钠溶液来鉴别乙醛或甲基酮，该反应称为碘仿反应。氯仿和溴仿因为是无色液体，不适用于鉴别。

$$CH_3-\overset{O}{\overset{\|}{C}}-H(R) + I_2 + NaOH \longrightarrow CHI_3\downarrow + (R)H-\overset{O}{\overset{\|}{C}}-ONa + NaI + H_2O$$

因为 I_2 与 NaOH 歧化生成的 NaIO 具有氧化性，能将乙醇和具有 $CH_3CH(OH)-$ 结构的醇氧化成相应的乙醛和甲基酮，所以它们也可以发生碘仿反应。

$$CH_3-CH_2-OH \xrightarrow{NaIO} CH_3-CHO \xrightarrow{NaIO} HCOONa + CHI_3 \downarrow$$

$$R-\underset{OH}{\underset{|}{C}H}-CH_3 \xrightarrow{NaIO} R-\underset{O}{\underset{\|}{C}}-CH_3 \xrightarrow{NaIO} RCOONa + CHI_3 \downarrow$$

因此，碘仿反应也可作为乙醇和具有 $CH_3CH(OH)-$ 结构的醇的鉴别反应。

(3) 还原反应　醛、酮可以被多种还原剂还原，利用醛和酮的还原反应，可以制备相应的醇。采用催化氢化，可使羰基还原为相应的醇羟基，醛还原成伯醇，酮还原成仲醇。这是合成醇的一种方法。

$$R-CHO + H_2 \xrightarrow{Pt, Pd, Ni} R-CH_2-OH$$

$$\underset{R}{\overset{R}{>}}C=O + H_2 \xrightarrow{Pt, Pd, Ni} \underset{R}{\overset{R}{>}}C-OH$$

1.3.2 醛的特性反应

(1) 氧化反应　在醛分子中，羰基上的氢原子比较活泼容易被氧化，因此醛具有较强的还原性。除可被高锰酸钾等强氧化剂氧化外，甚至一些弱氧化剂也能将其氧化，酮分子中无此活泼氢，则不易被氧化。常见的弱氧化剂有托伦试剂（Tollens）和费林试剂（Fehling）。

① 银镜反应　托伦试剂是一种无色的银氨配合物溶液（硝酸银的氨溶液），其中 $[Ag(NH_3)_2]^+$ 起着氧化剂作用，当它与醛共热时，醛被氧化为羧酸，而它本身被还原为金属银析出，当反应器壁光滑洁净时则形成银镜，因此该反应称为银镜反应。其反应式可表示为：

$$(Ar)R-CHO + [Ag(NH_3)_2]^+ \xrightarrow[\triangle]{OH^-} (Ar)R-COONH_4 + Ag \downarrow + H_2O$$

脂肪醛和芳香醛均能被托伦试剂氧化，酮则不能。所以，可用托伦试剂区分醛与酮。

② 费林反应　费林试剂是由硫酸铜与酒石酸钾钠碱溶液混合而成，Cu^{2+}（配离子）作为氧化剂，可将脂肪醛氧化成相应的羧酸，而 Cu^{2+} 被还原为砖红色的 Cu_2O 沉淀。酒石酸钾钠的作用是使二价铜离子形成配离子溶液（深蓝色）而不至于在碱溶液中生成氢氧化铜沉淀。

$$RCHO + Cu^{2+}（配离子）\xrightarrow[\triangle]{OH^-} RCOO^- + Cu_2O \downarrow + H_2O$$

甲醛因还原性强，可进一步把氧化亚铜还原为铜，在洁净的试管壁形成铜镜。其反应式可表示为：

$$HCHO + Cu^{2+}（配离子）\xrightarrow[\triangle]{OH^-} HCOO^- + Cu + H_2O$$

只有脂肪醛能被费林试剂氧化，芳香醛则不能。所以，可用费林试剂区分脂肪醛与芳香醛。

酮虽然不能被托伦试剂和费林试剂所氧化，但酮能被一些强氧化剂（如高锰酸钾、硝酸等）氧化，并使碳碳链断裂，生成多种分子量较小的羧酸混合物。

(2) 生成缩醛的反应　在干燥的氯化氢或浓硫酸作用下，一分子醛和一分子醇发生加成反应，生成半缩醛，半缩醛中的羟基称为半缩醛羟基。半缩醛一般不稳定，它能继续与另一分子醇反应，失去一分子水，生成稳定的化合物缩醛。

$$R-\overset{O}{\overset{\|}{C}}-H + HOR' \underset{}{\overset{干燥\ HCl}{\rightleftharpoons}} R-\underset{OR'}{\overset{OH}{\underset{|}{\overset{|}{C}}}}-H \xrightarrow{干燥\ HCl} R-\underset{OR'}{\overset{OR'}{\underset{|}{\overset{|}{C}}}}-H + H_2O$$

半缩醛　　　　　缩醛

在结构上,缩醛可以看作是同碳二元醇的双醚,对碱和氧化剂是稳定的,对稀酸敏感可水解成原来的醛。在有机合成中可利用这一性质保护活泼的醛基。

$$\underset{OR'}{\overset{OR'}{R-\overset{|}{\underset{|}{C}}-H}} + H_2O \overset{H^+}{\rightleftharpoons} \underset{OH}{\overset{OH}{R-\overset{|}{\underset{|}{C}}-H}} \longrightarrow RCHO + H_2O$$

酮也可与醇作用生成缩酮,但反应缓慢。

(3) 与希夫试剂反应 希夫试剂(Schiff)又称品红亚硫酸试剂。品红是一种红色染料,将二氧化硫通入品红水溶液中后,品红的红色褪去,得到的无色溶液称为品红亚硫酸试剂。醛与希夫试剂作用显紫红色,而酮不显色。这一显色反应非常灵敏,所以可用这种试剂来鉴别醛类化合物。使用这种方法时,溶液中不能有碱性物质和氧化剂,也不能加热,否则会消耗亚硫酸,溶液恢复品红的红色,出现假阳性。

甲醛与希夫试剂作用生成的紫红色物质加入硫酸后,紫红色不消失,而其他醛生成的紫红色物质加入硫酸后褪色,故用此方法也可鉴别甲醛与其他醛。

1.3.3 重要的醛酮

(1) 甲醛(HCHO) 又称蚁醛。在常温下,它是具有强烈刺激性气味的无色气体,易溶于水。甲醛有凝固蛋白质的作用,因此具有杀菌防腐能力。40%的甲醛水溶液称为福尔马林(Formalin),是常用的消毒剂和防腐剂。

(2) 乙醛(CH_3CHO) 乙醛是一种无色、有刺激性气味、易挥发的能溶于水的液体,沸点20.8℃,还可溶于乙醇、乙醚等溶剂中。乙醛具有醛类的典型性质,很容易聚合。乙醛是重要的工业原料,可用于制造乙酸、乙醇、乙酐和季戊四醇等。

(3) 苯甲醛(C_6H_5CHO) 苯甲醛是最简单的芳香醛,它常以结合态存在于水果的果实中,如桃、梅、杏等的核仁中。苯甲醛是具有苦杏仁味的无色液体,有毒,也称苦杏仁油。沸点79℃,微溶于水,易溶于乙醇和乙醚中。

(4) 丙酮(CH_3COCH_3) 丙酮是最简单的酮,为无色、易挥发、易燃的液体。沸点为56℃,具有特殊气味,可与水、乙醇、乙醚等混溶,因此它是一种很重要的、良好的有机溶剂,广泛用于涂料和人造纤维工业。

2. 醌

2.1 醌的结构和命名

醌是一类具有共轭体系的环己二烯二酮类化合物,换句话讲"醌类是一类特殊的环状不饱和二元酮"。常见的有苯醌、萘醌、蒽醌以及它们的衍生物。醌型结构有对位和邻位两种。

对醌　　　邻醌

醌类的命名是把醌作为相应的芳烃的衍生物来命名的。由苯衍生而来的称苯醌,也有相应的萘醌和蒽醌等,命名时用较小的数字标明羰基的位次。例如:

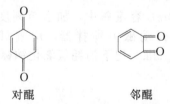

1,2-苯醌　　1,4-苯醌　　2-甲基-1,4-苯醌
(邻苯醌)　　(对苯醌)

2.2 重要的醌及其衍生物

醌类化合物都是固体，是具有共轭体系的环己二烯二酮类化合物，具有醌型结构的化合物通常具有颜色。对位醌大多为黄色，邻位醌大多为红色或橙色。因此，醌类化合物是许多染料和指示剂的母体。

（1）苯醌　苯醌包括对苯醌和邻苯醌。对苯醌为黄色结晶有刺激气味，易升华，易溶于热水、乙醇、乙醚中，熔点117℃。邻苯醌为红色结晶，无固定熔点，在60～70℃分解。

在电化学中，利用对苯二酚和对苯醌之间的氧化还原关系制成的氢醌电极（对苯二酚也叫氢醌），可用于氢离子浓度的测定。

（2）泛醌　也叫辅酶Q，是脂溶性化物，因广泛存在动植物体内而得名。是生物体内氧化还原过程中极为重要的物质。

泛醌

任务四　食醋中总酸度的测定

思政小课堂

【工作任务】

食醋中总酸度的测定。

【工作目标】

1. 学会用滴定分析操作技术测定食醋中总酸度。
2. 学会羧酸及其衍生物和取代羧酸的定义、分类、命名和重要的性质。

【工作情境】

本任务可在化验室或实验室中进行。

1. 仪器　酸度计、磁力搅拌器、10mL微量滴定管。
2. 试剂　氢氧化钠标准滴定溶液$c(NaOH)=0.050mol/L$。

【工作原理】

食醋中主要成分是乙酸，含有少量其他有机酸。用氢氧化钠标准溶液滴定，以酸度计测定pH8.2终点，结果以乙酸表示。

【工作过程】

吸取10.0mL试样置于100mL容量瓶中，加水至刻度，混匀。吸取20.0mL，置于200mL烧杯中、加60mL水。开动磁力搅拌器，用氢氧化钠标准溶液$c(NaOH)=0.050mol/L$滴定至酸度计指示pH8.2记下消耗氢氧化钠标准溶液体积，同时做试剂空白试验。

【结果计算】

试样中总酸的含量（以乙酸计）计算：

$$X=\frac{(V_1-V_2)\times c\times 0.060}{V\times 10/100}\times 100$$

式中　X——试样中总酸的含量（以乙酸计），g/100mL；

　　　V_1——测定用试样稀释液消耗氢氧化钠标准滴定液的体积，mL；

　　　V_2——试剂空白消耗氢氧化钠标准滴定溶液的体积，mL；

　　　c——氢氧化钠标准滴定溶液的浓度，mol/L；

　　　0.060——与1.00mL氢氧化钠标准溶液[$c(NaOH)=1.000mol/L$]相当的乙酸的质量，

g/mmol；

V——试样体积，mL。

在重复性条件下获得的两次独立测定结果的绝对差值的精密度不得超过算术平均值的10%，计算结果保留三位有效数字。

【体验测试】

1. 如果 NaOH 标准溶液在放置的程中吸收了 CO_2，测定结果偏低。（   ）
   A．正确　　　　　　B 错误
2. 用移液管吸取食醋试样 20.00mL，移入 200mL 烧杯中，加入的 60mL 蒸馏水必须精确。（   ）
   A．正确　　　　　　B 错误

知识链接

羧酸及其衍生物和取代羧酸

羧基与烃基或氢原子连接而成的化合物叫做羧酸。羧酸分子中羧基上的羟基被其他原子或原子团取代的产物叫做羧酸衍生物。羧酸分子中烃基上的氢原子被其他原子团取代的产物叫做取代酸。羧酸、羧酸衍生物及取代羧酸广泛存在于自然界，是生物体的重要代谢物质，在工业、农业、食品和人们的日常生活中有着广泛的应用。

1. 羧 酸

1.1 羧酸的结构和命名

根据分子中烃基的结构，羧酸可分脂肪酸、环烷酸和芳香酸；根据羧基的数目可分为一元酸、二元酸及多元酸。许多羧酸都有俗名，这些俗名大多是根据其来源或生理功能等而定的，如甲酸最初是从蚂蚁中得到的，故俗名为蚁酸。

羧酸的系统命名与醛的命名相似，选择包括羧基碳原子在内的最长碳链为主链，根据主链碳原子数目称为某酸，由羧基碳原子开始用阿拉伯数字给主链编号，或用希腊字母 α、β 等从与羧基相邻碳原子开始编号。二元脂肪酸的命名，主链两端必须是羧基。

HCOOH　　　CH_3CHCH_2COOH　　　反-2-丁烯酸　　　苯甲酸

甲酸　　　3-甲基丁酸　　　　　　　　　　　　　　（安息香酸）

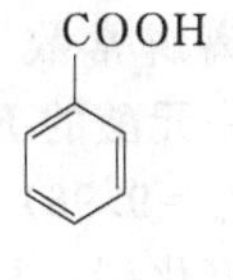

（蚁酸）　　或 β-甲基丁酸（巴豆酸）

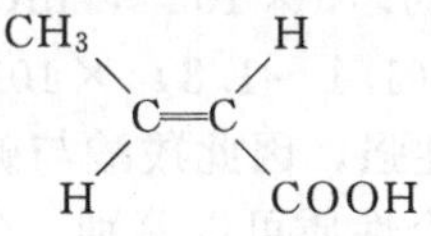

丁二酸　　　β-苯基丙烯酸　　　邻苯二甲酸 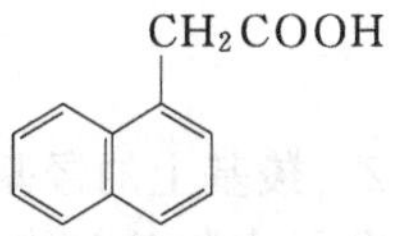　　　α-萘乙酸

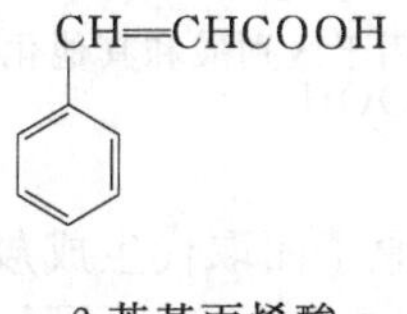

（琥珀酸）　　（肉桂酸）

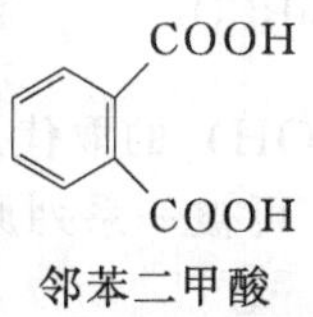

羧酸分子中去掉羟基留下的部分称为酰基，去掉氢留下的部分称为酰氧基，电离出氢离子留下的部分称为羧酸根。

R—C(=O)—OH　　R—C(=O)—　　R—C(=O)—O—　　R—C(=O)—O⁻

羧酸　　　　酰基　　　　酰氧基　　　　羧酸根

对于多官能团的化合物，命名时，究竟哪个官能团为主体决定母体的名称呢？通常是按

表 6-8 所列举的官能团优先次序来确定母体和取代基,最优基团作为母体,其他官能团作为取代基。

表 6-8 一些重要官能团的优先次序

官能团名称	官能团结构	官能团名称	官能团结构	官能团名称	官能团结构
羧基	—COOH	醛基	—CH=O	三键	—C≡C—
磺基	—SO₃H	酮基	C=O	双键	—C=C—
酯基	—COOR	醇羟基	—OH	烷氧基	—O—R
酰卤基	—COCl	酚羟基	—OH	烷基	—R
酰胺基	—CONH₂	巯基	—SH	卤原子	—X
氰基	—C≡N	氨基	—NH₂	硝基	—NO₂

1.2 物理性质

羧酸是极性化合物,低级羧酸易溶于水,在水中的溶解度随分子量的增加而降低。高级一元酸不溶于水,多元酸的水溶性大于相同碳原子的一元酸。

羧酸的沸点比分子量相近的醇还高,主要原因是这些羧酸分子间可以形成氢键,缔合成较稳定的二聚体和多聚体。

$$R-C\underset{O-H\cdots O}{\overset{O\cdots H-O}{=}}C-R$$

饱和一元羧酸和二元羧酸的熔点随着分子中碳原子数目的增加呈锯齿状的变化,即含偶数碳原子的羧酸比相邻的两个含奇数碳原子的羧酸熔点高。如乙酸的熔点为 16.6℃,而相邻的甲酸熔点为 8.4℃,丙酸熔点为 −22℃。

1.3 羧酸的化学性质

1.3.1 酸性

羧酸具有弱酸性,在水溶液中存在着如下平衡:

$$RCOOH \rightleftharpoons RCOO^- + H^+$$

乙酸的离解常数 K_a 为 1.75×10^{-5},$pK_a = 4.76$;甲酸的 $K_a = 2.1 \times 10^{-4}$,$pK_a = 3.75$;其他一元酸的 K_a 在 $(1.1 \sim 1.8) \times 10^{-5}$,$pK_a$ 在 $4.7 \sim 5$。比碳酸($pK_{a_1} = 6.73$)和苯酚($pK_a = 9.96$)的酸性强,因此羧酸与碱中和生成羧酸盐和水,能分解碳酸盐和碳酸氢盐生成二氧化碳,利用这个性质可以鉴别、分离酚类和羧酸类化合物。

$$RCOOH + NaOH \longrightarrow RCOONa + H_2O$$

$$RCOOH + Na_2CO_3 \longrightarrow RCOONa + CO_2\uparrow + H_2O$$

$$NaHCO_3 \xrightarrow{H^+} RCOOH \quad \text{用于区别酸和其他化合物}$$

1.3.2 羧基上的羟基(—OH)的取代反应

羧酸分子中羧基上的 —OH 可被一系列原子或原子团取代生成羧酸的衍生物。

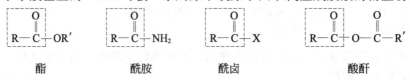

  酯   酰胺   酰卤   酸酐

(1) 酯化反应

$$RCOOH + R'OH \underset{}{\overset{H^+}{\rightleftharpoons}} RCOOR' + H_2O$$

酯化反应是可逆反应,$K_c \approx 4$,一般只有 2/3 的转化率。为了提高酯的产率可增加反应物的浓度(一般是加过量的醇)或及时移走低沸点的酯或水,使平衡向右移动。

(2) 酰卤的生成　羧酸与 PX_3、PX_5、$SOCl_2$ 作用则生成酰卤。

$$3R-\underset{OH}{\underset{|}{C}}\overset{O}{\overset{\|}{}} + PCl_3 \longrightarrow 3R-\underset{Cl}{\underset{|}{C}}\overset{O}{\overset{\|}{}} + H_3PO_3$$

$$R-\underset{OH}{\underset{|}{C}}\overset{O}{\overset{\|}{}} + PCl_5 \longrightarrow R-\underset{Cl}{\underset{|}{C}}\overset{O}{\overset{\|}{}} + POCl_3 + HCl$$

$$R-\underset{OH}{\underset{|}{C}}\overset{O}{\overset{\|}{}} + SOCl_2 \longrightarrow R-\underset{Cl}{\underset{|}{C}}\overset{O}{\overset{\|}{}} + SO_2\uparrow + HCl\uparrow$$

通常用羧酸与亚硫酰氯反应制备酰氯，因为反应产物除酰氯外，副产物都是气体，非常容易与反应体系分离，而且亚硫酰氯的价格较低。酰卤是一类具有高度反应活性的化合物，在有机合成中常用作提供酰基的试剂，即作为酰化剂来使用。

(3) 酸酐的生成　羧酸（除甲酸外）在脱水剂 $[P_2O_5、(CH_3CO)_2O]$ 的作用下，加热发生分子间脱水，生成酸酐。

$$R-\overset{O}{\overset{\|}{C}}-OH + HO-\overset{O}{\overset{\|}{C}}-R \xrightarrow[\triangle]{P_2O_5} R-\overset{O}{\overset{\|}{C}}-O-\overset{O}{\overset{\|}{C}}-R + H_2O$$

$$Ph-\overset{O}{\overset{\|}{C}}-OH + H-O-\overset{O}{\overset{\|}{C}}-Ph \xrightarrow[\triangle]{(CH_3CO)_2O} Ph-\overset{O}{\overset{\|}{C}}-O-\overset{O}{\overset{\|}{C}}-Ph + H_2O$$

由于乙酸酐能较迅速地与水反应，价格又较低廉且与水反应生成沸点较低的乙酸可通过分馏除去，因此常用乙酸酐作为制备其他酸酐时的脱水剂。

(4) 酰胺的生成　在羧酸中通入氨气或加入碳酸铵，可得到羧酸铵盐，铵盐热解失水而生成酰胺。

$$CH_3COOH + NH_3 \longrightarrow CH_3COONH_4 \xrightarrow{\triangle} CH_3CONH_2 + H_2O$$

1.3.3 脱羧反应

羧酸在一定条件下受热可发生脱羧反应，无水醋酸钠和碱石灰混合后加强热生成甲烷，是实验室制取甲烷的方法。

$$CH_3COONa + NaOH(CaO) \xrightarrow{热熔} CH_4 + NaCO_3$$
$$99\%$$

一元羧酸的 α 碳原子上连有强吸电子集团时，易发生脱羧。

乙二酸、丙二酸受热脱羧生成一元酸：

$$\underset{COOH}{\underset{|}{COOH}} \xrightarrow{\triangle} HCOOH + CO_2\uparrow$$

$$\underset{COOH}{\underset{|}{\underset{CH_2}{\underset{|}{COOH}}}} \xrightarrow{\triangle} CH_3COOH + CO_2\uparrow$$

丁二酸、戊二酸受热脱水（不脱羧）生成环状酸酐：

$$\begin{matrix} CH_2-\overset{O}{\overset{\|}{C}}-OH \\ | \\ CH_2-\underset{O}{\underset{\|}{C}}-OH \end{matrix} \xrightarrow{\triangle} \begin{matrix} CH_2-\overset{O}{\overset{\|}{C}} \\ | \qquad\qquad O \\ CH_2-\underset{O}{\underset{\|}{C}} \end{matrix} + H_2O$$

$$\begin{array}{c}CH_2-C\overset{O}{\diagdown}_{OH}\\CH_2\\CH_2-C\diagdown_{OH}^{O}\end{array}\xrightarrow{\triangle}\begin{array}{c}CH_2-C\overset{O}{\diagdown}\\CH_2\\CH_2-C\diagdown_{O}^{O}\end{array}+H_2O$$

1.4 重要的羧酸

1.4.1 甲酸

甲酸俗名蚁酸，存在于蚂蚁等昆虫体和荨麻中。甲酸是无色有刺激性的液体，酸性和腐蚀性均较强，易溶于水。甲酸的羧基直接与氢原子相连，因而表现出与其他同系物不同的某些性质，如易脱水，脱羧及有还原性等。

甲酸能使高锰酸钾褪色，也能发生银镜反应，这些反应常用于鉴定甲酸。甲酸在工业可用作还原剂和橡胶的凝聚剂，也可用作消毒剂和防腐剂。

1.4.2 乙酸

乙酸俗名醋酸，是食醋的主要成分，一般食醋中约含6%~8%的乙酸。乙酸广泛存在于自然界，它常以盐的形式存在于植物果实和液汁中。

乙酸无色有刺激性气味的液体，沸点118℃，熔点16.6℃，由于乙酸在16℃以下能结成冰状固体，因此纯乙酸又叫冰醋酸。乙酸能与水按任何比例混溶，也可溶于乙醇、乙醚和其他有机溶剂。

乙酸是人类最早使用的食品调料，同时也是重要的工业原料，它可以用来合成乙酸酐、乙酸酯等，又可用于生产醋酸纤维、胶卷、喷漆、溶剂、香料等。

1.4.3 乙二酸

乙二酸常存在于许多草本植物及藻类中，因而俗称草酸。草酸是无色柱状结晶，常含两分子结晶水，加热到100℃就失去结晶水得无水草酸。草酸易溶于水而不溶于乙醚等有机溶剂。

草酸加热至150℃以上，即分解脱羧生成二氧化碳和甲酸。

$$HOOC-COOH\xrightarrow[\triangle]{150℃}HCOOH+CO_2\uparrow$$

草酸除具有一般羧酸的性质外，还有还原性，易被氧化。例如能与高锰酸钾反应，在分析中常用草酸钠来标定高锰酸钾溶液的浓度。

$$5HOOC-COOH+2KMnO_4+3H_2SO_4 = K_2SO_4+2MnSO_4+10CO_2\uparrow+8H_2O$$

草酸能把高价铁还原成易溶于水的低价铁盐，因而可用来洗涤铁锈或蓝墨水的污渍。此外，工业上也常用草酸作漂白剂，用以漂白麦草、硬脂酸等。

2. 羧酸衍生物

2.1 羧酸衍生物的结构和命名

酰卤和酰胺根据酰基称为某酰某。例如：

$$CH_3-\underset{Cl}{\overset{O}{\underset{\|}{C}}}\qquad CH_2=CH-\underset{Br}{\overset{O}{\underset{\|}{C}}}\qquad \underset{N(CH_3)_2}{\overset{O}{\underset{\|}{C_6H_5-C}}}\qquad \begin{array}{c}\text{(环)}\\O\\NH\end{array}$$

乙酰氯　　　丙烯酰溴　　　N,N-二甲基苯甲酰胺　　　戊内酰胺

酸酐的命名是在相应羧酸的名称之后加一"酐"字。例如：

$$CH_3-\overset{O}{\underset{\|}{C}}-O-\overset{O}{\underset{\|}{C}}-CH_3\qquad CH_3-\overset{O}{\underset{\|}{C}}-O-\overset{O}{\underset{\|}{C}}-CH_2-CH_3\qquad \text{(环)}$$

乙酸酐　　　　　　　乙酸丙酸酐　　　　　　1,2-环己烯二甲酸酐

酯的命名是根据形成它的酸和醇称为某酸某酯。例如：

$$CH_3-\overset{\overset{O}{\|}}{C}-O-CH_2CH=CH_2 \qquad CH_3-O-\overset{\overset{O}{\|}}{C}-H \qquad CH_2=CH-\overset{\overset{O}{\|}}{C}-OCH_3$$
　　　乙酸烯丙酯　　　　　　　　　甲酸甲酯　　　　　　　丙烯酸甲酯

2.2 羧酸衍生物的物理性质

室温时，酰氯、酸酐和酯大多是液体。低级酰氯有强烈刺激性气味，低级酸酐有不愉快的气味，而低级酯常有果香味。如乙酸异戊酯有浓厚的香蕉味，俗称香蕉水。酰氯、酸酐、酯分子间不能通过氢键而缔合，它们的沸点比相应羧酸低。

酰氯和酸酐遇水分解为酸，酯由于没有缔合性能，所以在水中溶解度比相应的酸低，酰胺则易溶于水。

2.3 羧酸衍生物的化学性质

2.3.1 水解反应

四种羧酸衍生物在化学性质上的一个主要共性是都能水解生成相应的羧酸。

$$R-\overset{\overset{O}{\|}}{C}-Cl + H-OH \longrightarrow R-\overset{\overset{O}{\|}}{C}-OH + HCl$$

$$R-\overset{\overset{O}{\|}}{C}-O-\overset{\overset{O}{\|}}{C}-R + H-OH \longrightarrow R-\overset{\overset{O}{\|}}{C}-OH + R\overset{\overset{O}{\|}}{C}-OH$$

$$R-\overset{\overset{O}{\|}}{C}-OR' + H-OH \longrightarrow R-\overset{\overset{O}{\|}}{C}-OH + R'-OH$$

$$R-\overset{\overset{O}{\|}}{C}-NH_2 + H-OH \longrightarrow R-\overset{\overset{O}{\|}}{C}-OH + NH_3$$

但反应的活性不同，酰氯和酸酐容易水解，尤其酰氯的作用更快。酯和酰胺的水解都需要酸或碱作催化剂，并且还要加热。水解的活性次序是：酰氯＞酸酐＞酯＞酰胺。

酯在酸催化下的水解，是酯化反应的逆反应，但水解不完全；在碱作用下水解时，产生的酸可与碱生成盐而破坏平衡体系，所以在足够碱的存在下，水解可以进行到底。酯在碱溶液中的水解反应又叫皂化反应。

$$R-\overset{\overset{O}{\|}}{C}-OR' + H_2O \begin{array}{c} \xrightarrow{H^+,\ \triangle} R-\overset{\overset{O}{\|}}{C}-OH + R'OH \quad \text{酯化的逆反应} \\ \xrightarrow{NaOH,\ \triangle} R-\overset{\overset{O}{\|}}{C}-ONa + R'OH \quad \text{皂化反应} \end{array}$$

2.3.2 酰胺的化学性质

（1）酸碱性　酰胺的碱性很弱，接近于中性（因氮原子上的未共用电子对与碳氧双键形成 p-π 共轭）。酰亚胺显弱酸性（例如，邻苯二甲酰亚胺，能与强碱的水溶液生成盐）。

邻苯二甲酰亚胺 + NaOH ⟶ 邻苯二甲酰亚胺钠盐 + H_2O

（2）与亚硝酸的反应　酰胺与亚硝酸反应，氨基被羟基取代，生成相应的羧酸，同时放出氮气。

$$R-\overset{\overset{O}{\|}}{C}-NH_2 + HONO \longrightarrow R-\overset{\overset{O}{\|}}{C}-OH + H_2O + N_2\uparrow$$

2.4 重要的羧酸衍生物

2.4.1 乙酰氯

乙酰氯是无色有刺激性气味的液体，沸点52℃，遇水即剧烈水解，放出大量的热，空气中的水分就能使它水解生成氯化氢而冒白烟。乙酰氯是常用的乙酰化试剂。

2.4.2 乙酸酐

又名醋酐，是具有刺激气味的无色液体，沸点159.6℃，易溶于乙醚和苯等有机溶剂。乙酸酐容易燃烧，易水解生成乙酸。纯乙酸酐为中性化合物，是良好的溶剂，也是重要的乙酰化试剂，用于醋酸纤维、染料、香料的生产中。

2.4.3 乙酸乙酯

乙酸乙酯为无色可燃性的液体，有水果香味，熔点$-83.6℃$，沸点71℃，微溶于水，溶于乙醇、乙醚和氯仿等有机溶剂。乙酸乙酯易燃，易发生水解反应和皂化反应。其蒸气形成爆炸性混合物，爆炸极限为2.2%～11.2%（体积）。其用作清漆、人造革、硝酸纤维素塑料等的溶剂，也用于制染料、香料。

2.4.4 乙酰乙酸乙酯

乙酰乙酸乙酯为无色液体，有令人愉快的香味，稍溶于水，易溶于有机溶剂。乙酰乙酸乙酯是由酮式和烯醇式互变异构体的混合物组成的平衡体系，其中酮式占93%，烯醇式占7%。

$$CH_3-\underset{93\%酮式}{\overset{O}{\overset{\|}{C}}-CH_2-\overset{O}{\overset{\|}{C}}-O-C_2H_5} \rightleftharpoons \underset{7\%烯醇式}{CH_3-\overset{OH}{\overset{|}{C}}=CH-\overset{O}{\overset{\|}{C}}-O-C_2H_5} \quad (室温)$$

乙酰乙酸乙酯与三氯化铁反应显紫色，说明分子中具有烯醇型结构；可使溴水褪色，说明分子中含有碳碳双键。向刚刚滴过溴水的乙酰乙酸乙酯中，再接着加三氯化铁试液不会显色。但片刻后会出现紫色，证明有一部分酮式转变为烯醇式，二者之间存在动态平衡。

互变异构现象是指两种或两种以上异构体之间相互转变，并以动态平衡而同时存在的现象。具有这种关系的异构体叫互变异构体。

2.4.5 脲

脲也叫尿素，最初由尿中取得。它是哺乳动物内蛋白质代谢的最终产物。成人每天可随尿排出约30g脲。尿素是白色结晶，熔点152℃，易溶于水和乙醇，强热时分解成氨和二氧化碳。

尿素是碳酸的二酰胺，由于含两个氨基，所以显碱性，但碱性很弱，不能用石蕊试纸检验。尿素能与硝酸或草酸生成不溶性盐，利用这种性质可从尿液中分离尿素。

尿素在化学性质上与酰胺相似，如在酸、碱或脲酶作用下，可水解为氨和二氧化碳。

$$H_2N-\overset{O}{\overset{\|}{C}}-NH_2 + H_2O \longrightarrow 2NH_3 + CO_2$$

尿素与亚硝酸作用定量放出氮气，可从氮气体积测定尿素含量。

$$H_2N-\overset{O}{\overset{\|}{C}}-NH_2 + 2HNO_2 \longrightarrow H_2CO_3 + 2N_2\uparrow + 2H_2O$$

将尿素缓慢加热至熔点以上，则两分子尿素间失去一分子氨，生成缩二脲。

$$H_2N-\overset{O}{\overset{\|}{C}}-NH_2 + H_2N-\overset{O}{\overset{\|}{C}}-NH_2 \xrightarrow{150\sim160℃} H_2N-\overset{O}{\overset{\|}{C}}-NH-\overset{O}{\overset{\|}{C}}-NH_2 + NH_3$$

缩二脲在碱性溶液中与稀硫酸铜溶液作用，呈现紫红色，这种颜色反应叫做缩二脲反应。凡分子中含有两个以上肽键的化合物，如多肽、蛋白质等都有缩二脲反应。

3. 取代羧酸

羧酸分子中烃基上的氢原子被其他原子或原子团取代后形成的化合物称为取代酸。取代酸有卤代酸、羟基酸、氨基酸、羰基酸等,其中卤代酸、氨基酸将在有关章节中讨论,这里只讨论羟基酸和羰基酸。

3.1 羟基酸

3.1.1 羟基酸的分类和命名

分子中含有羧基和羟基的化合物称为羟基酸。羟基酸可分为醇酸和酚酸,羟基连接在脂肪烃基上的属醇酸,连接在芳香烃基上的属酚酸。

醇酸是以羧酸为母体,羟基作为取代基来命名的。母体主链碳原子的编号可用阿拉伯数字或希腊字母表示。前者应从羧基碳原子开始,后者应从与羧酸相邻的碳原子开始。酚酸是以芳香酸为母体,羟基为取代基来命名的。自然界存在的羟基酸常按其来源而采用俗名。

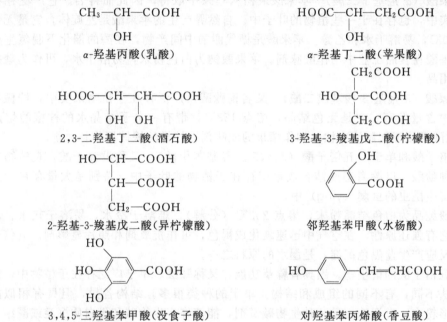

α-羟基丙酸(乳酸) α-羟基丁二酸(苹果酸)

2,3-二羟基丁二酸(酒石酸) 3-羟基-3-羧基戊二酸(柠檬酸)

2-羟基-3-羧基戊二酸(异柠檬酸) 邻羟基苯甲酸(水杨酸)

3,4,5-三羟基苯甲酸(没食子酸) 对羟基苯丙烯酸(香豆酸)

3.1.2 羟基酸的性质

醇酸一般为结晶固体或黏稠的液体。由于羟基和羧基都能与水形成氢键,所以醇酸在水中的溶解度比相应的醇或羧酸都大。醇酸的熔点比相应的羧酸高。

(1) **酸性** 羟基连在脂肪烃基上时,由于羟基是吸电子基团,因此醇酸的酸性比相应的羧酸强。羟基距羧基越近,对酸性的影响就越大。

	CH$_3$CHCOOH 　| 　OH	CH$_2$CH$_2$COOH 　| 　OH	CH$_3$CH$_2$COOH
pK_a	3.87	4.51	4.88

(2) **α-醇酸的氧化反应** α-醇酸中羟基比醇羟基易被氧化,托伦试剂与醇不发生反应,但能将 α-羟基酸氧化为 α-羰基酸。这是由于羧基和羟基相互影响的结果。

$$CH_3-\underset{\underset{OH}{|}}{CH}-COOH \xrightarrow{[O]} CH_3-\underset{\underset{O}{\|}}{C}-COOH$$

乳酸　　　　丙酮酸

(3) **酚酸的脱羧反应** 羟基处于邻对位的酚酸,对热不稳定,当加热到熔点以上时,则脱去羧基生成相应的酚。

$$\underset{\text{COOH}}{\bigcirc}\text{OH} \xrightarrow{200\sim220℃} \bigcirc\text{—OH} + CO_2\uparrow$$

3.1.3 重要的羟基酸

(1) 乳酸（α-羟基丙酸） 乳酸最初是从酸牛奶中获得的，为无色黏稠液体，有很强的吸湿性和酸味，溶于水、乙醇、甘油和乙醚，不溶于氯仿和油脂。人体运动时由于氧气供应不足，肌肉中的糖类代谢就能产生乳酸。工业上由糖经乳酸菌发酵而制得。

(2) 酒石酸（2,3-二羟基丁二酸） 酒石酸或其盐广泛存在于自然界。葡萄发酵制酒时，析出的酒石酸主要是无色半透明结晶粉末，熔点170℃，易溶于水，不溶于有机溶剂。酒石酸有很强的酸味，常用于配制饮料，酒石酸钾钠用于配制费林试剂。

(3) 苹果酸（α-羟基丁二酸） 苹果酸最初从苹果中取得，因此而得名。它广泛存在于未成熟的果实中，也存在于一些植物的叶子中。自然界产生的苹果酸是左旋体，它是无色结晶，熔点100℃，易溶于水和乙醇。苹果酸是糖代谢的中间产物，在酶的催化下脱氢生成草酰乙酸。苹果酸在食品工业中用作酸味剂。苹果酸钠为白色粉末，易溶于水，可作为禁盐患者的食盐代用品。

(4) 柠檬酸（3-羟基-3-羧基戊二酸） 又名枸橼酸，广泛存在于植物果实中，柠檬和柑橘类的果实中含量尤富。它是无色结晶，熔点153℃，带有一分子结晶水的柠檬酸熔点是100℃。柠檬酸常用于配制清凉饮料和作糖果的调味剂，柠檬酸铁铵用作补血剂。

(5) 五倍子酸和单宁 五倍子酸（3,4,5-三羟基苯甲酸） 又称没食子酸，是植物中分布最广的一种酚酸。以游离态或结合成单宁存在于植物的叶子中，特别是大量存在于五倍子——一种寄生昆虫的虫瘿（yǐng）中。

五倍子酸纯品为白色结晶粉末，熔点253℃（分解），难溶于冷水，易溶于热水、乙醇和乙醚中，它有强还原性，在空气中迅速氧化成褐色，可作抗氧剂和照片显影剂。五倍子酸与三氯化铁反应产生蓝黑色沉淀，是墨水的原料之一。

单宁是五倍子酸的衍生物。因具有鞣革功能，又称鞣酸。单宁广泛存在于植物中，因来源和提取方法不同，有不同的组成和结构。单宁的种类很多，结构各异，但具有相似的性质：是无定形粉末，有涩味；是一种生物碱试剂，能使许多生物碱和蛋白质沉淀或凝结，有杀菌、防腐和凝固蛋白质的作用，医药上常用它作止血及收敛剂，鞣酸蛋白是内服治疗腹泻的药物。单宁水溶液遇三氯化铁产生蓝黑色沉淀；有还原性，易被氧化成黑色物质。

3.2 羰基酸

3.2.1 羰基酸的分类和命名

分子中既含有羰基又含有羧基的化合物称为羰基酸。根据所含的是醛基还是酮基，将其分为醛酸和酮酸。还可根据羰基与羧基的相对位置，分为 α-、β-、γ-、…羰基酸等。

羰基酸的命名与醇酸相似，也是以羧酸为母体，羰基的位次用阿拉伯数字或希腊字母表示。

$$\underset{\text{乙醛酸}}{H-\overset{O}{\underset{\|}{C}}-COOH} \qquad \underset{\text{丙醛酸}}{H-\overset{O}{\underset{\|}{C}}-CH_2COOH} \qquad \underset{\text{丙酮酸}}{CH_3\overset{O}{\underset{\|}{C}}COOH}$$

$$\underset{\substack{\text{3-丁酮酸}\\ \beta\text{-丁酮酸}}}{CH_3\underset{\underset{O}{\|}}{C}CH_2COOH} \qquad \underset{\substack{\text{3-甲基-5-己酮酸}\\ \beta\text{-甲基-}\delta\text{-己酮酸}}}{CH_3\underset{\underset{O}{\|}}{C}CH_2\underset{\underset{CH_3}{|}}{C}HCH_2COOH}$$

$$\underset{\substack{\text{2-酮戊二酸}\\ \alpha\text{-酮戊二酸}}}{\text{HOOCCCH}_2\text{CH}_2\text{COOH}}\qquad\qquad \text{3-环己酮羧酸}$$

3.2.2 羰基酸的性质

α-酮酸与稀硫酸共热时，脱羧生成醛；与浓硫酸共热时，脱羰生成少一个碳原子的羧酸。

$$R-\underset{\underset{O}{\|}}{C}-COOH \xrightarrow[150℃]{\text{稀硫酸}} RCHO + CO_2 \uparrow$$

$$R-\underset{\underset{O}{\|}}{C}-COOH \xrightarrow[\text{加热}]{\text{浓硫酸}} RCOOH + CO \uparrow$$

β-酮酸在高于室温的情况下，即脱去羧基生成酮，此反应称为酮式分解。

$$CH_3-\underset{\underset{O}{\|}}{C}-CH_2-COOH \xrightarrow{\Delta} CH_3-\underset{\underset{O}{\|}}{C}-CH_3 + CO_2$$

$$\underset{\text{(环己酮-2-羧酸)}}{\bigcirc} \xrightarrow{\Delta} \underset{\text{(环己酮)}}{\bigcirc} + CO_2$$

$$CH_3-\underset{\underset{O}{\|}}{C}-\underset{\underset{C_6H_5}{|}}{CH}-COOH \xrightarrow{\Delta} CH_3-\underset{\underset{O}{\|}}{C}-CH_2-C_6H_5 + CO_2$$

β-酮酸与浓碱共热时，α-碳原子和β-碳原子间的键发生断裂，生成两分子羧酸盐，此反应称为酸式分解。

$$R-\underset{\underset{O}{\|}}{C}-CH_2COOH \xrightarrow[\text{加热}]{40\%\text{NaOH}} RCOONa + CH_3COONa + H_2O$$

α-酮酸很容易被氧化，托伦试剂就能将其氧化成羧酸和二氧化碳。

$$R-\underset{\underset{O}{\|}}{C}-COOH + 2AgOH + 2NH_3 \longrightarrow RCOONH_4 + 2Ag\downarrow + NH_4HCO_3$$

3.2.3 重要的羰基酸

(1) 乙醛酸 乙醛酸是最简单的醛酸，存在于未成熟的水果中。它是糖浆状液体，易溶于水形成水合物。乙醛酸兼具醛和酸的性质，例如它能还原托伦试剂、生成苯腙和发生康尼札罗反应。

$$\underset{\underset{COOH}{|}}{CHO} \xrightarrow{NaOH} \underset{\underset{COO^-}{|}}{CH_2OH} + \underset{\underset{COO^-}{|}}{COO^-}$$

(2) 丙酮酸 丙酮酸是最简单的酮酸，可由乳酸氧化得到。它是具有刺激性气味的液体，沸点165℃（分解），可与水混溶，酸性（$pK_a = 2.25$）比丙酮和乳酸都强。丙酮酸是生物体内糖代谢的重要中间产物之一。

任务五 食品中亚硝酸盐的测定

【工作任务】

食品中亚硝酸盐的测定。

【工作目标】

1. 学会食品中亚硝酸盐的测定方法。
2. 学会含氮有机化合物的定义、命名和性质。
3. 进一步熟练滴定分析操作技术。

【工作情境】

1. 仪器　小型绞肉机，分光光度计。
2. 试剂

(1) 亚铁氰化钾溶液　称取 106.0g 亚铁氰化钾，用水溶解，并稀释至 1000mL。

(2) 醋酸锌溶液　称取 220g 醋酸锌，加 30mL 冰醋酸溶于水，并稀释至 1000mL。

(3) 饱和硼砂溶液　称取 5.0g 硼酸钠，溶于 100mL 热水中，冷却后备用。

(4) 4g/L 对氨基苯磺酸溶液　称取 0.4g 对氨基苯磺酸，溶于 100mL 20％盐酸中，置于棕色瓶中混匀，避光保存。

(5) 2g/L 盐酸萘乙二胺溶液　称取 0.2g 盐酸萘乙二胺，溶解于 100mL 水中，混匀后，置于棕色瓶中，避光保存。

(6) 亚硝酸钠标准溶液　准确称取 0.1000g 于硅胶干燥器中干燥 24h 的亚硝酸钠，加水溶解移入 500mL 容量瓶中，加水稀释至刻度，混匀。此溶液每毫升相当于 200μg 的亚硝酸钠。

(7) 亚硝酸钠标准使用液　临用前，吸取亚硝酸钠标准溶液 5mL，置于 200mL 容量瓶中，加水稀释至刻度，此溶液每毫升相当于 5μg 亚硝酸钠。

【工作原理】

发色剂也称助色剂，是为使食品增色或调色而加入的物质。其物质多为硝酸盐和亚硝酸盐是食品添加剂中毒性最大的物种。亚硝酸盐在肉制品中不仅是发色剂而且具有防腐作用，尤其对抑制肉毒梭状芽孢杆菌的繁殖有独特的效果，因此被保留使用。但是，大量摄入亚硝酸盐，可使血红蛋白变成高铁血红蛋白，失去运氧能力，引起肠源性青紫症。并且，目前普遍认为亚硝酸盐是人类主要的致癌物质——亚硝胺的前体物质。各国对亚硝酸盐作为食品添加剂的应用作出了限量规定，我国规定亚硝酸盐作为护色剂在肉制品中的最大使用量为 0.15g/kg，残留量不得超过 0.07g/kg。

试样经沉淀蛋白质、除去脂肪后，在弱酸条件下亚硝酸盐与对氨基苯磺酸重氮化后，再与盐酸萘乙二胺偶合形成紫红色化合物，颜色的深浅与亚硝酸盐的含量成正比，其最大吸收波长为 538nm，可测定吸光度并与标准样品比较后定量。

【工作过程】

1. 样品处理

称取 5.0g 经绞碎混匀的试样，置于 50mL 烧杯中，加 12.5mL 硼砂饱和液，搅拌均匀，以 70℃ 左右的水约 300mL 将试样洗入 500mL 容量瓶中，于沸水浴中加热 15min，取出后冷却至室温，然后一边转动，一边加 5mL 亚铁氰化钾溶液，摇匀，再加入 5mL 醋酸锌溶液以沉淀蛋白质。加水至刻度，摇匀，放置 0.5h，除去上层脂肪，清液用滤纸过滤，弃去初滤液 30mL，滤液备用。

2. 测定

吸取 40mL 上述滤液于 50mL 带塞比色管中，另吸取 0, 0.20mL, 0.40mL, 0.60mL,

0.80mL，1.00mL，1.50mL，2.00mL，2.50mL 亚硝酸钠标准使用液（相当于 0.1μg，2μg，3μg，4μg，5μg，7.5μg，10μg，12.5μg 亚硝酸钠）。分别置于 50mL 带塞比色管中。于标准管与试样管中分别加入 2mL 4g/L 对氨基苯磺酸溶液，混匀，静置 3～5min 后各加入 1mL 2g/L 盐酸萘乙二胺溶液，加水至刻度，混匀，静置 15min，用 1cm 比色杯，以零管（未加亚硝酸钠管）调节零点，于波长 538nm 处测吸光度，绘制标准曲线比较。

取基准重铬酸钾，在 140～150℃ 干燥至恒重后，准确称取 0.9809g，置于烧杯中，加水溶解后转移至 200mL 容量瓶中，然后加水稀释至刻度，摇匀，即可根据称取的质量计算出 $K_2Cr_2O_7$ 标准溶液的物质的量浓度。

【数据处理】

试样中亚硝酸盐的含量按下式进行计算：

$$x = \frac{1000A}{1000m \frac{V_2}{V_1}}$$

式中　x——试样中亚硝酸盐的含量，mg/kg；

　　　m——试样质量，g；

　　　A——测定用样液中亚硝酸盐的质量（由标准曲线查得），μg；

　　　V_1——试样处理液的总体积，mL；

　　　V_2——测定用样液的体积，mL。

【注意事项】

1. 饱和硼砂溶液有助于亚硝酸盐的提取，并且利于蛋白质沉淀。
2. 当亚硝酸盐含量高时，过量的亚硝酸盐可以将偶氮化合物氧化变成黄色，而使红色消失，这时可以先加入试剂，然后滴加样液，从而避免亚硝酸盐过量。

【体验测试】

1. 亚硝酸盐、硝酸盐和亚硝胺之间有什么关系？
2. 为什么某些食品本身就含有亚硝酸盐？

知识链接

含氮有机化合物

1. 硝基化合物

烃分子中的氢原子被硝基取代后所形成的化合物称为硝基化合物。相当于烃分子中的氢原子被硝基取代而得到的衍生物。其通式为：R—NO_2 或 Ar—NO_2。

1.1 硝基化合物的分类

根据分子中烃基的种类不同，硝基化合物分为脂肪族硝基化合物（R—NO_2）和芳香族硝基化合物（Ar—NO_2）。根据分子中含硝基的数目可分为一元（一硝基）、二元（二硝基）和多元硝基化合物。

1.2 硝基化合物的命名

硝基化合物的命名与卤代烃相似。以烃为母体，把硝基作为取代基，称硝基某烷。硝基编号时应使硝基的位次保持最小。例如：

CH_3—NO_2　　　　CH_3—CH_2—NO_2　　　　$CH_3CH_2CH_2CHCH_3$
　　　　　　　　　　　　　　　　　　　　　　　　　　　　　｜
　　　　　　　　　　　　　　　　　　　　　　　　　　　　　NO_2

　硝基甲烷　　　　　　　硝基乙烷　　　　　　　2-硝基戊烷

（脂肪族硝基化合物）（脂肪族硝基化合物）（脂肪族硝基化合物）

$$\underset{\underset{\text{（脂肪族硝基化合物）}}{\text{2-硝基-3-甲基丁烷}}}{CH_3CHCH_3 \atop CH_3NO_2} \qquad \underset{\underset{\text{2-硝基丁烷}}{}}{CH_3CH_2CHCH_3 \atop NO_2} \qquad \underset{\underset{\text{（芳香族硝基化合物）}}{\alpha\text{-硝基萘}}}{}$$

$$\underset{\underset{\text{（二元硝基化合物）}}{\text{对二硝基苯}}}{} \qquad \underset{\underset{\text{（三元硝基化合物）}}{2,4,6\text{-三硝基甲苯}}}{} \qquad \underset{\underset{\text{（一元硝基化合物）}}{4\text{-甲氧基硝基苯}}}{}$$

1.3 重要的硝基化合物

硝基化合物有较高的沸点，脂肪族硝基化合物多数是油状液体，芳香族硝基化合物除了硝基苯是高沸点液体外，其余都是无色或淡黄色固体，味道苦，密度都比水大，不溶于水，溶于有机溶剂和浓硫酸。硝基化合物有毒，它的蒸气能透过皮肤被肌体吸收而引起中毒。多硝基化合物有的具有香味、且具有爆炸性，在使用时一定要注意。

(1) 硝基苯($C_6H_5NO_2$) 淡黄色有苦杏仁气味的油状液体，熔点 5.7℃，沸点 211℃，不溶于水，易溶于多种有机溶剂。$AlCl_3$ 因能与硝基苯形成配合物而溶于其中，故常用硝基苯做傅-克反应的溶剂。硝基苯是剧毒物质，口服 15 滴即可致死。无论从呼吸道或从皮肤表面吸入，都能造成慢性中毒。硝基苯能把血红蛋白氧化成高铁血红蛋白，使它不能再携带氧，或是与血红蛋白配合，也使它失去携带氧的功能，造成体内缺氧，并使血液呈青紫色，使用时要格外小心。硝基苯是制造苯胺、染料和药物的原料。

(2) 2,4,6-三硝基苯酚(苦味酸) 黄色针状或块状晶体，熔点 122℃，有毒，能引起皮肤伤害，有很强的刺激性。能溶于热水、乙醇、苯及乙醚，难溶于冷水。因其水溶液呈强酸性，味又极苦，故称为苦味酸。可作生物碱、蛋白质的沉淀试剂。苦味酸还具有杀菌止痛功能，在医药上可作治疗灼伤的药物。苦味酸及其盐类易爆炸，可以作烈性炸药。

2. 胺

2.1 胺的分类

(1) 根据氮原子所连烃基的种类不同，胺可分为脂肪族胺、芳香族胺和芳脂胺。

① 脂肪族胺 氨基与脂肪烃基相连，如 $CH_3CH_2NH_2$。

② 芳香族胺 氨基与芳环直接相连，如 $C_6H_5NH_2$。

③ 芳脂胺 氨基与芳环侧链相连，如芳脂胺 $C_6H_5—CH_2NH_2$。

(2) 根据氮原子上所连烃基的数目不同，可分为伯、仲、叔胺。

$$\underset{\underset{\text{（第一胺）}}{\text{伯胺(1°胺)}}}{RNH_2} \qquad \underset{\underset{\text{（第二胺）}}{\text{仲胺(2°胺)}}}{R_2NH} \qquad \underset{\underset{\text{（第三胺）}}{\text{叔胺(3°胺)}}}{R_3N}$$

此处的伯、仲、叔胺与伯、仲、叔醇的概念不同。如叔胺是指氮原子上连有 3 个烃基，而叔醇是指叔碳原子与羟基相连。例如：

$$\underset{\text{伯胺}}{\underset{CH_3}{\overset{CH_3}{\underset{|}{\overset{|}{CH_3-C-NH_2}}}}} \qquad \underset{\text{叔醇}}{\underset{CH_3}{\overset{CH_3}{\underset{|}{\overset{|}{CH_3-C-OH}}}}}$$

当铵盐（NH_4^+）或氢氧化铵分子中的四个氢原子被烃基取代而生成的化合物，就称为季铵盐和季铵碱。

$$[R_4N]^+X^- \qquad [R_4N]^+OH^-$$
$$\text{季铵盐} \qquad \text{季铵碱}$$

R 代表烃基，可以是脂肪烃基也可以是芳香烃基，从而可以分脂肪胺和芳香胺。将 —NH_2 称为氨基，$>$NH 称为亚氨基，$>$N— 称为次氨基（叔氮原子）。

(3) 还可根据分子中氨基的数目不同，将胺分为一元胺、二元胺、三元胺和多元胺。

2.2 胺的命名

(1) 对于简单的胺，根据与氮相连的烃基的名称，称为"某胺"。例如：

$$CH_3NH_2 \quad CH_3CH_2NH_2 \quad C_6H_5NH_2 \quad CH_3CH_2CH_2NCH_2CH_3$$
$$\qquad\qquad\qquad\qquad\qquad\qquad\qquad\qquad |$$
$$\qquad\qquad\qquad\qquad\qquad\qquad\qquad\qquad CH_3$$
$$\text{甲胺} \qquad \text{乙胺} \qquad \text{苯胺} \qquad \text{甲乙丙胺}$$

$$CH_3NHCH_2CH_3 \qquad\qquad CH_3CH_2NHCH_2CH_3$$
$$\text{甲乙胺} \qquad\qquad\qquad \text{乙丙胺}$$

当烃基相同时，在烃基名称之前加上词头"二"或"三"。例如：

$$(CH_3)_2NH \qquad (CH_3)_3N \qquad (C_6H_5)_2NH$$
$$\text{二甲胺} \qquad \text{三甲胺} \qquad \text{二苯胺}$$

(2) 氮原子上连有烃基的芳香族仲胺和叔胺，可用"N"来标记，以便与连在芳环上的烃基区分，也是为了标明连在氮原子上的取代基。例如：

C_6H_5—$NHCH_3$ C_6H_5—$N(CH_3)_2$ C_6H_5—$N(CH_3)CH_2CH_3$

N-甲基苯胺 N,N-二甲基苯胺 N-甲基-N-乙基苯胺

(3) 对于复杂胺，当以胺为母体不便命名时，则以烃基为母体，氨基作为取代基。例如：

$$CH_3CHCH_2CHCH_3 \qquad\qquad CH_3CH_2CHCH_2CH_3$$
$$\quad| \qquad\quad | \qquad\qquad\qquad\qquad |$$
$$CH_3 \quad NH_2 \qquad\qquad\qquad H_3C—N—CH_3$$
$$\text{4-甲基-2-氨基戊烷} \qquad\qquad \text{3-}(N,N\text{-二甲基)己烷}$$

(4) 对于多元胺，类似于多元醇的命名。如：

$$H_2NCH_2CH_2CH_2CH_2NH_2 \qquad\qquad H_2NCH_2CH_2CH_2CH_2CH_2NH_2$$
$$\text{1,4-丁二胺(腐肉胺)} \qquad\qquad \text{1,5-戊二胺(腐尸胺)}$$

(5) 对于季铵盐和季铵碱，如四个烃基相同时，称为四某基卤化铵和四某基氢氧化铵；若烃基不同时，烃基名称由简单到复杂依次排列，胺的盐也可直接称为某胺某盐。例如：

$$(CH_3)_4N^+Cl^- \qquad (CH_3)_4N^+OH^- \qquad [(CH_3)_3N^+CH_2CH_2OH]OH^-$$
$$\text{四甲基氯化铵} \qquad \text{四甲基氢氧化铵} \qquad \text{三甲基-2-羟乙基氢氧化铵}$$
$$\text{(氯化四甲胺)} \qquad \text{(氢氧化四甲基铵)} \qquad \text{(胆碱)}$$

$$C_6H_5—CH_2—\overset{\overset{\displaystyle CH_3}{|}}{\underset{\underset{\displaystyle CH_3}{|}}{N^+}}—C_{12}H_{25}\quad Br^-$$

二甲基十二烷基苄基溴化铵（新洁尔灭）

注意：这里的"胺"、"氨"和"铵"字有不同的含义。"胺"表示氨（NH_3）的烃基衍生物；"氨"表示氨基（—NH_2）或烃基取代的氨基，如二甲氨基；"铵"表示季胺化合物或铵盐。

2.3 胺的性质

胺是极性化合物，甲胺、二甲胺、三甲胺等低级脂肪胺常温下为气体，其他低级胺为液体，低级胺的气味与氨相似，有鱼腥味（如三甲胺），丁二胺和戊二胺等有动物尸体腐败后的气味，合称尸毒。伯胺、仲胺都可形成分子间氢键，沸点较相应的烷烃高，比相应的醇低。芳香胺是无色液体或固体，有特殊臭味，一般有毒，若被吸食或接触皮肤，则会引起中毒。季铵碱因在水中可完全电离，因此是强碱，其碱性与氢氧化钾相当。

2.3.1 碱性及成盐反应

胺分子中氮原子上的未共用电子对，溶于水时能接受质子呈碱性，发生离解反应。例如：

$$CH_3-NH_2 + HOH \rightleftharpoons CH_3-\overset{+}{N}H_3 + OH^-$$

$$C_6H_5-NH_2 + HOH \rightleftharpoons C_6H_5-\overset{+}{N}H_3 + OH^-$$

$$R-\overset{H}{\underset{H}{N}}: + HCl \longrightarrow R-\overset{H}{\underset{H}{\overset{+}{N}}}-HCl$$

$$R-\overset{H}{\underset{H}{N}}: + HOSO_2OH \longrightarrow R-\overset{H}{\underset{H}{\overset{+}{N}}}-HO\cdot SO_2OH$$

胺的碱性大小受两个方面因素的影响，即电子效应和空间效应。氮原子上的电子云密度越大，接受质子的能力越强，胺的碱性越强；氮原子周围空间位阻越大，氮原子结合质子越困难，胺的碱性越小。由于胺是弱碱，它们的盐遇到强碱则立即释放出胺。

$$R-\overset{+}{N}H_3X^- + NaOH \longrightarrow R-NH_2 + NaX + H_2O$$

脂肪族仲胺碱性最强，伯胺次之，叔胺最弱，但它们的碱性都比氨强。其碱性按大小顺序排列为：二甲胺＞甲胺＞三甲胺＞氨。

2.3.2 与亚硝酸的反应

胺可以与亚硝酸反应，不同类型的胺与亚硝酸反应，有不同的反应产物和现象。亚硝酸不稳定，HNO_2 在反应中用亚硝酸钠和盐酸或硫酸的混合物作用而代替。

脂肪伯胺与亚硝酸反应生成醇，并定量放出氮气（由生成的不稳定重氮盐自动分解），通过氮气的量可以进行脂肪族伯胺的定量分析。例如：

$$CH_3CH_2NH_2 + HNO_2 \longrightarrow CH_3CH_2OH + N_2\uparrow + H_2O$$

芳香伯胺与亚硝酸在过量无机酸和低温下生成芳香重氮盐，此反应称重氮化反应。

$$C_6H_5NH_2 + NaNO_2 + 2HCl \xrightarrow{0\sim5℃} C_6H_5N_2Cl + 2H_2O + NaCl$$

重氮盐不稳定，温度升高（超过5℃），重氮盐即分解成酚和氮气；干燥的重氮盐受热或撞击则容易爆炸。因此，一般不把重氮盐分离出来，而是保存在水中，在低于5℃下使用。

例如：

$$C_6H_5N_2^+Cl^- + H_2O \xrightarrow[\Delta]{H^+} C_6H_5OH + N_2\uparrow + HCl$$

脂肪族或芳香族仲胺与亚硝酸反应生成 N-亚硝基胺（有致癌性），该类物质为不溶于水的黄色油状物或固体物质。例如：

$$(CH_3)_2NH_2 + HO-NO \xrightarrow{-H_2O} (CH_3)_2N-NO$$

氮-亚硝基仲胺和酸共热,又可分解成原来的仲胺。可以利用这个反应来分离或提纯仲胺。

脂肪叔胺氮原子上没有氢原子,不能亚硝基化,只能形成不稳定的水溶性亚硝酸盐。例如:

$$(CH_3)_3N + HNO_2 \longrightarrow [(CH_3)_3NH]^+ NO_2^-$$

此盐用碱中和处理,又重新得到游离的脂肪叔胺。

$$[(CH_3)_3NH]^+ NO_2^- + NaOH \longrightarrow (CH_3)_3N + NaNO_2 + H_2O$$

芳香叔胺与亚硝酸作用,不生成盐,而是在芳环上发生亚硝基化反应,生成亚硝基芳叔胺,如对位被其他基团占据,则亚硝基将在邻位上取代。例如:

对亚硝基-N,N-二甲基苯胺(绿色晶体)

亚硝基芳香叔胺在碱溶液中呈翠绿色,在酸性溶液中由于互变成醌式盐而呈橘黄色。

根据不同胺类与亚硝基酸反应的不同现象和不同产物,可用来鉴别脂肪族或芳香族伯、仲、叔胺。

2.4 重要的胺

2.4.1 乙二胺($H_2NCH_2CH_2NH_2$)

乙二胺为无色透明液体,有类似氨的臭味,沸点117℃,溶于水和乙醇,具有扩张血管作用,乙二胺的正酸盐可用于治疗动脉硬化。乙二胺是制备药物、乳化剂和杀虫剂的原料。在化学分析中的乙二胺四乙酸,简称 EDTA,是一种应用较广的金属螯合剂。

2.4.2 苯胺($C_6H_5NH_2$)

苯胺是最简单的芳伯胺,它是合成染料、炸药等的主要原料之一。苯胺微溶于水,易溶于有机溶剂。苯胺有毒,应避免吸入苯胺蒸气,操作时还应注意不能使皮肤接触苯胺和大量吸入其蒸气。苯胺与卤素(Cl_2、Br_2等)能迅速反应,非常容易。例如,苯胺与溴水作用,立即生成 2,4,6-三溴苯胺白色沉淀。此反应可用于苯胺的定性、定量分析。

2.5 重氮和偶氮化合物

重氮化合物是指重氮基(—N=N—或 N≡N—)一端与芳香烃基,另一端与其他非碳原子或原子团相连,或与一个二价烃基直接相连的化合物。例如:

$CH_2=N_2$ 苯-N=N-OH

重氮甲烷   氢氧化重氮苯

重氮化合物中最重要的是含有 $Ar-N\equiv NX^-$ 结构的芳香重氮盐类,它们是通过重氮化反应而得到的具有很高反应活性的化合物。例如:

苯-$\overset{+}{N}\equiv NCl^-$ 苯-$\overset{+}{N}\equiv NHSO_4^-$ 苯-$\overset{+}{N}\equiv NBF_4^-$

氯化重氮苯   硫酸重氮苯   氟硼酸重氮苯

(重氮苯盐酸盐)   (重氮苯磺酸盐)   (重氮苯氟硼酸盐)

偶氮化合物是指—N=N—的两端直接与两个烃基相连的化合物。例如：

$$CH_3-N=N-CH_3$$
偶氮甲烷

$$H_2N-\overset{O}{\overset{\|}{C}}-N=N-\overset{O}{\overset{\|}{C}}-NH_2$$
偶氮二甲酰胺

偶氮苯

对羟基偶氮苯

对二甲氨基偶氮苯

重氮盐在低温下与酚或芳胺作用，生成有色的偶氮化合物的反应，称为偶联反应。

偶氮化合物是有色的固体物质，虽然分子中有氨基等亲水基团，但分子量较大，一般不溶或难溶于水，而溶于有机溶剂。

偶氮化合物有色，有些还能牢固地附着在纤维织品上，耐洗耐晒，经久而不褪色，可以作为染料，称为偶氮染料。但不是所有偶氮化合物都可作为染料，有的偶氮化合物能随着溶液的pH改变而灵敏地变色，可以作为酸碱指示剂。

任务六　从茶叶中提取咖啡因

操作视频

【工作任务】
　　从茶叶中提取咖啡因。
【工作目标】
　　1. 学会生物碱的提取方法。
　　2. 学会脂肪提取器的使用方法。
　　3. 了解杂环化合物的定义、命名和性质。
【工作情境】
　　1. 仪器　脂肪提取器、蒸馏装置、蒸发皿、电炉、沙浴锅、水浴锅。
　　2. 试剂　酒精、茶叶、生石灰。
【工作原理】
　　茶叶中含有咖啡因，占1%～5%，另外还含有11%～12%的单宁酸（鞣酸），0.6%的色素、纤维素、蛋白质等。为了提取茶叶中的咖啡因，可用适当的溶剂（如乙醇等）在脂肪提取器中连续萃取，然后蒸去溶剂，即得粗咖啡因。粗咖啡因中还含有其他一些生物碱和杂质（如单宁酸）等，可利用升华法进一步提纯。
【工作过程】
　　1. 粗提
　　（1）仪器安装　采用脂肪提取器。
　　（2）连续萃取　称取10g茶叶，研细，用滤纸包好，放入脂肪提取器的套筒中，用75mL 95%乙醇水浴加热连续萃取2～3h。
　　（3）蒸馏浓缩　待刚好发生虹吸后，把装置改为蒸馏装置，蒸出大部分乙醇。

(4) 加碱中和　趁热将残余物倾入蒸发皿中，拌入3～4g生石灰，使成糊状。蒸汽浴加热，不断搅拌下蒸干。

(5) 焙炒除水　将蒸发皿放在石棉网上，压碎块状物，小火焙炒，除尽水分。

2. 纯化

(1) 仪器安装　安装升华装置。用滤纸罩在蒸发皿上，并在滤纸上扎一些小孔，再罩上口径合适的玻璃漏斗。

(2) 初次升华　220℃沙浴升华，刮下咖啡因。

(3) 再次升华　残渣经拌和后升高沙浴温度升华，合并咖啡因。

3. 检验

称重后测定熔点。纯净咖啡因熔点为234.5℃。

【注意事项】

1. 脂肪提取器是利用溶剂回流和虹吸原理，使固体物质连续不断地为纯溶剂所萃取的仪器。溶剂沸腾时，其蒸气通过侧管上升，被冷凝管冷凝成液体，滴入套筒中，浸润固体物质，使之溶于溶剂中，当套筒内溶剂液面超过虹吸管的最高处时，即发生虹吸，流入烧瓶中。通过反复的回流和虹吸，从而将固体物质富集在烧瓶中。脂肪提取器为配套仪器，其任一部件损坏将会导致整套仪器的报废，特别是虹吸管极易折断，所以在安装仪器和实验过程中须特别小心。

2. 用滤纸包茶叶末时要严实，防止茶叶末漏出堵塞虹吸管；滤纸包大小要合适，既能紧贴套管内壁，又能方便取放，且其高度不能超出虹吸管高度。

3. 若套筒内萃取液色浅，即可停止萃取。

4. 浓缩萃取液时不可蒸得太干，以防转移损失。否则因残液很黏而难于转移，造成损失。

5. 拌入生石灰要均匀，生石灰的作用除吸水外，还可中和除去部分酸性杂质（如鞣酸）。

6. 升华过程中要控制好温度。若温度太低，升华速度较慢；若温度太高，会使产物发黄（分解）。

7. 刮下咖啡因时要小心操作，防止混入杂质。

【体验测试】

1. 本实验中使用生石灰的作用有哪些？

2. 除可用乙醇萃取咖啡因外，还可采用哪些溶剂萃取？

知识链接

杂环化合物

分子中含有由碳原子和其他原子共同参与成环的环状化合物称为杂环化合物。一般把除碳原子以外的其他参与成环的原子称为杂原子，最常见的杂原子是氧、硫和氮等。杂环化合物的环系可以含有一个、两个或多个相同的或不同的杂原子，环也可以是三元环、四元环、五元环或更大的环系。环醚、内酯、环酐及内酰胺等似乎也应属杂环化合物，但这些环状化合物容易开环生成脂肪族化合物，其性质与相应的脂肪族化合物相似，因此不放在杂环化合物中讨论，例如：

杂环化合物是一大类有机物，占已知有机物的三分之一。杂环化合物在自然界分布很

广、功用很多。

1. 杂环化合物的分类

杂环化合物是以杂环母环结构为基础进行分类的。根据环数的多少分为单杂环和多杂环（主要是稠杂环）；单杂环最常见的是五元杂环和六元杂环。稠杂环可根据情况分为苯稠杂环和杂环稠杂环。在每一类杂环化合物中，又可以按照杂环中所含杂原子的种类和数目分类，见表6-9。

表6-9 常见杂环化合物的结构、名称及标位

分类	母体碳环	含一个杂原子			含两个及两个以上杂原子			
五元杂环	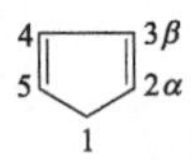 茂(环戊二烯) cyclopentadiene	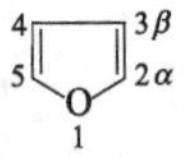 呋喃 furan 氧(杂)茂	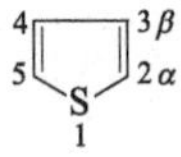 噻吩 thiophene 硫(杂)茂	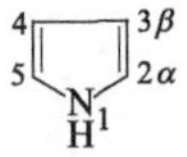 吡咯 pyrrole 氮(杂)茂	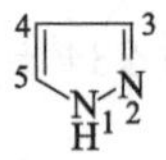 吡唑 pyrazole 1,2-二氮(杂)茂	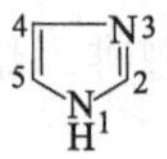 咪唑 imidazole 1,3-二氮(杂)茂	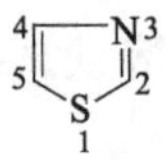 噻唑 thiazole 1,3-硫氮(杂)茂	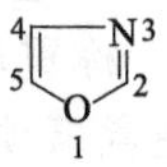 噁唑 oxazole 1,3-氧氮(杂)茂
六元杂环	 苯 benzene	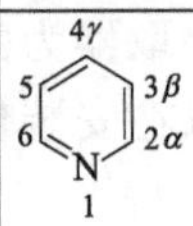 吡啶 pyridine 氮(杂)苯	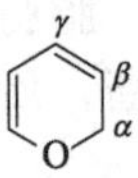 α-吡喃 α-pyran	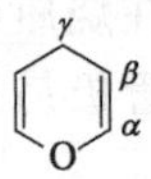 γ-吡喃 γ-pyran	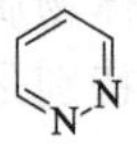 哒嗪 pyridazine	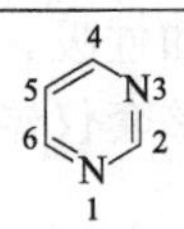 嘧啶 pyrimidine	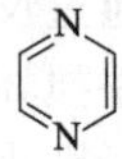 吡嗪 pyrazine	
稠杂环	茚 indene 萘 naphthalene		吲哚 indole 喹啉 quinoline	异喹啉 isoquinoline	嘌呤 purine 蝶啶 pteridine			

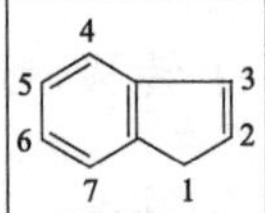

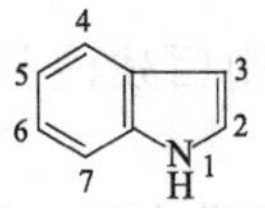

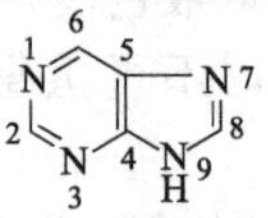

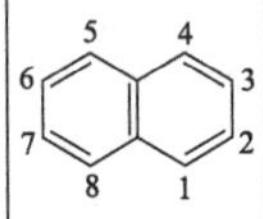

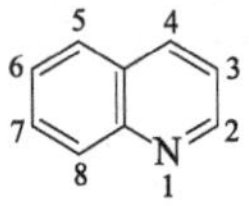

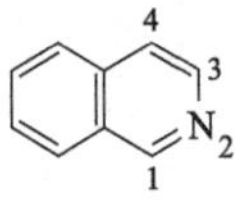

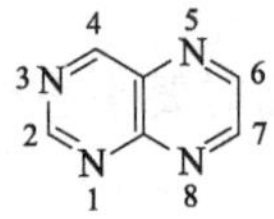

1.1 杂环化合物的命名

（1）杂环的命名常用音译法，是按外文名词音译成带"口"字旁的同音汉字。如呋喃、吡啶、咪唑等。

（2）在命名杂环化合物的衍生物时，首先要对杂环上的原子进行编号。含有一个杂原子的杂环从杂原子开始用阿拉伯数字或从靠近杂原子的碳原子开始用希腊字母编号；如杂环上不止一个杂原子时，则按O、S、—NH—、—N=顺序依次编号，并使杂原子的编号尽可能小；有些稠杂环有特定的名称和编号。见表6-9。

（3）对于杂环上连有—CHO、—COOH、—SO₃H等基团的化合物，命名时应将杂环作为取代基，名称列于这些基团的名称之前，如：

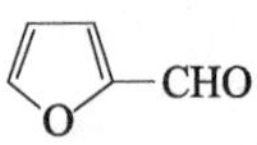

2-呋喃甲醛 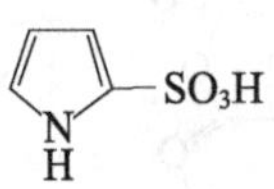   2-吡咯磺酸 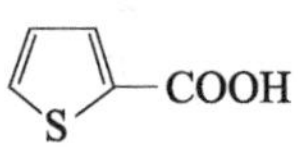   2-噻吩甲酸 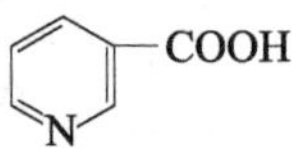   3-吡啶甲酸

(4) 某些杂环体系可能有互变异构现象，为了区别各异构体，需在其名称前加上标准的阿拉伯数字及大写的斜体 H，以标示氢原子所在的位置。

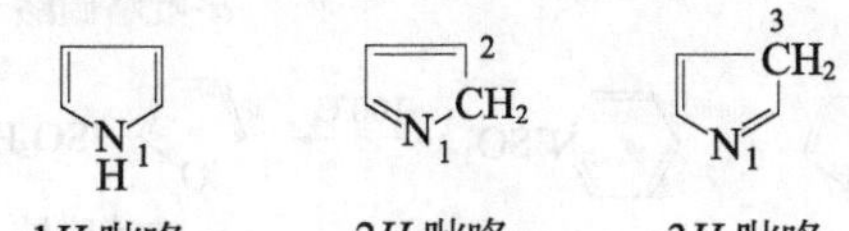

1H-吡咯　　　2H-吡咯　　　3H-吡咯

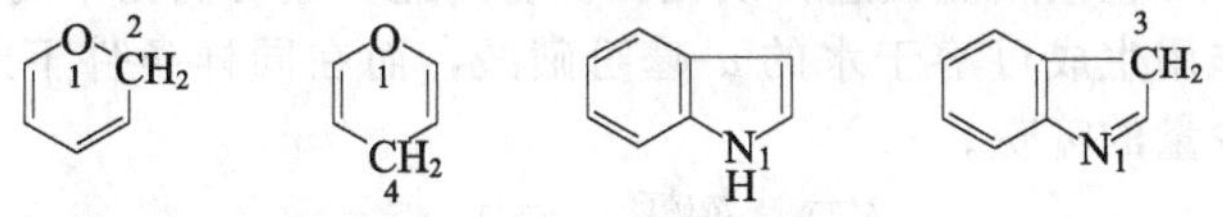

2H-吡喃　　4H-吡喃　　1H-吲哚　　3H-吲哚

1.2 五元杂环化合物

含一个杂原子的典型五元杂环化合物是呋喃、噻吩和吡咯。含两个杂原子的有噻唑、咪唑和吡唑。这里重点讨论呋喃、噻吩和吡咯，简单介绍一下噻唑、咪唑和吡唑。

1.2.1 呋喃、噻吩、吡咯的物理性质

呋喃常温下是无色液体，易挥发，有氯仿气味，沸点 31.4℃，相对密度为 0.9336，难溶于水，易溶于有机溶剂。它遇盐酸浸润过的松木片显绿色。

吡咯存在于煤焦油和骨焦油中，为无色液体，沸点 131℃，有弱的苯胺味。其蒸气遇盐酸浸润过的松木片显红色，借此可检验吡咯及其低级同系物。

噻吩与苯共存于煤焦油中，为无色而有特殊气味的液体，沸点 84℃。在浓硫酸的存在下，噻吩与靛红作用显蓝色。

1.2.2 呋喃、噻吩、吡咯的化学性质

(1) 亲电取代反应

① 卤代反应　吡咯、呋喃、噻吩在室温下与氯或溴反应很激烈，需在较温和条件下进行，否则在环上引入多个卤原子而生成多卤代物。

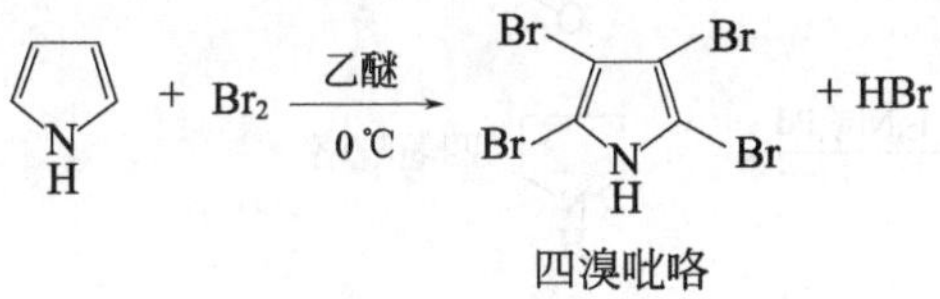

$$\text{吡咯} + Br_2 \xrightarrow[0℃]{乙醚} \text{四溴吡咯} + HBr$$

$$\text{呋喃} + Br_2 \xrightarrow[0℃]{二氧六环} \text{二溴呋喃} + HBr$$

② 硝化反应　吡咯、呋喃在强酸性下会由于质子化，而破坏环的芳香性，分解及开环形成聚合物。因此硝化反应不能用混酸硝化，一般是用乙酰基硝酸酯（CH_3COONO_2）作硝化试剂，在低温下进行。

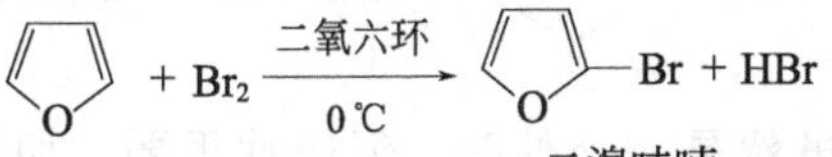

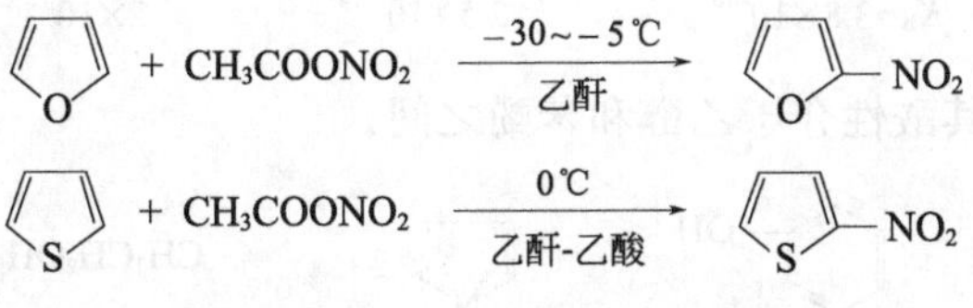

$$\text{呋喃} + CH_3COONO_2 \xrightarrow[乙酐]{-30 \sim -5℃} \text{呋喃-}NO_2$$

$$\text{噻吩} + CH_3COONO_2 \xrightarrow[乙酐-乙酸]{0℃} \text{噻吩-}NO_2$$

③ 磺化反应　吡咯和呋喃的磺化反应也需在较缓和的条件下进行，常用吡啶与三氧化硫的加合物作磺化剂。

$$\underset{H}{\underset{|}{\text{吡咯}}} + \underset{\text{N}^+\text{SO}_3^-}{\text{吡啶}} \xrightarrow{100\,℃} \underset{H}{\underset{|}{\text{吡咯}}}-\text{SO}_3\text{H}$$
α-吡咯磺酸

$$\text{呋喃} + \underset{\text{N}^+\text{SO}_3^-}{\text{吡啶}} \xrightarrow{100\,℃} \text{呋喃}-\text{SO}_3\text{H}$$
α-呋喃磺酸

噻吩比较稳定，可直接用硫酸进行磺化。尽管如此，噻吩仍比苯的磺化反应快得多，在室温下能与浓硫酸作用生成可溶于水的 α-噻吩磺酸，而在同样条件下苯不反应，可利用此反应从粗苯中除去少量的噻吩。

$$\text{噻吩} \xrightarrow[\text{室温}]{\text{浓硫酸}} \text{噻吩}-\text{SO}_3\text{H}$$
α-噻吩磺酸

④ 傅-克反应 在催化剂的作用下，吡咯、呋喃和噻吩也可发生酰基化反应。

$$\underset{H}{\underset{|}{\text{吡咯}}} + (\text{CH}_3\text{CO})_2\text{O} \longrightarrow \underset{H}{\underset{|}{\text{吡咯}}}-\text{COCH}_3$$
2-乙酰基吡咯

$$\text{呋喃} + (\text{CH}_3\text{CO})_2\text{O} \xrightarrow{\text{BF}_3} \text{呋喃}-\text{COCH}_3$$
2-乙酰基呋喃

$$\text{噻吩} + \text{C}_6\text{H}_5\text{COCl} \xrightarrow{\text{SnCl}_4} \text{噻吩}-\text{COC}_6\text{H}_5$$
2-苯甲酰基噻吩

(2) 加氢反应 吡咯、呋喃和噻吩均可进行催化加氢，被还原为饱和的杂环化合物。

$$\text{呋喃} \xrightarrow{\text{H}_2,\text{Ni或Pd}} \text{四氢呋喃(THF)}$$

$$\underset{H}{\underset{|}{\text{吡咯}}} \xrightarrow{\text{H}_2,\text{Ni或Pd}} \underset{H}{\underset{|}{\text{四氢吡咯}}}$$

$$\text{噻吩} \xrightarrow{\text{H}_2,\text{Ni}} \text{(不能用Pd催化，因噻吩能Pd使中毒)}$$

(3) 吡咯的酸碱性 吡咯虽然是一个仲胺，但碱性很弱。原因是 N 上的未共用电子对参与了环的共轭体系，减弱了与 H^+ 的结合力。

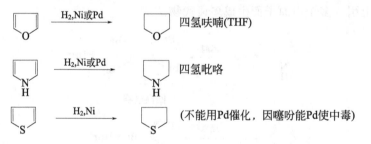

$K_b = 3.8 \times 10^{-10}$　　　　2.5×10^{-14}　　　　2×10^{-4}

吡咯具有弱酸性，其酸性介于乙醇和苯酚之间。

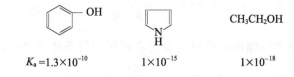

$K_a = 1.3 \times 10^{-10}$　　　　1×10^{-15}　　　　1×10^{-18}

1.3 重要的五元杂环衍生物

1.3.1 糠醛（α-呋喃甲醛）

由农副产品如甘蔗渣、花生壳、高粱秆、棉籽壳等用稀酸加热蒸煮制取。

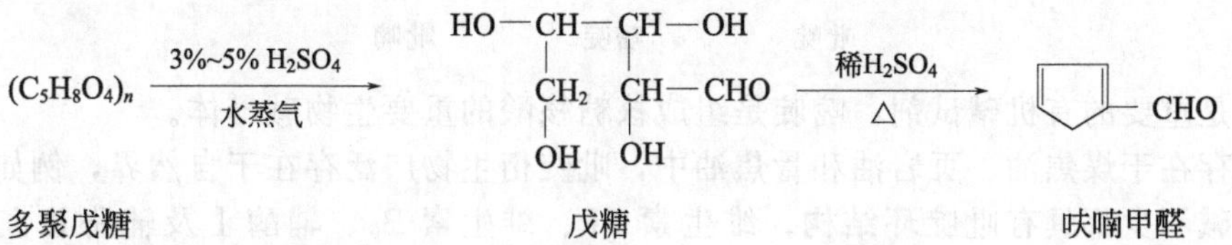

$$(C_5H_8O_4)_n \xrightarrow[\text{水蒸气}]{3\%\sim5\%\ H_2SO_4} \underset{\text{戊糖}}{\text{HO-CH-CH-OH}\atop \text{CH}_2\ \text{CH-CHO}\atop \text{OH}\ \text{OH}} \xrightarrow[\Delta]{\text{稀}H_2SO_4} \underset{\text{呋喃甲醛}}{\text{[环]—CHO}}$$

多聚戊糖

糠醛是良好的溶剂，常用作精炼石油的溶剂，以溶解含硫物质及环烷烃等。可用于精制松香、脱出色素、溶解硝酸纤维素等。糠醛广泛用于油漆及树脂工业。

1.3.2 吡咯的重要衍生物

最重要的吡咯衍生物是含有四个吡咯环和四个次甲基（—CH =）交替相连组成的大环化合物，其基本骨架是卟吩环。

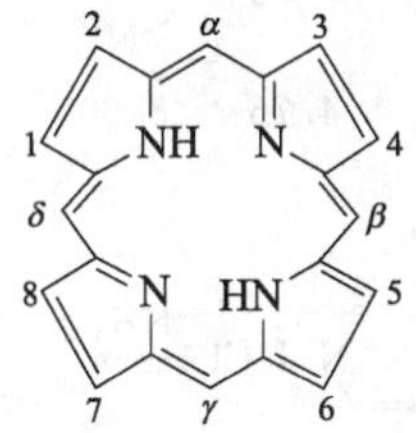

卟啉族化合物广泛分布与自然界。血红素、叶绿素都是含卟吩环的卟啉族化合物。在血红素中卟吩环配合的是 Fe，叶绿素卟吩环配合的是 Mg。血红素的功能是运载输送氧气，叶绿素是植物光合作用的主要色素。

1.3.3 吡唑、噻唑和咪唑

含有 2 个杂原子其中至少有一个杂原子是氮原子的五元杂环称为唑。这类化合物中较重要的有吡唑、咪唑和噻唑。吡唑为无色针状结晶，熔点 70℃。咪唑为无色固体熔点 90℃。噻唑是含一个硫原子和一个氮原子的五元杂环，无色，有吡啶臭味的液体，沸点 117℃，与水互溶，有弱碱性，是稳定的化合物。

吡唑　　　咪唑　　　噻唑

青霉素是一类抗菌素的总称，已知的青霉素大约一百多种，它们的结构很相似，均具有稠合在一起的四氢噻唑环和 β-内酰胺环。

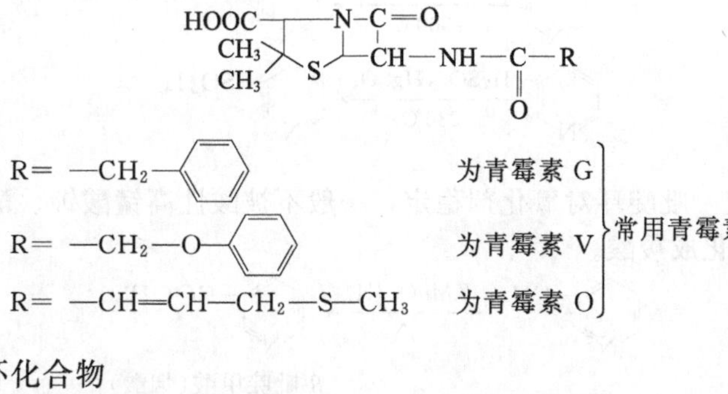

R= —CH$_2$—⟨苯基⟩　　为青霉素 G
R= —CH$_2$—O—⟨苯基⟩　为青霉素 V　　⎫常用青霉素
R= —CH=CH—CH$_2$—S—CH$_3$　为青霉素 O ⎭

1.4 六元杂环化合物

六元杂环化合物中最重要的有吡啶、嘧啶、吡喃等。

吡啶　　嘧啶　　吡喃

吡啶是重要的有机碱试剂，嘧啶是组成核糖核酸的重要生物碱母体。

吡啶存在于煤焦油、页岩油和骨焦油中，吡啶衍生物广泛存在于自然界，例如，植物所含的生物碱不少都具有吡啶环结构，维生素 PP、维生素 B_6、辅酶Ⅰ及辅酶Ⅱ也含有吡啶环。吡啶是重要的有机合成原料、良好的有机溶剂和有机合成催化剂。吡啶为有特殊臭味的无色液体，沸点 117.5℃，相对密度 0.982，可与水、乙醇、乙醚等任意混合。

① 碱性与成盐　吡啶的环外有一对未共用的孤对电子，具有碱性，易接受亲电试剂而成盐。吡啶的碱性小于氨大于苯胺。

$\quad\quad\quad\quad CH_3NH_2 \quad NH_3 \quad$ 吡啶 $\quad$ 苯胺

$pK_b \quad\quad 3.38 \quad\quad 4.76 \quad 8.80 \quad\quad 9.42$

吡啶易与酸和活泼的卤代物成盐。

（反应式图）此反应常用于在反应中吸收生成的气态酸

吡啶三氧化硫配合物是常用的缓和磺化剂

（反应式图）制取烷基吡啶的一种方法

② 取代反应　取代反应主要在 β-位上。

卤代　（反应式：吡啶 + Br_2，300℃ → 3-溴吡啶）

硝化　（反应式：吡啶 + H_2SO_4, HNO_3，300℃ → 3-硝基吡啶）

碘化　（反应式：吡啶 + $H_2SO_4, HgSO_4$，230℃ → 3-SO_3H 吡啶）

③ 氧化还原反应　吡啶环对氧化剂稳定，一般不被酸性高锰酸钾、酸性重铬酸钾氧化，通常是侧链烃基被氧化成羧酸。

（反应式：3-甲基吡啶 $\xrightarrow{KMnO_4/H^+, \triangle}$ 3-羧基吡啶）

β-吡啶甲酸（烟酸）

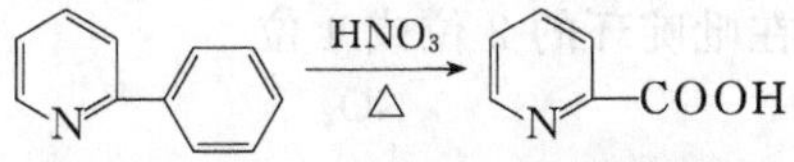

$$\underset{\text{}}{\text{[2-phenylpyridine]}} \xrightarrow[\triangle]{HNO_3} \underset{\alpha\text{-吡啶甲酸}}{\text{[pyridine-2-COOH]}}$$

吡啶易被过氧化物（过氧乙酸、过氧化氢等）氧化生成氧化吡啶。

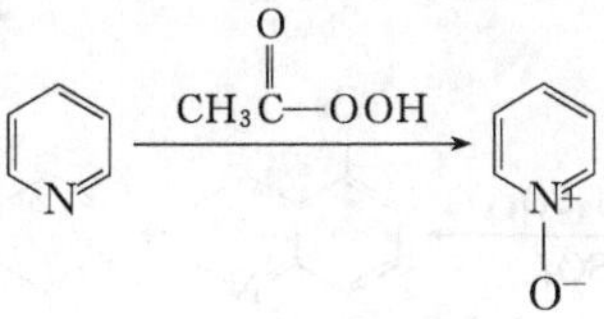

$$\text{吡啶} \xrightarrow{CH_3C(O)-OOH} \text{吡啶 } N\text{-氧化物}$$

氧化吡啶在有机合成中用于合成 4-取代吡啶化合物。

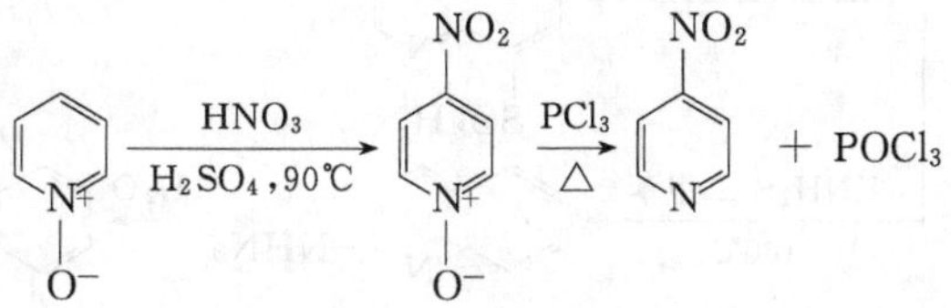

$$\text{吡啶 }N\text{-氧化物} \xrightarrow[H_2SO_4, 90℃]{HNO_3} \text{4-硝基吡啶 }N\text{-氧化物} \xrightarrow[\triangle]{PCl_3} \text{4-硝基吡啶} + POCl_3$$

1.5 嘧啶及其衍生物

嘧啶本身不存在于自然界，其衍生物在自然界分布很广，脲嘧啶、胞嘧啶、胸腺嘧啶是遗传物质核酸的重要组成部分，维生素 B_1 也含有嘧啶环。

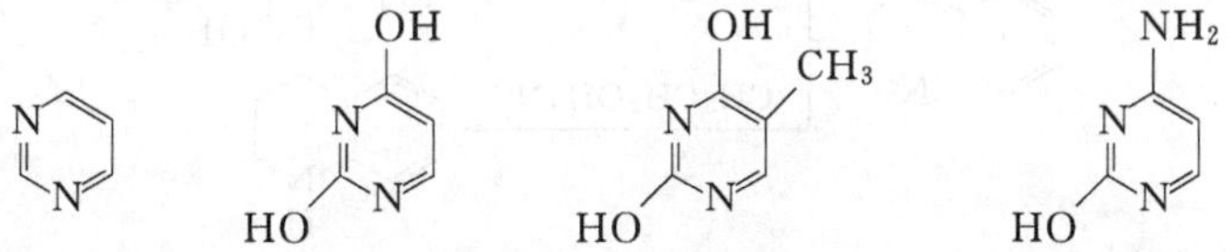

| 嘧啶 | 尿嘧啶(U) uracil | 胸腺嘧啶(T) thymine | 胞嘧啶(C) cytosine |

1.6 稠杂环化合物

稠杂环化合物是指苯环与杂环稠合或杂环与杂环稠合在一起的化合物。常见的有喹啉、吲哚和嘌呤。

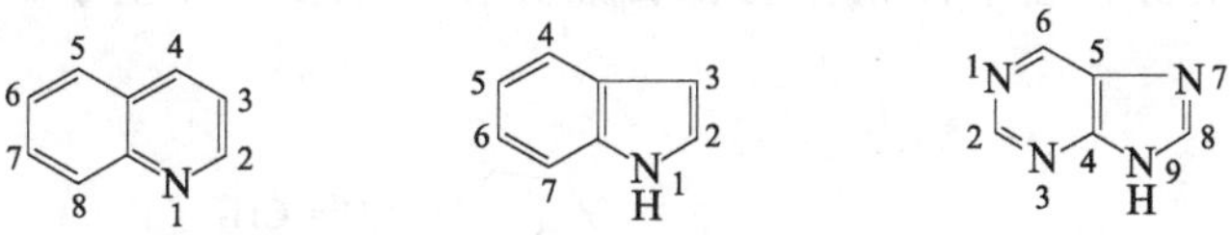

喹啉 (quioline)　　吲哚 (indole)　　嘌呤 (purine)

1.6.1 喹啉

喹啉存在于煤焦油中，为无色油状液体，放置时逐渐变成黄色，沸点 238.05℃，有恶臭味，难溶于水。能与大多数有机溶剂混溶，是一种高沸点溶剂。

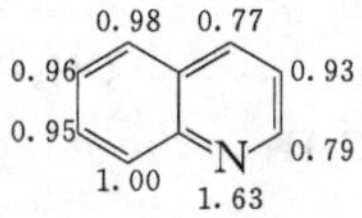

电子云密度分布：
0.98　0.77
0.96　　0.93
0.95
1.00　1.63　0.79

（1）喹啉的性质

① 取代反应　喹啉是由苯与吡啶稠合而成的，由于吡啶环的电子云密度低于与之并联的苯环，所以喹啉的亲电取代反应发生在电子云密度较大的苯环上，取代基主要进入 5 位或

8位。而亲核取代则主要发生在吡啶环的2位或4位。

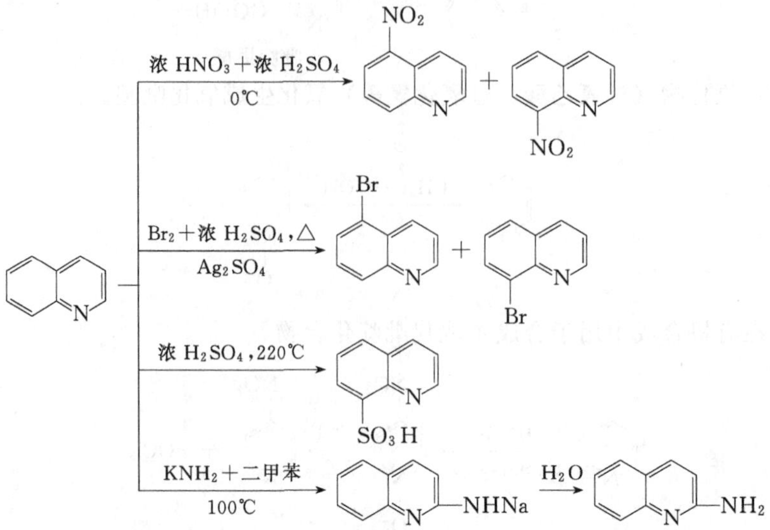

② 氧化还原反应　喹啉用高锰酸钾氧化时，苯环发生破裂，用钠和乙醇还原是其吡啶环被还原，这说明在喹啉分子中吡啶环比苯环难氧化，易还原。

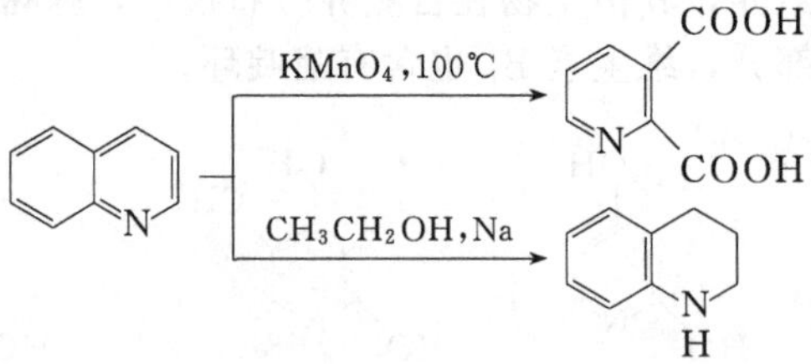

(2) 喹啉环的合成法——斯克劳普（Skraup）法　喹啉的合成方法有多种，常用的是斯克劳普法。是用苯胺与甘油、浓硫酸及一种氧化剂如硝基苯共热而生成。

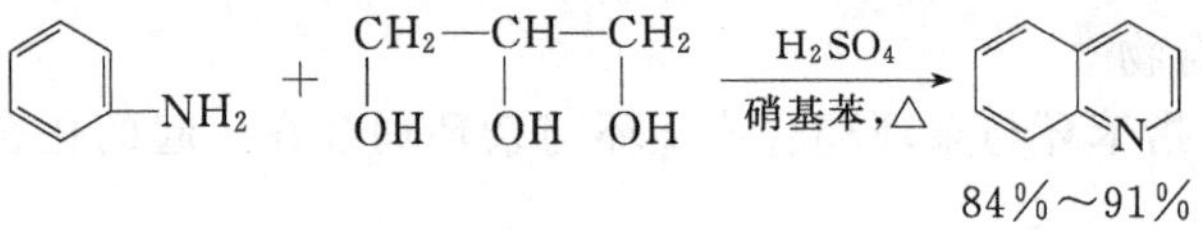

(3) 喹啉的衍生物　喹啉的衍生物在自然界存在很多，如奎宁、氯喹、罂粟碱、吗啡等。

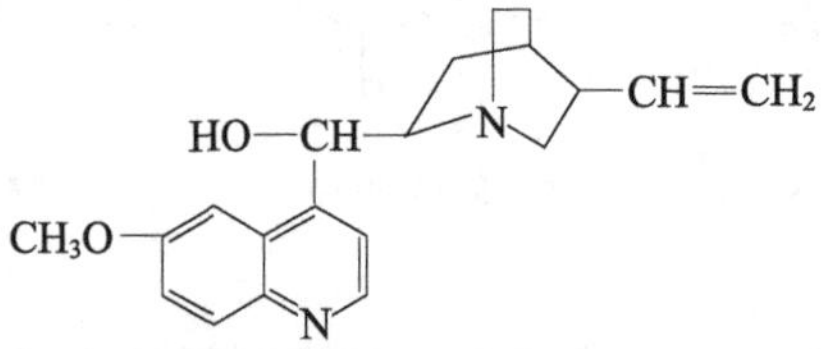

奎宁（金鸡纳碱，存在于金鸡纳树皮中，有抗疟疾疗效）

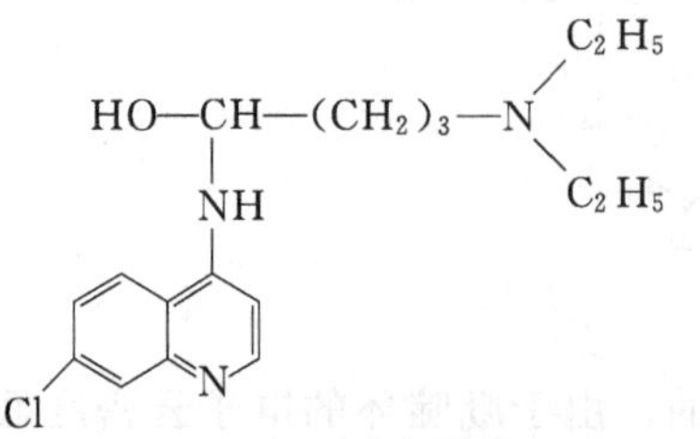

氯喹（合成抗疟疾药） 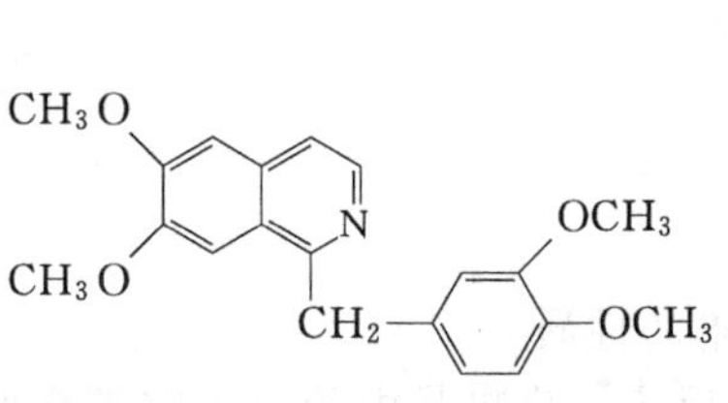　　　　　　　　罂粟碱

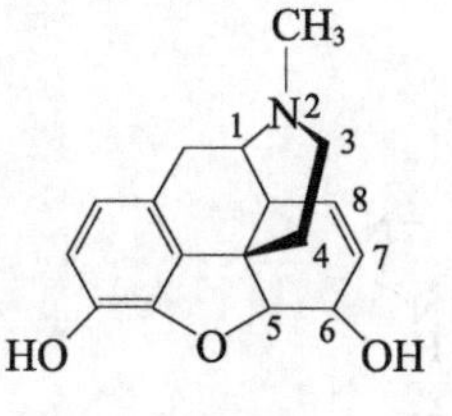

含一个被还原了的异喹啉环,是从鸦片中提取出来的。

吗啡的盐酸盐是很强的镇痛药,能持续6h,也能镇咳,但易上瘾。

将羟基上的氢换成乙酰氨基,即为海洛因,不存在于自然界。海洛因比吗啡更易上瘾,可用来解除晚期癌症患者的痛苦。

吗啡

1.6.2 吲哚

吲哚是白色结晶,熔点52.5℃。极稀溶液有香味,可用作香料,浓的吲哚溶液有粪臭味。素馨花、柑橘花中含有吲哚。吲哚环的衍生物广泛存在于动植物体内,与人类的生命、生活有密切的关系。吲哚使浸有盐酸的松木片显红色。

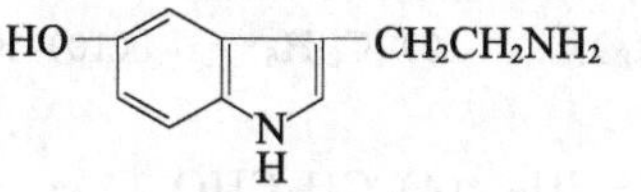

5-羟基色氨(动物激素,参与神经思维的物质)

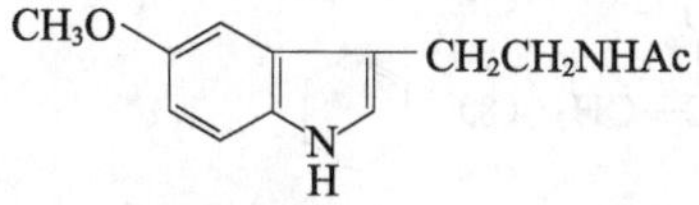

Melatonine 脑白金

吲哚的性质与吡咯相似,也可发生亲电取代反应,取代基进入β-位。

1.6.3 嘌呤

嘌呤是由嘧啶环与咪唑环稠合而成。它是2个互变异构体形成的平衡体系,平衡主要在$9H$-嘌呤一边。

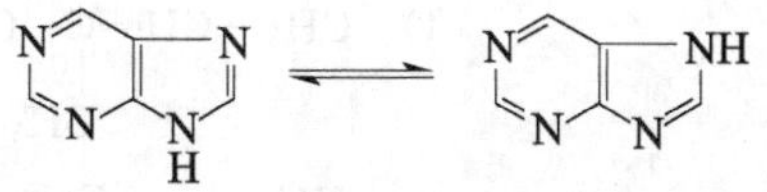

$9H$-嘌呤 $7H$-嘌呤

嘌呤为无色晶体,熔点216~217℃,易溶于水,嘌呤即有弱碱性又有弱酸性,能与酸或碱成盐。纯嘌呤环在自然界不存在,嘌呤的衍生物广泛存在于动植物体内。

(1) 尿酸 存在于鸟类及爬虫类的排泄物中,含量很多,人尿中也含少量。

(2) 黄嘌呤 存在于茶叶及动植物组织和人尿中。

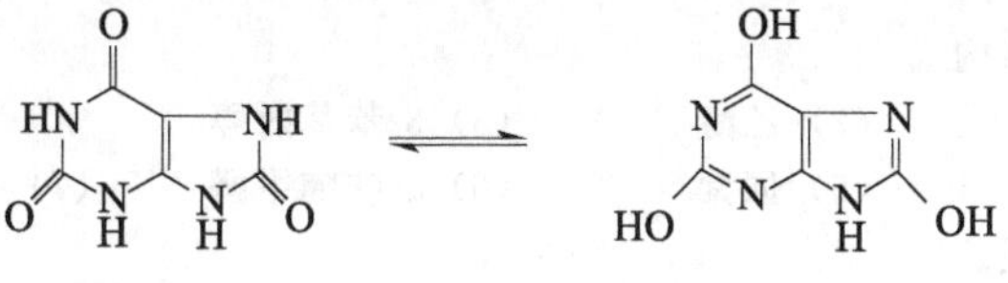

(3) 咖啡碱、茶碱和可可碱 三者都是黄嘌呤的甲基衍生物,存在于茶叶、咖啡和可可中,它们有兴奋中枢神经作用,其中以咖啡碱的作用最强。

咖啡碱   茶碱   可可碱

(4) 腺嘌呤和鸟嘌呤 是核蛋白中的两种重要碱基。

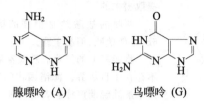

腺嘌呤 (A)　　　　鸟嘌呤 (G)

子项目测试

1. 下列化合物中属于有机化合物的有哪些？
(1) CH_3COOH　　(2) $NaHCO_3$　　(3) $C_4H_{10}O$　　(4) CCl_4　　(5) CaC_2
(6) HCl　　(7) H_2O　　(8) $CO(NH_2)_2$　　(9) C_2H_6　　(10) KCN

2. 依据官能团的特征，说出下列化合物的类别。
(1) C_4H_9-OH　　(2) CH_3CH_2-Cl　　(3) CH_3-O-CH_3　　(4) CH_3CHO

(5) CH_3NH_2　　(6) CH_3-OH　　(7) $CH_3-\underset{\underset{O}{\|}}{C}-CH_3$　　(8) 环己烯

3. 用系统命名法命名下列化合物。

(1) $CH_3-CH_2-\underset{\underset{CH_3}{|}}{CH}-CH_3$

(2) $CH_3-\underset{\underset{C_2H_5}{|}}{CH}-CH=CH_2$

(3) $CH_3CH\underset{\underset{C_2H_5}{|}}{CH_2}\overset{\overset{CH_3}{|}}{C}HCH_3$

(4) $CH_3-CH=\underset{\underset{CH_3}{|}}{C}-CH_2-\underset{\underset{CH_3}{|}}{CH}-CH_3$

(5) $CH_3-\underset{\underset{CH_3}{|}}{CH}-CH_2-C\equiv CCH_3$

(6) 3-乙基-苯酚 (间位HO、C_2H_5)

(7) CH_3CH_2COOH

(8) $\underset{\underset{OH}{|}}{\overset{\overset{CH_3}{|}}{C}}H-CH_2-\underset{\underset{CH_3}{|}}{CH}-CH_3$

4. 写出下列化合物的结构式。
(1) 2-甲基-1,3-丁二醇　　(2) 乙醚　　(3) 3-苯基丙醇
(4) 间甲苯酚　　(5) 尿素　　(6) α-呋喃甲醛　　(7) 对苯二胺

5. 完成下列化学方程式。
(1) $CH_3-CH=CH_2+HCl \longrightarrow$

(2) $CH_3-CH=\underset{\underset{CH_3}{|}}{C}-CH_3 \xrightarrow{KMnO_4+H^+}$

(3) 苯 $+ C_2H_5Cl \xrightarrow{AlCl_3}$

(4) 对二甲苯 $+ KMnO_4 \xrightarrow{\triangle}$

(5) $C_2H_5OH \xrightarrow[140℃]{浓 H_2SO_4}$

(6) $\underset{\underset{OH}{|}}{CH_3CHCH_2CH_3} + HBr \xrightarrow{\triangle}$

(7) $\underset{\underset{OH}{|}}{CH_3CHCH_3} \xrightarrow{KMnO_4}$

(8) $CH_3COOH + CH_3CH_2CH_2OH \xrightarrow[\text{浓 } H_2SO_4]{\triangle}$

(9) $2CH_3CH_2COOH \xrightarrow[\triangle]{P_2O_5}$

(10) $CH_3CH_2CHO + CH_3OH \xrightarrow{\text{干燥 } HCl} \xrightarrow[H_2O]{H^+}$

项目七 食品中的营养物质

食品中的营养物质是指那些能够维持人体正常生长发育和新陈代谢所必需的物质，包括糖类、脂类、蛋白质、维生素、无机盐、水六大类，通常被称为营养素。它是构成人体的物质组成和维持机体生理功能不可缺少的要素，也是生命活动的物质基础。

子项目一 糖类

【学习目标】
1. 学会糖类化合物的组成、分类及在食品工业中的应用。
2. 学会二糖、多糖的结构和性质，运用单糖的性质来鉴别醛糖和酮糖。

【技能目标】
学会测定糕点中的总糖和蔗糖转化度。

糖是自然界中最丰富的有机化合物，是人类赖以生存的重要物质之一，是人体热能的主要来源。糖供给人体的热能约占人体所需总热能的60%～70%，除纤维素以外，一切糖类物质都是热能的来源。糖类主要以各种不同的淀粉、糖、纤维素的形式存在于粮、谷、薯类、豆类以及米面制品和蔬菜水果中。在植物中约占其干物质的80%，在动物性食品中糖很少，约占其干物质的2%。

任务一 蔗糖转化度的测定

【工作任务】
蔗糖转化度的测定。

【工作目标】
1. 了解旋光仪的基本原理，学会其使用方法。
2. 学会物质旋光性、比旋光度及旋光度的定义及其测定方法。
3. 能使用旋光仪进行蔗糖转化度的测定。

【工作情境】
本任务可在化验室或实验室中进行。
1. 仪器 旋光仪、旋光管、电子天平、量杯（50mL）、烧杯、移液管、容量瓶、三角瓶、温度计、计时器。
2. 药品 蔗糖、盐酸溶液（4mol/L）、新鲜配制的蔗糖（如有浑浊应过滤）。

【工作原理】
蔗糖水溶液在有 H^+ 存在时，会水解生成葡萄糖与果糖，其反应为：

$$C_{12}H_{22}O_{11}(蔗糖) + H_2O \longrightarrow C_6H_{12}O_6(葡萄糖) + C_6H_{12}O_6(果糖)$$

蔗糖在水中进行水解反应时，蔗糖是右旋的，水解的混合物有左旋的，所以偏振光面将由右边旋向左边。偏振面转移的角度称为旋光度，用 α 表示。溶液的旋光度与溶液所含物质的旋光能力、溶剂性质、溶液浓度、样品管长度及温度等均有关系。当其条件固定时，旋光度 α 与反应浓度 c 呈线性关系，即：

$$\alpha = Kc$$

式中，K 为比例系数，且与物质的旋光能力、溶剂性质、溶液浓度、光源、温度等因素有关，并且溶液的旋光度是各组分旋光度之和。

为了比较各种物质的旋光能力，引入比旋光度这一概念，比旋光度可表示为：

$$[\alpha]_D^t = \frac{10\alpha}{lc_A}$$

式中　t——实验温度，℃；
　　　D——钠灯光源 D 线的波长（即 589nm）；
　　　α——仪器测得的旋光度，°；
　　　l——样品管的长度，cm；
　　　c_A——浓度，g/mL。

反应物蔗糖是右旋物质，其比旋光度 $[\alpha]_D^{20} = 52.5°$，果糖是左旋物质，其比旋光度 $[\alpha]_D^{20} = -91.9°$。由于生成物中果糖的左旋性比葡萄糖右旋性大，所以生成物呈现左旋性质。因此随着反应的不断进行，体系的右旋角将不断减少，在反应进行到某一瞬间时，体系的旋光度恰等于零，随后为左旋角逐渐增大，直到蔗糖完全反转化，体系的左旋角达到最大值 α_∞。这种变化称为转化，蔗糖水解液被称为转化糖浆。

蔗糖转化度指的是蔗糖水解产生葡萄糖的质量与蔗糖最初质量的比值的百分数。通过测定酸性条件下蔗糖水解液的旋光度，就可以计算蔗糖的转化度。

【工作过程】

1. 仪器装置　旋光仪。

2. 旋光仪的校正　蒸馏水为非旋光性物质，可用来校正旋光仪，首先应将旋光管洗净，用蒸馏水润洗旋光管两次，由加液口加蒸馏水至满，旋光管中若有气泡，应先让气泡浮在凸颈处。在旋紧螺丝帽盖时不宜用力过猛，以免将玻璃片压碎。旋光管的螺丝帽不宜旋的过紧，以防产生应力而影响读数的正确性。随后用滤纸将管外的水吸干，旋光管两端的玻璃片用擦镜纸擦干净，然后将旋光管放入旋光仪的样品中，盖上箱盖。打开示数开关，调节零位手轮，使旋光管示数值为零，按下"复测"键钮，旋光示值为零，重复上述操作 3 次，待示数稳定后，即校正完毕。注意，每次测定时旋光管安放的位置和方向都应保持一致。

3. 溶液的配制　取浓度为 0.2g/mL 的蔗糖溶液 25mL 与 25mL、浓度为 4mol/L 的盐酸溶液混合，并迅速以此混合液润洗旋光管两次，然后装满旋光管，旋紧螺丝帽盖。拭去管外的溶液，然后将旋光管放入旋光仪的样品室中，盖上箱盖。打开示数开关，开始测定旋光度。以开始时刻为 t_0，每隔 5min 读数一次，测定时间 30min。

取浓度为 0.2g/mL 的蔗糖溶液 25mL 与 25mL 浓度为 4.00mol/L 盐酸溶液混合在烧杯中用水浴加热，水浴温度为 50℃，保温 30min。冷却至室温，测得旋光度 α。

【数据处理】

实验温度：_____　　　　　　　　　盐酸浓度：_____
大气压：_____　　　　　　　　　　$\alpha_\infty =$ _____

时间/min	0	5	10	15	20	25	30
旋光度值							
蔗糖的转化度/%							

【注意事项】

1. 本实验中的旋光度的测定应当使用同一台仪器和同一旋光管,并且在旋光仪中所放的位置和方向都必须保持一致。

2. 实验中所用的盐酸对旋光仪和旋光管和金属部件有腐蚀性,实验结束时,必须将其彻底洗净,并用滤纸吸干水分,以保持仪器和旋光管的洁净和干燥。

3. 本实验除了用氢离子作催化剂外,也可用蔗糖酶催化,后者的催化效率更高,并且用量大大减少。如用蔗糖酶液[3~5U/mL,U(活力单位)在室温、pH=4.5条件下,每分钟水解产生1μmol葡萄糖所需的酶量],其用量仅为2mol/L盐酸溶液用量的1/50。

4. 本实验用盐酸作催化剂(浓度保持不变)。如改变盐酸浓度,其蔗糖转化率也随着改变。

5. 温度对本实验的影响很大,所以应严格控制反应温度,在反应过程中应记录实验室内气温变化,计算平均实验温度。

【体验测试】

1. 如何判断某一旋光物质是左旋还是右旋?
2. 实验中,为什么用蒸馏水来校正旋光仪的零点?
3. 蔗糖溶液为什么可粗略配制?

知识链接

光学异构

同分异构现象在有机化学中极为普遍,这是构成有机化合物种类繁多、数目庞大的一个重要因素。有机化合物的异构现象可分为两大类:构造异构和立体异构。构造异构是指分子中原子相互连接的顺序和方式不同引起的异构,它包括四种类型:碳链异构、官能团位置异构、官能团异构和互变异构。立体异构是指分子的构造相同,但分子中原子或基团在空间的排列方式不同而引起的异构,它包括顺反异构(几何异构)、光学异构(对映异构)和构象异构三种。见表7-1。

表7-1 同分异构的分类

同分异构	构造异构	碳链异构(如:正丁烷和异丁烷)	
		官能团位置异构(如:1-丁烯和2-丁烯)	
		官能团异构(如:丁醇和乙醚)	
		互变异构(如:烯醇式结构与酮式结构)	
	立体异构	构型异构	顺反异构(几何异构)
			对映异构(光学异构)
		构象异构	

1. 物质的光学活性

1.1 偏振光

光是一种电磁波,其振动方向与前进方向互相垂直。普通光的光波在垂直于其前进方向所有可能的平面上振动,如图7-1所示。

当普通光通过一个由方解石制成的尼克尔(Nicol)棱镜(其作用像一个栅栏)的晶体时,只有在与棱镜晶轴平行的平面上振动的光能够通过,而把在其他平面内振动的光阻挡住,于是透过棱镜后射出的光就只在一个平面内振动了,如图7-2所示。这种透过尼克尔棱镜后只在一个平面内振动的光称为平面偏振光,简称偏振光。

1.2 物质的旋光性

实验发现,当偏振光通过水、乙醇、丙酮、乙酸等物质时,其振动平面不发生改变,这

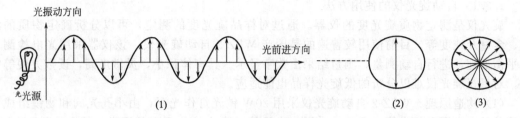

图 7-1 普通光的振动情况

(1) 光在纸面内振动振幅的周期性变化；(2) 光在纸面内振动振幅；(3) 光在所有平面内振动振幅

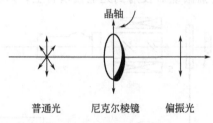

图 7-2 偏振光的产生

些物质对偏振光的振动平面没有影响（此类物质称为非旋光性物质或非光学活性物质）。而当偏振光通过葡萄糖、乳酸、氯霉素、酒石酸等物质（液态或溶液）时，其振动平面就会发生一定角度的旋转。物质的这种使偏振光的振动平面发生旋转的性质叫做旋光性，具有旋光性的物质叫做旋光性物质或光学活性物质。

能使偏振光的振动平面向右（顺时针方向）旋转的物质叫做右旋物质（简称右旋体），用（＋）表示；能使偏振光的振动平面向左（逆时针方向）旋转的物质叫左旋物质（简称左旋体），用（－）表示。如从肌肉中提取的乳酸就是（＋）乳酸，而由葡萄糖发酵得到的乳酸则是（－）乳酸。等量的左旋体和右旋体组成的混合体系，失去旋光性，称为外消旋体，用（±）表示。如酸牛奶中的乳酸就是（±）乳酸，外消旋体没有光学活性，但可以拆分为左旋体和右旋体两个有旋光活性的异构体。外消旋体的化学性质与对映体基本相同，但在生物体内，左、右旋体各自保持并发挥自己的功效。

1.3 旋光度与比旋光度

旋光物质的旋光方向和旋转的角度可用旋光仪测定。旋光仪主要由光源、起偏镜、盛液管、检偏镜和目镜等几部分组成。光源发出的光通过起偏镜产生偏振光，偏振光通过盛液管，如果盛液管装的是乳酸等旋光物质，则会使偏振光的振动平面发生转动，检偏镜需要向左或向右旋转一定角度才能看到光透过；如果盛液管中装的是水等非旋光物质，检偏镜不需要旋转，只需与起偏镜保持平行，就可以看到光透过，如图 7-3 所示。

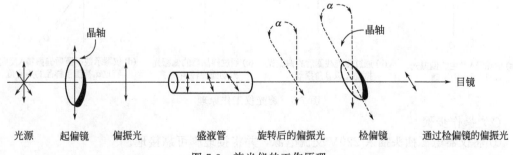

图 7-3 旋光仪的工作原理

1.3.1 自动旋光仪的使用方法

旋光仪是测定物质旋光度的仪器。通过对样品旋光度的测定，可以分析确定物质的浓度、含量及纯度等。目前使用较普遍的是国产 WZZ-2 自动旋光仪，该仪器采用光电检测自动平衡原理，进行自动测量，测量结果由数字显示。具有体积小，灵敏度高，读数方便等特点，对目视旋光仪难以分析的低旋光样品也能适应。

(1) 构造原理 WZZ-2 自动旋光仪采用 20W 钠光灯作光源，由小孔光阑和物镜组成一个简单的点光源平行光管（图 7-4），平行光经偏振镜 A 变为平面偏振光，其振动平面为 OO [图 7-5(a)]，当偏振光经过有法拉第效应的磁旋线圈时，其振动平面产生 50Hz 的 β 角往复摆动 [图 7-5(b)]，光线经过偏振镜 B 投射到光电倍增管上，产生交变的电讯号。

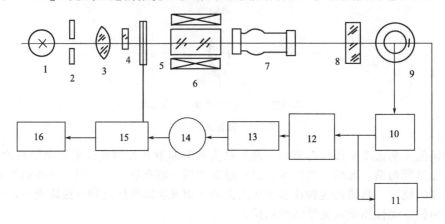

图 7-4 自动旋光仪的构造

1—光源；2—小孔光阑；3—物镜；4—滤光片；5—偏振镜；6—磁旋线圈；7—样品室；
8—偏振镜；9—光电倍增管；10—前置放大器；11—自动高压；12—选频放大器；
13—功率放大器；14—伺服电机；15—蜗轮蜗杆；16—计数器

仪器以两偏振镜光轴正交时（即 $OO \perp PP$）作为光学零点（OO 为偏振镜 A 的偏振轴，PP 为偏振镜 B 的偏振轴），此时，$\alpha=0°$。磁旋线圈产生的 β 角摆动，在光学零点时得到 100Hz 的光电讯号；在有 α_1 或 α_2 的试样时得到 50Hz 的讯号，但它们的相位正好相反。因此，能使工作频率为 50Hz 的伺服电机转动。伺服电机通过蜗轮，蜗杆将偏振镜转过 $\alpha(\alpha=\alpha_1$ 或 $\alpha=\alpha_2)$，仪器回到光学零点，伺服电机在 100Hz 讯号的控制下，重新出现平衡指示。

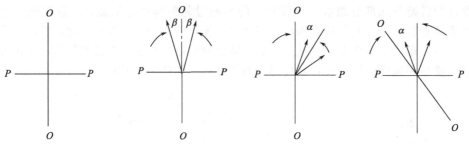

(a) 偏振镜A产生的偏振光在OO平面内振动　(b) 通过磁旋线圈后的偏振光振动面以β角摆动　(c) 通过样品后的偏振光振动面旋转α_1　(d) 仪器示数平衡后偏振镜A反向转过α_1补偿了样品的旋光度

图 7-5 旋光仪工作原理

(2) 操作步骤

① 将仪器电源插头插入 220V 交流电源，并将接地脚可靠接地。
② 打开电源开关，这时钠光灯应启亮，需经 5min 钠光灯预热，使之发光稳定。

③ 打开光源开关（若光源开关打开后，钠光灯熄灭，则再将光源开关上下重复打开1~2次，使钠光灯在直流下点亮，为正常）。

④ 打开测量开关，这时数码管应有数字显示。

⑤ 将装有蒸馏水或其他空白溶剂的试管放入样品室，盖上箱盖，待示数稳定后，按清零按钮。试管中若有气泡，应先让气泡浮在凸颈处。通光面两端的雾状水滴，应用软布揩干。试管螺帽不宜旋得过紧，以免产生应力，影响读数。试管安放时应注意标记的位置和方向。

⑥ 取出试管，将待测样品注入试管，按相同的位置和方向放入样品室内，盖好箱盖。仪器数显窗将显示出该样品的旋光度。

⑦ 逐次按下复测按钮，重复读几次数，取平均值作为样品的测定结果。

⑧ 如样品超过测量范围，仪器在±45°处来回振荡。此时，取出试管，打开箱盖按箱内回零按钮，仪器即自动转回零位。

⑨ 仪器使用完毕后，应依次关闭测量、光源、电源开关。

⑩ 钠灯在直流供电系统出现故障不能使用时，仪器也可在钠灯交流供电的情况下测试，但仪器的性能可能略有降低；当放入小角度样品（小于0.5°）时，示数可能变化，这时只要按复测按钮，就会出现新的数字。

(3) 浓度或含量测定　先将已知纯度的标准品或参考样品按一定比例稀释成若干只不同浓度的试样，分别测出其旋光度，然后以横坐标为浓度，纵坐标为旋光度，绘成旋光曲线。一般旋光曲线均按算术插值法制成查对表形式。测定时，先测出样品的旋光度，根据旋光度从旋光曲线上查出该样品的浓度和含量。旋光曲线应用同一台仪器、同一支试管来做，测定时应予注意。

(4) 比旋光度、纯度测定　先按标准规定的浓度配制溶液，依法测出旋光度，然后按下列公式计算出比旋度 $[\alpha]_D^t$

$$[\alpha]_D^t = \frac{\alpha}{Lc}$$

式中　α——测得的旋光度；
　　　c——溶液的浓度，g/mL；
　　　L——溶液的长度，dm。

由测得的比旋光度，可求得样品的纯度：

$$纯度 = 实测比旋光度/理论比旋光度$$

(5) 注意事项

① 仪器应放在干燥通风处，防止潮气侵蚀，尽可能在20℃的工作环境中使用仪器，搬动仪器应小心轻放，避免振动。

② 光源（钠光灯）积灰或损坏，可打开机壳进行擦净或更换。

③ 机械部门摩擦阻力增大，可以打开后门板，在伞形齿轮蜗轮杆处加稍许机油。

④ 如果仪器发现停转或其他元件损坏的故障，应由维修人员进行检修。

1.3.2　比旋光度

偏振光通过旋光性物质时，其振动平面旋转的角度叫旋光度，用"α"表示。由旋光仪测得的旋光度与盛液管的长度、被测样品的浓度、所用溶剂及测定时的温度和光源的波长都有关。为了比较不同物质的旋光性，消除溶液浓度和盛液管长度对旋光度的影响，通常在光源波长和测定温度一定的条件下，把被测样品的浓度规定为1g/mL，盛液管的长度规定为1dm，这时测得的旋光度叫比旋光度（也叫比旋度），用 $[\alpha]$ 表示，比旋光度 $[\alpha]$ 与旋光度 α 的关系为：

$$[\alpha]_\lambda^t = \frac{\alpha}{cl}(溶剂)$$

式中　α——用旋光仪所测得的旋光度；
　　　c——旋光物质的浓度，g/mL（如果是纯液体，c则改为密度ρ，g/cm）；
　　　l——盛液管的长度，dm；
　　　λ——测定时光源的波长（通常用钠光做光源，波长为589nm，用D表示）；
　　　t——测定时的温度，℃。

比旋光度是旋光性物质的一个物理常数。在食品检验中，就是根据测定结果与食品检验标准中的旋光物质的比旋光度比较是否一致，来区别或检查某些食品原料的纯杂程度，也可用以测定含量。测定时要注意与食品检验规定的条件（温度、浓度、溶剂、波长等）一致。

2. 含有一个手性碳原子的化合物

2.1　物质的旋光性与分子结构的关系

为什么有些物质具有旋光性，而有些物质没有旋光性？大量事实表明，这与物质的分子结构是否具有手性有关。

如果把左手放在一面镜子前，可以观察到镜子里的镜像与右手完全一样（图7-6）。所以，左手和右手具有互为实物与镜像的关系，两者不能重合（图7-7）。因此，把这种物体与其镜像不能完全重合的性质称为手性。

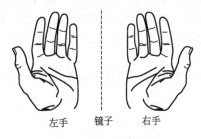

图7-6　左手的镜像是右手

图7-7　左手和右手不能重合

手性不仅是某些宏观物质的特性，有些微观分子也具有手性，这种互为实物与其镜像不能重合的分子称为手性分子。凡是手性分子，必有互为镜像关系的两种构型，如左旋乳酸和右旋乳酸（图7-8和图7-9）。这种构造相同，构型不同，互为实物与镜像关系而不重合的立体异构体叫做对映异构体，简称对映体。对映体是成对存在的，它们的旋转角度相同，但旋光方向相反，如（+）乳酸的 $[\alpha]_D^{20}=+3.28°$（水），（−）乳酸的 $[\alpha]_D^{20}=-3.28°$（水）。

手性分子必然存在着对映异构现象。或者说，分子的手性是产生对映异构的充分必要条件。

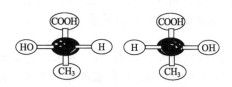

图7-8　乳酸球棒模型

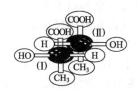

图7-9　重合操作

凡具有手性的分子都具有旋光性质。分子的手性产生于分子的内部结构，与分子的对称性有关。判断一个分子是否具有手性，可通过分析分子中有无对称因素。手性分子必然具有旋光性，具有旋光性的分子都是手性分子。分子的对称因素包括对称轴、对称面和对称中心。一般来讲，不存在对称面和对称中心的分子是手性分子，即具有旋光性。

2.2 手性碳原子

在有机分子中，sp³ 杂化的碳原子是四面体结构。如果碳原子与四个不同的原子或基团相连接时，这样的饱和碳原子叫手性碳原子，简称手性碳，一般用（*）标记。

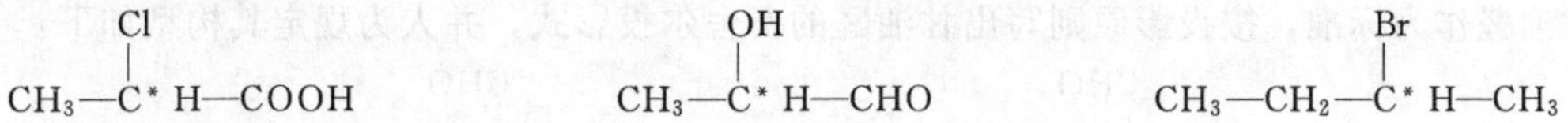

$$CH_3-\overset{Cl}{\underset{}{C^*}}H-COOH \qquad CH_3-\overset{OH}{\underset{}{C^*}}H-CHO \qquad CH_3-CH_2-\overset{Br}{\underset{}{C^*}}H-CH_3$$

只含有一个手性碳原子的分子没有任何对称因素，所以是手性分子。

2.3 手性分子构型的表示方法

对映体在结构上的区别在于原子或基团在空间的相对位置不同，所以一般的平面表达式无法表示立体的分子构型，一般常用透视式和投影式表示。

2.3.1 透视式

透视式是将手性碳原子和另外两个基团放在纸面上，用细实线表示处于纸平面，用楔形实线表示伸向纸面前方，用楔形虚线表示伸向纸面后方，如图 7-10 所示。

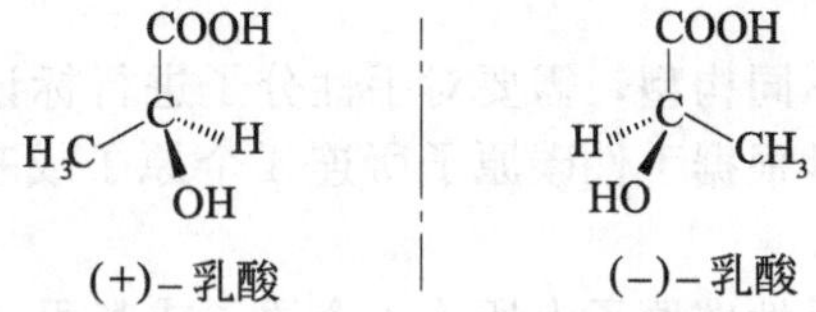

图 7-10 乳酸两种构型的透视式

用透视式表示手性分子的构型清晰直观，但书写麻烦。

2.3.2 费舍尔（E. Fischer）投影式

费舍尔投影式是采用投影的方法将手性分子的构型表示在纸面上。投影的规则是：

（1）以手性碳原子为投影中心，画十字线，十字线的交叉点代表手性碳原子；

（2）一般把分子中的碳链放在竖线上，且把氧化态较高的碳原子（或命名时编号最小的碳原子）放在上端，其他两个原子或基团放在横线上；

（3）竖线上的原子或基团表示指向纸平面后方，横线上的原子或基团表示指向纸平面前方。

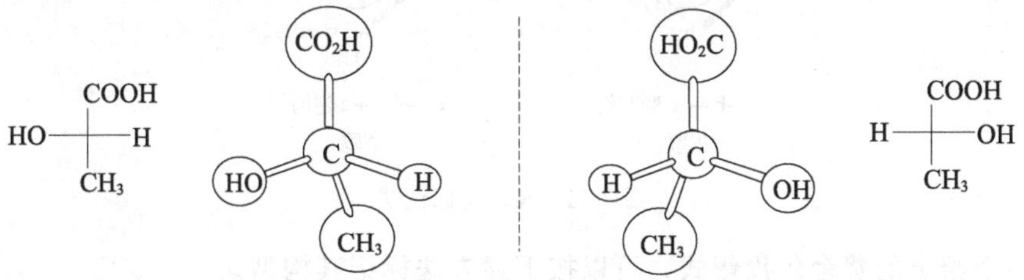

使用费舍尔投影式应注意以下几点：

① 由于费舍尔投影式是用平面结构来表示分子的立体构型，所以在书写费舍尔投影式时，必须将模型按规定的方式投影，不能随意改变投影原则（横前竖后，交叉点为手性碳原子）；

② 费舍尔投影式不能离开纸面翻转，否则构型改变；

③ 费舍尔投影式可在纸面内旋转180°或其整数倍，其构型不变；若旋转90°或它的奇数倍，其构型改变；

④ 如果固定手性碳原子的一个基团位置不动，其余三个顺时针或逆时针旋转，则不会改变原化合物构型。

2.4 构型的标记法
2.4.1 D、L 标记法

在 1951 年前还没有实验方法（X-射线衍射法尚未问世）来测定分子的构型，费舍尔选择甘油醛作为标准，按投影原则写出甘油醛的费舍尔投影式，并人为规定其构型如下：

$$
\begin{array}{cc}
\text{CHO} & \text{CHO} \\
\text{H}—\!\!\!—\text{OH} & \text{HO}—\!\!\!—\text{H} \\
\text{CH}_2\text{OH} & \text{CH}_2\text{OH} \\
\text{D-(+)-甘油醛} & \text{L-(-)-甘油醛}
\end{array}
$$

将其他分子的对映体构型与标准甘油醛通过各种直接或间接的方式相联系，来确定其构型。D、L 标记法有一定的局限性，它一般只能标记含一个手性碳原子的构型。但由于长期习惯，在糖类和氨基酸化合物中仍沿用 D、L 标记法。

D、L 标记法，是早期人们无法实际测出旋光物质的绝对构型而与人为规定的标准物相联系得出的相对构型，它只表示构型，不表示旋光方向，旋光方向只能测定。

2.4.2 R、S 标记法

为了表示旋光异构体的不同构型，需要对手性分子进行标记，R、S 标记法是普遍使用的一种构型标记方法。该法是根据手性碳原子所连 4 个原子或基团在空间的排列来标记的，其具体方法如下。

(1) 根据次序规则，将手性碳原子上所连 4 个原子或基团（a，b，c，d）按优先次序排列；并设 a>b>c>d。

(2) 将次序最小的原子或基团（d）放在距离观察者视线最远处，并令其和手性碳原子及眼睛三者成一条直线，这时其他 3 个原子或基团则分布在距离眼睛最近的同一平面上。

(3) 按优先次序观察其他 3 个原子或基团的排列顺序，如果 a→b→c 按顺时针排列，该化合物的构型称为 R 型；如果 a→b→c 按逆时针排列，则称为 S 型，如图 7-11 所示。

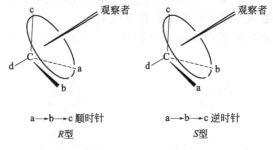

图 7-11 R、S 标记法

对于一个给定的费舍尔投影式，可以按下述方法标记其构型。

当按次序规则排列最小的原子或基团 d 处于投影式的竖线上时，如果其他 3 个原子或基团 a→b→c 为顺时针方向，则此投影式代表的构型为 R 型；反之，a→b→c 为逆时针方向排列，则为 S 型，如图 7-12 所示。

例如：

$$
\begin{array}{cc}
\text{H} & \text{OH} \\
\text{CH}_3\text{CH}_2—\!\!\!—\text{CH}_3 & \text{CH}_3\text{CH}_2—\!\!\!—\text{CH}_3 \\
\text{OH} & \text{H} \\
R\text{-2-丁醇} & S\text{-2-丁醇}
\end{array}
$$

当按次序规则排列最小的原子或基团 d 处于投影式的横线上时，如果其他 3 个原子或基团 a→b→c 为顺时针方向，则此投影式代表的构型为 S 型；反之，a→b→c 为逆时针方向排列，则为 R 型。

例如：

$$\begin{array}{c} \text{CHO} \\ \text{H}\!-\!\!\!-\!\!\!-\!\text{OH} \\ \text{CH}_2\text{OH} \end{array} \qquad \begin{array}{c} \text{CHO} \\ \text{OH}\!-\!\!\!-\!\!\!-\!\text{H} \\ \text{CH}_2\text{OH} \end{array}$$

$\qquad\qquad\qquad$ R-甘油醇 $\qquad\qquad\qquad\qquad\qquad$ S-甘油醇

需要说明的是，R、S 标记法只表示光学异构体的不同构型，与旋光方向无必然联系。

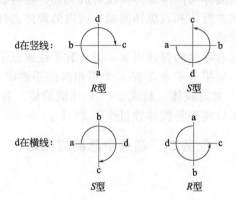

图 7-12 投影式的标记（a＞b＞c＞d）

3. 含有两个手性碳原子化合物的对映异构

含有两个手性碳原子的化合物的旋光异构问题，根据两个手性碳所连的 4 个原子或基团是否对应相同，可分两种情况讨论。

3.1 含有两个不相同手性碳原子化合物的对映异构

含有两个不同的手性碳原子的化合物有四个对映异构体（两对对映体）。如 2,3-二羟基丁酸（$\text{CH}_3\!-\!\overset{\text{OH}}{\underset{}{\text{C}^*}}\text{H}\!-\!\overset{\text{OH}}{\underset{}{\text{C}^*}}\text{H}\!-\!\text{COOH}$）可形成以下 4 个对映异构体：

$$\begin{array}{cccc}
\text{COOH} & \text{COOH} & \text{COOH} & \text{COOH} \\
\text{HO}\!-\!\text{H} & \text{H}\!-\!\text{OH} & \text{HO}\!-\!\text{H} & \text{H}\!-\!\text{OH} \\
\text{HO}\!-\!\text{H} & \text{H}\!-\!\text{OH} & \text{H}\!-\!\text{OH} & \text{HO}\!-\!\text{H} \\
\text{CH}_3 & \text{CH}_3 & \text{CH}_3 & \text{CH}_3 \\
(2S,3S) & (2R,3R) & (2S,3R) & (2R,3S) \\
① & ② & ③ & ④
\end{array}$$

上述 4 个异构体中，①和②、③和④分别是对映异构体；①与③或④、②与③或④之间既不是同一化合物，也不互为实物与镜像关系，这样的构型异构体叫非对映异构体。

3.2 含有两个相同手性碳原子化合物的对映异构

2,3-二羟基丁二酸（$\text{HOOC}\!-\!\overset{\text{OH}}{\underset{}{\text{C}^*}}\text{H}\!-\!\overset{\text{OH}}{\underset{}{\text{C}^*}}\text{H}\!-\!\text{COOH}$）即酒石酸，是含两个相同手性碳原子（即两个手性碳原子上连有同样的 4 个不同原子或基团）的化合物，可以形成 4 个分子构型，即：

$$\begin{array}{cccc}
\text{COOH} & \text{COOH} & \text{COOH} & \text{COOH} \\
\text{H}\!-\!\text{OH} & \text{HO}\!-\!\text{H} & \text{HO}\!-\!\text{H} & \text{H}\!-\!\text{OH} \\
\text{HO}\!-\!\text{H} & \text{H}\!-\!\text{OH} & \text{HO}\!-\!\text{H} & \text{H}\!-\!\text{OH} \\
\text{COOH} & \text{COOH} & \text{COOH} & \text{COOH} \\
(2R,3R) & (2S,3S) & (2S,3R) & (2R,3S) \\
① & ② & ③ & ④
\end{array}$$

①与②互呈实物与镜像关系；将③在纸面内旋转180°后，与④重合，因此③与④是同一种化合物。虽然③和④都含手性碳原子，但由于分子中存在一个对称面（C2和C3之间，垂直于纸面），所以使整个分子不具有手性，也没有旋光性。这种由于分子中存在对称面而使分子内部旋光性相互抵消的化合物，称为内消旋体，用meso表示。因此，酒石酸分子有3个旋光异构体，即左旋体、右旋体和内消旋体，且左旋体或右旋体与内消旋体是非对映异构体关系。

在旋光异构体中，外消旋体与内消旋体都没有旋光性，但两者有本质上的区别。外消旋体是混合物，它是由等量的左旋体和右旋体组成；而内消旋体是纯净物，它没有旋光性是由于分子内存在对称因素引起的。

手性碳原子是使分子具有手性的普通因素，但含有手性碳原子并不是分子具有手性的充分和必要条件。事实表明，如果分子中含有 n 个不相同的手性碳原子，理论上必然存在 2^n 个旋光异构体。其中有 2^{n-1} 对对映体，组成 2^{n-1} 个外消旋体。若分子中有相同的手性碳原子，因为存在内消旋体，所以构型异构体数目少于 2^n 个。

任务二 糕点中总糖的测定

【工作任务】
糕点中总糖的测定。

【工作目标】
学会用直接滴定法测定总糖。

【工作情境】
本任务可在化验室或实验室中进行。

1. 仪器 万分之一的电子天平、电热恒温水浴锅、可调式电炉（1500W）、酸式滴定管（50mL）、容量瓶（250mL，2个）、烧杯（100mL，2个）、三角烧瓶（150mL，6个）、玻璃棒（10～12cm，2个）、三角漏斗（ϕ75mm，2个）、移液管（50mL）、不锈钢药匙、快速滤纸。

2. 试剂 盐酸（6mol/L）、NaOH（200g/L）、糕点、次甲基蓝指示剂。

碱性酒石酸铜甲液：称取15g硫酸铜（$CuSO_4 \cdot 5H_2O$）及0.05g次甲基蓝，溶于水中并稀释至1000mL。

碱性酒石酸铜乙液：称取50g酒石酸钾钠，75g氢氧化钠，溶于水中，再加入4g亚铁氰化钾完全溶解后，用水稀释至1000mL，贮存于橡胶塞玻璃瓶内。

乙酸锌溶液：称取21.9g乙酸锌，加3mL冰醋酸，加水溶解并稀释至100mL。

亚铁氰化钾溶液：称取10.6g亚铁氰化钾，加水溶解并稀释至100mL。

葡萄糖标准溶液：准确称取1.0000g经过（96±2）℃干燥2h的纯葡萄糖，加水溶解后加入5mL盐酸，并以水稀释至1000mL。此溶液每毫升相当于1.0mg葡萄糖。

果糖标准溶液：按配制葡萄糖标准溶液的方法操作，配制每毫升标准溶液相当于1.0mg的果糖。

乳糖标准溶液：按配制葡萄糖标准溶液的方法操作，配制每毫升标准溶液相当于1.0mg的乳糖（含水）。

转化糖标准溶液：准确称取1.0526g纯蔗糖，用100mL水溶解，置于具塞三角瓶中加5mL盐酸（1+1）在68～70℃水浴中加热15min，放置至室温定容至1000mL，每毫升标准溶液相当于1.0mg转化糖。

【工作原理】
试样经除去蛋白质后，在加热条件下，以次甲基蓝作指示剂，滴定标定过的碱性酒石酸铜溶液（用还原糖标准溶液标定碱性酒石酸铜溶液），根据样品液消耗体积计算还原糖量。

【工作过程】

1. 样品处理

准确称取样品 1.5～2.5g，放入 100mL 烧杯中，用 50mL 蒸馏水浸泡 30min（浸泡时多次搅拌），慢慢加入 5mL 乙酸锌溶液及 5mL 10.6％亚铁氰化钾溶液，用快速滤纸过滤，并置于 250mL 容量瓶中，用少量蒸馏水冲洗烧杯并经过滤后加入容量瓶，加 10mL 6mol/L 盐酸，置于 70℃水浴中水解 10min 后取出，迅速冷却后加入 1 滴酚酞指示剂，用 200g/L 氢氧化钠溶液中和至溶液呈微红色，加水至刻度，摇匀备用。

2. 标定碱性酒石酸铜溶液

吸取 5.0mL 碱性酒石酸铜甲液及 5.0mL 乙液，置于 150mL 锥形瓶中。加水 10mL，加入玻璃珠 2 粒，从滴定管滴加约 9mL 葡萄糖或其他还原糖标准溶液。控制在 2min 内加热至沸，趁热以每两秒 1 滴的速度继续滴加葡萄糖或其他还原糖标准溶液，直至溶液蓝色刚好褪去为终点，记录消耗葡萄糖或其他还原糖标准溶液的总体积，同时平行操作三份，取其平均值，计算每 10mL（甲、乙液各 5mL）碱性酒石酸铜溶液相当于葡萄糖的质量或其他还原糖的质量（mg）[也可以按上述方法标定 4～20mL 碱性酒石酸铜溶液（甲乙液各半）来适应试样中还原糖的浓度变化]。

3. 样品测定

3.1 预滴定

吸取 5.0mL 碱性酒石酸铜甲液及 5.0mL 乙液，置于 150mL 锥形瓶中，加水 20mL，加入玻璃珠 3 粒，在电炉上加热至沸，趁沸以先快后慢的速度，从滴定管中滴加样品溶液，并保持溶液沸腾状态，待溶液变成红色时，加入次甲基蓝指示剂 1 滴，继续滴定至蓝色消失呈鲜红色为终点，记录样液消耗体积。

3.2 精确滴定

吸取 5.0mL 碱性酒石酸铜甲液及 5.0mL 乙液，置于 150mL 锥形瓶中，加水 20mL，加入玻璃珠 3 粒，从滴定管滴加比预测体积少 1mL 的样品溶液，置电炉上加热煮沸 2min，加入次甲基蓝指示剂 1 滴，趁沸继续滴定至蓝色消失呈鲜红色为止，记录样液消耗体积。同样的方法平行操作 2 份，得出平均消耗体积。

【数据处理】

1. 数据记录

平行实验		1	2
样品质量 m/g			
样液消耗量 V/mL	初滴		
	精滴		
测定值 $\omega/\%$			
平均值/％			
两次测定之差			结果判断：

2. 结果计算：

$$\omega = \frac{A}{m \times \dfrac{V}{250}} \times 100\%$$

式中　ω——样品中总糖的质量分数，％；

A——与10mL碱性酒石酸铜溶液（甲、乙液各5mL）相当的葡萄糖的质量，g；
　　m——样品质量，g；
　　V——测定时平均消耗样品溶液的体积，mL；
　　250——样品处理后的总体积，mL。
　　两次测得结果的最大偏差不得超过0.4%。

【注意事项】
　　1. 影响测定结果的主要操作因素是反应液碱度、热源强度、煮沸时间和滴定速度。
　　2. 滴定必须在沸腾条件下进行。
　　3. 滴定时不能随意摇动锥形瓶，更不能把锥形瓶从热源上取下来滴定，以防空气进入反应液中。

【体验测试】
　　1. 滴定终点后，离开热源，放置一段时间，溶液的颜色有什么变化？为什么？是否要继续滴定？
　　2. 测定糕点中的总糖的原理是什么？

 知识链接

糖　类

　　糖类是自然界分布广泛，数量最多的有机化合物，是人类所必需的三大营养物质之一。

1. 糖的概念及分类

　　根据糖类化合物的结构特征，糖类的定义应是多羟基醛或多羟基酮以及水解后能够生成多羟基醛或多羟基酮的一类有机化合物。

　　糖类化合物的分子组成可用 $C_n(H_2O)_m$ 通式表示，统称为碳水化合物。显然，把糖类物质称为碳水化合物并不确切，如鼠李糖（$C_6H_{12}O_5$）和脱氧核糖（$C_5H_{10}O_4$）并不符合上述通式，而且有些糖还含有氮、硫、磷等成分，但由于历史的原因一直沿用至今。

　　食物中的糖主要有以下三类。

　　(1) 单糖　不能再水解为更小单位的糖。如：属于醛糖的核糖、阿拉伯糖、木糖、半乳糖、葡萄糖、甘露糖等；属于酮糖的果糖。

　　(2) 低聚糖　又叫寡糖，是由2～10个单糖分子失水缩合而成的，根据水解后生成单糖分子的数目，可分为二糖、三糖、四糖等，如蔗糖、麦芽糖，水解后可以得到二分子单糖，称二糖或双糖，多存在于糖蛋白和脂多糖中。

　　(3) 多糖　也叫高聚糖，是由很多个单糖分子失水缩合而成的高分子化合物，水解后可以得到许多个单糖分子。如淀粉、纤维素、果胶等。

2. 单糖

　　从分子结构看，单糖是含有一个自由醛基或酮基的多羟基醛类或多羟基酮类化合物，具有开链式或环式结构（五碳以上的糖），是碳水化合物的最小组成单位。根据单糖分子中碳原子数目的多少，可将单糖分为丙糖、丁糖、戊糖、己糖等，根据分子中所含羰基的特点又可分为醛糖和酮糖。自然界最简单的单糖是丙醛糖（甘油醛）和丙酮糖，葡萄糖和果糖是最重要的单糖。

　　实验证明，葡萄糖的分子式为 $C_6H_{12}O_6$，为2,3,4,5,6-五羟基己醛的基本结构。果糖为1,3,4,5,6-五羟基己酮的基本结构。其构造式如下：

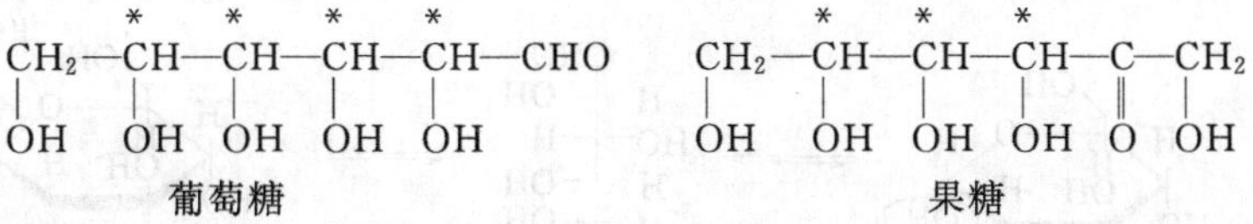

$$\overset{*}{\underset{OH}{CH_2}}-\overset{*}{\underset{OH}{CH}}-\overset{*}{\underset{OH}{CH}}-\overset{*}{\underset{OH}{CH}}-\overset{*}{\underset{OH}{CH}}-CHO \qquad \underset{OH}{CH_2}-\overset{*}{\underset{OH}{CH}}-\overset{*}{\underset{OH}{CH}}-\overset{*}{\underset{OH}{CH}}-\underset{O}{C}-\underset{OH}{CH_2}$$

葡萄糖 　　　　　　　　　　　　　　果糖

2.1 单糖的直链结构

1900年德国化学家费舍尔（Fischer）确定了葡萄糖的化学结构，单糖的直链结构见图7-13。

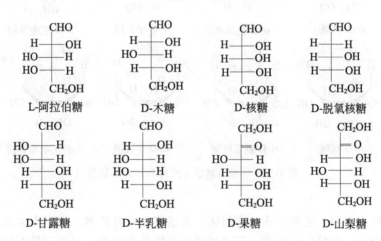

图 7-13　单糖的直链结构

由结构式可以看出葡萄糖分子中含有4个不对称碳原子，有24个异构体（16个醛糖异构体，8个酮糖异构体）。即在分子中含 n 个手性碳，会有 2^n 种异构体。阿拉伯糖、木糖、核糖、脱氧核糖、甘露糖、半乳糖、果糖、山梨糖等重要单糖分子直链结构见图7-14。

图 7-14　几种常见单糖的分子结构

2.2 单糖的环状结构

链状结构不是单糖的唯一结构。科学工作者在研究葡萄糖的性质时，发现葡萄糖有些性质不能用其链状结构来解释。例如葡萄糖不能发生醛的 $NaHSO_3$ 加成反应；葡萄糖不能和醛一样与两分子醇形成缩醛，只能和一分子醇形成半缩醛等；此外，葡萄糖溶液有变旋现象。实验证明葡萄糖这种变旋现象是由于糖在水溶液中的结构发生了变化而引起的，即葡萄糖分子的醛基与C5上的羟基缩合形成两种六元环。糖分子中的醛基与羟基作用形成半缩醛时，由于 $\diagdown C{=}O$ 为平面结构，羟基可从平面的两边进攻 $\diagdown C{=}O$，所以得到两种异构体 α 构型和 β 型。两种构型可通过开链式相互转化而达到平衡。在溶液中有 α-D-葡萄糖、β-D-葡萄糖和直链式D-葡萄糖三种结构存在，它们在溶液中互相转化，最后达到动态平衡，如图7-15所示。其环状结构用哈沃斯透视式表示。

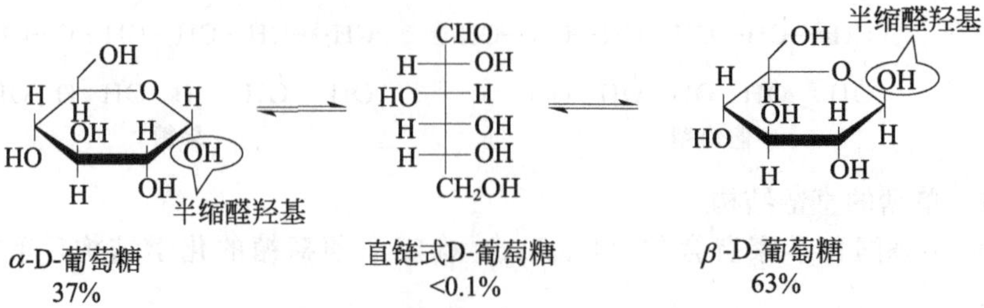

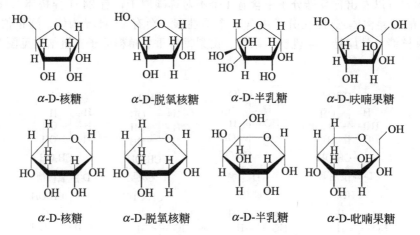

图 7-15 葡萄糖溶液中的平衡体系

α 构型——生成的半缩醛羟基与决定单糖构型的羟基在同一侧。
β 构型——生成的半缩醛羟基与决定单糖构型的羟基在不同侧。
α-型糖与 β-型糖是一对非对映体，α-型与 β-型的不同是在 C1 的构型上故有称为端基异构体和异头物。

核糖、脱氧核糖、半乳糖、果糖等单糖分子也具有环状结构，且有呋喃环式（五元环）与吡喃环式（六元环）之分，见图 7-16。

图 7-16 一些单糖的五元环和六元环结构

3. 二糖

低聚糖又称为寡糖，可溶于水，有甜味，普遍存在于自然界。其中主要的是二糖。二糖又称双糖，由两分子单糖失水形成，其单糖组成可以是相同的，也可以是不相同的，故可分为同聚二糖和杂聚二糖，前者如麦芽糖、异麦芽糖、纤维二糖、海藻二糖等；后者如蔗糖、乳糖、蜜二糖等。

天然存在的二糖按是否具有还原性可分为还原性二糖和非还原性二糖两类。

3.1 还原性二糖

还原性二糖是一分子单糖的半缩醛羟基与另一分子单糖的醇羟基失水而成的产物。这类二糖分子中，有一分子单糖形成苷，而另一分子单糖仍保留有半缩醛羟基，在水溶液中可以开环成链式结构。

3.1.1 麦芽糖

麦芽糖是无色片状结晶，易溶于水，熔点 160~165℃。在无机酸或麦芽糖酶作用下水解产生 2 分子 D-葡萄糖，属 α-葡萄糖苷。通过 α-1,4-糖苷键结合而成，比旋光度 $[\alpha]_D^{20}=+136°$。

3.1.2 乳糖

乳糖能溶于水，无吸湿性，是1分子 β-D-半乳糖与1分子 D-葡萄糖以 β-1,4-糖苷键连接的二糖，乳糖存在于哺乳动物的乳汁中，人乳中含量为 5%～8%，牛羊乳中含量为 4%～5%，比旋光度 $[\alpha]_D^{20} = +55.4°$。

3.1.3 纤维二糖

纤维二糖也是无色晶体，熔点 225℃，是右旋糖。由 2 分子 D-葡萄糖通过 β-1,4-糖苷键连接而成，能被苦杏仁酶水解而不能被麦芽糖酶水解，是 β-葡萄糖苷。比旋光度 $[\alpha]_D^{20} = +35°$。纤维二糖在自然界中以结合态存在，是纤维素水解的中间产物。

3.2 非还原性二糖

非还原性二糖是两个单糖各自的半缩醛羟基失水而形成的，由于两个单糖都已成苷，不存在半缩醛羟基，所以无变旋现象和还原性，不能成脎。

3.2.1 蔗糖

蔗糖是无色结晶，易溶于水，经测定证明，蔗糖是由1分子 α-D-葡萄糖 C1 上的半缩醛羟基与 β-D-果糖 C2 上的半缩醛羟基失去1分子水，通过 α,β-1,2-糖苷键连接而成的二糖，即是葡萄糖苷，也是果糖苷。

3.2.2 海藻糖

海藻糖又叫酵母糖，白色晶体，溶于水，存在于海藻、昆虫和真菌体内。它是由两分子 α-D-葡萄糖在 C1 上的两个半缩醛羟基之间脱水，通过 α-1,1-糖苷键结合而成的二糖，海藻糖是各种昆虫血液中的主要血糖。比旋光度 $[\alpha]_D^{20} = +178°$。

4. 单糖和低聚糖的性质

4.1 物理性质

4.1.1 甜味

糖甜味的高低称为糖的甜度,它是糖的重要性质。目前还不能用物理或化学方法定量测定,只能采用感官比较法。甜度以蔗糖(非还原糖)为基准物,一般以10%或15%的蔗糖水溶液在20℃时的甜度为1.0。由于甜度是相对的,也可以称为比甜度。甜味是由物质分子的构成所决定的。糖甜度的高低与糖的分子结构、分子量、分子存在状态和外界因素有关。分子量越大溶解度越小,则甜度也小;糖的α型和β型也影响糖的甜度,见表7-2。

常见糖的甜度:果糖＞转化糖＞蔗糖＞葡萄糖＞麦芽糖＞半乳糖＞乳糖。

表7-2 糖的相对甜度(蔗糖的甜度为1.0时,一些糖的相对甜度)

糖类名称	相对甜度	糖类名称	相对甜度
蔗糖	1.0	麦芽糖醇	0.9
果糖	1.5	山梨醇	0.5
葡萄糖	0.7	木糖醇	1.0
半乳糖	0.6	果葡糖浆(转化率16%)	0.8
麦芽糖	0.5	淀粉糖浆(葡萄糖值42)	0.5
乳糖	0.3	淀粉糖浆(葡萄糖值20)	0.8

4.1.2 溶解度

糖都能溶于水中,但溶解度不同。其中果糖溶解度最高,其次是蔗糖、葡萄糖、乳糖等。糖的溶解度随温度升高而增大,见表7-3。

表7-3 糖的溶解度

糖类名称	20℃		30℃		40℃		50℃	
	浓度/%	溶解度/(g/100g)	浓度/%	溶解度/(g/100g)	浓度/%	溶解度/(g/100g)	浓度/%	溶解度/(g/100g)
果糖	78.94	374.78	81.54	441.70	84.34	538.63	89.64	665.58
蔗糖	66.60	199.40	68.18	214.30	70.01	233.40	72.04	257.60
葡萄糖	46.71	87.67	54.64	120.46	61.89	162.38	70.91	243.76

在食品加工过程中,常将两种糖按比例同时加入食品中,此时应使两种糖的溶解度接近。如当温度大于60℃时,葡萄糖的溶解度大于蔗糖;温度小于60℃时,葡萄糖的溶解度小于蔗糖;当温度等于60℃时,葡萄糖的溶解度等于蔗糖。所以,糖的溶解度可指导选择食品加工的温度及不同糖的加入比例。在室温下葡萄糖的溶解度较低,其渗透压不足以抑制微生物的生长,贮藏性差,一般来说,糖浓度大于70%就可以抑制微生物的生长。果汁和蜜饯类食品就是利用糖作为保藏剂。糖的溶解度还可用于指导选择保存性能较好的糖浆。

4.1.3 结晶作用

糖的特征之一是能形成晶体。糖溶液越纯就越容易结晶,非还原性低聚糖相对容易结晶,某些还原性糖,由于存在α与β异构相,同分异构产生内在"不纯"而难结晶,混合糖比单一的糖难结晶。这个特性在蔗糖的精制过程中发挥了很大作用,但在生产甜炼乳和冰淇淋的过程中,这种特性是不受欢迎的。

糖的结晶速度受到溶液的浓度、温度、杂质的性质和浓度等因素的影响。乳糖晶体有

α-水合型和 β-无水型两种，从 93.5℃ 以下的过饱和溶液中得到的晶体是 α-水合型的乳糖（$C_{12}H_{22}O_{11} \cdot H_2O$），这种晶体在水中溶解度小，质地也坚硬，在口中会产生砂质感，解决办法是将它转化为 β-型乳糖，它易溶于水。

一般来说，果脯的质量要求质地柔软、光亮透明。但在果脯的生产中，如果条件掌握不当，成品表面或内部出现糖的结晶，这种也称为返砂现象。返砂是糖制品中的液态糖在一定的温度条件下，其浓度达到过饱和时出现糖结晶现象。返砂的果脯，失去光泽，容易破损，商品价值降低。研究证明，果脯返砂是果脯中蔗糖含量过高而转化糖不足的结果。

就单糖和双糖的结晶性而言：蔗糖＞葡萄糖＞果糖和转化糖。淀粉糖浆是葡萄糖、低聚糖和糊精的混合物，自身不能结晶并能防止蔗糖结晶。在生产硬糖时不能完全使用蔗糖，当熬煮到水分含量到时 3% 以下时，蔗糖就结晶，不能得到坚硬、透明的产品。一般在生产硬糖时添加一定量的（30%～40%）的淀粉糖浆。

在生产硬糖时添加一定量淀粉糖浆的优点：
(1) 不含果糖，不吸湿，使糖果易于保存；
(2) 糖浆中含有糊精，能增加糖果的韧性；
(3) 糖浆甜味较低，可缓冲蔗糖的甜味，使糖果甜度适中。

4.1.4 吸湿性与保湿性

吸湿性指糖在空气湿度较大的情况下吸收水分的性质。保湿性是指糖在较高空气湿度下吸收水分和在较低空气湿度下散失水分的性质。不同种类的糖吸湿性不同，果糖、转化糖吸湿性最强，葡萄糖、麦芽糖次之，蔗糖吸湿性最小。

各种食品对糖的吸湿性和保湿性的要求是不同的。如：在果脯加工中与返砂相反，果脯中转化糖含量过高，在高温和潮湿季节容易吸潮，形成流汤现象。在糖果生产中，硬质糖果要求吸湿性低，要避免遇潮湿天气因吸收水分而溶化，故宜选用蔗糖为原料。而软质糖果则需要保持一定的水分，避免在干燥天气干缩，应选用转化糖和果葡糖浆为宜。而焙烤加工中面包、糕点类食品也需要保持松软，应用转化糖和果葡糖浆为宜。

4.1.5 变旋作用

单糖分子中除丙酮糖外都有旋光异构体。当结晶的还原糖溶解于水时，发生分子结构重排并达到平衡状态，原旋光值也发生了变化，最后达到一个常数，这个现象称为变旋作用。如采用不同的方式对 D-(+)-葡萄糖进行重结晶，可以获得两种不同的晶体。在乙醇溶液中结晶，可以得到 α-D-(+)-葡萄糖，其比旋光度为 +112°；用吡啶溶剂结晶，可得 β-D-(+)-葡萄糖，比旋光度为 +18.7°。把 α-型和 β-型任何一种晶体溶于水中，其比旋光度都逐渐变化，最后恒定在 +52.7°。这种新配制的单糖溶液，其比旋光度随时间的变化会逐渐增大或减小，最后达到一个稳定的平均值的现象叫变旋现象。还原糖都有变旋作用。D-葡萄糖溶解于水中处于平衡状态时有五种不同的结构（图 7-17）。利用蜂蜜、葡萄糖、蔗糖、淀粉的旋光性不同，可用旋光仪测定蜂蜜、商品葡萄糖的纯度，食品中蔗糖、淀粉的含量。

4.1.6 差向异构化

在单糖的同分异构体中，若只有一个手性碳原子的构型不同，而其他手性碳原子的构型全相同，这样的异构现象称为差向异构，对应的异构体互为差向异构体。如 D-葡萄糖、D-甘露糖，两者的差异仅仅是第二个碳原子的构型相反，称为 C2 差向异构体。当碱的浓度超过还原糖变旋作用所要求的浓度时，糖便发生差向异构化（烯醇化）。这是由于碱的催化作用使糖的环状结构变为链式结构，生成 D-葡萄糖-1,2-烯二醇，此烯醇式中间体可向（a）、

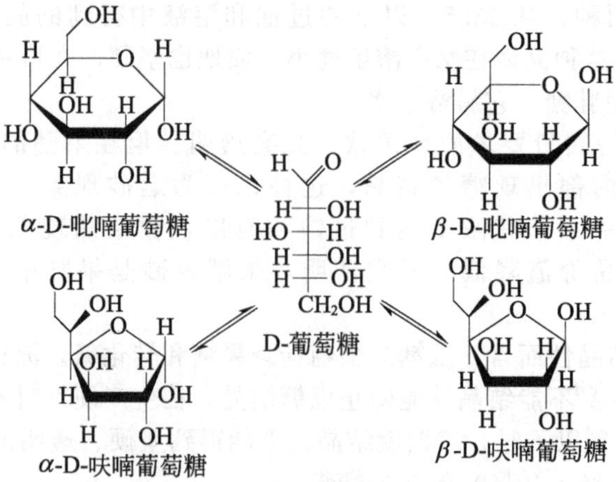

图 7-17 葡萄糖溶液中的五种异构体

(b) 两个方向变化，分别生成 D-葡萄糖及 C2 差向异构体 D-甘露糖，也可沿 (c) 方向生成 D-果糖。

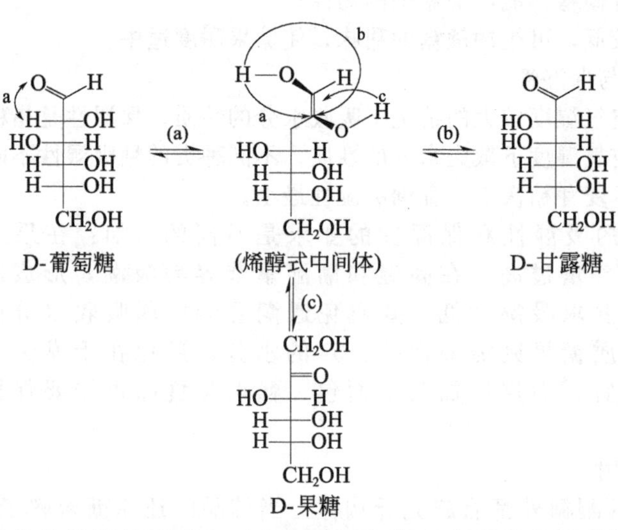

葡萄糖可以异构化为果糖的原理在工业上被用来制备高甜度的果葡糖浆。先利用廉价的谷物淀粉经酶水解成葡萄糖，再经葡萄糖异构化酶的催化作用转化为甜度高的果糖，从而制得含果糖 40% 以上的果葡糖浆。

4.2 化学性质

4.2.1 氧化作用

单糖中的醛基、酮基可被氧化，氧化产物与试剂的种类及溶液的酸碱度有关。能还原 Fehling 试剂或 Tollens 试剂的糖叫还原糖。单糖中除丙酮糖外都是还原糖。在酸性溶液醛糖比酮糖易于氧化，例如：醛糖能被 HBrO 氧化，而酮糖不能，因此可用来鉴别醛糖和酮糖。醛糖中醛基被氧化，醛糖形成糖酸。葡萄糖酸与钙离子形成葡萄糖酸钙，葡萄糖酸钙可作为补钙剂。

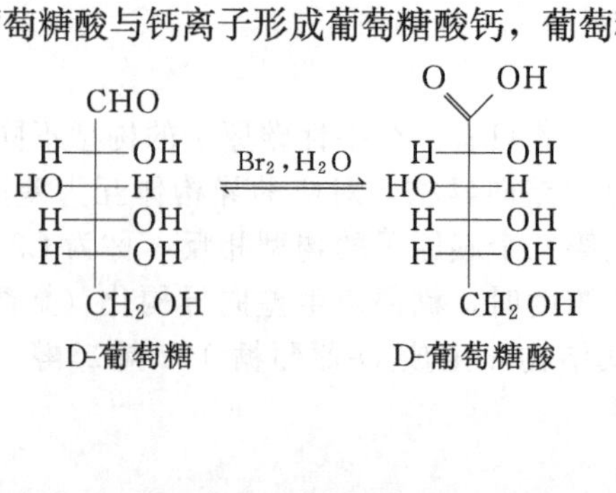

在生物体内，通过某些酶的作用，有些醛糖如葡萄糖、半乳糖等还可以发生伯醇基氧化（醛基不被氧化），生成糖醛酸（也称糖尾酸）。糖醛酸是组成果胶、半纤维素、黏多糖等的重要成分。

$$\begin{array}{c}\text{CHO}\\\text{H}\!-\!\text{OH}\\\text{HO}\!-\!\text{H}\\\text{H}\!-\!\text{OH}\\\text{H}\!-\!\text{OH}\\\text{CH}_2\text{OH}\\\text{D-葡萄糖}\end{array}\xrightleftharpoons{\text{酶}}\begin{array}{c}\text{CHO}\\\text{H}\!-\!\text{OH}\\\text{HO}\!-\!\text{H}\\\text{H}\!-\!\text{OH}\\\text{H}\!-\!\text{OH}\\\text{COOH}\\\text{D-葡萄糖醛酸}\end{array}$$

D-葡萄糖在葡萄糖氧化酶作用下易氧化生成 D-葡萄糖酸内酯，如图 7-18 所示，利用此反应可以测定食品和其他生物材料中 D-葡萄糖的含量以及血中 D-葡萄糖的水平，还可用于检测葡萄糖对食物的掺假，如蜂蜜中通常含有约 32% 的 D-葡萄糖和约 38% 的 D-果糖，但有些商品中葡萄糖的含量远远超过 32%，这时即可以用此法进行检测。

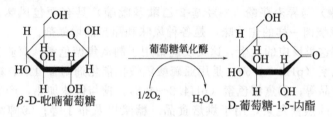

图 7-18 D-葡萄糖的酶催化氧化

在室温下 D-葡萄糖-δ-内酯（GDL）（系统命名为 D-葡萄糖-1,5-内酯）在水中完全水解需要 3h，随着水解不断进行，pH 逐渐下降，慢慢酸化，是一种温和的酸化剂，适用于肉制品与乳制品和豆制品，特别在烘烤食品中可以用作膨松剂的一个组分。

4.2.2 还原性

具有还原性的糖在碱性条件下易被弱氧化剂氧化，如硝酸银的氨溶液、氢氧化铜溶液（费林试剂）都可以氧化具有还原性的糖，此反应已广泛应用于糖的定性、定量测定中，如费林试剂直接滴定法测定还原糖的含量。

单糖通过电解、硼氢化钠或催化氢化可被还原成对应的糖醇，酮糖还原由于形成了一个新的手性碳原子，所以得到两种糖醇。木糖经还原可以得到木糖醇。食品加工中有重要用途的糖醇是木糖醇。

D-葡萄糖被还原后可得到山梨醇，山梨糖醇存在于梨、苹果和李等水果中。

$$\begin{array}{c}\text{CHO}\\\text{H}\!-\!\text{OH}\\\text{HO}\!-\!\text{H}\\\text{H}\!-\!\text{OH}\\\text{H}\!-\!\text{OH}\\\text{CH}_2\text{OH}\\\text{D-葡萄糖}\end{array}\xrightarrow[\text{加压},\Delta]{\text{H}_2,\text{Ni}}\begin{array}{c}\text{CH}_2\text{OH}\\\text{H}\!-\!\text{OH}\\\text{HO}\!-\!\text{H}\\\text{H}\!-\!\text{OH}\\\text{H}\!-\!\text{OH}\\\text{CH}_2\text{OH}\\\text{D-葡萄糖醇}\end{array}$$

4.2.3 水解反应

蔗糖的比旋光度是 $[\alpha]_D^{20}=+66.5$。但用酸完全水解后得到的比旋光度 $-20°$ 的葡萄糖和果糖的混合物。通常把蔗糖的水解作用称为转化作用，转化作用所生成的等量葡萄糖与果糖的混合物称为转化糖。

食品中碳水化合物水解的难易程度除了同它们的结构有关外（如 β-D-糖苷的水解速度小于 α-D-糖苷异构物），还受到 pH 和温度等因素的影响。在使用蔗糖作为食品原料时，必须考虑其易水解的特性。如加热、添加少量食用酸均可引起蔗糖的水解，生成 D-葡萄糖和 D-果糖。这种水解反应产生需要的或不需要的气味和颜色，特别是当蛋白质存在时，可促进美拉德反应而使食品的营养价值有所降低。

4.2.4 焦糖化反应

糖和糖浆直接加热，在温度超过 100℃时，随着糖的分解形成褐色，即引起焦糖化反应，少量的酸、碱、磷酸和某些盐催化下，会使反应加速进行。大多数热解引起脱水、脱水后产生脱水糖，如葡萄糖加热产生葡聚糖（1,2-脱水-D-葡萄糖）和左旋葡聚糖（1,6-脱水-D-葡萄糖）。在反应过程中引起糖分子的

生产案例

烯醇化、脱水、断裂等一系列变化，产生不饱和环的中间产物，共轭双键吸收光，呈现颜色；在不饱和环体中发生缩合，使环体系聚合化，产生良好的颜色和风味。蔗糖通常用来制造焦糖色素和风味物，它可用于食品、糖果和饮料。蔗糖焦糖化温度约在 200℃，在 160℃时产生葡聚糖和果聚糖。有些焦糖化产物除了颜色外，还具有独特的风味，如麦芽糖（3-羟基-2-甲基吡喃-4-酮）与异麦芽酚（3-羟基-2-乙酰基吡喃）具有面包风味。2H-4-羟基-5-甲基呋喃-3-酮具有像烧肉一样的焦香味，是各种风味和甜味的增强剂。

催化剂可加速这类反应的发生，这类反应常用于制造焦糖色素。商业生产上的三种焦糖色素：①耐焦糖色素（pH2～4.5），是用亚硫酸氢铵作催化剂制备可乐、糖果、糖浆、口服液、酱油、焙烤食品等；②焦糖色素（pH4.2～4.8），糖与铵盐加热，产生红棕色并含有带正电荷的胶体粒子的焦糖色素，用于烘焙食品、糖浆以及布丁等；③啤酒美色剂（pH3～4），由蔗糖直接热解产生红棕色并含有略带负电荷的胶体粒子的焦糖色素，应用于啤酒和其他含醇饮料中。焦糖色素是一种结构不明确的大的聚合物分子，这些聚合物形成了胶体粒子，形成的速率随温度和 pH 的增加而增加。有些焦糖化产物除了颜色变化外，还具有独特的风味，可作为食品加工中各种风味的甜味剂和增强剂。

焦糖色素是我国广泛使用的天然色素之一，安全性高，但近年来发现，加铵盐制成的焦糖色素含 4-甲基咪唑，有强致惊厥作用，含量高时对人体可造成危害。我国食品卫生法规定添加量不得超过 200mg/kg。

4.2.5 美拉德反应

在食品的储藏或加工过程中，还原糖（主要是葡萄糖）同游离氨基酸或蛋白质分子中的游离氨基等含氨基化合物发生羰氨反应，生成类黑精色素和褐变风味物质，这种反应即美拉德反应，通过美拉德反应可产生很多风味物质和具有颜色的物质。例如褐色的面包皮，乳脂糖、太妃糖及奶糖中的牛奶巧克力的风味。

美拉德反应必须有极少量氨基化合物存在，通常是氨基酸、肽、蛋白质、还原糖和少量水作为反应物。美拉德反应生成可溶性和不溶的高聚物等，产物的检验方法一般是在波长 420nm 或 490nm 比色定量测定所形成的黄色和棕色色素，用色谱分离鉴定产物，测定释放出的二氧化碳含量以及紫外、红外光谱分析测定等。

美拉德反应包括许多反应，至今仍未得到彻底的了解。当还原糖（主要是葡萄糖）同氨基酸、蛋白质或其他含氮的化合物一起加热时，还原糖与胺反应产生葡基胺，溶液呈无色，葡基胺经 Amadori 重排（葡糖胺重排反应），得到 1-氨基-脱氧-D-果糖衍生物。在 pH≤5 条件下继续反应，最终可以得到 5-羟甲基-2-呋喃甲醛（HMF）；在 pH＞5 的条件下，此活性环状化合物（HMF 和其他化合物）快速聚合，生成含氮的不溶性深暗色物质。在食品加工过程中，在早期色素尚未形成前加入还原剂如二氧化硫或亚硫酸盐可以产生一些脱色的效果，但如在美拉德褐变的最后阶段加入亚硫酸盐，则不能脱色。

葡基胺　　　　1-氨基(含取代基)-　　　5-羟甲基-2-呋喃甲醛
　　　　　　　　1-脱氧-D-果糖

美拉德反应还能促进风味的形成，可赋予食品特有的香气，如面包、蜂蜜、巧克力等产品加热后产生的特殊的风味。

5. 食品中重要的单糖及应用

单糖有甜味，易溶于水，不溶于有机溶剂，有的难以结晶，经常形成糖浆的过饱和溶液。单糖中最重要的是戊糖和己糖。戊糖主要有 D-核糖、D-木糖和 L-阿拉伯糖，如核糖主要存在于细胞核内，是核酸的主要成分。核酸是生命的遗传信息物质，是重要的生命物质。己糖在天然食品中，除水果、蜂蜜等以外，其含量都比较少。但是作为食品原料，特别是甜料，则大量使用葡萄糖、淀粉糖浆、异构糖等，所以经过加工的食品往往含量较高。己糖中最主要的有葡萄糖、果糖、半乳糖、甘露糖和山梨糖等。

5.1 葡萄糖

D-葡萄糖为无色或白色结晶，熔点 146℃，易溶于水，微溶于乙醇，不溶于乙醚和烃类，其甜度是蔗糖的 70%。在自然界分布最广，主要存在于植物的器官与组织各部分。凡是有甜味的水果都含有葡萄糖，动物的血液、淋巴、脑脊液部分有葡萄糖。天然葡萄糖都是 D-右旋体，商品名称为"右旋糖"。葡萄糖是植物光合作用的产物之一，在生物化学过程中起着重要的作用。D-葡萄糖不但是合成维生素 C（抗坏血酸）等药物的重要原料，而且还可作为营养剂广泛应用在医药上，具有强心、利尿、解毒等功效。在食品工业中也有很多应用，如生产葡萄糖浆、糖果等。在印染工业中作还原剂。

5.2 果糖

果糖因最早是从水果中分离出来而得名，是重要的己酮糖，是白色晶体，易溶于水，熔点 102~104℃，是最甜的糖。D-果糖存在于水果和蜂蜜中，自然界中存在的果糖都是 D-左旋体，故称为"左旋糖"。果糖几乎总是和葡萄糖共存于植物中，尤其以菊科植物中含量多。果糖在己糖中具有特殊的地位，其甜度高、风味好、吸湿性强、在食品工业中应用广泛。果葡糖浆是由葡萄糖经异构化酶作用生成的果糖和葡萄糖的混合液，也称为异构糖。第二代果葡糖浆产品有两种，果糖含量分别为 55% 和 90%，甜度高于蔗糖，因为果糖不易结晶，故糖浆浓度较高，且价格较低，目前产量居世界糖类生产的首位，是食品、饮料中的重要甜味剂。果葡糖浆的发酵性高、热稳定性低，尤其适合于面包、蛋糕等发酵和焙烤类食品。利用果葡糖浆作为甜味剂的糕点，发酵性好，产品多孔，质地松软，储存不易变干，保鲜性能较好。由于其热稳定性较低，受热易分解，易与氨基酸起反应，生成有色物质具有特殊的风味，因此，使产品易获得金黄色外表并具有浓郁的焦香风味。

5.3 半乳糖

自然界无游离的半乳糖存在，多数半乳糖与葡萄糖结合生成乳糖，存在于动物的乳汁中，在植物中，它是棉籽糖和阿拉伯胶等的组成成分，存在于棉籽、树胶、海藻及苔藓类植物中。

5.4 甘露糖

甘露糖在自然界无游离型，在植物中主要以缩合物甘露聚糖的形式存在于坚果、柑橘外皮、椰枣核、谷物、豆类及针叶树的树干中。甘露糖醇还大量存在于洋葱、胡萝卜、海藻等物质中。甘露醇一般是从海藻中提取的，也能通过米曲霉发酵法制得。

5.5 山梨糖

山梨糖在自然界很少有游离型，仅发现于花椒中。山梨糖经还原得山梨醇，是制造抗坏血酸的原料，所以山梨糖、山梨醇在维生素工业中具有重要意义。工业上先用葡萄糖在加压下加氢还原得到山梨醇，再用弱氧化醋酸杆菌，在充分氧化的条件下氧化，即得到山梨糖，然后再生产抗坏血酸。

6. 食品中重要的低聚糖及应用

6.1 麦芽糖

麦芽糖在自然界以游离态存在的很少，主要存在于发芽的谷粒，尤其是麦芽中。在淀粉酶的作用下，淀粉、糖原水解可以得到麦芽糖，它是饴糖的主要成分，甜度约为蔗糖的40%，可作营养剂和培养基、制糖果、糖浆等食品。麦芽糖浆是以淀粉为原料，经酶法或酸酶结合的方法水解而制成的一种以麦芽糖为主（40%以上）的糖浆，按制法与麦芽糖含量不同可分为饴糖、高麦芽糖浆和超高麦芽糖浆等。各类麦芽糖浆的主要组成成分见表7-4。

表7-4　各类麦芽糖浆的主要组成成分　　　　　　　　　　%

类别	DE值	葡萄糖	麦芽糖	麦芽三糖	其他
饴糖	35～50	10以下	40～60	10～20	30～40
高麦芽糖浆	35～50	0.5～3	45～70	10～25	
超高麦芽浆	45～60	1.5～2	70～85	8～21	

饴糖是我国自古以来的一种甜食，具有一定的黏度，流动性好，有亮度。以淀粉质原料——大米、玉米、高粱、薯类经糖化剂作用生产的，糖分组成主要为麦芽糖、糊精及低聚糖，营养价值较高，甜味柔和、爽口，是婴幼儿的良好食品。我国特产"麻糖"、"酥糖"、麦芽糖块、花生糖等都是饴糖的再制品。麦芽糖浆因含大量的糊精，具有良好的抗结晶性，食品工业中用在果酱、果冻等制造时可防止蔗糖的结晶析出，而延长商品的保存期。麦芽糖浆具有良好的发酵性，也可大量用于面包、糕点及啤酒制造，并可延长糕点的淀粉老化。高麦芽糖浆在糖果工业中用以代替酸水解生产的淀粉糖浆，不仅制品口味柔和，甜度适中，产品不易着色，而且硬糖具有良好的透明度，有较好的抗砂、抗烊性，从而可延长保存期。

6.2 乳糖

乳糖的存在可促进婴儿肠道双歧杆菌的生长。乳酸菌使乳糖发酵变为乳酸，在乳糖酶的作用下，乳糖可水解成D-葡萄糖和D-半乳糖而被人体吸收。低乳糖酶症在小儿中发生率较高，它是指乳糖酶活性降低，未吸收的乳糖停留在肠腔，引起渗透性腹泻及其他消化道症状。随着饮用牛乳及乳制品日益增加，该症已成为慢性腹泻的重要原因之一。

6.3 蔗糖

蔗糖的比旋光度 $[\alpha]_D^{20}=+66.5°$。在稀酸或蔗糖酶的作用下，水解得到等量的葡萄糖和果糖混合物，该混合物的比旋光度为 $[\alpha]_D^{20}=-19.8°$。在水解过程中，溶液的旋光度由右旋变为左旋，通常把蔗糖的水解作用称为转化作用。转化作用所生成的等量葡萄糖与果糖的混合物称为转化糖。因为蜜蜂体内有蔗糖酶，所以在蜂蜜中存在转化糖。蔗糖水解后，因其含有果糖，所以甜度比蔗糖大。蔗糖和其他一些分子量低的碳水化合物（如单糖、双糖及某些低聚糖）由于具有极大的吸湿性和溶解性，因此能形成高度浓缩的高渗透压溶液，对微生物有抑制效应。蔗糖是最重要的甜味剂，在自然界中分布最广，所有进行光合作用的植物都含有蔗糖。蔗糖大规模用于果脯、果酱的生产，也可被当作防腐剂，又是家庭烹调的佐料。但近来发现许多疾病可能与过多摄入蔗糖有关，如龋齿、肥胖症、高血压、糖尿病。龋齿是由于存在于牙齿表面并能使珐琅质溶解的酸性物所引起的。我国少年儿童群体发病率大于70%。而蔗糖是最易引起龋齿的糖，粉末越细，越易蛀牙。Mutans 链球菌是引起龋齿的主要的微生物，它们代谢蔗糖，消耗果糖成分，通过葡萄糖苷转移而形成葡聚糖，这种物质黏附于珐琅质，保护了牙细菌，提供了一个低氧，缺氧的条件，细菌代谢产生的酸引起珐琅质局部性剧烈溶解。人们正在努力寻求蔗糖的替代品。

6.4 海藻糖

海藻糖的甜度相当于蔗糖的 45%，作为食品添加剂，甜味剂，将本品添加到含水蛋白食品中，在冰点以上冷冻干燥，可使食品不变质；又因其为非还原性二糖，与氨基酸及蛋白质共同加热时，不会发生褐变反应；耐酸、耐热性好，加到食品中不变色、不分解、易消化、易吸收，与蔗糖相比，产生龋齿性小；可防止淀粉老化。化妆品方面，用于护肤品，保持皮肤的高水分；用于唇膏基料；也可用于化妆水、面乳、香精。医药方面，用作试剂；器官移植的保护液；酶稳定剂等。

7. 糖的衍生物

7.1 糖苷

糖苷在自然界中的分布很广泛，许多植物色素、生物碱等具有很高经济价值和治疗作用的有效成分都是苷，其配基都是很复杂的化合物。动物、微生物体内也有许多苷类化合物，如核糖和脱氧核糖与嘌呤或嘧啶碱形成的糖苷称核苷或脱氧核苷，在生物学上具有重要意义。

单糖的羰基与同一糖分子上的醇基形成半缩醛或半缩酮，同时生成一个新的羟基，这个羟基特别活泼，称为半缩醛羟基。它可以和其他分子的醇羟基或酚羟基结合，脱去一分子水生成糖苷——一种具有缩醛结构的化合物。糖苷分为糖基和配基两部分，糖分子以半缩醛羟基脱水生成糖苷后余下的部分称为糖基，结合到糖分子上的物质称为糖苷配基。糖基通过 O 原子与配基连接，糖基与配基中的"—O—"称为糖苷键（简称苷键）。糖苷以呋喃糖苷或吡喃糖苷的形式存在。糖苷是稳定的化合物，没有还原性，通常易溶于水，能被无机酸和糖苷酶水解，但在碱性溶液中较为稳定。糖苷的化学性质和生物功能主要由配基决定。

根据糖基的不同，糖苷有葡萄糖苷、果糖苷、阿拉伯糖苷、半乳糖苷、芸香糖苷等。由于单糖有 α 和 β 之分，故生成的糖苷也有 α 和 β 两种形式，天然存在的糖苷多为 β 型。

某些食物中存在着另一类重要的糖苷，即氰糖苷，它们广泛存在与自然界中，特别是杏仁、木薯、高粱、竹笋和菜豆中，如苦杏仁糖苷、蜀黍苷、巢莱苷和野黑樱皮苷等，水解后能产生氢氰酸，人体如果一次摄取大量生氰糖苷，将会引起氰化物中毒。为防止中毒，最好不食用或少食用这类产氰量高的食品，或者将这些食品收获后短时期储存，并经过蒸煮后充分洗涤，除去氰化物后再食用。

苦杏仁糖苷

苦杏仁糖苷 $\xrightarrow{\text{完全水解}}$ $2C_6H_{12}O_6$（D-葡萄糖）$+ C_6H_5CHO$（苯甲醛）$+ HCN$（氢氰酸）

7.2 糖醇

糖醇指由糖经氢化还原后的多元醇,按其结构可分为单糖醇和双糖醇。目前所知,除海藻中有丰富的甘露醇外,自然界中糖醇存在较少。食品中所用的糖醇多为由相应的糖的醛基、酮基或半缩醛羟基(还原性双糖)被还原为羟基所形成的多羟基化合物。糖醇大都是白色结晶,具有甜味,易溶于水,是低甜度、低热值物质。糖醇不具备糖类典型的鉴定性反应,具有对酸碱热稳定,具备醇类的通性,不发生美拉德褐变反应。

7.2.1 山梨醇

山梨醇是葡萄糖还原得到的糖醇,又称葡萄糖醇。能阻止血糖值的上升,可作为糖尿病患者的甜料,也可添加到糖尿病患者的食物中。山梨糖醇有吸湿、保水作用,在口香糖、糖果生产中作为保鲜剂和增塑剂,加入少许可起保持食品柔软,改进组织和减少硬化起砂的作用,用量为5%~10%。在面包、糕点中用于保水目的,使用量为1%~3%。用于甜食和食品中,能防止在物流过程变味。山梨糖醇还能螯合金属离子,用于罐头饮料和葡萄酒中,可防止因金属离子而引起食品浑浊。

7.2.2 木糖醇

木糖醇由木糖还原而成,无毒,甜度和蔗糖相当,在医药上和山梨醇一样作为糖尿病患者用的甜料,作为糖尿病患者的代用糖品,而且它对糖尿病患者具有调节新陈代谢、减轻"三多"症状,恢复体力等明显的功效;对降低转氨酶,改善肝功能也有一定的作用;在消除酮症方面,木糖醇具有特殊的功效。在食品工业中,木糖醇可直接用于糖果、巧克力、饮料、点心等。此外,木糖醇具有防龋特性,是一种理想的防龋食品。目前国内外流行的一种防龋口香糖,就是用木糖醇制造的。木糖醇具有一定吸湿特性,可代替甘油应用于轻工业。例如,木糖醇可作为卷烟的加香保湿剂、纸张加工的增韧剂、牙膏中甜味剂等。

7.2.3 麦芽糖醇

麦芽糖醇是由麦芽糖还原而制得的一种双糖醇。甜度为蔗糖的85%~95%,几乎不被人体吸收。大量摄取时对某些人可产生腹泻。麦芽糖醇不结晶、不发酵,150℃以下不发生分解,具有良好的保湿性,是健康食品的一种较好的低热量甜味料。如麦芽糖醇还可用作果汁型饮料、蜜饯等的增稠剂、保香剂、保湿剂;在糖果、糕点中使用,利用其保湿性和非结晶性,可防止食品干燥和结霜;与糖精钠复配使用还可改善糖精钠的风味。

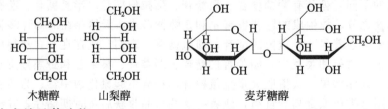

木糖醇　　　　山梨醇　　　　　　　麦芽糖醇

8. 食品中多糖及其功能

多糖是一类天然高分子化合物,由多个单糖分子缩合、失水而成的,大多是不溶于水的非晶形固体,无甜味。多糖没有还原性和变旋现象,都是非还原糖。它是自然界中分子结构复杂且庞大的糖类物质。食品中的多糖有两类:一是食物构成所含有的;二是为了改良稳定食品的物理化学性质品种而添加的。多糖可以由一种单糖缩合而成(称为同聚多糖),如戊糖胶、木糖胶、阿拉伯糖胶、己糖胶(淀粉、糖原、纤维素等);也可以由不同类型的单糖缩合而成(称为杂聚多糖),如半乳糖甘露糖胶、果胶等。

8.1 淀粉

淀粉以显微镜可见大小的颗粒大量存在于植物种子(如麦、米、玉米等)、块茎(如薯类)以及干果(如栗子、白果等)中,也存在于植物的其他部位。它是植物营养物质的一种储存形式。我国的商品淀粉主要是玉米淀粉、马铃薯淀粉、小麦淀粉和木薯淀粉。

淀粉是由许多个 α-D-葡萄糖通过糖苷键结合成链状结构的多糖,它们可用通式 $(C_6H_{10}O_5)_n$ 表示。淀粉的相对密度为 1.6(不同植物来源的淀粉密度有所不同),不溶于冷水,这是提取淀粉的理论基础,其所以不溶于冷水是由于淀粉颗粒表面的排列比内部更紧密、更有秩序,通过氢键缔合形成了晶体结构的缘故。用热水处理,淀粉分为两种成分:一为可溶解部分,称为直链淀粉;另一种为不溶解部分称为支链淀粉。这两种淀粉的结构和理化性质都有差别,两者在淀粉中的比例随植物的品种而异,一般直链淀粉占 10%~30%,支链淀粉占 70%~90%。但有的淀粉(如糯玉米)99%为支链淀粉、而有的豆类淀粉则全是直链淀粉,表 7-5 给出了几种作物的直链淀粉和支链淀粉含量。

表 7-5 几种作物中直链淀粉和支链淀粉的比例   %

淀粉来源	直链淀粉	支链淀粉	淀粉来源	直链淀粉	支链淀粉
高直链玉米	50~85	50~15	大米	17	83
玉米	26	74	马铃薯	21	79
蜡质玉米	1	99	木薯	17	83
小麦	25	75			

8.1.1 直链淀粉

直链淀粉的相对分子质量在 60000 左右,相当于 250~300 个葡萄糖分子通过 α-1,4-糖苷键缩合而成。直链淀粉不是完全伸直的,它的分子通常是卷曲成螺旋形,每一转有 6 个葡萄糖分子,如图 7-19 所示。

淀粉 —水解→ 红色糊精 —进一步水解→ 无色糊精 —进一步水解→ 麦芽糖 —进一步水解→ 葡萄糖

(遇碘显蓝色)(遇碘显红色)   (遇碘不显色)   (遇碘不显色)

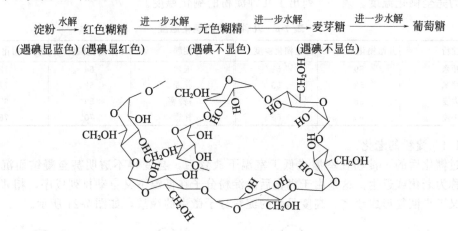

图 7-19 直链淀粉的螺旋结构

每个直链淀粉分子有一个还原性端基和一个非还原性端基,是一条长而不分枝的链。直链淀粉可溶于热水,以碘液处理产生蓝色。

8.1.2 支链淀粉

支链淀粉的相对分子质量非常大,为 50000~1000000;每 24~30 个葡萄糖单位含有一个端基,每一直链是由 α-1,4-糖苷键连接,而每个分支是由 α-1,6-糖苷键连接,如图 7-20 所示。支链淀粉至少含有 300 个 α-1,6-糖苷键连接在一起的链,分子呈簇,以双螺旋形式存在。与碘反应呈紫色或红紫色。

淀粉用酸或酶水解为葡萄糖的过程是逐步进行的。

8.1.3 淀粉的糊化

未被烹调的淀粉食物是不容易消化的,因为淀粉颗粒被包在植物细胞壁的内部,消化液难以渗入,烹调的作用就在于使淀粉颗粒糊化,使其易于被人体利用。

在一定温度(60~80℃)下,淀粉粒在水中发生膨胀,形成黏稠的糊状胶体溶液,这一

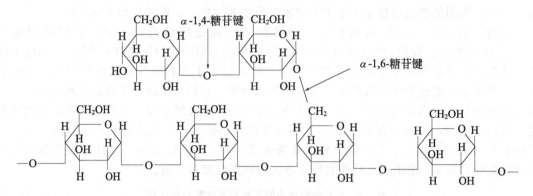

图 7-20　支链淀粉的结构

现象称为淀粉的糊化，俗称就是打浆糊。其本质就是淀粉分子间的氢键断开，分散在水中成为胶体溶液。糊化后的淀粉又称为 α-化淀粉，即食型的谷物制品的制造原理就是使生淀粉"α 化"。快食食品如方便米线、方便面、营养麦片等都是不需要再加热，用热水冲一下就能吃，这就是用预先加热过的淀粉，也就是说用 α-化淀粉来作的。

淀粉粒突然膨胀的温度称为糊化温度。各种淀粉糊化的温度不同，即使同一种淀粉由于颗粒大小不一，在较低的温度下糊化，糊化温度也不一致，通常糊化温度可在偏光显微镜下测定，偏光十字和双折射现象开始消失的温度为糊化开始温度，偏光十字和双折射完全消失的温度为完全糊化温度。表 7-6 列出了几种淀粉的糊化温度。

表 7-6　几种淀粉的糊化温度

淀粉	开始糊化温度/℃	完全糊化温度/℃	淀粉	开始糊化温度/℃	完全糊化温度/℃
粳米	59	61	玉米	64	72
糯米	58	63	荠麦	69	71
大麦	58	63	马铃薯	59	67
小麦	65	68	甘薯	70	76

8.1.4　淀粉的老化

经过糊化后的 α-淀粉在室温或低于室温下放置后，会变得不透明甚至凝结而沉淀，这种现象称为老化或返生。这是由于糊化后的淀粉分子在低温下又自动排列成序，相邻分子间的氢键又逐步恢复形成致密、高度晶化的淀粉分子微束的缘故，如图 7-21 所示。

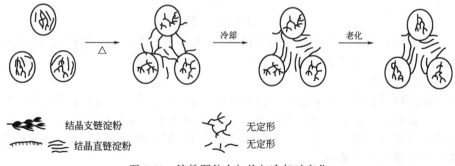

图 7-21　淀粉颗粒在加热与冷却时变化

老化过程可看做是糊化的逆过程，老化不能使淀粉彻底复原到生淀粉（β-淀粉）的结构状态。不同来源的淀粉，老化难易程度不相同。这是由于淀粉的老化与所含直链淀粉及支链淀粉的比例有关，一般是直链淀粉较支链淀粉易于老化。直链淀粉越多，老化越快。支链淀粉老化则需要较长的时间，其原因是它的结构呈三维网状空间分布，妨碍微晶束氢键的形成。

淀粉含水量为30%～60%时较易老化，含水量小于10%或在大量水中则不易老化，老化作用最适宜温度为2～4℃左右，大于60℃或小于－20℃都不发生老化。在偏酸（pH＝4以下）或偏碱性条件下也不易老化。

老化后的淀粉与水失去亲和力，并难以被淀粉酶水解，因而也不易被人体消化吸收。淀粉老化作用的控制在食品工业中有重要意义。以面包为例，在其焙烤结束后，糊化的淀粉就开始老化，导致面包变硬，新鲜程度下降，若将表面活性物质，如甘油单酯或它的衍生物，如硬脂酰乳酸钠（SSL）添加到面包中，即可延缓面包变硬从而延长货架寿命。这是因为直链淀粉具有疏水性的螺旋结构，能与乳化剂的疏水性基团相互作用形成配合物，抑制了淀粉的再结晶，最终延迟了淀粉的老化。

8.1.5 淀粉的水解

淀粉与水一起加热即可引起分子裂解。当与无机酸一起加热时，可彻底水解成葡萄水解过程是分几个阶段进行的，同时有各种中间产物相应形成：

淀粉→可溶性淀粉→糊精→麦芽糖→葡萄糖

在一定条件下淀粉酶也会使淀粉水解。根据淀粉酶的种类（α-淀粉酶、β-淀粉酶、葡萄糖淀粉酶及异淀粉酶）不同，淀粉可被水解成葡萄糖、麦芽糖、三糖、果葡糖、糊精等成分。淀粉水解过程中，会有各种不同的分子量的糊精产生，它们的特性列于表7-7。

表7-7 各种糊精的特性

名称	颜色反应	比旋光度$[\alpha]_D^{20}$	沉淀所需乙醇浓度
淀粉糊精	蓝色	190°～195°	40%
显红糊精	红褐色	194°～196°	60%
消色糊精	不显色	192°	溶于79%乙醇,蒸去乙醇即生成球晶体
麦芽糊精	不反应	181°～182°	不为乙醇沉淀

工业上利用淀粉为原料生产的糖品统称为淀粉糖，淀粉制糖产品主要有麦芽糊精、葡萄糖浆、麦芽糖、果葡糖浆和各种低聚糖。

工业上常用葡萄糖值（DE值）表示淀粉水解的程度。

麦芽糊精又称水溶性糊精、酶法糊精，是一种淀粉经低程度水解，控制水解DE在20%以下的产品，为不同聚合度低聚糖和糊精的混合物。麦芽糊精是食品生产的基础原料之一，它在固体饮料、糖果、果脯、蜜饯、饼干、啤酒、婴儿食品、运动员饮料及水果保鲜中均有应用。

淀粉经不完全水解得葡萄糖和麦芽糖的混合糖浆，称为葡萄糖浆，亦称淀粉糖浆，这类糖浆中含有葡萄糖、麦芽糖以及低聚糖、糊精。糖浆的组成可因水解程度不同和所用的酸、酶工艺不同而异。

糖浆的分类方法按照转化程度高低可分为高、中、低转化糖浆。糖浆的DE值在20～80。以DE值分界，DE值在30以下的葡萄糖浆为低转化糖浆，55以上的为高转化糖浆，DE值在30～55的为中转化糖浆。工业上生产历史最久，产量最大的一类是DE为42的糖浆，以42DE表示，属中转化糖浆，又称普通糖浆或标准糖浆，一般采用酸法工艺；另一类比较主要的产品是用酸酶法或双酶法生产的63DE糖浆，属高转化糖浆，习惯称法是为葡萄糖浆，这种高转化糖浆甜度高，发酵性好。

葡萄糖浆主要应用于食品工业，占全部用量的95%。在食品工业中使用量最大的是糖果，其次是水果加工、饮料、焙烤，此外、在罐头、乳制品中也有使用。葡萄糖浆在糖果制造中的作用主要是控制结晶度，以满足不同类型糖果的需要。糖浆中的低聚糖能控制产品组织结构，高DE值葡萄糖浆能使蛋糕吸水防止干燥，延长货架期。葡萄糖浆用于冰淇淋生产,能控制产品柔软度、晶体形成和冰点,使产品变得光滑,无冰晶产生,不过甜、不掩盖风味。

8.1.6 淀粉的改性

通过物理、化学、酶等处理,使淀粉分子链被切断,重排或引入其他化学基团,使其原有的物理性质,如水溶性、黏度、色泽、味道、流动性等发生变化,这样经过处理的淀粉称为变(改)性淀粉。

目前,变性淀粉的品种、规格达 2000 多种,工业上生产的变性淀粉主要有:预糊化淀粉、酸变性淀粉、氧化淀粉、双醛淀粉、交联淀粉、磷酸酯淀粉、阳离子淀粉、接枝淀粉等。

8.2 糖原

糖原是动物体内储藏的糖类化合物,主要存在于肝脏和肌肉中,也叫动物淀粉。糖原也是由葡萄糖组成的,结构与支链淀粉相似,但分支程度比支链淀粉要高。糖原是动物体能量的主要来源,葡萄糖在血液中的含量较高时,就结合成糖原储存于肝脏中,当血液中含糖量降低时,就分解为葡萄糖而供给机体能量。糖原是无色粉末,溶于水呈乳色,遇碘显棕至紫色。能溶于水和三氯乙酸,但不溶于乙醇和其他溶剂。因此可用冷的三氯乙酸抽取动物肝脏中的糖原,然后再用乙醇将其沉淀下来,糖原也可被淀粉酶水解成糊精和麦芽糖,完全水解得葡萄糖。

8.3 纤维素

纤维素是自然界最大量存在的多糖,是细胞壁的主要结构成分,存在于所有的植物中,在不同植物中含量不同。人体没有分解纤维素的消化酶,从而无法利用。纤维素和直链淀粉一样,是 D-葡萄糖呈直链状连接的,不同的是它通过 β-1,4-糖苷键结合,其聚合度的大小取决于纤维素的来源。许多条纤维素直链分子相互以氢键连接成束状物质,如图 7-22。由于纤维素微晶之间的氢键很多,所以微晶束很牢固。

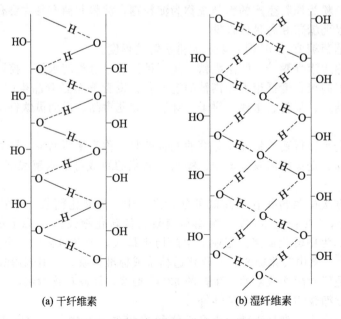

(a) 干纤维素　　　　(b) 湿纤维素

图 7-22　纤维素的平行分子间氢键图解

纤维素的化学性质稳定,在一般的食品加工条件下不被破坏,但在高温、高压的硫酸溶液中,纤维素可被水解为 β-葡萄糖。纤维素应用于造纸、纺织品、化学合成物、炸药、胶卷、医药和食品包装、发酵（酒精）、饲料生产、吸附剂和澄清剂等。

8.3.1 膳食纤维

膳食纤维是指不被人体消化、分解、吸收的多糖，是不易被消化的食物营养素，主要来自于植物的细胞壁，包含纤维素、半纤维素、树脂、果胶及木质素等。膳食纤维是健康饮食不可缺少的，纤维在保持消化系统健康上扮演着重要的角色，同时摄取足够的纤维也可以预防心血管疾病、癌症、糖尿病以及其他疾病。膳食纤维可以清洁消化道和增强消化功能，纤维同时可稀释和加速食物中的致癌物质和有毒物质的移除，保护脆弱的消化道和预防结肠癌。纤维可减缓消化速度，并快速排泄胆固醇，所以可让血液中的血糖和胆固醇控制在最理想的水平。

8.3.2 改性纤维素

将天然纤维素经适当处理，改变其原有性质以适应不同食品的加工需要，称为改性纤维素。改性纤维素主要品种有以下几种。

（1）羧甲基纤维素（CMC） 由纤维素与氢氧化钠、一氯乙酸作用（图7-23）生成的含羧基的纤维素醚称为羧甲基纤维素（CMC），由于其游离酸形式不溶于水，故食品工业中多用的是钠盐形式。

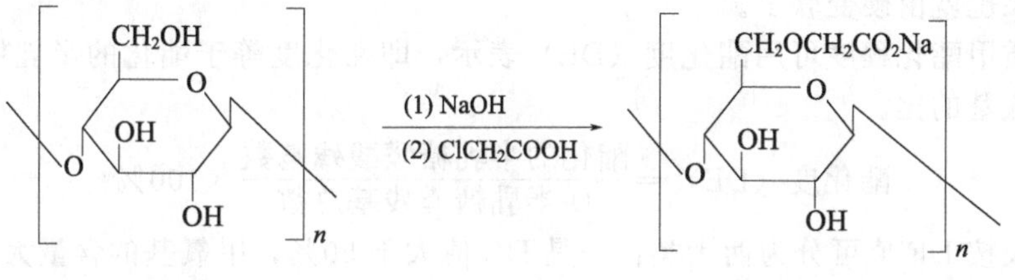

图 7-23 羧甲基纤维素钠的生成

羧甲基纤维素钠，分子式为$[C_6H_7O_2(OH)_2OCH_2COONa]_n$，是一种阴离子型线性高分子物质，如果平均有1个羟基由羧甲基醚化，其醚化度或称取代度（DS）值则为1（最大为3）。纯晶是无臭、无味、奶白色、高流动性的粉末，一般商品CMC的取代度（DS）为0.4～0.8，用得最广泛的是DS为0.7的CMC。不同的商品CMC具不同大小的黏度，CMC溶于水后其黏度随温度升高和酸度增加而降低，在pH7～9时具最高稳定性。

羧甲基纤维素钠易溶于水，具有良好的持水性、黏稠性、保护胶体性等，广泛用于食品工业中，作增稠剂、乳化稳定剂，还具有优异的冻结、熔化稳定性，并能提高食品的风味，延长储藏时间。如CMC良好的持水力用于冰淇淋和其他冷冻甜食中，以阻止冰晶的生长；CMC可防止在面包、蛋糕和其他焙烤食品的水分蒸发和老化，也能阻止糖果、糖衣和糖浆中糖结晶的生长；CMC还可用于速煮面，可改善结构、控制水分、增加弹性、减少断碎、防止混汤；用于罐头可增加浓厚感、防止沉淀等。

（2）微晶纤维素（MCC） 微晶纤维素是以β-1,4-糖苷键相结合而成的直链式多糖类，聚合度为3000～10000个葡萄糖分子。微晶纤维素为白色细小结晶性粉末，无臭，无味。不溶于水、稀酸、稀碱溶液和大多数有机溶剂，可吸水胀润。由可自由流动的非纤维颗粒组成，并可由于自身黏合作用而压缩成可在水中迅速分散的片剂。可用做抗结剂、乳化剂、黏结剂、分散剂、无营养的疏松剂等。例如将MCC掺入面粉或巧克力等食品中，不仅起到抗结作用，还能在不改变原食品风味的条件下可减少食物的发热量。

8.4 果胶物质

果胶物质是植物细胞壁的成分之一，存在于相邻细胞壁间的中胶层中，起着将细胞黏着在一起的作用。果胶物质广泛存在于植物中，尤其以果蔬中含量多，但不同果蔬含果胶的量不同。目前生产果胶主要原料仍然是柑橘类果皮和苹果渣，其中柠檬皮的果胶平均含量高达

35.5%，橘皮为25%，葡萄皮中平均含量达20%。

果胶是部分甲酯化的D-半乳糖醛酸通过α-1,4-糖苷键连接形成的是一种线性多糖，主要成分是多缩半乳糖醛酸甲酯。相对分子质量为32000～71000，化学结构式大体如下：

半乳糖醛酸甲酯　　　半乳糖醛酸　　半乳糖醛酸甲酯

聚半乳糖醛酸长链通常以部分羧基甲酯化状态存在，这种不同程度甲酯化的聚合物即果胶物质。果胶物质可分为三类：即原果胶、果胶和果胶酸，其主要差别是各类果胶的甲氧基含量不相同。果胶酸是果胶和原果胶的基本构成骨架，原果胶泛指一切水不溶性果胶类物质。原果胶存在于未成熟的水果和植物的茎、叶里，一般认为它是果胶酸与纤维素或半纤维素结合而成的高分子化合物。未成熟的水果是坚硬的，这直接与原果胶的存在有关。随着水果的成熟，原果胶在酶的作用下逐步水解为有一定水溶性的果胶，果胶物质的甲氧基含量有所下降，水果也就由硬变软了。

果胶物质甲酯化程度可用酯化度（DE）表示，即酯化度等于酯化的半乳糖醛酸基与总的半乳糖醛酸基的比。

$$酯化度（DE）=\frac{酯化的半乳糖醛酸残基数}{D-半乳糖醛残基总数}\times 100\%$$

商品果胶按DE值可分为两大类：一是DE值大于50%，甲氧基的含量大于7%的果胶称为高甲氧基果胶，即HM果胶；二是DE值小于50%，甲氧基的含量小于7%的果胶称为低甲氧基果胶，即LM果胶。

果胶的特点是凝胶强度大、成胶时间短。广泛用于制造果酱、果冻的胶凝剂，另外还可用于乳制品、冰淇淋、调味汁、蛋黄酱、果汁、饮料等食品中作乳化剂和稳定剂。

子项目测试

1. 填空题

（1）碳水化合物根据其组成中单糖的数量可分为_____、_____和_____。

（2）单糖根据官能团的特点分为_____和_____，寡糖一般是由_____个单糖分子缩合而成，多糖聚合度大于_____。

（3）糖苷是单糖的半缩醛上_____与_____缩合形成的化合物。糖苷的非糖部分称为_____或_____，连接糖基与配基的键称_____。根据_____的不同，糖苷可分为_____、_____、_____。

（4）多糖的形状有_____和_____两种，多糖可由一种或几种单糖单位组成，前者称为_____；后者称为_____。

（5）蔗糖水解称为_____，生成等物质的量的混合物称为_____。

（6）淀粉与碘显_____色；淀粉的最终水解产物是_____，蔗糖的水解产物是_____。

（7）请写出五种常见的单糖_____、_____、_____、_____、_____。

（8）蔗糖、果糖、葡萄糖、乳糖按甜度由高到低的排列顺序是_____、_____、_____、_____。

（9）试列举两个利用糖的渗透压达到有效保藏的食品：_____和_____。

（10）请以结晶性的高低对蔗糖、葡萄糖、果糖和转化糖排序：_____。

（11）常见的食品单糖中吸湿性最强的是_____。

（12）直链淀粉由_____通过_____连接而成，它在水溶液中的分子形状为_____。

2. 选择题

(1) 下列化合物不是糖的有（　　）。
  A. 甘油醛　　　B. 二羟丙酮　　　C. 葡萄糖　　　D. $CH_3CH(OH)COOH$

(2) 下列物质属于还原糖的有（　　）。
  A. 葡萄糖　　　B. 蔗糖　　　C. 淀粉　　　D. 纤维素

(3) 淀粉水解的产物是（　　）。
  A. 葡萄糖　　　B. 葡萄糖和果糖　　　C. 二氧化碳和水　　　D. 麦芽糖和葡萄糖

(4) 直链淀粉水解生成的二糖是（　　）。
  A. 乳糖　　　B. 麦芽糖　　　C. 纤维二糖　　　D. 蔗糖

(5) 下列糖不能发生银镜反应的有（　　）。
  A. 果糖　　　B. 麦芽糖　　　C. 蔗糖　　　D. 葡萄糖

(6) 对于淀粉下列叙述正确的是（　　）。
  A. 淀粉是由葡萄糖组成的
  B. 淀粉中的葡萄糖都以 α-1,4-糖苷键相结合
  C. 淀粉中的葡萄糖都以 β-1,4-糖苷键相结合
  D. 淀粉水解可以生成葡萄糖

(7) 对于糖原下列叙述不正确的是（　　）。
  A. 糖原是由葡萄糖组成
  B. 糖原存在于动植物体中
  C. 糖原中的葡萄糖以 α-1,4-糖苷键形成直链，α-1,6-糖苷键形成分支
  D. 糖原与支链淀粉的结构相似

(8) 糖醇的甜度除了（　　）的甜度和蔗糖相近外，其他糖醇的甜度均比蔗糖低。
  A. 木糖醇　　　B. 甘露醇　　　C. 山梨醇　　　D. 乳糖醇

(9) 淀粉糊化的本质就是淀粉微观结构（　　）。
  A. 从结晶转变成非结晶　　　B. 从非结晶转变成结晶
  C. 从有序转变成无序　　　D. 从无序转变成有序

3. 简答题

(1) 请用葡萄糖为例，说明在糖类物质命名中使用的词头"D"、"L"、"α"、"β"分别表示什么？

(2) 还原糖具有什么结构特点？常见的一些糖中，哪些是还原糖？哪些是非还原糖？

(3) 举例说明糖的结晶作用、吸湿性、保湿性、渗透压等性质在食品工业中的应用。

(4) 淀粉的糊化有哪几个阶段？在食品加工过程中如何控制淀粉的老化？

(5) 纤维素与淀粉水解均为葡萄糖，为什么淀粉是人类的主食之一，而人却不能以纤维素为主食？膳食纤维的作用有哪些？

(6) 为什么水果从未成熟到成熟是一个由硬变软的过程？

子项目二　脂类

学习目标：
  1. 了解脂类的分类、结构、特点；学会脂肪酸的命名。
  2. 学会油脂的主要性质、油脂氧化的种类、影响因素以及控制措施。
  3. 学会油脂在高温条件下的化学变化及油脂的评价指标。
  4. 了解油脂的加工过程。

技能目标：
  学会食用植物油中酸价、过氧化值的测定技术。

脂类是由脂肪酸和醇作用生成的酯及其衍生物的统称，一般不溶于水而溶于脂溶性溶剂的化合物，在食品中脂类表现出独特的物理和化学性质，脂类的组成、晶体结构，熔融和固化行为以及它同水与其他非脂类分子的缔合作用，使食品具有各种不同的质地。这些性质在焙烤食品、制作糖果点心和烹调食品中都是特别重要的。

任务　食用油中酸价和过氧化值的测定

【工作任务】

食用油中酸价和过氧化值的测定。

【工作目标】

1. 学会用酸碱滴定法测定油脂中的酸价。
2. 学会用氧化还原滴定法测定油脂中的过氧化值。

【工作情境】

本任务可在化验室或实验室中进行。

1. 仪器　电子天平、锥形瓶、碘量瓶。
2. 药品

(1) 酸价所需药品

① 石油醚沸程为 30～60℃。

② 乙醚-乙醇混合液　按乙醚-乙醇混合液（2+1）混合，再用氢氧化钾溶液中和至酚酞指示剂呈中性（粉红色）。

③ 酚酞指示剂（10g/L）　称取 1.0g 酚酞，用乙醇溶解并定容至 100mL。

④ 氢氧化钾（3g/L）　称取 0.30g 氢氧化钾，用蒸馏水溶解并定容至 100mL。

⑤ 氢氧化钾标准滴定溶液　$c(KOH)=0.050mol/L$。精密称取在 105～110℃ 干燥至恒重的基准物邻苯二甲酸氢钾 3 份，每份在 0.15～0.2g，分别盛放于 250mL 锥形瓶中，分别加新煮沸放冷的蒸馏水 50mL，小心振摇使之完全溶解。加酚酞指示剂 2 滴，用待标定的 KOH 标准溶液滴定至溶液呈浅红色即为终点，记录消耗 KOH 溶液的体积。

(2) 过氧化值所需药品

① 硫代硫酸钠标准滴定溶液　$c(Na_2S_2O_3)=0.002mol/L$。

② 饱和碘化钾溶液　称取 14g 碘化钾，加 10mL 水溶解，必要时微热使其溶解，冷却后储于棕色瓶中。

③ 三氯甲烷-冰醋酸混合液　量取 40mL 三氯甲烷，加 60mL 冰醋酸，混匀。

④ 淀粉指示剂（10g/L）　称取可溶性淀粉 0.5g，加少许水，调成糊状，倒入 50mL 沸水中调匀，煮沸。临用时现配。

【工作原理】

植物油在阳光、氧气、水分、氧化剂和微生物的解脂酶的作用下，分解成甘油二酯、甘油一酯及相关的脂肪酸，进一步氧化形成过氧化合物、羰基化合物和低分子脂肪酸的过程称为油脂的酸败过程。在植物油（除椰子油外）中大多含有不饱和脂肪酸，不饱和脂肪酸中的双键容易被氧化（双键越多表示不饱和度越高），发生酸败。植物油中的游离的脂肪酸用氢氧化钾标准溶液滴定，每克植物油消耗氢氧化钾的质量（mg），称为酸价。脂中的游离脂肪酸与氢氧化钾发生中和反应，从氢氧化钾的消耗量可以计算出游离脂肪酸的含量。

$$RCOOH + KOH \longrightarrow RCOOK + H_2O$$

油脂氧化过程中产生过氧化物，与碘化钾作用，生成游离碘，以硫代硫酸钠溶液滴定，计算样品的过氧化值。

【工作过程】
1. 酸价的测定
准确称取 3～5g 混匀的油脂,置于锥形瓶中,加入 50mL 中性乙醚-乙醇混合液,振摇使油脂溶解,必要时可置于热水中温热促进其溶解。冷至室温,加入酚酞指示液 2～3 滴,以氢氧化钾溶液滴定,至呈现微红色,在 30s 内不褪色为终点。

2. 过氧化值的测定
准确称取 2～3g 混匀的油脂,置于 250mL 碘量瓶中,加 30mL 三氯甲烷-冰醋酸混合液,使样品完全溶解。加入 1.00mL 饱和碘化钾溶液,紧紧塞好瓶盖,并轻轻振摇 0.5min,然后在暗处放置 3min,取出,加 1mL 水,摇匀,立即用硫代硫酸钠(0.0020mol/L)标准滴定溶液滴定,至淡黄色时,加 1mL 淀粉指示液,继续滴定至蓝色消失为止。

取相同量的三氯甲烷-冰醋酸溶液、碘化钾溶液、水,按同一方法,做试剂空白试验。

【数据记录】
1. 酸价

平行实验	1	2
样品质量 m/g		
标准溶液消耗量 V/mL		
样品测定值 X/(mg/g)		
平均值/(mg/g)		
两次测定之差/%		

结果计算:

$$X = \frac{56.11cV}{m}$$

式中 X——样品的酸价(以氢氧化钾计),mg/g;

V——样品消耗氢氧化钾标准滴定溶液的体积,mL;

c——氢氧化钾标准滴定溶液的实际浓度,mol/L;

56.11——氢氧化钾的摩尔质量,g/mol;

m——样品的质量,g。

计算结果保留 2 位有效数字。

2. 过氧化值

平行实验	1	2
样品质量 m/g		
标准溶液消耗量 V/mL		
样品测定值 X/(g/100g)		
平均值/(g/100g)		
两次测定之差/%		

过氧化值的计算:

$$X = \frac{(V - V_0) \times c \times 0.1269 \times 100}{m}$$

式中 X——样品的过氧化值,g/100g;

V——样品消耗硫代硫酸钠标准滴定溶液的体积,mL;

V_0——试剂空白试验消耗硫代硫酸钠标准滴定溶液的体积,mL;

c——硫代硫酸标准滴定溶液的浓度,mol/L;

m——样品的质量,g;

0.1269——与 1.00mL 硫代硫酸钠标准滴定溶液[$c(Na_2S_2O_3)=1.000mol/L$]相当的碘的质量,g/mmol。

结果保留 2 位有效数字。

【注意事项】
1. 乙醚-乙醇混合液必须调至中性。
2. 酸价较高的样品可以适当减少称样量，酸价较低的样品应适当增加称样量。
3. 如果油样颜色过深，终点判断困难，可减少试样用量或增加混合溶液的用量。也可以将指示剂改为 10g/L 百里酚酞，到达终点时，溶液由无色变为蓝色。
4. 可以使用氢氧化钠溶液代替氢氧化钾溶液，计算公式不变。
5. 淀粉指示剂现用现配。
6. 三氯甲烷有毒，混匀操作要在通风条件下进行。
7. 加入碘化钾后，静置时间的长短和加水量的多少，对测定结果均有影响，应严格按要求条件操作。
8. 在重复性条件下两次独立测定结果的绝对差值不得超过算术平均值的 10%。

【体验测试】
1. 脂肪酸酸败的原因是什么？
2. 什么是油脂的酸价？
3. 能否用 NaOH 溶液代替 KOH 溶液来测定油脂的酸价？
4. 测定过氧化值采用的是什么方法？

知识链接

脂　类

脂类是生物体内一大类不溶于水，而溶于大部分有机溶剂的疏水性物质。从化学角度上讲，95%左右的动物和植物脂类是脂肪酸甘油三酯。习惯上将在室温下呈固态的称为脂，呈液态的称为油。脂类的固态和液态随温度变化而变化，因此脂和油这两个名词，通常是可以互换的，人们把它们统称为油脂。

1. 油脂

1.1　分类

1.1.1　按照化学结构分

简单脂：脂肪酸与醇脱水形成的化合物。包括甘油酯和蜡，如蜂蜡。

复合脂：脂分子与磷脂、生物体分子等形成的物质。包括磷脂类、鞘脂类、糖脂类、脂蛋白。

衍生脂：脂的前体及其衍生物。包括固醇类、类胡萝卜素类、脂溶性维生素。

1.1.2　根据生理功能不同分

脂肪：甘油三酯。

类脂：磷脂（含磷酸及有机碱的脂类）、糖脂（含糖及有机碱的脂类）、类固醇（胆固醇及酯、胆汁酸、类固醇激素）。

1.1.3　按其来源分

乳脂类、植物脂类、动物脂类、微生物脂类、海产动物脂类等。

1.2　组成元素

主要是 C、H、O 三种，有些还有 N、P 及 S 等元素。

1.3　脂的结构

油脂是由甘油与脂肪酸结合而成的一酰基甘油（甘油一酯）、二酰基甘油（甘油二酯）以及三酰基甘油（甘油三酯）。但天然的脂主要以三酰基甘油的形式存在。

$$\begin{array}{cccc}
CH_2-OH & CH_2-O-C-R_1 & CH_2-OH & CH_2-O-C-R_1 \\
| & | & | & | \\
CH-OH & CH-OH & CH-O-C-R_2 & CH-O-C-R_2 \\
| & | & | & | \\
CH_2-O-C-R & CH_2-O-C-R_2 & CH_2-O-C-R_2 & CH_2-O-C-R_3
\end{array}$$

甘油一酯　　　　　　甘油二酯　　　　　　　　甘油三酯

R_1、R_2、R_3 代表不同的脂肪酸的烃基。它们可以相同也可以不同。

单纯甘油酯：如果 R_1、R_2、R_3 相同，这样的油脂称为单纯甘油酯，如三硬脂酸甘油酯、三油酸甘油酯等。

混合甘油酯：如果 R_1、R_2、R_3 不相同，叫混合甘油酯或甘油三杂酯，如一软脂酸二硬脂酸甘油酯等。

天然油脂多为混合甘油酯。甘油的碳原子编号，自上而下为1～3，当 R_1 和 R_3 不同时，则 C2 原子具有手性，天然油脂多为 L 型。

1.4 油脂中脂肪酸的种类

在油脂中脂肪酸的烃基占很大的比例，脂肪酸的种类、结构、性质直接决定着各种油脂的性能和营养价值。天然油脂中的脂肪酸已发现的有七八十种，它们大多数是具有不同长度的偶数碳的直链一元脂肪酸。

1.4.1 饱和脂肪酸

饱和脂肪酸是指分子中碳原子间以单键相连的一元羧酸。大多数为偶碳数酸，最常见的是十六碳酸和十八碳酸，其次为十二碳酸、十四碳酸和二十碳酸，碳数少于十二的脂肪酸主在要存在于牛脂和少数植物油中。

天然油脂中重要的饱和脂肪酸见表 7-8。

表 7-8　天然油脂中重要的饱和脂肪酸

脂肪酸	名称	存在	熔点/℃
C_3H_7COOH	丁酸(酪酸)	奶油	-7.9
$C_5H_{11}COOH$	己酸(低羊脂酸)	奶油、椰子	-3.4
$C_7H_{15}COOH$	辛酸(亚低羊脂酸)	奶油、椰子	16.7
$C_9H_{19}COOH$	癸酸(羊脂酸)	椰子、榆树子	31.6
$C_{11}H_{23}COOH$	十二酸(月桂酸)	月桂、一般油脂	44.2
$C_{13}H_{27}COOH$	十四酸(豆蔻酸)	花生、椰子油	53.9
$C_{15}H_{31}COOH$	十六酸(软脂酸)	所有油脂中	63.1
$C_{17}H_{35}COOH$	十八酸(硬脂酸)	所有油脂中	69.6
$C_{19}H_{39}COOH$	二十酸(花生酸)	花生油	75.3

(1) 低级饱和脂肪酸　其分子中的碳原子数少于十个。油脂中含有的主要酸有丁酸 [$CH_3(CH_2)_2COOH$]、己酸 [$CH_3(CH_2)_4COOH$]、辛酸 [$CH_3(CH_2)_6COOH$]、癸酸 [$CH_3(CH_2)_8COOH$] 等。它们在常温下是液体，并都具有令人不愉快的气味，沸点较低容易挥发，常将它称为挥发性脂肪酸。低级饱和脂肪酸在牛、羊奶及羊脂中含量较多，使牛奶，特别是羊奶、羊脂具有膻味。椰子油中也有一定的含量。

(2) 中、高级饱和脂肪酸　羧酸分子中的碳原子数在十个以上的脂肪酸叫做中、高级饱和脂肪酸。油脂中含的是12～26 个偶数碳原子的中高级饱和脂肪酸。主要有软脂酸[十六酸 $CH_3(CH_2)_{14}COOH$]、硬脂酸[十八酸 $CH_3(CH_2)_{16}COOH$]，豆蔻酸[十四酸 $CH_3(CH_2)_{12}$

COOH］，它们在常温下都是无臭的白色固体，不溶于水，主要存在于动物脂中，植物油中也含有。

1.4.2 高级不饱和脂肪酸

凡是碳链中含有碳碳双键的脂肪酸称为不饱和脂肪酸。不饱和脂肪酸有一烯、二烯、三烯和多烯酸，极个别为炔酸。油脂中常见的不饱和脂肪酸是烯酸，分子中双键数可以由1个到6个，以分子中含十六、十八、二十个碳原子的烯酸分布最广。

不饱和脂肪酸的化学性质活泼，容易发生加成、氧化、聚合等反应，比饱和脂肪酸对脂肪性质的影响程度大。不饱和脂肪酸的含量是评价食用油营养水平的重要依据。豆油、玉米油、葵花子油中，ω-6系列不饱和脂肪酸较高，而亚麻油、紫苏油中ω-3系列不饱和脂肪酸含量较高。由于不饱和脂肪酸极易氧化，食用它们时应适量增加维生素E的摄入量。

植物油中不饱和脂肪酸的含量比饱和脂肪酸高，油酸是动植物油脂中分布最广泛的不饱和脂肪酸。亚油酸、亚麻酸、花生四烯酸在人体内起着重要的生理作用，必须由食物供给，称为必需脂肪酸。亚油酸在植物油内含量丰富，亚麻酸和花生四烯酸分布不太广，它们在体内可由亚油酸转化而满足人体的需求。

必需脂肪酸的生理意义：能促进人体发育，维护皮肤和毛细血管的健康，保护其弹性，防止脆性增大；能增加乳汁的分泌；减轻放射线所造成的皮肤损伤；能降低血液胆固醇，减少血小板的黏附性，有助于防止冠心病的发生。

当缺乏必需脂肪酸时会发生皮肤病；引起生育异常、乳汁分泌减少；另外，还会引起胆固醇在体内沉积，从而导致某些血脂症病。

1.5 脂肪酸的命名

许多脂肪酸最初是从某种天然产物中得到的，因此常根据其来源命名。例如棕榈酸、花生酸等。

一般可用顺式（cis）或反式（trans）表示双键的几何构型，烷基处于分子的同一侧为顺式，处于分子两侧为反式。反式结构通常比顺式结构具有较高的熔点和较低的反应活性，见表7-9。

1.5.1 系统命名法

饱和脂肪酸以母体饱和烃来命名，从羧基端开始编号，如己酸、十二酸等。饱和脂肪酸除了按命名法命名外，还可用速记法表示，即在碳原子后面加冒号，冒号后面为零，表示没有双键，如辛酸为$C_{8:0}$，硬脂酸为$C_{18:0}$或18：0。

1.5.2 数字命名法

不饱和脂肪酸也可以母体不饱和烃来命名，但必须标明双键的位置，即选含羧基和双键最长的碳链为主链，从羧基端开始编号，并标出不饱和键的位置，例如：

$CH_3(CH_2)_4CH=CHCH_2CH=CH(CH_2)_7COOH$ 9,12-十八碳二烯酸，俗称亚油酸。

(1) $n:m$（n为碳原子数，m为双键数） 如18：1、18：2、18：3。有时还需标出双键的顺反结构及位置，c表示顺式，t表示反式，位置可从羧基端编号，如5t,9c-18：2。

(2) ω法 根据双键的位置及功能又将多不饱和脂肪酸分为ω-6系列和ω-3系列。可从分子的末端甲基即ω碳原子开始确定第一个双键的位置，亚油酸和花生四烯酸属ω-6系列，亚麻酸、DHA（二十二碳六烯酸）、EPA（二十碳五烯酸）属ω-3系列。亚油酸也可表示为18：2ω6、再如18：10ω9、18：3ω3等。

(3) n-法 从脂肪酸的甲基碳起计算其碳原子顺序。如亚油酸也可表示为18：2（n-6）再如18：1（n-9）、18：3（n-3）等。

但此法仅用于顺式双键结构和五碳双烯结构，即具有非共轭双键结构，其他结构的脂肪酸不能用ω法或n-法。

(4) Δ 编码体系 从脂肪酸的羧基碳起计算碳原子的顺序。

$$CH_3-(CH_2)_5-CH=CH-(CH_2)_7-COOH$$

十六碳-ω^7-烯酸 ←　　→ 十六碳-Δ^9-烯酸

表 7-9　常见的不饱和脂肪酸的命名

结构式		碳数及双键数	双键位置		族	分布
习惯名	系统名		Δ 系	n 系		
$CH_3(CH_2)_5CH=CH(CH_2)_7COOH$		16:1	9	7	ω-7	广泛
软油酸	十六碳一烯酸					
$CH_3(CH_2)_7CH=CH(CH_2)_7COOH$		18:1	9	9	ω-9	动植物油
油酸	十八碳一烯酸					
$CH_3(CH_2)_4CH=CHCH_2CH=CH(CH_2)_7COOH$		18:2	9,12	6,9	ω-6	各种油脂
亚油酸	十八碳二烯酸					
$CH_3CH_2CH=CHCH_2CH=CHCH_2CH=CH(CH_2)_7COOH$		18:3	9,12,15	3,6,9	ω-3	植物油
α-亚麻酸	十八碳三烯酸					
$CH_3(CH_2)_4CH=CHCH_2CH=CHCH_2CH=CH(CH_2)_4COOH$		18:3	6,9,12	6,9,12	ω-6	植物油
γ-亚麻酸	十八碳三烯酸					
$CH_3(CH_2)_4CH=CHCH_2CH=CHCH_2CH=CHCH_2CH=CH(CH_2)_3COOH$		20:4	5,8,11,14	6,9,12,15	ω-6	植物油
花生四烯酸	二十碳四烯酸					
$CH_3CH_2CH=CHCH_2CH=CHCH_2CH=CHCH_2CH=CHCH_2CH=CH(CH_2)_3COOH$		20:5	5,8,11,14,17	3,6,9,12,15	ω-3	鱼油
timnodonic	二十碳五烯酸(EPA)					
$CH_3CH_2CH=CHCH_2CH=CHCH_2CH=CHCH_2CH=CHCH_2CH=CH(CH_2)_5COOH$		22:5	7,10,13,16,19	3,6,9,12,15	ω-3	鱼油、脑
clupanodonic	二十二碳五烯酸(DPA)					
$CH_3CH_2CH=CHCH_2CH=CHCH_2CH=CHCH_2CH=CHCH_2CH=CHCH_2CH=CH(CH_2)_2COOH$		22:6	4,7,10,13,16,19	3,6,9,12,15,18	ω-3	鱼油
cervonic	二十二碳六烯酸(DHA)					

1.6 食用油脂的物理性质

1.6.1 食用油脂的色、香、味特点

(1) 油脂的颜色

纯净的油脂是无色的。油脂的色泽来自脂溶性维生素。如果油料中含有叶绿素，油就呈现绿色；如含有的是类胡萝卜素，油脂的颜色就呈现黄到红色。一般来讲，动物油脂中的色素物质含量少，色泽较浅。如猪油为乳白色，鸡油为浅黄色等。

(2) 油脂的味——滋味

纯净的油脂是无味的。油脂的味来自两方面：一是天然油脂中由于含有各种微量成分，导致出现各种异味；二是经过贮存的油脂酸败后会出现苦味、涩味。

(3) 油脂的香——气味

烹饪用油脂都含有其特有的气味。油脂的香气来源如下。

① 天然油脂的气味　天然油脂本身的气味主要是油脂中的挥发性低级脂肪酸及非酯成分引起的。如乳制品的香味——酪酸（丁酸）；芝麻油——乙酰吡嗪；菜籽油——含硫化合物（甲硫醇）；椰子油——壬基甲酮；奶油香气——丁二酮；菜油受热时产生的刺激性气味，则由其中所含的黑芥子苷分解所致。

② 贮存中或使用后产生的气味　油脂在贮存中或高温加热时，会氧化、分解出许多小分子物质，而发出各种臭味，可能会影响烹饪菜肴的质量；油脂经过精制加工后，往往无味，这是因为精炼加工除去了毛油中的挥发性小分子的缘故。

1.6.2 食用油脂的烟点、闪点和着火点

食用油脂的烟点、闪点和着火点,它们俗称油脂的三点,是油脂品质的重要指标之一。

(1) 发烟点　发烟点是指在避免通风并备有特殊照明的实验装置中觉察到冒烟时的最低加热温度,一般为240℃。油脂大量冒烟的温度通常高于油脂的发烟点。

(2) 闪点　闪点是指释放挥发性物质的速度可能点燃但不能维持燃烧的温度,即油的挥发物与明火接触,瞬时发生火花,但又熄灭时的最低温度。一般为340℃。

(3) 着火点　着火点是油脂中挥发的物质能被点燃并能维持燃烧不少于5s的温度。一般为370℃。

1.6.3 食用油脂的熔点、沸点、凝固点

天然油脂无固定的熔点和沸点,只是有一定的范围。油脂中组成脂肪酸的碳链越长、饱和程度越高,熔点越高。一般来说,含饱和脂肪酸多的动物类油脂熔点高,在常温下呈固态;含不饱和脂肪酸多的植物油脂熔点低,在常温下呈液态。反式脂肪酸、共轭脂肪酸含量高的油脂,其熔点较高;油脂中双键的位置越向碳链中部移动,熔点降低越多。油脂的沸点随脂肪酸组成变化不大。

几种动物油脂的熔点和凝固点范围如表7-10所示。

表7-10　几种动物油脂的熔点和凝固点范围　　℃

油脂名称	猪油	牛油	羊油	黄油
熔点范围	36~50	42~50	44~55	28~36
凝固点范围	32~26	28~27	45~32	29~19

油脂的熔点影响着人体内脂肪的消化吸收率。油脂的熔点低于37℃(正常体温)时,在消化器官中易乳化而被吸收,消化率高,一般可达97%~99%。油脂熔点在37~50℃时,消化率只有90%左右。油脂的熔点超过50℃时,就很难被人体消化吸收。常见的几种食用油脂熔点范围与消化率列于表7-11中。

表7-11　几种食用油脂的熔点与消化率

油脂	熔点/℃	消化率/%	油脂	熔点/℃	消化率/%
大豆油	-18~-8	97.5	牛油	42~50	89.0
花生油	0~3	98.3	羊油	44~55	81.0
奶油	28~36	98.0	人造黄油	28~42	87.0
猪油	36~50	94.0			

凝固点是液体油变成固体脂时的温度。由于油脂在低温凝固时存在过冷现象且低于熔点温度,油脂结晶才析出,所以油脂的凝固点一般比熔点略低,如牛油的熔点为40~50℃,而凝固点是30~42℃。在使用油脂时应注意油脂的凝固点范围,要将温度控制在凝固点范围以上,以保证食品的外观质量。

1.6.4 食用油脂的塑性

油脂的塑性是指在一定压力下表观固体脂肪具有的抗应变能力。

在室温下表现为固体的脂肪,是固体脂和液体油的混合物,用一般的方法无法分开,这种油脂具有塑性,可保持一定的外形。塑性油脂具有良好的涂抹性(涂抹黄油等)和可塑性(用于蛋糕的裱花),用在焙烤食品中,具有起酥作用。在面团调制过程中加入塑性油脂,能形成较大面积的薄膜和细条,使面团的延展性增强,油膜的隔离作用使面筋粒彼此不能黏合成大块面筋,降低了面团的弹性和韧性,还能降低面团的吸水率,使制品起酥;塑性油脂的另一作用是在调制时能包含和保持一定数量的气泡,使面团体积增加。在饼干、糕点、面包生产中专用的塑性油脂称为起酥油,具有在40℃不变软,低温下不太硬、不易氧化的特性。

1.6.5 食用油脂的乳化及乳化剂

两种不互溶的液相组成的分散体系——乳状液,乳状液形成基本条件是一相以 $0.1\sim 50\mu m$ 的小滴分散在另一相中,前者被称为内相或分散相,后者称为外相或连续相。随着分散相和连续相种类的不同,乳状液是一种不稳定的状态,一定的条件下会出现分层、絮凝甚至聚结等现象。

使乳状液稳定存在的方法:使用乳化剂,降低界面张力;添加蛋白质,在液滴的周围形成一定厚度的隔离层;使用增稠剂,增加连续相的黏度、防止液滴相互靠近。

乳化剂是能使互不相溶的两相中的一相均匀地分散到另一相的物质。在结构上的特点是分子中同时具有亲水基和亲油基的一类双亲性物质,用来增加乳状液的稳定性。当把乳化剂加入到油水混合物中时,亲水基的一端可以靠近水,而憎水基的一端可以靠近油,这样,它就可以极大地降低油水界面张力,使一相均匀的分散在另一相中间而形成稳定的乳状液。

食品中常用的乳化剂种类有:脂肪酸甘油单酯及其衍生物;蔗糖脂肪酸酯;山梨糖醇酐脂肪酸酯及其衍生物;大豆磷脂等。

乳化剂的功能:降低油水界面张力,促进乳化作用;食品中的乳化剂可以与淀粉和蛋白质相互结合,改善焙烤类食品的质构;用在起酥油、黄油、人造奶油中,改进脂肪和油的结晶,使其有良好的涂抹加工性能。

食品中常见的乳状液体系,主要有以下三种。

(1) O/W 型乳状液 食品中这类乳状液是最常见的,主要有乳、稀奶油、蛋黄酱、色拉调味料、冰淇淋配料以及糕点面糊。

(2) W/O 型乳状液 主要有奶油和人造奶油,其中水的含量约占 16%。

(3) 肉类乳状液 如加工丸子或肉肠的肉糜,其中肉中的水和水溶性的调味料构成连续相,肉中的脂肪分散在其中,肉中的蛋白质作为乳化剂,为了使体系稳定,还可加入一些稳定剂,如淀粉、鸡蛋等。

1.7 食用油脂在加工和储藏过程中的化学变化

1.7.1 油脂的水解和皂化

油脂的水解与酯键有关,油脂中的脂肪与其他所有的酯一样,能在酸、加热或酶的作用下,发生水解,生成甘油和脂肪酸。

$$\begin{array}{c} CH_2-O-CO-R_1 \\ CH-O-CO-R_2 \\ CH_2-O-CO-R_3 \end{array} +3H_2O \xrightarrow{\text{酶或酸、蒸汽}} \begin{array}{c} CH_2-OH \\ CH-OH \\ CH_2-OH \end{array} +R_1COOH+R_2COOH+R_3COOH$$

这个反应在酸水解条件下是可逆的,已经水解的甘油与游离脂肪酸可再次结合生成一脂肪酸甘油酯、二脂肪酸甘油酯。

在碱性条件下水解出的游离脂肪酸与碱结合生成脂肪盐;高级脂肪酸盐通常称作肥皂,它能去污主要是利用它的乳化性能。所以脂肪在碱性条件下的水解反应称作皂化反应。

$$\begin{array}{c} H_2C-O-CO-R_1 \\ HC-O-CO-R_2 \\ H_2C-O-CO-R_3 \end{array} +3NaOH \longrightarrow \begin{array}{c} H_2C-OH \\ HC-OH \\ H_2C-OH \end{array} +R_1COONa+R_2COONa+R_3COONa$$

油脂水解对其品质的影响：在加工过高脂肪含量的食品时，如混强碱，会使产品带有肥皂味，影响食品的风味；在油脂的贮藏与烹饪加工中，油脂都会不同程度地发生水解反应。

1.7.2 油脂的氧化

油脂的氧化随影响因素的不同可有不同的类型或途径，其氧化的初级产物都是氢过氧化物，它们形成的途径有自动氧化、光敏氧化和酶促氧化三种，氢过氧化物极不稳定，容易进一步发生分解和聚合。氢过氧化物分解，产生低分子的醛类、酮类和羧酸类物质。这些物质使油脂产生很强的刺激性气味，一般称为哈喇味。

油脂中不饱和脂肪酸暴露在空气中，易发生自动氧化过程，生成过氧化物。过氧化物连续分解，产生低级醛酮类化合物和羧酸。这些物质使油脂产生很强的刺激性臭味，尤其是醛类气味更为突出。氧化后的油脂，感官性质甚至理化性质都会发生改变。这种反应称为油脂的氧化型酸败。氧化型酸败是油脂及富含油脂食品经长期储存最容易发生质变的主要原因。

（1）自动氧化 油脂的自动氧化指油脂分子中的不饱和脂肪酸与空气中的氧之间所发生的自由基类型的反应。反应无需加热，也无需加特殊的催化剂。以 RH 代表不饱和脂肪酸为例，其反应历程如下。

引发期：油脂分子在光、热、金属催化剂的作用下产生自由基，

$$RH(光、热、微生物) \xrightarrow{活化} R\cdot + H\cdot$$

传递期：反应速度快，且可循环进行，产生大量的氢过氧化物。

$$R\cdot + O_2 \longrightarrow ROO\cdot$$
$$ROO\cdot + RH \longrightarrow ROOH + R\cdot$$

终止期：各种自由基和过氧化自由基之间形成稳定的化合物，链式反应终止。

$$R\cdot + R\cdot \longrightarrow R-R$$
$$ROO\cdot + R\cdot \longrightarrow ROOR$$
$$ROO\cdot + ROO\cdot \longrightarrow ROOR + O_2$$

（2）光敏氧化 光敏氧化即是在光的作用下，不饱和脂肪酸与氧（单线态）直接发生氧化反应。光所起的直接作用是提供能量使三线态的氧变为活性较高的单线态氧。

光敏剂：在光敏氧化过程中容易接受光能的物质首先接受光能，然后将能量转移给氧，此类物质称为光敏剂。如叶绿素、血红蛋白等都是具有大的共轭体系的物质，都可以起光敏剂的作用。

单线态氧指不含未成对电子的氧。双线态氧指有一个未成对电子的称为双线态。三线态氧指有两个未成对电子的成为三线态，所以基态氧为三线态。

食品体系中的三线态氧是在食品体系中的光敏剂在吸收光能后形成激发态光敏素，激发态光敏素与基态氧发生作用，能量转移使基态氧转变单线态氧。单线态氧具有极强的亲电性，能以极快的速率与脂类分子中具有高电子密度的部位（双键）发生结合，从而引发常规的自由基链式反应，进一步形成氢过氧化物。

（3）酶促氧化 脂肪在酶参与下所发生的氧化反应，称为酶促氧化。脂肪氧合酶专一性地作用于具有 1,4-顺、顺-戊二烯结构的多不饱和脂肪酸（如 18∶2，18∶3，20∶4）。以亚油酸（18∶2）为例，在 1,4-戊二烯的中心亚甲基处（即 ω-8 位）脱氢形成游离基，然后异构化使键位置转移，同时转变成反式构型，形成具有共轭双键的 ω-6 和 ω-10 氢过氧化物。

在动物体内许多脂肪氧合酶选择性地氧化花生四烯酸而产生前列腺素、凝血素和白三烯，这些物质均具有很强的生理活性。大豆制品的腥味就是不饱和脂肪酸氧化形成六硫醛所致。其他脂肪酸的酶促氧化，需要脱氢酶、水合酶和脱羧酶的参加，氧化反应多发生在脂肪酸的 α-碳位和 β-碳位之间的键上，因而称为 β-氧化。氧化的最终产物是有令人不愉快气味

酮酸和甲基酮,所以又称为酮型酸败。这种酸败多数是由于污染微生物如灰绿青霉、曲霉在繁殖时产生的酶的作用下引起的。

(4) 氢过氧化物的分解和聚合　氢过氧化物是油脂氧化的主要初级产物,无异味,因此,有些油脂可能在感官上还没有觉察到出现酸败的迹象,若过氧化值过高,说明这种油脂已经开始酸败。氢过氧化物是一类极不稳定的化合物,它一旦形成就开始分解或聚合。

氢过氧化物分解的第一步是氢过氧化物的过氧键断裂,产生烷氧基自由基与羟基自由基。

$$R_1CH_2CHR_2(OOH) \longrightarrow R_1CH_2CHR_2(O\cdot) + \cdot OH$$

氢过氧化物分解的第二步是在烷氧自由基两侧碳-碳键断裂生成了低分子的醛、酮、醇、酸等化合物。

$$R_1CH_2CHCH_2R_2(O\cdot) \xrightarrow{裂分} R_1CH_2CHO + R_2CH_2\cdot$$

$$R_1CH_2CHCH_2R_2(O\cdot) \xrightarrow{R_3O\cdot} R_1CH_2CHCH_2R_2(OH) + R_3CH_2\cdot$$

$$R_1CH_2CHCH_2R_2(O\cdot) \xrightarrow{R_3H} R_1CH_2CCH_2R_2(O) + R_3\cdot$$

醛是脂肪氧化的产物,饱和醛易氧化成相应的酸,并参加二聚化和缩合反应。例如三分子己醛结合生成三戊基三蒽烷。

$$3C_5H_{11}CHO \longrightarrow \text{(三戊基三蒽烷结构)}$$

三戊基三蒽烷是亚油酸的次级氧化产物,具有强烈的臭味。脂的自动氧化产物很多,除了饱和与不饱和醛类外,还有酮类、酸类以及其他双官能团氧化物,产生令人难以接受的臭味,这也是导致脂肪自动氧化产生"酸败味"的原因。

氢过氧化物除了分解以外,初步裂分产生的自由基又可与其他自由基、不饱和脂肪或不饱和脂肪酸发生聚合反应,生成二聚体或三聚体,使油脂的黏度增加。

(5) 影响油脂氧化的因素

① 油脂的脂肪酸组成　油脂中的饱和脂肪酸和不饱和脂肪酸都能发生氧化反应。饱和脂肪酸氧化的特殊条件:有霉菌繁殖,或有光存在,或有氢过氧化物存在,或有酶存在等条件下才能发生,且其氧化速率不足不饱和脂肪酸的1/10。

不饱和脂肪酸的氧化速率与其双键的数量、双键位置及几何构型有关。如花生四烯酸(4个双键)、亚麻酸(3个双键)、亚油酸(2个双键)及油酸(一个双键)的氧化速率约为40∶20∶10∶1。顺式脂肪酸的氧化速率比反式脂肪酸快;共轭脂肪酸比非共轭脂肪酸氧化速率快,如桐酸比亚麻酸更易氧化。

② 温度　同大多数化学反应一样,温度升高则氧化速度加快。一般来讲,温度每升高10℃,油脂的氧化速度加快一倍。

③ 氧气　在非常低的氧气分压下,氧化速率与氧气的分压近似成正比,如果氧的供给不受限制,那么氧化速率与氧压力无关。另外氧化速率与油脂暴露于空气中的表面积成正比,如膨松食品中的油脂比纯净的油脂易氧化。因而可采取排除氧气,采用真空或充氮包装和使用透气性低的包装材料来防止含油脂食品的氧化变质。

④ 水分　水分活度对作用的影响很复杂，水分活度过高或过低时，氧化速率都很高。

⑤ 光和射线　可见光、不可见光和 X 射线都能促进油脂的氧化，因此，油脂和富含油脂的食品宜用遮光容器包装和储存。光线不但能促进油脂的氧化，而且还使油氧化后的气味特别难闻。

⑥ 助氧化剂　过渡金属，特别是一些具有合适氧化还原电位的二价或多价过渡金属，如钴、铜、铁、锰等都是有效的助氧化剂，即使浓度低至 0.1mg/kg，仍能缩短链引发期，使氧化速率加快。在金属中尤以铜的催化作用最为敏锐，只要有极微量铜的存在，就能促进油脂的氧化。不同金属对油脂氧化反应的催化能力强弱顺序如下：

铅＞铜＞黄铜＞锡＞锌＞铁＞铝＞不锈钢＞银

⑦ 抗氧化剂　抗氧化剂是能延缓或减慢油脂氧化速率，提高食品稳定性和延长食品储存期的物质。

抗氧化剂的抗氧化机理主要是：通过自身氧化消耗食品内部或环境的氧；通过提供电子或氢原子阻断油脂自动氧化的链式反应；通过抑制氧化酶的活性，防止油脂的酶促氧化等。

⑧ 表面积　油脂的氧化速率与空气接触的表面积成正比，故采用真空或充氮包装或使用低透气性材料包装，来减缓含油食品的氧化变质。

(6) 为防止油脂的自动氧化，应采取以下措施：

① 储存油脂时，应尽量避免光照、避开高温环境；

② 储存时要减少与空气直接接触的机会与时间；

③ 在油脂中添加抗氧化剂；

④ 对未加工处理的动物脂肪其冷冻时间不宜过长；

⑤ 应尽量少用对油脂氧化有很强催化作用的金属容器存放油脂。

1.7.3　油脂在高温下的化学变化

在食品加工中，油脂常常是在加热情况下使用的。在 150℃ 以上的高温下，油脂本身的性质会发生一些物理或化学的变化，从而导致油脂的品质降低，如出现黏度增大、颜色变暗、碘值降低、酸价升高、发烟点降低、泡沫量增多等现象，还会产生刺激性气味。这些变化对食品的质量也会产生一定的影响。

(1) 热分解　油脂的热分解是指油脂在无氧加热的条件下，发生碳-碳、碳-氧键的断裂，分解成小分子物质的过程。

反应条件：无氧、高温（280～300℃）、长时间（数小时）。

因为无氧参与，所以主要受温度影响；油脂的热分解在 260℃ 以下并不明显，只有当油温达到 280～300℃，加热数小时后，油脂中才会出现较多的分解产物。

饱和脂肪和不饱和脂肪在高温下都会发生热分解反应，但由饱和脂肪酸组成的油脂较不饱和脂肪酸组成的油的热稳定性更高。饱和脂肪酸组成的三酰甘油酯的热分解产物主要是烃类、酸类、酮类、丙烯二醇酯和丙烯醛。不饱和脂肪酸的油脂的热分解产物主要是——烃类、短链和长链的脂肪酸酯。热分解反应根据有无氧参与，又可分为氧化热分解和非氧化热分解。金属离子（Fe^{2+}）的存在，可催化热分解反应。

(2) 热聚合　油脂在高温条件下，可发生非氧化热聚合和氧化热聚合，聚合反应导致油脂黏度增大，泡沫增多。隔氧条件下的非氧化热聚合，生成环烯烃，该聚合反应可以发生在不同甘油酯分子间，也可发生在同一个甘油酯分子内。

油脂的热氧化聚合反应是在 200～230℃ 条件下，甘油酯分子在双键的 α-碳上均裂产生游离基，游离基之间结合而聚合成二聚体。有些二聚物有毒性，在体内被吸收后，与酶结合，使酶失活而会引起生理异常。油炸鱼虾时出现的细小泡沫经分析发现也是一种二聚物。

油脂经长时间高温加热后，颜色加深，出现油泛，黏度增高，甚至成为黏稠状，这是由于油脂在加热中发生聚合反应，生成大分子物质的结果。

（3）缩合　油脂加热到300℃以上或长时间加热时，不仅会发生热分解反应，还会发生热聚合反应，生成各种环状的、有毒的低级聚合物，油脂缩合生成醚型化合物的反应见图7-24。其结果是使油脂的颜色变深，黏度大，严重时冷却后会发生凝固现象，而且还会产生较多的泡沫。高温下，特别是在油炸条件下，易发生此类反应。

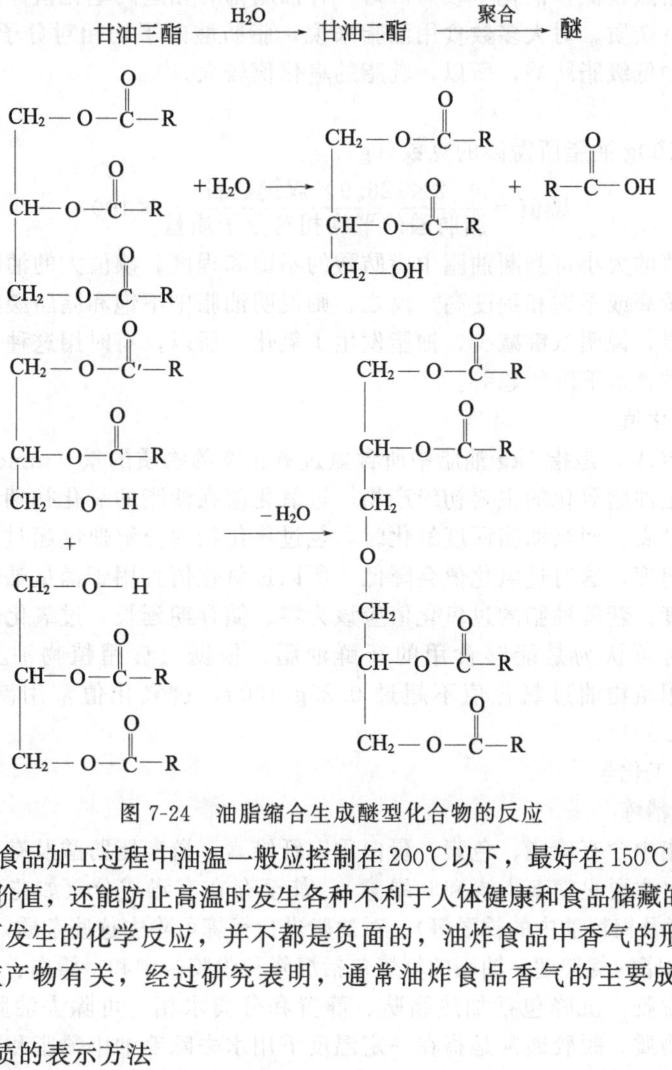

图 7-24　油脂缩合生成醚型化合物的反应

综上所述，在食品加工过程中油温一般应控制在200℃以下，最好在150℃以下为佳。这样既可保存食品的营养价值，还能防止高温时发生各种不利于人体健康和食品储藏的化学反应。

油脂在高温下发生的化学反应，并不都是负面的，油炸食品中香气的形成与油脂在高温条件下的某些反应产物有关，经过研究表明，通常油炸食品香气的主要成分是羰基化合物（烯醛类）。

1.8　油脂品质的表示方法

各种来源的油脂其组成、特征值及稳定性均有差异。在加工和储藏过程中，油脂品质会因各种化学变化而逐渐降低。通常通过测定油脂的特征值即能鉴定油脂的种类和品质。特征值包括油脂的熔点、凝固点、黏度、密度、酸值、皂化值、碘值、过氧化值等。

1.8.1　酸价

酸价是中和1g油脂中游离脂肪酸所需的氢氧化钾质量（mg）。酸价是油脂中游离脂肪酸数量的指标，新鲜油脂的酸价很小，但随着储藏期的延长和油脂的酸败，酸值随之增大。酸价的大小可直接说明油脂的新鲜度和质量的好坏，所以酸价是检验油脂质量的重要指标。

根据《食用植物油卫生标准》（GB 2716—2005）食用植物油酸价不超过3mg/g。

1.8.2　皂化值

皂化值是完全皂化1g油脂所需要的氢氧化钾的质量（mg）。

$$皂化值 = \frac{3 \times 56 \times 1000}{脂肪酸的平均相对分子质量}$$

式中，3代表1分子的脂肪的脂肪酸数目；56是氢氧化钾的摩尔质量。

皂化值的大小与油脂的平均分子量成反比，组成油脂的脂肪酸的平均分子量越小，油脂的皂化值越大。肥皂工业根据油脂的皂化值大小，可以确定合理的用碱量和配方。皂化值较大的食用油脂，熔点较低，消化率较高。每一种油脂都有相应的皂化值，如果实测值与标准值不符，说明掺有杂质。对大多数食用油脂来说，脂肪酸的平均相对分子质量为200左右。乳脂中含有较多的低级脂肪酸，所以，乳脂的皂化值较大。

1.8.3 碘值

碘值是加成100g油脂所需碘的克数（g）。

$$碘值 = \frac{2 \times 126.9 \times 双键数目}{脂肪酸的平均相对分子质量} \times 100$$

通过油脂碘值的大小可判断油脂中脂肪酸的不饱和程度。碘值大的油脂，说明油脂中不饱和脂肪酸的含量高或不饱和程度高，反之，则说明油脂中不饱和脂肪酸的含量低或不饱和程度低。碘值下降，说明双键减少，油脂发生了氧化。所以，有时用这种方法监测油脂自动氧化过程中二烯酸含量下降的趋势。

1.8.4 过氧化值

过氧化值（POV）是指1kg油脂中所含氢过氧化物的物质的量（mmol）。

氢过氧化物是油脂氧化的主要初级产物，过氧化值在油脂的氧化初期随着氧化程度增加而增高。而当油脂深度氧化时，氢过氧化物的分解速度超过了氢过氧化物的生成速度，这时过氧化值会降低，所以过氧化值宜用于衡量油脂氧化初期的氧化程度。新鲜油脂的过氧化值应该为零。储存期延长，过氧化值升高，过氧化值在10mmol以下时可认为是能够食用的新鲜油脂。根据《食用植物油卫生标准》（GB 2716—2005）食用植物油过氧化值不超过0.25g/100g，过氧化值常用碘量法测定（参见GB/T 5009.37—2003）。

1.9 油脂加工化学

1.9.1 油脂精炼

未精炼的油脂中含有磷脂、色素、蛋白质、纤维素、游离脂肪酸及有异味的杂质，还有少量的水、色素（主要是胡萝卜素和叶绿素），甚至存在有毒成分（如花生油中可能存在的污染物黄曲霉毒素及棉籽油中的棉酚等）。对油脂进行精炼可除去这些杂质，提高油脂的品质，改善风味，延长油脂的货架期。油脂的精炼包括沉降和脱胶、中和、漂白、脱臭等工序。

（1）沉降和脱胶　沉降包括加热脂肪、静置和分离水相，可除去油脂中的水分、蛋白质、磷脂和糖类物质。脱胶通常是指在一定温度下用水去除毛油中磷脂和蛋白质的过程，从而可以防止脂在高温时的起泡、发烟、变色发黑等现象。脱胶的原理是依据磷脂及部分蛋白质在无水状态下可溶于油，但与水形成水合物后则不溶于油的原理，向粗油中加入2%~3%的水，并在温度约50℃下搅拌混合，然后静置沉降或离心分离水化磷脂。

（2）中和　是指用碱中和毛油中的游离脂肪酸形成皂脚而去除的过程。加入的碱量可通过测定酸价确定。中和反应生成的脂肪酸盐（皂脚）进入水相，分离水相后，再用热水洗涤中性油，然后静置或离心以除去残留的皂脚。同时也可将胶质、色素等除去。副产物皂脚可作为生产脂肪酸的原料。

（3）漂白　粗油中含有叶绿素、类胡萝卜素等色素，通常呈黄赤色。叶绿素是光敏化剂，会影响油脂的稳定性，同时色素也影响油脂的外观。脱色的方法很多，一般采用吸附剂进行吸附。常用的吸附剂是活性白土、活性炭等。吸附剂在吸附色素的同时还可将磷脂、残留的皂脚及一些氧化产物一同吸附,最后过滤除去吸附剂。

(4) 脱臭　油脂中挥发性的异味物质多半是油脂氧化时产生的,因此,需要进行脱臭以除去异味物质。脱臭是用减压蒸汽蒸馏的方法除去游离脂肪酸、油脂氧化产物和其他一些异味物质的过程。通常在脱臭过程中加入柠檬酸以螯合微量的重金属离子。

油脂精炼后品质明显提高,但在精炼过程中也会造成油脂中的脂溶性维生素,如维生素A、维生素E、类胡萝卜素和一些天然抗氧化物质的损失等。胡萝卜素是维生素A的前体物,胡萝卜素和维生素E(即生育酚)也是天然抗氧化剂。

1.9.2　油脂的改性

绝大部分的天然油脂,因其特有的化学组成和性质,使得它们的应用受到有限制,要想拓展天然油脂的用途,就要对这些油脂进行改性,常用的改性方法是氢化、酯交换和分提。

(1) 油脂的氢化　由于植物油的稳定性较差,在食品加工中应用范围较窄,所以,在油脂工业常利用其与H_2的加成反应——氢化反应对植物油进行改性。

氢化反应的过程如下所示:

$$-CH=CH-+H_2 \longrightarrow -CH_2-CH_2-$$

油脂的氢化是指在有催化剂(通常用金属镍)存在的条件下,在油脂不饱和双键上加氢,使之不饱和度降低,把室温下的液态油变为部分氢化半固体或塑性脂肪的过程。氢化能使油脂的色泽变浅,熔点提高,增强其可塑性,同时提高其抗氧化性,如含有臭味的鱼油经氢化后,臭味消失,氢化反应易于控制,油脂的氢化程度取决于食品行业的需求。少量氢化,油脂仍保持液态;随着氢化程度的加大,油脂转变为软的固态脂,部分氢化产品可用在食品工业中制造起酥油、人造奶油等,还可用来生产稳定性高的煎炸用油,如稳定性较差的大豆油氢化后的硬化油的稳定性大大提高,用它来代替普通煎炸用油,使用寿命会大大延长。当油脂中所有双键都被氢化后,得到的全氢化脂肪,称为硬化油,可用于制肥皂工业。

油脂氢化是在一个多相反应体系中发生的,该体系包括了液态油、固态催化剂和气态氢气三种反应物。氢化产物十分复杂,油脂的双键越多,氢化越容易发生,产物的种类也越复杂。三烯可转变为二烯,二烯可转变为一烯,直至达到饱和。以α-亚麻酸的氢化为例,可生成7种产物,见图7-25。

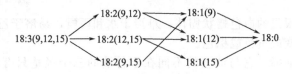

图7-25　α-亚麻酸氢化后的7种产物

油脂氢化后,不饱和脂肪酸含量下降,脂溶性维生素,如维生素A及类胡萝卜素被破坏,氢化过程还伴随有双键的位移和反式异构体的产生,即生成反式脂肪酸。随着氢化反应的进行,反式脂肪酸的含量会减少,如果此氢化反应能进行完全,是不会留下反式脂肪酸的,但是反应最后的油脂产物会因为过硬而没有实际使用价值。值得注意的是,近年来,一些最新研究初步表明,反式脂肪酸对人的心脏的损害程度远远高于任何一种动物油。它还可能增加乳腺癌和糖尿病的发病率,并有可能影响儿童生长发育和神经系统健康。

人们食用的含有反式脂肪酸的食品,基本上来自含有人造奶油的食品。比如西式糕点、马铃薯片、沙拉酱、饼干以及巧克力等。尽管反式脂肪酸已经被证实对人体健康有害,但食物含多少反式脂肪酸才在安全范围以内,人们每天摄入反式脂肪酸的量在多少范围内才能保证健康,目前我国食品安全部门还没有制定相应的标准。

(2) 油脂的酯交换　油脂的酯交换反应是指三酰甘油酯上的脂肪酸残基在同分子间及不同分子间进行交换,使三酰甘油酯上脂肪酸发生重排,生成新的三酰甘油酯的过程。在较高温度下（<200℃）加热一定时间即可完成；用甲醇钠作催化剂，则在50℃，30min内完成。

由于天然油脂的某些特定的性质如结晶特性、熔点等，不仅受油脂中脂肪酸组成的影响，还受到脂肪酸在油脂分子中分布的位置的影响，这些性质有时会限制它们在工业上的应用，但可以采用化学改性的方法如酯交换来改变油脂分子中脂肪酸的位置分布，借以改变油脂的性质。例如猪油的结晶颗粒大，口感粗糙，不利于产品的稠度，也不利于用在糕点制品上，但经过酯交换后，改性猪油结晶细小，稠度改善，熔点和黏度降低，适合作为人造奶油和糖果用油。改性后的羊脂熔化特性得到改善，可以用作代可可脂。

值得注意的是，氢化和酯交换反应均是以一种不可逆的化学变化为基础的。由于使用的催化剂的污染以及不可避免会发生一些副反应，因此，经过化学改性的油脂需要通过精炼，以提高改性后油脂的安全性。

（3）油脂的分提　油脂由各种熔点不同的三酰基甘油组成，在一定温度下利用构成油脂的各种三酰基甘油的熔点差异以及在不同溶剂中的溶解度的不同，而把油脂分成具有不同理化特性的两种或多种组分，这就是油脂分提。

分提可分为干法分提、表面活性剂分提及溶剂分提。需要说明的是，分提是一种完全可逆的改性方法，在分提中，脂肪组成的改变是通过物理方法有选择地分离脂肪的不同组分而实现的，是将多组分的混合物物理分离成具有不同理化特性的两种或多种组分，这种分离是以不同组分在凝固性、溶解度或挥发性方面的差异为基础的。目前，油脂加工工业越来越多地使用分提来拓宽油脂各品种的用途，并且这种方法已全部或部分替代化学改性的方法。

2. 类脂

油脂中常含有少量类脂，类脂在某些物理性质和化学性质上和脂肪相似。也是食物中比较重要的成分。主要有磷脂和固醇两大类，是构成人体细胞膜的主要成分。磷脂对人体的生长发育非常重要，固醇则是体内合成固醇类激素的重要物质。

磷脂是一类含磷的脂类化合物，是动植物细胞的一种重要成分，在动物的脑和神经组织、骨髓、心、肝、肾等器官以及蛋黄、植物的种子及胚芽、大豆中都含有丰富的磷脂。磷脂中比较重要的是卵磷脂、脑磷脂和鞘磷脂。

2.1　卵磷脂

卵磷脂是吸水性很强的白色蜡状固体，难溶于水和丙酮，易溶于乙醚、乙醇和氯仿，在空气中久置颜色逐渐变成黄色或棕色。

卵磷脂是一种甘油酯，它与油脂的不同在于甘油的三个羟基只有两个与高级脂肪酸结合，另一个与磷酸成酯，磷酸又以酯键与含氮碱（胆碱）结合。所以卵磷脂又称为磷脂酰胆碱或胆碱磷酸甘油酯。其结构式如下：

$$\begin{array}{c} \text{CH}_2\text{O}-\overset{\overset{\text{O}}{\|}}{\text{C}}-\text{R}' \\ \text{R}-\overset{\overset{\text{O}}{\|}}{\text{C}}-\text{O}-\text{CH} \\ \text{CH}_2\text{O}-\overset{}{\underset{\text{O}^-}{\overset{\overset{\text{O}}{\|}}{\text{P}}}}-\text{OCH}_2\text{CH}_2\overset{+}{\text{N}}(\text{CH}_3)_3 \end{array}$$

卵磷脂在动物的脑、神经、肾上腺、红细胞中含量很高，蛋黄中含量更高，可达8%~10%，天然卵磷脂是几种胆碱磷酸甘油酯的混合物，组成卵磷脂的高级脂肪酸有软脂酸、硬质酸、油酸、亚油酸、亚麻酸和花生四烯酸等。胆碱在人体内有促进油脂迅速生成磷脂的作用，可防止脂肪在肝内大量聚积，医学研究证明，卵磷脂可以防止肝硬化，动脉粥样硬化、大脑功能缺陷和记忆障碍等多种疾病。

2.2 脑磷脂

脑磷脂与卵磷脂共存于动植物的各种组织与器官中，以动物的脑中含量最多，故名脑磷脂。它也是吸水性很强的白色蜡状固体，在空气中易氧化而变为棕色，能溶于乙醚而不溶于乙醇和丙酮。

脑磷脂的结构与卵磷脂很相似，它们的区别在于含有不同的含氮碱，卵磷脂含的是胆碱，脑磷脂含的是胆胺，脑磷脂结构为：

$$\begin{array}{c} \quad\quad\quad\quad\quad\quad\quad O \\ \quad\quad\quad\quad\quad\quad\quad \| \\ \quad\quad\quad\quad CH_2-O-C-R' \\ O\quad\quad\quad | \\ \| \quad\quad\quad\quad | \\ R-C-O-C-H \\ \quad\quad\quad\quad | \\ \quad\quad\quad\quad CH_2-O-P-O-CH_2CH_2\overset{+}{N}H_3 \\ \quad\quad\quad\quad\quad\quad\quad | \\ \quad\quad\quad\quad\quad\quad\quad O^- \end{array}$$

脑磷脂水解得到的高级脂肪酸有软质酸、硬质酸、油酸和花生四烯酸等。脑磷脂与血液凝固有关，它与蛋白质可以组成凝血激酶。

2.3 鞘磷脂

鞘磷脂是白色晶体，比较稳定，在空气中不易氧化，鞘磷脂难溶于丙酮和乙醚，易溶于热乙醇。鞘磷脂是鞘脂的一种，它不是甘油酯，是由一个长链不饱和醇——鞘氨醇（神经醇）、与高级脂肪酸、磷酸、胆碱各一分子结合而成的化合物。鞘磷脂又名神经磷脂，其结构如下：

$$CH_3(CH_2)_{12}\overset{H}{\underset{H}{C}}=C-\overset{OH}{\underset{|}{CH}}-\overset{NH-C-R}{\underset{|}{CH}}-CH_2-O-\overset{O}{\underset{O^-}{P}}-O-CH_2CH_2\overset{+}{N}(CH_3)_3$$

鞘磷脂是组成细胞膜的重要物质，大量存在于脑和神经组织中。在不同组织中，组成鞘磷脂的脂肪酸也不相同，通常有软质酸、硬质酸、二十四酸或二十四碳烯酸等。

卵磷脂、脑磷脂和鞘磷脂分子中既疏水的长链烃基，又有亲水的偶极离子，所以磷脂是一类有生理活性的表面活性剂，在生物体内能使油脂乳化，有助于油脂的运输，消化和吸收。磷脂在生物细胞膜中有着重要的生理作用，能有选择地从环境吸收养分，阻止外界有害物质的侵入，排出代谢产物等。在一些酶的催化下，磷脂可以水解生成一系列化学信息分子，如花生四烯酸、前列腺素等。

2.4 甾体化合物

甾体化合物也称类固醇化合物，是广泛存在于动植物界的一类天然物质，在动植物的生命活动中起着重要的作用。

甾体化合物的特点，是分子中都含有一个由环戊烷和氢化菲并合的基本骨架，命名为环戊烷并氢化菲，四个环分别用 A、B、C、D 表示，环上的碳原子有固定的编号。在 C10 和 C13 上常连有甲基，用 R_1R_2 表示，称为角甲基，在 C17 上连有其他取代基，用 R_3 表示。甾体化合物的"甾"字形象地表示了这类化合物的基本骨架，"田"字表示四个环，"巛"表示三个取代基 R_1、R_2、R_3。

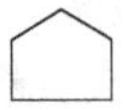

环戊烷 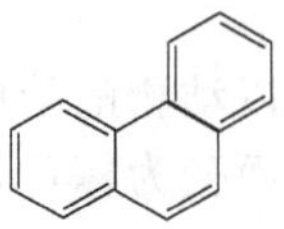　　菲 　　氢化菲 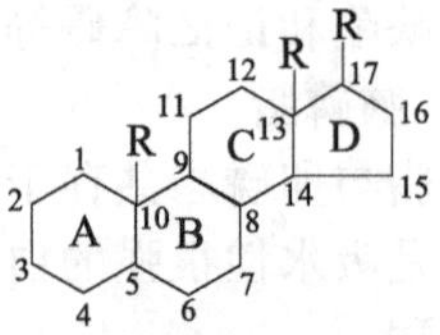　　环戊烷并氢化菲(甾环)

甾体化合物的结构比较复杂，有多个顺反异构和旋光异构体。甾体化合物主要有甾醇、胆甾酸和甾体激素等。

甾醇广泛存在于动植物组织中，是饱和的或不饱和的仲醇。根据不同来源，甾醇可分为动物甾醇和植物甾醇两类，它们的代表分别是胆甾醇和麦角甾醇。

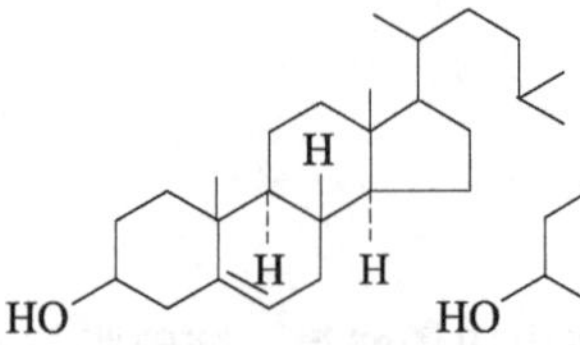

胆甾醇 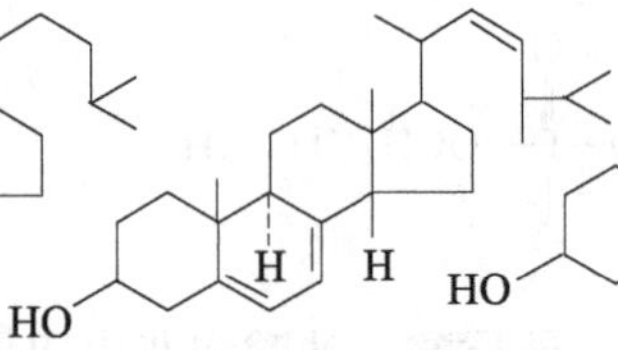　　麦角甾醇 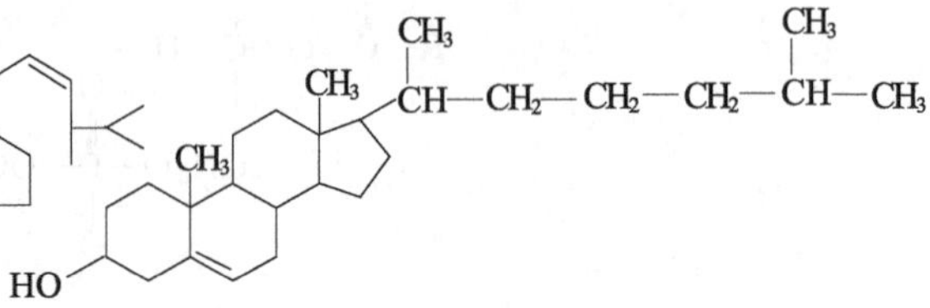　　胆固醇

胆固醇又名甾固醇，是最早发现的一个甾体化合物，存在于动物的血液、脂肪、脑髓以及神经组织中。胆固醇是不饱和仲醇，为无色或略带黄色的结晶。熔点148℃，在高度真空下可升华，微溶于水，易溶于热乙醇、乙醚、氯仿等有机溶剂。胆结石几乎完全是由胆固醇组成的，胆固醇的名称也由此而得来。正常人的血清中，每100mL约含200mg的胆固醇，人体胆固醇总含量约为140g。胆固醇是人体主要的固醇物质，它是细胞膜的重要成分，也是合成固醇激素、维生素D等生物活性物质的重要原料。人体内胆固醇的来源：一种是从食物中摄取，大约占30%；另一种是人体组织细胞自己合成，这部分约占总胆固醇的70%。人体积累太多的胆固醇会形成胆结石或沉积在血管壁上引起动脉硬化。

胆固醇主要存在于动物性食物中，尤其是动物的内脏和脑中最高，而鱼类和奶类中的含量较低，比如每100g猪脑、羊脑、鸡蛋黄和鸡蛋（含蛋清）分别含胆固醇2571mg、2004mg、2850mg和585mg。如果食物中胆固醇长期摄入不足，体内便会加紧合成，以满足人体的需求。

子项目测试

1. 填空题

(1) 脂类化合物种类繁多，结构各异，主要有＿＿＿＿、＿＿＿＿、＿＿＿＿、＿＿＿＿等。

(2) 饱和脂肪酸的烃链完全为＿＿＿＿所饱和，如＿＿＿＿；不饱和脂肪酸的烃链含有＿＿＿＿，如花生四烯酸含＿＿＿＿个双键。

(3) 纯净的油脂＿＿＿＿、＿＿＿＿，在加工过程中由于脱色不完全，使油脂稍带色。

(4) 牛奶是典型的＿＿＿＿型乳化液，奶油是＿＿＿＿型乳化液。

(5) 干酪的生产中，加入＿＿＿＿和＿＿＿＿来形成特殊的风味。

(6) 脂类化合物是指能溶于＿＿＿＿，不溶或微溶于＿＿＿＿的有机化合物。

(7) 不饱和脂肪酸双键的几何构型一般可用＿＿＿＿和＿＿＿＿来表示，它们分别表示烃基在分子的＿＿＿＿或＿＿＿＿。

(8) 油脂的三点是＿＿＿＿、＿＿＿＿、＿＿＿＿；它们是油脂品质的重要指标之一。

2. 选择题

(1) 天然油脂水解后的共同产物是（   ）。
   A. 硬脂酸   B. 软脂酸   C. 油酸   D. 甘油
(2) 下列有关油脂的叙述中，不正确的是（   ）。
   A. 油脂没有固定的熔点和沸点，所以油脂是混合物
   B. 油脂是甘油和高级脂肪酸组成的生成的酯
   C. 油脂属于酯类
   D. 油脂都不能使溴水褪色
(3) 动物脂肪含有相当多的（   ）的三酰甘油，所以熔点较高。
   A. 一元饱和   B. 二元饱和
   C. 全饱和   D. 全不饱和
(4) 精炼后的油脂其烟点一般高于（   ）℃。
   A. 150   B. 180
   C. 220   D. 240

3. 简答题
(1) 食品中脂肪的定义及化学组成？如何分类？
(2) 食用油脂中的脂肪酸种类？如何命名？
(3) 食用油脂有哪些物理性质和化学性质？
(4) 食用油脂在储藏加工过程中发生哪些变化？
(5) 食用油脂会发生哪些氧化反应？影响脂肪氧化的因素有哪些？应如何防止？
(6) 食用油脂为什么需要精炼？应如何进行精炼？

子项目三　蛋白质

学习目标：
1. 了解氨基酸和蛋白质的分类、命名。
2. 学会氨基酸和蛋白质重要性质。

技能目标：
学会氨基酸的纸色谱分离技术和食品中蛋白质的测定方法。

蛋白质是 α-氨基酸按一定顺序结合形成一条多肽链，再由一条或一条以上的多肽链按照其特定方式结合而成的高分子化合物。蛋白质就是构成人体组织器官的支架和主要物质，在人体生命活动中，起着重要作用，可以说没有蛋白质就没有生命活动的存在。

任务一　氨基酸的纸色谱法分离

【工作任务】
氨基酸的纸色谱法分离。

【工作目标】
学会氨基酸的纸色谱法分离。

【工作情境】
本任务可在化验室或实验室中进行。

1. 仪器　滤纸、烧杯 10mL、剪刀、色谱缸（2个）、微量注射器 $10\mu L$ 或毛细管、电吹风机、分光光度计。

2. 药品
(1) 混合氨基酸溶液：称取谷氨酸、脯氨酸、甘氨酸和味精各 50mg 分别用

25mL0.01mol/L HCl 溶解于四个小烧杯中，放冰箱中保存。

(2) 碱相展层剂：$V_{[正丁醇(AR)]} : V_{(12\%氨水)} : V_{(95\%乙醇)} = 13 : 3 : 3$。

(3) 酸相溶剂：$V_{[正丁醇(AR)]} : V_{(80\%甲酸)} : V_{(水)} = 15 : 3 : 2$。

(4) 显色贮备液：$V_{(0.4mol/L茚三酮-异丙醇)} : V_{(甲酸)} : V_{(水)} = 20 : 1 : 5$。

【工作原理】

用色谱滤纸为支持物进行色谱的方法，称为纸色谱法。它是以滤纸为惰性支持物的分配色谱法，滤纸纤维上的羟基具有亲水性，吸附一层水作为固定相，有机溶剂为流动相，当有机相流经固定相时，物质在两相间不断分配而得到分离，溶质在滤纸上的移动速度用 R_f 表示：

R_f ＝原点到纸色谱斑点中心的距离/原点到溶剂前沿的距离

在一定的条件下某种物质的 R_f 是常数，R_f 的大小与物质的结构、性质、溶剂系统、色谱滤纸的质量和色谱温度等因素有关。本实验利用纸色谱法分离氨基酸，将样品点在滤纸上（称为原点），进行展层，样品中的各种氨基酸在两相溶剂中不断进行分配。由于它们的分配系数不同，氨基酸随流动相移动的速率也不同，使不同的氨基酸分离开来，形成距原点距离不等的色谱点（用茚三酮溶液显色）。氨基酸在滤纸上的移动速率用 R_f 表示，如图 7-26 所示。

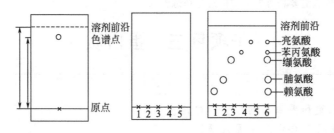

图 7-26　上行色谱示意图

在固定相、移动相、温度等条件相同的情况下，被分离的物质有特定的 R_f，因此，可以根据 R_f 进行定性鉴定。在氨基酸分离鉴定中，一般将已知的标准氨基酸样品与未知的氨基酸样品在同一色谱滤纸上点样，相同的条件下进行色谱分析，通过与已知样品的 R_f 进行对比，即可确定未知氨基酸的种类。

如果样品中有多种氨基酸，其中某些氨基酸的 R_f 相同或相近，此时如只用一种溶剂展层，就不能将它们分开。为此，当用一种溶剂展层后，将滤纸转动 90°，再用另一溶剂展层，从而达到分离的目的，这种方法称为双向纸色谱法。

【工作过程】

1. 标准氨基酸单向上行色谱法

(1) 滤纸准备　选用新华 1 号滤纸，裁成 10cm×10cm 的长方形，在距纸一端 2cm 处划一基线，在线上每隔 2～3cm，划一小点作点样的原点。

(2) 点样　氨基酸点样量以每种氨基酸含 5～20μg 为宜，用微量注射器或微量吸管，吸取氨基酸样品 10μL 点于原点（分批点完），样点直径不能超过 0.5cm，边点样边用吹风机吹干。

(3) 展层和显色　将点好样的滤纸，用白线缝好，制成圆筒，原点在下端，浸立在培养皿内，不需平衡，立即展层（展层剂为酸性溶剂系统，把展层剂混匀，倒入培养皿内，展层剂的高度为 1cm）；同时加入显色贮备液（每 10mL 展层剂加 0.1～0.5mL

的显色贮备液）进行展层，当溶剂展层至距滤纸上沿 1～2cm 时，取出滤纸，吹干，色谱斑点即显蓝紫色。用铅笔划下色谱斑点，用尺量出原点到色谱斑点的距离，计算每种氨基酸的 R_f。

2. 混合氨基酸双向上行纸色谱

（1）滤纸准备　将滤纸裁成 10cm×10cm 的正方形，距滤纸相邻两边各 2cm 处的交点上，用铅笔轻划一点，作点样用。

（2）点样　取混合氨基酸溶液（5mg/mL）10～15μL，分次点于原点。

（3）展层和显色　将点好的滤纸卷成半圆筒形，用线缝好，竖立在培养皿中，原点应在下端。置少量 12% 氨水于小烧杯中，盖好色谱缸，平衡过夜。次日，取出氨水，加适量碱相（第Ⅰ向）溶剂于培养皿中，盖好色谱缸，上行展层，当溶剂前沿距滤纸上端 1～2cm 时，取出滤纸，冷风吹干。将滤纸转 90°，再卷成半圆筒状，竖立于干净培养皿中，并于小烧杯中置少量酸相溶剂，盖好色谱缸，平衡过夜。次日将加有显色的酸相溶剂（每 10mL 展层剂加 0.1～0.5cm 显色贮备液）倾入培养皿，进行第Ⅱ向展层。展层毕，取出滤纸，用热风吹干，蓝紫色斑点即显现。

（4）定性鉴定与定量测定　双向色谱 R_f，由两个数值组成，在第Ⅰ向计量一次，第Ⅱ向计量一次，分别与已知的氨基酸在酸碱系统的 R_f 对比，即可初步决定它为何种氨基酸的斑点。

【体验测试】

1. 可否用色谱法分离氨基酸混合溶液？
2. 何谓纸色谱法？
3. R_f 是什么？影响 R_f 的主要因素是什么？
4. 色谱缸中平衡溶剂的作用是什么？

知识链接

氨基酸

氨基酸是含有氨基和羧基的一类有机化合物的通称。是构成生物体蛋白质并同生命活动有关的最基本的物质，在生物体内是构成蛋白质分子的基本单位，与生物的生命活动有着密切的关系。

1　氨基酸的结构及分类

1.1　结构

组成蛋白质的氨基酸分子内具有羧基和 α-氨基（表示相对于羧基的 α 位碳原子连接着氨基），故称为 α-氨基酸。α-氨基酸的结构通式表示为以下两种形式：

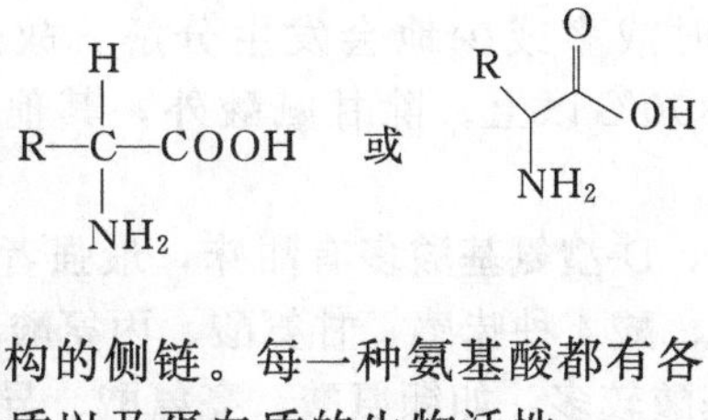

$$R-\overset{H}{\underset{NH_2}{C}}-COOH \quad \text{或} \quad R-\underset{NH_2}{C}-\overset{O}{C}-OH$$

R 为氨基酸的各种不同结构的侧链。每一种氨基酸都有各自的侧链，这些侧链基团影响着氨基酸的物理性质和化学性质以及蛋白质的生物活性。

α-氨基酸的构型通过同甘油醛对比来确定，通常要以 D、L 来标记。天然氨基酸除个别例外，都是 L 构型。

```
    CHO              CHO             COOH            COOH
H ——— OH       HO ——— H        H ——— NH₂      H₂N ——— H
   CH₂OH           CH₂OH             R               R
  D-甘油醛          L-甘油醛         D-氨基酸         L-氨基酸
```

1.2 分类

1.2.1 根据氨基与羧基的相对位置分类

```
      H
      |
R ——— C ——— COOH      ——— CH ——— CH₂ ——— COOH      ——— CH ——— CH₂ ——— CH₂ ——— COOH
      |                      |                              |
      NH₂                   NH₂                            NH₂
    α-氨基酸                β-氨基酸                       γ-氨基酸
```

1.2.2 根据氨基与羧基的相对数目分类

碱性氨基酸：氨基数目多于羧基数目的氨基酸。

酸性氨基酸：羧基数目多于氨基数目的氨基酸。

中性氨基酸：一氨基一羧基氨基酸。但因羧基解离程度大于氨基的解离程度，其水溶液实际上偏酸性，不过这样的氨基酸仍称为中性氨基酸。

1.2.3 根据氨基酸侧链基团的极性

非极性或疏水性氨基酸：它们的侧链为疏水性的，如脂肪族侧链、芳香族侧链。这类氨基酸的疏水性随脂肪族侧链长度的增加而增加。

不带电荷的极性氨基酸：它们带有极性的 R 基团，可参与氢键的形成。这些 R 基因包括羟基、巯基、酰氨基。甘氨酸无 R 基团，但 H 有一定极性，所以甘氨酸也属不带电荷的极性氨基酸。

在 pH 接近 7 时带正电荷的极性氨基酸：它们是赖氨酸、精氨酸、组氨酸。

蛋白质的组成成分中约有 20 种重要氨基酸，在组成蛋白质的 20 种氨基酸内，有一些是人体内不能合成的，或者合成速度很慢且不能满足需要，必须由食物中的蛋白质供给，因而称它们为必需氨基酸。共有八种：色氨酸、苯丙氨酸、亮氨酸、异亮氨酸、赖氨酸、蛋氨酸、苏氨酸、缬氨酸。对儿童来讲组氨酸也是一种必需氨基酸，见表 7-12。

2. 氨基酸的物理性质

氨基酸一般都溶于水，不溶或微溶于醇，不溶于乙醚。但酪氨酸微溶于凉水而在热水中溶解度大，胱氨酸难于凉水和热水，脯氨酸和羟氨酸溶于乙醇和乙醚。所有的氨基酸都能溶于强酸和强碱的溶液中。在有机化合物中，氨基酸属于高熔点化合物，许多氨基酸在达到或接近熔点时或多或少地会发生分解，故熔点不明显，氨基酸的熔点一般超过 200℃，个别可达 300℃以上。除甘氨酸外，其他均具有旋光性，可用旋光法测定氨基酸的纯度。

氨基酸多具有不同的味感，D-型氨基酸多有甜味，最强者为 D-色氨酸，可达蔗糖的 40 倍。L-型氨基酸有甜、苦、鲜、酸 4 种味感，甘氨酸、丙氨酸、丝氨酸、苏氨酸、脯氨酸甜味均较强，具有苦味的 L-氨基酸较多，如缬氨酸、亮氨酸、异亮氨酸、蛋氨酸、苯丙氨酸、色氨酸、精氨酸、组氨酸等。而有些氨基酸盐则显示出鲜及酸味，如谷氨酸钠（味精）具有很强的鲜味。

表 7-12　组成蛋白质的主要氨基酸

分类	名称	常用缩写符号			氨基酸结构	残基结构(R)	等电点 pI
		简称	英文符号	单字符号			
R 非极性	丙氨酸	丙	Ala	A	(结构式)	—CH_3	6.00
	缬氨酸	缬	Val	V	(结构式)	H_3C-$CH(CH_3)$—	5.96
	亮氨酸	亮	Leu	L	(结构式)	H_3C-$CH(CH_3)$-CH_2—	5.98
	异亮氨酸	异亮	Il	I	(结构式)	H_3C-CH_2-$CH(CH_3)$—	6.20
	蛋氨酸	蛋	Met	M	(结构式)	H_3C-S-CH_2-CH_2—	5.74
	脯氨酸	脯	Pro	P	(结构式)	(结构式)	6.30
	苯丙氨酸	苯丙	Phe	F	(结构式)	C_6H_5-CH_2—	5.46
	色氨酸	色	Trp	W	(结构式)	(吲哚基)	5.89

续表

分类	名称	常用缩写符号 简称	常用缩写符号 英文符号	常用缩写符号 单字符号	氨基酸结构	残基结构(R)	等电点 pI
R不带电荷具极性	甘氨酸	甘	Gly	G	H_2N-CH_2-COOH	—H	5.97
	丝氨酸	丝	Ser	S	$HO-CH_2-CH(NH_2)-COOH$	$HO-CH_2-$	5.68
	苏氨酸	苏	Thr	T	$CH_3-CH(OH)-CH(NH_2)-COOH$	$HO-CH(CH_3)-$	6.16
	半胱氨酸	半胱	Cys	C	$HS-CH_2-CH(NH_2)-COOH$	$HS-CH_3-$	5.07
	酪氨酸	酪	Try	Y	$HO-C_6H_4-CH_2-CH(NH_2)-COOH$	$HO-C_6H_4-CH_2-$	5.66
	天冬酰胺	天酰	Asn	N	$H_2N-CO-CH_2-CH(NH_2)-COOH$	$H_2N-CO-CH_2-$	5.41
	谷氨酰胺	谷胺	Gln	Q	$H_2N-CO-CH_2-CH_2-CH(NH_2)-COOH$	$H_2N-CO-CH_2-CH_2-$	5.65
介质近中性时R带电荷	赖氨酸	赖	Lys	K	$H_2N-(CH_2)_4-CH(NH_2)-COOH$	$H_3N^+-CH_2\cdot CH_2\cdot CH_2CH_3-$	9.74
	精氨酸	精	Arg	R	$H_2N-C(=NH)-NH-(CH_2)_3-CH(NH_2)-COOH$	$H_2N-C(=NH_2^+)-NH-$	10.76
	组氨酸	组	His	H	咪唑-$CH_2-CH(NH_2)-COOH$	$-CH_2-$咪唑H^+	7.59
	天冬氨酸	天冬	Asp	D	$HOOC-CH_2-CH(NH_2)-COOH$	$-CH_2-COO^-$	2.77
	谷氨酸	谷	Glu	E	$HOOC-CH_2-CH_2-CH(NH_2)-COOH$	$-CH_2-CH_2-COO^-$	3.22

3. 氨基酸的化学性质

3.1 氨基酸的酸碱性及等电点

氨基酸分子中含有的羧基，可发生酸式解离：

$$-COOH \rightleftharpoons -COO^- + H^+$$

氨基酸分子中含有的氨基（或亚氨基），可发生碱式解离：

$$-NH_2 + H^+ \rightleftharpoons -NH_3^+$$

氨基酸分子中既有氨基又有羧基，氨基可以接受质子呈碱性，而羧基可以给出质子呈酸性。所以氨基酸既有酸性又有碱性，这一性质称为氨基酸的两性性质。依其所处溶液的pH值不同而发生酸式或碱式的解离而形成不同的带电状态，在电场中分别移向不同电极：

$$H_2N-\underset{R}{CH}-COOH \longrightarrow H_3N^+-\underset{R}{CH}-COO^- \text{ 偶极离子}$$

$$\underset{\text{阴离子}}{R-\underset{NH_2}{CH}-COO^-} \underset{OH^-}{\overset{H^+}{\rightleftharpoons}} \underset{\text{两性离子}}{R-\underset{NH_3^+}{CH}-COO^-} \underset{OH^-}{\overset{H^+}{\rightleftharpoons}} \underset{\text{阳离子}}{R-\underset{NH_3^+}{CH}-COOH}$$

$$pH > pI \qquad\qquad pH = pI \qquad\qquad pH < pI$$

氨基酸的等电点：当溶液的pH值为某一值时，氨基酸酸式解离的程度与碱式解离的程度相等，即氨基酸此时以偶极离子状态存在，在电场中偶极离子既不向负极移动，也不向正极移动。此时溶液的pH值就称为该种氨基酸的等电点，以pI值表示。此时，氨基酸分子所带正负电荷相等。

中性氨基酸的等电点：pH=6.2~6.8；
酸性氨基酸的等电点：pH=2.8~3.2；
碱性氨基酸的等电点：pH=7.6~10.8。

不同氨基酸由于结构不同导致其等电点也不同，因此等电点pI是氨基酸的特征常数。等电点时由于氨基酸分子显电中性，所以其亲水性减弱，溶解度减少，易沉淀。利用氨基酸等电点的特性可分离提取氨基酸制品。如在味精生产中，经过氨基酸发酵的发酵液中混有多种氨基酸与其他物质。可以调整发酵液的pH值为谷氨酸的等电点（3.22）附近，此时谷氨酸就结晶析出，从而达到分离出谷氨酸制备味精的目的。

3.2 与甲醛作用

当氨基酸与甲醛相遇后，甲醛很快与氨基结合，其碱性消失，破坏内盐的存在，促使—NH_3^+上的H^+释放出来，可以用酚酞作指示剂，用碱来滴定，测定出溶液中氨基酸的总量，这就是甲醛滴定法的原理。

$$R-\underset{NH_2}{CH}-COOH + 2HCHO \longrightarrow R-\underset{H_2COH-N-CH_2OH}{CH}-COOH$$

氨基作为亲核试剂与甲醛中的羰基加成，生成N,N-二羟甲基氨基酸。由于羟基是吸电子基团，氮原子上的电子云密度降低，削弱了接受质子的能力，使氨基的碱性消失，这样就可以用碱来滴定氨基酸的羧基，从而测定氨基酸的含量。这称为氨基酸的甲醛滴定法。

3.3 与水合茚三酮的作用

水合茚三酮与氨基酸溶液共热，生成蓝紫色物质，同时有CO_2放出。此反应非常灵敏，常用于定性测定氨基酸的存在。但因不同氨基酸的水合茚三酮反应产物颜色深浅不同，所以不能定量测定氨基酸的混合物。

3.4 与HNO_2的反应

在室温下氨基酸可定量地与HNO_2反应产生羟基酸和氮气，生成的氮可用气体分析仪测定，是 VanSlyke 法测氨基氮的基础，该法在氨基酸定量及测蛋白质水解程度上均有用处。

$$\text{R-CH(NH}_2\text{)-COOH} + \text{HNO}_2 \longrightarrow \text{R-CH(OH)-COOH} + \text{H}_2\text{O} + \text{N}_2\uparrow$$

3.5 与金属离子作用

氨基酸可以和重金属离子 Cu^{2+}、Fe^{2+}、Co^{2+}、Mn^{2+} 等作用生成螯合物。羧基、氨基、巯基都参加此作用。

任务二　大米中蛋白质的测定

【工作任务】

大米中蛋白质的测定。

【工作目标】

用凯氏定氮法测定食品中的蛋白质含量。

【工作情境】

本任务可在化验室或实验室中进行。

1. 仪器　电子天平（万分之一）、凯氏烧瓶（500mL，3个）、定氮蒸馏装置、容量瓶（100mL，3个）、接收瓶（250mL，3个）、移液管（10mL，5个）、酸式滴定管（50mL）、不锈钢药匙（1个）、调温电炉。

2. 药品

（1）硫酸铜、硫酸钾、硫酸、硼酸溶液（20g/L）、盐酸标准滴定溶液 $c(\text{HCl})=0.0500\text{mol/L}$。

（2）混合指示剂 1份甲基红乙醇溶液（1g/L）与5份溴甲酚绿乙醇溶液（1g/L）临用时混合；也可用2份甲基红乙醇溶液（1g/L）与1份甲基蓝乙醇溶液（1g/L）临用时混合。

【工作原理】

蛋白质是含氮的有机化合物，取含蛋白质的试样与硫酸及催化剂一同加热消化，使蛋白质分解。分解出来的氨态氮与过量的硫酸结合生成硫酸铵，然后碱化蒸馏使氨游离，用硼酸吸收后再以硫酸或盐酸标准溶液滴定，根据酸溶液的消耗量乘以换算系数，即为蛋白质含量。

【工作过程】

1. 样品处理

精确称取样品 2g，移入干燥的 500mL 凯氏烧瓶中，加入 0.2g 硫酸铜，6g 硫酸钾及 20mL 硫酸。

2. 样品消化

将烧瓶置于电炉上小心加热，待内容物全部炭化，泡沫完全消失后，加大火力，并保持瓶内液体微沸，至液体呈绿色澄清透明后，再继续加热 0.5h，取下冷却，小心加 20mL 水，放冷后，移入 100mL 容量瓶中，并用少量水冲洗烧瓶，洗液移入容量瓶中，再加水定容至刻度，摇匀备用。

3. 蒸馏

按图 7-27 所示搭好装置，在水蒸气发生器内装 2/3 的水，加入数粒玻璃珠、数滴甲基红指示剂及数毫升硫酸，以保持水呈酸性，加热煮沸水蒸气发生器内的水。向接收瓶内加入 10mL 硼酸溶液及 1~2滴混合指示剂，并使冷凝管下端插入液面下，准确吸取 10mL 试样由小漏斗加入反应室，并用 10mL 水洗涤小漏斗使其流入反应室。将 10mL 氢氧化钠溶液倒入小漏斗，提起玻璃塞使其缓慢流入反应室后，立即将玻璃塞盖紧，并加水于小漏斗内以防漏气。开始蒸馏，蒸馏5min后，移动接收瓶使冷凝管下端离开液面，再蒸馏1min，停止蒸馏，用少量水冲洗冷凝管下端外部。

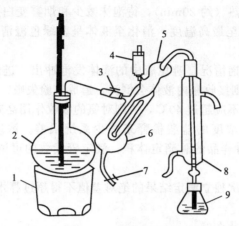

图7-27 氮蒸馏装置

1—电炉；2—水蒸气发生器（2L平底烧瓶）；3—螺旋夹；4—小漏斗及棒状玻璃塞；5—反应室；
6—反应室外层；7—橡胶管及螺旋夹；8—冷凝管；9—蒸馏液接收瓶

4. 滴定

取下接收瓶，用盐酸标准滴定溶液滴定至蓝紫色为终点。同时做空白试验。

【数据处理】

1. 数据记录

平行实验	1	2	空白
取样质量 m/g			
标准溶液耗量 V/mL			
测定值 ω/%			
平均值/%			
两次测定之差/%			
蒸馏时间：		蒸馏体积/mL：	
HCl标准溶液浓度 c/(mol/L)：		蛋白质换算系数 F：	

2. 计算

$$\omega = \frac{(V_1 - V_0) \times c \times 0.014}{m \times \frac{10}{100}} \times F \times 100$$

式中　ω——样品中蛋白质的质量分数或质量浓度，g/100g 或 g/100mL；

　　　V_1——试样消耗盐酸标准滴定溶液的体积，mL；

　　　V_0——空白试验消耗盐酸标准滴定溶液的体积，mL；

　　　c——盐酸标准滴定溶液的浓度，mol/L；

　　　m——试样的质量，g；

　　　F——氮换算为蛋白质的系数，一般情况下，食物为6.25，乳制品为6.38，面粉为5.70，玉米、高粱为6.24，花生为5.46，大米为5.95，大豆及其制品为5.71，肉与肉制品为6.25，芝麻、向日葵为5.30；

　　0.014——指与1.0mL盐酸 [c(HCl)=1.000mol/L] 标准滴定溶液相当的氮的质量，g/mmol。

【注意事项】

1. 所用试剂溶液应用无氨蒸馏水配制。

2. 硫酸钾不宜加得过多，过多的硫酸钾会使沸点变高，使生成的硫酸氢铵分解，放出氨而造成损失。

3. 消化时，先低温加热（约20min），待泡沫减少和烟雾变白后再增加温度到最高温度的一半（约15min），再升至最高温度，消化至液体呈蓝绿色澄清透明后，再继续加热5h，取下，冷却至室温。

4. 蒸馏时，要注意蒸馏情况，避免瓶中的液体发泡冲出，进入接收瓶。另外，火力太弱，蒸馏瓶中压力减低，则接收瓶内液体会倒流，造成实验失败。

5. 硼酸吸收液的温度不应超过40℃，否则对氨的吸收作用会减弱而造成损失。

6. 所用盐酸可以用高浓度的盐酸稀释来减少系统误差。浓度最好为（0.1±0.0005）mol/L，浓度高会减少每种样品的总滴定体积，滴定管读数的可读性及不确定性将会变大，重复性变差。

7. 在重复性条件下两次独立测定结果的绝对差值不得超过算术平均值的10%。

【体验测试】

1. 凯氏定氮的原理是什么？
2. 凯氏定氮的系数如何确定？

知识链接

蛋白质

蛋白质是以氨基酸为基本结构单位的生物大分子，是构成生物体的最基本物质之一，是生命存在的形式。如具有生物催化作用的酶，具有免疫功能的抗体，起着输送作用的血液，有着运动功能的肌肉，调节生理功能的激素，保护生物体的表皮、毛发等都是蛋白质。一切基本的生命活动，如消化和吸收，生长和繁殖，感觉与运动，记忆与识别等都与蛋白质有关。所以说没有蛋白质就没有生命。

食品中蛋白质的来源有植物蛋白、动物蛋白、微生物蛋白。食物蛋白质的质和量、各种氨基酸的比例，关系到人体蛋白质合成的量，尤其是青少年的生长发育、孕产妇的优生优育、老年人的健康长寿，都与膳食中蛋白质的量有着密切的关系，见表7-13。

表7-13 常见食物的蛋白质含量 单位:%

食物	蛋白质	食物	蛋白质	食物	蛋白质
猪肉	13.3~18.5	牛乳	3.5	玉米	8.6
牛肉	15.8~21.5	鸡蛋	13.4	花生	25.8
羊肉	14.3~18.7	大米	8.5	大豆	39.0
鸡肉	21.5	小麦	12.4	大白菜	1.1
肝	18~19	小米	9.4	苹果	0.2

蛋白质的种类繁多，每种生物体各有一套自身的蛋白质，少至几千，多至十几万或几十万，蛋白质之所以具有多种功能，这是与蛋白质的化学组成和结构有关。各种蛋白质的基本元素的组成却很相似。主要含有C、H、O、N等元素，有些蛋白质还含有P、S等，少数蛋白质还含有Fe、Zn、Mg、Mn、Co、Cu等。

多数蛋白质的元素组成如下：C约为50%~56%；H为6%~7%；O为20%~30%；N为14%~19%，平均含量为16%；S为0.2%~3%；P为0~3%。

蛋白质分子中的氨基酸残基靠酰胺键连接，形成含多达几百个氨基酸残基的多肽链。酰胺键的C—N键具有部分双键性质，不同于多糖和核酸中的醚键与磷酸二酯键，因此蛋白质的结构非常复杂，这些特定的空间构象赋予蛋白质特殊的生物功能和特性。

蛋白质水解：可在酸、碱、酶的作用下水解，得到最终的水解产物都是氨基酸。

蛋白质 $\xrightarrow[\text{水解}]{\text{酸，碱，酶}}$ 胨 ⟶ 脒 ⟶ 肽 ⟶ 氨基酸

1. 蛋白质的结构

蛋白质分子是具有一定生理功能的蛋白质最小单位。蛋白质分子的结构非常复杂。通常，蛋白质按照不同的结构水平分为一级结构、二级结构、三级结构及四级结构。

1.1 一级结构

蛋白质的一级结构又称为化学结构，是指氨基酸在肽链中的排列顺序及二硫键的位置，是多肽链的主链结构。蛋白质由氨基酸通过肽链组合而成，分子量达几千到数十万之多，甚至还有分子量为几千的多肽。形成蛋白的肽键时，氨基酸排列顺序是由生物体遗传因子DNA内含有的遗传信息支配的。各种蛋白质都由其固有的氨基酸排列组成。图7-28表示蛋白质一级结构中包含的氨基酸种类、连接方式和排列顺序，其中 R_1、R_2、…、R_n 是不同的侧链基团，一条多肽链至少有两个末端，有—NH_2 的一端为氮末端，有—COOH 的一端为碳末端。

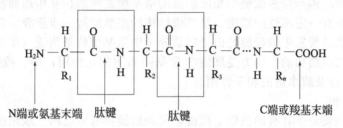

图 7-28 蛋白质的一级结构

蛋白质的种类和生物活性都与构成多肽链的氨基酸种类及氨基酸排列顺序有关，基于这种一级结构，通过确定蛋白质长链本身的折叠方式（二级结构），再进一步在空间形成立体构象（三级结构）及亚基的聚合，从而形成一个蛋白质整体，即蛋白质的一级结构决定它的二级和三级结构。因蛋白质有各自独特的构造和氨基酸排列方式，使它显示了特有的化学性质、物理性质、生物活性及功能。

1.2 二级结构

蛋白质的二级结构是指多肽链中彼此靠近的氨基酸残基之间通过氢键相互作用而形成的空间关系，也指蛋白质分子中多肽链本身的折叠方式。二级结构主要是 α-螺旋结构，其次是 β-折叠结构和 β-转角。

α-螺旋是蛋白质中最常见、含量最丰富的二级结构。每圈螺旋有 3.6 个氨基酸残基，沿螺旋轴方向上升 0.54nm，每个残基绕轴旋转 100°，沿轴上升 0.15nm。蛋白质中的螺旋几乎都是右手的，因其空间位阻较小，比较符合立体化学的要求，易于形成，构象也稳定。

一条多肽链能否形成螺旋以及形成的螺旋是否稳定，与它的氨基酸组成和排列顺序有极大的关系。R 基的大小及电荷性质对多肽链能否形成 α-螺旋也有影响。如 R 基小，并且不带电荷的多聚丙氨酸，在 pH 值 7.0 的水溶液中能自发地卷曲成 α-螺旋；含有脯氨酸的肽链不具亚氨基，不能形成链内氢键，因此，多肽链中只要存在脯氨酸（或羟脯氨酸），α-螺旋即被中断，并产生一个"结节"。

β-折叠或 β-折叠片是蛋白质中第二种最常见的二级结构。两条或多条几乎完全伸展的多肽链侧向聚集在一起，相邻肽链主链上的—NH—和 C=O 之间形成有规则的氢键，这样的多肽构象就是折叠片。除作为某些纤维状蛋白质的基本构象之外，β-折叠也普遍存在于球状蛋白质中。

β-转角是在蛋白质分子中肽链出现 180°回折部分。

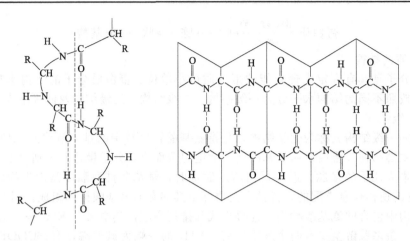

1.3 三级结构

蛋白质的三级结构是指多肽链中相距较远的氨基酸之间的相互作用而使多肽链弯曲或折叠形成的紧密而具有一定刚性的结构,是二级结构的多肽链进一步折叠、卷曲形成复杂的球状分子结构。多肽链所发生的盘旋是由蛋白质分子中氨基酸残基侧链(R基团)的顺序决定的,产生与维持三级结构的作用力是肽链中R基团间的相互作用,即二硫键(共价键)、盐键(离子键)、氢键及疏水键的相互作用。

1.4 四级结构

有些球状蛋白质分子含有两条以上肽链,每条肽链都有自己的三级结构,称之为蛋白质的亚单位,从结构上看,亚单位是蛋白质分子的最小共价单位,一般由一条肽链组成,也可由以二硫键(—S—S—)交联的几条肽链组成。几个亚单位再按一定方式缔合,这种亚单位的空间排布和相互作用,称为四级结构。维系四级结构的力主要是疏水键和范德华力。四级结构中肽链以特殊方式结合,形成了有生物活性的蛋白质,见表7-14。

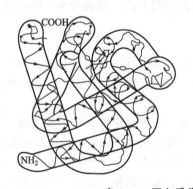
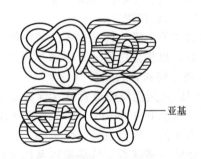

表7-14 蛋白质分子的一、二、三、四级结构对比

结构	概念	特点	结构中的键及力
一级结构	指蛋白质分子中多肽链的氨基酸排列顺序	是由基因上遗传密码的排列顺序决定的	肽键主要是共价键,还有二硫键
二级结构	指多肽链中主链原子在各局部空间的排列分布状况,而不涉及各R侧链的空间排布	主要形式包括螺旋结构、β-折叠和β-转角等。基本单位是肽键平面或称酰胺平面	稳定二级结构的主要因素是氢键,另外还有肽键
三级结构	是指上述蛋白质的α-螺旋、β-折叠以及线状等二级结构受侧链和各主链构象单元间的相互作用,从而进一步卷曲、折叠成具有一定规律性的三度空间结构	包括每一条肽链内全部二级结构的总和及所有侧基原子的空间排布和它们相互作用的关系	除了主键肽键外,还有副键,如氢键、盐键、疏水键和二硫键等以及范德华力的作用

续表

结构	概念	特点	结构中的键及力
四级结构	是指由两条以上具有独立三级结构的多肽链通过非共价键相互结合而成一定空间结构的聚合体	四级结构中每条具有独立三级结构的多肽链称为亚基	非共价键。其中亚基中有盐键、氢键、疏水键作用和范德华力,但以盐键和氢键为主

2 蛋白质的分类

天然蛋白质种类繁多,结构复杂,根据蛋白质化学组成、形状及功能的不同进行分类。

2.1 按化学组成不同分类

2.1.1 单纯蛋白质

仅由肽键组成,水解时只产生氨基酸的蛋白质。按照溶解性又可分为如下几种。

(1) 白蛋白　溶于水,溶液加热后凝固。如卵白蛋白、牛奶中的乳白蛋白等。

(2) 球蛋白　不溶于水,溶于稀盐溶液,加热后和白蛋白一样凝固。如肌肉中的肌球蛋白、牛奶中的乳球蛋白、大豆中的大豆球蛋白、花生中的花生球蛋白等。

(3) 谷蛋白　不溶于水及盐溶液,溶于酸、碱的稀溶液。谷物种子中含量较多,如小麦的麦谷蛋白、米中的米谷蛋白等。

(4) 醇溶谷蛋白　可溶于乙醇浓度高达 70%～80%,这种特殊的溶解性是因为存在高含量的脯氨酸。如小麦的麦醇溶蛋白、玉米的玉米醇溶蛋白等。

(5) 组蛋白　由于组成成分中碱性氨基酸含量高,所以呈碱性。溶于水、酸,但不溶于氨水。如血红蛋白、肌红蛋白等蛋白质部分的组蛋白。

(6) 鱼精蛋白　和组蛋白一样,碱性氨基酸含量高而呈碱性,但溶于氨水。比如分子量较小、含于鱼精液中的蛋白质。

(7) 硬蛋白　这类蛋白质是动物体中作为结缔组织或具有保护功能,不溶于水、盐溶液、稀碱和稀酸。主要有角蛋白、胶原蛋白、网硬蛋白和弹性蛋白等。如结缔组织的胶原,毛发、指甲中的角蛋白等。

2.1.2 结合蛋白质

由肽键和非肽键组成,简单蛋白质与非蛋白质部分结合而成的化合物。与单纯蛋白质不同,结合蛋白质组成成分除氨基酸之外还有其他成分,根据这些组成成分有以下分类。

(1) 磷蛋白　带羟基氨基酸(如丝氨酸、苏氨酸)和磷酸成酯结合的蛋白质。如牛奶的酪蛋白、蛋黄的卵黄磷蛋白等。

(2) 糖蛋白　蛋白质与糖以共价键结合而成。基于糖链的长短,把短链的叫做糖蛋白,糖蛋白可溶于碱性溶液,具有数百个单位的长链的叫蛋白多糖。广泛存在于生物体内,如各种黏液、血液、皮肤软骨等组织中。

(3) 脂蛋白　脂蛋白是与脂质结合的蛋白质,脂质成分有磷脂、固醇和中性脂等。若脂类包于分子内呈水溶性即为脂蛋白,如卵黄球蛋白。若脂类包于外侧呈水不溶性,就是蛋白质,如脑中小的蛋内质。广泛存在于细胞膜内。

(4) 色蛋白　为含有叶绿素、血红蛋白等具有金属卟啉的蛋白质。如肌肉中的肌红蛋白、过氧化氢酶、过氧化物酶等。

(5) 核蛋白　蛋白质与核酸通过离子键结合形成,存在于细胞核中。

2.2 按蛋白质分子的形状不同分类

(1) 球蛋白　分子像球状的蛋白质,它较易溶解,是蛋白质中最多的一种。食品中的蛋白质大部分都是球蛋白。

(2) 纤维蛋白　分子像纤维状的蛋白质,它不溶于水,如指甲、羽毛中的角蛋白、蚕丝中的丝蛋白等。

(3) 膜蛋白　存在于质膜和细胞内膜的蛋白质。有膜周边蛋白质和整合蛋白质两种类型。

2.3　按蛋白质的功能不同分类

(1) 结构蛋白质　存在于所有的生物组织（如肌肉、骨、皮、内脏、细胞膜和细胞器）中，像角蛋白、胶原蛋白、弹性蛋白等，它们的主要功能就是构成组织。

(2) 生物活性蛋白质　在所有的生物过程中起着某种活性作用的蛋白质。包括生物催化剂酶和能调节代谢反应的激素等。

(3) 食品蛋白质　可口的、易消化的、无毒的蛋白质。

3. 蛋白质的两性电离

蛋白质分子中有自由氨基和自由羧基，故与氨基酸一样具有酸、碱两性性质。由于蛋白质的支链上，往往有未结合为肽键的羧基和氨基，此外还有羟基、巯基等，因此其两性离解要比氨基酸复杂得多，其离解方式可简单表示如图 7-29。

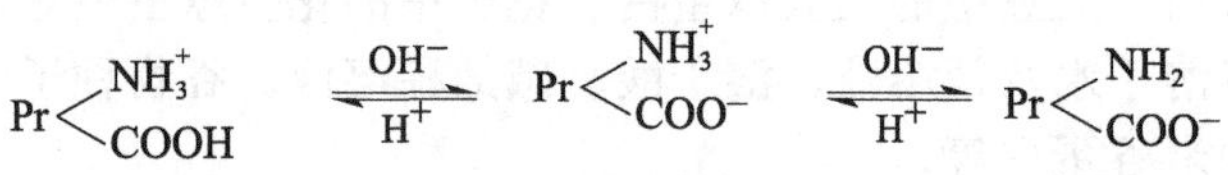

$$Pr{\overset{NH_3^+}{\underset{COOH}{<}}} \underset{H^+}{\overset{OH^-}{\rightleftharpoons}} Pr{\overset{NH_3^+}{\underset{COO^-}{<}}} \underset{H^+}{\overset{OH^-}{\rightleftharpoons}} Pr{\overset{NH_2}{\underset{COO^-}{<}}}$$

正离子　　　　　　　两性离子　　　　　　负离子
pH < pI　　　　　　pH = pI　　　　　　pH > pI

图 7-29　蛋白质的两性电离

随着介质 pH 的不同，蛋白质在溶液中可为正离子、负离子或两性离子。当 pH 升高时，上述平衡向右移动，pH 降低时，向左移动，两者之间必有某一 pH 值，在此 pH 下蛋白质分子在溶液中为两性离子，净电荷为零，这个 pH 即为蛋白质的等电点（pI）。在等电点时，蛋白质本身所带电荷在表面上相互抵消变成零，当 pH 高于或低于等电点时，蛋白质作为一个整体是带电的。所以，水溶液中稳定可溶的蛋白质到等电点时，也会由于对可溶性起重要作用的电荷在蛋白质表面的消失，而使溶液的稳定性遭到破坏而开始出现沉淀，这就是等电沉淀。

日常生活中，这种现象常发生在牛奶的酪蛋白和大豆酪蛋白上，比如，牛奶中乳酸菌生长繁殖使 pH 降低，当达到酪蛋白的等电点（pH=4.6）时，酪蛋白就沉淀。这种现象被应用来生产制造酸乳酪和干酪。蛋白质的两性解离性质使其成为人体及动物体中重要的缓冲溶液，并可利用此性质在某 pH 条件下，对不同蛋白质进行电泳，以达到分离纯化的目的。即在碱性介质（pH＞pI）中，蛋白质成酸式解离，使蛋白质带负电荷；而在酸性介质（pH＜pI）中，则能成碱式解离，使分子带正电荷。因此，若以电流通过蛋白质溶液，则在碱性介质中，蛋白质分子移向阳极；而在酸性介质中，蛋白质分子便移向阴极。蛋白质在电场中能够泳动的现象，称为电泳。

4. 蛋白质的变性

大多数蛋白质分子只有在一定的温度和 pH 值范围内才能保持其生物学活性。蛋白质的二、三、四级结构的构象不稳定，蛋白质分子在一些物理、化学因素，如加热、高压、冷冻、超声波、辐照等作用下性质会发生改变，这通常称为变性。

4.1　蛋白质变性后发生的变化

疏水性基团暴露，水中溶解性降低；某些蛋白质的生物活性丧失；肽键暴露出，易被酶攻击而水解；蛋白质结合水的能力发生了变化；黏度发生了变化；蛋白质结晶能力丧失。

可通过测定蛋白质的一些性质：如沉降性质、黏度、电泳性质、热力学性质等了解其变性程度。球蛋白变性最显著的反应就是溶解度下降，大多数蛋白质加热到 50℃ 以上即发生变性。

4.2 蛋白质变性的因素

4.2.1 物理因素

(1) 加热　加热是引起蛋白质变性的最常见因素,蛋白质热变性后结构伸展变形。

(2) 低温　低温处理可导致某些蛋白质的变性,例如 L-苏氨酸胱氨酸酶在室温下稳定,但在 0℃不稳定;比如:11S 大豆蛋白质、乳蛋白在冷却或冷冻时可以发生凝集和沉淀就是低温变性的例子。

(3) 机械处理　有些机械处理如揉捏、搅打等,由于剪切力的作用使蛋白质分子伸展,破坏了其中的 α-螺旋,使蛋白质网络发生改变而导致变性。

(4) 其他因素　如高压、辐射等处理均能导致蛋白的变性。

4.2.2 化学因素

(1) 酸、碱因素　大多数蛋白质在特定的 pH 值范围内是稳定的,但在极端 pH 条下,蛋白质分子内部的可离解基团受强烈的静电排斥作用而使分子伸展、变性。

(2) 金属离子　Ca^{2+}、Mg^{2+} 是蛋白质分子中的组成部分,对稳定蛋白质构象起着重要作用,除去 Ca^{2+}、Mg^{2+} 会大大地降低蛋白质对热、酶的稳定性;而 Cu^{2+}、Fe^{2+}、Hg^{2+}、Ag^+ 等易与蛋白质分子中的—SH 形成稳定的化合物,而降低蛋白质的稳定性。

(3) 有机溶剂　有机溶剂可通过降低蛋白质溶液的介电常数,降低蛋白质分子间的静电排斥,导致其变性;或是进入蛋白质的疏水性区域,破坏蛋白质分子的疏水相互作用。这些作用力的改变均导致了蛋白质构象的改变,从而产生了变性。

(4) 有机化合物　高浓度的尿素和胍盐(4~8mol/L)会导致蛋白质分子中氢键的断裂,因而导致蛋白质的变性;而表面活性剂如十二烷基磺酸钠(SDS)能在蛋白质的疏水区和亲水区间起作用,不仅破坏疏水相互作用,还能促使天然蛋白分子伸展,所以是一种很强的变性剂。

(5) 还原剂　巯基乙醇、半胱氨酸、二硫苏糖醇等还原剂能使蛋白质分子中存在的二硫键还原,从而改变蛋白质的构象。

总的说来,蛋白质的变性一般来讲是有利的,但在某些情况下是必须避免的,如酶的分离、牛乳的浓缩等过程蛋白质变性会导致酶的失活或沉淀生成。

例如,鸡蛋清加热形成不溶解的凝固体就是加热使蛋白质变性。变性导致蛋白质失去大部分或全部生物学活性;将酶加热,它催化特异化学反应的能力就会丧失;应用高温高压使细菌的蛋白质变性,以达到杀菌的目的。变性时蛋白质肽链的主要共价键并未打断,其变性是因为天然蛋白分子多肽链的特有折叠结构的任意卷曲或伸展所致。应用:临床上急救重金属盐中毒患者;配制和保存酶疫苗、激素和抗血清蛋白质制剂,选择适宜条件防止变性。

5. 蛋白质的显色反应

由于蛋白质分子含有肽键和氨基酸的各种残余基团,因此它能与各种不同的试剂作用,生成有色物质,这些颜色反应广泛应用于定性和定量测定蛋白质。

5.1 黄色反应

蛋白质溶液中加入浓硝酸时,蛋白质先沉淀析出,加热沉淀溶解并呈现黄色,故亦称黄蛋白反应。这一反应为苯丙氨酸、酪氨酸、色氨酸等含苯环氨基酸所特有,硝酸与这些氨基酸中苯环形成黄色硝基化合物。如皮肤、指甲、毛发等遇到浓硝酸会呈黄色。

5.2 缩二脲反应

将固体尿素小心加热,则两分子尿素间脱去一分子氨,生成缩二脲(双缩脲),与硫酸铜的碱溶液作用生成紫色物质。

$$\underset{H_2N}{\overset{O}{\overset{\|}{C}}}{-NH_2} + \underset{H_2N}{\overset{O}{\overset{\|}{C}}}{-NH_2} \xrightarrow{\Delta} \underset{H_2N}{\overset{O}{\overset{\|}{C}}}{-\underset{H}{N}-\overset{O}{\overset{\|}{C}}-NH_2} + NH_3$$

$$\underset{H_2N}{\overset{O}{\overset{\|}{C}}}{-\underset{H}{N}-\overset{O}{\overset{\|}{C}}-NH_2} + CuSO_4 \xrightarrow{NaOH} 紫色化合物$$

此反应并非蛋白质所特有，只要化合物含有两个以上肽键，且不论它们是直接相连或隔一个碳或氮原子相连都会发生此反应，而二肽和游离氨基酸不发生该反应，分子中含肽键越多，紫色越深；分子中肽键数少呈粉红色，双缩脲（蛋白质或肽分子）在碱性环境内与 $CuSO_4$ 形成紫色化合物，用此反应对蛋白质进行定量分析，常用于检查蛋白质的水解程度。

5.3 米伦（Millon）反应

在蛋白质溶液中加入米伦试剂（汞溶于浓硝酸制得的汞及亚汞硝酸盐的混合物），蛋白质首先沉淀析出，再加热变成砖红色，称为米伦反应。这一反应为酪氨酸中酚基所特有，并非蛋白质的特征反应，但因多数蛋白质中均含酪氨酸残基，所以也可用于检验蛋白质。

5.4 茚三酮反应

蛋白质与茚三酮共热煮沸可生成蓝色化合物。在中性条件下蛋白质或多肽也能同茚三酮试剂发生颜色反应，生成蓝色或紫红色化合物。茚三酮试剂与胺盐、氨基酸均能反应。

茚三酮　　　氨基酸　　　　　　还原型茚三酮　　　　　　　　　　醛类

蓝紫色产物

子项目测试

1. 填空题

(1) 组成蛋白质的氨基酸有_____种，均为L-α-氨基酸。

(2) 氨基酸是_____化合物，在强酸性溶液中，以_____离子形式存在，在强碱性溶液中，以_____离子形式存在。

(3) 氨基酸是两性电解质，当氨基酸所处环境的pH大于 pI 时，氨基酸分子带_____；pH小于 pI 时，氨基酸带_____；pH等于 pI 时，氨基酸所带_____，此时溶解度_____。

(4) 影响蛋白质的乳化性质的因素有蛋白质的_____；_____等。

(5) 变性的蛋白质分子聚集并形成有序的蛋白质网络结构的过程称为_____，大多数情况下_____是蛋白质胶凝的必不可少的条件。

(6) _____的含量和是蛋白质质量的主要指标。

2. 选择题

(1) 组成蛋白质的氨基酸是（　　）。
   A. L-α-氨基酸　　　　B. D-α-氨基酸　　　　C. L-β-氨基酸　　　　D. D-β-氨基酸
(2) 合成蛋白质的氨基酸有（　　）。
   A. 20 种　　　　　　B. 20 多种　　　　　　C. 300 多种　　　　　D. 目前还无法确定
(3) 丙氨酸的等电点为 6.02 在 pH 为 7 的溶液中丙氨酸带（　　）。
   A. 正电荷　　　　　　B. 负电荷　　　　　　C. 不带电荷　　　　　D. 无法确定
(4) 甘丙亮谷肽的 N 端和 C 端分别为（　　）。
   A. 甘氨酸和丙氨酸　　　　　　　　　　　B. 甘氨酸和谷氨酸
   C. 谷氨酸和甘氨酸　　　　　　　　　　　D. 亮氨酸和谷氨酸
(5) 氨基酸与茚三酮在弱酸性溶液中共热溶液呈（　　）。
   A. 紫色　　　　　　　B. 红色　　　　　　　C. 绿色　　　　　　　D. 黄色
(6) 蛋白质变性后（　　）。
   A. 一级结构被破坏　　　　　　　　　　　B. 空间结构被破坏
   C. 结构不变　　　　　　　　　　　　　　D. 无法确定
(7) 使蛋白质盐析可加入的物质为（　　）。
   A. 硫酸铵　　　　　　B. 氯化钙　　　　　　C. 氯化钡　　　　　　D. 氢氧化钠

3. 简答题
(1) 必需氨基酸有哪几种？它们各有何种特殊的理化性质？
(2) 蛋白质的空间结构可分为几种类型？稳定这些结构的主要化学键分别有哪些？
(3) 试举例说明蛋白质变性在食品工业上的应用。

子项目四　维生素与矿物质

学习目标：
1. 了解维生素、矿物质元素的来源、分类及生物学作用。
2. 学会重要的维生素的种类、基本结构及性质。
3. 学会维生素在加工中可能发生的变化及应采取的保护措施。

技能目标：
1. 学会用 2,6-二氯酚靛酚滴定法测定维生素 C 含量的操作技术。
2. 学会食盐中碘含量测定方法。

维生素是维持人类正常代谢机能所必需的一类物质，主要对机体的新陈代谢起促进和调节作用。已知绝大多数维生素是酶的辅基或辅酶的组成成分，在体内维生素以辅酶或辅基的形式参与各种酶促反应，因此维生素的生理作用经常和酶联系在一起。

矿物质在食品中的含量较少，但具有重要的生理功能，某些矿物质在体内作为酶的构成成分或激活剂。在这些酶中，特定的金属与酶蛋白分子牢固地结合，使整个酶系具有一定的活性，例如血红蛋白和细胞色素酶系中的铁，谷胱苷肽过氧化物酶中的硒等。有些矿物质是构成激素或维生素的原料，例如碘是甲状腺素不可缺少的元素，钴是维生素 B_{12} 的组成成分等。

任务一　维生素 C 的定量测定

【工作任务】
使用 2,6-二氯酚靛酚滴定法测定维生素 C 含量。
【工作目标】

学会 2,6-二氯酚靛酚滴定法测定维生素 C 含量的操作技术。

【工作情境】

本任务可在化验室或实验室中进行。

1. 仪器 天平、三角瓶（150mL，4 个）、组织捣碎机、烧杯（100mL）、碱式滴定管（10mL）、吸量管、容量瓶（10mL，2 个）、漏斗。

2. 试剂

(1) 1%草酸溶液 称取 5.0g 草酸溶于少量蒸馏水中，定容至 500mL。

(2) 2%草酸溶液 称取 10.0g 草酸溶于少量蒸馏水中，定容至 500mL。

(3) 标准维生素 C 溶液（0.05mg/mL） 精确称取分析纯维生素 C 100mg，用 1%草酸定容到 100mL，然后取 5mg，用 1%草酸定容到 100mL（用时现配）。

(4) 0.001mol/L 2,6-二氯酚靛酚溶液 精确称取 2,6-二氯酚靛酚 300mg，溶于 500mL 的热蒸馏水中，加入 1mL 0.01mol/L NaOH 溶液，强烈摇动 10min，冷却后稀释到 1000mL。滤去不溶物，贮棕色瓶内 4℃保存一周有效（需用标准维生素 C 标定）。

【工作原理】

还原型维生素 C 可以还原染料 2,6-二氯酚靛酚（简称 2,6-D），该染料在酸性溶液中呈粉红色（在中性或碱性溶液中呈蓝色），被还原后颜色消失。还原型维生素 C 还原染料后，本身被氧化成脱氢维生素。

滴定终点之前，滴下的 2,6-D 立即被还原成无色，当溶液从无色转变成微红色约在 15s 内不褪色时，即为滴定终点。所用染液量与维生素 C 含量成正比，因此，根据滴定度可以计算出样品中维生素 C 的含量。

【工作过程】

1. 样品处理

称取 100g 新鲜水果或蔬菜加 100mL 2%草酸溶液，用组织捣碎机打成匀浆，加 2 滴辛醇消泡。

称取 30g 匀浆移入 100mL 容量瓶中，用 2%草酸溶液定容至刻度，摇匀后过滤，滤液备用。

2. 样品滴定

吸取滤液 5mL 放入 150mL 三角瓶中，加入 2%草酸 5mL，立即用 2,6-D 标准溶液滴定至出现粉红色，15s 内不褪色。记录所用滴定液体积，重复上述操作，取其平均值 V_1。

3. 空白滴定

吸取 10mL 2%草酸放入 150 三角瓶中，用 2,6-D 标准溶液滴定至终点，记录标准溶液的消耗量（V_0）。

4. 2,6-D 溶液的标定

准确称取 5mL 维生素 C 标准液（含 0.05mg/mL）于 150mL 三角瓶中，加 5mL 2%草酸溶液，用 2,6-D 滴定至粉红色。记录所用体积 V(mL)，并计算 1mL 染液所能氧化维生素 C 的量（mg）。

【数据处理】

1. 滴定度 K

$$K = \frac{0.05 \times 5}{V - V_0} \text{ (mg/mL)}$$

式中 V_0——空白液所消耗的染液的体积，mL；

V——滴定标准维生素 C 所用染液的体积，mL。

2. 维生素C含量（mg/100g样品）

$$\text{维生素 C 含量}(\text{mg}/100\text{g 样品}) = \frac{K(V_1-V_0)}{W} \times 100$$

式中　V_1——滴定样品所用染液的体积，mL；
　　　W——测定用滤液所含样品的质量，g。

【注意事项】
1. 样品切碎后要尽快加酸提取，整个测定在4h内完成，以减少维生素C的氧化损失。
2. 草酸及样品的提取液要避免日光直射。
3. 标定2,6-D溶液时的终点颜色与样品滴定时一致。
4. 避免与铜、铁器接触，以减少维生素C氧化。
5. 当样品本身带色时，测定前于样液中加2~3mL二氯乙烷。在滴定过程中当二氯乙烷由无色变粉红色时，即达终点。

【体验测试】
1. 染料2,6-D的特性有哪些？
2. 分析本实验介绍2,6-D滴定法测定维生素C的优缺点？

知识链接

维生素

维生素是生物为维持正常的生命活动而必须从食物中获得的一类微量有机物质。已知绝大多数维生素是酶的辅基或辅酶的组成成分，在体内维生素以辅酶或辅基的形式参与各种酶促反应。人类自身不能合成维生素，一般从食物中摄取的维生素足以维持所需，在某些生理过程或发生病理变化以及营养不良等情况下，可导致维生素缺乏症。

维生素的种类很多，但它们还是有一些共同特性：①维生素均以维生素原（维生素前体）的形式存在于食物中；②维生素不是机体组织和细胞构成的组成成分，代谢过程中不会产生能量，它的作用主要是参与机体代谢的调节；③大多数的维生素，机体不能合成或合成量不足，不能满足机体的需要，必须通过食物中获得；④人体对维生素的需要量很小，日需要量常以毫克（mg）或微克（μg）计算，但一旦缺乏就会引发相应的维生素缺乏症，对人体健康造成损害。值得注意的是，维生素并不是滋补品，过多的会造成人体生理功能的紊乱，甚至引起疾病。

各种维生素的化学结构和生理功能差异极大，因此很难按化学性质或生理功能进行分类。目前主要是根据它们的溶解性质分为脂溶性维生素和水溶性维生素两大类。

1. 脂溶性维生素

食品中的脂溶性维生素有维生素A、维生素D、维生素E、维生素K，在食物中，它们常和脂类共同存在。

1.1　维生素A（视黄醇）

（1）维生素A的结构　维生素A的结构如图7-30所示，是一类不饱和一元醇，具有生物活性，包括视黄醇、视黄醛、视黄醇酯等。存在于植物体内的胡萝卜素、玉米黄素，在动物体内可在相关酶的作用下转化为维生素A，被称为维生素A原。能够转化为维生素A的类胡萝卜素包括α-类胡萝卜素、β-类胡萝卜素、γ-类胡萝卜素等，其中以β-胡萝卜素转化率最高。

维生素A主要包括从海洋鱼类鱼肝油中分离得到的视黄醇，现在命名为维生素A_1，即一般所指的维生素A；从淡水鱼肝中分离得到的维生素A_2（3-脱氢视黄醇）。由于视黄醇结构中有共轭双键，属于异戊二烯类，所以它可有多种顺、反立体异构体。食品中的视黄醇主

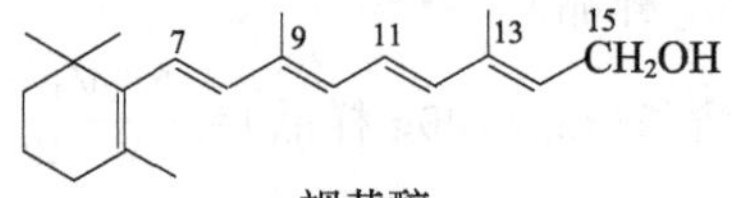

视黄醇

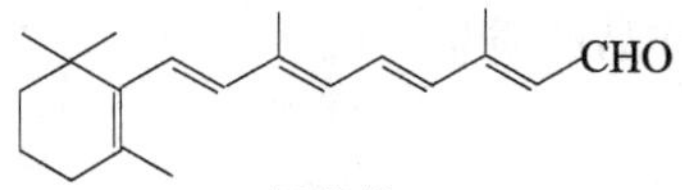

视黄醛

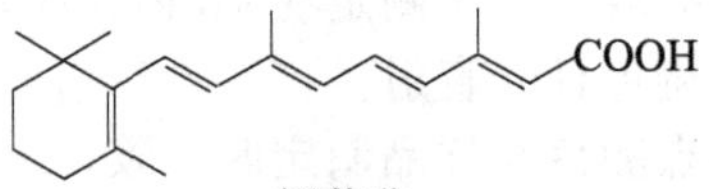

视黄酸

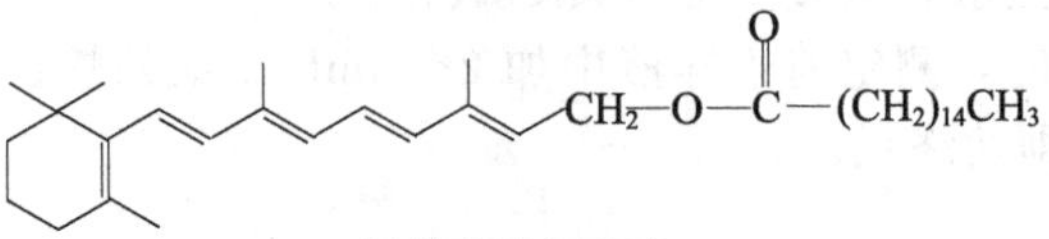

视黄醇棕榈酸酯

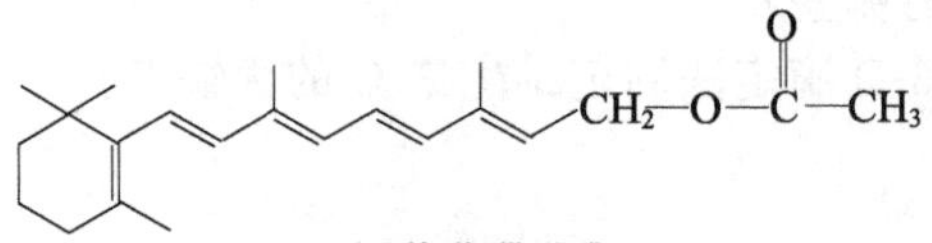

视黄醇醋酸酯

图 7-30　视黄醇及其衍生物的结构

要是全反式结构，生物效价最高。维生素 A_2 的生物效价仅为维生素 A_1 的 30%～40%，如图 7-31 所示。

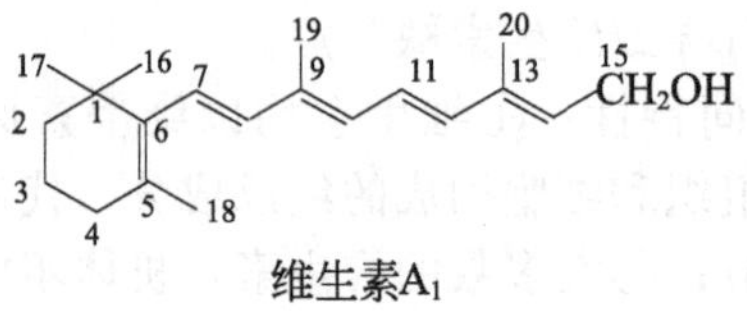

维生素A_1

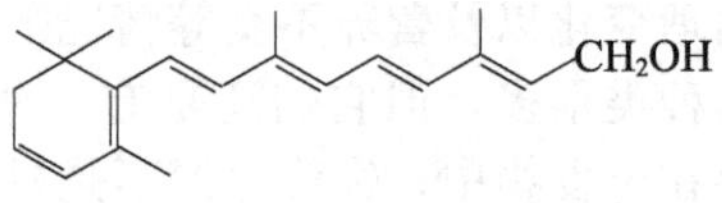

维生素A_2

图 7-31　维生素 A_1 与维生素 A_2

（2）维生素 A 的性质　维生素 A 是淡黄色的结晶体，天然存在于动物中的维生素 A 是相对稳定的。维生素 A 结构中含不饱和双键，对紫外线不稳定，在空气中和光照条件下，维生素 A 会被氧化而失去效力。维生素 A 应装于铝制容器内，充氮气密封置凉暗处保存。维生素 A 对热比较稳定，一般的食品加工方法不会使其破坏。维生素 A 对碱稳定，而在酸性条件下不稳定。在相同的条件下，植物性食物中维生素 A 原较易被破坏。维生素 A 溶于氯仿后与三氯化锑反应即显蓝色，渐变成紫红色，可供鉴别。

（3）维生素 A 的营养功能和缺乏症　维生素 A 维持正常的视觉反应，　维持上皮组织的正常形态与功能。缺乏时，就会导致夜盲、干眼、角膜软化、表皮细胞角化、失明等症状。维生素 A 维持正常的骨骼发育，有维护皮肤细胞功能的作用，可使皮肤柔软细嫩，有防皱、去皱功效。缺乏时，会使上皮细胞的功能减退，导致皮肤弹性下降、干燥、粗糙、失去光泽。

（4）维生素 A 的来源　维生素 A 主要来源于鱼类、动物肝脏、乳制品和蛋黄等，蔬菜中维生素 A 原含量丰富的有菠菜、胡萝卜、紫菜、南瓜等。

1.2　维生素 D

（1）维生素 D 的结构　维生素 D 是固醇的衍生物，具有抗佝偻病的作用，又称抗佝偻病维生素。其中最重要的是维生素 D_2（麦角钙化醇）和维生素 D_3（胆钙化醇）。两者的化学结构很相似，差别仅是 D_3 维生素比 D_2 维生素在侧链上少一个甲基和一个双键。其化学结构如图 7-32 所示。

维生素 D 最早从鱼肝油中发现，广泛存在于动物体内。在植物食品、酵母等中所含的麦角固醇，经紫外线照射后可转变为维生素 D_2，即麦角钙化醇。人和动物皮肤中所含有的 7-脱氢胆固醇，经紫外线照射后可转化为维生素 D_3，即胆钙化醇。两种维生素 D 具有同样的生理作用。人体主要从动物食品中获取一定量的维生素 D_3（它常与维生素 A 共同存在），而植物中的麦角固醇除非经过紫外线照射（转变为维生素 D_2），否则很难被人体吸收利用。然而，正常成人所需要的维生素 D 主要来源于 7-脱氢胆固醇的转变。7-脱氢胆固醇存在于皮肤内，它可由胆固醇脱氢产生，也可直接由乙酰辅酶 A 合成。因此只要充分接受阳光照射，即完全可以满足生理需要。

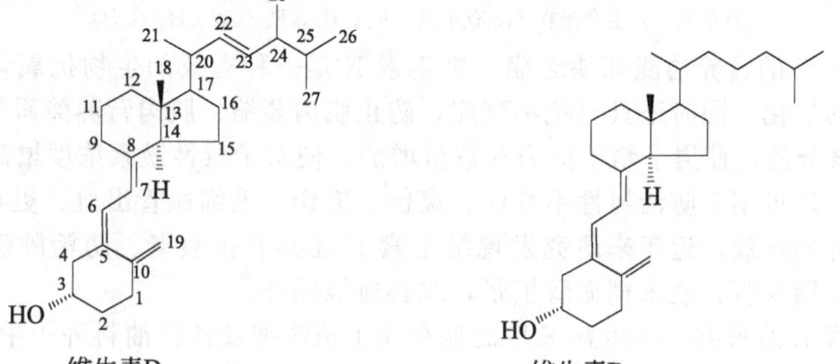

图 7-32 维生素 D 的两种形式

(2) 维生素 D 的性质　维生素 D_2 和维生素 D_3 均为无色针状结晶或白色结晶性粉末，在食品中主要因光照和氧化而被破坏。在中性或碱性溶液中能耐高温和耐氧化，在酸性溶液中则会逐渐分解，所以油脂氧化酸败可使维生素 D 受到破坏，而在一般的食品加工和储藏中损失较少。

(3) 维生素 D 的营养功能和缺乏症　维生素 D 和动物骨骼的钙化有联系，能促进钙、磷在肠道内的吸收，调节钙的代谢，促进骨骼和牙齿的形成。经研究证明，维生素 D_3 本身无活性，在人体内，经代谢转变为 1,25-二羟基维生素 D_3 发挥疗效，具有促进肠道钙吸收及动员骨钙的作用，1,25-二羟基维生素 D_3 是维生素 D_3 的活性形式。缺乏时，儿童将引起佝偻病，成人则会引起骨质疏松症。

(4) 维生素 D 的来源　维生素 D 通常在食品原料中与维生素 A 共存，在鱼、蛋黄、奶油中含量丰富，尤其是鱼肝油中含量最为丰富。

1.3　维生素 E

(1) 维生素 E 的结构　维生素 E 又称生育酚，在化学结构上，是 6-羟基苯并二氢吡喃的衍生物，具有生物活性的生育酚的种类很多，已知自然界共有 8 种化合物，它们的差异在于环状结构上的甲基数目和位置不同。包括 α-、β-、γ-、δ- 几种异构体，其中以 α-生育酚的生物活性最大。其结构如图 7-33 所示。

(2) 维生素 E 的性质　生育酚为微黄色或黄色透明的黏稠液体，无臭、无味，不溶于水，易溶于脂肪与脂性溶剂；对氧敏感，易于氧化破坏，具有抗氧化作用，是极为有效的抗氧化剂，原因是维生素 E 结构中侧链上的叔碳原子（$C4'$、$C8'$、$C12'$）易被氧化；在酸和热中比较稳定，对碱不稳定，光照、碱、铁或铜等微量元素可加速其氧化。食品原料在一般的加工条件下，维生素 E 损失不多，但在高温中加热，常使其活性降低。

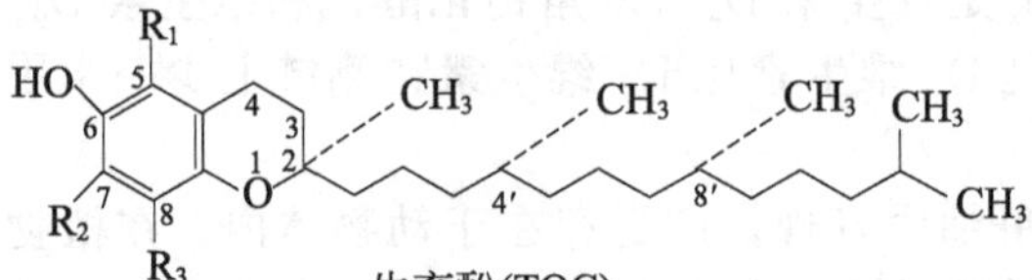

生育酚(TOC)

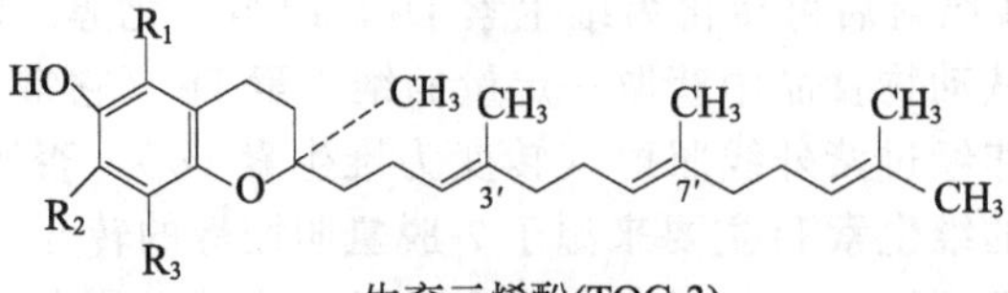

生育三烯酚(TOC-3)

图 7-33　生育酚及生育三烯酚的结构式
(α-生育酚在 5,7,8 有甲基，β-生育酚在 5,8
有甲基，γ-生育酚在 7,8 有甲基，R_1、R_2、R_3 代表 CH_3 或 H)

（3）维生素 E 的营养功能和缺乏症　维生素 E 是一种有效的生物抗氧化剂，且能阻止不饱和脂肪酸的氧化，同时还具有抗不育症、防止肌肉萎缩、肌肉营养障碍等功能。维生素 E 能促进性激素分泌，使男子精子活力和数量增加；使女子雌性激素浓度增高，提高生育能力，预防流产，还可用于防治男性不育症、烧伤、冻伤、毛细血管出血、更年期综合征、美容等方面有很好的疗效。近年来研究发现维生素 E 还具有抗衰老、防治肿瘤、抑制眼睛晶状体内的过氧化脂反应，使末梢血管扩张，改善血液循环。

（4）维生素 E 的来源　维生素 E 广泛地存在于植物油及各种油料种子中，麦芽、大豆、坚果类、芽甘蓝、绿叶蔬菜、菠菜、麦胚油、棉籽油、玉米油、花生油及芝麻油是维生素 E 的良好来源。莴苣叶和柑橘皮中也富含维生素 E，动物性食物中含量较丰富的是蛋和肝。

1.4　维生素 K

（1）维生素 K 的结构　维生素 K 是一类具有凝血作用的维生素的总称，广泛存在绿色植物体中，是一类 2-甲基-1,4-萘醌的衍生物，这些衍生物的区别在于 C3 上的取代基不同，较常见的天然维生素 K 有维生素 K_1 和维生素 K_2，如图 7-34 所示。

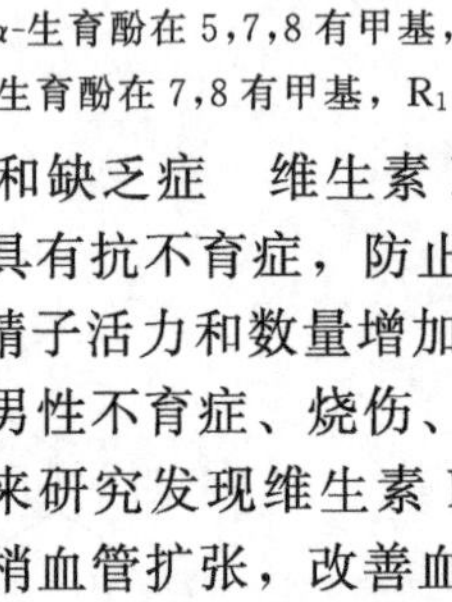

$K_1: R = -CH_2-CH_2-\overset{CH_3}{\underset{|}{CH}}-CH_2-(CH_2-CH_2-\overset{CH_3}{\underset{|}{CH}}-CH_2)_3-H$

$K_2: R = -(CH_2-CH_2-\overset{CH_3}{\underset{|}{CH}}-CH_2)_n H, n = 6{\sim}9$

图 7-34　维生素 K 的结构式

现在科学家已合成出与维生素 K 结构相同的物质来满足人类在医疗上不断增长的需要，包括维生素 K_3、维生素 K_4、维生素 K_5 等多种物质。

（2）维生素 K 的性质　维生素 K 为黄色油状物，熔点 52~54℃，不溶于水，能溶于醚等有机溶剂。对热、酸较稳定，对碱不稳定，对光敏感，遇光很快被破坏，故其需避光保存。维生素 K 在空气中会被氧缓慢地氧化而分解，在正常的食品加工过程中，维生素 K 的损失很少。

(3) 维生素 K 的营养功能和缺乏症　维生素 K 主要有助于某些血浆凝血因子的产生，是四种凝血蛋白（凝血酶原、转变加速因子、抗血友病因子和司徒因子）在肝内合成必不可少的物质。因参与凝血作用，故又称凝血维生素。缺乏维生素 K 会导致人体的凝血功能障碍。由于人体肠道内的细菌可合成维生素 K，所以在一般条件下人类很少有缺乏维生素 K 的现象。

(4) 维生素 K 的来源　维生素 K 最好的来源是绿色蔬菜，如菠菜、花菜、洋白菜等，猪肝和鱼肉等食品中的含量也较为丰富。

2. 水溶性维生素

水溶性维生素包括 B 族维生素和 C 族维生素，它们彼此在化学结构及生理功能方面并无相互联系，但它们的分布和溶解性大致相同，提取时不易分离，所以在此共同论述。

2.1 B 族维生素

2.1.1 维生素 B_1（硫胺素）

(1) 维生素 B_1 的结构　化学名：3-[(4-氨基-2-甲基-5-嘧啶基)甲基]-5-(2-羟乙基)-4-甲基氯化噻唑盐酸盐，又名盐酸硫胺。维生素 B_1 又称抗脚气病维生素，抗神经炎维生素，因其分子结构中含有硫及氨基，故又名硫胺素。其结构如图 7-35 所示。它的生物活性形式是焦磷酸硫胺素（TPP），即硫胺素的焦磷酸酯。用于食品强化的硫胺素多是其盐酸盐或硝酸盐。

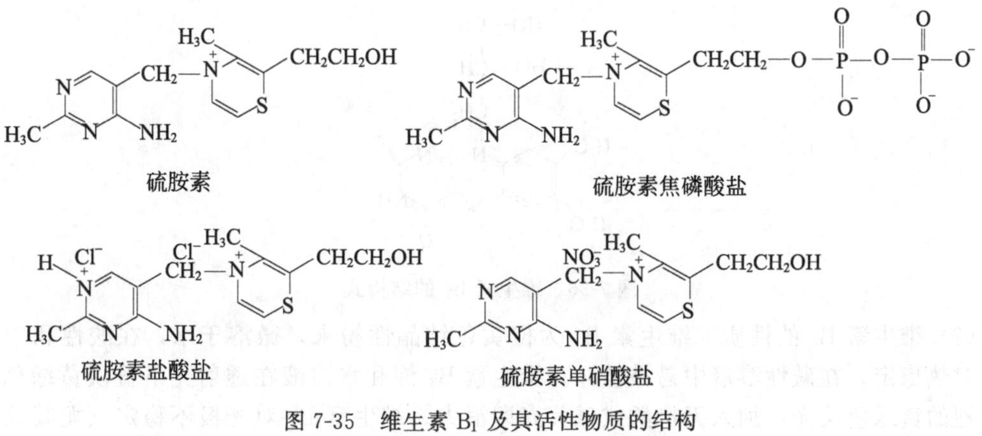

图 7-35　维生素 B_1 及其活性物质的结构

(2) 维生素 B_1 的性质　维生素 B_1 为白色针状粉末或晶体，味苦。干燥结晶态热稳定性好，易溶于水，其水溶液在空气中将逐渐被分解，是 B 族维生素中最不稳定的维生素。在酸性条件下对热较为稳定，如 pH 在 3.5 时可耐 100℃ 高温；在中性及碱性溶液中易被氧化，如 pH 大于 5 时易失效。遇光和热效价下降，故应置于遮光，凉处保存，不宜久贮。因此在食品加工中避免加碱，可以起到保护维生素 B_1 的作用。此外，二氧化硫或亚硫酸盐在中性及碱性介质中能加速维生素 B_1 的分解，所以在加工、储藏含有维生素 B_1 较多的食物如谷类、豆类和猪肉时，不宜用亚硫酸盐作为防腐剂或以二氧化硫熏蒸谷仓。

硫胺素经氧化后转变成脱氢硫胺素（又称硫色素），脱氢硫胺素在紫外光下显现蓝色荧光，可以利用这一特性测定食物中的硫胺素。

(3) 维生素 B_1 的营养功能和缺乏症　维生素 B_1 进入人体后被磷酸化，生成焦磷酸硫胺素，参与体内丙酮酸、α-酮戊二酸的氧化脱羧反应。这对糖代谢和能量代谢都是十分重要的，故人体对硫胺的需要量通常与摄取的热量有关。所以当人体的能量主要来源于糖类时，维生素 B_1 的需要量最大。维生素 B_1 促进糖代谢，当缺乏维生素 B_1 时，糖代谢中间产物如丙酮酸及乳酸在神经组织中堆积，会出现健忘、不安、易怒等症状。糖代谢又影响脂肪代谢，维生素 B_1 缺乏时，脂质合成减少，就不能很好地维持髓鞘的完整性，从而导致神经系统的病变，发生多发性神经炎，严重者可造成中枢神经系统紊乱。

维生素 B_1 还是维持心脏，神经及消化系统正常功能所必需的。维生素 B_1 可抑制胆碱酯酶活性，该酶促使乙酰胆碱水解，而乙酰胆碱与神经传导有关。当维生素 B_1 缺乏时，胆碱酯酶活性增加，乙酰胆碱的水解加速，使神经传导受到影响，可造成胃肠蠕动缓慢、消化不良、食欲不振等症状，也会发生神经系统反应（干性脚气病），心血管系统反应（湿性脚气病）Wernicke（韦尼克）脑病及 Korsakoff 综合征（多神经炎性精神病）。

（4）维生素 B_1 的来源　维生素 B_1 含量丰富的食物有稻谷、小麦、豆类、酵母及动物内脏、瘦猪肉、蛋类、马铃薯等食品原料。在谷物原料中，它主要存在于外表部分如糊粉层，故辗磨得过于精细的米和面粉将损失大量的硫胺素，若长期食用这种精米、面，同时又缺乏其他硫胺素丰富的副食品，将会引起硫胺素的缺乏症或患脚气病。

2.1.2　维生素 B_2（核黄素）

（1）维生素 B_2 的结构　化学名：7,8-二甲基-10-(D-核糖型-2,3,4,5-四羟基戊基)异咯嗪，又名核黄素。维生素 B_2 是由核糖醇与异咯嗪组成，其结构如图 7-36 所示。由于它溶于水呈黄绿色荧光，故又名核黄素。维生素 B_2 为黄色，故也可用作食用着色剂。

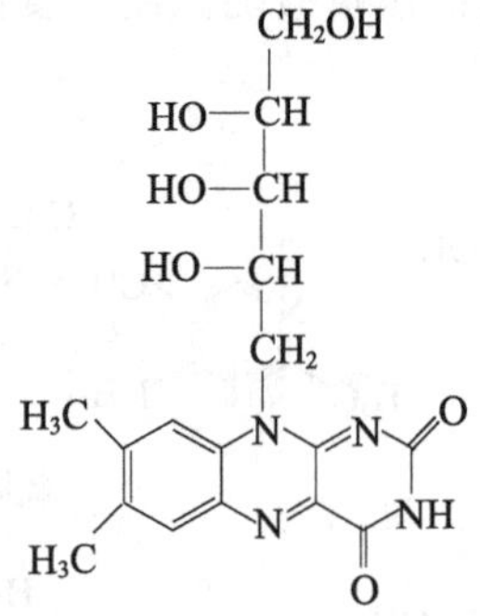

图 7-36　维生素 B_2 的结构式

（2）维生素 B_2 的性质　维生素 B_2 为橙黄色结晶性粉末，微溶于水，在酸性和中性条件下对热稳定，在碱性溶液中易被破坏。维生素 B_2 饱和水溶液在透射光下显淡黄绿色，并有强烈的黄绿色荧光，加入无机酸或碱荧光即消失。维生素 B_2 对光极不稳定（尤其是紫外线），在酸性或中性溶液中分解为光化色素，在碱性溶液中分解为感光黄素。在光照时的破坏率随 pH 值和温度的提高而增加。如将牛奶在日光下暴晒 2h 后可损失 50% 以上的维生素 B_2，即使放在透明的玻璃瓶中也会使其营养价值降低，而且会产生不良的风味即所谓的"日晒味"。

（3）维生素 B_2 的营养功能和缺乏症　维生素 B_2 是机体许多重要辅酶的组成部分，分别是黄素单核苷酸（FMN）和黄素腺嘌呤二核苷酸（FAD），对机体内糖、蛋白质和脂肪代谢起着重要的作用。缺乏时，会发生唇炎、舌炎、口角炎、脂溢性皮炎、阴囊炎等症状。

（4）维生素 B_2 的来源　维生素 B_2 广泛地存在于动物体内，牛奶、动物肝脏、肾脏和鱼中含量都较高，以禽肉、畜类内脏中含量最高，其次是乳类和蛋类。植物性食物中以豆类、花生和绿叶蔬菜中含量较多。一些调味品和菌藻类食物中维生素 B_2 的含量很高，如香菇等各种食用菌中含量较为丰富。

2.1.3　维生素 B_3（泛酸或遍多酸）

（1）维生素 B_3 的结构　维生素 B_3 的结构为 D(+)-N-2,4-二羟基-3,3-二甲基丁酰-β-丙氨酸，在动植物中广泛分布，故又称泛酸或遍多酸。其结构如图7-37所示。

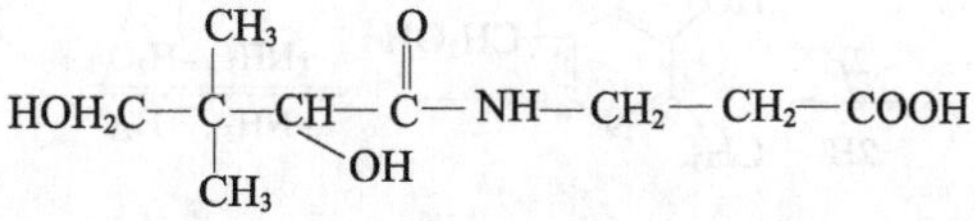

$$HOH_2C-\underset{\underset{CH_3}{CH_3}}{\overset{}{C}}-\underset{OH}{\overset{}{CH}}-\overset{O}{\overset{\|}{C}}-NH-CH_2-CH_2-COOH$$

图7-37 维生素B_3的结构式

（2）维生素B_3的性质 浅黄色黏稠油状物，能溶于水、醋酸乙酯、冰醋酸等，略溶于乙醚、戊醇，几乎不溶于苯、氯仿，具有右旋光性。对酸、碱和热都不稳定，对氧化剂及还原剂稳定，泛酸最稳定的形态是它的钙盐。食品的加工处理会对泛酸的含量产生较大影响。

（3）维生素B_3的营养功能和缺乏症 泛酸是辅酶A的主要组成成分，辅酶A是酰基转移酶的辅酶，在糖、脂类的代谢中起着载体作用。主要功能有：制造及更新机体组织、有助伤口愈合、制造抗体，抵抗传染病、防止疲劳，有助抗压和缓解多种抗生素副作用及毒素。由于人体肠道细菌能够合成维生素B_3，而且它广泛存在于动植物性食品原料中，所以人类很少有缺乏症发生。

（4）维生素B_3的来源 广泛存在于动植物体内，含量较丰富的是酵母、蛋黄、新鲜蔬菜、全麦粉、牛乳等。

2.1.4 维生素B_5（维生素PP）

（1）维生素B_5的结构 维生素B_5也称抗癞皮病维生素或维生素PP，包括尼克酸和尼克酰胺两种化合物，结构如图7-38所示。因其可由烟碱氧化制得，故又称为烟酸和烟酰胺，它们都是吡啶的衍生物。

烟酸(尼克酸)   烟酰胺(尼克酰胺)

图7-38 尼克酸（左）和尼克酰胺（右）的结构式

（2）维生素B_5的性质 维生素B_5为白色或淡黄色针状晶体，无味或有微臭、味苦。不易被光、空气及热破坏，对碱也很稳定，溶于水以及酒精，不溶于乙醚，是B族维生素中最稳定的一种。

（3）维生素B_5的营养功能和缺乏症 维生素B_5是两种重要的辅酶烟酰胺腺嘌呤二核苷酸（NAD^+）和烟酰胺腺嘌呤二核苷酸磷酸（$NADP^+$）的组成成分，作为许多脱氢酶的辅酶，在糖酵解、脂肪合成和呼吸过程中起着重要作用，可促进组织新陈代谢，调节血液胆固醇浓度。在动物组织中，维生素B_5的主要形式是尼克酰胺。尼克酸作为抗（癞）糙皮病因子，体内缺乏时，将引起癞皮病，典型症状腹泻、皮炎和痴呆。

（4）维生素B_5的来源 烟酸广泛存在于动植物食物中，良好的来源是动物肝、肾、瘦肉、全谷、豆类等，乳类、绿叶蔬菜也有相当含量。在人体内，色氨酸能转变为烟酸，烟酸又可转变为烟酰胺，因此富含色氨酸的食物，也富含烟酸。动物肉类，尤其是肝脏是维生素B_5的良好来源。牛乳中烟酸含量不多，但色氨酸的含量多。

2.1.5 维生素B_6

（1）维生素B_6的结构 化学名：6-甲基-5-羟基-3,4-吡啶二甲醇盐酸盐，维生素B_6包括吡多醇、吡多醛、吡多胺，三者可相互转化，是吡啶的衍生物，一般以吡多醇作为维生素B_6的代表，如图7-39所示。

（2）维生素B_6的性质 维生素B_6在体内经代谢成5-磷酸酯，以辅酶形式参与氨基酸代谢。三种维生素B_6都是白色晶体，味酸苦，易溶于水和酒精，对光和碱均敏感，高温下

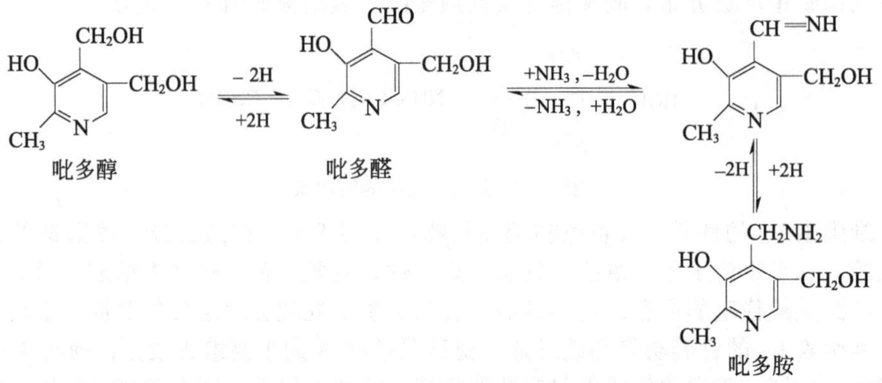

图 7-39 吡多醇、吡多醛、吡多胺的相互转化

迅速被破坏。吡哆醇在热、强酸和强碱条件下都很稳定，在碱性溶液中对光敏感，尤其对紫外线更敏感。吡哆醛和吡哆胺在高温时可迅速被破坏。

（3）维生素 B_6 的营养功能和缺乏症　维生素 B_6 是机体中许多重要酶系统的辅酶，参与人体蛋白质和脂肪的代谢过程。长期缺乏会导致皮肤、中枢神经系统和造血机能的损害。由于维生素 B_6 在食物中广泛存在，并且人体肠道细菌能合成一部分供人体所需，故人体一般不会缺乏。

（4）维生素 B_6 的来源　一般食物中均含有这三种物质（吡多醇、吡多醛、吡多胺），例如蛋黄、肉类、鱼、乳汁及谷物、种子外皮、卷心菜等食物中均含有丰富的维生素 B_6。三种维生素 B_6 的化合物中，以吡哆醇最为稳定，因此可以用来强化食品。

2.1.6　维生素 B_{11}（叶酸）

（1）维生素 B_{11} 的结构　叶酸由蝶呤啶、对氨基苯甲酸和谷氨酸结合而成。因在植物的叶子中提取到，故又叫叶酸，如图 7-40 所示。

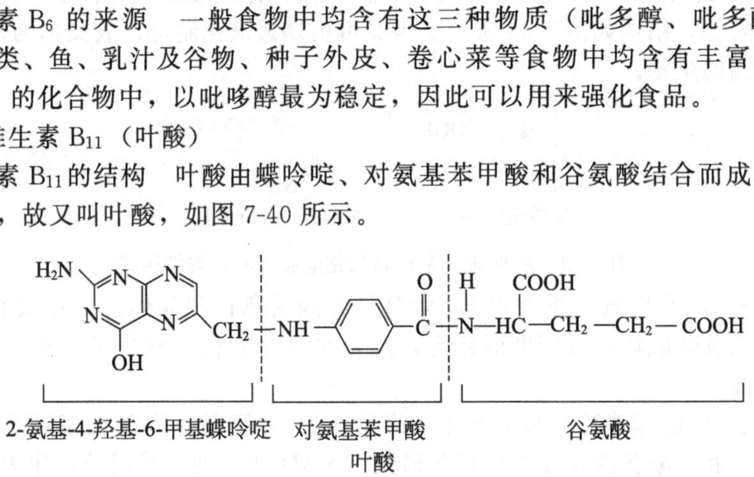

图 7-40　叶酸的结构

（2）维生素 B_{11} 的性质　维生素 B_{11} 为黄色或橙色薄片状或针状结晶，无臭、无味，微溶于水和乙醇，不溶于脂溶剂。在酸性溶液中不耐高温，对光敏感。

（3）维生素 B_{11} 的营养功能和缺乏症　叶酸在体内的生物活性形式是四氢叶酸，四氢叶酸（THFA 或 FH_4）是转一碳基团酶系的辅酶，可参与多种反应，它是甲基、亚甲基、甲酰基、次甲基等的载体。

维生素 B_{11} 对核苷酸、氨基酸的代谢具有重要的作用；促进正常红细胞的形成，具有造血作用。人体肠道细菌能合成叶酸，故一般不易发生缺乏症。但当吸收不良，代谢失常或长期使用肠道抑菌药物等情况下易造成叶酸缺乏，进而导致脱氧胸苷酸、嘌呤核苷酸的形成及氨基酸的互变受阻，细胞内 DNA 合成减少，细胞的分裂成熟发生障碍，引起巨幼红细胞性贫血。

（4）维生素 B_{11} 的来源　叶酸广泛存在于动植物食物中，绿色蔬菜中的含量尤为丰富，其次为动物的肝脏，在谷物、肉类、蛋类中含量一般，在乳制品中含量较少。人体肠道中的微生物可合成一些叶酸，并被人体利用。

2.1.7 维生素 B_{12}

(1) 维生素 B_{12} 的结构　维生素 B_{12} 结构最复杂，因含有金属元素钴（唯一含有金属元素的维生素），故称为钴维素或钴胺素，又称抗恶性贫血维生素，如图 7-41 所示。

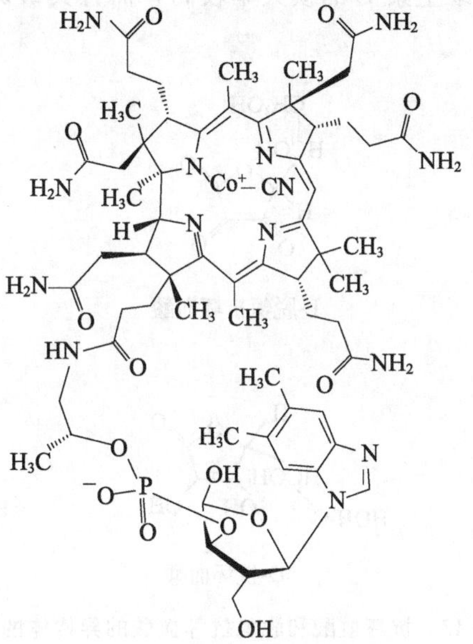

图 7-41　维生素 B_{12} 的结构式

(2) 维生素 B_{12} 的性质　维生素 B_{12} 为粉红色针状晶体，熔点高，在 320℃时不熔，稳定性好，无臭无味，能溶于水和酒精。最稳定的 pH 值的范围是 4～7，在碱性溶液中（pH 值 9）加热则会迅速分解。对光、氧化剂及还原剂敏感易被破坏。抗坏血酸、亚硫酸盐等可引起维生素 B_{12} 的破坏。

(3) 维生素 B_{12} 的营养功能和缺乏症　维生素 B_{12} 促进红细胞的发育和成熟，使肌体造血机能处于正常状态，预防恶性贫血；维护神经系统健康；以辅酶的形式存在，可以增加叶酸的利用率，促进碳水化合物、脂肪和蛋白质的代谢；维生素 B_{12} 还参与胆碱的合成过程，有预防脂肪肝的作用。缺乏时，会导致机体造血功能下降，表现为巨幼细胞性贫血，即恶性贫血。

(4) 维生素 B_{12} 的来源　维生素 B_{12} 的主要来源是动物性食品，如动物肝脏、肾脏、牛肉、猪肉、鸡肉、鱼类、蛤类、蛋、牛奶、乳酪、乳制品、腐乳，在植物性食品中几乎不存在。一定条件下，人体的肠道细菌也可合成一些维生素 B_{12}，所以只有常年吃素的人才易发生维生素 B_{12} 的缺乏症。

2.2 维生素 C

(1) 维生素 C 的结构　化学名：L(+)-苏糖型-2,3,4,5,6-五羟基-2-己烯酸-4-内酯，又名抗坏血酸。维生素 C 有四种异构体：D-抗坏血酸、D-异抗坏血酸、L-抗坏血酸、L-异抗坏血酸，其中 L 抗坏血酸的生物活性最高，而 D-抗坏血酸的生物活性仅是 L-抗坏血酸的 10%，其余两种无活性。因其具有防治坏血病的生理功能，并有显著酸味，故又名抗坏血酸。

(2) 维生素 C 的性质　1907 年挪威化学家霍尔斯特在柠檬汁中发现，1934 年才获得纯品，是无色晶体，属于水溶性维生素，易溶于水，水溶液呈酸性，所以称它为抗坏血酸。干燥的纯品在空气中稳定；在酸性溶液中（pH<4）较稳定，但在中性以上（pH>7.6）中非常不稳定。总之，维生素 C 是最不稳定的维生素，易通过各种方式或途径进行降解。维生素C具有很强的还原性，易被空气氧化，其水溶液在空气、光和热的影响下，生成去氢抗坏血酸，去氢抗坏血酸在无氧条件下，发生脱水和水解反应，经脱羧生成呋喃甲醛，进一步聚合呈色，这是维生素C贮存过程中变色的主要原因，如图7-42所示。

在食品的加工和储藏中维生素C的损失率较高，而且其破坏率随着金属的存在而增加，尤其是铜和铁的作用最大。

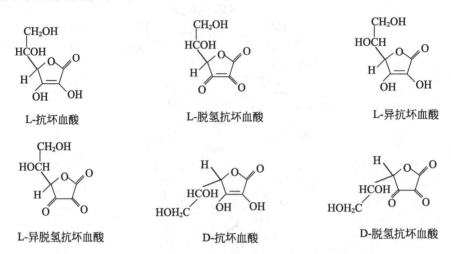

图7-42 抗坏血酸和脱氢抗坏血酸的异构体的结构

（3）维生素C的营养功能和缺乏症 维生素C在机体代谢中具有多种功能，主要是参与机体的羟化反应和还原作用。维生素C促进骨胶原的生物合成，促进牙齿和骨骼的生长；利于组织创伤口更快地愈合；改善铁、钙和叶酸的利用；改善脂肪和类脂特别是胆固醇的代谢，预防心血管病；防止牙床出血，防止关节痛、腰腿痛；增强机体对外界环境的抗应激能力和免疫力。所以当人体中缺少维生素C时，就会出现牙龈出血、牙齿松动、骨骼脆弱、黏膜及皮下易出血、伤口不易愈合等症状。严重缺乏时，将出现坏血病等症状。近年来，科学家们还发现，维生素C能阻止亚硝酸盐和仲胺在胃内结合成致癌物质——亚脱胺，从而减低癌的发病率。

（4）维生素C的来源 维生素C主要的食物来源为水果和蔬菜。富含维生素C的食物有花菜、青辣椒、橙子、葡萄汁、番茄等。尤其以鲜枣、山楂、柑橘类及青椒、菜花等蔬菜中的含量最为丰富。

在食品加工中，维生素C的用途非常广泛，例如用维生素C可防止水果和蔬菜产品褐变和脱色；在脂肪、鱼及乳制品中它可以用作抗氧化剂；在肉中可作为色泽的稳定剂；还可作面粉的改良剂等。

3. 其他维生素

3.1 维生素H

维生素H又称生物素、辅酶R，是由脲和带有戊酸侧链噻吩的两个五元环组成的，结构如图7-43所示。

天然存在的生物素有8个立体异构体，只有D-型生物素才具有相应的生物活性。生物素与酶蛋白结合在脂肪酸合成中起着重要作用，能催化体内CO_2的固定以及羧化反应，是羧化反应和转羧化反应中重要的辅酶。生物素的生物活性形式是生物胞素，主要以化合物的形式存在于肝、肾、酵母及蛋制品中。人体内生物素的供应只是部分依靠膳食摄入，而大部分是肠道细菌合成的。维生素H是合成维生素C的必要物质，是脂肪和蛋白质正常代谢不可缺少的物质，为维持人体自然生长和正常人体机能所必需的水溶性维生素，也是维持正常

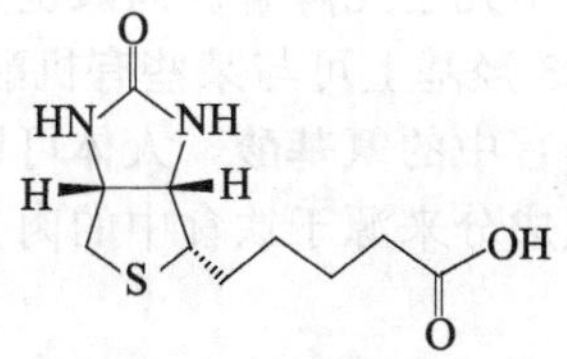

图 7-43 生物素的结构式

成长、发育及健康必要的营养素，无法由人工合成。

生物素化学性质稳定，只有在强酸或强碱的条件下，由于酰胺键的水解而导致其被破坏。生物素在一般的食品加工和储藏条件下保存率较高，尤其在低水分活度的食品如谷物的储藏中损失很小。由于人体肠道内细菌能大量合成生物素且生物素在食物中也广泛存在，因此人类一般不缺乏维生素 H。

3.2 胆碱

胆碱在化学上为（β-羟乙基）三甲基氨的氢氧化物，它是离子化合物，其分子结构式为：$HOCH_2CH_2N^+(CH_3)_3$。胆碱以乙酰胆碱或磷酸酯的形式存在于动植物中，是一种无色的结晶物质，易吸湿成黏稠状的液体。其结构如图 7-44 所示。

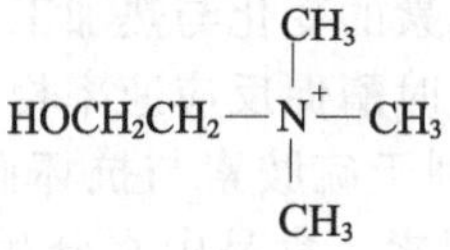

图 7-44 胆碱的结构式

胆碱为无色结晶，吸湿性强；易溶于水和乙醇，不溶于氯仿、乙醚等非极性溶剂。胆碱易与酸反应生成更稳定的结晶盐（如氯化胆碱），在强碱条件下也不稳定，但对热储存相当稳定。由于胆碱耐热，因此在加工和烹调过程中的损失很少，干燥环境下即使长时间储存，食物中胆碱含量也几乎没有变化。

胆碱的结构简单，但在机体内有着重要功能，如它可促进脂肪以卵磷脂的形式被输送，并能提高脂肪酸本身在肝中的利用，防止脂肪在肝脏中的反常积累，保证肝功能的正常，预防脂肪肝。

胆碱广泛存在于食物中，其中在蛋类、肝脏中最为丰富，一般以卵磷脂、乙酰胆碱的形式存在。胆碱对热稳定，在加工、烹饪、储藏中几乎无损失。胆碱可以游离态或许多细胞组分的一个构成成分存在于生命活体中，这些细胞组分包括磷脂酰胆碱（膳食中胆碱最主要的来源）、鞘磷脂（神经）和乙酰胆碱。尽管人和哺乳动物体内可以合成胆碱，但在成长过程中仍需要自膳食中摄取胆碱，胆碱的氯化物和酒石酸氢盐常被用于婴儿食品的强化。磷脂酰胆碱亦可作为乳化剂。

3.3 肉碱

肉碱是一种含氮物质，它与脂肪代谢成能量有关。当长链脂肪酸透过线粒体膜时是以脂酰基肉碱形态被搬运，因此，肉碱可促进线粒体内的长链脂肪酸的氧化，增强机体对脂肪酸的利用或降低一些脂肪酸在细胞中的潜在毒性。肉碱的结构见图 7-45。

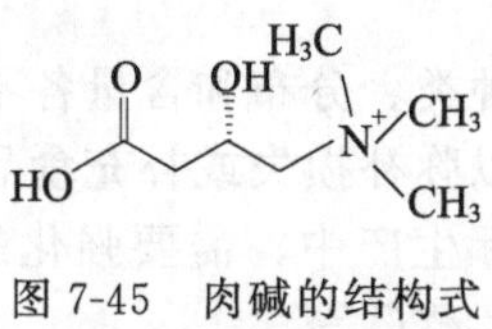

图 7-45 肉碱的结构式

肉碱非常稳定，食品加工过程中几乎无降解。肉碱也是不对称分子，L-型的肉碱具有生物活性，D-型则无生物活性，在C3羟基上可与某些有机酸酯化。

肉碱是一种广泛分布于肝脏器官中的氨基酸，人体可以合成肉碱，尤以心肌及骨骼肌中含量最高，大部分机体所需的肉碱成分来源于饮食中的肉类和奶制品，以游离态或酯的形式存在，而植物食品中几乎不存在。

4. 维生素在食品加工和储存中的变化

食品在加工、储藏过程中，维生素最为敏感的营养素，由于食物原料的受热和各种因素的作用，不可避免地造成维生素不同程度的损失。一般来说，水溶性维生素对热的稳定性比较差，遇热易被分解破坏，脂溶性维生素对热比较稳定，但是却很容易被氧化破坏，特别是在高温，有紫外线照射的条件下，其氧化速度加快。

4.1 维生素在贮存过程中的损失

水果和蔬菜采收后，在储存过程中维生素会发生一定的损失，损失量的大小与储存时的外界条件如温度、湿度、环境中气体组成、机械损伤以及食物的种类、品种有关。主要是水果、蔬菜和动物肌肉中留存的酶导致收获后维生素含量的变化。一般情况下，储存温度越高、水分含量越多，维生素的损失也越大。如果采取合适的采收后的处理方法，如科学的包装、冷藏运输等措施，果蔬和动物制品中维生素的变化会减少。

但与食品在后续加工过程中维生素的变化与热加工相比，储存过程对于维生素含量的影响较小，其主要原因是：常温和低温时酶促反应速率相当慢；溶解氧基本耗尽；因热或浓缩（干燥或冷冻）导致pH值下降有利于硫胺素与抗坏血酸等维生素的稳定。食品中水分含量也是影响维生素稳定的一个重要因素，食品中水分活度若低于0.2~0.3（相当于单分子水合状态），水溶性维生素一般只有轻微分解，脂溶性维生素分解达到极小值。反之，若水分活度上升则维生素分解增加，原因是维生素、反应物和催化剂的溶解度增加。另外，食品的过分干燥会造成氧化敏感的维生素有明显的损失。

4.2 维生素在食品加工过程中的损失

在食品加工过程中的一系列预处理过程如洗涤、水槽传送、漂烫、去皮前的碱处理等均会增加维生素的损失。如流水槽输送、清洗和在盐水中烧煮时，水溶性维生素容易从植物或动物产品的切口或损伤的组织流出，其损失的程度与溶液的pH值、温度、切口表面积以及原料的成熟度等因素有关。

在食品加工过程中，热烫是水果和蔬菜不可缺少的一种处理方法，目的在于钝化酶、减少微生物污染、排除原料组织空隙中的空气，有利于食品储存时维生素的稳定。但热烫过程导致维生素的流失较大。热烫的方法有热水、蒸汽、热空气或微波处理。现常采用的高温短时间处理（HTST）能有效保留热敏感性维生素。另外，加工中的磨粉，在去除麸皮和胚芽的同时，也会造成谷物中维生素B_1、维生素A和叶酸等维生素以及铁和钙的损失。

所以，在食品加工和储存过程中，根据需要，常常向食品中添加一些化学物质，这些化学物质会增加一些重要维生素的损失。例如面粉加工过程中常用的漂白剂或改良剂会导致维生素C、维生素A、类胡萝卜素和维生素E的分解，同时也会间接影响其他维生素的变化。某些食品添加剂的作用更不容忽视，亚硫酸盐在葡萄酒中有抗微生物的作用，对维生素C有保护作用，但同时也可使类胡萝卜素、维生素B_1及叶酸产生相应的损失。

4.3 食品中维生素的营养强化

综上所述，食品中的维生素，种类、分布和含量各不相同。在食品的生产、加工和储藏过程中，添加维生素营养强化剂，以弥补损失或补充食品中维生素的不足，提高食品的营养价值，适应不同人群的需要。在实际生产中，需要强化的主要是维生素A、维生素D_1、维生素B_2、维生素PP（烟酸）和维生素C等。

任务二 食盐中碘含量测定

【工作任务】

检测食盐中碘化钾和碘含量。

【工作目标】

学会食盐中碘含量的测定方法。

【工作情境】

本任务可在化验室或实验室中进行。

1. 仪器 电子天平、500mL容量瓶、250mL锥形瓶、25mL滴定管、10mL量筒、1mL吸量管。

2. 药品

（1）显色液配制 淀粉溶液（5g/L）10mL。

（2）磷酸（分析纯）。

（3）碘化钾溶液（50g/L）临用时配制。

（4）饱和溴水。

（5）淀粉指示液 称取0.5g可溶性淀粉，加少量水搅匀后，倒入50mL沸水中，煮沸，临用现配。

（6）硫代硫酸钠标准溶液$c(Na_2S_2O_3)=0.1000mol/L$，临用时准确稀释50倍，浓度为0.0020mol/L。

【工作原理】

1. 碘酸钾为氧化剂，在酸性条件下易被硫代硫酸钠还原生成碘，遇淀粉显蓝色，硫代硫酸钠控制一定浓度可以建立此定性反应。

2. 试样中的碘化物在酸性条件下用饱和溴水氧化成碘酸钾，再于酸性条件中氧化碘化钾而游离出碘，以淀粉作指示剂用硫代硫酸钠标准溶液滴定，计算含量。

【工作过程】

1. 食盐中碘化钾定性检测

（1）称取数克试样，滴1滴显色液，显浅蓝色至蓝色为阳性反应，阴性者不反应（此反应特异）。

（2）测定范围：每克盐含30μg碘酸钾（即合18μg碘），立即显浅蓝色含50μg呈蓝色含碘越多蓝色越深。

2. 食盐中碘含量检测

（1）称取10.00g试样，置于250mL锥形瓶中，加水溶解，加1mL磷酸摇匀。

（2）滴加饱和溴水至溶液呈浅黄色，边滴边振摇至黄色不褪为止（约6滴），溴水不宜过多，在室温放置15min，在放置期内，如发现黄色褪去，应再滴加溴水至淡黄色。

（3）放入玻璃珠4~5粒，加热煮沸至黄色褪去，再继续煮沸5min。应即冷却。加2mL碘化钾溶液（50g/L）摇匀，立即用硫代硫酸钠标准溶液（0.0020mol/L），滴定至浅黄色，加入1mL淀粉指示剂（5g/L），继续滴定至蓝色刚消失即为终点。

（4）如盐样含杂质过多，应先取盐样加水150mL溶解，过滤取100mL滤液至250mL锥形瓶中然后进行操作。

【数据处理】

试样中碘的含量按下式进行计算：

$$x = V \times c \times 21.15 \times 1000/m$$

式中　　x——试样中碘的含量，mg/kg；

　　　　V——测定用试样消耗硫代硫酸钠标准滴定溶液的体积，mL；

　　　　c——硫代硫酸钠标准滴定溶液浓度，mol/L；

　　　　m——试样质量，g；

　　21.15——与 1.0mL 硫代硫酸钠标准溶液 $c(Na_2S_2O_3)=1.000$ mol/L 相当的碘的质量，mg/mmol。

【注意事项】

1. 在配制 I_2 标准溶液时，将 I_2 加入浓 KI 溶液后，必须搅拌至 I_2 完全溶解后，才能加水稀释。若过早稀释，碘极难完全溶解。

2. 碘有腐蚀性，应在干净的表面皿上称取。

3. 滴定结束后的溶液，放置后会变蓝色。如果不是很快变蓝（经 5min 以上），则是空气氧化所致，不影响结果。如果很快变蓝，说明 $K_2Cr_2O_7$ 和 KI 反应不完全。遇此情况，实验应重做。

4. 滴定开始时要快滴慢摇，以减少 I_2 的挥发，近终点时，要慢滴，用力旋摇，以减少淀粉对 I_2 的吸附。

【体验测试】

食盐中碘含量的测定实验的原理是什么？

知识链接

矿物质

1. 矿物质概述

所谓矿物质是指食品中各种无机化合物，大多数相当于食品灰化后剩余的成分，故又称粗灰分。矿物质在食品中的含量较少，人体不能合成矿物质，必须从食物与环境摄入。人体所需的矿物质，主要来自于食物的动植物组织、饮用水和食盐中。每种矿物质在人体内都有一个最佳的浓度范围，这是维持人体健康必不可少的条件，不足或超量都可能对健康产生不利的影响，因此，研究食品中的矿物质目的在于提供建立合理膳食结构的依据，保证适量有益矿物质，减少有毒矿物质，维持生命体系处于最佳平衡状态。矿物质的生理功能概括有以下几点。

（1）矿物质构成机体组织的重要材料，是机体的重要组成部分。食品中许多矿物质是构成机体必不可少的部分，例如钙、磷、镁、氟和硅等是构成牙齿和骨骼的主要成分；磷和硫存在于肌肉和蛋白质中；铁为血红蛋白的重要组成成分。

（2）维持组织细胞的渗透压，保持渗透压的恒定以维持组织细胞的正常功能和形态。如钠、钾等与蛋白质共同维持各种组织的渗透压，在体液移动和储留过程中起着重要作用。

（3）维持机体的酸碱平衡　硫、磷、氯等酸性离子与钙、镁、钾、钠等碱性离子的适当配合以及重碳酸盐和蛋白质的缓冲作用，调节体内酸碱平衡。

（4）维持神经和肌肉的兴奋性与细胞膜的通透性　各种无机离子，特别是保持一定比例的钾、钠、钙、镁离子的适当配合，是维持神经、肌肉一定兴奋性和细胞膜一定通透性的必要条件。

（5）构成体内生理活性物质　如血红蛋白和细胞色素系统中的铁、甲状腺素中碘氨酰氧化酶中的铜以及谷胱甘肽过氧化物酶中的硒等。

（6）构成酶系统的活化剂　如氯离子对唾液淀粉酶、盐酸对胃蛋白酶具有激活作用。

（7）对食品感观质量的作用　Ca^{2+} 是豆腐的凝固剂，还可保持食品的质构；磷酸盐有利于增加肉制品的持水性和结着性;食盐是典型的风味改良剂等。

2. 食品中矿物质的分类与功能

2.1 按元素在人体的含量或摄入量分类

习惯上将矿质元素分成两大类:一类是常量元素;一类是微量元素。

(1) 常量元素　指在人体内含量0.01%以上的矿物元素,或日需量大于100mg/d的元素,如钙(Ca)、镁(Mg)、钾(K)、钠(Na)、磷(P)、氯(Cl)、硫(S)等。

(2) 微量元素　指在人体内含量小于0.01%,或日需量小于100mg/d的元素,目前已知有14种微量元素是人和动物营养所必需的,即锌(Zn)、铁(Fe)、碘(I)、铜(Cu)、锰(Mn)、钼(Mo)、钴(Co)、硒(Se)、铬(Cr)、镍(Ni)、锡(Sn)、硅(Si)、氟(F)、钒(V)。

(3) 超微量元素　含量为微克(μg)数量级的元素如铅(Pb)、汞(Hg)、金(Au)等。

2.2 按生理作用分类

微量元素又可分成如下三种类型。

(1) 必需元素　是指存在于机体的正常组织中,且含量比较固定,缺乏时能发生组织上和生理上的异常,当补充这种元素后即可恢复正常的一类元素。换言之,在人体内的常生理作用已经基本清楚的元素是必需元素。

(2) 非必需元素　普遍存在于组织中,有时摄入量很大,但对人的生物效应和作用还不清楚。

(3) 有毒(有害)元素　能显著毒害机体的元素,主要为铅(Pb)、镉(Cd)、汞(Hg)、砷(As)。

矿质元素还可按照其在人体内消化代谢的末端产物呈酸性或呈碱性分为两类,酸性矿物元素如:P、Cl、S、I等和碱性矿物元素如Ca、Mg、Na、K等。

3. 食品中重要的矿物质

评价食品的营养质量应从有营养素的含量和营养素被机体实际利用的可能性两方面考虑,特别是矿物质强化食品应特别注意矿物质的生物有效性问题。影响食品中矿物质生物效性的因素很多,如食品中矿物质存在的形式、与其他成分的相互作用等。一般来说,动物性食品中的矿物元素的生物有效性要高于植物性食品,几种重要矿物元素分述如下。

3.1 重要的常量元素

3.1.1 钙(Ca)

钙是人体内含量最多的一种无机盐。正常人体内钙的含量为1200~1400g,占人体重的1.5%~2.0%,其中99%存在于骨骼和牙齿之中,其余1%的钙大多数呈离子状态存在于软组织、细胞外液和血液中,与骨钙保持着动态平衡。

机体内的钙,一方面构成骨骼和牙齿;另一方面钙在维持人体呼吸、神经、内分泌、消化、血液循环、肌肉组织、骨组织、泌尿、免疫等系统的正常生理功能起到重要的调节作用。主要功能有:钙能促进体内某些酶的活动,调节酶的活性;参与神经、肌肉的活动和神经递质的释放;调节激素的分泌。另外,血液的凝固、细胞黏附、肌肉的收缩活动也都需要钙参与;钙还具有调节心律、降低心血管的通透性、控制炎症和水肿、维持酸碱平衡等作用。钙在食品工业中广泛用作质构改良剂,是由于钙能与带负电荷的大分子形成凝胶,如低甲氧基果胶等,加入罐用配汤可提高罐装蔬菜的坚硬性。

钙在机体内各组织中的含量是相对稳定的,处于动态平衡状态,机体各组织间时刻在进行着钙的交换,骨组织与细胞外液的钙交换是永不停止的。机体内钙的代谢过程中,当摄入和吸收的钙不足时,骨骼会释放出钙以维持正常血钙标准,以稳定各组织细胞的生存环境;

反之，当摄入和吸收的钙大于所需的量时，多余的钙就会被储存于骨骼，以避免血钙过度升高。

钙一般处于溶解态，在小肠中被吸收，任何影响钙溶解性的因素都影响钙的吸收，如微生物发酵后的食品可提高对钙的收，乳糖和充足的蛋白质也有利于钙的吸收。膳食中一些因素会影响钙的吸收，如植物性食物中的植酸盐、纤维素、草酸容易与钙结合成难溶性的盐，降低钙的吸收，因此很多植物性食品中的钙吸收率较低。从代谢机理方面考虑，维生素D是影响钙吸收的重要因素，维生素D不足，钙的吸过程受阻。另外，运动可增加钙的吸收，缺乏运动时，钙的吸收利用减少。缺钙常导致儿童出现软骨病、佝偻病，老年出现骨质疏松症，受伤易流血不止等疾病。

食品中钙的来源以奶及乳制品最好，奶中钙含量丰富，易于吸收。另外，蛋品、水产品（如虾皮、海带）、肉类含钙也较多，但是如贝类、虾类、螃蟹等钙盐难解离；干果、豆类及其豆制品、绿叶蔬菜也是钙的较好来源。

人对钙的日需要量的推荐值为0.8～1.0g，对于儿童、中老年人这些人群由于钙的需要量比较大，因此保证钙的足量摄入十分重要。钙强化食品通常采用乳酸钙、碳酸钙、葡萄糖酸钙等作为钙源。

3.1.2 磷（P）

人体中总磷的含量约为700g，在各种细胞中都有分布，但80%以不溶性磷酸盐形式沉积于骨骼，其余主要以有机磷化合物的形式集中在细胞内液，是细胞内液含量最多的阴离子。

磷作为核酸、磷脂、辅酶的组成部分，参与碳水化合物和脂肪的吸收与代谢。磷主要的生理功能有：构成骨质、核酸；促进成长及身体组织器官的修复，协助脂肪和淀粉的代谢；供给能量；维持体液酸碱平衡。在食品工业中，磷在软饮料中用作酸化剂；三聚磷酸钠有助于改善肉的持水性；在剁碎肉和加工奶酪时使用磷可起到乳化助剂的作用。此外，磷还可充当膨松剂。

人体对磷的日需量为0.8～1.2g，缺磷会影响钙的吸收而得软骨病。由于磷在食物中分布很广，无论动物性食物或植物性食物，在其细胞中都含有丰富的磷，所以正常的膳食结构一般无缺磷现象。

动物性食物磷是与蛋白质并存的，瘦肉、蛋、奶、动物的肝和肾含量都很高，植物性食物中以豆类、花生、核桃中磷的含量比较丰富。食物中的磷主要以有机磷酸酯及磷脂的形式存在，较易消化吸收，吸收率在70%以上，人体内缺磷时，吸收率可达90%，见表7-15。

表7-15 食品中植酸磷的含量　　　　　　　　单位：g/kg干物质

食品	总磷	植酸磷	食品	总磷	植酸磷
大米	3.5	2.4	豌豆	3.8	1.7
小米	3.5	1.9	大豆	7.1	3.8
小麦	3.3	2.2	土豆	1.0	0
玉米	2.8	1.9	燕麦	3.6	2.1
高粱	2.7	1.9	大麦	3.7	2.2

植酸含量高的食物中（谷类和大豆）磷含量也高，但其主要以植酸盐形式存在，不易被人体消化。通过食品加工的手段提高食物中磷的吸收率，如将豆粒、谷粒用热水浸泡，植物能被酶水解，从而降低植酸盐含量，提高其利用率。也可通过微生物发酵可把植酸分解为1分子肌醇与6分子磷酸，从而增加磷的吸收，也可改善对其他矿质元素的吸收。正磷酸盐、焦磷酸钠、三聚磷酸钠、偏磷酸钠和骨粉等常用作强化食品的磷的添加剂，但它们也都需经酶水解成正磷酸盐后才能被吸收，而且其水解程度受磷酸聚合程度的影响。

3.2 其他常量元素

3.2.1 钠（Na）

钠是人体中一种重要无机元素，一般情况下，成人体内钠含量占体重的 0.9～1.1g/kg。体内钠主要在细胞外液，占总体钠的 44%～50%，骨骼中含量也高达 40%～47%，细胞内液含量较低，仅 9%～10%。

钠的生理功能主要有：是细胞外液中带正电的主要离子，参与水的代谢，保证体内水的平衡，调节体内水分与渗透压；维持体内酸和碱的平衡；参与机体对 ATP 的生产和利用、肌肉运动、心血管功能、能量代谢过程；维持血压正常；增强神经肌肉兴奋性。在食品工业中钠可激活某些酶如淀粉酶；诱发食品中典型咸味；降低食品的水分活度，抑制微生物生长，起到防腐的作用；作为膨松剂改善食品的质构。

钠在小肠上部吸收，吸收率极高，故粪便中含钠量很少。钠在空肠的吸收属于被动性吸收，在回肠则大部分是主动吸收。钠一般由尿、粪便、汗液排出，通过肾脏随尿排钠是人和动物排钠的主要途径。肾对钠的调节能力很强（多食多排、少食少排、不食不排），通过此原理可以判断是否缺盐脱水及缺盐程度。

钠普遍存在于各种食物中，一般动物性食物高于植物性食物，但人体钠来源主要为食盐、加工以及制备食物过程中加入的钠或含钠的复合物（如谷氨酸、小苏打等）、酱油、盐渍或腌制肉或烟熏食品、酱咸菜类、发酵豆制品、咸味休闲食品等。营养学研究中，Na 的过多摄入导致高血压，尽管食盐能改善食品的风味，但健康饮食理念建议选择"低钠盐膳食"。

3.2.2 钾（K）

人体内钾的含量为 31～57mmol(1.2～2.2g)/kg 体重。钾主要存在于细胞内（约 98%），是细胞内最主要的阳离子。血清钾浓度为 3.5～5.5mmol/L，而细胞内液钾浓度则高达 150mmol/L 左右。

钾的生理功能主要有：调节细胞内渗透压和体液的酸碱平衡；激活许多酵解酶和呼吸酶，参与细胞内糖和蛋白质的代谢；维持神经健康、心跳规律正常，预防中风，并协助肌肉正常收缩。另外，在因摄入高钠而导致高血压时，钾具有降血压作用。食品工业中，钾可作为食盐的替代品及膨松剂。

一般而言，身体健康的人，会自动将多余的钾排出体外（主要由肾脏、汗、粪排出）。但肾病患者则要特别留意，避免摄取过量的钾。机体钾缺乏可引起心律不齐和加速、心电图异常、肌肉衰弱和烦躁，严重时导致心跳停止。

K 由食品供给，各类水果、蔬菜都是富含 K 的食物。

3.2.3 镁（Mg）

镁是一种参与生物体正常生命活动及新陈代谢过程必不可少的元素。成人身体总镁含量约 25g，其中 60%～65% 存在于骨、齿，27% 分布于软组织。

镁的生理功能主要有：影响钾离子和钙离子的转运；调控信号的传递；参与能量代谢、蛋白质和核酸的合成；催化酶的激活和抑制；对细胞周期、细胞增殖及细胞分化的调控；与机体氧化应激和肿瘤发生有关。食品工业中镁主要用作颜色改良剂，在蔬菜加工中常因叶绿素中的镁脱去生成脱镁叶绿素，使色泽变暗。

食物中的镁在整个肠道均可被吸收，但主要是在空肠末端与回肠部位吸收，吸收率一般约为 30%。膳食中的镁来源丰富，故人体一般很少出现缺乏症。

许多食品中含镁，尤其是绿色植物中，如小麦中镁的含量丰富，主要集中在胚及糠麸中，糙粮、坚果也含有丰富的镁，此外某些海产品如牡蛎中镁的含量也很高。除了食物之外，从饮水中也可以获得少量镁，但饮水中镁的含量随水的硬度变化很大。

3.3 微量元素

3.3.1 锌（Zn）

锌也是人体必需的微量元素之一，机体内锌的含量仅次于铁。锌在人体中的总量 2～4g，主要以锌蛋白及含锌酶的形式分布在各种组织器官中，主要存在于头发、皮肤、骨骼、肝脏、肌肉、眼睛及雄性腺中。锌的主要生理功能如下。

（1）锌参加人体内许多金属酶的组成，是人机体中 200 多种酶的组成部分，如超氧化物歧化酶。

（2）锌参与蛋白质和核酸的合成，促进机体的生长发育和组织再生，是调节基因表达即调节 DNA 复制、转译和转录的 DNA 聚合酶的必需组成部分。

（3）锌促进食欲　动物和人缺锌时，对味觉系统有不良的影响，导致味觉迟钝，出现食欲缺乏。

此外，锌还有促进性器官和性机能的正常，维持皮肤健康，并且参与机体免疫过程。胰腺中锌含量降至正常人的一半时，有患糖尿病的危险。

缺锌时可表现为食欲低下、厌食、偏食、异食癖、生长发育落后、味觉功能减低以及免疫功能下降，严重时可表现出智力低下。男性严重缺锌会引起性机能减退和侏儒症，孕妇严重缺锌会使胎儿发育畸形。人乳中锌易被吸收，牛乳中锌常和大分子蛋白质结合而不易吸收，故人工喂养婴儿容易缺锌。植物性食物含锌较少，且谷类外皮和蔬菜的植酸盐、纤维素、果胶均可与锌络合而妨碍其吸收，故以素食为主食的人群易缺锌。儿童滥用铁的强化食品有可能引起身体微量元素的失衡，长期出汗和反复出血，锌排出也会增多。

成年男子对锌的实际需要量约 2.2mg/d，考虑到人对食物中的锌的吸收率为 10％左右，推荐量为 22mg/d。膳食中锌的摄入量直接受食物种类和来源的影响，一般动物性食品中锌含量较高，例如肉、内脏、蛋类、海产品。

3.3.2 铁（Fe）

铁是人体必需的微量元素，成年人体内含铁 3～4g，其中有 2/3 存在于血红蛋白与肌红蛋白中，是构成血红素的成分；其余的铁分布于铁蛋白、铁血黄素、细胞色素中。肝脏中铁含量较多，其他器官（肾、脾）中也有少量分布。机体内的铁均与蛋白质结合在一起，无游离的铁离子存在，是多种酶（细胞色素氧化酶、过氧化物酶、过氧化氢酶）的成分。

铁的主要生理功能主要有：参与血红蛋白和肌红蛋白的构成；参与细胞色素氧化酶、过氧化物酶的合成；维持其他酶类如乙酰辅酶 A、黄嘌呤氧化酶等活性以保持体内三羧酸循环顺利进行；在机体氧的运输、交换与组织呼吸中发挥重要作用。铁还影响体内蛋白质的合成，提高机体的免疫力。

食物中的铁元素可分为血红素铁和非血红素铁，血红素铁来自于有血的动物食品，是与血红蛋白和肌红蛋白中的卟啉结合的铁，此种类型的铁不受植酸及磷酸影响，将以卟啉铁形式直接被肠黏膜上皮细胞吸收，吸收率为 20％～40％，不受食物因素影响；非血红素铁的吸收率为 3％～5％，主要以 $Fe(OH)_n$ 配合物的形式存在于植物性食物中，与其配合的有机分子有蛋白质、氨基酸、有机酸等。食物中非血红素铁若伴随植酸、磷酸含量较多，则会与铁形成不溶性铁盐影响吸收，这是谷类食物中铁吸收率低的原因。这种形式的铁必须事先与有机部分分开，并还原成为亚铁离子后才能被吸收。另外，鸡蛋中可吸收的铁少的原因是因为铁与蛋黄磷蛋白中的磷结合所致。

人体中缺铁（血浆中铁的含量低于 400mg/L）导致缺铁性贫血，使人感到体虚无力。贫血还能引起机体工作能力明显下降。如免疫和抗感染能力降低，在寒冷环境中保持体温的能力受损；许多流行病学研究表明妊娠早期贫血与早产、低出生体重儿及胎儿死亡有关；动物和人体实验均证明缺铁会增加铅的吸收，易造成铅中毒。

含铁丰富的食物是动物肝脏、肉、蛋类、绿色蔬菜等,是铁的良好来源。茶叶、柿子、果酒中的鞣酸,会和铁结合妨碍铁的吸收。为了提高铁的吸收率,实践中将动、植物性食品混合食用,这种食物的合理搭配是提高铁利用率的重要措施。另外,食物中维生素 C 和氨基酸食物的搭配对铁的吸收也有提高作用,如大米中的铁吸收率仅为1%,如与和肉类、蔬菜搭配食用,吸收率可提高 10% 以上。在食品加工过程中,也会对铁的生物有效性产生一定的影响。如在食品加工中去除植酸或添加维生素 C 有助于铁的吸收。常用于强化铁的化合物有硫酸亚铁、正磷酸铁、卟啉铁等,见表 7-16。

表 7-16 不同化学形式铁的生物有效性　　　　　　　　　　　单位:%

化学形式	相对生物有效性	化学形式	相对生物有效性
硫酸亚铁	100	焦磷酸铁	45
柠檬酸铁铵	107	还原铁	37
硫酸铁铵	99	氧化铁	4
葡萄糖酸亚铁	97	碳酸亚铁	2
柠檬酸铁	73		

3.3.3　碘(I)

碘是人体必需的微量元素之一,有"智力元素"之称。人体含 20~50mg,其中 20%~30% 集中在甲状腺中。

碘的主要生理功能为构成甲状腺素与三碘甲状腺素,该类物质在人体内有能量转移、蛋白质与脂肪代谢、增强酶的活力、调节神经与肌肉功能、调控皮肤与毛发生长等功能。面粉加工焙烤食品时,KIO_3 作为面团改良剂,能改善焙烤食品质量。

甲状腺肿与克汀病是缺碘性营养缺乏病,其发病率又局限于土壤与水源中缺乏碘的地区,主要是由于人们长期食用在低碘或缺碘地区种植的农产品而造成的缺碘,因此又称之为地方性疾病。缺乏碘时易造成甲状腺肿大,生长迟缓,智力迟钝等现象,孕妇缺碘会引起新生儿患"呆小症"。

食品中碘的含量因地区有很大的不同,海产品的碘含量大于陆地食物,鉴于大海是自然界的碘库,故海洋生物内的含碘量很高(见表 7-17)。含碘量最高的食物为海产品,如海带、紫菜、鲜海鱼、蚶干、蛤干、干贝、海参等;海带含量最高,干海带中可达到240mg/kg 以上;其次为海贝类及鲜海鱼(800μg/kg 左右)。动物性食物的碘含量大于植物性食物,陆地食品则以蛋、奶含碘量较高,其次为肉类,淡水鱼的含碘量低于肉类。植物的含碘量是最低的,特别是水果和蔬菜。

表 7-17 部分食品中碘的含量　　　　　　　　　　　单位:μg/kg

食品	含量	食品	含量
海带(干)	240000	蛏干	1900
紫菜(干)	18000	干贝	1200
发菜(干)	11000	淡菜	1200
鱼肝(干)	480	海参(干)	6000
蚶(干)	2400	海蜇(干)	1320
蛤(干)	2400	龙虾(干)	600

碘的供给量标准为成人 150μg/d。一般采用在盐中加入碘化钾或碘酸钾的方法实现普遍补碘,每克碘盐含碘约 70μg,因此碘盐是最为方便有效的补碘途径,我国在食盐中添加碘的措施防治甲状腺肿很有成效。

3.3.4 其他矿物质元素

除以上介绍的钙、磷、镁、铁、锌、碘以外，食品中还有许多矿物质对机体有着重要的作用，如氯、硫等。有些还是人体必需的微量元素，如氟、铜、硒、锰、铬等。但是应指出所有必需的微量元素若摄入过量均会引起人体中毒。

4. 矿物质的生物有效性

生物有效性是指食品中营养素被生物体利用的实际的可能性。机体对食品中矿物质的吸收与利用，依赖于食品提供的矿物质总量以及可吸收程度，并与机体的机能状态等有关。一般而言，动物性的食品中的矿物质元素的生物有效性优于植物性的食品。

4.1 影响食品中矿物质生物有效性的因素

4.1.1 食品的可消化性

如果食品不易消化，即使营养素再丰富也得不到利用。如麸皮，米糠中含有很多的铁、锌等营养必须元素，但由于这些物质可消化性很差，因而得不到利用。

4.1.2 矿物质的化学和物理状态

同一矿物元素处于不同的化学形式，其生物可利用性不同。例如，Fe^{2+} 比 Fe^{3+} 更易被机体利用；血红素中铁的生物可利用率远高于无机铁离子；与酶蛋白结合的锌更易被吸收和利用。

由于矿物质消化与吸收需要水，在体内转运和发挥功能也常以水为媒介。因此，矿物质的溶解性影响着其生物利用性。例如，多价离子的磷酸盐和碳酸盐难被吸收，而钾、钠、氯等元素的化合物吸收率较高。另一方面，颗粒大小会影响溶解度进而影响其可消化性。

4.1.3 与其他营养物质相互作用

饮食中的矿物质与其他营养物质存在相互间的促进作用，如钙与乳酸生成乳酸钙，铁与氨基酸生成盐，都可以使这些矿物质成为可溶态，有利于吸收。另外，饮食中一种矿物质过量就会干扰另外一种矿物质得利用。两种矿物质竞争蛋白质载体上的结合部位，或者一种过剩矿物质与另外一种矿物质化合后一起排泄掉，造成后者的缺乏。例如过多的铁抑制了锌、锰等的吸收。

4.1.4 螯合作用

螯合物在机体中的种类很多，比如传递和贮存金属离子的螯合物（氨基酸-金属螯合物），新陈代谢必需的螯合物（亚铁血红素-血红蛋白的螯合物）等，这类螯合物有利于矿物质的利用。还有一些会降低矿物质生物有效性，干扰性营养素的吸收，如植酸金属螯合物。

4.1.5 加工方法

食品加工也会影响到矿物质在体内的利用。例如，饼干在焙烤后使面粉中强化的 Fe^{2+} 转变成 Fe^{3+}，降低铁的生物有效性。添加维生素C或除去植酸盐均可提高铁的生物可利用性。破碎的细度可提高难溶元素的生物有效性，如添加到液体的食物中的难溶的铁化合物，经过加工并延长贮藏期可以变为具有较高生物活性的形式。

4.2 提高矿物质生物有效性的方法

（1）避免食物中各种成分的不利化学反应。

（2）利用有利的化学反应。

（3）注意酸性食品和碱性食品的合理搭配。

碱性食品：含阳离子金属元素较多的食品，生理上统称为碱性食品，如钠，钙，钾，镁等。大部分水果品，蔬菜，豆类都属于碱性食品。

酸性食品：含阴离子金属元素较多的食品，生理上统称为酸性食品，如磷，硫，氯等。大部分鱼、禽、蛋等动物性食品属于酸性食品，米，面等主食中含有磷较多，所以也属于酸性食品。

5. 矿物质在食品加工中的变化

矿物质在生物体内具有重要的功能，能维持体液和细胞的渗透压及机体的酸碱平衡，有些矿物质还是机体代谢环节关键酶的辅助因子。食品中的矿物质不仅具有上述的营养和生理功能，它还有增强食品具有风味的作用，影响食品的质地。

（1）食品中矿物质的含量有些是相当稳定的，有些则变化很大。食品中矿物质在很大程度上受遗传因素和环境因素的影响。有些植物具有富集特定元素的能力，植物生长的环境如水、土壤、肥料、农药等也会影响食品中的矿物质。内地与沿海地区比较，食品碘的含量低。动物种类不同，其矿物质组成有差异。例如，牛肉中铁含量比鸡肉高。同一品种不同部位矿物质含量也不同，如动物肝脏比其他器官和组织更易沉积矿物质。

（2）食品中矿物质损失与维生素不同，它通常不是化学反应引起的，而是因为加工过程中的物理作用。食品加工中最初的淋洗及整理、除去下脚料的过程是食品中矿物质损失的主要途径，此外，食品在烫漂或蒸煮等烹调过程中，遇水引起矿物质的流失，其损失多少与矿物质的溶解度有关。

精制是造成谷物中矿物质损失的主要因素，因为谷物中的矿物质主要分布在糊粉层和胚组织中，碾磨时使矿物质含量减少。食品磨得越细，微量元素损失越多。需要强调的是由于某些谷物如小麦外层所含的抗营养因子在一定程度上妨碍矿物质在体内的吸收。因此，需要适当进行加工，以提高矿物质的生物可利用性。

烹调中食物间的搭配对矿物质也有一定的影响。若搭配不当时会降低矿物质的生物可利用性。例如，含钙丰富的食物与含草酸盐较高的食物共同煮制，就会使形成螯合物，大大降低钙在人体中的利用率。

（3）食品加工中设备、用水和包装都会影响食品中的矿物质。例如，牛乳中镍含量很低，但经过不锈钢设备处理后镍的含量明显上升。罐头食品中的酸与金属器壁反应，生产氢气和金属盐，则食品中的铁和锡离子的浓度明显上升，但这类反应严重时会产生"胀罐"和出现硫化黑斑。

子项目测试

1. 简述维生素的定义与特性。
2. 与人体健康有关的维生素有哪些？
3. 维生素 A 与胡萝卜素之间有什么关系？哪些物质是维生素 A 原？
4. 维生素 E 有几种不同结构？
5. 维生素在加热情况下会发生什么变化？在有氧条件下的主要变化是什么？
6. 简述维生素在食品加工中的损失途径。
7. 哪些矿物质是人体必需的？其中哪些是人体容易缺乏的？缺乏后容易得什么疾病？
8. 简述查食品营养成分表，试比较常见的蔬菜、肉类、谷物中钙、铁元素的含量水平。
9. 简述矿物质在食品加工中的损失途径。
10. 简述矿物质的生物利用性以及影响因素。

项目八 食品中的酶

目前，在食品工业中广泛采用酶来改善食品的品质以及制造工艺，酶作为一类食品添加剂，其使用品种不断地增多。酶在食品领域中的应用方兴未艾，其在食品加工中加入的目的通常有提高食品品质、制造合成食品、增加提取食品成分的速度与产量、改良风味和稳定食品品质等。与以前的化学催化剂相比，酶反应显得特别温和，这对避免食品营养价值的损失是很有利的。

子项目一 酶

学习目标：
1. 理解酶高效性、专一性的催化特征。
2. 学会酶的化学本质、命名及分类。
3. 学会酶的作用特点、酶催化反应的机理及影响酶促反应的因素。

技能目标：
1. 学会酶高效性、专一性的检测方法。
2. 能应用对照试验的结果，选择酶的最佳反应条件。

生物体生命活动的基本特征之一是不断地进行新陈代谢，而新陈代谢又是由无数复杂的化学反应组成。生物体内的这些化学反应都是在常温、常压、酸碱适中的温和条件下有条不紊地迅速完成的，如果在实验室中进行这些反应，则需要高温、高压、强酸或强碱等剧烈条件，甚至有些反应还难以实现。生物体的新陈代谢之所以能在如此温和的条件下有规律地进行，其根本原因在于生物体内存在控制化学反应进程的生物催化剂——酶。

任务一 酶的催化特性

【工作任务】

酶促反应高效性、专一性验证。

【工作目标】

学会酶高效性、专一性的检验方法。

【工作情境】

本任务可在化验室或实验室中进行。

1. 仪器 恒温水浴（37℃），沸水浴（100℃），试管 18mm×180mm 共 10 根，吸管 1mL（7 支），2mL（3 支），5mL（5 支），量筒 100mL（1 个），胶头滴管（3 支）。

2. 材料 选择完好马铃薯（生、熟），去皮切成 5mm 的方块。

3. 试剂

(1) Fe 粉。

(2) 2% H_2O_2（用时现配）。

(3) 唾液淀粉酶原液 先用蒸馏水漱口,再含10mL左右蒸馏水,轻轻漱动,数分钟后吐出收集在烧杯中,用数层纱布或棉花过滤,即得清澈的唾液淀粉酶原液。

(4) 蔗糖酶溶液 取1g鲜酵母或干酵母放入研钵中,加入少量石英砂和水研磨,加50mL蒸馏水,静置片刻,过滤即得。

(5) 2%蔗糖溶液 用分析纯蔗糖新鲜配制。

(6) 1%淀粉溶液 1g淀粉和0.3g NaCl,用5mL蒸馏水悬浮,慢慢倒入60mL煮沸的馏水中,煮沸1min,冷却至室温,加水到100mL,冰箱储存。

(7) 0.1%淀粉溶液 0.1g淀粉,以5mL水悬浮,慢慢倒入60mL煮沸的蒸馏水中,煮沸1min,冷却至室温,加水到100mL,冰箱储存。

(8) 班氏试剂(Benedict) 17.3g $CuSO_4 \cdot 5H_2O$,加入100mL蒸馏水加热溶解,冷却;173g柠檬酸钠和100g $Na_2CO_3 \cdot 2H_2O$ 以600mL蒸馏水加热溶解,冷却后将 $CuSO_4$ 溶液慢慢加入到柠檬酸钠-碳酸钠溶液中,边加边搅拌,最后定容至1000mL。如有沉淀可过滤除去,此试剂可长期保存。

【工作原理】

过氧化氢酶广泛分布于生物体内,使 H_2O_2 不致在体内积聚。能将代谢中产生的有害的 H_2O_2 分解成 H_2O 和 O_2,酶与一般催化剂最主要的区别是其高效的催化性和高度的专一性。高效的催化性表现在其催化效率比无机催化剂铁粉高10个数量级,反应速率可观察 O_2 产生情况。高度的专一性即一种酶只能对一种或一类化合物起催化作用,例如淀粉酶和蔗糖酶虽然都催化糖苷键的水解,但是淀粉酶只对淀粉起作用,蔗糖酶只水解蔗糖。

【工作过程】

1. 酶催化的高效性

取四支试管按下表所示加入试剂。

操作项目	序号			
	1	2	3	4
2% H_2O_2/mL	3	3	3	3
生马铃薯小块/块	2	0	0	0
熟马铃薯小块/块	0	2	0	0
铁粉	0	0	一小勺	0
现象				

观察并记录各管反应现象,并作出相应解释。

2. 酶的专一性

取六支试管按下表所示加入试剂。

管号	1	2	3	4
1%的淀粉溶液/mL	4	—	4	—
2%的蔗糖溶液/mL	—	4	—	4
稀释唾液/mL	—	—	1	1
蒸馏水/mL	1	1	—	—
37℃恒温水浴,各管每隔5s做一次碘试验				
Benedict试剂/mL	1	1	1	1
现象				

当3号管的碘试验现象呈碘本来颜色时,将四支试管中都加入Benedict试剂1mL,放入沸水中煮沸,观察现象。依据实验结果从理论上给出合理的解释。

【注意事项】

个人唾液中淀粉酶的活力不同，唾液淀粉酶原液的活性有所不同；2% H_2O_2 应用时要避免长时间放置失去而氧化作用。

【体验测试】

比较酶专一性实验结果，说明酶作用的专一性。

知识链接

酶的催化特性

1. 酶的化学本质

1.1 酶的定义

酶（enzyme）是由生物活细胞产生的具有催化生物化学反应活性的物质，它存在于活细胞中并控制生物体各种代谢过程。在希腊语里，酶（enzyme）就是存在于酵母（zyme）中的意思。迄今为止，从生物材料中分离、鉴定出的两千多种酶都是蛋白质，仅少数几种酶为核酸分子。酶是球形蛋白质，其基本组成单位是氨基酸，由肽键相连形成肽链，也具有一级、二级、三级和四级结构，并且具有蛋白质的一切理化性质，如具有两性电解质性质。凡能引起蛋白质变性的因素均可致使酶失活。酶具有生物催化活性，只要处于正常的活性状态，无论是在细胞内还是在细胞外都可发挥催化作用。

目前在食品工业应用的酶也都是蛋白质，本章节提及的酶，都专指化学本质为蛋白质的这一类酶。20世纪70年代初期兴起的酶工程技术已在食品、医药、基因工程等领域显示了它的生命力，尤其在食品工业中，利用酶来嫩化肉类、澄清啤酒、果汁，去除果皮，增进食品风味和改善食品质构，用酶水解淀粉和纤维素制葡萄糖，将葡萄糖异构为果糖，利用酶分析食品等。酶在食品工业中的广泛应用，使之发展成了一门新兴的分支学科——食品酶学，这将对促进食品工业的发展产生深远的影响。

1.2 酶的组成

酶主要由两部分组成：一部分是蛋白质部分的酶蛋白；另一部分是非蛋白质部分的辅助因子。按照酶的化学组成可将酶分为单纯酶和结合酶两大类。

（1）单纯酶或简单酶　仅由蛋白质构成的酶称为单纯酶或简单酶，即单纯酶分子是由氨基酸残基组成的肽链，它的催化活性取决于蛋白质的结构，大多数水解酶都是单纯酶。

（2）结合酶或全酶　由酶蛋白和辅助因子共同构成的称为结合酶或全酶。结合酶必须当酶蛋白和辅助因子同时存在时才具有催化活性，根据辅助因子与酶蛋白结合的紧密程度不同可分为两大类：两者紧密结合且不易分离的辅助因子称为辅基；而两者结合较松散，在酶反应过程中与酶蛋白易分离的辅助因子称为辅酶。酶蛋白与辅酶或辅基形成的复合物称为全酶。

即：全酶＝酶蛋白＋辅酶（或辅基）。

辅酶或辅基一般是结构复杂的有机化合物（如维生素 B_{12}），或是简单的金属离子[如钠离子（Na^+）、钾离子（K^+）、镁离子（Mg^{2+}）、锌离子（Zn^{2+}）、铁离子（Fe^{2+}）、铜离子（Cu^{2+} 或 Cu^+）等]。结合酶中的金属离子有多方面功能，它们可以是酶活性中心的组成成分，有的可能在稳定酶分子的构象上起作用，也可能作为桥梁使酶与底物相连接。辅酶与辅基在催化反应中作为氢（H^+）和电子（e^-）或某些化学基团的载体，起传递氢或化学基团的作用。

2. 酶的命名与分类

酶的结构相对复杂，种类繁多，多年来普遍使用的是酶的习惯名称。根据酶所催化的底物分类：如水解淀粉的酶称为淀粉酶，水解蛋白质的称为蛋白酶；有时还加上来源，以区别不同来源的同一类酶，如胃蛋白酶、胰蛋白酶、木瓜蛋白酶等。根据酶催化的化学反应性质分类，如氧化还原酶、水解酶、异构酶、合成酶等。由于习惯命名法缺乏系统性，没有统一的规则,易造成酶名称混乱的现象。

鉴于上述情况和新发现的酶不断增加,为适应酶学发展的新情况,国际生化协会酶委员会推荐了一套系统的酶命名方案和分类方法,决定每一种酶应有系统名称和习惯名称,同时每一种酶有一个固定编号。主要是根据催化反应的类型将酶分成六大类,并以四位阿拉伯数代表一种酶。例如:α-淀粉酶(习惯命名)的系统命名为α-1,4-葡萄糖-4-葡萄糖水解酶,编号为EC3.2.1.1。EC表示国际酶学委员会"Enzyme Commission"的缩写。

第一位数字表示酶的六大分类,分别用1、2、3、4、5、6表示,其中1表示氧化还原酶类,2表示转移酶类,3表示水解酶类,4表示裂合酶类,5表示异构酶类,6表示合成酶类;第二位数字表示大类中的亚类,如氧化还原酶类中表示氢的供体,转移酶中表示转基团,水解酶中表示水解键连接形式,裂解酶中表示裂解键的形式等;第三位数为次亚类来补充第二个数字的不足,如氧化还原酶中不同的电子受体等;第四位数表示相同作用进行具体的编号。由于这种系统命名法虽然严格,但过于复杂,故尚未普遍使用,有时仍使的习惯命名法。

3. 酶的催化作用特点

酶是生物催化剂,具有与一般催化剂相同的催化性质:只催化热力学允许的化学反应;在反应前后没有质和量的变化;只能加速可逆反应的进程,而不改变反应的平衡点;作用机理都是降低反应的活化能。但酶又具有一般催化剂所没有的生物大分子的特征。

3.1 酶的高效催化性

酶具有高效的催化性。一般而言,少量的酶就可以起到很强的催化作用,酶的催化速度比一般催化剂的催化反应速度高 $10^8 \sim 10^{20}$ 倍。例如,1份淀粉酶就能够催化100万份的淀粉,使淀粉水解成麦芽糖;1mol Fe^{3+} 在0℃时,每秒钟只能催化10~15mol过氧化氢分解,但在同样条件下,过氧化氢酶则能催化 10^5 mol过氧化氢分解。

3.2 酶的高度专一性

酶对其所催化的底物具有严格的选择性,即一种酶只作用于一类化合物或一定的化学键,以促进一定的化学变化,并生成一定的产物,将酶的这种特性称为酶的专一性或特异性。酶催化的专一性取决于酶蛋白分子上的特定结构,根据酶对底物选择严格程度不同,可分为以下几种类型。

(1)绝对专一性 只能作用于特定结构的底物,进行一种专一的反应,生成一种特定结构的产物。如脲酶只能催化尿素水解成 NH_3 和 CO_2。大多数酶属于此类。

(2)相对专一性 有的酶能够催化结构相似的一类底物或一种化学键发生反应,这种不太严格的专一性称为相对专一性。如脂肪酶不仅能水解脂肪,也能水解简单的酯类化合物;磷酸酶对一般的磷酸酯都有水解作用;蔗糖酶不仅能够水解蔗糖,也能水解棉籽糖中的同一类糖苷键。

(3)立体化学专一性 一种酶只对一种底物的某种特殊的旋光或立体异构物起催化作用,而对此底物立体对映体不起作用,称为立体异构专一性。如α-淀粉酶只能水解淀粉中α-1,4-糖苷键,而不能水解纤维素中的β-1,4-糖苷键;L-乳酸脱氢酶的只能催化L-型乳酸,对D-型乳酸没有作用。

3.3 酶活性的不稳定性

酶是蛋白质,酶促反应要求一定的pH、温度等温和的条件,如人体内的酶只有在正常体温下才可发挥最佳的催化效果。强酸、强碱、有机溶剂、重金属盐、高温、紫外线、剧烈振荡等任何使蛋白质变性的理化因素都可能使酶变性而失去催化活性。

4. 酶的作用机理

酶催化反应机理的研究是当代生物化学的一个重要课题。酶作用机理由很多学说组成,目前较公认的学说之一是中间产物学说。酶的中间产物学说是由 Brown（1902）和 Henri（1903）提出的。其学说主要认为酶的高效催化效率是由于酶首先与底物结合，生成不稳定的中间产物（又称中心复合物 central complex），然后分解为反应产物而释放出酶。

4.1 中间产物学说

目前一般认为，酶催化某一反应时，首先在酶的活性中心与底物结合生成酶-底物复合物，此复合物再进行分解而释放出酶，同时生成一种或数种产物，此过程可用下式表示：

$$E+S \rightleftharpoons ES \rightleftharpoons E+P$$

其中，E 代表酶；S 代表底物；ES 代表酶和底物结合的中间产物；P 代表反应产物。由于 ES 的形成速度很快，且很不稳定，一般不易得到 ES 复合物存在的直接证据。但从溶菌酶结构的研究中，已制成它与底物形成复合物的结晶，并得到了 X 线衍射图，证明了 ES 复合物的存在。

4.2 酶的活性中心

酶分子很大，结构也很复杂，存在许多氨基酸侧链基团。其中，酶分子中与酶活性密切相关的基团称为酶的必需基团。必需基团在酶分子的一级结构上可能相距甚远，但在空间结构上却彼此靠近，集中在一起形成具有一定空间构象的区域，能特异的结合底物，并将底物转变为产物，该区域称为酶的活性中心（见图 8-1）。

酶活性中心包括两个功能部位。直接与底物结合的部位，称为结合部位，它决定酶催化的专一性；催化底物打开旧化学键，形成新化学键并迅速生成产物的部位，称为催化部位，该部位决定酶的催化能力。

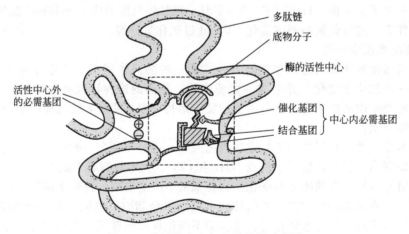

图 8-1 酶活性中心与必需基团示意图

酶活性中心是酶蛋白具有的一定空间结构，是酶表现催化活性的核心部位，其结构一旦被破坏，酶的催化活性亦立即丧失。研究发现，在酶活性中心出现频率最高的氨基酸残基有：丝氨酸、组氨酸、半胱氨酸、酪氨酸、天冬氨酸、谷氨酸和赖氨酸。它们的极性侧链基团常是酶活性中心的必需基团。在活性中心之外的另一些基团虽然不参加酶活性中心的组成，但却是维持酶活性中心空间结构所必需的，这些基团称为酶活性中心外必需基团。在酶分子中除必需基团外，其他部位也是活性中心形成的必要结构基础。

不同的酶，其活性中心空间结构不同，催化作用亦各不相同。由于构成结合基团的氨基酸残基不同，能与之结合的底物也就不同，因此，结合基团表现了酶的专一性。构成催化基团的氨基酸残基不同，就会影响不同底物化学键的稳定性，从而促进底物转化为产物，因此，催化基团表现了酶的催化性。

4.3 酶催化作用在于降低反应活化能

在任何化学反应中，反应物分子必须超过一定的能阈（活化分子含有的能参加化学反应的最低限度的能量，称为化学反应的能阈或能障）成为活化的状态，才能发生变化，形成产物。这种提高低能分子达到活化状态的能量，称为活化能。酶与催化剂的催化作用，主要是降低反应所需的活化能，以致相同的能量能使更多的分子活化，从而加速反应的进行。酶存在时降低反应活化能的作用机理见图 8-2。

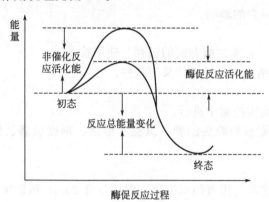

图 8-2 酶对反应活化能的影响

4.4 酶作用高效性的机理

酶催化作用的机理包括下列共同程序：酶与底物相遇、互相定向、电子重组以及产物释放。现在认为，与酶的高效催化作用有关的重要因素有以下 4 个方面。

4.4.1 邻近效应与定向效应

（1）邻近效应 由于化学反应速率与作用底物的浓度成正比。故提高酶反应速率最简单的可能方式是使底物分子进入酶的活性中心，即增大酶活性中心区域的底物有效浓度。曾有人测到过，某底物在溶液中的浓度为 0.001mol/L，而在活性中心的浓度高达 100mol/L，即浓度增高 10^5 倍左右，这就是靠近效应。

（2）定向效应 指反应物的反应基团之间和酶的催化基团与底物的反应基团之间的正确取位产生的效应。酶促反应进行时，需要底物的反应基团与酶活性中心的必需基团相互严格地定向。酶对于它所作用的底物有着严格的选择，它只能催化一定结构或者一些结构近似的化合物。前期的"锁和钥匙学说"认为，酶和底物结合时，底物的结构和酶的活性中心的结构十分吻合，就好像一把钥匙配一把锁一样。酶的这种互补形状，使酶只能与对应的化合物契合，从而排斥了那些形状、大小不适合的化合物。然而后期的科学研究发现，当底物与酶结合时，酶分子上的某些基团常会发生明显的变化，而且酶常能够催化同一个生化反应中正逆两个方向的反应。因此，"锁和钥匙学说"把酶的结构看成是固定不变的，这是不符合实际的。"诱导契合学说"认为当专一性底物与活性中心结合时，酶蛋白发生一定的构象变化，可以使两者正确地排列并定向。科学家们对羧肽酶等进行了 X 射线衍射研究，有力地支持了这个学说。

4.4.2 "张力"和"形变"

底物的结合可诱导酶分子构象发生变化，比底物大得多的酶分子的三、四级结构的变化，也可对底物产生张力作用，使底物形变和扭曲，促进 ES 进入活性状态。

4.4.3 酸碱催化

通过瞬时的向反应物提供质子或从反应物接受质子以稳定过渡态，加速反应的一类催化机制。参与酸碱催化的基团有氨基、羧基、巯基、酚羟基、咪唑基等。

4.4.4 共价催化作用

某些酶能与底物形成极不稳定的、共价结合的 ES 复合物，这些复合物比无酶存在时更容易进行化学反应。

任务二 影响酶活力的因素

【工作任务】

明确相关因素对酶活力的影响。

【工作目标】

1. 能够制备酶制剂，并掌握酶制剂的保存与使用技术。
2. 能应用对照试验结果，选择最佳反应条件。

【工作情境】

本任务可在化验室或实验室中进行。

1. 仪器　试管、白瓷板和胶头滴管、恒温水浴锅、刻度吸管、饮水杯、冰盒、烧杯与容量瓶、分析天平。

2. 试剂

（1）淀粉酶液　实验者先用蒸馏水漱口，然后口含 20mL 蒸馏水，做咀嚼动作 2～3min（以分泌较多的唾液）后吐入小烧杯中，将数人的稀释液混合在一起以避免人体差异，用脱脂棉过滤，即得清澈的淀粉酶溶液。

（2）1%的淀粉溶液　称取 1g 可溶性淀粉，加入少量冷水调成糊状，徐徐倒入约 90mL 沸水中，同时不断搅拌，再加水定容至 100mL 即可。

（3）碘液　称取 3g 碘化钾溶于 5mL 蒸馏水中，再加 1g 碘，待碘完全溶解后，加蒸馏水 295mL，混合均匀后贮于棕色瓶内。

（4）班氏（Benedict）试剂　将 17.4g 无水硫酸铜溶入 100mL 蒸馏水中，然后加入 100mL 蒸馏水。称取柠檬酸钠 173g 及碳酸钠 100g，加蒸馏水 600mL，加热使之溶解。冷却后，再加蒸馏水 200mL，最后，把硫酸铜溶液缓慢地倾入柠檬酸钠-碳酸钠溶液中，边加边搅拌，如有沉淀可过滤除去，此试剂可长期保存。

（5）缓冲液　A 液：称取 35.62g $Na_2HPO_4 \cdot 2H_2O$ 溶解于 1000mL 水中；B 液：称取 19.21g 无水柠檬酸溶于 1000mL 水中。

pH5 缓冲液：A 液 10.30mL + B 液 9.70mL。

pH6.8 缓冲液：A 液 15.44mL + B 液 4.56mL。

pH8 缓冲液：A 液 19.44mL + B 液 0.56mL。

（6）1%的 NaCl 溶液（W/V）。

（7）1%的 $CuSO_4$ 溶液（W/V）。

（8）2%的蔗糖溶液（AR）。

（9）1%的 Na_2SO_4。

【工作原理】

人唾液中淀粉酶为 α-淀粉酶，在唾液腺细胞内合成。在其作用下，淀粉水解经过一系列被称为糊精的中间产物，最后生成麦芽糖。碘液可指示淀粉的水解程度。唾液淀粉酶对淀粉的水解过程如下：

淀粉 → 蓝色糊精 → 红色糊精 → 无色糊精 → 麦芽糖
遇碘蓝色　　蓝色　　　　红色　　　　无色　　　　无色

淀粉酶只对淀粉起作用，不能水解蔗糖。淀粉、蔗糖与糊精无还原性或还原性很弱，对班氏试剂呈阴性反应；麦芽糖、葡萄糖、果糖是还原糖，与班氏试剂共热后生成红棕色

Cu_2O 沉淀。

酶活力受环境 pH 和温度的影响，表现最高活力的 pH、温度分别称为最适 pH 和最适温度。低浓度的 Cl^- 能增加淀粉酶的活性，是淀粉酶的激活剂；Cu^{2+} 等金属离子能降低淀粉酶活性，是淀粉酶的抑制剂。

【工作过程】

1. 温度对酶活力的影响

取三支试管，编号后按下表所示加入试剂。

管号	1	2	3
淀粉液/mL	1.5	1.5	1.5
稀释唾液/mL	1	1	0
沸过的稀唾液/mL	0	0	1

摇匀后，将1、3号两试管放入37℃恒温水浴中，2号试管放入冰水中。每隔5s取1滴水解液于白瓷板上，用1滴碘液使其呈色，当1号管取液与碘呈碘本身颜色时，记录三管此时显色结果，并解释其原因。而后，将2号管剩下的一半溶液放入37℃水浴中继续保温，做同样的碘液实验，记录结果并分析。

2. pH 值对酶活力的影响

取3支试管，用吸管按下表所示加入1%淀粉液和稀唾液酶于3种缓冲液中。

管号	淀粉液/mL	pH5 缓冲液/mL	pH6.8 缓冲液/mL	pH8 缓冲液/mL	酶液/mL	颜色变化
1	2	1	0	0	2	
2	2	0	1	0	2	
3	2	0	0	1	2	

向各试管中加入稀释唾液的时间间隔为1min。将各试管中物质混匀，并依次置于37℃恒温水浴中保温。

保温过程中，每隔5s从各管中取出一滴混合液，置于白瓷板上，加1小滴碘化钾-碘溶液，检验淀粉的水解程度。待2号管混合后变为棕黄色时，向所有试管依次添加1～2滴碘液，观察并记录颜色，观察各试管中物质呈现的颜色，分析 pH 对唾液淀粉酶活性的影响。

3. 激活剂与抑制剂对酶活性的影响

取4支试管，按下表所示加入试剂。

管号	1	2	3	4	管号	1	2	3	4
1%的淀粉溶液/mL	1	1	1	1	1%$CuSO_4$ 溶液/mL	1.0	—	—	—
稀释唾液/mL	3.0	3.0	3.0	3.0	1%NaCl 溶液/mL	—	1.0	—	—
1%Na_2SO_4/mL	—	—	1.0	—	蒸馏水/mL	—	—	—	1.0
摇匀									

稀释唾液最后加，然后将四支试管放入37℃水浴预保温，每隔5s从各管取一滴溶液在白瓷板上与碘液混合，观察颜色，当2号管呈碘本来颜色时，将四支试管取出，滴加1～2滴碘液观察各试管的颜色变化，分析原理。

【注意事项】

1. 使用胶头滴管取液时，每一次用后都要洗净，再重复用该滴管。
2. 由于口腔中的淀粉浓度较难把握，实验中要注重试验过程的掌控，不要让反应时间过长。

【体验测试】

总结各实验的结果，说明温度、pH、激活剂、抑制剂对反应速度有何影响，为什么？

知识链接

酶促反应动力学

酶促反应动力学是研究酶促反应速度及影响反应速度的各种因素的科学，由于酶的化学本质是蛋白质，凡能影响蛋白质的理化性质的因素都可能影响酶的结构和功能。影响酶促反应的因素主要有酶的浓度、底物浓度、pH值、温度、抑制剂、激活剂等。在研究某一因素对酶促反影响时，应保持反应体系中的其他因素不变。

1. 酶浓度对反应速度的影响

酶促反应中，如果其他条件恒定，则反应速度决定于酶浓度和底物浓度。酶促反应体系中，在一定的温度和pH条件下，当底物浓度大大超过酶的浓度时，酶的浓度与反应呈正比关系，即酶浓度越高，反应速度越快，如图8-3。

2. 底物浓度对反应速度的影响

在酶的浓度及其他条件不变的情况下，底物浓度[S]对反应速度V影响的作用呈双曲线形式，如图8-4。

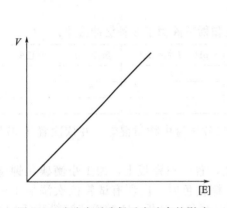
图 8-3　酶浓度对酶促反应速率的影响

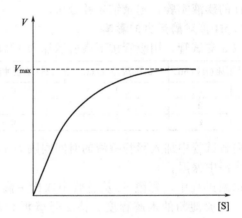
图 8-4　底物浓度对反应速率的影响

从图8-4可以看出，在底物浓度[S]很低时，底物没有完全和酶结合，反应速率随底物浓度的增加而加快，两者呈正比关系，即$V=K[S]$；随底物浓度[S]增加，反应速率随底物浓度增加的程度不断下降，底物浓度对反应速率的影响逐渐变小；如果继续加大底物浓度[S]，达到底物与酶的完全结合时，反应速度不再增加，此时酶已被底物所饱和，无论底物浓度[S]增加到多少，反应速度也不再增加。此时反应速率达到最大值，称为最大反应速率（V_{max}）。

2.1　米-曼氏方程

解释酶促反应中底物浓度和反应速度关系的最合理学说是中间复合物学说。酶首先与底物结合生成酶-底物中间复合物，此复合物再分解为产物和游离的酶。L. Michaelis 和 M. L. Menten 做了大量的定量研究，于1913年提出了反应速度和底物浓度关系的数学方程式，即著名的米-曼氏方程，简称米氏方程。

$$V = \frac{V_{max}[S]}{K_m + [S]}$$

式中　V——反应速率；

　　　[S]——底物浓度；

　　　V_{max}——反应的最大速率；

　　　K_m——米氏常数。

2.2 米氏常数的意义

当酶促反应速度为最大速度一半时，即 $V=1/2V_{max}$ 时，米氏方程可以变换如下：

$$\frac{1}{2}V_{max} = \frac{V_{max}[S]}{K_m+[S]}$$

$$K_m = [S]$$

由以上可知，K_m 值的意义：

① K_m 等于酶促反应速度为最大反应速度一半时的底物浓度，单位为 mol/L。

② K_m 是酶的特征性常数，一般只与酶的性质有关，与酶的浓度无关。

③ K_m 可用来表示酶与底物的亲和力，K_m 越大，酶与底物的亲和力越小，反之则亲和力越大。

④ 不同酶的 K_m 不同，可以用通过测定 K_m 来鉴定不同的酶。

⑤ K_m 最小的底物一般称为该酶的最适底物或天然底物。

3. pH 对反应速度的影响

大部分酶的活性受其环境 pH 的影响，主要原因是酶促反应介质的 pH 可影响酶分子，特别是活性中心上必需基团的解离程度，包括催化基团中质子供体或质子受体所需的离子化状态、底物和辅酶的解离程度，而影响酶与底物的结合。每一种酶只能在一定的 pH 值范围内表现出它的活性，酶促反应速度达到最大值时溶液的 pH 值称为酶的最适 pH 值。溶液的 pH 值高于或低于最适 pH 时都会使酶的活性降低，远离最适 pH 值时甚至导致酶的变性失活。酶促反应随 pH 值的变化曲线一般呈钟形，如图 8-5 所示。

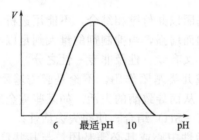

图 8-5 pH 对反应速率的影响

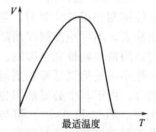

图 8-6 温度对反应速率的影响

酶的最适 pH 随底物种类与浓度、缓冲溶液的种类与浓度的不同而改变。测定酶的活性时，应选用适宜的缓冲液，以保持酶活性的相对恒定。大多数酶的最适 pH 在 5~8，动物体中酶的最适 pH 一般在 6.5~8.0，植物和微生物中酶的最适 pH 一般在 4.5~6.5。

4. 温度对反应速度的影响

温度对酶促反应速率的影响通过两方面发挥作用：一方面随温度升高酶促反应速率加快；另一方面酶是蛋白质，温度过高会发生酶蛋白的变性，使酶促反应速率减慢。综合两方面因素，将酶促反应速率达到最快时的环境温度，称为酶促反应的最适宜温度（T_m）。温度对酶促反应速率的影响如图 8-6。

如图 8-6 所示，在温度较低时，反应速度随温度升高而加快。一般来说，温度每升高 10℃，反应速度大约增加一倍；在温度升高过程中，当超过一定数值后，反应速度随温度上升而减缓，形成倒 V 形或倒 U 形曲线，主要由于酶受热变性所造成。试验表明，从动物组织提取的酶，其最适温度多在 35~40℃，温度升高到 60℃ 以上时，大多数酶开始变性，80℃ 以上，多数酶发生不可逆变性。酶的活性虽然随温度的下降而降低，但低温一般不破坏酶的活性。随着温度的回升，酶又恢复原有的活性，甚至比原有活性更高。

温度对酶的影响在生产实践中有着重要的意义。在食品生产中，酶在低温的稳定性是食品保藏的理论基础。而酶的热变性又是高温灭菌的依据。如用冷藏的办法防止食品腐败就是要降低食品本身和微生物中酶的活性。需要注意，低温并不使酶受破坏，当温度回升时，酶的催化活性又随之恢复，所以往往要对物料进行预热，使有些酶失活，再进行冷藏。但这种食品解冻之后，残存的酶的活性又恢复，并且作用更强，使食品很快变质。在生产中巴氏杀菌、灭菌、热熏、漂烫等过程就是利用高温使食品中的酶和微生物酶变性，以防止食品的腐败变质。酶变性以后，一般不能再恢复活性。

酶除了最适温度之外，还有一个与生产和应用关系密切的概念——酶的稳定温度范围。酶的稳定温度范围，是指在一定时间和一定条件下，不使酶变性或减少、变性的温度范围。酶的分离、纯化和干燥的工艺条件的设计以及酶制剂的使用条件，都必须充分考虑到酶的稳定温度范围。酶在干燥状态下比在水溶液中稳定得多，对温度的忍耐力也明显的高。另外在实际生产中，加入保护剂可以提高酶的热稳定性。

5. 抑制剂对反应速度的影响

酶的必需基团（包括辅因子）的性质受到外界化学物质的影响而发生改变，导致酶的活性降低或丧失，称为抑制作用。能引起抑制作用的物质称为抑制剂，抑制剂对酶具有一定的选择性，一种抑制剂只能对一种或一类酶产生抑制作用。抑制剂不引起酶蛋白变性，酶发生变性的作用，不属于酶的抑制作用。

抑制剂多与酶活性中心内、外必需基团结合，直接或间接地影响酶的活性中心，从而抑制酶的催化活性。通常抑制作用分为不可逆性抑制和可逆性抑制两大类。可逆性抑制又包括竞争性抑制和非竞争性抑制。

5.1 不可逆性抑制作用

不可逆性抑制作用的抑制剂，与酶的某些必需基团以共价键相结合，不能用透析，超滤等物理方法除去。不可逆抑制作用随抑制剂浓度增加而增强，当抑制剂的量大到足以与所有酶相结合时，酶活性就被完全抑制。按其作用特点，又有专一性及非专一性之分。

非专一性不可逆抑制是抑制剂与酶分子中一类或几类基团作用，不论是必需基团与否，皆可共价结合，由于其中必需基团也被抑制剂结合，从而导致酶的失活。如某些重金属离子（Hg^{2+}、Ag^+、Pb^{2+}和As^{3+}）可与酶分子的巯基（—SH）结合，使酶失去活性。

专一性不可逆抑制的抑制剂专一地作用于酶的活性中心或其必需基团，与其共价结合，从而抑制酶的活性。例如，有机磷农药：敌敌畏、敌百虫等杀虫剂，能特异地与胆碱酯酶活性中心丝氨酸残基上的羟基（—OH）结合，使胆碱酯酶失活，造成乙酰胆碱蓄积，引起一系列的神经中毒症状，以致死亡。

5.2 可逆性抑制作用

抑制剂与酶蛋白以非共价键相结合，从而抑制酶活性，用透析、超滤等物理方法可以除去抑制剂，使酶活性恢复，这种抑制称为可逆抑制作用。此类抑制剂又可分为以下两类。

5.2.1 竞争性抑制作用

抑制剂的化学结构与底物结构相似，可以与酶的活性中心可逆地结合，所以当此类物质与底物共同存在时，抑制剂与酶作用后，生成抑制剂-酶复合物，减少了酶与底物结合的机会，从而抑制了酶的活力。抑制剂与底物对酶分子竞相结合而引起的抑制作用称为竞争性抑制。竞争性抑制与非竞争性抑制的作用机制见图8-7。

竞争性抑制作用大小取决于抑制剂与底物的浓度比及抑制剂与酶结合的稳定性。当抑制剂浓度越高，与酶结合越稳定时，竞争性抑制作用就越强。适当增加底物浓度，会使抑制作用减弱。

5.2.2 非竞争性抑制作用

这类抑制剂和底物在结构上一般无相似之处，无竞争关系，抑制剂与底物均可以与酶结合，既不相互排斥，也不相互促进。非竞争抑制剂一般与活性中心以外的必需基团结合，改

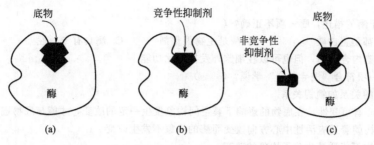

图 8-7 竞争性抑制与非竞争性抑制的作用机制

变改变酶的三维形状，从而影响酶活性，同时所形成的酶-底物-抑制剂复合物较稳定，不易释放形成产物，从而产生抑制作用，抑制了酶的活力。这类抑制作用称非竞争性抑制作用。增加底物浓度并不能减少抑制剂对酶的抑制程度。

6. 激活剂对酶促反应速度的影响

凡是能提高酶活性的物质均称为激活剂。从化学本质看，激活剂包括无机离子和小分子有机物。例如 Mg^{2+} 是多种激酶和合成酶的激活剂，Cl^- 是淀粉酶的激活剂，胆汁酸盐是胰脂肪酶的激活剂。常见的有 K^+、Na^+、Mg^{2+}、Mn^{2+}、Fe^{2+}、Zn^{2+}、Cl^-、Br^- 等，还有一些小分子有机化合物，如抗坏血酸、半胱氨酸、谷胱甘肽等。激活剂对酶的作用是相对的，即一种激活剂对某种酶有激活作用，可能对另一种酶是抑制作用。例如，Mg^{2+} 对脱羧酶有激活作用，而对肌球蛋白腺苷三磷酸酶却有抑制作用。无机离子对酶的激活作用机理尚不十分清楚，不过通常认为，有以下三种作用。

（1）与酶分子肽链上的侧链基团相结合，稳定酶催化作用所需的构象。
（2）作为底物（或辅酶）与酶蛋白之间联系的桥梁。
（3）可能作为辅酶或辅基的一个组成部分，协助酶的催化作用。

这三种功能相互间存在着协同作用。

有机化合物对酶的激活可能是通过与游离酶结合，形成活性酶复合物，或与底物结合形成复合的活性底物，或者和酶-底物复合物形成三元复合物等，从而起激活作用。使用激活剂时，要注意以下两点。

（1）激活剂对酶的作用具有一定选择性，使用不当，会适得其反。激活剂之间有时存在拮抗现象。例如，Na^+ 抑制 K^+ 的激活作用，Ca^{2+} 抑制 K^+ 的激活作用。
（2）激活剂的浓度有一定的范围，超出此范围，会得到相反的效果。例如，$NADP^+$ 合成酶，当 Mg^{2+} 为 $(5\sim10)\times10^3$ mol/L 时，有激活作用，超出此范围，酶活性反而降低。

子项目测试

1. 填空题
(1) 当底物浓度远远大于 K_m，酶促反应速度与酶浓度_____。
(2) 温度对酶作用的影响是双重的：①_____，②_____。
(3) 影响酶促反应速度的因素有 _____、_____、_____、_____、_____。
(4) 酶是_____产生的，具有催化活性的_____。
(5) 结合酶是由_____和_____两部分组成，其中任何一部分都_____催化活性，只有_____才有催化活性。
(6) 与化学催化剂相比，酶具有_____、_____、_____、_____和_____等催化特性。
(7) 酶发生催化作用过程可表示为 E＋S ⟶ ES ⟶ E＋P，当底物浓度足够大时，酶都转变为_____，此时酶促反应速度为_____。

2. 选择题

(1) 下面关于酶的描述，哪一项不正确？（　　）
A. 所有的酶都是蛋白质　　　　B. 酶是生物催化剂　　　　C. 酶具有专一性
D. 酶是在细胞内合成的，但也可以在细胞外发挥催化功能

(2) 下列那一项符合"诱导契合"学说？（　　）
A. 酶与底物的关系如锁钥关系
B. 酶活性中心有可变性，在底物的影响下其空间构象发生一定的改变，才能与底物进行反应。
C. 底物的结构朝着适应活性中心方向改变而酶的构象不发生改变。
D. 底物类似物不能诱导酶分子构象的改变

(3) 酶原激活的实质是（　　）。
A. 激活剂与酶结合使酶激活　　　　B. 酶蛋白的别构效应
C. 酶原分子空间构象发生了变化而一级结构不变
D. 酶原分子一级结构发生改变从而形成或暴露出活性中心

(4) 下列关于酶活性中心的描述，哪一项是错误的？（　　）
A. 活性中心是酶分子中直接与底物结合，并发挥催化功能的部位
B. 活性中心的基团按功能可分为两类：一类是结合基团；一类是催化基团
C. 酶活性中心的基团可以是同一条肽链但在一级结构上相距很远的基团
D. 不同肽链上的有关基团不能构成该酶的活性中心

(5) 催化下列反应的酶属于哪一大类？（　　）
1,6-二磷酸果糖 —→ 3-磷酸甘油醛 + 磷酸二羟丙酮
A. 水解酶　　　　B. 裂解酶　　　　C. 氧化还原酶　　　　D. 转移酶

(6) 下列哪一项不是辅酶的功能？（　　）
A. 传递氢　　　　B. 转移基团
C. 决定酶的专一性　　　　D. 某些物质分解代谢时的载体

(7) 米氏常数（　　）。
A. 随酶浓度的增加而增加　　　　B. 随酶浓度的增加而减小
C. 随底物浓度的增加而增大　　　　D. 是酶的特征常数

(8) 关于米氏常数 K_m 的说法，哪个是正确的？（　　）
A. 饱和底物浓度时的速度　　　　B. 在一定酶浓度下，最大速度的一半
C. 饱和底物浓度的一半　　　　D. 速度达最大速度一半时的底物浓度

(9) 下列哪一种抑制剂不是琥珀酸脱氢酶的竞争性抑制剂？（　　）
A. 乙二酸　　　　B. 丙二酸　　　　C. 丁二酸　　　　D. 碘乙酸

(10) 一个简单的米氏酶催化反应，当 [S] ≪ K_m 时，（　　）。
A. 反应速度最大　　　　B. 底物浓度与反应速度成正比
C. 增加酶浓度，反应速度显著变大　　　　D. [S] 浓度增加，K_m 值也随之变大

(11) 关于酶的抑制剂的叙述正确的是（　　）。
A. 酶的抑制剂中一部分是酶的变性剂
B. 酶的抑制剂只与活性中心上的基团结合
C. 酶的抑制剂均能使酶促反应速度下降
D. 酶的抑制剂一般是大分子物质

子项目二　食品中重要的酶

在食品加工中，较好地保持食物的色、香、味和结构是很重要的。因此，在加工过程中要避免引起剧烈的化学反应。酶的作用条件非常温和，它是最适合用于食品加工的催化剂。在食品加工中加入酶的目的主要有：提高、稳定食品品质；改良风味；增加提取食品成分的速度与产量；提高副产品的利用。如何有效地使用和控制酶，除了需要掌握酶的基本知识

外，还应该了解食品中重要的酶及其应用。

> **学习目标：**
> 1. 了解食品中重要的酶及其应用。
> 2. 学会果蔬酶促褐变的原理。
>
> **技能目标：**
> 1. 了解果蔬加工中热烫等处理方法。
> 2. 掌握果蔬加工中护色的常用方法。

食品加工中常用破坏动植物细胞的方法使酶释放出来以产生作用，或者使酶失活来控制食品的加工过程和改善食品的品质。例如，细胞破碎时，多酚氧化酶被释放，氧气与多酚化合物作用产生酶促褐变，即能生成红茶所需要的色素。但这类变化对于水果和蔬菜（如香蕉和土豆）来说则会引起产品品质的下降。因此，如果能了解酶在其中的作用而加以控制，就可增进其品质，防止果蔬酶促褐变和实现蔬菜加工中的护色。

任务　果蔬酶促褐变的防止与蔬菜加工中的护色

【工作任务】

果蔬酶促褐变的防止与蔬菜加工中的护色。

【工作目标】

1. 学会防止果蔬加工中的酶促褐变。
2. 掌握果蔬加工中常用的护色方法。

【工作情境】

本任务可在化验室或实验室中进行。

果蔬加工中的褐变与护色技术

1. **仪器**　恒温水浴锅、量筒 100mL、胶头滴管、烧杯、高速组织捣碎机、电热鼓风干燥箱、剪刀、纱布、滤纸、不锈钢刀。
2. **材料**　绿色青菜、苹果、马铃薯。
3. **试剂**　1%～5%愈创木酚（或联苯胺）、3%过氧化氢、1%邻苯二酚、焦亚硫酸钠、异抗坏血酸钠、柠檬酸、10%氢氧化钠、10%盐酸。

【工作原理】

新鲜绿色蔬菜如果在酸性条件下加工，由于脱镁反应的发生，发色体结构部分变化，绿色消失，变成褐色的脱镁叶绿素。如果在弱碱性条件下热烫，则叶绿素的酯结构部分水解生成叶绿酸（盐）、叶绿醇和甲醇，叶绿酸盐为水溶性，仍呈鲜绿色，而且比较稳定。

绿色果蔬或某些浅色果蔬，在加工过程中易引起酶促褐变，使产品颜色发暗。为保护果蔬原有色泽，往往先在弱碱性条件下进行短时间的使酶钝化的热烫处理，从而达到护色的目的。

果蔬加工中，往往采用热烫钝化、控制酸度、加抗氧化剂（如异抗坏血酸钠）、加化学药品（如二氧化硫、焦亚硫酸钠）来抑制酶的活性和隔绝氧等方法来防止和抑制酶促褐变。

【工作过程】

1. 观察酶褐变的色泽

（1）马铃薯人工去皮，切成 3mm 厚的圆片，取一片切面上 2～3 滴 1.5%愈创木酚（或联苯胺）再滴上 2～3 滴过氧化氢，由于马铃薯中过氧化物酶的存在，愈创木酚与过氧化氢经酶作用，脱氢而产生褐色的配合物。

（2）苹果人工去皮，切成 3mm 厚的圆片，滴 1%邻苯二酚 2～3 滴，由于多酚氧化酶存在，而使原料变成茶褐色或深褐色。

2. 防止酶褐变

（1）热烫、高温可以使氧化酶类丧失活性，生产中利用热烫防止酶褐变，将马铃薯片投入沸水中，待再次沸腾计时，每隔1min，取出一片马铃薯用1.5%愈创木酚和3%过氧化氢滴在切面上，观察其变色的速度和程度，直到不变色为止，将剩余马铃薯投入冷水中及时冷却。

（2）不同化学试剂防止酶褐变 各种不同的化学试剂可降低介质中的pH值和减少溶解氧均可抑制氧化酶类活性，将切片的苹果取3～5片分别投入到0.4%柠檬酸溶液、0.4%亚硫酸氢钠溶液、0.4%抗坏血酸溶液中护色20min，取出沥干，另取50mL水作对照用。用1.5%愈创木酚和3%过氧化氢滴在切面上，观察其变色的速度和程度。

3. 比较不同pH值条件下，蔬菜热处理后的色泽变化

绿色青菜洗净后分成3份，分别编号Ⅰ、Ⅱ、Ⅲ，于沸水中（pH为4、7、9的不同酸碱度条件下），各热烫1～2min。分别捞起沥干，在微波炉中进行干燥。取出自然冷却后，放在滤纸上。观察不同pH条件下，脱水青菜的色泽。

4. 隔氧试验

用不锈钢刀切取苹果、马铃薯6小片，4片浸入一杯清水中，2片置于空气中，10min后，观察记录现象，之后，又从杯中取出2片置于空气中，10min后再观察比较颜色。

【注意事项】

产品加工过程防止抗氧剂残留超标。

【体验测试】

土豆变色有哪些原因？护色有哪些方法？护色机理是什么？

知识链接

食品中重要的酶及应用

1. 酶在食品加工中的应用

食品加工中用得最多的酶类是水解酶，主要为碳水化合物的水解酶，其次是蛋白酶和脂肪酶，也有少量的氧化还原酶类。在食品加工中应用的酶主要有以下优点：①酶是一种天然的无毒性的物质；②专一性强，不进行不需要的反应；③酶在温和的温度和pH条件下即可进行反应；④催化效率高，在低浓度时即可进行反应；⑤调节温度、pH和酶量即可控制酶反应速率；⑥当反应进行到所欲达到的速度时，可抑制酶的活性而使反应不进行。

另外，利用酶还能控制食品原料的贮藏性与品质。植物原料在未完全成熟时即采收，需经过一段时间的催熟才能达到适合食用的品质。实际上是酶控制着成熟过程的变化，如叶绿素的消失、胡萝卜素的生成、淀粉的转化、组织的变软、香味的产生等。如果我们能了解酶在其中的作用而加以控制，就可改善食品原料的贮藏性并增进其品质。

2. 酶在食品加工中的使用要求

2.1 正确选择食品加工用的酶制剂

（1）必须符合食品卫生要求，符合食品酶制剂的安全要求。

（2）根据生产的原料、工艺过程的各种参数（包括温度、pH、底物浓度）以及要得到的产品，选择适合生产工艺和产品目的酶制剂。

（3）食品原料中通常存在一些损害酶活性的物质，要尽量选择对某些抑制物不敏感的酶制剂。

（4）酶是生物活性物质，在储存过程中常受温度、湿度、氧等因素的影响，所以要选择储存稳定性好的酶制剂。

2.2 合理使用酶制剂

酶制剂应储存在低温、干燥、避光处，使用时应按照使用说明，根据该酶作用的底物、

底物浓度、反应最适温度和 pH 范围合理使用,并结合生产工艺和生产成本分析制定出合理的用酶量和反应时间,在操作中应避免酶活性的损失。总之,合理使用酶制剂是提高产品质量和降低生产成本的关键所在。

3. 食品加工中重要的酶

3.1 淀粉酶

能够催化淀粉水解的一类酶称为淀粉酶。淀粉酶是糖苷水解酶中最重要的一类酶。根据水解淀粉的方式不同,可将淀粉酶分为 α-淀粉酶、β-淀粉酶、葡萄糖淀粉酶和脱支酶四类。

3.1.1 α-淀粉酶

α-淀粉酶广泛存在于动物、植物和微生物中。在发芽的种子、人的唾液、动物的胰脏内含量较多。现在工业上已经能利用枯草杆菌、米曲霉、黑曲霉等微生物制备高纯度的 α-淀粉酶。不同来源的 α-淀粉酶最适温度和最适 pH 不同。最适 pH 一般在 4.5~7.0,细菌中 α-淀粉酶的最适 pH 略低;最适温度一般在 55~70℃,但也有少数细菌 α-淀粉酶最适温度很高,达 80℃以上。

天然的 α-淀粉酶分子中都含有一个与其结合得很牢固的 Ca^{2+},Ca^{2+} 的作用是维持酶蛋白最适宜构象,使酶具有高的稳定性和最大的活力。α-淀粉酶是一种内切酶,以随机方式在淀粉分子内部水解 α-1,4 糖苷键,但对 α-1,6 糖苷键不能水解。其作用于淀粉时有两种情况:一种情况是水解直链淀粉时,首先将直链淀粉随机迅速降解成寡糖,然后将寡糖分解成终产物麦芽糖和葡萄糖;另一种情况是水解支链淀粉,最终产物是葡萄糖、麦芽糖和一系列含有 α-1,6 糖苷键的极限糊精或异麦芽糖。由于 α-淀粉酶能快速地降低淀粉溶液的黏度,改善其流动性,故又称为液化酶。

3.1.2 β-淀粉酶

β-淀粉酶存在于高等植物的种子和少数细菌、霉菌等微生物中,并以大麦芽中含量丰富。β-淀粉酶结晶可以由小麦、大麦芽、大豆、甘薯提取制得。

β-淀粉酶与 α-淀粉酶相比,最适温度普遍较低,但耐热温度较高,也比较耐酸。β-淀粉酶是一种外切酶,它只能水解淀粉分子中的 α-1,4 糖苷键。β-淀粉酶水解淀粉,从淀粉分子的非还原性末端开始,依次切下每个麦芽糖单位,并将切下的 α-麦芽糖转变成 β-麦芽糖。因为 β-淀粉酶不能断裂 α-1,6 糖苷键,在催化支链淀粉水解时,不能绕过支点而作用于 α-1,4 糖苷键,因此,β-淀粉酶分解淀粉是不完全的。β-淀粉酶作用的终产物是 β-麦芽糖和分解不完全的极限糊精,如图 8-8 所示。

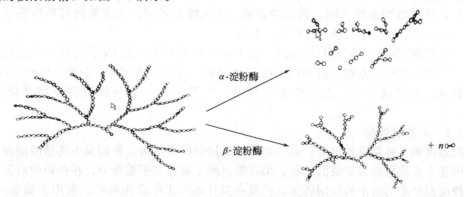

图 8-8 两种淀粉酶的作用效果

3.1.3 葡萄糖淀粉酶

葡萄糖淀粉酶主要产生于微生物的根霉、曲霉等。最适 pH 为 4~5,最适温度在 50~60℃。葡萄糖淀粉酶是一种外切酶,能同时水解淀粉分子的 α-1,4 糖苷键、α-1,6 糖苷键和

α-1,3 糖苷键，但对后两种键的水解速度较慢。葡萄糖淀粉酶水解淀粉，从非还原性末端开始逐次切下每个葡萄糖单位，当作用到淀粉支点 α-1,6 糖苷键时，速度减慢，但切割支点的作用效果很好。因此，葡萄糖淀粉酶作用于直链淀粉或支链淀粉时，终产物均是葡萄糖。因为工业上用葡萄糖淀粉酶来生产葡萄糖，所以又称此酶为糖化酶。

3.1.4 脱支酶

脱支酶分布于很多动物、植物和微生物中，是水解淀粉和糖原分子中的 α-1,6 糖苷键的一类酶。在麦芽糖的生产中，脱支酶常与 β-淀粉酶配合使用，以提高麦芽糖的生产率。

淀粉酶在食品工业中已广泛应用，淀粉酶制剂是最早实现工业化生产和目前产量最大的酶制剂品种，约占整个酶制剂总产量的 50% 以上，被广泛应用于食品、发酵及其他工业中。如酿酒、味精等发酵工业中用淀粉酶水解淀粉；在面包制造中为酵母提供发酵糖，改善面包的质构；用于除去啤酒中的淀粉沉淀；利用葡萄糖淀粉酶将低黏度麦芽糊精转化成葡萄糖，然后再用葡萄糖异构酶将其转变成果糖，提高甜度等。目前商品淀粉酶制剂最重要的应用是用淀粉制备麦芽糊精、淀粉糖浆和果葡糖浆等。

3.2 果胶酶

果胶酶是水解果胶类物质的一类酶的总称，其广泛分布于高等植物和微生物中，根据其作用底物的不同，可分为果胶酯酶、聚半乳糖醛酸酶、果胶裂解酶三类。

3.2.1 果胶酯酶

果胶酯酶产生于植物及部分微生物。不同来源的果胶酯酶的最适 pH 不同，一般来讲，霉菌来源的果胶酯酶的最适 pH 多在酸性范围，细菌来源的果胶酯酶多在偏碱性范围，植物来源的果胶酯酶多在中性附近。不同来源的果胶酯酶对热的稳定性也有差异。

在果蔬的加工中，若果胶酯酶在某些环境因素下被激活，将导致大量的果胶脱去甲酯基，生成聚半乳糖醛酸链和甲醇，从而影响果蔬的质构。值得注意的是甲醇同时也是一种对人体有毒害作用的物质，尤其对视神经特别敏感。尤其在葡萄酒、苹果酒等果酒的酿造中，由于果胶酯酶的作用，可能会引起酒中甲醇的含量超标，因此，果酒的酿造前应先对水果进行预热处理，使果胶酯酶失活以控制酒中甲醇的含量。

3.2.2 聚半乳糖醛酸酶

聚半乳糖醛酸酶是降解果胶酸的酶，根据对底物的作用方式不同可分为两类：一类是随机的水解果胶酸的苷键，为内切酶，多存在于高等植物、霉菌、细菌和一些酵母中；另一类是从果胶酸链的末端开始逐个切断苷键，为外切酶，多存在于高等植物、霉菌及某些细菌中。聚半乳糖醛酸酶来源不同，它们的最适 pH 也略有不同，大多数内切酶的最适 pH 在 4.0~5.0，大多数外切酶最适 pH 在 5.0 左右。

聚半乳糖醛酸酶的外切酶与内切酶，由于作用方式不同，所以它们作用时对果蔬质构影响或果汁处理效果也有差别。例如同一浓度果胶液，内切酶作用时，只要 3%~5% 的果胶酸苷键断裂，黏度就下降；而外切酶作用时，则要 10%~15% 的苷键断裂才使黏度下降 50%。

3.2.3 果胶裂解酶

果胶裂解酶又称果胶转消酶，是内切聚半乳糖醛酸裂解酶、外切聚半乳糖醛酸裂解酶和内切聚甲基半乳糖醛酸裂解酶的总称。果胶裂解酶主要存在于霉菌中，在植物中尚无发现。

果胶酶在食品工业中的应用较多，尤其在果汁的加工中应用最广。常用于葡萄、苹果、草莓、山楂等多种水果的加工，也用于饮料工业果汁的提取和澄清。如使用果胶酶处理破碎的葡萄浆，可以改善压榨、过滤条件，提高葡萄的出汁率；果汁的提取中，应用果胶酶处理方法生产的汁液具有澄清和果色外观；酿制红葡萄酒时，可以提高色素的抽提效果，缩短发酵时间，改良葡萄酒的风味等。

3.3 蛋白酶

蛋白酶是食品工业中重要的一类酶，广泛存在于动物、植物和微生物中，且生物体内蛋白酶种类很多。蛋白酶能使食品辅料中的高分子蛋白质分解成低分子的肽和氨基酸。按来源分类，可分为动物蛋白酶、植物蛋白酶和微生物蛋白酶三大类；按作用方式分类，可分为内肽酶和外肽酶两大类；按最适pH的不同分类，可分为酸性蛋白酶、碱性蛋白酶和中性蛋白酶；按活性中心化学性质的不同分类，可分为丝氨酸蛋白酶（酶活性中心含有丝氨酸残基）、巯基蛋白酶（酶活性中心含有巯基）、金属蛋白酶（酶活性中心含金属离子）和酸性蛋白酶（酶活性中心含羧基）。

3.3.1 动物蛋白酶

在人和哺乳动物的消化道内蛋白酶丰富，如在食物中蛋白质在体内的消化代谢过程中，蛋白质先被胃黏膜细胞分泌的胃蛋白酶消化分解成多肽，然后被胰腺分泌的胰蛋白酶、胰凝乳蛋白酶、弹性蛋白酶和羧肽酶等水解成寡肽和氨基酸，再被小肠黏膜分泌的氨肽酶、羧肽酶和二肽酶等分解成氨基酸，最后进入血液循环被利用。其中胃蛋白酶、胰蛋白酶、胰乳蛋白酶等都分别以无活性前体的酶原形式存在，在消化道经激活后才具有活性。

在动物组织细胞的溶酶体中具有组织蛋白酶，最适pH为5.5左右。当动物死亡之后，随组织的破坏和pH的降低，将组织蛋白酶激活，可将肌肉蛋白质水解成游离氨基酸，使肌肉产生优良的肉香风味，此技术在肉类加工上已广泛应用。

动物蛋白酶来源少，价格昂贵，在食品工业中应用较少，多用于医药行业。

3.3.2 植物蛋白酶

最主要的有3种植物蛋白酶，即木瓜蛋白酶、无花果蛋白酶和菠萝蛋白酶，都已被大量应用于食品工业。这3种酶都属巯基蛋白酶，属于内肽酶，对底物的特异性都较宽，作用面广。

木瓜蛋白酶简称木瓜酶，又称为木瓜酵素。此酶是利用未成熟的番木瓜果实中的乳汁，采用现代生物工程技术提炼而成的纯天然生物酶制品。对动植物蛋白、多肽、酯、酰胺等都有较强的水解能力。在pH5值时稳定性最好，pH值低于3和pH值高于11时，酶会很快失活；最适合温度55～60℃（一般10～85℃皆可），耐热性强，在90℃时也不会完全失活；受氧化剂抑制，还原性物质激活。无花果蛋白酶存在于无花果胶乳中，新鲜的无花果中含量可高达1%左右。无花果蛋白酶在pH值6～8时最稳定，但最适pH与底物有关。若以酪蛋白为底物，活力曲线在pH值6.7和9.5两处有峰值；以弹性蛋白为底物时，最适pH为5.5；而对于明胶，最适pH则为7.5。菠萝汁中含有很强的菠萝蛋白酶，从果汁或粉碎的茎中都可提取得到，其最适pH范围在6～8。

以上3种植物蛋白酶在食品工业上常用于肉的嫩化和啤酒的澄清。特别是木瓜蛋白酶的应用，很久以前民间就有用木瓜叶包肉，使肉更鲜嫩、更香的经验，原理就在于此。现在这些植物蛋白酶除用于食品工业外，还用于医药上作助消化剂。

3.3.3 微生物蛋白酶

微生物蛋白酶来自微生物体，细菌、酵母菌、霉菌等微生物中都含有多种蛋白酶，是生产蛋白酶制剂的重要来源。目前，生产用于食品和药物的微生物蛋白酶的菌种主要是枯草杆菌、黑曲霉、米曲霉三种。

微生物蛋白酶在食品工业中的用途将越来越广泛。比如在肉类的嫩化处理中，尤其是牛肉的嫩化上应用微生物蛋白酶代替价格较贵的木瓜蛋白酶，可达到更好的嫩化效果。微生物蛋白酶还被运用于啤酒制造以节约麦芽用量，但啤酒的澄清仍以木瓜蛋白酶较好，因为木瓜蛋白酶有很高的耐热性，经巴氏杀菌后，其酶活力仍存在，可以继续作用于杀菌后形成的沉淀物，以保证啤酒的澄清。另外，微生物蛋白酶制造水解蛋白胨还常用于医药以及制造蛋白陈、酵母浸膏、牛肉膏等。细菌性蛋白酶还常用于日化工业,添加到洗涤剂中,以强化去污效果,这种加酶洗涤剂对去除衣物上的奶斑、血斑等蛋白质类污迹的效果很好。

3.4 多酚氧化酶

多酚氧化酶广泛存在于各种植物和微生物中,以果蔬食物的叶绿体和线粒体中分布广泛。但也有少数植物(如马铃薯块茎)几乎所有细胞都有分布。

多酚氧化酶的最适pH因酶的来源不同或底物的不同而有差别,但一般在pH4~7。不同来源的多酚氧化酶的最适温度也有不同,一般在20~35℃,低温度可使多酚氧化酶失活,而且这种酶的失活是不可逆的。多酚氧化酶催化的褐变反应多数发生在新鲜的水果和蔬菜中,例如香蕉、苹果、梨、茄子、马铃薯等。当这些果蔬的组织碰伤、切开、遭受病害或处在不正常的环境中时,很容易发生褐变。多酚氧化酶是一种含铜的酶,这是因为当它们的组织暴露在空气中时,在酶的催化下多酚氧化为邻醌,再进一步氧化聚合而形成褐色素或称类黑素。在果蔬加工中常因此而产生不受欢迎的褐色或黑色,严重影响果蔬的感官质量。阳离子洗涤剂、钙离子等能活化多酚氧化酶;抗坏血酸、二氧化硫、亚硫酸盐、柠檬酸等都对多酚氧化酶有抑制作用,苯甲酸、肉桂酸等有竞争性抑制作用。

多酚氧化酶是引起果蔬酶促褐变的主要酶类,严重影响制品的营养,风味及外观品质。这些情况对生产者与消费者均是不希望看到的,食品生产加工中应避免此种酶促褐变。目前仅在少数几种食品的生产中利用了多酚氧化酶,如茶叶、咖啡、黑葡萄中的多酚氧化酶。

3.5 脂肪酶

脂肪酶即三酰基甘油酰基水解酶,主要功能是催化天然底物油脂水解,生成脂肪酸、甘油和甘油单酯或二酯。脂肪酶基本组成单位仅为氨基酸,通常只有一条多肽链。它的催化活性仅仅决定于它的蛋白质结构。脂肪酶多存在于动物的消化液、植物的种子和多种微生物内。脂肪酶的最适pH与底物、脂肪酶纯度等因素相关,但多数脂肪酶的最适pH在8~9,微生物分泌的脂肪酶最适pH在5.6~8.5。同样,脂肪酶的最适温度也因来源、作用底物等条件不同而有差异,大多数脂肪酶的最适温度在30~40℃。另外,盐对脂肪酶的活性也有一定影响,对脂肪具有乳化作用的胆酸盐能提高酶活力,重金属盐一般具有抑制脂肪酶的作用,Ca^{2+}能活化脂肪酶并可提高其热稳定性。

脂酶可以催化脂肪水解,按照脂酶对底物的催化作用活性的大小,有如下排列顺序:三酰基甘油>二酰基甘油>一酰基甘油。脂肪酶只作用于油水界面的脂肪分子,增大油水界面能提高脂肪酶的活力,所以,在脂肪中加入乳化剂能大大提高脂肪酶的催化能力。

脂肪酶不但在生物体内有催化脂类物质代谢的重要生理功能,而且在食品加工中也有重要作用。如牛奶、奶油、干果等含脂食品易产生的不良风味,主要原因是脂肪酶的水解产物,能促进氧化酸败。另外,脂肪酶能释放食品中一些短链的游离脂肪酸(丁酸、己酸等),当它们浓度低于一定水平时,会产生好的风味和香气,如牛乳和干酪的酸值分别为1.5和2.5时,就会有好的风味。如果酸值大于5,则产生陈腐气味、苦味或者类似山羊的膻味。因此在食品工业中,脂酶常用于干酪和奶油的生产,也用于大豆的脱腥。

3.6 风味酶

果蔬中的风味化合物,多是由风味酶对风味前体直接或间接地作用,然后转化生成的。对风味物前体转化为风味物产生关键催化作用的专一性酶被称为风味酶。完整的植物组织并无强烈的芳香味,因为风味酶与风味前体是分隔开的,只有在植物组织被破损后,才产生有气味的挥发性化合物。另外,有的风味是经过贮藏和加工过程而生成的,例如香蕉、苹果或梨在生长过程中并无风味,甚至在收获期也不存在,直到成熟初期,由于生成少量的乙烯的刺激而发生了一系列酶促变化,风味物质才逐渐形成。

4. 食品保鲜中重要的酶

食品在加工、运输和保藏过程中，常由于受到氧气、微生物、温度、湿度、光线等因素的影响，会使食品的色、香、味及营养发生变化，甚至导致食品败坏，降低食品的食用价值。因此，如何尽可能地保存食品原有的优良品质特性，始终是食品加工、运输和保存过程中的一个重要环节。酶制剂保鲜作为一种新型的保鲜技术正引起人们的极大关注，且具有非常广泛的前景。

4.1 溶菌酶

溶菌酶又称胞壁质酶或 N-乙酰胞壁质聚糖水解酶，是一种能水解致病菌中黏多糖的碱性酶。主要通过破坏细胞壁中的 N-乙酰胞壁酸和 N-乙酰氨基葡糖之间的 β-1,4 糖苷键，使细胞壁不溶性黏多糖分解成可溶性糖肽，导致细胞壁破裂内容物逸出而使细菌溶解。溶菌酶还可与带负电荷的病毒蛋白直接结合，与 DNA、RNA、脱辅基蛋白形成复盐，使病毒失活。因此，该酶具有抗菌、消炎、抗病毒等作用，并且是对人体完全无毒、无副作用，具有抗菌、抗病毒、抗肿瘤的功效，是一种安全的天然防腐剂。

溶菌酶的相对分子质量 14000 左右，等电点 10.7～11.0，其化学性质十分稳定，在 pH 值 1.2～11.3，剧烈变化时，其结构几乎不变，故非常适合于各种食品的防腐。该酶对革兰阳性菌中的枯草杆菌、耐辐射微球菌有分解作用，对大肠杆菌、普通变形菌和副溶血性弧菌等革兰阴性菌也有一定程度溶解作用，与植酸、聚合磷酸盐、甘氨酸等配合使用，可提高其防腐效果，而对没有细胞壁的人体细胞不会产生不利影响。能杀死肠道腐败球菌，增加抗感染力，同时还能促进婴儿肠道双歧乳酸杆菌增殖，促进乳酪蛋白凝乳，利于消化，所以是婴儿食品、饮料的优良添加剂。

用溶菌酶处理食品，可有效地防止和消除细菌对食品的污染，起到防腐保鲜作用。因此溶菌酶现已在干酪、水产品、酿造酒、乳制品、肉制品、新鲜果蔬、豆腐、糕点、面条、及饮料等防腐保鲜中广泛应用。

4.2 葡萄糖氧化酶

葡萄糖氧化酶最初从黑曲霉和灰绿曲霉中发现，米曲霉、青霉等多种霉菌都能产生葡萄糖氧化酶。但在高等动物和植物中，目前还没发现。葡萄糖氧化酶是一种需氧脱氢酶，在有氧条件下催化葡萄糖的氧化。反应如下：

$$葡萄糖 + O_2 \xrightarrow{葡萄糖氧化酶} 葡萄糖酸 + H_2O_2$$

利用该酶促反应可以除去葡萄糖或氧气。例如葡萄糖氧化酶可用在蛋品生产中以除去葡萄糖以防止引起产品变色的美拉德反应，也可用它减少土豆片中的葡萄糖，使油炸土豆片产生消费者喜爱的金黄色而不是棕色。葡萄糖氧化酶还常用于除去封闭包装系统中的氧气以抑制某些氧化反应和天然色素的降解。例如螃蟹肉和虾肉浸渍在葡萄糖氧化酶和过氧化物酶的混合溶液中可抑制其颜色从粉红色变成黄色。光催化反应生成的过氧化物会破坏橘子汁、啤酒和酒中的风味物并生成一种不良的异味，也可以用该原理通过减少容器顶隙氧气而加以克服。商品葡萄糖氧化酶试剂中常含有过氧化氢酶，在商品试剂的葡萄糖氧化酶-过氧化氢酶体系中，葡萄糖氧化酶能吸收氧而形成葡萄糖酸和过氧化氢，而过氧化氢酶能催化过氧化氢分解成水和氧。总反应如下：

$$葡萄糖 + 1/2 O_2 \xrightarrow[过氧化氢酶]{葡萄糖氧化酶} 葡萄糖酸$$

4.3 过氧化氢酶

过氧化氢酶存在于动物的各个组织中，特别在肝脏中以高浓度存在。商品的过氧化氢酶主要是从微生物中提取，它之所以重要是因为它能分解过氧化氢。过氧化氢是在食品中是食品用葡萄糖氧化酶催化葡萄糖氧化时的一种产物，也是食品中少数几种氧化反应的产物。由于过氧化氢具有强氧化性，会导致食品的品质不稳定，而且会降低食品的安全性，所以它在食品中的含量应当越低越好。利用过氧化氢酶于食品中可以降低过氧化氢的含量。例如，过氧化氢酶在食品工业中被用于除去用于制造奶酪的牛奶中的过氧化氢。过氧化氢酶也被用于食品包装，防止食物被氧化。

4.4 过氧化物酶

过氧化物酶广泛存在于所有高等植物中，也存在于牛奶中，是以过氧化氢为电子受体催化底物氧化的酶。主要存在于细胞的过氧化物酶体中，以铁卟啉为辅基，可催化过氧化氢氧化酚类和胺类化合物，具有消除过氧化氢和酚类、胺类毒性的双重作用。过氧化物酶通常含有一个血红素作为辅基，催化以下反应：

$$ROOH + AH_2 \longrightarrow H_2O + ROH + A$$

其中，$ROOH$ 代表过氧化氢或有机过氧化物；AH_2 代表供氢体。当 $ROOH$ 与 AH_2 氧化还原反应，AH_2 可以是抗坏血酸盐、酚、胺类或其他还原性剂。由于过氧化物酶具有很高的耐热性，而且广泛存在于植物中，测定其活性的比色测定法既灵敏又简单易行，所以可以作为考查热烫处理是否充分的指示酶。当食物进行热处理后，如果检测证明过氧化物酶的活性已消失，则表示其他的酶一定受到了彻底破坏，热烫处理已充分。

过氧化物酶在生物体的功能主要有使毒性物质失活、调节生物体内氧浓度、调节脂肪酸的氧化和含氮物质的代谢。在食品领域应用中，过氧化物酶显得很重要，比如在营养、色泽和风味方面，过氧化物酶能催化维生素 C 氧化而破坏其生理功能；能催化不饱和脂肪酸的过氧化物裂解，产生具有不良气味的羰基化合物，同时破坏食品中的许多其他成分。

酶制剂产业是当今中国最具发展潜力的新兴产业之一。随着基因工程、细胞固定化技术等的发展，酶制剂在食品加工、保鲜中将有更广阔的应用前景，而酶制剂保鲜的应用研究尚处在起步阶段，大力加强酶制剂在食品保鲜中的应用研究意义重大。

子项目测试

1. 作用于淀粉的酶主要有哪些种类？它们各具有哪些作用特点？
2. 试述果汁生产中果胶酶的作用。
3. 食品工业常用的蛋白酶有哪些种类？各有什么用途？
4. 酶促褐变有原理是什么？
5. 试述酶制剂在保鲜中的应用。

项目九 食品的风味化学

风味是食品品质一个非常重要的方面,它直接影响人类对食品的摄入及其营养成分的消化和吸收。食品的风味是指食品摄入口腔后,人们所尝到的、嗅到、触到的感觉通过神经系统传到大脑而产生的综合生理效应。即食品的风味是人们对食品的色、香、味的综合感觉。

食品的色、香、味是衡量食品感官质量优劣的三个重要指标。食品的色泽、香气往往是消费者习惯凭借感官来鉴别、辨别、选择和接受食品的依据。食品的风味是一种感觉现象,所以对风味的评价和喜好往往会带有强烈的个人、地域、民族的特殊倾向,在食品的生产中,风味和商品的营养价值、安全性等一样,都是决定消费者对食品接受程度的重要因素,因此对食品风味的研究也日益受到人们的重视。

子项目一 食品的色泽化学

学习目标:
1. 了解常见天然色素的性质、应用以及我国允许使用的天然色素的种类。
2. 了解我国允许使用人工成色素的种类、使用限量及其适用范围。

技能目标:
学会食品中色素的使用及其检测技能。

色泽是食品感官质量最具有影响的因素之一。人们往往根据色泽来判断食品的新鲜程度,成熟度以及风味等,食品的色泽是决定食品品质和可接受性的重要因素之一,同时也是鉴别食品质量优劣的一项重要指标。

任务 油菜籽中叶绿素含量的测定

【工作任务】

测定油菜籽中叶绿素的含量。

【工作目标】

1. 了解油菜籽中叶绿素含量的测定原理。
2. 学会萃取样品成分的方法。
3. 能够正确使用分光光度计。

【工作情境】

本任务可在化验室或实训室中进行。

1. 仪器 分析天平(感量0.001g)、机械研磨机(刀片型,或咖啡磨,或相近的设备)、微型机械研磨机[带有安全塞、不锈钢球(直径16mm)的50mL不锈钢筒(见图9-1)和使钢筒作水平运动的设备,其频率为240次/min,水平振幅为3.5cm。或Dangoumau球磨机]、电热恒温烘箱、漏斗、滤纸(中速)、分光光度计(测定范围600~700nm,谱带宽

2nm)、比色皿（光径至少 1cm）、移液管（30mL）、具塞试管（20mL）、量筒（100mL、500mL）、500mL 烧杯和洗瓶。

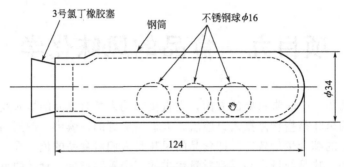

图 9-1　微型机械研磨筒

2. 试剂　无水乙醇和无水石油醚。

【工作原理】

在本任务规定的操作条件下，在波长 665nm 附近，样品中能产生吸收带的物质的质量分数即为叶绿素 A 的含量（以 mg/kg 表示）。在适当的设备中，以规定的萃取液萃取样品，用分光光度计测定样品萃取溶液的吸光度来确定叶绿素的含量。

【工作过程】

1. 萃取溶液的配制

取 100mL 无水乙醇于 500mL 烧杯中，再加入 300mL 无水异辛烷（即 2,2,5-三甲基戊烷）或无水正庚烷或无水石油醚（基本成分为 C_7 烃类，沸程 90～100℃）。

2. 样品的制备

（1）按照 ISO664 规定从样品中拣出杂质后制备样品。

（2）控制水分含量：当油料水分高于 10%（质量分数）时，在不破坏叶绿素的条件下 45℃烘 12h，使水分降至不高于 10%（质量分数）。

（3）样品的研磨：取 50g 样品，在机械研磨机中进行研磨，得到均匀一致的粉末。若用咖啡磨等小型研磨机，分多次研磨，每次 10g，彻底混匀样品。

3. 称样

称取试样 2g，精确到 0.001g，放入不锈钢筒或 Dangoumau 球磨机的萃取容器中。

4. 萃取

用移液管向钢筒或者容器中加 30mL 萃取溶液。如使用钢筒时，向钢筒内加三个不锈钢球，振荡 1h；如使用 Dangoumau 球磨机时，向容器中至少加 4 个中等大小的钢球，萃取 20min。萃取溶液澄清 10min，用滤纸将上清液过滤到 20mL 具塞试管中，滤液量应能装满比色皿，立即将试管塞上以尽量减少蒸发。

5. 样品中叶绿素的测定

将滤液倒入比色皿中，用分光光度计分别测定 665nm、705nm 和 625nm 处的吸光度（705nm 和 625nm 处的吸光度用来校准基准线）。

【数据处理】

$$c = \frac{kA_{\text{corr}}V}{ml}$$

式中　c——叶绿素含量，mg/kg；

k——常数，等于 13；

A_{corr}——修正吸光度，等于 $A_{665} - (A_{705} + A_{625})/2$；

A_{705}——在705nm处吸光度；

A_{665}——在665nm处吸光度；

A_{625}——在625nm处吸光度；

V——加入钢筒或容器中的萃取液体积，mL；

m——试样的质量，g；

l——比色皿的光径，mm。

将实验数据记录于下表。

项目 \ 测定次数	1	2	3
m/g			
A_{625}			
A_{665}			
A_{705}			
c/(mg/kg)			
平均值/(mg/kg)			
相对平均偏差			

【注意事项】

1. 当萃取液分层时，说明表面样品（样品的水分不应高于10%）水分过高，或者是溶剂中水分过高（应是无水）。

2. 无水异辛烷（即2,2,5-三甲基戊烷）或无水正庚烷或无水石油醚，极度易燃，具有强刺激性，其蒸气与空气可形成爆炸性混合物，遇明火、高热能引起燃烧爆炸。一定要按照操作规程进行。

【体验测试】

1. 配制萃取液时，使用的试剂为什么是无水的？

2. 为什么当油料水分高于10%（质量分数）时，在不破坏叶绿素的条件下45℃烘12h，使水分降至不高于10%（质量分数）？

知识链接

食品的色泽化学

对于食品的感官质量来说，色泽是一个重要的衡量指标。食品之所以显色是因为它可以在能刺激视网膜的波长范围内，反射或发出不同的能量波。物质的颜色是指通过人的视觉对物质的感觉，如红色、蓝色和绿色等，能使人的视觉产生各种色感的物质，称为色素。色素是食品的外观构成成分，是色泽的物质基础，食品的色泽主要由其所含有的色素确定。食用色素是指本来存在于食品中或添加于食物中的发色物质，是一类调节食品色泽的食品添加剂。食用色素应具有以下特征：①必须确保色素的无毒无害，即食品的安全性；②良好的色泽必须基于引导人们的食欲；③不应降低食品的食品本身的营养价值；④不应掩盖食品的质量和加工缺陷。

大多数食品色素都是有机物，具有发色团和（或）助色团结构。在紫外或可见光区（200~800nm）具有吸收峰的基团被称为发色团，发色团均具有双键。常见的发色团是有多个—C=C—双键构成的共轭体系，其中还可能会有几个—C=O、—N=N—、—N=O或—C=S等含有杂原子的双键。有些基团的吸收波段在紫外区，不可能发色，但当它们与发色团相连时，如与发色团直接相连接的—OH、—OR、—NH₂、—NR₂、—SH、—Cl、—Br等官能团可使色素的吸收光向长波方向移动，被称为助色团。不同色素的颜色差异和色素的变色主要由发色团和助色团的差异和变化引起。

按来源划分，食品色素可以分为天然色素和人工合成色素两大类。以下主要介绍天然色素和人工合成色素。天然色素即食品中固有的色素，一般是指新鲜原料中眼睛能看见的有色物质，或者本来没有颜色而能通过化学反应呈现颜色的物质。天然色素能促进人的食欲，增强消化液的分泌，因而有利于消化和吸收。但食品中本身存在的天然色素一般对光、热、pH和氧气等条件敏感，它们的变化会导致食品在加工储存中变色和褪色。人工合成色素色彩鲜艳、着色力强、价格便宜，应用方便，使得人工合成色素在食品中被广泛应用，但其安全性较差。

1. 天然色素

1.1 天然色素的概念

即食品中固有的色素，一般是指新鲜原料中眼睛能看见的有色物质，或者本来没有颜色而能通过化学反应呈现颜色的物质。

1.2 食品中天然色素的分类

（1）按来源的不同

① 植物色素　如绿色（叶绿素）、橙红色（类胡萝卜素）、红色或紫色（花青素）等。

② 动物色素　如肌肉中的血红素、虾、蟹表皮的类胡萝卜素等。

③ 微生物色素　如红曲霉的红曲色素等。

（2）按化学结构特征

① 四吡咯衍生物（或卟啉类衍生物）如叶绿素、血红素和肌红素等。

② 异戊二烯衍生物　如类胡萝卜素。

③ 多酚衍生物　如花青素、花黄素（类黄酮）、儿茶素、单宁等。

④ 酮类衍生物　红曲色素、姜黄素等。

⑤ 醌类衍生物　虫胶色素、胭脂虫红等。

（3）按溶解性质的不同

① 水溶性色素　花青素和黄酮类化合物。

② 脂溶性色素　叶绿素和类胡萝卜素。

1.3 常见的天然色素

1.3.1 血红素化合物

血红素是存在于高等动物血液和肌肉中的红色色素，是影响肉制品颜色的主要色素。血红素是四吡咯衍生物，可溶于水，主要存在于动物肌肉和血液中。血红素是肌红蛋白和血红蛋白的辅基，它是由1个铁原子与1个卟啉环组成，卟啉环中心的铁原子通常是八面体配位，应该有6个配位键，其中4个与四吡咯环的N原子相连，另2个沿垂直于卟啉环面的轴分布在环面的上下，这两个键合部位分别成为第5和第6配位。铁原子可以是亚铁（Fe^{2+}）或高铁（Fe^{3+}）氧化态，相应的血红素称为[亚铁]血红素和高铁血红素。相应的肌红蛋白称为[亚铁]肌红蛋白和高铁肌红蛋白。类似的命名也用于血红蛋白。其中只有亚铁态的蛋白质才能结合O_2。

肌红蛋白（myoglobin, Mb）和血红蛋白（hemoglobin, Hb）是动物肌肉的主要色素蛋白质。肌红蛋白和血红蛋白是球蛋白，其结构为血红素中的铁在卟啉环平面的上下方再与配位体进行配位，达到配位数为六的化合物。其结构如图9-2和图9-3所示。

肉的颜色取决于肌红蛋白的化学性质、氧化状态。氧合肌红蛋白和氧合血红蛋白为鲜红色，反应后血红素中的铁原子仍为二价，因此这种结合不是氧化而是氧合。氧合作用是指血红素中的亚铁与一分子氧以配位键结合，而亚铁原子不被氧化；氧化作用是指血红素中的亚铁与氧发生氧化还原反应，生成高铁血红素的作用。

$$Mb+O_2 \longrightarrow MbO_2$$
$$Hb+O_2 \longrightarrow HbO_2$$

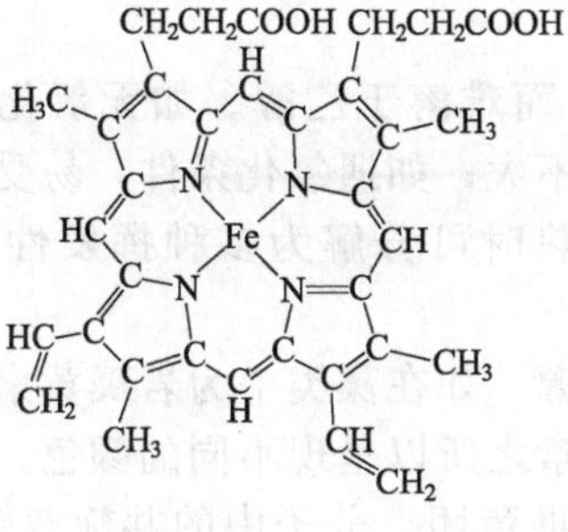

项目九 食品的风味化学

图 9-2 血红蛋白的结构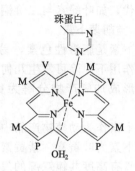

图 9-3 肌红蛋白的结构

1.3.2 叶绿素

叶绿素是高等植物和其他所有能进行光合作用的生物体内所含有的一类绿色色素，它使蔬菜和未成熟的果实呈现绿色。叶绿素的结构如图 9-4 所示。叶绿素为植物性食品绿色的色素代表，是与动物的血红蛋白结构相似的卟啉型色素。叶绿素是由叶绿酸与叶绿醇及甲醇所成的二醇酯，绿色来自叶绿酸残基部分。

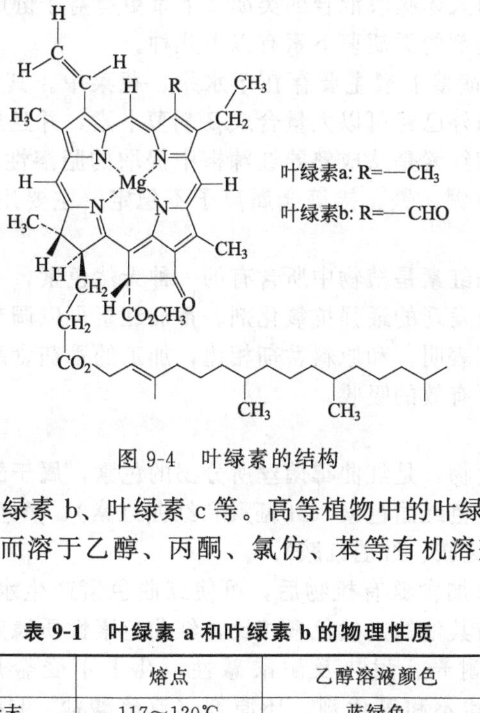

叶绿素a: R=—CH$_3$
叶绿素b: R=—CHO

图 9-4 叶绿素的结构

叶绿素有叶绿素 a、叶绿素 b、叶绿素 c 等。高等植物中的叶绿素有 a、b 两种。叶绿素 a、叶绿素 b 都不溶于水，而溶于乙醇、丙酮、氯仿、苯等有机溶剂。叶绿素 a、叶绿素 b 的物理性质如表 9-1。

表 9-1 叶绿素 a 和叶绿素 b 的物理性质

项目	色泽	熔点	乙醇溶液颜色	荧光色泽	旋光性
叶绿素 a	蓝黑色粉末	117~120℃	蓝绿色	深红色	有
叶绿素 b	深绿色粉末	120~130℃	绿色或蓝绿色	红色	有

叶绿素本身是不稳定化合物。在高温和酸性条件下，易发生脱镁反应，生成脱镁叶绿素 a 和脱镁叶绿素 b，由本来的绿色变为黄色和橄榄色。因此，在烹饪绿色蔬菜时加入过量的醋时，绿色很快失去。在碱性条件下，叶绿素仍为绿色，较稳定。烹煮绿色蔬菜时，绿色分解酶能把叶绿素分解成甲基叶绿酸，继之使绿色消失，所以通常在蔬菜加工时采用热烫方法灭酶，同时也可使叶绿素结合的蛋白质凝固而达到保持叶绿素绿色的目的。

叶绿素在植物组织细胞中，受到叶绿素酶的分解，该分解反应主要是从叶绿素分子中脱去植醇基。叶绿素脱去植醇基后其色泽基本不变，但色素的水溶性增加。

在适当条件下，叶绿素分子中的镁离子可被二价铜离子、二价铁离子、二价锌离子等金属离子所取代,如叶绿素与二价铜离子生成叶绿素铜钠盐为绿色,且色泽稳定。

1.3.3 类胡萝卜素

类胡萝卜素是脂溶性色素,易溶于石油醚、乙醚,而难溶于乙醇。如无氧化条件,在酸、光、热作用下,除可发生几何异构化外,颜色变化不大;如遇氧化条件,易受氧化和光化学氧化,形成加氧产物分解为更小的分子;在受到热时可分解为多种挥发性小分子化合物。

类胡萝卜素作为动植物产品中许多黄色或红色的来源。如在藻类中为岩藻黄素;在绿叶中的类胡萝卜素为叶黄素、紫黄素和新黄素。类胡萝卜素之所以呈现不同的颜色,是由于其分子结构中具有高度共轭双键的发色团和含有—OH等助色团。分子中的共轭双键数越多,则主要吸收带就越向长波区域移动,而其颜色就越偏向红色。而且至少要有7个共轭双键时才能呈现出黄色。

类胡萝卜素广泛存在于自然界里,现在已经鉴定的结构就有600多种。它对人体的健康主要存在两个方面的作用:①抗氧化性:可以保护细胞免受氧化,降低一些疾病如动脉硬化症、癌症、关节炎等的发病率;②维生素的前体:β-胡萝卜素和α-胡萝卜素可以在人体肠道黏膜中转化为维生素A。胡萝卜素有益于人体健康,而类胡萝卜素可以促进胡萝卜素的吸收,具有协同作用,因而人体吸收混合的类胡萝卜素更有益于健康。

目前已用来作为着色剂的类胡萝卜素有以下几种。

(1) β-胡萝卜素 β-胡萝卜素主要存在于水果、蔬菜中。其中,胡萝卜、南瓜、辣椒、柑橘类等蔬果中最多。国外已经可以大量合成β-胡萝卜素,并且广泛应用。

(2) 辣椒红素 辣椒红素是从成熟的红辣椒中提取的脂溶性色素。对酸和可见光稳定,对紫外光敏感。油溶时对铜、铁、铝等金属离子不稳定。主要用于调味品、水产品及饮料着色。

(3) 番茄红素 番茄红素是植物中所含有的一种天然色素,主要存在于番茄的成熟果实中。它是目前自然界中被发现的最强抗氧化剂。番茄红素可以调节胆固醇的代谢,能降低几种癌症的发病危险。研究表明,和原料番茄相比,加工的番茄食品(如调味品番茄酱和沙司番茄红素)能够被人体更有效的吸收。

1.3.4 红曲色素

红曲色素来源于微生物,是红曲霉菌丝所分泌的色素,属于酮类色素。红曲色素中有六种不同的成分,其中有橙色红曲色素(红斑素和红曲红素)、黄色红曲素(红曲素和红曲黄素)、紫色红曲色素(红斑胺、红曲红胺)。

在微生物培养基中增加含氮有机物后,可使红曲色素产生水溶性。红曲色素易溶于乙醇、乙醚等有机溶剂。与其他的天然色素相比,红曲色素性质稳定,色调不随pH值的改变而发生改变,具有强的耐光、耐热及耐酸碱性,几乎不受金属离子的影响(如Ca^{2+}、Mg^{2+}、Fe^{2+}、Cu^{2+}),也不和氧化剂、还原剂(亚硫酸盐、H_2O_2、维生素C等)作用。红曲色素对蛋白质的染色能力强,现已广泛用于肉制品、腐乳、糕点、饮料、糖果等的着色。值得注意的是次氯酸盐对红曲色素有强的漂白能力。

1.3.5 花青素类色素

花青素类色素是各种花色苷的总称,广泛存在于植物的花、叶、茎、果实和块茎中,是一大类主要的水溶性色素,属于类黄酮类化合物,水解后可生成苷元和糖类。花色素苷只有C_6-C_3-C_6碳骨架结构。

花青素颜色随pH值发生变化。果实在成熟中由于pH值的变化,使果实出现各种颜色,所以同一种花青素在不同的果实和花中,或由于种植的土壤不同都可以显现不同的颜色。花青素还易受氧化剂、抗坏血酸、温度等因素的影响而变色。

自然界有超过300种不同的花青素。它们来源于不同种水果和蔬菜,如葡萄、紫甘蓝、越橘、酸果蔓、蓝莓、葡萄、黑加仑等。从根本上讲,花青素是一种强有力的抗氧化剂,它能够保护人体免受自由基的损伤。花青素还能够增强血管弹性,改善循环系统和增进皮肤的光滑度,抑制炎症和过敏,改善关节的柔韧性。具有抗突变的功能从而减少致癌因子的形成等功能。

1.3.6 焦糖色素

焦糖色素是将食品级的糖类物质(糖类和葡萄糖、转化糖、乳糖、淀粉水解物)在121℃以上高温热处理使之焦化制成。焦糖色素具有特殊的甜香气和令人愉快的焦苦味,主要用于酱油、醋及酱菜中。

截至2007年,我国批准允许使用的天然色素共有48种,包括天然β-胡萝卜素、甜菜红、姜黄、红花黄、紫胶红、越橘红、辣椒红、辣椒橙、焦糖色(不加氨生产)、红米红、菊花黄浸膏、黑豆红、高粱红、玉米黄、萝卜红、可可壳色、红曲米、红曲红、落葵红、黑加仑红、栀子黄、栀子蓝、沙棘黄、玫瑰茄红、橡子壳棕、NP红、多惠柯棕、桑葚红、天然芥菜红、金樱子棕、姜黄素、花生衣红、葡萄皮红、蓝锭果红、藻蓝、植物炭黑、密蒙黄、紫草红、茶黄色素、茶绿色素、柑橘黄、胭脂树橙(红木素/降红木素)胭脂虫红、氧化铁(黑)等。常用的天然着色剂有辣椒红、甜菜红、红曲红、胭脂虫红、高粱红、叶绿素铜钠、姜黄、栀子黄、胡萝卜素、藻蓝素、可可色素和焦糖色素等。这些色素是从植物、微生物和动物的可食部分用物理方法提取和精制而成,一般天然色素具有安全性较高、色调较自然、成本较高和保质期短等特点。

2. 人工合成色素

主要是通过化学合成制得的有机色素。其色泽鲜艳,化学性质稳定,着色力强,价格低廉,应用广泛,但安全性不如天然色素。用量和使用范围受到严格限制。

生产案例

根据我国食品卫生标准规定,国家批准允许使用的合成色素共有21种,包括苋菜红、苋菜红铝色淀、胭脂红、胭脂红铝色淀、赤药红、赤露红铝色淀、新红、新红铝色淀、柠檬黄、柠檬黄铝色淀、日落黄、日落黄铝色淀、亮蓝、亮蓝铝色淀、靛蓝、靛蓝铝色淀、叶绿素铜钠盐、β-胡萝卜素、二氧化钛、诱惑红、酸性红。国内使用的较多的合成色素有9种,包括苋菜红、胭脂红、新红、柠檬黄、日落黄、靛蓝、亮蓝、赤红、诱惑红。

2.1 苋菜红

苋菜红为红色粉末,属水溶液偶氮类色素,水溶液为品红色,溶于甘油及丙二醇,微溶于乙醇,不溶于油脂。耐光耐热,但对氧化和还原敏感,遇碱变为暗红色。我国规定它在食品中最大使用量为0.05g/kg,仅允许用于果汁(味)饮料类、碳酸饮料、糖果、糕点、配制酒等食品中。

2.2 柠檬黄

柠檬黄为黄色粉末,属水溶液偶氮类色素,水溶液为黄色,溶于甘油及丙二醇,微溶于乙醇,不溶于油脂。耐光、耐热、耐酸和耐盐性均好,耐氧性较差,还原时褪色,遇碱变为微变红,着色力强,在食品中广泛使用。使用范围与苋菜红的完全相同,但最大使用量为0.10g/kg。

2.3 靛蓝

靛蓝为蓝色粉末,属水溶液非偶氮类色素,水溶液为蓝色,耐光、耐热、耐酸、耐氧化和耐菌性均较差,还原时褪色,但安全性较高,着色力强并具有独特色调,在食品中广泛使用。使用范围与苋菜红的完全相同,但最大使用量为0.10g/kg。

2.4 合成β-胡萝卜素

合成β-胡萝卜素与天然β-胡萝卜素的区别在于含杂质不同,我国允许使用符合我国规定的质量标准的合成β-胡萝卜素。β-胡萝卜素为黄色或橙黄色油溶性色素，产品为紫红色粉末，酸性条件下不稳定，受光、热、空气影响后色泽变淡，遇重金属离子，特别是铁离子则褪色。

子项目测试

1. 填空题
（1）采用分光光度法测定油菜籽中叶绿素含量时，样品的水分含量（质量分数）应控制在＿＿＿＿以下。
（2）按来源划分，食品色素可以分为＿＿＿＿、＿＿＿＿和＿＿＿＿三类。
（3）肌红蛋白和血红蛋白的辅基是＿＿＿＿，其配位键数目为＿＿＿＿。
（4）叶绿素在高温和酸性条件下，易发生＿＿＿＿反应，使得绿色丧失。叶绿素与二价铜离子生成的产物颜色为＿＿＿＿。
（5）类胡萝卜素分子中的共轭双键数越多，其颜色就越偏向＿＿＿＿。呈现黄色，共轭双键数目至少为＿＿＿＿个。
（6）当pH值发生改变，红曲色素色调＿＿＿＿。次氯酸盐对红曲色素具有＿＿＿＿能力。
（7）果实在成熟过程中会出现颜色的变化，主要是由于＿＿＿＿。
（8）截至2007年，我国批准允许使用的天然色素共有＿＿＿＿种，人工合成色素共有＿＿＿＿种。
（9）柠檬黄是一种常用的人工合成色素，其使用范围和最大使用量具有严格的规定，最大使用量为＿＿＿＿。

2. 简答题
（1）食品色素具备哪些特点？
（2）类胡萝卜素对人体健康有哪些作用？

子项目二　食品中的香气物质

学习目标：
1. 了解评价食品中香味物质的基本概念。
2. 了解植物性食物、动物性食物以及发酵食品香味的主要成分及其形成途径。

技能目标：
学会对食品的风味进行综合评定。

嗅感是挥发性物质气流刺激鼻腔内嗅觉神经所发生的刺激感，令人喜爱的为香气，令人生厌的为臭气。食品的香气会增加人们的愉快感而引起人们的食欲，间接的增加人体对营养成分的消化和吸收，是食品的重要风味因素。

任务　几种食品的风味综合评定

【工作任务】
对几种食品的风味进行综合评定。

【工作目标】
1. 学会分辨风味的方法。
2. 学会风味检验的技巧，能够进行初步感官评价。

【工作情境】

本任务可在化验室或实验室中进行。
1. 仪器　榨汁机。
2. 原料　果蔬罐头（菠萝、黄桃、竹笋和梨等）、新鲜橘子500g、新鲜芹菜500g、鲜牛乳1000mL、红茶2000mL和橘子汁。

使用时，罐头及果蔬分别打浆、过滤，取汁作为样品。

【工作过程】

1. 样品的处理

将各种水果和蔬菜洗净晾干，然后用榨汁机将其榨成蔬菜汁和果汁，备用。

2. 操作过程

将榨成蔬菜汁、果汁、鲜牛乳、红茶和橘子汁，按嗅觉实验步骤进行嗅觉检验，然后再按味觉实验步骤进行味觉检验，分别记录检验结果。

气味描述可用香味、甜味、酸味、水果味等；味觉描述可用甜味、咸味、苦味、酸味、水果味、辣味、涩味等。

【数据处理】

将实验数据记录于下表。

样品名称	嗅觉	味觉	样品名称	嗅觉	味觉

【注意事项】

1. 由于食品的颜色和形态等都会给鉴定者一些暗示，所以本实验采用的食品均以汁液代替。
2. 水果汁应由高质成熟水果制备的天然产品，无损伤，无沾污，不添加水和糖，如果罐头水果不合适，也可由新鲜水果制得水果汁或水果饮料。
3. 牛乳应为鲜牛乳。
4. 用温热（40℃）红茶作为洗漱剂来漱口，会比清水更有效。

【体验测试】

1. 牛乳为什么选用新鲜牛乳？
2. 进行食品风味实训中的注意事项有哪些？

知识链接

食品中的香气物质

食品的香气是由多种呈香的挥发性的香味物质组成，任何一种呈香物质都不能单独表现出食品的香气，食气是由多种呈香物质综合反应的结果。因此，食品某种香气的阈值会受到其他香味物质的影响，当它们配合恰当时，能发出诱人的香气，如果配合不当，会使食品香气不协调，甚至出现异常气味。食品中呈香物质的浓度，只能反映食品香气的强弱，但不能完全地、真实地反映食品香气的优劣程度。香气阈值是指在同空白试验作比较时，能用嗅觉辨别出该种物质存在的最低浓度。香气值是呈香物质浓度和它的阈值之比，它是判断一种呈香物质在食品香气中起作用大小的指标。一般当发香值小于1，人们的嗅觉器官对这种呈香物质不会产生感觉。

只有某种或某些挥发性化合物才能使食品产生特征风味，这种或这些挥发性化合物称为特征效应化合物。只有它们才会对食品的风味起着决定作用。有些化合物本身没有风味，但是在一定条件下可转化为风味化合物,这些化合物称为风味前体。异味或香气缺陷是指食品中特征效应化合物的损失或组成改变均能引起食品气味异常。

需要注意的是香味和异味(臭味)之间有时只是由浓度的不同来决定的,吲哚类化合物具有粪便臭味,但是在极低浓度却呈茉莉花香;还有麝香、灵猫香等通常是臭味,只有在稀释后才能产生香味。

1. 植物性食物的香气

1.1 水果的香气

水果中香气比较单纯,但具有浓郁的天然芳香味。其香气成分中以有机酸酯类、醛类、萜类为主,其次是醇类、酮类、挥发酸等。

水果香气成分产生于植物体内的代谢过程中,因而随着果实的成熟度而增加。人工催熟的果蔬不如自然成熟的水果香气浓郁。水果呈香物质依种类、品种、成熟度等因素不同而不同。表9-2列出了几种常见水果的呈香物质。

表9-2 几种常见水果的呈香物质

水果名称	主要呈香物质	其他成分
苹果	乙酸异戊酯	挥发性酸、乙醇、乙醛、天竺葵醇
梨	甲酸异戊酯	醇类、挥发性酸
桃	乙酸乙酯、沉香醇酯(内酯)	挥发酸、乙醛、高级醛
葡萄	邻氨基苯甲酸甲酯	挥发酸、$C_2 \sim C_4$脂肪酸
香蕉	乙酸乙酯、异戊酸异戊酯	酯
柑橘	辛醛、葵醛、沉香醇、丙酮甲酸、乙酸酯、苯乙醇	乙醇、乙烯醛

1.2 蔬菜的香气

蔬菜的香气不如水果类的香气浓郁,总体上蔬菜的香气比较弱,但气味却多样。十字花科蔬菜(卷心菜、芥菜、萝卜等)具有辛辣味;百合花蔬菜(葱、蒜、洋葱、韭菜等)具有刺鼻的芳香;伞形花科蔬菜(胡萝卜、香菜、芹菜等)具有微刺鼻的特殊芳香与清香。各种蔬菜的香气成分主要是一些含硫化合物,一般以下列机制发出香气,如洋葱的香气成分中主要含有:

$$香气前体 \xrightarrow{风味酶} 挥发性香气物质$$

风味酶的发现是食品生物化学中的一项成就,利用提取的风味酶可以再生、强化以至改变食品的香气,从某种原料提取的风味酶就可以生产该原料特有的香气。例如从洋葱中提取的风味酶处理干制的甘蔗,得到的是洋葱的气味而不是甘蔗的气味。风味酶实际是酶的复合体,而不是单一酶。

1.3 蕈类的香气

蕈类是一种大型的真菌,种类很多,是一种风味很美的食品,富含蛋白质和多种维生素。构成食用真菌香气的挥发性成分已经鉴定的不下10种。

1.4 茶叶的香气

茶叶的香气是决定茶叶品质好坏的重要因素之一。不同的茶叶香型和特征香气化合物与茶树品种、生长条件、采摘季节、成熟度、加工方法等均具有很大的关系,鲜茶叶中的芳香物质只有几十种,而茶叶香气化合物有500种以上。

1.4.1 绿茶的香气

绿茶是不发酵茶,有典型的烘炒香气和鲜清香气。绿茶加工的第一步是杀青,使鲜茶叶中的酶失活,因此,绿茶的香气成分部分是鲜叶中原有的,小部分是加工过程中形成的。

绿茶中含有微量的顺式青叶醇和反式青叶醇，二者混合在一起，使绿茶具有清香鲜爽的感觉。同时还含有芳香气味的高沸点的物质如苯甲醛、苯甲醇、芳樟醇、苯乙酮等，随着低沸点物质的挥发而显露出来，特别是芳樟醇，占到绿茶芳香成分的10%，这类高沸点的芳香物质具有良好香气，是构成绿茶香气的重要成分。

1.4.2 红茶的香气

红茶是发酵茶，其茶香浓郁，红茶在加工中会发生各种变化，生成几百种香气成分，使红茶与绿茶明显不同。在红茶的香气成分中，醇、醛、酸、酯的含量较高，特别是紫罗兰酮类化合物对红茶的特征香气起重要作用。红茶中的多数芳香成分非鲜茶叶所固有，而主要是在发酵过程中，受到微生物的作用而形成的。

1.5 谷类的香气

一般生谷粒香气较弱，熟谷粒的香气较重，例如，刚煮好的米饭有米饭的香气，是H_2S和乙醛的气味。

2. 动物性食品的香气

2.1 肉香成分

肉类风味长期以来一直是食品化学和风味化学重点研究课题，已经鉴定的香气挥发成分有近千种。肉类在成熟时发生的香气，有200多种，其中有醇、醛、酮、酸、酯、呋喃、吡咯、内酯、碳水化合物、苯系化合物、含氮化合物等类化合物。在这些成分中，没有哪一种成分具有特征性的肉香味，显然，肉香味是多种成分综合作用的结果。这些肉香味主要是糖和氨基酸反应生成的各种挥发性物质，此外，也有油脂分解和含硫化合物的生成有关。

在动物肌肉组织加热过程中，香味化合物的形成总体上可以分为三种途径：①由于脂质的氧化、水解等反应形成醛、酮、酯等化合物；②氨基酸、蛋白质与还原糖反应生成的风味化合物；③不同风味化合物的进一步分解或者相互之间的反应生成新风味化合物。经过加热肉类产生特有的香气，这些香气物质是由于在加热时发生化学反应生成大量的中间体和风味物质，并由此产生肉的相应风味。

2.2 水产品的风味物质

新鲜的水产品具有淡淡的清鲜气味。随着鲜度的下降逐渐呈现出一种特殊的鱼腥味，它的特征成分是鱼皮黏液的δ-氨基戊醛、δ-氨基戊酸和六氢吡啶类化合物，它们是由碱性氨基酸生成的。

水产品在鲜度下降时会产生令人厌恶的鱼腥臭味，其成分主要氨、二甲胺、三甲胺、甲硫醇、吲哚及脂肪酸氧化物等，这些物质都是碱性物质，添加醋酸等酸性溶液可以使其中和，降低臭气。

2.3 乳与乳制品的香气

2.3.1 鲜乳的香气

牛乳香气的成分很复杂，主要成分为2-己酮、2-戊酮、丁酮、丙酮、乙醛等。其中甲硫醚是构成牛乳风味的主体成分。牛乳在加热煮沸过度时产生一种不良气味，其中含有甲酸、乙酸及丙酮酸等，牛乳在日光下放置会产生所谓的日光臭，这主要是氨基酸降解后的产物所致。

2.3.2 乳制品的香气

新鲜黄油中的香气成分有挥发性脂肪酸、异戊醛、3-羟基丁酮、甲基酮和烯醛等，天然奶油和黄油中中长链脂肪酸、羰基化合物含量比鲜奶高；奶粉和炼乳在加工中，奶中固有的一些香气物质因挥发而损失一些，但也会产生一些新的风味物质，如糠醛、丁酸-2-糠醇，邻甲基苯等。发酵乳制品在发酵过程会产生乳酸、乙酸、乙醛、异戊醛等重要风味成分，所以具有发酵乳制品的特殊香气。

3. 发酵食品香味的生成

常见的发酵食品包括酒类、酱类、食醋、发酵乳制品、香肠等。发酵食品的香味主要是由于微生物作用于蛋白质、糖、脂肪及其他物质而产生的，主要成分也是醇、醛、酮、酸、酯类物质。因其微生物的种类繁多，各种成分比例异同，从而使各类食品的风味各异。

3.1 酒类的香气

酒类的香气成分很复杂，各种酒类的芳香成分因品种而异。酒类的香味成分经测定有200多种化合物。醇类是酒的主要芳香性物质，除乙醇外，其中含量较多的是正丙醇、异丁醇、异戊醇等；酯类是酒中最重要的一类香气物质，它在酒的香气成分中起着极为重要的作用，包含乙酸乙酯、己酸乙酯、乙酸戊酯、乳酸乙酯等；乙缩醛、乙醛、丙醛、丁二酮是香气贡献大的羰基化合物。

3.2 面包的香气

面包的香气成分十分丰富，包括酵母活动的产物，但许多微生物活动产生的挥发性物质在焙烤中挥发损失，而在焙烤中又产生了大量焙烤风味物质。香气物质包括醇类、酸类、酯类、羰基化合物、呋喃类、吡嗪类、内酯类以及硫化物、萜烯类化合物等。

3.3 酱油、酱和醋的香气

酱油和酱是以大豆、小麦等为原料经米曲霉发酵所形成的调味料。酱油的香气物包括醇、酯、酸、羰基化合物、硫化物和酚类等，醇和酯中有一部分是芳香族化合物。

食醋中酸、醇和羰基化合物较多，其中乙酸含量高达4%左右。

4. 食品中香气形成的途径

食品中香气形成的途径，大体上分为：生物合成、酶促反应、氧化作用、高温分解作用、微生物作用以及外加赋香作用。食品中香气物质形成途径见表9-3。

表9-3 食品中香气物质形成途径

类型	说明	举例
生物合成	直接由生物合成形成的香味成分	以萜烯类和酯类化合物为母体的香味物质，如薄荷、柑橘、甜瓜和香蕉中的香味物质
酶促反应（直接酶作用）	酶对香味前体物质作用形成香味成分	蒜酶对亚砜作用形成洋葱香味
氧化作用（间接酶作用）	酶促生成氧化剂对香味前体物质氧化生成香味物质	羰基及酸类化合物使香味增加，如红茶
高温分解作用	加热或烘烤处理使前体物质成为香气成分	由于存在吡嗪(咖啡、巧克力)、呋喃(面包)等而使香气更加突出
微生物作用	微生物作用将香气前体物质转化而成香气成分	酒、醋、酱油等的香气形成
外加赋香作用	外加增香剂或烟熏的方法	由于加入增香剂或烟熏使香气成分渗入到食品中而呈香

子项目测试

1. 填空题

(1) 在同空白试验作比较时，能用嗅觉辨别出该种物质存在的最低浓度，称之为_____。

(2) 判断一种呈香物质在食品香气中起作用大小的指标是_____。它是_____和_____之比。它的数值小于_____，人们的嗅觉器官对这种呈香物质不会产生感觉。

(3) 绿茶香气的重要成分是_____，而对红茶的特征香气起重要作用的物质是_____。

2. 简答题

(1) 什么是特征效应化合物？什么是风味前体？
(2) 食品香气形成途径有哪几类？试举例说明。
(3) 简述植物性和动物性食品香气及其主要成分？

子项目三 食品的风味化学

> 【学习目标】：
> 1. 了解味感的分类及甜、酸、苦、咸四种基本味感。
> 2. 掌握常用的甜味剂、酸味剂及其在食品加工中的作用。
> 3. 掌握常见的鲜味剂及食品加工工艺对其的影响。
>
> 【技能目标】：
> 学会测定食品中风味物质的方法。

食品风味是食品的重要特征之一，它是指摄入口腔的食物使人的感觉器官，包括味觉、嗅觉、触觉和温觉等所产生的综合印象，即食物客观性使人产生的感觉印象的总和。

任务 食品中糖精钠的测定

【工作任务】
测定食品中糖精钠的含量。

【工作目标】
1. 学会食品中糖精钠测定的原理及方法。
2. 学会薄层色谱法的原理及方法。

【工作情境】
本任务可在化验室或实验室中进行。

1. 仪器 玻璃纸（生物制品透析袋或不含增白剂的市售玻璃纸）、玻璃喷雾器、微量注射器、紫外光灯（波长253.7nm）、薄层板（10cm×20cm 或 20cm×20cm）、展开槽。

2. 试剂 乙醚（不含过氧化物）、无水硫酸钠、无水乙醇及乙醇（95%）、聚酰胺粉（200目）、盐酸、硫酸铜、氢氧化钠。

展开剂：正丁醇＋氨水＋无水乙醇（7＋1＋2）或异丙醇＋氨水＋无水乙醇（7＋1＋2）。

显色剂：溴甲酚紫溶液（0.4g/L）：称取0.04g溴甲酚紫，用乙醇（50%）溶解，加氢氧化钠溶液（4g/L）1.1mL调制pH值为8，定容至100mL。

糖精钠标准溶液：准确称取0.0851g经120℃干燥4h后的糖精钠，加乙醇溶解，移入100mL容量瓶中，加95%乙醇稀释至刻度，此溶液每毫升相当于1mg糖精钠。

【工作原理】
在酸性条件下，食品中的糖精钠用乙醚提取、浓缩、薄层色谱分离、显色后，与标准比较，进行定性和半定量测定。

【工作过程】

1. 样品提取

（1）饮料、冰棍、汽水类 取10.0mL均匀试样（如试样中含有二氧化碳，先加热除去，如试样中含有酒精，加4%氢氧化钠溶液使其呈碱性，在沸水浴中加热除去），置100mL分液漏斗中，加2mL盐酸（1＋1），用30mL、20mL、20mL乙醚提取三次，合并乙醚提取液，用5mL盐酸酸化的水洗涤一次，弃去水层。乙醚层通过无水硫酸钠脱水后，挥发乙醚，加2.0mL乙醇溶解残渣，密塞保存，备用。

（2）酱油、果汁、果酱等　称取20.0g或吸取20.0mL均匀试样，置于100mL容量瓶中，加水至约60mL，加20mL硫酸铜溶液（100g/L），混匀，再滴加4.4mL氢氧化钠溶液（40g/L），加水至刻度，混匀，静置30min后过滤，取滤液50mL置150mL分液漏斗中，以下同（1）中"加2mL盐酸（1+1）……"起的相关操作。

（3）固体果汁粉等　先称取20.0g磨碎的均匀试样，置200mL容量瓶中，加100mL水，加温使其溶解，冷却后再按（2）中"加20mL硫酸铜溶液（100g/L）……"起的相关操作。

（4）糕点、饼干等蛋白质、脂肪、淀粉含量高的样品　称取25.0g均匀试样，置于透析用玻璃纸中，放入大小合适的烧杯中，加50mL氢氧化钠溶液（0.8g/L）于透析膜内，充分混合，使样品成糊状，将玻璃纸口扎紧，放入盛有200mL氢氧化钠溶液（0.8g/L）的烧杯中，盖上表面皿，透析过夜。

量取125mL透析液（相当于12.5g样品），加约0.4mL（1+1）盐酸，使成中性，加20mL硫酸铜（100g/L）混匀，加4.4mL氢氧化钠溶液（40g/L），混匀，静置30min，过滤。取120mL滤液（相当于10g试样），置于250mL分液漏斗中，以下同（1）中"加2mL盐酸（1+1）……"起的相关操作。

2. 薄层板的制备

称取1.6g聚酰胺粉，加0.4g可溶性淀粉，加约7.0mL水，研磨3～5min，立即涂成0.25～0.30mm厚的10cm×20cm薄层板，室温下干燥后，在80℃烘箱中干燥1h，置干燥器内备用。

3. 点样

在薄层板下端2cm处，用微量注射器点10μL和20μL的样液2个点，同时点3.0μL、5.0μL、7.0μL、10.0μL糖精钠标准溶液，各点间距1.5cm。

4. 展开与显色

将点好的薄层板放入盛有展开剂的展开槽中，展开剂液层约0.5cm，并预先已达到饱和状态。展开至10cm，取出薄层板，挥干，喷显色剂，斑点显黄色，根据试样点和标准点的比移植进行定性，根据斑点颜色的深浅进行半定量测定。

【数据处理】

$$X = \frac{1000A}{1000m \frac{V_2}{V_1}}$$

式中　X——试样中糖精钠的含量，g/kg或g/L；

　　　A——测定用样液中糖精钠的质量，mg；

　　　m——试样质量或体积，g或mL；

　　　V_1——试样提取液残留物加入乙醇的体积，mL；

　　　V_2——点板液体积，mL。

将原始数据记录于下表。

测定用样液中糖精钠的质量/mg		点板液体积/mL	
试样质量或体积/(g或mL)		试样中糖精钠的含量/(g/kg或g/L)	
试样提取液残留物加入乙醇的体积/mL			

【注意事项】

1. 样品提取时加入$CuSO_4$及NaOH用于沉淀蛋白质，防止用乙醚萃取发生乳化，其用量可根据样品情况按比例增减。

2. 样品处理液酸化的目的是使糖精钠转化成糖精，以便用乙醚提取，因为糖精易溶于乙醚，而糖精钠难溶于乙醚。

3. 富含脂肪的样品，为防止用乙醚萃取糖精时发生乳化，可先在碱性条件下用乙醚萃取脂肪，然后酸化，再用乙醚提取糖精。

4. 对含 CO_2 的饮料，应除 CO_2，否则将影响样液的体积。

5. 聚酰胺薄层板，烘干温度不能高于 80℃，否则聚酰胺变色。

【体验测试】

1. 对于富含脂肪的样品，如何防止用乙醚萃取糖精时发生乳化？
2. 聚酰胺薄层板烘干温度，为什么不能高于 80℃？
3. 样品处理液酸化的目的是什么？

知识链接

食品的风味化学

食品风味是食品的重要特征之一。味感是食物在人的口腔内对味觉器官的刺激而产生的一种感觉，这种刺激有时是单一的，但多数情况下是复合型的，包括味觉、嗅觉、触觉和温觉等所产生的综合印象。

1. 味感

世界各国由于文化、饮食习俗等不同，对味感的分类并不一致。日本分为甜、苦、酸、咸、辣 5 类；我国分为甜、苦、酸、咸、辣、鲜、涩共 7 类。从生理学角度看，只有甜、苦、酸、咸是基本味感。

2. 甜味与甜味剂

甜味是人们喜欢的基本味感，它能够用于改进食品的可口性和某些食用性质。甜味的强弱可以用相对甜度来表示，它是甜味剂的重要指标。蔗糖是测定甜味相对甜度的基准物，规定以 5% 或 10% 的蔗糖溶液在 20℃ 时的甜度为 1，用以比较其他甜味剂在相同温度相同浓度下的甜度，这种相对甜度称为比甜度。常用甜味剂的相对甜度见表 9-4。

表 9-4 常用甜味剂的相对甜度

甜味剂	相对甜度	甜味剂	相对甜度
蔗糖	1	葡萄糖	0.74
果糖	1.14～1.73	糖精	500～700
转化糖	0.8～1.3	甘草苷	250
麦芽糖	0.32	甜菊糖苷	300
山梨糖醇	0.5～0.7	木糖醇	0.9～1.4

甜味剂是以赋予食品甜味为主要目的的食品添加剂。一般分为天然甜味剂和合成甜味剂两大类。目前实际上使用的甜味剂约 20 种。至于葡萄糖、果糖、麦芽糖、乳糖等物质虽为天然甜味剂，因长期为人们所食用，而且又是人类的主要营养物质，一般视为食品原料，不作为食品添加剂对待。

在双糖中，蔗糖的甜味纯正，甜度大；麦芽糖在糖类中营养价值最高，味较爽口，不像蔗糖那样会刺激胃黏膜；乳糖有助于人体对钙的吸收，它对气体和有色物质的吸附性较强，可用作肉类食品风味和颜色的保护剂，添加于烘烤食品中也易形成诱人的金黄色。

还有许多非糖类的天然化合物、天然物的衍生物和合成物也具有甜味；非营养型甜味剂在各国均有使用，目前已投入使用的几种糖醇甜味剂主要有 D-木糖醇、D-山梨醇、D-甘露醇和麦芽糖醇四种。以下主要介绍几种常用的甜味剂。

2.1 甜蜜素

甜蜜素的化学名为环己基氨碳酸钠，性状为白色结晶或结晶粉末，易溶于水（20g/100mL），几乎不溶于乙醇等有机溶剂，对热、酸及碱皆稳定。甜度约为蔗糖的30倍，具有甜味好、后苦味比糖精低、成本较低等优点，缺点是甜度不高，用量大，易超标使用。1970年美国禁用，英国、日本、加拿大等国随后也禁用。我国规定其用量为0.15g/kg，可用于调味酱汁、酱菜、配料酒、糕点、饼干、面包、雪糕、果汁（味）、冰棍、饮料、蜜饯等。

2.2 糖精

糖精的化学名为邻磺酰苯甲酰亚胺，1987年合成成功，味极甜，水中溶解度极低，水溶液呈酸性。糖精钠易溶于水，稳定性极好，甜度为蔗糖的500～700倍，最大优点是具有较高的稳定性，酸性食品、焙烤食品均可使用。

糖精的安全性问题目前尚无定论，糖精完全不代谢，从尿中排出体外，并未发现与膀胱癌的发生具有关联性，动物致病实验不稳定，催畸、致突变性实验正常，人体观察很少致敏。所以我国目前仍可使用，最大使用量0.15g/kg，但用量正逐年减少。

2.3 甜菊糖苷

它的比甜度为200～300，是最甜的天然甜味剂之一，没有苦味和发泡性，是一种低热值的甜味物质。水中溶解速度较慢，残味存留时间较蔗糖长，热稳定性强，它对热、酸、碱都稳定。甜叶菊苷在降血压、促进代谢等方面有疗效，适用于糖尿病患者食品及低能食品，可制成保健食品和保健药品，是目前较有前途的非糖天然甜味剂，日本和我国应用较普遍。

2.4 阿斯巴甜

阿斯巴甜又叫甜味素，甜度为蔗糖的30～50倍，其浓度大于0.4%时为苦味。溶于亚硝酸盐、亚硫酸盐含量高的水中，产生石油或橡胶的气味。阿斯巴甜有一定的后苦味，与糖精以9:1或10:1的比例混合使用，可使味质提高。甜蜜素不参与体内代谢，摄入后由尿（40%）和粪便（60%）排除，无营养作用，属于无营养甜味剂。

3. 酸味与酸味剂

酸味剂能给感觉以爽快的刺激，具有增进食欲的作用。酸味剂广泛用于食品加工生产中。我国允许使用的酸味剂有柠檬酸、乳酸、酒石酸、苹果酸、偏酒石酸、磷酸、醋酸、富马酸、己二酸等。

3.1 酸味剂的作用

从化学角度看，酸味是氢离子的性质，几乎所有在溶液中能解离出氢离子的化合物都能引起酸感。酸味是动物进化最早的一种化学味感，许多动物对酸味剂刺激都很敏感，人类由于早已适应酸性食物，故适当的酸味能给人以爽快的感觉，并促进食欲。不同的酸味具有不同的味感，酸的浓度与酸味之间并不是一种简单的相互关系，酸的味感是与酸性基团的特性、pH、滴定酸度、缓冲效应及其他化合物（尤其是糖）的存在与否有关。

酸味剂在食品及其加工中有以下作用。

（1）用于调节食品体系的酸碱度　如在凝胶、干酪、果冻、软糖、果酱等产品中，为了取得产品的最佳性状和韧度，必须正确调整pH值，果胶的凝胶、干酪的凝固与其pH值密切相关。酸味剂降低了体系的pH值，可以抑制许多有害微生物的繁殖，抑制不良的发酵过程，并有助于酸性防腐剂发挥良好的防腐效果，缩短高温灭菌时间，减轻高温对食品结构与风味的不利影响。

（2）在食品中可作为香料辅助剂　酸味剂广泛应用于调香。许多酸味剂都得益于特定的香味，磷酸可辅助可乐饮料的香味，酒石酸可辅助葡萄的香味，苹果酸可辅助许多水果和果酱的香味。酸味剂能平衡风味、修饰蔗糖或甜味剂的甜味。

(3) 在食品加工中可作为螯合剂　某些金属离子如 Ni、Cr、Cu、Se 等能加速氧化作用，对食品生产产生不良影响，如变色、腐败以及营养素损失等。许多酸味剂具有螯合金属离子的能力，如柠檬酸。酸与氧化剂结合使用能起到增效的作用。

(4) 酸味剂具有还原特性　在水果、蔬菜制品的加工中可以作为护色剂，在肉类加工产品可以作为护色助剂。

(5) 酸味剂可做膨松剂　遇碳酸盐可以产生 CO_2 气体，这是化学膨松剂产生的基础，而且酸味剂的性质决定了膨松剂的反应速度。此外，酸味剂有一定的稳定泡沫的作用。

3.2　常见的酸味剂

(1) 柠檬酸　又名枸橼酸，化学名称为 3-羟基-3 羧基戊二酸。纯品为无色半透明或白色颗粒或白色结晶粉末，无臭，易溶于水，酸味纯正，滋美爽口，产生酸感快而持续时间短，与其他酸如酒石酸、苹果酸等合用，可使产品风味丰满，特别适用于清凉饮料、果冻、水果罐头和糖果等。它还具有良好的防腐性能及抗氧化增效功能，但不应与防腐剂山梨酸钾、苯甲酸钠等溶液同时添加，必要时可分别先后添加，以防止结晶析出，影响食品的防腐效果。

(2) 苹果酸　又名羟基琥珀酸、羟基丁二酸，其酸味较柠檬酸强，爽口但略带刺激性，稍有苦涩感，呈味缓慢，保留时间较长。与柠檬酸合用时在强调酸味方面效果好，常用于调配饮料等，尤其适用于果冻。可按生产需要适量使用，可部分代替柠檬酸。

(3) 醋酸（乙酸、冰醋酸）　无色透明的液体，有刺激性的臭味，极酸。无水乙酸在 17℃下结晶，可以同水、酒精、甘油以任意比例混合。醋酸是我国最常用的酸味剂，一般食醋中含醋酸 3%～5%，还含有多种有机酸、氨基酸、糖类等。发酵酿造的食醋风味好，醋味温和，在烹调中作为调味品，还可以防腐败、去腥臭。

(4) 酒石酸　又名 2,3-二羟基琥珀酸。酒石酸为无色透明结晶或白色精细的颗粒性结晶状粉末，无臭，在空气中稳定，酸味强，约为柠檬酸的 1.2～1.3 倍，但口感稍有涩感，其用途与柠檬酸相同，多与其他酸合用。它不适用于配制起泡的饮料或用食品膨胀剂。

(5) 乳酸　又名 2-羟基丙酸，乳酸为无色到浅黄色固体或糖浆状澄明液体，几乎无臭或稍臭，有吸湿性。能抑制有害微生物的繁殖，对乳蛋白有凝固作用。很少存在于水果、蔬菜中，多用人工合成品，可作为乳酸调节剂、酸化剂、抗微生物剂等。用其制泡菜或酸菜，不仅调味，还可以防止杂菌繁殖。

(6) 抗坏血酸（维生素 C）　有爽快的酸味，但易被氧化，在食品中可作为酸味剂和维生素 C 添加剂，还具有防氧化和褐变作用。

4. 苦味和苦味食品

苦味是分布广泛的味感，在自然界中有苦味的有机物及无机物要比甜味物质多得多，苦味本身并不是令人愉快的味感，食物中的苦味物质主要有各种生物碱、糖苷、某些多烯类和氨基酸、小分子肽片断等。单纯的苦味会使人产生不愉快的感觉，但是当与或其他味感物质恰当组合时，却形成了一些食物的特殊风味，能增进口感，还能调节生理功能。例如苦瓜、莲子、白果的苦味，被人们视为美味，可可、咖啡、茶叶、啤酒都有一定的苦味，也广泛受到人们的欢迎。

5. 咸味与咸味食品

咸味是中性盐的味道，咸味是人类的最基本味感，对食品的调味十分重要，没有咸味就没有美味佳肴。只有少数咸味物具有单纯的咸味，如氯化钠产生纯粹的咸味。一般情况下，盐的阳离子和阴离子的原子量越大，越有增大苦味的倾向。盐的味觉见表 9-5。

表 9-5 盐的味觉

味感	盐的种类	味感	盐的种类
咸味	$NaCl$、KCl、NH_4Cl、$NaBr$、NaI、Na_2CO_3、KNO_3	苦味	$MgCl_2$、$MgSO_4$、KI
咸苦味	KBr、NH_4I	不快味兼苦味	$CaCl_2$、$Ca(NO_3)_2$

6. 鲜味与鲜味物质

鲜味是一种综合的味感，它是能够使人们产生食欲，增加食物可口性的味觉。呈现鲜味的化合物加入到食品中，含量大于阈值时，使食品鲜味增加；含量小于阈值时，即使尝不到鲜味，也能增强食品的风味，所以鲜味剂也称为风味增强剂，故欧美常将鲜味剂作为风味添加剂。鲜味呈味物质成分有核苷酸、氨基酸、肽、有机酸等物质。目前，我国批准许可使用的鲜味剂有 L-谷氨酸钠（MSG）、5'-鸟苷酸二钠（GMP）、5'-呈味核苷酸二钠、琥珀酸二钠和 L-丙氨酸、甘氨酸以及植物水解蛋白、动物水解蛋白、酵母抽提物等。

6.1 鲜味剂的特点

鲜味是一种柔和协调的味感，鲜味剂能增强食品鲜味，它们不影响任何味觉，而只增加其各自的风味特征，从而改进食品的可口性。在现在家庭的食物烹饪或食品加工中，鲜味剂起着很大的作用，但绝大多数都使用谷氨酸钠。核苷酸类鲜味剂，广泛用于液体调料、特鲜酱油、粉末调料、肉类加工、饮食行业等。

6.2 食品加工工艺对鲜味剂的影响

（1）高温对鲜味剂的影响　加热对鲜味剂有显著影响，但不同鲜味剂对热的敏感程度差异较大。通常情况下，氨基酸类鲜味剂耐热性能较差、易分解。因此，在使用这类鲜味剂时应在较低温度下加入。核酸类鲜味剂、水解蛋白、酵母抽提物较之耐高温。

（2）食盐对鲜味剂的影响　所有鲜味剂都只有在含有食盐的情况下才能显示出鲜味，这是因为鲜味剂溶于水后电离出阳离子和阴离子，阴离子虽然有一定鲜味，但如果不与钠离子结合，其鲜味并不明显，只有在定量的钠离子包围阴离子的情况下，才能显示其特有的鲜味，这定量的钠离子仅依靠鲜味剂中电离出来的钠离子时不够的，必须靠食盐的电离来供给。因此，食盐对鲜味剂有很大的影响，且二者之间存在定量关系，一般鲜味剂的添加量与食盐的添加量成正比。

（3）pH 值对鲜味剂的影响　绝大多数鲜味剂在 pH 值为 6～7 时其鲜味最强。当食品的 pH 值<4.1 或 pH 值>8.5 时，绝大多数鲜味剂均失去其鲜味。但酵母味素在低 pH 值情况下保持溶解的状态，不产生浑浊，使鲜味更柔和。

（4）食品种类对鲜味剂的影响　通常情况下，氨基酸类鲜味剂对大多数食品比较稳定，但核苷酸类鲜味剂（IMP、GMP 等）对生鲜动植物食品中的磷酸酯酶极其敏感，导致生物降解而失去鲜味。这些酶类在 80℃ 情况下会失去活性。因此在使用这类鲜味剂时，应先将生鲜动植物食品加热至 85℃，将酶钝化后再加入。

子项目测试

1. 填空题

（1）从生理学角度看，基本味感包括_____、_____、_____、_____。

（2）我国将食品味感分为_____、_____、_____、_____、_____、_____。

（3）甜味的强弱可以用_____来表示，它是甜味剂的重要指标。

（4）蔗糖是测定甜味相对甜度的基准物，规定以_____或_____的蔗糖溶液在 20℃ 时的甜度为_____，用以比较其他甜味剂在相同温度相同浓度下的甜度，这种相对甜度称为_____。

（5）绝大多数鲜味剂在 pH 值为_____时其鲜味最强。当食品的 pH 值<_____或 pH 值>_____时，绝大多数鲜味剂均失去其鲜味。

(6) 一般情况下，盐的阳离子和阴离子的原子量越_____，越有增大苦味的倾向。
(7) 薄层色谱法测定食品中糖精钠含量，涉及"比移植"一词，它的定义是_____。

2. 简答题
(1) 食品常用的甜味剂、酸味剂有哪些？
(2) 酸味剂在食品加工中的作用有哪些？
(3) 简述食品加工工艺对鲜味剂的影响。
(4) 为什么所有鲜味剂都只有在含有食盐的情况下才能显示出鲜味？
(5) 对于生鲜动植物食品的加工，应如何使用核酸类鲜味剂？并说明理由。
(6) 简述薄层色谱法测定食品中糖精钠含量的原理。

综合技能考核模拟试卷（一）

试题一　配制 0.1000mol/L 的 NaCl 标准溶液 100mL

试　题　卡

【规定时间】1h。

【操作条件】

(1) 纸和笔。

(2) 仪器单。

序　号	名　称	规格或要求	数　量	备　注
1	容量瓶	100mL	1个	
2	电子分析天平	0.1mg	1台	
3	锥形瓶	250mL	3个	
4	烧杯	50mL	1个	
5	烧杯	250mL	1个	
6	试剂瓶	250mL	若干	
7	小药匙	—	1个	
8	称量瓶	—	1个	
9	高温炉	—	1个	
10	称量手套	—	1副	
11	胶头滴管	—	1个	
12	干燥器	—	1个	
13	洗瓶	—	1个	
14	玻璃棒	—	1根	
15	滤纸	—	若干	
16	标签纸	—	1张	

(3) 固体 NaCl（分析纯）。

(4) 实验结果记录表。

(5) 检验依据（GB/T 601—2002）。

【操作内容】

(1) 选定所用的配制仪器。

(2) 根据试题题目计算取样量并做好原始记录。

(3) 依据标准要求配制。

【操作要求】
(1) 正确选定配制所用仪器。
(2) 正确计算、记录样品的取样量。
(3) 正确选定分析天平、做好称量记录。
(4) 严格按标准溶液的配制要求进行操作。

综合技能考核评判标准

考核内容	项目	技　能　要　点	分值
配制 0.1000mol/L 的 NaCl 标准溶液 100mL（直接法）	用固体试样配制标准溶液的方法	计算取样量	10
		选择配制仪器	10
		检漏	5
		清洗	5
		称量（选择称量仪器、称量、称量记录）	15
		溶解（加热溶解的需冷却到室温）	5
		转移	5
		洗涤	10
		振荡（至容积 2/3 时,直立容量瓶旋摇,不盖塞子）	5
		定容（至刻度线 1~2cm 时改用胶头滴管）	10
		摇匀	5
		装瓶	5
		贴签	5
		清洗整理归位	5
		合计	100

综合技能考核模拟试卷（二）

试题二　0.1000mol/L HCl 标准溶液的标定

试 题 卡

【规定时间】1.5h。

【操作条件】

（1）纸和笔。

（2）仪器单。

序 号	名　　称	规格或要求	数　　量	备　注
1	酸式滴定管	50mL	1根	
2	电子分析天平	0.1mg	1台	
3	锥形瓶	250mL	3个	
4	量筒	50mL	1个	
5	烧杯	250mL	1个	
6	烧杯	50mL	若干	
7	滴定台	—	1个	
8	称量瓶	—	1个	
9	高温炉	—	1个	
10	称量手套	—	1副	
11	电炉子	—	1个	
12	干燥器	—	1个	
13	洗瓶	—	1个	
14	滤纸	—	若干	

（3）试剂单。

序号	名　　称	规格或要求	配制方法	备　注
1	待标定的盐酸标准溶液	分析纯		
2	基准试剂:无水碳酸钠	分析纯	预先置于高温炉中(270～300℃)灼烧至恒重	
3	溴甲酚绿-甲基红指示液	—	0.1%溴甲酚绿与0.2%甲基红按3:1比例混合	两种试剂均用95%乙醇溶解配制

(4) 实验数据记录及处理。

记 录 项 目	1	2	空白
称量瓶+无水碳酸钠(1)/g			
称量瓶+无水碳酸钠(2)/g			
无水碳酸钠的质量 m/g			
滴定消耗 HCl 溶液的体积/mL			
温度校正后滴定消耗 HCl 溶液的体积 V、V_0/mL			
HCl 标准溶液的浓度 c/(mol/L)			
平均值/(mol/L)			
极差与平均值之比/%			

(5) 检验依据（GB/T 601—2002）。

【操作内容】
(1) 选定标定 0.1000mol/L HCl 标准溶液所用的仪器。
(2) 根据标准要求进行标准溶液的标定。
(3) 填写实验结果的原始记录。
(4) 导出计算公式。
(5) 进行结果计算和修约。

【操作要求】
(1) 正确地选定所用的仪器。
(2) 严格按标准要求进行操作。
(3) 准确、规范地填写实验原始记录。
(4) 对所测结果进行正确的计算和修约。

综合技能考核评判标准

考核内容	项目		技 能 要 点	分值
0.1000mol/L HCl 标准溶液的标定	滴定前	滴定管的处理	选管（正确选择滴定管）	5
			检查、试漏、涂油、洗涤（每个 2 分）	8
			润洗、装液、排气、调零（每个 2 分）	8
		药品的称量	提前洗涤锥形瓶并烘干	5
			递减法称取约 0.2000g 药品于锥形瓶中（操作是否规范）	8
			称量记录是否准确	5
	滴定中		滴定前（若管尖有残余液，以干净烧杯内壁轻触使其流到烧杯）	2
			酸式滴定管的握姿、锥形瓶（做圆周运动）	5
			滴定速度（先快后慢以 3～4 滴/s，不可呈液柱）	5
			连续滴定操作（左手滴、右手摇、眼把溶液颜色瞧）	5
			半滴/一滴操作	6
			准确判断滴定终点	5
			准确读数	5
			滴定数据记录（$V_{消耗}$）	5
	数据处理		计算公式的导出	5
			数据的代入	2
			结果计算	2
			有效数字的修约	5
			平均偏差的计算	5
	滴定后		分析天平关闭、整理	2
			滴定管、锥形瓶的清洗、归位	2
合计				100

综合技能考核模拟试卷（三）

试题三　0.1000mol/L NaOH 标准溶液的标定

试 题 卡

【规定时间】1.5h。
【操作条件】
（1）纸和笔。
（2）仪器单。

序 号	名 称	规格或要求	数量	备 注
1	碱式滴定管	50mL	1根	
2	电子分析天平	0.1mg	1台	
3	锥形瓶	250mL	3个	
4	量筒	50mL	1根	
5	烧杯	250mL	1个	
6	烧杯	50mL	若干	
7	容量瓶	100mL	1个	
8	滴定台	—	1个	
9	称量瓶	—	1个	
10	烘箱	—	1台	
11	称量手套	—	1副	
12	胶头滴管	—	1根	
13	干燥器	—	1个	
14	洗瓶	—	1个	
15	滤纸	—	若干	

（3）试剂单。

序 号	名 称	规格或要求	配制方法	备 注
1	待标定的氢氧化钠	分析纯		
2	基准试剂:邻苯二甲酸氢钾	分析纯	预先置于烘箱中（105～110℃）中干燥至恒重	
3	酚酞指示剂	1%	取1g酚酞,用少量乙醇溶解并定容于100mL容量瓶	可用95%乙醇溶解配制
4	无CO_2蒸馏水		新煮沸,冷却备用	

(4) 实验数据记录及处理。

记 录 项 目	1	2	空白
称量瓶＋邻苯二甲酸氢钾(1)/g			
称量瓶＋邻苯二甲酸氢钾(2)/g			
邻苯二甲酸氢钾的质量 m/g			
滴定消耗 NaOH 溶液的体积/mL			
温度校正后滴定消耗 NaOH 溶液的体积 V、V_0/mL			
NaOH 标准溶液的浓度 c/(mol/L)			
平均值/(mol/L)			
极差与平均值之比/%			

(5) 检验依据（GB/T 601—2002）。

【操作内容】
(1) 选定标定 0.1000mol/L NaOH 标准溶液所用的仪器。
(2) 根据标准要求进行标准溶液的标定。
(3) 填写实验结果的原始记录。
(4) 导出计算公式。
(5) 进行结果计算和修约。

【操作要求】
(1) 正确地选定所用的仪器。
(2) 严格按标准要求进行操作。
(3) 准确、规范地填写实验原始记录。
(4) 对所测结果进行正确的计算和修约。

综合技能考核评判标准

考核内容	项目		技 能 要 点	分值
0.1000mol/L NaOH 标准溶液的标定	滴定前	滴定管的处理	选管(正确选择滴定管)	5
			检查、处理(橡胶管老化)、试漏、洗涤(每个 2 分)	8
			润洗、装液、排气、调零(每个 2 分)	8
		药品的称量	提前洗涤锥形瓶并烘干	5
			递减法称取约 0.6000g 药品于锥形瓶中(操作是否规范)	8
			称量记录是否准确	5
	滴定中		滴定前(若管尖有残余液,以干净烧杯内壁轻触使流到烧杯)	2
			碱式滴定管的握姿、锥形瓶(做圆周运动)	5
			滴定速度(先快后慢以 3～4 滴/s,不可呈液柱)	5
			连续滴定操作(左手滴、右手摇、眼把溶液颜色瞧)	5
			半滴/一滴操作	6
			准确判断滴定终点	5
			准确读数	5
			滴定数据记录($V_{消耗}$)	5
	数据处理		计算公式的导出	5
			数据的代入	2
			结果计算	2
			有效数字的修约	5
			平均偏差的计算	5
	滴定后		分析天平关闭、整理	2
			滴定管、锥形瓶的清洗、归位	2
合计				100

附录一 化合物的相对分子质量表

分子式	相对分子质量	分子式	相对分子质量
AgBr	187.77	CdS	144.47
AgCl	143.32	$Ce(SO_4)_2$	332.24
AgCN	133.89	$CoCl_2$	129.84
AgSCN	165.95	$CoCl_2 \cdot 6H_2O$	237.93
Ag_2CrO_4	331.73	$Co(NO_3)_2 \cdot 6H_2O$	291.06
AgI	234.77	$CoSO_4$	154.99
$AgNO_3$	169.87	$CoSO_4 \cdot 7H_2O$	281.10
$AlCl_3$	133.34	$CO(NH_2)_2$	60.09
$AlCl_3 \cdot 6H_2O$	241.43	$CrCl_3$	158.36
$Al(NO_3)_3$	213.00	$Cr(NO_3)_3$	238.01
Al_2O_3	101.96	Cr_2O_3	151.99
$Al(OH)_3$	78.00	$CuCl_2$	134.45
$Al_2(SO_4)_3$	342.14	$CuCl_2 \cdot 2H_2O$	170.48
$Al_2(SO_4)_3 \cdot 18H_2O$	666.41	CuSCN	121.62
As_2O_3	197.84	CuI	190.45
As_2S_3	246.02	$Cu(NO_3)_2$	187.56
$BaCO_3$	197.34	CuO	79.55
BaC_2O_4	225.35	Cu_2O	143.09
$BaCl_2$	208.24	CuS	95.61
$BaCl_2 \cdot 2H_2O$	244.27	$CuSO_4$	159.60
$BaCrO_4$	253.32	$CuSO_4 \cdot 5H_2O$	249.68
BaO	153.33	$FeCl_2$	126.75
$Ba(OH)_2$	171.34	$FeCl_3$	162.21
$BaSO_4$	233.39	$NH_4Fe(SO_4)_2 \cdot 12H_2O$	482.18
$BiCl_3$	315.34	$Fe(NO_3)_3$	241.86
CO_2	44.01	FeO	71.85
CaO	56.08	Fe_2O_3	159.69
$CaCO_3$	100.09	$Fe(OH)_3$	106.87
CaC_2O_4	128.10	FeS	87.91
$CaCl_2$	110.99	Fe_2S_3	207.87
$CaCl_2 \cdot 6H_2O$	219.08	$FeSO_4$	151.91
$Ca(NO_3)_2 \cdot 4H_2O$	236.15	$FeSO_4 \cdot 7H_2O$	278.01
$Ca(OH)_2$	74.10	$(NH_4)_2Fe(SO_4)_2 \cdot 6H_2O$	392.13
$Ca_3(PO_4)_2$	310.18	H_3AsO_3	125.94
$CaSO_4$	136.14	H_3AsO_4	141.94
$CdCO_3$	172.42	H_3BO_3	61.83
$CdCl_2$	183.32	HBr	80.91

附录一 化合物的相对分子质量表

分子式	相对分子质量	分子式	相对分子质量
HCOOH	46.03	$KHC_2O_4 \cdot H_2C_2O_4 \cdot 2H_2O$	254.19
$CH_3COOH(HAc)$	60.05	$KHSO_4$	136.16
H_2CO_3	62.03	KI	166.00
$H_2C_2O_4$	90.04	KIO_3	214.00
$H_2C_2O_4 \cdot 2H_2O$	126.07	$KMnO_4$	158.03
HCl	36.46	KNO_3	101.10
HF	20.01	KNO_2	85.10
HIO_3	175.91	K_2O	94.20
HNO_3	63.01	KOH	56.11
HNO_2	47.01	K_2SO_4	174.25
H_2O	18.02	$MgCO_3$	84.31
H_2O_2	34.02	$MgCl_2$	95.21
H_3PO_4	98.00	$MgCl_2 \cdot 6H_2O$	203.30
H_2S	34.08	MgC_2O_4	112.33
H_2SO_3	82.07	$Mg(NO_3)_2 \cdot 6H_2O$	256.41
H_2SO_4	98.07	$MgNH_4PO_4$	137.32
$HgCl_2$	271.50	MgO	40.30
Hg_2Cl_2	472.09	$Mg(OH)_2$	58.32
HgI_2	454.40	$Mg_2P_2O_7$	222.55
$Hg(NO_3)_2$	324.60	$MgSO_4 \cdot 7H_2O$	246.47
HgO	216.59	$MnCO_3$	114.95
HgS	232.65	$MnCl_2 \cdot 4H_2O$	197.91
$HgSO_4$	296.65	$Mn(NO_3)_2 \cdot 6H_2O$	287.04
Hg_2SO_4	497.24	MnO	70.94
$KAl(SO_4)_2 \cdot 12H_2O$	474.38	MnO_2	86.94
KBr	119.00	MnS	87.00
$KBrO_3$	167.00	$MnSO_4$	151.00
KCl	74.55	NO	30.01
$KClO_3$	122.55	NO_2	46.01
$KClO_4$	138.55	NH_3	17.03
KCN	65.12	CH_3COONH_4	77.08
KSCN	97.18	NH_4Cl	53.49
K_2CO_3	138.21	$(NH_4)_2CO_3$	96.09
K_2CrO_4	194.19	$(NH_4)_2C_2O_4$	124.10
$K_2Cr_2O_7$	294.18	$(NH_4)_2C_2O_4 \cdot H_2O$	142.11
$K_3Fe(CN)_6$	329.25	NH_4SCN	76.12
$K_4Fe(CN)_6$	368.35	NH_4HCO_3	79.06
$KFe(SO_4)_2 \cdot 12H_2O$	503.24	$(NH_4)_2MoO_4$	196.01
$KHC_2O_4 \cdot H_2O$	146.14	NH_4NO_3	80.04

续表

分子式	相对分子质量	分子式	相对分子质量
$(NH_4)_2HPO_4$	132.06	$PbCO_3$	267.21
$(NH_4)_2S$	68.14	PbC_2O_4	295.22
$(NH_4)_2SO_4$	132.13	$PbCl_2$	278.11
NH_4VO_3	116.98	$PbCrO_4$	323.19
Na_3AsO_3	191.89	$Pb(CH_3COO)_2$	325.29
$Na_2B_4O_7$	201.22	$Pb(NO_3)_2$	331.21
$Na_2B_4O_7 \cdot 10H_2O$	381.37	PbO	223.20
$NaBiO_3$	297.97	PbO_2	239.20
$NaCN$	49.01	PbS	239.26
$NaSCN$	81.07	$PbSO_4$	303.26
Na_2CO_3	105.99	SO_3	80.06
$Na_2CO_3 \cdot 10H_2O$	286.14	SO_2	64.06
$Na_2C_2O_4$	134.00	$SbCl_3$	228.11
CH_3COONa	82.03	$SbCl_5$	299.02
$CH_3COONa \cdot 3H_2O$	136.08	Sb_2O_3	291.50
$NaCl$	58.44	Sb_2S_3	339.68
$NaClO$	74.44	SiO_2	60.08
$NaHCO_3$	84.01	$SnCl_2$	189.60
$Na_2HPO_4 \cdot 12H_2O$	358.14	$SnCl_2 \cdot 2H_2O$	225.63
$Na_2H_2Y \cdot 2H_2O$	372.24	$SnCl_4$	260.50
$NaNO_2$	69.00	SnO_2	150.69
$NaNO_3$	85.00	SnS_2	150.75
Na_2O	61.98	$SrCO_3$	147.63
Na_2O_2	77.98	SrC_2O_4	175.64
$NaOH$	40.00	$SrCrO_4$	203.61
Na_3PO_4	163.94	$Sr(NO_3)_2$	211.63
Na_2S	78.04	$SrSO_4$	183.68
Na_2SO_3	126.04	$ZnCO_3$	125.39
Na_2SO_4	142.04	ZnC_2O_4	153.40
$Na_2S_2O_3$	158.10	$ZnCl_2$	136.29
$Na_2S_2O_3 \cdot 5H_2O$	248.17	$Zn(CH_3COO)_2$	183.47
$NiCl_2 \cdot 6H_2O$	237.69	$Zn(NO_3)_2$	189.39
NiO	74.69	ZnO	81.39
$Ni(NO_3)_2 \cdot 6H_2O$	290.79	ZnS	97.44
$NiSO_4 \cdot 7H_2O$	280.85	$ZnSO_4$	161.44
P_2O_5	141.95	$ZnSO_4 \cdot 7H_2O$	287.55

附录二　常用玻璃量器衡量法 K (t) 值表

水温 $t/℃$	0.0	0.1	0.2	0.3	0.4	0.5	0.6	0.7	0.8	0.9
钠钙玻璃体胀系数 $25×10^{-6}/K$, 空气密度 $0.0012g/cm^3$										
15	1.00208	1.00209	1.00210	1.00211	1.00213	1.00214	1.00215	1.00217	1.00218	1.00219
16	1.00221	1.00222	1.00223	1.00225	1.00226	1.00228	1.00229	1.00230	1.00232	1.00233
17	1.00235	1.00236	1.00238	1.00239	1.00241	1.00242	1.00244	1.00246	1.00247	1.00249
18	1.00251	1.00252	1.00254	1.00255	1.00257	1.00258	1.00260	1.00262	1.00263	1.00265
19	1.00267	1.00268	1.00270	1.00272	1.00274	1.00276	1.00277	1.00279	1.00281	1.00283
20	1.00285	1.00287	1.00289	1.00291	1.00292	1.00294	1.00296	1.00298	1.00300	1.00302
21	1.00304	1.00306	1.00308	1.00310	1.00312	1.00314	1.00315	1.00317	1.00319	1.00321
22	1.00323	1.00325	1.00327	1.00329	1.00331	1.00333	1.00335	1.00337	1.00339	1.00341
23	1.00344	1.00346	1.00348	1.00350	1.00352	1.00354	1.00356	1.00359	1.00361	1.00363
24	1.00366	1.00368	1.00370	1.00372	1.00374	1.00376	1.00379	1.00381	1.00383	1.00386
25	1.00389	1.00391	1.00393	1.00395	1.00397	1.00400	1.00402	1.00404	1.00407	1.00409
硼硅玻璃体胀系数 $10×10^{-6}/K$, 空气密度 $0.0012g/cm^3$										
15	1.00200	1.00201	1.00203	1.00204	1.00206	1.00207	1.00209	1.00210	1.00212	1.00213
16	1.00215	1.00216	1.00218	1.00219	1.00221	1.00222	1.00224	1.00225	1.00227	1.00229
17	1.00230	1.00232	1.00234	1.00235	1.00237	1.00239	1.00240	1.00242	1.00244	1.00246
18	1.00247	1.00249	1.00251	1.00253	1.00254	1.00256	1.00258	1.00260	1.00262	1.00264
19	1.00266	1.00267	1.00269	1.00271	1.00273	1.00275	1.00277	1.00279	1.00281	1.00283
20	1.00285	1.00286	1.00288	1.00290	1.00292	1.00294	1.00296	1.00298	1.00300	1.00303
21	1.00305	1.00307	1.00309	1.00311	1.00313	1.00315	1.00317	1.00319	1.00322	1.00324
22	1.00327	1.00329	1.00331	1.00333	1.00335	1.00337	1.00339	1.00341	1.00343	1.00346
23	1.00349	1.00351	1.00353	1.00355	1.00357	1.00359	1.00362	1.00364	1.00366	1.00369
24	1.00372	1.00374	1.00376	1.00378	1.00381	1.00383	1.00386	1.00388	1.00391	1.00394
25	1.00397	1.00399	1.00401	1.00403	1.00405	1.00408	1.00410	1.00413	1.00416	1.00419

附录三 弱酸、弱碱在水中的离解常数

弱酸	分子式	温度/℃	分级	K_a	pK_a
砷酸	H_3AsO_4	18	1	5.62×10^{-3}	2.25
		18	2	1.70×10^{-7}	6.77
		18	3	2.95×10^{-12}	11.53
亚砷酸	H_3AsO_3	25		6.0×10^{-10}	9.22
硼酸	H_3BO_3	20		7.3×10^{-10}	9.14
乙酸	CH_3COOH	25		1.76×10^{-5}	4.75
甲酸	$HCOOH$	20		1.77×10^{-4}	3.75
碳酸	H_2CO_3	25	1	4.2×10^{-7}	6.38
		25	2	5.61×10^{-11}	10.25
铬酸	H_2CrO_4	25	1	1.8×10^{-1}	0.74
		25	2	3.20×10^{-7}	6.49
氢氟酸	HF	25		3.53×10^{-4}	3.45
氢氰酸	HCN	25		4.93×10^{-10}	9.31
氢硫酸	H_2S	18	1	9.1×10^{-8}	7.04
		18	2	1.1×10^{-12}	11.96
次氯酸	$HClO$	18		2.95×10^{-8}	7.53
次溴酸	$HBrO$	25		2.06×10^{-9}	8.69
次碘酸	HIO	25		2.3×10^{-11}	10.64
碘酸	HIO_3	25		1.69×10^{-1}	0.77
亚硝酸	HNO_2	25		4.6×10^{-4}	3.33
高碘酸	HIO_4	18.5		2.3×10^{-2}	1.64
磷酸	H_3PO_4	25	1	7.52×10^{-3}	2.12
		25	2	6.23×10^{-8}	7.20
		25	3	2.2×10^{-13}	12.66
一氯乙酸	$ClCH_2COOH$	25		1.6×10^{-3}	2.85
硫酸	H_2SO_4	25	2	1.20×10^{-2}	1.92
亚硫酸	H_2SO_3	18	1	1.54×10^{-2}	1.81
		18	2	1.02×10^{-7}	6.99
草酸	$H_2C_2O_4$	25	1	5.90×10^{-2}	1.23
		25	2	6.40×10^{-5}	4.19
苯甲酸	C_6H_5COOH	25		6.2×10^{-5}	4.21

弱碱	分子式	温度/℃	分级	K_b	pK_b
氨水	NH_3	25		1.76×10^{-5}	4.75
羟氨	NH_2OH	25		1.07×10^{-8}	7.97
六亚甲基四胺	$(CH_2)_6N_4$	25		1.4×10^{-9}	8.85
三乙醇胺	$(HOCH_2CH_2)_3N$	25		5.8×10^{-7}	6.24
乙二胺	$H_2NCH_2CH_2NH_2$	25	1	8.5×10^{-5}	4.07
		25	2	7.1×10^{-8}	7.15
氢氧化钙	$Ca(OH)_2$	25	1	3.74×10^{-3}	2.43
		30	2	4.0×10^{-2}	1.40

附录四 相当于氧化亚铜质量的葡萄糖、果糖、乳糖、转化糖的质量表

单位：mg

氧化亚铜	葡萄糖	果糖	乳糖（含水）	转化糖
11.3	4.6	5.1	7.7	5.2
12.4	5.1	5.6	8.5	5.7
13.5	5.6	6.1	9.3	6.2
14.6	6.0	6.7	10.0	6.7
15.8	6.5	7.2	10.8	7.2
16.9	7.0	7.7	11.5	7.7
18.0	7.5	8.3	12.3	8.2
19.1	8.0	8.8	13.1	8.7
20.3	8.5	9.3	13.8	9.2
21.4	8.9	9.9	14.6	9.7
22.5	9.4	10.4	15.4	10.2
23.6	9.9	10.9	16.1	10.7
24.8	10.4	11.5	16.9	11.2
25.9	10.9	12.0	17.7	11.7
27.0	11.4	12.5	18.4	12.3
28.1	11.9	13.1	19.2	12.8
29.3	12.3	13.6	19.9	13.3
30.4	12.8	14.2	20.7	13.8
31.5	13.3	14.7	21.5	14.3
32.6	13.8	15.2	22.2	14.8
33.8	14.3	15.8	23.0	15.3
34.9	14.8	16.3	23.8	15.8
36.0	15.3	16.8	24.5	16.3
37.2	15.7	17.4	25.3	16.8
38.3	16.2	17.9	26.1	17.3
39.4	16.7	18.4	26.8	17.8
40.5	17.2	19.0	27.6	18.3
41.7	17.7	19.5	28.4	18.9
42.8	18.2	20.1	29.1	19.4
43.9	18.7	20.6	29.9	19.9
45.0	19.2	21.1	30.6	20.4
46.2	19.7	21.7	31.4	20.9
47.3	20.1	22.2	32.2	21.4
48.4	20.6	22.8	32.9	21.9
49.5	21.1	23.3	33.7	22.4
50.7	21.6	23.8	34.5	22.9

续表

氧化亚铜	葡萄糖	果糖	乳糖(含水)	转化糖
51.8	22.1	23.3	35.2	23.5
52.9	22.6	23.9	36.0	24.0
54.0	23.1	25.4	36.8	24.5
55.2	23.6	26.0	37.5	25.0
56.3	24.1	26.5	38.3	25.5
57.4	24.6	27.1	39.1	26.0
58.5	25.1	27.6	39.8	26.5
59.7	25.6	28.2	40.6	27.0
60.8	26.1	28.7	41.4	27.6
61.9	26.5	29.2	42.1	28.1
63.0	27.0	29.8	42.9	28.6
64.2	27.5	30.3	43.7	29.1
65.3	28.0	30.9	44.4	29.6
66.4	28.5	31.4	45.2	30.1
67.6	29.0	31.9	46.0	30.6
68.7	29.5	32.5	46.7	31.2
69.8	30.0	33.0	47.5	31.7
70.9	30.5	33.6	48.3	32.3
72.1	31.0	34.1	49.0	32.7
73.2	31.5	34.7	49.8	33.2
74.3	32.0	35.2	50.6	33.7
75.4	32.5	35.8	51.3	34.3
76.6	33.0	36.3	52.1	34.8
77.7	33.5	36.8	52.9	35.3
78.8	34.0	37.4	53.6	35.8
79.9	34.5	37.9	54.4	36.3
81.1	35.0	38.5	55.2	36.8
82.2	35.5	39.0	55.9	37.4
83.3	36.0	39.6	56.7	37.9
84.4	36.5	40.1	57.5	38.4
85.6	37.0	40.7	58.2	38.9
86.7	37.5	41.2	59.0	39.4
87.8	38.0	41.7	59.8	40.0
88.9	38.5	32.4	60.5	40.5
90.1	39.0	42.8	61.3	41.0
91.2	39.5	43.4	62.1	41.5
92.3	40.0	43.9	62.8	42.0
93.4	40.5	44.5	63.6	42.6
94.6	41.0	45.0	64.4	43.1
95.7	41.5	45.6	65.1	43.6
96.8	42.0	46.1	65.9	44.1
97.9	42.5	46.7	66.7	44.7
99.1	43.0	47.2	67.4	45.2
100.2	43.5	47.8	68.2	45.7

附录四　相当于氧化亚铜质量的葡萄糖、果糖、乳糖、转化糖的质量表

续表

氧化亚铜	葡萄糖	果糖	乳糖(含水)	转化糖
101.3	44.0	48.3	69.0	46.2
102.5	44.5	48.9	69.7	46.7
103.6	45.0	49.4	70.5	47.3
104.7	45.5	50.0	71.3	47.8
105.8	46.0	50.5	72.1	48.3
107.0	46.5	51.1	72.8	48.8
108.1	47.0	51.6	73.6	49.4
109.2	47.5	52.2	74.4	49.9
110.3	48.0	52.7	75.1	50.4
111.3	48.5	53.3	75.9	50.9
112.6	49.0	53.8	76.7	51.5
113.7	49.5	54.4	77.4	52.0
114.8	50.0	54.9	78.2	52.5
116.0	50.6	55.5	79.0	53.0
117.1	51.1	56.0	79.7	53.6
118.2	51.6	56.6	80.5	54.1
119.3	52.1	57.1	81.3	54.6
120.5	52.6	57.1	82.1	55.2
121.6	53.1	58.2	82.8	55.7
122.7	53.6	58.8	83.6	56.2
123.8	54.1	59.3	84.4	56.7
125.0	54.6	59.9	85.1	57.3
126.1	55.1	60.4	85.9	57.8
127.2	55.6	61.0	86.7	58.3
128.3	56.1	61.6	87.4	58.9
129.5	56.7	62.1	88.2	59.4
130.6	57.2	62.7	89.0	59.9
131.7	57.7	63.2	89.8	60.4
132.8	58.2	63.8	90.5	61.0
134.0	58.7	64.3	91.3	61.5
135.1	59.2	64.9	92.1	62.0
136.2	59.7	65.4	92.8	62.6
137.4	60.2	66.0	93.6	63.1
138.5	60.7	66.5	94.4	63.6
139.6	61.3	67.1	95.2	64.2
140.7	61.8	67.7	95.9	64.7
141.9	62.3	68.2	96.7	65.2
143.0	62.8	68.8	97.5	65.8
144.1	63.3	69.3	98.2	66.3
145.2	63.8	69.9	99.0	66.8
146.4	64.3	70.4	99.8	67.4
147.5	64.9	71.0	100.6	67.9
148.6	65.4	71.6	101.3	68.4

续表

氧化亚铜	葡萄糖	果糖	乳糖(含水)	转化糖
149.7	65.9	72.1	102.1	69.0
150.9	66.4	72.7	102.9	69.5
152.0	66.9	73.2	103.6	70.0
153.1	67.4	73.8	104.4	70.6
154.2	68.0	74.3	105.2	71.1
155.4	68.5	74.9	106.0	71.6
156.5	69.0	75.5	106.7	72.2
157.6	69.5	76.0	107.5	72.7
158.7	70.0	76.6	108.3	73.2
159.9	70.5	77.1	109.0	73.8
161.0	71.1	77.7	109.8	74.3
162.1	71.6	78.3	110.6	74.9
163.2	72.1	78.8	111.4	75.4
164.4	72.6	79.4	112.1	75.9
165.5	73.1	80.0	112.9	76.5
166.6	73.7	80.5	113.7	77.0
167.8	74.2	81.1	114.4	77.6
168.9	74.7	81.6	115.2	78.1
170.0	75.2	82.2	116.0	78.6
171.1	75.7	82.8	116.8	79.2
172.3	76.3	83.3	117.5	79.7
173.4	76.8	83.9	118.3	80.3
174.5	77.3	84.4	119.1	80.8
175.6	77.8	85.0	120.6	81.3
176.8	78.3	85.6	121.4	81.9
177.9	78.9	86.1	122.2	82.4
179.0	79.4	86.7	122.9	83.0
180.1	79.9	87.3	123.7	83.5
181.3	80.4	87.8	124.5	84.0
182.4	81.0	88.4	125.3	84.6
183.5	81.5	89.0	126.0	95.1
184.5	82.0	89.5	126.8	85.7
185.8	82.5	90.1	127.6	86.2
186.9	83.1	90.6	128.4	86.8
188.0	83.6	91.2	129.1	87.3
189.1	84.1	91.8	129.9	87.8
190.3	84.6	92.3	130.7	88.4
191.4	85.2	92.9	131.5	88.9
192.5	85.7	93.5	132.2	89.5
193.6	86.2	94.0	133.0	90.0
194.8	86.7	94.6	133.8	90.6
195.9	87.3	95.2		91.1
197.0	87.8	95.7	134.6	91.7

附录四 相当于氧化亚铜质量的葡萄糖、果糖、乳糖、转化糖的质量表

续表

氧化亚铜	葡萄糖	果糖	乳糖(含水)	转化糖
198.1	88.3	96.3	135.3	92.2
199.3	88.9	96.9	136.1	92.8
200.4	89.4	97.4	136.9	93.3
201.5	89.9	98.0	137.7	93.8
202.7	90.4	98.6	138.4	94.4
203.8	91.0	99.2	139.2	94.9
204.9	91.5	99.7	140.0	95.5
206.0	92.0	100.3	140.8	96.0
207.2	92.6	100.9	141.5	96.6
208.3	93.1	101.4	142.3	97.1
209.4	93.6	102.0	143.1	97.7
210.5	94.2	102.6	143.9	98.2
211.7	94.7	103.1	144.6	98.8
212.8	95.2	103.7	145.4	99.3
213.9	95.7	104.3	146.2	99.9
215.0	96.3	104.8	146.2	100.4
216.2	96.8	105.4	147.0	101.0
217.3	97.3	106.0	147.7	101.5
218.4	97.9	106.6	148.5	102.1
219.5	98.4	107.1	149.3	102.6
220.7	98.9	107.7	150.1	103.2
221.8	99.5	108.3	150.8	103.7
222.9	100.0	108.8	151.6	104.3
224.0	100.5	109.4	152.4	104.8
225.2	101.1	110.0	153.2	105.4
226.3	101.6	110.6	153.9	106.0
227.4	102.0	111.1	154.7	106.5
228.5	102.7	111.7	155.5	107.1
229.7	103.2	112.3	156.3	107.6
230.8	103.8	112.9	157.0	108.2
231.9	104.3	113.4	157.8	108.7
233.1	104.8	114.0	158.6	109.3
234.2	105.4	114.6	159.4	109.8
235.3	105.9	115.2	160.2	110.4
236.4	106.5	115.7	160.9	110.9
237.6	107.0	116.3	161.7	111.5
238.7	107.5	116.9	162.5	112.1
239.8	108.1	117.5	163.3	112.6
240.9	108.6	118.0	164.0	113.2
242.1	109.2	118.6	165.6	113.7
243.1	109.7	119.2	166.4	114.3
244.3	110.2	119.8	167.1	114.9
245.4	110.8	120.3	169.9	115.4

续表

氧化亚铜	葡萄糖	果糖	乳糖(含水)	转化糖
246.6	111.3	120.9	168.7	116.0
247.7	111.9	121.5	169.5	116.5
248.8	112.4	122.1	170.3	117.1
249.9	112.9	122.6	171.0	117.6
251.1	113.5	123.2	171.8	118.2
252.2	114.0	123.8	172.6	118.8
253.3	114.6	124.4	173.4	119.3
254.4	115.1	125.0	174.2	119.9
255.6	115.7	125.5	174.9	120.4
256.7	116.2	126.1	175.7	121.0
257.8	116.7	126.7	176.5	121.6
258.9	117.3	127.3	177.3	122.1
260.1	117.8	127.9	178.1	122.7
261.2	118.4	128.4	178.8	123.3
262.3	118.9	129.0	179.6	123.8
263.4	119.5	129.6	180.4	124.4
264.6	120.0	130.2	181.2	124.9
265.7	120.6	130.8	181.9	125.5
266.8	121.1	131.3	182.7	126.1
268.0	121.7	131.9	183.5	126.6
270.2	122.2	132.5	184.3	127.2
271.3	122.7	133.1	185.1	127.8
272.5	123.3	133.7	185.8	128.3
273.6	123.8	134.2	186.6	128.9
274.7	124.4	134.8	187.4	129.5
275.8	124.9	135.4	188.2	130.0
277.0	125.5	136.0	189.0	130.6
278.1	126.0	136.2	189.7	131.2
279.2	126.6	137.2	190.5	131.7
280.3	127.1	137.7	191.3	132.3
281.5	127.7	138.3	192.1	132.9
282.6	128.2	138.9	192.9	133.4
283.7	128.8	139.5	193.6	134.0
284.8	129.3	140.1	194.4	134.6
286.0	129.9	140.7	195.2	135.1
287.1	130.4	141.3	196.0	135.7
288.2	131.0	141.8	196.8	136.3
289.3	131.6	142.4	197.5	136.8
290.5	132.1	143.0	198.3	137.4
291.6	132.7	143.6	199.1	138.0
292.7	133.2	144.2	199.9	138.6
293.8	133.8	144.8	200.7	139.1
295.0	134.3	145.4	201.4	139.7

附录四 相当于氧化亚铜质量的葡萄糖、果糖、乳糖、转化糖的质量表

续表

氧化亚铜	葡萄糖	果糖	乳糖(含水)	转化糖
296.1	134.9	145.9	202.2	140.3
297.2	135.4	146.5	203.0	140.8
298.3	136.0	147.1	203.8	141.4
299.5	136.5	147.7	204.6	142.0
300.6	137.1	148.3	205.3	142.6
301.7	137.7	148.9	206.1	143.1
301.7	138.2	149.5	206.9	143.7
302.9	138.8	150.1	207.7	144.3
304.0	139.3	150.6	208.5	144.8
305.1	139.9	151.2	109.2	145.5
306.2	140.4	151.8	210.0	146.0
307.4	141.0	152.4	210.8	146.6
308.5	141.6	153.0	211.6	147.1
309.6	142.1	153.6	212.4	147.7
310.7	142.7	154.2	213.2	148.3
311.9	143.2	154.8	214.0	148.9
313.0	143.8	155.4	214.7	139.4
314.1	144.4	156.0	215.5	150.0
315.2	144.9	156.5	216.3	150.6
316.4	145.5	157.1	217.1	151.2
317.5	146.0	157.7	217.9	151.8
318.6	146.6	158.3	218.7	152.3
319.7	147.2	158.9	219.4	152.9
320.9	147.7	159.5	220.2	153.5
322.0	148.3	160.1	221.0	154.1
323.1	148.8	160.7	221.8	154.6
324.2	149.4	161.3	222.6	155.2
325.4	150.0	161.9	223.3	155.8
326.5	150.5	162.5	224.1	156.4
327.6	151.1	163.1	224.9	157.0
328.7	151.7	163.7	225.7	157.5
329.9	152.2	164.3	226.5	158.1
331.0	152.8	164.9	227.3	158.7
332.1	153.4	165.4	228.0	159.3
333.3	153.9	166.0	228.8	159.9
334.4	154.5	166.6	229.6	160.5
335.5	155.1	167.2	230.4	161.0
336.6	155.6	167.8	231.2	161.6
337.8	156.2	168.3	232.0	162.2
338.9	156.8	169.0	232.7	162.8
340.0	157.3	169.6	233.5	163.4
341.1	157.9	170.2	234.3	164.0
342.3	158.5	170.8	235.1	164.5
343.4	159.0	171.4	235.9	165.1

续表

氧化亚铜	葡萄糖	果糖	乳糖(含水)	转化糖
344.5	159.6	172.0	236.7	165.7
345.6	160.2	172.6	237.4	166.3
346.8	160.7	173.2	238.2	166.9
347.9	161.3	173.8	239.0	167.5
349.0	161.9	174.4	239.8	168.0
350.1	162.5	175.0	240.6	168.6
351.3	163.0	175.6	241.4	169.2
352.4	163.6	176.2	242.2	169.8
353.5	164.2	176.8	243.0	170.4
354.6	164.7	177.4	243.7	171.0
355.8	165.3	178.0	244.5	171.6
356.9	165.9	178.6	245.3	172.2
358.0	166.5	179.2	246.1	172.8
359.1	167.0	179.8	246.9	173.3
360.3	167.6	180.4	247.7	173.9
361.4	168.2	181.0	248.5	174.5
362.5	168.8	181.6	249.2	175.1
363.6	169.3	182.2	250.0	175.7
364.8	169.9	182.8	250.8	176.3
365.9	170.5	183.4	251.6	176.9
367.0	171.1	184.0	252.4	177.5
368.2	171.6	184.6	253.2	178.1
369.3	172.2	185.2	253.9	178.7
370.4	172.8	185.8	254.7	179.2
371.5	173.4	186.4	255.5	179.8
372.7	173.9	187.0	256.3	180.4
373.8	174.5	187.6	257.1	181.0
374.9	175.1	188.2	257.9	181.6
376.0	175.7	188.8	258.7	182.2
377.2	176.3	189.4	259.4	182.8
378.3	176.8	190.1	260.2	183.4
379.4	177.4	190.7	261.0	184.0
380.5	178.0	191.3	261.8	184.6
381.7	178.6	191.9	262.6	185.2
382.8	179.2	192.5	263.4	185.8
383.9	179.7	193.1	264.2	186.4
385.0	180.3	193.7	265.0	187.0
386.2	180.9	194.3	265.8	187.6
387.3	181.5	194.9	266.6	188.2
388.4	182.1	195.5	267.4	188.8
389.5	182.7	196.1	268.1	189.4
390.7	183.2	196.7	268.9	190.0
391.8	183.8	197.3	269.7	190.6
392.9	184.4	197.9	270.5	191.2

附录四 相当于氧化亚铜质量的葡萄糖、果糖、乳糖、转化糖的质量表

续表

氧化亚铜	葡萄糖	果糖	乳糖(含水)	转化糖
394.0	185.0	198.5	271.3	191.8
395.2	185.6	199.2	272.1	192.4
396.3	186.2	199.8	272.9	193.0
397.4	186.8	200.4	273.7	193.6
398.5	187.3	201.0	274.4	194.2
399.7	187.9	201.6	275.2	194.8
400.8	199.5	202.2	276.0	195.4
401.9	189.1	202.8	276.8	196.0
403.1	189.7	203.4	277.6	196.6
404.2	190.3	204.0	278.4	197.2
405.3	190.9	204.7	279.2	197.8
406.4	191.5	205.3	280.0	198.4
407.6	192.0	205.9	280.8	199.0
408.7	192.6	206.5	281.6	199.6
409.8	193.2	207.1	282.4	200.2
410.9	193.8	207.7	283.2	200.8
412.1	194.4	208.3	284.0	201.4
413.2	195.0	209.0	284.8	202.0
414.3	195.6	209.6	285.6	202.6
415.4	196.2	210.2	286.3	203.2
416.6	196.8	210.8	287.1	203.8
417.7	197.4	211.4	287.9	204.4
418.8	198.0	212.0	288.7	205.0
419.9	198.5	212.6	289.5	205.7
421.1	199.1	213.3	290.3	206.3
422.2	199.7	213.9	291.1	206.9
423.3	200.3	214.5	291.9	207.5
424.4	200.9	215.1	292.7	208.1
425.6	201.5	215.7	293.5	208.7
426.7	202.1	216.3	294.3	209.3
427.8	202.7	217.0	295.0	209.9
428.9	203.3	217.6	295.8	210.5
430.1	203.9	218.2	296.6	211.1
431.1	204.5	218.8	297.4	211.8
432.3	205.1	219.5	298.2	212.4
433.5	205.1	220.1	299.0	213.0
434.6	206.3	220.7	299.8	213.6
435.7	206.9	221.3	300.6	214.2
436.8	207.5	221.9	301.4	214.8
438.0	208.1	222.6	302.2	215.4
439.1	208.7	232.2	303.8	216.7
440.2	209.3	223.8	304.6	217.3
441.3	209.9	224.4	305.4	217.9

续表

氧化亚铜	葡萄糖	果糖	乳糖(含水)	转化糖
442.5	210.5	225.1	306.2	218.5
443.6	211.1	225.7	307.0	219.1
444.7	211.7	226.3	308.6	219.8
445.8	212.3	226.9	309.4	220.4
447.0	212.9	227.6	310.2	221.0
448.1	213.5	228.2	311.0	221.6
449.2	214.1	228.8	311.8	222.2
450.3	214.7	229.4	312.6	222.9
451.5	215.3	230.1	313.4	223.5
452.6	215.9	230.7	314.2	224.1
453.7	216.5	231.3	315.0	224.7
454.8	217.1	232.0	315.9	225.4
456.0	217.8	232.6	316.7	226.0
457.1	218.4	233.2	317.5	226.6
458.2	219.0	233.9	318.3	227.2
459.3	219.6	234.5	319.1	227.9
460.5	220.2	235.1	319.9	
461.6	220.8	235.8	320.7	228.5
462.7	221.4	236.4	320.7	229.1
463.8	222.0	237.1	321.6	229.7
465.0	222.6	237.7	322.4	
466.1	223.3	238.4	323.2	230.4
467.2	223.9	239.0	324.0	231.0
468.4	224.5	239.7	324.9	231.7
469.5	225.1	240.3	325.7	232.3
470.6	225.7	241.0	326.5	232.9
471.7	226.3	241.6		233.6
472.9	227.0	242.2	327.4	234.8
474.0	227.6	242.9	328.2	235.5
475.1	228.2	243.6	329.1	236.1
476.2	228.8	244.3	329.9	236.8
477.4	229.5	244.9	330.8	237.5
478.5	230.1	245.6	331.8	238.1
479.6	230.7	246.3	332.6	238.8
480.7	231.4	247.0	333.5	239.5
481.9	232.0	247.8	334.4	240.2
483.0	232.7	248.5	335.3	240.8
484.1	233.3	249.2	336.3	241.5
485.2	234.0	250.0	337.3	242.3
486.4	234.7	250.8	338.3	243.0
487.5	235.3	251.6	339.4	243.8
488.6	236.1	252.7	340.7	244.7
489.7	236.9	253.7	342.0	245.8

附录五　标准电极电势表（298.15K）

（一）在酸性溶液中

电 对	电极反应	$E^{\ominus}/V$
Li^+/Li	$Li^+ + e^- \rightleftharpoons Li$	-3.045
Rb^+/Rb	$Rb^+ + e^- \rightleftharpoons Rb$	-2.925
K^+/K	$K^+ + e^- \rightleftharpoons K$	-2.924
Cs^+/Cs	$Cs^+ + e^- \rightleftharpoons Cs$	-2.923
Ba^{2+}/Ba	$Ba^{2+} + 2e^- \rightleftharpoons Ba$	-2.90
Ca^{2+}/Ca	$Ca^{2+} + 2e^- \rightleftharpoons Ca$	-2.87
Na^+/Na	$Na^+ + e^- \rightleftharpoons Na$	-2.714
Mg^{2+}/Mg	$Mg^{2+} + 2e^- \rightleftharpoons Mg$	-2.375
$[AlF_6]^{3-}/Al$	$[AlF_6]^{3-} + 3e^- \rightleftharpoons Al + 6F^-$	-2.07
Al^{3+}/Al	$Al^{3+} + 3e^- \rightleftharpoons Al$	-1.66
Mn^{2+}/Mn	$Mn^{2+} + 2e^- \rightleftharpoons Mn$	-1.182
Zn^{2+}/Zn	$Zn^{2+} + 2e^- \rightleftharpoons Zn$	-0.763
Cr^{3+}/Cr	$Cr^{3+} + 3e^- \rightleftharpoons Cr$	-0.74
Ag_2S/Ag	$Ag_2S + 2e^- \rightleftharpoons 2Ag + S^{2-}$	-0.69
$CO_2/H_2C_2O_4$	$2CO_2 + 2H^+ + 2e^- \rightleftharpoons H_2C_2O_4$	-0.49
S/S^{2-}	$S + 2e^- \rightleftharpoons S^{2-}$	-0.48
Fe^{2+}/Fe	$Fe^{2+} + 2e^- \rightleftharpoons Fe$	-0.44
Co^{2+}/Co	$Co^{2+} + 2e^- \rightleftharpoons Co$	-0.277
Ni^{2+}/Ni	$Ni^{2+} + 2e^- \rightleftharpoons Ni$	-0.257
AgI/Ag	$AgI + e^- \rightleftharpoons Ag + I^-$	-0.152
Sn^{2+}/Sn	$Sn^{2+} + 2e^- \rightleftharpoons Sn$	-0.136
Pb^{2+}/Pb	$Pb^{2+} + 2e^- \rightleftharpoons Pb$	-0.126
Fe^{3+}/Fe	$Fe^{3+} + 3e^- \rightleftharpoons Fe$	-0.036
$AgCN/Ag$	$AgCN + e^- \rightleftharpoons Ag + CN^-$	-0.02
H^+/H_2	$2H^+ + 2e^- \rightleftharpoons H_2$	0.000
$AgBr/Ag$	$AgBr + e^- \rightleftharpoons Ag + Br^-$	$+0.071$
$S_4O_6^{2-}/S_2O_3^{2-}$	$S_4O_6^{2-} + 2e^- \rightleftharpoons 2S_2O_3^{2-}$	$+0.08$
S/H_2S	$S + 2H^+ + 2e^- \rightleftharpoons H_2S(aq)$	$+0.141$
Sn^{4+}/Sn^{2+}	$Sn^{4+} + 2e^- \rightleftharpoons Sn^{2+}$	$+0.154$
Cu^{2+}/Cu^+	$Cu^{2+} + e^- \rightleftharpoons Cu^+$	$+0.159$
SO_4^{2-}/SO_2	$SO_4^{2-} + 4H^+ + 2e^- \rightleftharpoons SO_2(aq) + 2H_2O$	$+0.17$
$AgCl/Ag$	$AgCl + e^- \rightleftharpoons Ag + Cl^-$	$+0.2223$

续表

电对	电极反应	$E^{\ominus}/V$
Hg_2Cl_2/Hg	$Hg_2Cl_2+2e^-\rightleftharpoons 2Hg+2Cl^-$	$+0.2676$
Cu^{2+}/Cu	$Cu^{2+}+2e^-\rightleftharpoons Cu$	$+0.337$
$[Fe(CN)_6]^{3-}/[Fe(CN)_6]^{4-}$	$[Fe(CN)_6]^{3-}+e^-\rightleftharpoons [Fe(CN)_6]^{4-}$	$+0.36$
$[Ag(NH_3)_2]^+/Ag$	$[Ag(NH_3)_2]^++e^-\rightleftharpoons Ag+2NH_3$	$+0.373$
$H_2SO_3/S_2O_3^{2-}$	$2H_2SO_3+2H^++4e^-\rightleftharpoons S_2O_3^{2-}+3H_2O$	$+0.40$
O_2/OH^-	$O_2+2H_2O+4e^-\rightleftharpoons 4OH^-$	$+0.41$
H_2SO_3/S	$H_2SO_3+4H^++4e^-\rightleftharpoons S+3H_2O$	$+0.45$
Cu^+/Cu	$Cu^++e^-\rightleftharpoons Cu$	$+0.52$
I_2/I^-	$I_2+2e^-\rightleftharpoons 2I^-$	$+0.535$
$H_3AsO_4/HAsO_2$	$H_3AsO_4+2H^++2e^-\rightleftharpoons HAsO_2+2H_2O$	$+0.559$
MnO_4^-/MnO_4^{2-}	$MnO_4^-+e^-\rightleftharpoons MnO_4^{2-}$	$+0.564$
O_2/H_2O_2	$O_2+2H^++2e^-\rightleftharpoons H_2O_2$	$+0.682$
$[PtCl_4]^{2-}/Pt$	$[PtCl_4]^{2-}+2e^-\rightleftharpoons Pt+4Cl^-$	$+0.73$
$(CNS)_2/CNS^-$	$(CNS)_2+2e^-\rightleftharpoons 2CNS^-$	$+0.77$
Fe^{3+}/Fe^{2+}	$Fe^{3+}+e^-\rightleftharpoons Fe^{2+}$	$+0.771$
Hg_2^{2+}/Hg	$Hg_2^{2+}+2e^-\rightleftharpoons 2Hg$	$+0.793$
Ag^+/Ag	$Ag^++e^-\rightleftharpoons Ag$	$+0.7995$
Hg^{2+}/Hg	$Hg^{2+}+2e^-\rightleftharpoons Hg$	$+0.854$
Cu^{2+}/Cu_2I_2	$2Cu^{2+}+2I^-+2e^-\rightleftharpoons Cu_2I_2$	$+0.86$
Hg^{2+}/Hg_2^{2+}	$2Hg^{2+}+2e^-\rightleftharpoons Hg_2^{2+}$	$+0.920$
HNO_2/NO	$HNO_2+H^++e^-\rightleftharpoons NO+H_2O$	$+0.99$
NO_2/NO	$NO_2+2H^++2e^-\rightleftharpoons NO+H_2O$	$+1.03$
Br_2/Br^-	$Br_2(l)+2e^-\rightleftharpoons 2Br^-$	$+1.065$
Br_2/Br^-	$Br_2(aq)+2e^-\rightleftharpoons 2Br^-$	$+1.087$
$Cu^{2+}/[Cu(CN)_2]^-$	$Cu^{2+}+2CN^-+e^-\rightleftharpoons [Cu(CN)_2]^-$	$+1.12$
ClO_3^-/ClO_2	$ClO_3^-+2H^++e^-\rightleftharpoons ClO_2+H_2O$	$+1.15$
IO_3^-/I_2	$2IO_3^-+12H^++10e^-\rightleftharpoons I_2+6H_2O$	$+1.20$
MnO_2/Mn^{2+}	$MnO_2+4H^++2e^-\rightleftharpoons Mn^{2+}+2H_2O$	$+1.208$
$ClO_3^-/HClO_2$	$ClO_3^-+3H^++2e^-\rightleftharpoons HClO_2+H_2O$	$+1.21$
O_2/H_2O	$O_2+4H^++4e^-\rightleftharpoons 2H_2O$	$+1.229$
$Cr_2O_7^{2-}/Cr^{3+}$	$Cr_2O_7^{2-}+14H^++6e^-\rightleftharpoons 2Cr^{3+}+7H_2O$	$+1.33$
Cl_2/Cl^-	$Cl_2+2e^-\rightleftharpoons 2Cl^-$	$+1.36$
Au^{3+}/Au	$Au^{3+}+3e^-\rightleftharpoons Au$	$+1.42$
BrO_3^-/Br^-	$BrO_3^-+6H^++6e^-\rightleftharpoons Br^-+3H_2O$	$+1.44$
ClO_3^-/Cl^-	$ClO_3^-+6H^++6e^-\rightleftharpoons Cl^-+3H_2O$	$+1.45$
PbO_2/Pb^{2+}	$PbO_2+4H^++2e^-\rightleftharpoons Pb^{2+}+2H_2O$	$+1.455$
ClO_3^-/Cl_2	$2ClO_3^-+12H^++10e^-\rightleftharpoons Cl_2+6H_2O$	$+1.47$
MnO_4^-/Mn^{2+}	$MnO_4^-+8H^++5e^-\rightleftharpoons Mn^{2+}+4H_2O$	$+1.51$
MnO_4^-/MnO_2	$MnO_4^-+4H^++3e^-\rightleftharpoons MnO_2+2H_2O$	$+1.695$
H_2O_2/H_2O	$H_2O_2+2H^++2e^-\rightleftharpoons 2H_2O$	$+1.776$
$S_2O_8^{2-}/SO_4^{2-}$	$S_2O_8^{2-}+2e^-\rightleftharpoons 2SO_4^{2-}$	$+2.01$
O_3/O_2	$O_3+2H^++2e^-\rightleftharpoons O_2+H_2O$	$+2.07$
F_2/F^-	$F_2+2e^-\rightleftharpoons 2F^-$	$+2.87$
F_2/HF	$F_2+2H^++2e^-\rightleftharpoons 2HF$	$+3.06$

附录五 标准电极电势表 (298.15K)

(二) 在碱性溶液中

电对	电极反应	$E^{\ominus}/V$
$Ca(OH)_2/Ca$	$Ca(OH)_2 + 2e^- \rightleftharpoons Ca + 2OH^-$	-3.02
$Mg(OH)_2/Mg$	$Mg(OH)_2 + 2e^- \rightleftharpoons Mg + 2OH^-$	-2.69
$H_2AlO_3^-/Al$	$H_2AlO_3^- + H_2O + 3e^- \rightleftharpoons Al + 4OH^-$	-2.35
$Mn(OH)_2/Mn$	$Mn(OH)_2 + 2e^- \rightleftharpoons Mn + 2OH^-$	-1.56
ZnS/Zn	$ZnS + 2e^- \rightleftharpoons Zn + S^{2-}$	-1.44
$[Zn(NH_4)]^{2-}/Zn$	$[Zn(NH_4)]^{2-} + 2e^- \rightleftharpoons Zn + 4CN^-$	-1.26
ZnO_2^{2-}/Zn	$ZnO_2^{2-} + 2H_2O + 2e^- \rightleftharpoons Zn + 4OH^-$	-1.216
As/AsH_3	$As + 3H_2O + 3e^- \rightleftharpoons AsH_3 + 3OH^-$	-1.21
$[Zn(NH_3)_4]^{2+}/Zn$	$[Zn(NH_3)_4]^{2+} + 2e^- \rightleftharpoons Zn + 4NH_3$	-1.04
$[Sn(OH)_6]^{2-}/HSnO_2^-$	$[Sn(OH)_6]^{2-} + 2e^- \rightleftharpoons HSnO_2^- + 3OH^- + H_2O$	-0.96
H_2O/H_2	$2H_2O + 2e^- \rightleftharpoons H_2 + 2OH^-$	-0.8277
Ag_2S/Ag	$Ag_2S + 2e^- \rightleftharpoons 2Ag + S^{2-}$	-0.69
AsO_4^{3-}/AsO_2^-	$AsO_4^{3-} + 2H_2O + 2e^- \rightleftharpoons AsO_2^- + 4OH^-$	-0.67
SO_3^{2-}/S	$SO_3^{2-} + 3H_2O + 4e^- \rightleftharpoons S + 6OH^-$	-0.66
$Fe(OH)_3/Fe(OH)_2$	$Fe(OH)_3 + e^- \rightleftharpoons Fe(OH)_2 + OH^-$	-0.56
S/S^{2-}	$S + 2e \rightleftharpoons S^{2-}$	-0.48
$Cu(OH)_2/Cu$	$Cu(OH)_2 + 2e^- \rightleftharpoons Cu + 2OH^-$	-0.224
$Cu(OH)_2/Cu_2O$	$2Cu(OH)_2 + 2e^- \rightleftharpoons Cu_2O + 2OH^- + H_2O$	-0.09
O_2/HO_2^-	$O_2 + H_2O + 2e^- \rightleftharpoons HO_2^- + OH^-$	-0.076
$MnO_2/Mn(OH)_2$	$MnO_2 + 2H_2O + 2e^- \rightleftharpoons Mn(OH)_2 + 2OH^-$	-0.05
NO_3^-/NO_2^-	$NO_3^- + H_2O + 2e^- \rightleftharpoons NO_2^- + 2OH^-$	$+0.01$
$S_4O_6^{2-}/S_2O_3^{2-}$	$S_4O_6^{2-} + 2e^- \rightleftharpoons 2S_2O_3^{2-}$	$+0.09$
$[Co(NH_3)_6]^{3+}/[Co(NH_3)_4]^{2+}$	$[Co(NH_3)_6]^{3+} + e^- \rightleftharpoons [Co(NH_3)_6]^{2+}$	$+0.1$
IO_3^-/I^-	$IO_3^- + 3H_2O + 6e^- \rightleftharpoons I^- + 6OH^-$	$+0.26$
ClO_3^-/ClO_2^-	$ClO_3^- + H_2O + 2e^- \rightleftharpoons ClO_2^- + 2OH^-$	$+0.33$
$[Ag(NH_3)_2]^+/Ag$	$[Ag(NH_3)_2]^+ + e^- \rightleftharpoons Ag + 2NH_3$	$+0.373$
O_2/OH^-	$O_2 + 2H_2O + 4e^- \rightleftharpoons 4OH^-$	$+0.401$
IO^-/I^-	$IO^- + H_2O + 2e^- \rightleftharpoons I^- + 2OH^-$	$+0.49$
BrO_3^-/BrO^-	$BrO_3^- + 2H_2O + 4e^- \rightleftharpoons BrO^- + 4OH^-$	$+0.54$
IO_3^-/IO^-	$IO_3^- + 2H_2O + 4e^- \rightleftharpoons IO^- + 4OH^-$	$+0.56$
MnO_4^-/MnO_4^{2-}	$MnO_4^- + e^- \rightleftharpoons MnO_4^{2-}$	$+0.564$
MnO_4^-/MnO_2	$MnO_4^- + 2H_2O + 3e^- \rightleftharpoons MnO_2 + 4OH^-$	$+0.588$
BrO_3^-/Br^-	$BrO_3^- + 3H_2O + 6e^- \rightleftharpoons Br^- + 6OH^-$	$+0.61$
ClO_3^-/Cl^-	$ClO_3^- + 3H_2O + 6e^- \rightleftharpoons Cl^- + 6OH^-$	$+0.62$
BrO^-/Br^-	$BrO^- + H_2O + 2e^- \rightleftharpoons Br^- + 2OH^-$	$+0.76$
HO_2^-/OH^-	$HO_2^- + H_2O + 2e^- \rightleftharpoons 3OH^-$	$+0.88$
ClO^-/Cl^-	$ClO^- + H_2O + 2e^- \rightleftharpoons Cl^- + 2OH^-$	$+0.90$
O_3/OH^-	$O_3 + H_2O + 2e^- \rightleftharpoons O_2 + 2OH^-$	$+1.24$

附录六　希腊字母表

大写	小写	名称	读音	大写	小写	名称	读音
A	α	alpha	['ælfə]	N	ν	nu	[njuː]
B	β	beta	['biːtə; 'beitə]	Ξ	ξ	xi	[ksai; zai; gzai]
Γ	γ	gamma	['gæmə]	O	o	omicron	[ou'maikrən]
Δ	δ	delta	['deltə]	Π	π	pi	[pai]
E	ε	epsilon	[ep'sailnən; 'epsilnən]	P	ρ	rho	[rou]
Z	ζ	zeta	['ziːtə]	Σ	σ, s	sigma	['sigmə]
H	η	eta	[iːtə; 'eitə]	T	τ	tau	[tɔː]
Θ	θ	theta	['θiːtə]	Υ	υ	upsilon	[juːp'sailən; 'uːpsilən]
I	ι	iota	[ai'outə]	Φ	φ, φ	phi	[fai]
K	κ	kappa	['kæpə]	X	χ	chi	[kai]
Λ	λ	lambda	['læmdə]	Ψ	ψ	psi	[psai]
M	μ	mu	[mjuː]	Ω	ω	omega	['oumigə]

附录七 食品应用化学推荐网站

1. 食品伙伴网　　　　　http：//www.foodmate.net
2. 仪器信息网　　　　　http：//www.instrument.com.cn
3. 中国分析网　　　　　http：//www.analysis.org.cn
4. 食品论坛　　　　　　http：//bbs.foodmate.net
5. 国家食品安全网　　　http：//www.nfqs.com.cn
6. 中国食品工业网　　　http：//www.cfiin.com
7. 中国食品网　　　　　http：//www.foodprc.com
8. 分析化学　　　　　　http：//www.analchem.cn
9. 工标网　　　　　　　http：//www.csres.com

参 考 文 献

[1] 程云燕，麻文胜．食品化学．北京：化学工业出版社，2010．
[2] 郑吉园．食品质量检验员．北京：中国劳动和社会保障出版社，2008．
[3] 张龙，潘亚芬．化学分析．北京：中国农业出版社，2009．
[4] 刘珍．化验员读本（上册）：化学分析．第4版．北京：化学工业出版社，2004．
[5] 潘亚芬．基础化学实训．北京：化学工业出版社，2008．
[6] 尹凯丹，张奇志．食品理化分析．北京：化学工业出版社，2008．
[7] 司文会．现代仪器分析．北京：中国农业出版社，2008．
[8] 彭珊珊，许柏球，冯翠萍．食品掺伪鉴别检验．北京：中国轻工业出版社，2008．
[9] 赵国华．食品化学实验原理与技术．北京：化学工业出版社，2009．
[10] 张蕊．食品卫生检验新技术标准规程手册．北京：光明日报出版社，2004．
[11] 韩雅珊．食品化学．北京：中国农业大学出版社，1998．
[12] 吴俊明．食品化学．北京：科学出版社，2004．
[13] 张意静．食品分析技术．北京：中国轻工业出版社，2001．
[14] 阚建全．食品化学．北京：中国农业大学出版社，2002．
[15] 李凤玉，梁文珍．食品分析与检验．北京：中国农业大学出版社，2009．
[16] 刘瑞雪．化验员习题集．北京：化学工业出版社，2010．
[17] 汪东风．高等食品化学．第2版．北京：化学工业出版社，2014．
[18] JJG 196—2006《常用玻璃量器》．
[19] GB/T 5009《食品卫生检验方法 理化检验部分》．
[20] GB/T 9695.14—2008《肉与肉制品中淀粉含量的测定》．
[21] GB 5413.3—2010《乳粉中脂肪含量的测定》．
[22] 郝生宏．食品分析检测．北京：化学工业出版社．2011．

元素周期表